Topothesie

Gunter Dueck

Topothesie

Der Mensch in artgerechter Haltung

Zweite Auflage, ergänzt um ein Nachwort des Autors

Prof. Dr. Gunter Dueck
IBM Deutschland GmbH
GS PS Central
Dept. 2276
Gottlieb-Daimler-Str. 12
68165 Mannheim
Deutschland
dueck@de.ibm.com

ISBN 978-3-642-02365-1   e-ISBN 978-3-642-02366-8
DOI 10.1007/978-3-642-02366-8
Springer Dordrecht Heidelberg London New York

Die Deutsche Nationalbibliothek verzeichnet diese Publikation in der Deutschen Nationalbibliografie; detaillierte bibliografische Daten sind im Internet über http://dnb.d-nb.de abrufbar.

© Springer-Verlag Berlin Heidelberg 2004, 2009
Dieses Werk ist urheberrechtlich geschützt. Die dadurch begründeten Rechte, insbesondere die der Übersetzung, des Nachdrucks, des Vortrags, der Entnahme von Abbildungen und Tabellen, der Funksendung, der Mikroverfilmung oder der Vervielfältigung auf anderen Wegen und der Speicherung in Datenverarbeitungsanlagen, bleiben, auch bei nur auszugsweiser Verwertung, vorbehalten. Eine Vervielfältigung dieses Werkes oder von Teilen dieses Werkes ist auch im Einzelfall nur in den Grenzen der gesetzlichen Bestimmungen des Urheberrechtsgesetzes der Bundesrepublik Deutschland vom 9. September 1965 in der jeweils geltenden Fassung zulässig. Sie ist grundsätzlich vergütungspflichtig. Zuwiderhandlungen unterliegen den Strafbestimmungen des Urheberrechtsgesetzes.
Die Wiedergabe von Gebrauchsnamen, Handelsnamen, Warenbezeichnungen usw. in diesem Werk berechtigt auch ohne besondere Kennzeichnung nicht zu der Annahme, dass solche Namen im Sinne der Warenzeichen- und Markenschutz-Gesetzgebung als frei zu betrachten wären und daher von jedermann benutzt werden dürften.

Einbandentwurf: KuenkelLopka GmbH

Gedruckt auf säurefreiem Papier

Springer ist Teil der Fachverlagsgruppe Springer Science+Business Media (www.springer.com)

Zur Wohlgestaltung des Menschen

Das Wort Topothesie bedeutet im Griechischen so etwas wie „lebhafte Erzählung von einem aufregenden vorgestellten Ort". In diesem Buch denke ich über das artgerechte Einzelleben des Menschen nach und schlage seine Individual-Wohlgestaltung vor, die allerdings, wie so vieles Gute, ein Aufgeben von etlichen Denk-, Gefühls- und Lebensgewohnheiten erfordert.

Was kann ich also hoffen, wenn ich darüber schreibe?

Dass sich die Welt retten lässt? Bestimmt nicht.

Aber ich möchte Ihnen einige liebe Gewohnheiten vernichten und sie durch andere liebe Vorstellungssphären ersetzen. Das wird schon gehen.

Im Buch *Supramanie* ging es mir um die These, dass fast alle Vernunft in uns als künstlicher Trieb implementiert worden ist. „90 Prozent der Vernunft ist Trieb!", verkündigte ich kämpferisch und zeigte Ihnen an vielen Beispielen, dass wir nicht das Gute deshalb tun, weil wir es vernünftig finden, sondern aus Angst vor Strafe, Scham und Schuld. Angstimpfen durch Schläge aller Art ist nämlich die preiswerteste und schnellste Methode, an Menschen gewünschte Veränderungen zu erzielen. Strafen verändern das Instinktsystem! Die Vernunft ansprechen? Das geht viel zu langsam! Wollen wir so lange warten, bis jeder *vernünftig* würde? Wie lange würde das dauern? Ginge es überhaupt bei jedem x-beliebig hergelaufenen Menschen? Vernunft wird also eingebläut, eingetrichtert, per Kopfwäsche übertragen, als Stachel gesetzt oder durch einen Tritt in den Hintern gefördert. Dann, sagen wir, *sitzt sie*. „Das hat gesessen! Das hat getroffen! Das hat er geschluckt!" Sie sehen: Wir reden vom Körper, vom Schlucken und Zucken, wenn wir Vernunft „hineinbringen". Und ich habe nur gesagt, dass folglich die Vernunft genau da in uns ist, wo wir sie hineingedrückt haben: *im Körper* – als Angst oder Hemmung. Die Vernunft ist insbesondere nicht mehr „im Kopf"!

In diesem Buch möchte ich diese trübe Reise der Erkenntnis zunächst noch bis zur Mitte fortsetzen und herausarbeiten, dass eine noch viel grausamere These richtig ist: „Fast alles, was wir für Lebenssinn halten, ist aus Anpassung und Angst vor Nichtanpassung entstanden." Ich meine wirklich: *fast alles*.

Stellen wir uns vor, Menschen seien wie Pflanzen, von denen es verschiedene gibt (und das ist bei den Menschen auch so). Pflanzen brauchen Wasser und Sonne, also pulsierendes Leben und Wärme. Bei den Menschen wäre das Lebensfreude (wie Wasser und Wind) und Liebe oder Bindung (wie Sonne). Manche Pflanzen wollen wenig Wasser und viel Sonne, manche viel Wasser und wenig Sonne, manche mäßig viel von beidem. Wenn wir nun aber Wüstenpflanzen tüchtig gießen, sterben sie. Wenn wir Schattenpflanzen sonnig stellen, verbrennen sie.

Und Menschen? Wenn wir Schüchterne auf die Bühne stellen, sinken sie zusammen. Wenn wir notorische Helfermenschen zum Leuchtturmwärter ernennen, siechen sie dahin. Unsere Gesellschaft ist nicht ganz so grausam, uns völlig gegen unsere Art zu behandeln – aber sie nimmt wenig Rücksicht darauf, dass wir mit verschiedenen Bedürfnissen (Wasser, Sonne) geboren werden. In vielen Bereichen verstößt unsere Gemeinschaft absolut vorsätzlich gegen solche Rücksichten, etwa da, wo sie von Chancengleichheit spricht. („Alle Schüler lernen das Gleiche, auf das einzelne Interesse oder die Begabung kommt es nicht an!") So bekommen wir theoretische Normalmenschen unser möglichst gleiches Quantum an Wasser und Licht. Da haben also manche Menschen Pech und andere Glück, nicht wahr? Ich will im Buch zeigen, dass alle Systeme, die mit *gleichen* Quanten arbeiten, so dosieren müssen, dass es für fast niemanden stimmt! Aus dieser Sicht gleichen wir Menschen also Pflanzen, die sämtlich unter falschen Bedingungen wachsen müssen?! Falsche Erde, falsches Licht, falscher Dünger?

Die Lebhaften unter uns werden gedämpft und eingefangen. Die Liebenden im Alltag ernüchtert. Die Normsozialen werden unter Leistungsstress gesetzt und sollen herausragen. Die Berührungsempfindlichen werden in Normen gezwungen, die Wärmeliebenden in den für alle gleichen Krieg geschickt.

Sie wehren sich nun gegen Versuche, ihr Leben so zu verändern, dass für sie dann etwas in ihrem Leben „nicht stimmt" oder „keinen Sinn macht".

Die Gedämpften und Eingeengten brüllen: „Freiheit!"
Die ganz Stillen rufen aus der Universität: „Wahrheit!"
Die Helfenden verzweifeln um: „Liebe!"
Die Sozialen sehnen sich nach: „Frieden!"
Die Vollsaftmenschen (viel Sonne, viel Wasser) fordern: „Lebensfreude!"

Die geforderten Werte sind eher Schmerzschreie, nicht Forderungen nach Lebenssinn. Sie drücken einen *Mangel* aus und beschreiben nicht den Himmel. Brauchen wir in einer *guten* Welt Friedensbewegungen? Umweltschützer? Freiheitskriege? Solche Bewegungen sind Ausdruck von Mangel an Sinn. Wir beseitigen allesamt andauernd solche Mängel. Was aber wären wir ohne diesen Mangel?

Schon glücklich?

Wollen wir wirklich „nur" Frieden, Leistung, Perfektion, Liebe, Wahrheit, Lust, Macht und was wir so alles im Schmerze schreien? Nein! Mehr! Wir wollen nicht nur bloße medizinische Behandlung, damit wir als Pflanze im falschen Topf gut und recht leben können. Wir wollen lieber *artgerecht* wachsen! Deshalb sind die geforderten Liebe & Co. nur die *Heilmittel*, nicht Sinninhalte. Ich werde das Ziel des vermeintlichen Strebens *Pseudodsinn* nennen, dem wir hinterher rennen.

Zur Wohlgestaltung des Menschen

Metaphorisch gesehen möchte ich den Menschen wie eine Muschel betrachten, die im reinen Wasser liegt und eines Tages schlimm verletzt wird. Da bildet sie um den Schmerz eine Perle – sie ummantelt ihn mit Perlmutt. Und sie vergisst ihr eigenes Leben ganz über der Schmerzarbeit, verfällt in Bewunderung über die Schönheit der eigenen Perle und hält nun diese für ihren einzigen Lebenssinn. Muschel – Perle! Mensch – Karriere? Es gibt Pseudosinn, für den wir hart arbeiten, und naiven Sinn, in dem wir leben sollten.

Was ist Sinn? Was nicht? Ich habe eine Graphik gesehen, in der ich den Unterschied fast physiologisch spüren kann.

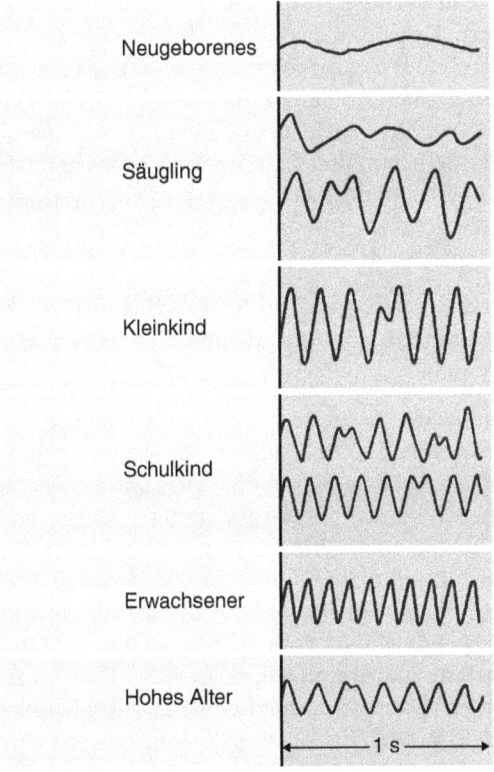

Sie zeigt typische bzw. dominante Gehirnwellen des Menschen in verschiedenen Altersstufen. Ich erkläre alles später im Detail. Hier nur kurz: Die Gehirnwellen des Menschen nehmen in der Entwicklung vom Säugling zum Erwachsenen mit zunehmendem Alter in der Frequenz zu und schließlich im Alter wieder ab. Der Erwachsene hat ein so genanntes Betawellenprofil, das Schulkind noch ein Alphawellenprofil. Irgendwann im Alter von etwa 15 bis 20 Jahren verändern sich die Gehirnwellen in den Betawellenbereich, um dann im höheren Alter wieder in den Alphawellenbereich zurückzukehren.

Im Alphawellenbereich ist der Mensch entspannt und klar, hat reine Gefühle. Wie ein Kind! Wie die Großmutter! Im Betawellenbereich ist der Mensch angespannt, bedacht, alles zu kontrollieren und im Griff zu haben. „Er ist auf dem Aufstieg."

Und wenn Sie schon einiges von mir gelesen haben, kennen Sie mich ja ein bisschen und wissen, was mir schreckhaft einst beim Anblick der Graphik einfiel:

Alles Beta, unser Leben!

Sogar in physiologisch messbaren Gehirnwellen ist zu sehen, dass die Sucht, der Beste zu sein, Prüfungen zu bestehen und reich zu werden, uns körperlich verändert, bis wir im Alter wieder „zu uns" zurückfinden. In *Supramanie* habe ich nur aus ökonomischer Sicht das gierige Streben gegeißelt. Und jetzt zeige ich Ihnen: Das Streben nach Mehr ist in Ihren Hirnströmen messbar. Im Grunde sind Sie körperlich jemand anders geworden – und das Antreiben zur Leistungssucht wird damit fast zur Körperverletzung. Im Alphawellenbereich fühlt sich der Mensch gut, im Betawellenbereich angespannt! Und diese Anspannung überträgt sich bei uns Erwachsenen in die Nackenmuskeln, Schultern und Darmtrakte: Wir fühlen totalen Stress, wenn wir vor Anspannung überhaupt noch etwas merken. Wir registrieren, unwillkürlich oder bewusst, dass wir zur Lebensbewältigungsmaschine geworden sind – zu einer „Machina", wie ich sagen werde.

Ich will aus dieser Alpha- und Beta-Betrachtung eine große Metapher machen und mich um Ihre „Alphaethisierung" kümmern. Homo ex machina. Gegen Psychozid – Seelenverletzung.

Es wird wieder eine lange und spannende Rundreise durch das menschliche Denken. (Für mich selbst war sie äußerst spannend!) Am Anfang wird von Verletzungen und Perlen die Rede sein, dann wollen wir dem Sinn nachspüren und bald darauf überlegen, wie wir denn den Menschen vor der „Beta-Falle" retten können: durch artgerechte Erziehung natürlich!

Diesen Gedanken will ich möglichst weit treiben. Wir kommen an seinem Ende zu Gott. Voltaire sagte bekanntlich: „Wenn es keinen Gott gäbe, müsste man ihn erfinden." Und Ludwig Feuerbach predigte, dass Gott eine Projektion der Menschen sei, die ihn selbst schwer belaste und ihn unaufgeklärt lasse. Gott sei nur eine psychologische Vorstellung, die abgeschafft werden müsse. Da bin ich nicht so sicher, dass sie abgeschafft werden darf. Ich denke eher, wir sollten besser einen Gott haben. Einen erfinden, wenn es sein muss. Das wäre die ultimative Ratio! Und ich zeige Ihnen, dass es wohl sein muss. Nennen Sie es Gott oder Tao: Irgendwie müssen wir an zu vielen Betawellen vorbeikommen. Wir haben Gott sterben lassen und damit die höchsten unveräußerlichen Prinzipien verloren. Und was sollen wir nun ohne diese tun? Immer nur Perlen über Wunden ziehen? Jeden Tag den Verlust des Arbeitsplatzes und der Familie fürchten?

Mit diesem Buch wird die Trilogie beendet, die aus den Werken *Omnisophie*, *Supramanie* und *Topothesie* besteht. Eine Reise durch den ganzen Menschen. Sie als Leser haben mir mit neuen Argumenten an *dueck@de.ibm.com* geholfen. Mich hat Ihr Interesse an solchen Fragen sehr ermutigt. Ich habe viele von Ihnen bei meinen Reden als IBM-Cheftechnologe kennen gelernt. Meine Werkstudentinnen Carmen

Bierbauer und Martina Daubenthaler, beide „natürliche" Menschen im Sinne von Omnisophie, brachten mir viel Verständnis für das Natürliche bei. (Sie sind ja extra als meine Antipoden eingestellt, nicht wahr?) So vieles tief Wahre tauschte ich in E-Mails mit Heike Ribke aus – viele Seiten dieses Buches haben ihren Atem. Ab und zu schreibt mir Marc Pilloud, und manches Mal trifft es wie ein Blitzschlag, wenn er seine Gedanken offenbart. Ich öffne seine E-Mails so sorgsam konzentriert wie virusverdächtige. Können Sie mitfühlen, wie das ist? Petra Steiner hat in bewegenden und manchmal etwas traurigen Augenblicken wundervolle Bilder gemalt. Sie sind an entscheidenden Stellen des Buches berührender als Worte. Ja, und dann werde ich immer noch zurechtgestutzt – von Eckhard Umann. Er ist psychiatrisch tätig und gibt mir wertvolle Hinweise zu meinen Schriften. Dabei ist er wirklich geduldig (heißt lateinisch patiens, patientis) mit mir und lenkt mich irgendwie. Meine Frau Monika hat nun drei Jahre „jede Minute schreiben" hinter sich – ja, und nun sollten wir den Garten paradisieren und wieder mehr Ferien machen. (Wir haben Ägypten con tutto gebucht!) Anne liest wie immer mit, still zustimmend. Johannes nervt mich mit lautem Rappen beim Schreiben, ganz wie ein natürlicher Mensch. Ich habe ihn oft angeseufzt – aber es macht ihm zum Glück nichts aus. Er scheint einfach unbeirrbar glücklich im Alphawellenbereich zu sein. Dabei wurde er im Februar 2003 schon volljährig! Hoffentlich stimmt mit ihm etwas nicht, was die eigentlich schon überfällige Beta-Migration seines Hirns betrifft.

Inhaltsverzeichnis

TEIL 1
Biomechanik verletzter Normalmenschen

I.	**Schmerzgrenzen um unser Selbst**	3
	1. Der normale Mensch aus der westlichen Gesellschaftslogistik	3
	2. Baby, Sonne, Wasser, Muschel.	6
	3. Die Aufmerksamkeit im Körper und unser Instinkt	9
	4. Die wunde Stelle des Selbst, an der wir zuerst zu packen waren	12
	5. Die Perle oder der zum Pseudosinn gedrehte Wundschutz	14
	6. Der Perlenzüchter und die zum Pseudosinn gedrehte Aggression	16
	7. Interaktionen unter Menschen wie Grenzkriege	18
	8. Komplexitäten und Vorstellungsbilder – und was ich sagen will.	19
	9. Wie wäre eine wohlgestaltete Welt?	20
II.	**Stimmt die Chemie? Oder etwas im Kopf nicht?**	23
	1. Einleitende Gedanken über Plattwürmer	23
	2. Merkt sich unser Körper etwas?	24
	3. Über Schwellen	28
	4. Trauma	31
	5. Menschen zwischen Schmerzschwellen.	34
	6. Meine Cocktailtomate und ich	36
III.	**Wunden der Normalkinder von Normaleltern**	39
	1. Psychologie – die Wissenschaft, den Eltern die Schuld zu geben?	39
	2. Ein allgemeiner Ursprung von Seelenwunden	43
	3. Lebensgeist und Liebesströme: Wasser und Sonne	48
	4. Eine Menschenmatrix nach Lebensgeist und Liebesenergie	49
	5. Der Lebensgeist und das Natürliche, Richtige und Wahre	53
	6. Die Liebesströme und das Autarke, das Normsoziale und das Fühlende	59
	7. Kinder werden geboren und treffen auf das Normale	59
	8. Schmerz durch falsche Dosierungen aller Art	65

IV.	**Machina in Homine**	67
	1. Der normale Mensch wie ein Lebensbehinderter	67
	2. Der Andersartigkeitsmalus	68
	3. *Jeder* Mensch ist ein Andersartiger oder Lebensbehinderter	70
	4. Machina: Nie mehr verletzt werden!	71
	5. Die Machina wird Hardware	74
	6. Die Machina als Pseudosinnerzeuger	75
	7. Neun mögliche Pseudosinne für erfolgreiche Machinae	77
V.	**Alpha-Seele und Beta-Seele**	91
	1. Alpha- und Betawellen zur Metametapher erhoben	91
	2. Alpha-Schmerzen und dominierende Beta-Schmerzen	96
	3. Die Beta-Seele der Machina: Sorge an den Grenzen	100
	4. Druck an der Grenze killt Alpha	102
	5. „Unionem feci, ergo sum!"	103
	6. „Neminem laede, immo omnis, quantum potes, iuva!"	104
	7. Die Alpha-Seele: Quelle ohne Grenzen	104
	8. Der Alpha-Tod des normalen Menschen – Mord durch die eigene Machina	105
VI.	**Eskalationen der Machinae**	109
	1. Wunder der Wahrnehmungen	109
	2. Schwellwertschocks und Wahrnehmungsverschiebungen	113
	3. Aufmerksamkeitsschwellen	115
	4. Das Hyperästhetische gibt unserem Leben Erlebniswert	118
	5. Neun typische Hyperästhesien	119
	6. Abwärtseskalationen: „Hör auf!"	121
	7. Aufwärtseskalationen: „Weiter so! Weiter!"	124
	8. Der Endsieg der Machina: Welt zu Füßen	126
	9. Das Alpha-Loch der Machina	127
	10. Das Beta-Beste ist das Beta-Schlechteste und umgekehrt	128
VII.	**Alpha-Inseln**	131
	1. Alpha-Mutationen, wenn die liebe Beta-Seele Ruhe findet	131
	2. Von Beta zu Alpha ohne Perle?	132
	3. Alpha-Lethargie: Wach auf!	134
	4. Alpha *mit* Perle?	135
	5. Alpha-Perlen an Beta verkauft und verbrannt	136
VIII.	**Interaktionen der Machinae**	137
	1. Interaktionen von Machinae und Menschen – Doppelsterne überall	137
	2. Unser Hauptseismograph	139
	3. Blind für Hauptseismographen – die Hauptspielregeln	140
	4. Wahrheit tut weh und darf daher nicht sein – und *wird* nicht sein	142

Inhaltsverzeichnis

	5.	Normale Beta-Eskalationen.	143
	6.	Beta-Waffenruhe.	145
	7.	Das Nachkriegsparadoxon der Machinae	146
	8.	Hass und Verachtung nach Kämpfen ohne Pseudosinnverteilung.	149
	9.	Arroganz der Macht und Gegenterror.	150
	10.	Dick aufgetragen: Die 300-zu-75-Beziehungsstörung.	152
	11.	Wettbewerb oder Heimat in gleicher Wellenlänge.	157
	12.	Sieger im 300-Prozent-Wettbewerb!	159
	13.	Satisfaktion und Flammen.	161
	14.	Massenpsychologie der Verlierer	162
	15.	Satisfiktion, Wertumwertung und Gegenseismographen	163
	16.	Das Beste draus machen – massenhaft Pseudosinn.	166
	17.	Hilft irgendetwas? Psychotherapie? Satisfiktion?	167
IX.	**Supramanie und Beta aus Prinzip**		173
	1.	„Gott sollst du sein, mein Sohn – und ich bin deine Mutter!"	173
	2.	„Nummer eins sollst du sein, Mensch – und ich bin dein System!".	177
	3.	Schizophrenia Oeconomica.	178
	4.	Invasive Messungen, Prüfungen und Anreizsysteme	179
	5.	Ostrazision und negative Anziehungskraft.	180
	6.	Konsum-Satisfiktion – „Work hard – party hard!".	182
	7.	Die Beta-Eskalation aller Systeme – „Mehr vom Gleichen bis zum Ende!"	183

TEIL 2
Für Alphaethisierung – Gegen Psychozid

X.	**Wundheilung: Wer den Sinn sucht, geht meist zu weit! Denn das Beste ist nie gut genug, weil das Gute besser ist**		187
	1.	Den Imperativ kategorisch an den Kanthaken!	187
	2.	Erkenntnis des allgemeinen selbst erzeugten Leidens.	191
	3.	Erkenntnis der eigenen Machina – „Halt ein!".	193
	4.	Intermezzo – Übertriebenes	195
	5.	Deeskalation – „Weniger vom Gleichen!"	198
	6.	Wiederfinden der eigenen Quelle, geht das?.	200
	7.	Machinae der anderen	202
	8.	Sonne und Wasser wie Großeltern schenken – Alpha-Quelle	203
XI.	**Das Spüren des Selbst**.		205
	1.	Freiheit!	205
	2.	Authentisch von allem Leben berühren lassen.	208
	3.	Vom Schenken zu Sein: Die Theta-Seele.	209
	4.	„Alles Maya!" – Die drei Gunas	210
	5.	Tao.	212

XII.	Deine Seele ist Gemein-Gut 215
	1. Der Geruch der Seele 215
	2. Das Parfum der Beta-Seele und die wahre Todsünde 217
	3. Psychozid 218
	4. Passivleben: Erquicken oder Vergiften?...................... 220
	5. Somare, das Phatische und der Existenz-Refresh............... 221
	6. Evokation von Machina und Seele........................... 223

TEIL 3
Die frohe Lebenskraft des Natürlichen

XIII.	Die natürliche Machina: „Ich bin das Ziel!" 235
	1. Führen – Leisten – Leben 235
	2. „Das kannst du nicht!" – „Das kann ich doch!" 236
	3. Operantes Konditionieren: Lernen anhand von Konsequenzen ... 238
	4. Psychozidversuche konvertieren Lebensgeist in Aggression 239
	5. Dark Forces: Psychopathen, Hyperaggressive, Hysteriker und Hedonisten... 240
	6. Psychozidversuche konvertieren Liebesströme in Verführung 241
	7. Psychozidversuche konvertieren Autarkie in Einsamkeit......... 242
	8. Kampf der natürlichen Machina: „Ich bin das Ziel!"............. 243
	9. Zum Teufel mit der Gesellschaft! Über Subkulturen............. 243
	10. 666... 248

XIV.	Zur Wohlgestaltung des natürlichen Menschen 249
	1. „I did it my way"... 249
	2. Harmonisierung und Grenztraining der Seismographen......... 252
	3. Instinkttraining!.. 254
	4. Instinktives Spüren des Höchsten im Körper................... 256
	5. Lebendige Vorbilder: Mutter, Vater, Vorbilder, Götter und Archetypen 258
	6. Flow und Einssein mit dem Lebensgeist: „Im Element!" 259
	7. Verantwortung, Selbstdisziplin (Maß) und Großherzigkeit....... 261
	8. Gott gibt natürliche Energie – von innen!..................... 262
	9. Zum Körper passende Systeme! 263
	10. Ein Meister sein und Lehrlinge beschenken................... 264

TEIL 4
Das richtige Seismographensystem

XV.	Die richtige Machina: „Mein Platz im System ist das Ziel!" 267
	1. „Wer nicht hört, muss fühlen!" – Fehloperation am braven Körper 267
	2. Überkonditionierung.. 268
	3. Psychozidversuche erzeugen Angst vor dem Nicht-Normalen 270

Inhaltsverzeichnis

    4. Grenzziehungen und das Limit. 272
    5. Unbeachtet und verloren – der NICHT verlorene Sohn. 272
    6. Shadow Forces: Zwanghafte, Passiv-Aggressive und
       „Psychovampire". 274
    7. Systemadizee – ach, Leibniz!. 276
    8. Der Lohn: ein hoher Rang im System!. 277

XVI. **Zur Wohlgestaltung des richtigen Menschen** 279
    1. Auf das System kommt es an – es ist der halbe richtige Mensch! . . 279
    2. Systeme, an die von Herzen geglaubt werden kann. 280
    3. Alpha-Systeme der Gemeinschaft, der Tradition und des Guten . . 282
    4. Ein System als Mensch gesehen 283
    5. Die Gretchenfrage an das System. 285
    6. Selbstbejahung (Tapferkeit), Barmherzigkeit und Humor 286
    7. Systemgründe der Überkonditionierung 287
    8. Die Erziehung des richtigen Menschen. 288

TEIL 5
Das Selbst im intuitiven Urgrund

XVII. **Die wahre Machina: „Das Höchste ist das Ziel!"** 293
    1. „Dich verstehe einer!" – Exilseelen 293
    2. Psychozidversuche konvertieren das Ideale in Hassauf
       die Herrschaft 302
    3. Lichttod und Lichttraum durch Polfilter. 303
    4. Hüte dich vor der Hölle – über Teilkulturen. 306
    5. Schlussbemerkung über Machinae im Allgemeinen 307

XVIII. **Die Wohlgestaltung des wahren Menschen** 309
    1. „Verstehen und annehmen – nicht loben!". 309
    2. Das wahre „Verstehen" ist wie Werden 313
    3. Erkennen des Intuitiven und das Geschenk einer großen Idee 315
    4. Das Schulen von Intuition. 318
    5. Ganzheit und Inspiration für das Wertvolle 320
    6. Das Überleben des Lebens durch den Wahren. 324
    7. Laute Machinae und Menschen verstehen und lieben 325
    8. Das Wahre nicht nur über den Zaun werfen – das ist nicht
       Quell genug 326

TEIL 6
Gott existiert, ob es ihn gibt oder nicht

XIX. **Fast alles ist höher als alle Vernunft**. 333
    1. Eine E-Mail 333
    2. „Nur" Leitmotive: Identifikationen und Visionen 337

	3.	Der Durst nach dem Übersinnlichen. 337
	4.	Viel mehr mögliche Körper als mögliche Fragen! 338
	5.	Meta und Theta: Über das Unsagbare 343
	6.	Theta-Metaideen. 345
	7.	Gott ist in uns, mehr oder weniger – wie wir's verdienen. 346
	8.	Unio mathematica 349
	9.	Omnisophie – das Eine Deine 350

XX. Wohlgestaltung – unsere erste Pflicht 355
    1. Kreation von Wohlgestaltung, nicht von Wohlstand! 355
    2. Erschaffen von Werten, Kulturen und Tugenden. 359
    3. Openmind, Openspirit, Opensoul, Opensense, Opensource. 360
    4. „Radikaler" Usianismus für Metavorstellungen. 362
    5. Kulturkreation: Wer ist verantwortlich? Sie!. 363
    6. Wild Du(e)cks Traum(a) der totalen Evaluation
und Omnimetrie. 365
    7. Evaluation der Systeme?. 367
    8. Wir, die Mittäter 368

XXI. Der Sinn des Lebens 373
    1. Licht 373
    2. Verantwortung im Dunkel. 374
    3. Die Krone der Schöpfung 375
    4. Wahrheit ist nicht das Wahre, Richtige oder Natürliche. 379
    5. Lebenssinndesign und die Kirche im Dorf. 379

Literaturverzeichnis 383

Nachwort–Jahre danach 385

Teil 1
Biomechanik verletzter Normalmenschen

I. Schmerzgrenzen um unser Selbst

1. Der normale Mensch aus der westlichen Gesellschaftslogistik

Dieses erste Kapitel der Schmerzgrenzen um unser Selbst dient der Hinführung zu den Hauptgedanken.

Ich möchte im Folgenden darlegen, dass unsere Gesellschaft seit der grauen Urzeit zu wissen glaubt, dass der Mensch den Schmerz meidet und die Lust sucht. Der Mensch scheint insofern viel zu sehr auf seine Körperstimmung fixiert. Er tut, worauf er Bock hat und meidet, wovor er Schiss hat, wie man so sagt. Die Philosophen aller Zeiten haben überlegt, wie sich der Mensch aus dieser unseligen Umklammerung des Körpers befreien könnte. Sollen wir den Körper kasteien, ihn über Kohlen laufen lassen, ihn geißeln oder auf Nagelbretter legen? Ist ihm dann Lust und Schmerz irgendwann einmal einerlei? Leider flieht aus den meisten Menschen, die ihren Körper aus der Welt geschafft haben, auch irgendwie die Seele! Die müsste ja festgehalten werden, sonst wäre durch das Mittel das Ziel verdorben.

Auf der anderen Seite ist es pragmatisch gesehen ein Segen, dass der Mensch einen Körper hat. Wenn nun ungezogene Jungen keinen Hintern hätten, der schmerzen könnte? Wenn das Versagen der Götterspeise zum Nachtisch kein weinendes Verzeihungsbetteln auslöste? Wenn Stubenarrest nicht den Freiheitsdrang aufstachelte? Liebesentzug als Höchststrafe empfunden wird! Taschengeldentzug! Nachsitzen! Fernsehzeitrationierung! Und später weiß der Körper, wie sich Mobbing, Gehaltssenkungen oder Versagen von Beförderungen anfühlen.

Natürlich gibt es auch Erziehungsrichtungen, die sich vor harten „Bitten um Kooperation" fürchten, weil die Schmerzschreie stören. Da werden denn die Kinder mit Pudding zugeschüttet, dann geben sie Ruhe. Zum dritten Geburtstag bekommt der fast erwachsen gesehene Mensch den ersten eigenen Fernseher geschenkt – sowie täglich einen Euro und eine Fanta zum Kindergarten. Um den satten Menschen muss man sich nicht kümmern! (Erinnern Sie sich? Hydrokultur! Die Blumen müssen nur einmal wöchentlich gegossen werden! „Massen von Blüten, ohne nach ihnen sehen zu müssen.")

In solchen Umfeldern findet das normale Leben des Menschen statt. Von diesem normalen Menschen soll hier die Rede sein. Die hohen Philosophen zerbrechen sich den Kopf, wie der Mensch der reinen Tugend zur Seligkeit käme, aber sie sagen nie so richtig, wie denn solche Menschen im normalen Leben zurechtkämen. „Ja", heißt es dann, „wir müssten eben *alle* den rechten Weg meiner Philosophie einschlagen." Um diesen Weg für alle zu finden, muss aber viel *über das normale Leben und seine*

Grundsätze nachgedacht werden. Dann erst kommt die Tugend! So meine ich es und spreche hier im Buch erst nur vom Normalen.

Meine Kinder haben mir neulich vorgeworfen, ich sähe das Normale schon nahe am Verdorbenen. Ich entgegnete, ich sähe es in der Nähe des ernsthaft Geschädigten. Wir haben hitzig diskutiert. Carmen Bierbauer, die jetzt meine Texte redigiert, hatte sich im Internet auf die Suche nach Prozentzahlen gemacht. Prozentzahlen von Menschen, die Leiden tragen. Irgendwelche Leiden! Wir fanden folgende Zahlen: 11 Prozent der Deutschen sind arbeitslos, in manchen Gegenden bis 30 Prozent. Ganz seriöse Studien in der Schweiz fanden heraus, dass um die 15 Prozent der Mädchen Opfer sexueller Gewalt werden (um es brutal klar zu sagen: 15 Prozent mit *Penetration*, sonst sind es doppelt so viele, die „angefasst" werden). Acht Millionen Deutsche hängen am Alkohol, etwa eine Million mag schizophren sein, fünf Millionen sind depressiv, ein bis drei Millionen leiden an chronischen Schmerzen, gegen die zum Teil keine Medikamente helfen (Fibromyalgie, Rheuma, Migräne), ein Prozent der jüngeren Männer leidet an „erektiler Dysfunktion". Es wimmelt von Scheidungswaisen (150.000 neue pro Jahr), Neurodermitikern, Asthmatikern, von Gewaltopfern und Allergikern. Die Schulkinder leben unter enormem Stress und Versagensangst. Gute Teile sind Legastheniker, leiden unter Rechenschwäche, die neudeutsch Dyskalkulie heißt, damit es krank klingt. Viele siechen in der Uni weiter hinein und finden dort wenig Halt, geben schnell wieder auf. Die Studienabbrecherquoten steigen oft über die 50-Prozent-Marke. Viele junge Menschen studieren nicht „berufen für ein Fach", sondern unsicher um die Zukunft, ganz blockiert, wie wohl ihr Leben „anfangen" mag. 35 Prozent aller Ehen werden später geschieden, die Ehen der Scheidungswaisen werden zu 60 Prozent geschieden, weil sie früher merken, was noch kommen wird. Und wissen Sie, bei welcher Diagnose wir am häufigsten krank geschrieben werden? Na? – Zehn Prozent der Krankschreibungen entfallen auf Rückenschmerzen. Siebzig Prozent der Deutschen geben an, im Laufe eines Jahres Rückenschmerzen gehabt zu haben. Überwältigend viele Kranke glauben selbst, diese Schmerzen seien stressbedingt.

Ich habe meine Kinder gefragt, wie viele in ihren Schulklassen ihre Scheidungseltern hassen, Drogen nehmen oder sich regelmäßig „zusaufen". Wir zählten die offensichtlich Magersüchtigen dazu, die Frustesser, die Merkwürdigen, die depressiven Nicht-Lieblingskinder … Es sind ziemlich viele zusammengekommen. Ziemlich viele. Dabei sind sie immerhin alle noch zukünftige Abiturienten aus einer braven Gemeinde nahe der Akademikerstadt Heidelberg. Alles gut! Und wie wären die Kinder der nahen Hauptschule? Meine Kinder zuckten zusammen und zuckten mit den Achseln.

Und ich habe jetzt nur die offensichtlich problematischen Fälle aufgezählt. Wie viele Menschen haben ein ernstliches Seelenleiden? Die Hälfte? Was ist normal? Wer ist normal? Ist Leiden normal? Wie sieht das aus, wenn sich ein Leidender die Lebenssinnfrage stellt?

„Eine Arbeit hätt' ich gern!" – „Ein Ende der Familienrachefeldzüge!" – „Eine Perspektive nach dem Abitur!"

Es geht dem normalen Menschen um das bloße Hemd, nicht um Gott oder das Höchste.

Mitten im formalen Wohlstand nimmt das Leiden zu. Unsere Gesellschaft administriert unsere Lebensläufe. Das heute herrschende Prinzip der Supramanie verlangt nimmermüdes Anstrengen für immer weniger Freizeit, in der wir unsere verdrängten Gefühle vor dem Fernseher oder beim Einkaufen aller Art ein wenig beruhigen. Mutterglück verwandelte sich vor diesem Hintergrund in sozialen Nachwuchsabstieg für Eltern. Kinder werden in logistischen Massenprozessen zum Abitur „gebracht". Prüfungen pflastern ihr Leben. Stress ohne Ende. Die Universitäten ziehen gerade nach. („Früher gab es die Prüfungen zum Vordiplom und zum Diplom, mehr nicht. Heute haben wir das ganze Studium völlig transparent in 180 Punkte aufgeteilt. Jeder dieser Punkte wird nur über eine Prüfung erreicht, damit jedes Ausbildungspaket ordentlich abgeschlossen wird. Die Studenten sind darüber froh. Denn nach der jeweiligen Prüfung fragt niemand mehr nach dem absolvierten Stoff. So können sie in aller Ruhe immer wieder etwas Neues lernen. Wir sind somit alle sehr glücklich über die Errungenschaft der Credit Points.") Das Abhaken löst die so altehrwürdige Bildung ab. Die Berufsfähigkeit *zählt*. Die Berufe und Berufungen verschwinden. Menschen haben heute überwiegend eine Rolle oder eine Funktion, die sie möglichst so genau ausfüllen sollen, wie Maschinen es täten ...

Wenn Menschen nach ihrem Glück gefragt werden, antworten sie meist: „Zeit hätte ich gern." Sie möchten nicht immer eilen müssen und an Termine denken. Das höchste Nicht-Glück ist in unserer Zeit wohl der quälende Zeitdruck, der bei der Arbeit eben auch zu Leistungsdruck wird. (Leistung ist Arbeit dividiert durch Zeit, sagen die Physiker, die dieses Naturgesetz wohl für Fließbandarbeiter erfunden haben.) Der Leistungsdruck erzeugt oder ist psychischer Druck, nicht zu versagen und im Gegenteil der Größte zu sein. Im Grunde ist deshalb das höchste Nicht-Glück der psychische Stress. Was hätten wir gerne?
Seelenruhe.
So war es immer seit Anbeginn.

Kommet her zu mir alle, die ihr mühselig und beladen seid; ich will euch erquicken. Nehmet auf euch mein Joch und lernet von mir; denn ich bin sanftmütig und von Herzen demütig; so werdet ihr Ruhe finden für eure Seelen. Denn mein Joch ist sanft, und meine Last ist leicht. (Matthäus 11, 28–30)

Das hören und lesen wir modernen Menschen nicht mehr. Aber mühselig und beladen sind wir heute mehr denn je. Es liegt wohl daran, dass es uns materiell so gut geht. Wir sind materiell so sehr beladen, dass wir es in der Seele eigentlich nicht sein müssten. Wir wissen das, beladen aber weiter die Seele, um noch mehr Materielles herauszuholen. Diese Spirale eskaliert. Wenn ein Trieb befriedigt wird, gibt er eine Weile Ruhe. Kein Hunger mehr nach einem Meter Bratwurst. Wenn wir aber Geld „machen", lüstern wir nach mehr. Was sagt uns das? In uns ist ein Trieb, der durch Gelderwerb eben *nicht* befriedigt wird. In uns ist ein Trieb, der praktisch durch nichts zufrieden gestellt wird, was wir für Sinn halten. (Beispiel: Wären Sie als Individuum wirklich in Ihrer Seele dauerhaft glücklich, wenn nun ewig Weltfrieden wäre? Glücklich nur dadurch? Etc.) Und ich werde das ganze Buch über deutlich machen, dass Sie lieber *diesen* Trieb befriedigen sollen, den Sie wirklich haben: Wasser und Sonne in Ihrer individuellen Mischung Ihres individuellen Ursprungs. Ich erkläre diesen Gedanken.

2. Baby, Sonne, Wasser, Muschel

Ein Baby kommt zur Welt.
Es reckt sich kraftvoll und brüllt:
„Hier bin ich! Hört mich! Milch her!"

Ein anderes Baby kommt zur Welt.
Es ist leise da und wimmert, wie wenn es sich besser versteckte.
„Oh weh, ich lebe jetzt …"

Von einer Hebamme las ich, sie könnte wissen, was das für Menschen *wären* (nicht: *würden*), die da auf die Welt kämen. Sie schilderte, sie könne am Schreien, am Aufleben, an den Bewegungen spüren, *wie* sie seien. Sie habe es für sich aufgezeichnet und versucht, viele der später großen Kinder wieder zu sehen. Und nun, nach vielen Jahren, sei sie sicher, welches Baby später ein Kraftmensch und welches ein besonders liebes Kind würde, welches der Kinder Schutz brauche und welches in die Welt hinaus strebe. Dieser Artikel hat mich lange beschäftigt. Wie kann sie das bloß wissen?

Unsere Tochter Anne kam zur Welt, war ruhig, lieb und gleich ganz regelmäßig, ganz ohne Zutun oder Zureden. Klar! Gute Erziehung von uns! Das dachten wir wohl heimlich. Andere Kinder kamen aus der Nachbarschaft, um das neue Baby herumzufahren. Anne schaute in die Welt hinaus und ließ alles mit sich geduldig geschehen. Der legendäre Tom Sawyer verdiente Geld, damit die Jungen ihm die Arbeit des Zaunstreichens abnahmen – und ich hätte Anne stundenweise als Baby vermieten können, statt sie selbst auszufahren. Sie war der Liebling, aber sie war nie wirklich anschmiegsam. Sie war wach da und schaute, „machte mit". Sie ließ sich auf den Arm nehmen, aber sie wollte nicht wirklich von selbst dorthin. „Kein Knuddelkind."

Unser Sohn Johannes kam zur Welt. Die Hälfte der Zeit saß er auf einem Schoß, am liebsten bei meiner Frau, auch gern bei mir, wenn sie nicht da war. In der anderen Hälfte der Zeit passierte leider immer etwas. Marmelade kippte um. Alles wurde als Essen interpretiert. Ganz früh begann er, „richtig zu essen". Ach was, Milch! Er schien keinen Schlaf zu brauchen. Nachts war er guter Dinge. Meine Frau und ich klatschten uns nachts mehrmals ab, so wie Auswechselspieler hereinkommen und hinausgehen. Es war ein rechtes Drama. Wir hätten ihn wohl dauerhaft im Ehebett lassen sollen, aber da rollte er herum und lag quer, schnaufte und war glücklich (aber ich nicht). Er blieb lange Schoßkind, wurde ein lieber Schüler, bei dem irgendwie oft etwas Ungeplantes passierte ...

So sind sie geblieben bis heute. Anne liest gerade. Johannes rappt irre laut Eminem (in der Hand ein imaginäres Mikro) und wartet auf seine „Kumpels", die gleich kommen.

Die Kinder der Eltern aus unserem Wickelkurs sind so geblieben, wie sie am Anfang waren. Meine Neffen. Meine Schwester. Meine Mutter. Mein Vater. Ich wohl auch.

Das ist eine seltsame Stichprobe, die mir als Mathematiker alle Unehre macht. Das aber ist hier nicht der Punkt. Es gibt wissenschaftliche Wahrheiten und persönliche. Und die Wahrheit unseres Ursprungs konnte ich *nicht* als erfolgreiche Versuchsreihe einer Hebamme als meine persönliche Wahrheit akzeptieren, ich habe sie lange als Fremdkörper in meinem Geist herumgetragen. Bloßes Buchwissen, dass Menschen als Baby ein ursprüngliches Wesen haben, hilft nicht. Aber wenn Sie zurückdenken oder wenn Sie die Babys sehen und auf ihrem Weg verfolgen, wenn Sie Ihre eigenen Kinder betrachten: Dann mögen Sie eine Chance haben, eine persönliche Wahrheit zu schöpfen, die zur Erkenntnis eines eigenen Ursprungs führt. Alle diese Bergpredigten, achtfachen Wege und kategorischen Imperative sind nichts als wissenschaftliche Wahrheiten. Sie müssen am Ende persönlich werden. Deshalb bombardiere ich Sie nicht mit Lehrsätzen oder Appellen oder Gewissheiten, wie die Welt besser dastünde. Sie müssen den Urgrund von Wasser und Sonne in Menschen körperlich spüren, am besten gleich in sich selbst.

Deshalb führe ich so viele Beispiele aus dem Leben an. Immer wieder. Immer wieder solche:

Ich komme mit extrem starken Kopfschmerzen nach Hause. Anne, damals Kleinkind, erwartet mich an der Tür und stürmt auf mich zu, weil wir Karussell fahren wollen. Ich nehme sie in den Arm, sage, was mir fehlt, und bitte sie um einen *anderen* Tag. Sie legt ernst die Hand auf meine Stirn, stellt ein paar Fragen zu meinem Befinden, nickt verständig und geht spielen.

Ich komme mit extrem starken Kopfschmerzen von einem Überseeflug nach Hause. Der kleine Johannes erwartet mich jubelnd an der Tür, springt wie ein junger Hund an mir hoch und brüllt vor Freude. Ich stelle ihn ernst vor mich hin und sage, dass ich mich so elend wie „fast noch nie" fühle. Er freut sich und jubelt. Ich wiederhole lauter, dass ich völlig fertig bin. Johannes versucht, auf meinen Rücken zu springen und winkt den anderen, die jetzt kommen. Ich schreie. Er jubelt. Ich schüttle ihn: „Hör bitte zu!" Er freut sich. „Hör mal auf und hör zu!" Zehn Versuche später sitze ich auf dem Boden vor ihm und weine echte Tränen, die er sehen könnte. Er versteht nicht und freut sich. Mein Kopf bricht.

Es sind zwei liebe Menschen, die beiden, aber andersartige. Stellen Sie sich die beiden als Pflanzen vor, die Wasser und Sonne brauchen, so wie Menschen verschieden spezifische Grade von Lebhaftigkeit/Lebenslust und Wärme in sich tragen. Anne ist am ehesten in ihrem Ursprung, wenn sie liest: Schilf am stillen Waldsee. Johannes braucht viel von *allem*: Tropenpflanze.

Was macht die Gesellschaft mit ihnen? „Anne geh doch raus." – „Johannes, lies du doch auch Bücher." Bücher reichen aber für Anne. Fußball und laute Musik allein für Johannes auch. Ich höre immer noch die Klage aus meiner eigenen Kindheit: „Spiel doch mit." Ich musste damals zum Arzt, der mir voller Weisheit über mein stilles Wesen sogleich die Rachenmandeln entfernte. Vielleicht war es *das*?

Ich möchte Ihnen anhand dieser Sicht auf Pflanzen, auf Wasser und Sonne etwas über artgerechte Haltung erzählen und dies zu Ihrer persönlichen Wahrheit machen.

Ach, da fällt mir ein: Menschen haben allegorisch gesehen so etwas wie eine Muschel!

Die Muschel liegt im fließenden Wasser und filtert Nahrung aus dem klaren Strom. Tagein, tagaus. Ihr Leben ist frisch und reich. Da wird sie eines Tages verletzt. Ein Fremdkörper drang in sie hinein. Sie wird von Schmerzen überflutet, die so stetig wie der Strom in ihr fließen. Sie versucht, den Fremdkörper durch einen Perlmuttüberzug zu isolieren und unschädlich zu machen. Schmerzwellen auf Schmerzwellen. Langsam wächst eine Perle heran, wunderschön. Bei aller Schmerzverzerrung beginnt die Muschel, sich an ihrem entstehenden Lebenswerk zu freuen. „*Gott will, dass Muscheln Perlen erschaffen!*", denkt sie und sieht ihr Leben erfüllt. Wenn sie an der Wunde einst stirbt, war das gerade ihr Lebenssinn.

Wenn ein Mensch Glück hat, wächst er bei liebenden Eltern auf und hat eine frohe Kindheit. Da wird er eines Tages planmäßig verletzt, was er gar nicht merkt, weil die Eltern ihm zur Ablenkung eine Schultüte schenkten. Daraus werden bald Prüfungen und Stufen, schließlich Shareholder-Value und Globalisierung. Er versucht, die Verletzungen durch einen Überzug zu isolieren. Überzüge sind: Karrieren, Werke, Kunst, Siege. Langsam wachsen glänzende Überzüge über die Verletzungen. Sie sehen wunderschön aus. In allem Schmerz beginnt der Mensch darin die Erfüllung seines Lebens zu sehen … Wenn er einst stirbt, weiß er wofür. Oder weswegen. Gott wollte den Glanz.

Die Dichter beschrieben uns immer wieder beim Anblick einer trauernden Jungfrau: Tränen sind Perlen. Und ich ahne: Perlen sind Tränen.

Der Engel hatte sie wieder begleitet, stand aber wiederum fern von ihr, und wandte das Auge ab. Das kümmerte aber das Mädchen nicht mehr; wohl aber, wie sie sah, daß der Engel sich ein Krönlein von Perlen aufsetzen wollte, litt sie das nicht, sondern sagte: Das Krönlein gehöre ihr, denn die Pathe habe ihr alles das versprochen. Und sie nahm das Krönlein dem Engel; aber im Augenblicke zerbrach es, und die Perlen fielen alle zu Boden, und zerflossen wie Thränen. Darob erschrack zwar das Mädchen, aber sie ließ sich's nicht zur Warnung seyn. (Aurbacher: Büchlein für die Jugend)

Bei der Hochzeit darf die Braut keine Perlen tragen, denn diese bedeuten Thränen. (Bartsch: Sagen, Märchen und Gebräuche aus Meklenburg)

3. Die Aufmerksamkeit im Körper und unser Instinkt

„Da meine Cholesterinwerte so schlecht geworden sind, sollte ich anfangen, Sport zu treiben. Ich vernachlässige das bisher vollkommen. Deshalb schwöre ich am heutigen Silvestertag, dass ich dich, oh du mein Körper, zum Schwitzen bringen werde, damit du besser funktionierst."

So spricht der Herr zum Knecht – der Verstand zum Körper, der gerade Champagner nach Glühwein trinkt. Damit äußert der Verstand einen so genannten Silvestervorsatz oder einen frommen Wunsch. Wenn der Körper nicht mitmacht, wird es nichts. Dieses Jahr nicht und nie.

Ich versuche es wieder mit einem Vergleich. Stellen Sie sich dieses Mal den Menschen wie einen PC vor, wie einen Computer. Der Computer arbeitet ganz schlaue und wichtige Programme fast fehlerlos ab, die ihm als Befehle eingegeben wurden. Ein hochintelligenter Programmierer hat für ihn diese Befehle aneinander gereiht. Sie werden sorgsam nacheinander ausgeführt. Der Computer wirkt ein bisschen wie ein Beamter, der Schritt für Schritt alle erdenklichen Vorschriften und Kästchen abhakt. „Schritt für Schritt. Akte für Akte. Vorgang für Vorgang. Immer schön einer nach dem anderen. Immer der Reihe nach, meine Herrschaften, warten Sie draußen in einer Schlange. Warten Sie, bis Sie einer nach dem anderen drankommen. Alles hat seine Zeit."

Jetzt schauen Sie auf Ihren Computer. Da sind viele Programme oder so genannte Anwendungen verfügbar. Man sagt: Sie sind auf dem Computer installiert. Man meint damit: Diese Programme können von diesem Computer ausgeführt werden, wenn sie vom Nutzer aufgerufen werden. Ein Doppelklick – und das Programm beginnt.

Wie wird ein Programm ausgeführt? Mit Hirn, Wissen und Verstand, die beim Computer CPU (der Chip) und Festplatte heißen.

Alles so weit klar? Und jetzt kommt die Gretchenfrage: *Welches* Programm wird abgearbeitet? Überhaupt eines? Wenn mehrere abgearbeitet werden sollen, in welcher Reihenfolge? Geht es am besten gleichzeitig? Und: *Wer* bestimmt das? Wer sagt, welche Programme angeklickt werden? Bei Ihrem PC klicken wahrscheinlich Sie selbst. Oder? Stimmt nicht, man hat Ihnen bei der Arbeit etwas befohlen. Sie *müssen* klicken. *Wer* also bestimmt? Sie oder das Unternehmenssystem? Wie viele Anwendungen kann der Computer gleichzeitig bearbeiten? Das hängt von der Kraft des Computers ab – je nachdem, wie hoch seine Prozessorleistung und seine Gedächtnisgröße auf der Festplatte sind.

Jetzt zum Menschen: Wer bestimmt, dass Sie jetzt Kaffeepause machen? Oder arbeiten? Oder husten? Sich am Kopf kratzen? Wie viel davon können Sie gleichzeitig tun? Wie bestimmen sich Reihenfolgen? Ich sage es Ihnen: In Ihrem Körper sitzt etwas. Es fühlt sich wie Wille an, der mal mächtig drängt oder auch unschlüssig flackert. Will ich Kaffee trinken oder zu Ende arbeiten? Ein Stück des Körpers will Kaffee. Ein anderes Stück hat Angst, nicht fertig zu werden. Welches Programm wird nun abgearbeitet? Kaffee mit Milch, Zucker und Angst? Oder Arbeit mit grummelndem Bauch und einem halben traurigen Ohr, das den hellen Klang von duftenden Kaffeelöffeln riecht? In uns stimmt meistens etwas nicht richtig. Unser Computer arbeitet ein Programm ab (zum Beispiel am Strand liegen) und da steigt gleichzeitig die Angst hoch, dass gerade ganz dringende Arbeit zu Hause liegen bleibt – immer ist da das Widerstreitende!

Der Kopf arbeitet Programme ab wie ein Computer. Aber irgendwo im Körper tobt der Kampf, *welche* Programme ausgeführt werden sollten. „Liebe ich Max? Liebe ich Moritz? Liebe ich Tiramisu?" – „Ich muss *rangehen*! Ich schaffe es bisher nur beim Telefon." – „Ich muss *abnehmen*! Ich schaffe es nur beim Telefon." – „Wenn ich springe, breche ich mir die Knochen. Wenn ich verweigere, brechen sie mir das Genick."

Im Körper tobt ein Kampf um die Aufmerksamkeit. Die Programme scheinen eine Art Eigenwillen zu haben. Sie rufen: „Führ mich aus!" Einige Programme haben Alarmcharakter: Der Wecker klingelt. Wir fallen hin. Jemand bedroht uns. Ein Schuss fällt. Dann agieren wir instinktiv. Der so genannte Instinkt wirft augenblicklich Programme an. Für manche Menschen ist das Telefonklingeln so etwas. Da kommt jemand nach zehn Jahren das erste Mal zu Besuch und ich bin glücklich. Da rufen Freunde an. Ich unterbreche für das Telefon, rede lange. Der Besuch muss gehen. Verrückt, nicht wahr? Das Telefon befiehlt: „Geh ran!" Oder: Sie haben seit vier Monaten einen wichtigen Termin beim Vorstand Ihres Unternehmens. Sie haben drei Wochen an der Vorbereitung gearbeitet. Sie haben eine Woche nicht schlafen können. Jetzt! Gong! Jetzt dürfen Sie zwanzig Minuten Ihre Vorschläge erklären. Da klingelt das Telefon. Der Vorstand spricht lange. Er bittet Sie sehr bedauernd, alles eines Tages seinem Assistenten eventuell schriftlich zu schicken. Das Telefon war wie eine Hinrichtung.

Es tobt also der Kampf, *welches* Programm Priorität hat! Es tobt der Kampf, welche Programme gleichzeitig ausgeführt werden. „Ich habe meine Arbeit ins Schwimmbad mitgenommen. Lustig, wie ich mich mitten im Wasser am Handy gezankt habe, dass sie die Buchung stornieren. Ich habe laut gebrüllt und gewonnen! Ich lasse mich von denen nicht nass machen! Nebenbei bin ich braun geworden. Meine Frau an meiner Seite hat auf dem Handtuch die Handwerker koordiniert."

Ich möchte in diesem Buch einen Unterschied machen: zwischen den Programmen einerseits und der Aufmerksamkeitssteuerung andererseits, die über die Ausführung der Programme entscheidet. Ein Programm ist mehr wie *Software*. Die Aufmerksamkeitssteuerung oder so etwas wie der Instinkt „sitzt eher im Körper" und wird von uns jedenfalls dort wahrgenommen. Sie quält, gelüstet, sehnt, interessiert, verlangt, will, besteht, fordert, befiehlt, zuckt zusammen, ekelt, ärgert, grämt sich. Ich stelle mir dieses körperliche Wühlen in mir wie *Hardware* vor. Es zuckt oft oder meistens ganz automatisch. Es lernt aus Fehlern, Katastrophen, Lust oder Triumphen. Es reagiert nicht auf meinen Verstand. Der Verstand ist mehr wie ein Programm, nicht wahr?

Der Verstand ist vielleicht das *Hauptprogramm* in uns. Oder wir sagen besser: Der Verstand ist ein Metamodul oder Metabaustein für viele Programme. Und wenn mein Verstand zu Silvester vom Körper fordert, mehr Sport zu betreiben, dann will ein gerade ausgeführtes Programm die Hardware verändern, die ja entscheidet, welches Programm ablaufen soll. Also müsste die Hardware für Sport eingerichtet sein? Wie aber kann ein Programm die Hardware ändern? Das ginge wohl im Prinzip. Sie kennen ja Computerviren, die „den Körper" des Computers verändern. Aber Sie sehen, wir sind hier schon an einem schwierigen Punkt angekommen: Wer kann Herr sein? Wer soll Herr sein? Müssen alle diese Kämpfe in uns stattfinden oder können wir uns so schalten, dass in uns „Seelenruhe" oder Harmonie herrscht?

Das ist der Gegenstand aller Sinnlehren.

Die meisten vergleichen aber Programm mit Programm, dies gegen das. Das Problem aber ist in dem, was ich eben Hardware genannt habe.

In meinem Buch *Omnisophie*, dem ersten Band der Trilogie *Omnisophie/Supramanie/Topothesie*, habe ich mathematische Vorstellungsmodelle für den „Instinkt" oder das Betriebssystem im Menschen gegeben. Es geht dort um blitzartig reagierende Algorithmen, die unmittelbar auf Wahrnehmungen hin aktiv werden. („Bremsen!" – „Gabi ist eingeladen und ich nicht!" – „Ein Fehler!" – „Ich hatte den ganzen Morgen den Reißverschluss auf!") Da zuckt etwas in uns. Ein Programm wird angeworfen. Alle anderen Programme können dabei unterbrochen werden wie bei einem Telefonanruf. Ich habe ein Vorstellungsmodell entwickelt, dass wir vielleicht einige Hunderte bis wenige Tausende solche Blitzerkennungsalgorithmen quasi auf unserer Haut sitzen haben, die jeder für sich nur auf eine einzige Wahrnehmung lauern. Wenn Sie dieses Bestimmte wirklich wahrnehmen, schlagen diese von mir so genannten Seismographen an. Sie denken nicht und handeln nicht und erkennen nicht. Es sind ganz winzige Warner im Körper, die wie ein Piepser irgendwo alarmieren, dass etwas passiert ist und dass ein bestimmtes Programm aufgerufen wird. Es wäre nun schön, wenn Sie über diese Verfahren in *Omnisophie* gelesen hätten. Es ist nicht direkt notwendig, aber Sie sollten dann dieser Idee hier und jetzt mit großer Offenheit gegenüber treten. Harte Argumente gibt es in *Omnisophie*.

Ich gebe ein paar Beispiele. Sie gehen an einem Spiegel vorbei. „Zuck!", sagt etwas und signalisiert, dass etwas nicht in Ordnung ist. Die Hardware ruft das Programm *Aussehensüberprüfung* auf, das durch den Verstand abgearbeitet wird. Das Programm rechnet aus: *Kämmen*. Die Hardware ruft *Kämmen* auf, in diesem Moment kommt plötzlich ein *weiterer* Seismographenschlag: „Zuck!", sagt etwas und meldet *große Eile*, und zwar so dramatisch, dass dieses „Zuck!" im Körper fast schmerzt. Die Hardware sagt: „Tut's noch gerade, aber *kein* Kämmen mehr!" und lässt den Körper laufen. Der erste Seismograph weiß immer noch und jetzt besser, dass die Frisur verrutscht ist. Er zuckt und zuckt: *Kämmen!* Der starke Seismograph aber sticht hart in den Bauch: *Eile!*

Bei den Seismographen gewinnt das Starke, nicht das Vernünftige, weil Seismographen an sich weder erkennen noch wissen, noch Vernunft haben. Sie melden nur mit einer ihnen zugewiesenen Stärke. Die Notseismographen haben die allerhöchste Stärke und setzen alles andere aus. Es gibt schwächere Seismographen, die immer wieder wollen, dass die Dachrinne sauber gemacht wird. Und es gibt ganz schwache Seismographen, die ich nur höre, wenn die Seele in relativem Frieden ist. „Zuck! Mach Gymnastik!" Und in einem ruhigen Moment zu Silvester, wenn der Champagner die Notseismographen einschläfert, die an die Jahresbilanz erinnern, in diesem Augenblick sagt die Hardware: *Gymnastik ab morgen.* Aber morgen ist ein anderer Seismographentag. Da wachen die Seismographen wieder auf.

In dieser Vorstellung wird der Körper von einer Hardware gesteuert, die auf Seismographenwarnungen reagiert. Was am meisten schmerzt oder gelüstet, wird zuerst ausgeführt. Man muss den eigenen Körper ziemlich stark umbauen, wenn er zum Beispiel einen so starken Seismographen für *Altersversorgung!* hat, dass er dafür spart und zusätzlich Gymnastik macht.

So zuckt in Ihnen ein wildes Sammelsurium von Seismographenausschlägen. Die einen wollen trinken, sich sonnen, schwimmen, Eis essen und streicheln. Die anderen fürchten Einnahmeverluste, Rache, Fehler oder unangenehme Menschen.

Wie bekommen wir Ordnung oder gar Harmonie in dieses Blitzlichtgewitter? Manche Lehren wollen das Wollen durch Askese verlernen, so dass niemals mehr irgendwelche Seismographen mehr zucken. Kant lehrt, die Pflicht aus Neigung zu tun, worauf die Seismographen sich nicht direkt im Körper bekämpfen, weil sie sich „einig" sind. Andere Wissende sehen das Verlöschen im Nirwana als Ziel. Manche erstreben Einssein mit der Welt. Und es gibt viele, die sich einer einzigen Sache vollkommen hingeben, darin aufgehen, also dieses eine einzige Programm in der Priorität so hoch über alle anderen stellen, dass alle anderen Seismographen überhört werden.

Die letzte Methode ist bei den normalen Menschen am weitesten verbreitet. Davon ist jetzt die Rede.

4. Die wunde Stelle des Selbst, an der wir zuerst zu packen waren

Woher kommen denn bloß all die Seismographen, die uns zum Handeln drängen? Warum alarmieren sie bei mir so, bei Ihnen anders?
„Ich werde ganz verrückt, ich schaffe es nicht!" – *„Warum* musst du es schaffen? Du *machst* dich verrückt."

Wir haben eben ganz unterschiedliche Seismographen. Meiner mag heulen, während Sie gar keinen in dieser Sache haben. Also weine ich, während Sie nichts merken. Ich habe einige Leser-E-Mails zu einer Stelle in *Omnisophie* bekommen, wo ich schildere, wie ich verzweifelt eine ganze Nacht lang bis halb sechs am Morgen meinen Computer wieder heile. Wenn mein Computer nicht funktioniert, fühlt es sich so irre stark in mir an, als ob ich *selbst* nicht funktioniere. Das löst einen solch starken Alarm aus, dass alle Vernunft, aller Schlaf, alle Zeit keine Rolle mehr spielen. Ich würde längst nicht so schrill alarmiert zum Arzt laufen, wenn ich blutete. Die Leser schrieben, diese Stelle sei für sie eine Offenbarung, die sie sofort der ganzen Familie vorlesen würden. Sie jubelten, dass sie nun nicht verrückt seien, sondern nur so ähnlich wie ich! Diese Logik ist mir nicht klar geworden, aber sie hatten die Erkenntnis, dass es ein starker Seismograph ist: „Ich war in der Oper, sündhaft teuer, im neuen Smoking. Aber ich grübelte, warum der PC immer noch abstürzt. Im dritten Akt fiel es mir siedend heiß ein, dass ich gelesen hatte, man solle einen Patch aus dem Netz downloaden. Das hatte ich vergessen! Ach, ich möchte jetzt aus dieser Arie wegrennen und es ausprobieren. Ich gehe auf Toilette, ja. Dann hole ich den Laptop aus dem Mantel in der Garderobe und lade alles über das Handy. Schnell! Mist, die Verbindung will nicht! Es will nicht laden! Wieder zurück neben meine Frau! Die wird böse sein. Nein, sie genießt die Oper. Sie lächelt mich selig an: ‚Na, so lang weg? Ladehemmung?' Ich nicke erleichtert. Da fällt mir als weitere Möglichkeit noch ein …"

Warum haben wir unterschiedliche Seismographen?
Wir sind unterschiedliche „Pflanzen", die verschieden (grausam oder artgerecht) aufgezogen wurden.

Wir wachsen mit verschiedenen Grundsystemen auf. Ich bin still und nehme leise Veränderungen wahr. Deshalb leide ich schnell, wenn der Stresspegel steigt. Andere finden diesen Pegel noch langweilig.

Wenn von mir jemand etwas will, versuche ich es sofort zu erledigen. Sonst plagt mich der Seismograph. Wenn wir Johannes laut anbrüllen „Mach XYZ, endlich, verdammt!", dann schaut er ganz verwundert und fragt sanft, warum wir so laut mit ihm sind. Weil wir es schon einige Male angemahnt haben! Johannes sagt mit ganz klaren Augen: „Davon weiß ich nichts. Habe ich nicht gehört." Das war für mich gewöhnungsbedürftig bis unglaublich. Die Wahrheit ist: Seine Seismographen sind viel höher eingestellt. Er ist so sehr lebhaft, dass ein einfacher, ruhiger Satz es nicht über seine Wahrnehmungsschwelle schafft. Lehrer sagten früher: „Man muss ihn vor sich hinstellen, die Augen fixieren, anordnen, wiederholen lassen, fragen, ob er es verstanden hat. Ja, dann haben wir eine Chance." Und Johannes sagt oft: „Denkt ihr, ich bin doof?" Er versteht nicht, dass wir etwas beim ersten Mal so eindringlich (schönes Wort, nicht wahr? Fühlen Sie es bitte – *eindringlich*) formulieren. Es hat nichts mit Verstand zu tun, sondern mit dem Wahrnehmungsinstinkt. Wenn ich zum Beispiel an diesem Buch schreibe, bin ich tief konzentriert, bei Abschaltung aller Wahrnehmung. Da muss mich meine Familie auch etwas schütteln. Und sie fragen: „Hast du gehört?" Das ist nicht sicher.

Ich muss mit Ihnen in diesem Buch eine Reise durch Schmerzen machen: Die hauptsächlichen Seismographen stammen aus den Wunden der Kindheit. Lebhafte Kinder werden diszipliniert und ihr Wille gebrochen. Schoßkinder werden mit Liebesentzug gefügig gemacht. Schüchterne wie ich zucken bei fast allem und spielen irgendwann am liebsten allein, lesen viel und werden Mathematikprofessor. Jede „Pflanze" reagiert anders und nimmt auf andere Weise Schaden. Sonnenmenschen schadet Schatten, Trockenmenschen schädigt das Übergießen. Empfindliche Menschen leiden unter dem Umpflanzen, während andere tüchtig beschnitten werden können und sofort wieder nachwachsen.

Jeder Mensch also, das will ich darstellen, hat typisch wunde Stellen.

Die Eltern, Lehrer und Chefs dieser Menschen haben wieder wunde Stellen, wieder andere Seismographen und zucken selbst bei irgendetwas anderem. Das System (Gesellschaft, Familie, Unternehmen) hat eigene Schmerz- und Lustsysteme. Alle nehmen auf den armen Einzelmenschen Einfluss und haben normalerweise keine wirkliche Kenntnis von der Beschaffenheit dieses Einzelmenschen. Aber in geheimnisvoller Weise spüren sie, wie der Einzelmensch zu packen ist, wo seine wunde Stelle ist.

So kann man den Empfindlichen Stress machen, den Liebebedürftigen schmollen, den Braven Schuld androhen oder den Kräftigen Freiheitsentzug. Diejenigen, die uns beeinflussen, wollen den Schmerzseismographen so stark machen, dass er sich in der Körperhardware gegen alle anderen Schmerzen und Lüste durchsetzt und dasjenige Programm anwirft, das der Herr vom Knecht verlangt. Da die Menschen an manchen Stellen stark, an anderen schwach sind, gehen die Herren sehr klug vor und suchen die schwachen Stellen. „Mit Geld kriegst du ihn nicht herum. Aber einmal ‚Schlappschwanz!' sagen erzeugt Wunder." – „Die spielt so lange Rauchsäule, bis du sie lobst, dann arbeitet sie gut." – „Wir drohen ihm, sein Einzelzimmer wegzunehmen. Dann kuscht er." Diese Wundenvirtuosität wird oft Menschenkenntnis genannt.

So ist es für mich viel einfacher, als Manager anderen Mitarbeitern zu befehlen, Gymnastik zu machen, als selbst für mich damit anzufangen. Ich kann die Körper der anderen durch Sanktionsandrohungen (starke Seismographen) gefügig machen. Mein eigener Körper aber gehorcht mir ja nicht. Oder doch? Aber wie? Ich leide am meisten, wenn ich zu viel Stress und Strom bekomme (ich will ruhiges Wasser, klares kühles Licht). Wie soll ich mich selbst stressen? Das täte doch weh? Oder liegt die Antwort wieder darin, dass ich meinen Ursprung verlor?

5. Die Perle oder der zum Pseudosinn gedrehte Wundschutz

Warum haben die Menschen Wunden? Weil Eltern und Bosse das Beste für sie wollen und sich im Grunde mit dem Besten nicht so richtig auskennen. Heute wird deshalb meist vom Normalmenschen verlangt, er solle Höchstleistungsmensch werden. Das werden in Wirklichkeit nur wenige. Aber *alle* werden dazu angehalten. Deshalb wird es hauptsächlich so viel Schmerzen geben, viel Weh im Vergleich zu den vereinzelten Siegesschreien.

Etwa die Hälfte der normalen Menschen, die ich kenne, könnten so oder ähnlich sprechen (wenn es denn ihnen selbst überhaupt klar wäre): „Ich leide, weil meine Frau mehr verdient. Ich muss sie überholen. Dafür opfere ich mein Leben." – „Mein Vater hat ein Unternehmen. Ich schaffe es nicht. Er sieht auf mich herab. Manchmal möchte ich mich umbringen." – „Meine Schwiegermutter signalisiert deutlich, dass ihr Sohn unter Stand geheiratet hat. Ich hasse sie so sehr, dass es bald eine Scheidung gibt, denke ich. Leider habe ich schon Kinder. Sie sehen ihr ähnlich, was soll ich tun?" – „Ich merke nach Erfolgen immer, dass ich sie eigentlich nur deshalb erziele, um sie meiner Mutter zu Füßen zu legen. Dann habe ich eine Weile Ruhe vor ihr. Ich würde die Erfolge gerne meiner Frau zu Füßen legen, aber die verachtet Erfolge. Ich glaube, sie weiß, dass sie nicht für sie sind. Deshalb verachtet sie auch mich." – „Ich schaffe es nicht, in eine eigene Wohnung zu ziehen. Sie wollen das nicht. Sie sagen, sie leben nicht mehr lange, weil sie beide sehr traurig sind über die Arbeitslosigkeit. Ich sollte sie nicht allein lassen." – „Mein Vater ist im Heim. Er ist unausstehlich gewesen und hat unsere Ehe praktisch zerstört. Nun macht er uns Vorwürfe, wenn wir kommen. Wir haben ein schlechtes Gewissen, aber wir fürchten noch mehr, ihn zu besuchen." – „Meine Mutter wollte immer, dass ich etwas Besseres würde. Ich bin Putzhilfe. Sie verkraftet das nicht. Ich jetzt auch nicht." – „Ich habe gegen den Willen meiner Eltern einen Beruf gewählt. Sie vergällen mir das, weil ich zu wenig verdiene. Sie sagen, die Nachbarn lachen über sie. Alle meine Fehler fallen ja letztlich auf meine Eltern zurück, sagen sie." – „Ich habe gegen meinen eigenen Willen den Wunschberuf meiner Eltern ergriffen. Nun sieche ich in einem schrecklichen Umfeld dahin. Ich wachse nicht in dem richtigen Boden. Ich lese Franz Kafka."

Die Muschel liegt im klaren Wasser und lebt. Da ereilt sie eine Verletzung durch einen eindringenden Fremdkörper, die sie in langer Arbeit durch einen Perlmuttüberzug isoliert. Ihr Leben ist Schmerz. Die Perle ist schön. Da kommen Menschen vorbei und reißen die Perle an sich. Die Muschel werfen sie weg. Vielleicht ins Wasser.

Im 19. Jahrhundert sannen die Menschen nach, ob sie die Muscheln nicht künstlich verletzen könnten, um Perlen zu ernten. Man setzte Muscheln einen Fremdkörper ein, den man Kern nannte. Etliche versuchten, den Muscheln ganz winzige Buddhafiguren einzupflanzen, um die dann *heilige* Perlen entstünden. Erst knapp nach der Jahrhundertwende zum 20. Jahrhundert gelang es in Japan, die ersten brauchbaren Zuchtperlen zu ziehen. In die Muscheln (vorzugsweise Mississippi-Austern) gibt man einen Perlmuttkern zusammen mit einem Stück Mantelschleimhautgewebe einer anderen (geopferten) Auster hinein, bindet sie wieder fest zu, damit der Kern nicht abgestoßen wird, und wartet.

Zwanzig Prozent sterben.
Dreißig Prozent stoßen den Kern erfolgreich aus.
Zwanzig Prozent schaffen es, ganz kleine, ziemlich wertlose Perlen auszuscheiden.
Dreißig Prozent erzielen vernünftig gute Perlen, eine oder zwei von hundert sind richtig schön.

Wissenschaftler haben Naturperlen zerschlagen, um einen Kern in ihnen zu finden.
Es ist keiner drin. Nie. (Perlen entstehen wohl dadurch, dass etwa Schädlinge eindringen und dadurch winzige Perlmuttteile nebst Mantelgewebe irgendwie in der Muschel deplatziert werden, so dass die Zellen, die eigentlich an der Außenschale Perlmutt erzeugen, dies nun unkontrolliert innen tun. Deshalb funktioniert Perlenzucht nur so wie oben beschrieben, nicht etwa mit einem Staubkorn, wie der Volksmund sagt. Aber lassen wir lieber die gute alte Mär vom Verletzungskern so stehen. Es tut der Muschel so oder so weh.)

Menschen sorgen für Nahrung und ruhen in der Sonne und leben. Manchmal erschaffen Menschen aber Großes, wenn sie durch Gier oder Rache getrieben wurden, wenn sie geschmäht waren oder nicht respektiert oder geliebt wurden. Das sahen die Klugen und überlegten, wie man den Menschen züchten könnte, dass er viel leistete. Sie gaben den Menschen schwerste Aufgaben gegen Versprechen für Respekt, Würde, Liebe oder Geld. Sie stachelten sie an. Da bemühten sich die Menschen, hart zu arbeiten, ohne Ansehen des Schmerzes, der ihnen aus dem auferlegten Kern erwuchs. Die Freude derer, die ein Werk erschafften, ließ sie allen Schmerz vergessen und veredelte ihren Persönlichkeitskern auf feinste.

Zwanzig Prozent starben vor Schmerz.

Dreißig Prozent entkamen ins alte genügsame Leben.

Zwanzig Prozent wurden für Brauchbares gelobt.

Dreißig Prozent schufen ein Werk, und ein oder zwei von hundert erstrahlten hell.

Muschelkultur hat nur geringe Ausbeute.

Menschenkultur auch.

Menschenkultur zeigt uns Würde, Liebe, Achtung, Respekt, Bewunderung als Ziel. Das mögen wertvolle Ziele an sich sein. Aber heute geht es um „yield", so heißt die Ausbeutequote bei der Chipproduktion (die Anzahl der fehlerfreien Computerchips, die anderen werden nach Negativtest eingestampft). Wie viele Menschen schaffen das Abitur und behalten den eingepflanzten Wissenskern bei sich? Die Gesellschaft baut vor unseren Augen solche ewigen Werte wie Würde und Ehre nur als Triebziele der Arbeit auf, damit wir leisten und leisten.

Entlang dieser Gedanken will ich später im Buch entwickeln, wie Pseudolebenssinne aller Art entstehen. Hier nur zum Nachdenken: Gibt es in unserer Zeit viel Würde und Ehre *ohne* „Leistung"? Im Grunde geht es nicht um Werte, sondern um das verzweifelte Bemühen, die Wunde durch Perlenerzeugung vermeintlich zu schließen.

6. Der Perlenzüchter
und die zum Pseudosinn gedrehte Aggression

Viele Menschen leisten nicht selbst.
  Sie züchten.
  Sie sorgen, erziehen, führen, managen, helfen, heilen, pflegen, betreuen, lehren.

Sie beeinflussen andere Menschen und motivieren sie, geben Anstöße und erteilen Befehle. Sie achten darauf, dass Perlen entstehen. Sie setzen Keime in Menschen, damit diese um die Keime herum etwas leisten. Vielen geht es dabei um das Herrschen, obwohl es oft als Hilfe verkleidet ist.

„Ich habe den ganzen Tag abgewaschen und alle Schuhe geputzt. Niemand dankt es mir. Ich höre nie ein Dankeschön. Wenigstens verlange ich dafür, dass ihr alle heute zusammen mit mir *Lustige Musikanten* im Fernsehen anschaut."

Ich habe einmal einen Diplomanden betreut, der schlicht unbegabt war. Als das auch ihm selbst offensichtlich wurde, riet ich ihm, das Studium abzubrechen und eine Stelle als Programmierer anzunehmen. Er wäre damals als solcher mit Gold aufgewogen worden, so gut war die Wirtschaftslage. Er reagierte nicht wirklich. Ich wurde eindringlicher. Er musste „es" seiner Mutter sagen, das war wohl das Problem. Nach langer Zeit nahm er sich ein Herz. Seine Freundin war glücklich, weil sie alles hatte lange kommen sehen. Seine Mutter weinte lange und klagte, sie habe nun Jahre und Jahre alles von der Rente abgespart und von nichts gelebt, weil sie den Traum hatte, einen diplomierten Sohn zu besitzen. Sie wolle auch weiter bei Wasser und Brot darben, nur ein *Diplom*, ja, ein Diplom wolle sie von Herzen. Der Student studierte weiter (nicht mehr bei mir), die Freundin verließ ihn.

Mal ist Liebe ein Wort, mal fast Mord, zumindest aber die verdeckte Aggression dessen, der Einfluss nimmt. Manchmal ist es einfacher, sich brutalem Zwang zu beugen und hinter dem Rücken zu fluchen als gegen den Willen beeinflusst zu werden und dafür danken zu müssen.

So aber geht es im Leben des verletzten Normalmenschen zu!

Es gibt auch gute Eltern, Ärzte und Lehrer, aber sicher. Wie viele? (Dreißig Prozent der Muscheln erzielen gute Perlen, ein oder zwei von hundert richtig schöne.) Ich habe schon oft von diesem Drittel „da oben" geschrieben und bekomme immer wieder Leserbriefe. Nicht einer hat geschrieben, es wären mehr. Fast alle hielten ein volles Drittel „Guter" für sonnigen Humor von mir. Ich bleibe trotzdem bei dem Drittel. Für Perlmuscheln stimmt es ja offenbar auch.

Muss das alles so sein mit den Perlen? Geht das vielleicht anders?

Ich möchte darlegen, dass wir eben keinen neuen Kern in die Persönlichkeit legen sollten. Es ist nicht nötig, so will ich argumentieren. Und außerdem sind fast alle diejenigen, die in Menschen so etwas wie Motivationskerne hineinquälen, ganz furchtbare Amateure, mindestens zwei Drittel von ihnen, da bin ich sehr sicher. Es müsste doch leichter sein, einen Menschen in seiner eigenen Art großzuziehen und immer in seiner Art zu behandeln, als ihn dauernd umbiegen zu wollen. Das große Umbiegen aber muss ein großes Desaster sein, weil niemand für diese vielleicht delikateste menschliche Operation ausgebildet wird.

Wir werden schon Eltern nach *einem* Koitus und anschließendem Wickelkurs. Manager werden im Wesentlichen nicht ausgebildet – wenn wir von ein paar Kursen absehen, in denen sie aber immer nur Beeinflussungstricks lernen und niemals wirkliches Züchten.

Pfarrer wird man durch bloßes Theologiestudium.

Mathematiklehrer wird man durch ein Mathematikstudium mit ein paar Stündchen Pädagogik von Professoren, die nie an einer Schule arbeiteten.

Krankenschwestern lernen das Pflegehandwerk unserer physikalischen Körper, nicht das Pflegen der „Pflanze".

Wenn wir Betreuten dann klagen und weinen, sagen sie: „Es wird schon alles wieder gut."

7. Interaktionen unter Menschen wie Grenzkriege

„Hier drin stinkt es. Könnt ihr nicht einfach das Fenster aufmachen? Wie oft soll ich das nur sagen?" – „Und wie oft sollen wir sagen, dass es jetzt Winter ist und wir frieren?" – „Ich laufe im T-Shirt herum, es ist nicht kalt." – „Es gehört sich nicht, jetzt im T-Shirt zu gehen, weil Winter ist. Das tut man nicht." – „Ich regle es nach Temperatur, und zwar nach meiner." – „Wir richten uns nach der Temperatur, die jetzt allgemein sein sollte."

Die Psychologen, Linguisten, Philosophen sagen, dass der Mensch die Sprache zur Verständigung entwickelt habe. Ich halte das durchaus für möglich.

Im wirklichen Leben aber klagen wir alle immerfort, dass uns niemand zuhört. Das Problem des Zuhörens füllt ganze Bibliotheken und Lehrgangshotels. Alle lernen zuhören. Schüler hören nicht zu. Eltern nicht. Eheleute reden aneinander vorbei. Chefs hören nicht. Die Welt hört nicht auf Gott.

Es gibt viele Theorien über die menschliche Kommunikation. A redet zu B. Jede Kommunikation wird in Teile zerlegt, in Beziehungsanteile, Sachanteile, Befehlsanteile. Wir lernen aus diesen Theorien, wie wir richtig kommunizieren. Anschließend befassen sich diese Theorien aber nur mit dem Problem, dass wir falsch kommunizieren – und zwar allesamt. Es kommt gar nicht an, was wir gemeint haben! Wer hat daran Schuld? Wie sage ich etwas so, dass man mir zuhört?

Ich habe schon viele Vorträge und Lehrgänge gehört. Mir fehlt so ein bisschen der Glaube daran.

Ich glaube, ich habe einen Fehler in dieser landläufigen Vorstellung gefunden: Im Grunde wollen wir nicht kommunizieren, sondern interagieren, oder ganz grob ausgedrückt: Wir wollen etwas von anderen Menschen *haben*. *Das* müssen wir ihnen sagen. Wenn die anderen Menschen zuhören würden, wie es die reine Theorie verlangt, dann müssten sie sich mit unserer Forderung auseinander setzen. Da hören sie lieber nicht zu. Die Perlenzüchter wollen uns doch wieder etwas einimpfen, nicht wahr?

Deshalb behaupte ich hier im Buch: Kommunikation dient hauptsächlich *nicht* der Verständigung, sondern dem Durchsetzen von Interessen. Die Tropenpflanze dreht die Heizung hoch, worauf die deutsche Eiche entsetzt aufschreit. Lüftungsdialoge sind keine Verständigung, sondern „My-Way-Auseinandersetzungen". Wenn Sie also klagen, Ihnen höre niemand zu, dann empfinden Sie eigentlich oft nur, dass niemand tut, was Sie wollen. Wenn zum Beispiel eine Regierung nicht durchsetzen kann, was sie will, versucht sie, es besser zu *kommunizieren*. Sie muss also besser *kämpfen*. In vielen Unternehmen bedeutet der Satz „Bitte kommunizieren Sie das den Mitarbeitern" so etwas wie „Sorgen Sie dafür, dass die Leute das ohne Trara schlucken". Wenn Manager Reden halten, dass die eigene Firma erfolgreich und toll ist und schon wieder positiv im Internet erwähnt wird, was viel Geld gekostet hat, schlafen alle Zuhörer. Sie erwachen aber immer für Sekunden, in denen ein Wille artikuliert wird. Da horchen Sie auf und entscheiden sehr fein, wie tief sie jetzt weiterschlafen.

Reden ist mehr wie Perlen züchten und Zuhören mehr wie geimpft werden.

Die ganze Wissenschaft aber hat diese irrige Verständigungsvorstellung von menschlicher Interaktion, während in allen Flughäfen Ratgeber für Züchter angeboten werden: „So tricksen Sie bei Verhandlungen." – „Wer sich berechenbar und vernünftig verhält, verliert immer." – „So verkaufen Sie alles zum doppelten Wert und werden hinterher vom Kunden geküsst."

Im Grunde geht es den verschiedenen Pflanzenarten darum, die für sich als beste empfundenen Klimabedingungen für alle anderen Pflanzen verbindlich zu machen. Insofern ist Kommunikation hauptsächlich Kampf. Dieser Kampf könnte nach meiner Ansicht eingedämmt oder teilweise unnötig werden, wenn wir alle wüssten, dass wir nur immer die Grundverschiedenheiten mit Feindschaft verwechseln. Wir kämpfen also ewig, wo wir besser verstehen und dulden könnten.

Wir brauchen das Vorstellungsmodell der „Artgerechtigkeit".

8. Komplexitäten und Vorstellungsbilder – und was ich sagen will

In der Trilogie, die dieser Band beschließt, geht es mir darum, eine ganzheitliche Sicht des Sinnumfeldes des Menschen darzustellen. Ich benutze dazu Vorstellungsbilder: Seismographen, Gehirnhälften, neuronale Netze, Perlen und Pflanzen. Ich schreibe immer wieder: *Vorstellungsbilder*.

Es hat nicht so viel Sinn, alles wissenschaftlich genau auszuführen. Die meisten Bücher erklären „den Sinn" so kompliziert, dass man ihn oder auch nur das Gemeinte nicht verstehen kann. Wie sollte man ihn dann für sich selbst finden?

Ich möchte die Vorstellungsbilder so herausarbeiten, dass Sie sie als persönliche Wahrheiten empfinden können. Es geht mir deshalb darum, griffige Bilder zu entwickeln, die in uns wirken können.

Ich möchte dies an dieser Stelle einmal explizit sagen, weil viele von Ihnen immer so genau nachprüfen, ob nun *jeder* Mensch genau in die Schemata passt, die ich vorschlage. Darum geht es mir nicht. Ich möchte, dass wir eine *einfache* und ganzheitliche Sicht finden, die im Herzen und im Körper nisten kann, nicht nur als Universitätsprüfungsstoff im Gehirn. Diese Vorstellungsbilder ergeben keine exakte Erklärung der Welt, sondern sie sollen helfen, das Leben natürlicher und für uns im Ganzen gnädiger zu sehen.

Sie selbst haben zum großen Teil solche Vorstellungsbilder geschluckt und hinterfragen sie kaum, weil Sie nie Zeit dafür aufgewendet haben. Sie glauben an das Ich, das Über-Ich und das Es Sigmund Freuds, obwohl es klar ist, dass es die real nicht gibt. Sie glauben an die Maslow'sche Bedürfnispyramide, obwohl ich in *Supramanie* gezeigt habe, dass sie etwas ganz Verfehltes erklärt. Sie glauben, dass Sprache „miteinander reden" bedeutet, wo sie eigentlich eher „streiten" ist. Sie glauben an die Darwin'sche Theorie, obwohl ich diese in *Wild Duck* nicht wirklich widerlegt (mach ich irgendwann noch, wenn ich Zeit habe), aber doch zumindest angezählt habe.

Ich möchte mit diesem Buch gegen alle diese Vorstellungsbilder protestieren, weil sie zum großen Teil für unsere jetzige Misere verantwortlich sind. Der Darwin'sche Gedanke des Artenkampfes lässt uns heute den Sozialdarwinismus als etwas Naturgegebenes akzeptieren. Die Freud'sche Einteilung in Es und Über-Ich (Trieb und Gesetz) hat den dritten Teil des Menschen (Intuition) völlig vergessen und führte zu einer ganz einseitigen Verlagerung von Erziehung und Management auf den Kampf gegen das Es, bei dem meist leider auch das Intuitive und Kreative vernichtet wird.

Deshalb widerlege ich nicht irgendwelche Theorien, sondern ich versuche, neue Vorstellungsbilder zu kreieren, mit denen ein besseres Leben gelingen kann. Ich setze also eher Vorstellungsbild gegen Vorstellungsbild, nicht Theorie gegen Theorie. Es geht nicht um Theorien, sondern um Leben.

9. Wie wäre eine wohlgestaltete Welt?

Deshalb möchte ich in diesem Buch ein neues Vorstellungsmodell der artgerechten Haltung oder Behandlung einführen. Ich möchte die Vorstellung erwecken, dass das meiste, was wir für Wissen, Vernunft, Einsicht halten, eine Triebreaktion unseres Seismographen- oder Instinktsystems ist. Ich möchte um die Einsicht ringen, dass Erziehung und Management von Menschen heute hauptsächlich aus unkundigen Brachialeingriffen in die menschliche Hardware bestehen. Diese führen zu großen Schäden im Menschen, die durch nochmalige unkundige Brachialsymptombekämpfungen nicht rückgängig zu machen sind. Zurück bleiben ausgebrannte Menschen in Ratlosigkeit.

Ich möchte also diese Vorstellungen erhärten, davor warnen, dass wir für Menschenhardwareänderungen kaum Wissen haben (auch ich nicht), und über eine Welt nachdenken, die dann wünschbar wäre.

Wie sähe eine wohlgestaltete Welt aus?

Grob so: Wir überlegen uns gute Lebensbedingungen für alle Menschenarten. Wir überlegen uns, wie wir diese Arten gar nicht erst ihrem Ursprung entreißen oder herauszwingen, sondern sie in ihrer artgerechten Bandbreite aufwachsen lassen. Dazu brauchen wir ein Gesellschaftssystem, das „die Wilden" unter uns besser in den Griff bekommt („Für Auslauf sorgen statt die zu Hause Unruhigen zur Ruhe zwingen") und das die Intuitiven/Aggressionsarmen unter uns nicht bekämpft, weil diese ohnehin gute Menschen sein wollen. Wir brauchen ein System, das die ewigen Werte in ihrer wahren Form als unveräußerliche Prinzipien über uns hütet und das sich als Hüter der normalen Menschen versteht.

Ich beginne jetzt eingehender mit Argumenten und Vorstellungen unserer Hardware. Da wir diese nie als solche wahrnehmen, wird unser Leben unnötig mit Konflikten beladen. Diese Konflikte stelle ich konsequent heraus. In den weiteren Teilen des Buches geht es um die Wohlgestaltung der einzelnen Menschenarten. Dazu muss auch etwas zu Religion und Gott gesagt werden. Ich gebe Ihnen ein Vorstellungsmodell Gottes und vervollständige damit eine Vorstellung einer wohlgestalteten Welt, die eine Chance hat, in Ihnen Platz zu finden.

II. Stimmt die Chemie?
Oder etwas im Kopf nicht?

1. Einleitende Gedanken über Plattwürmer

Michael Grüebler schickte mir eine hellsichtige E-Mail zusammen mit einem Artikel über Planarien aus der Schweizer *Weltwoche* (Ausgabe 8, 2003). Er meinte, der Bericht würde die seismographischen Thesen aus meinem Buch *Omnisophie* in möglicherweise wärmeres Licht rücken.

In dem Artikel geht es um Versuche an Plattwürmern, aus denen ein Wissenschaftler sehr weitgehende Schlüsse ziehen wollte, die sich nie halten ließen. Immerhin verursachte die Spekulation um das Wissen im Körper wohl einige Wellen.

Ich möchte hier kurz den Versuch schildern, dann aber etwas ganz anderes verdeutlichen, nämlich das, worauf *mir* dieser Versuch und sein Ergebnis hinzudeuten scheinen.

In dem besagten Artikel wird von Experimenten des amerikanischen Psychologen James McConnell berichtet, die dieser mit Planarien anstellte. Er träumte anschließend sehr lange von Erinnerung übertragenden Chemikalien, bis 1966 dreiundzwanzig amerikanische Forscher in der Zeitschrift *Science* einen gemeinsamen Brief publizierten, in dem sie seine Schlussfolgerungen ihrer Meinung nach widerlegten.

Planarien sind Plattwürmer aus der Familie der Strudelwürmer. Sie sind stark abgeplattet mit einer halsartigen Einschnürung und einem deutlich sichtbaren Kopf. Planarien sind bis zu zwei Zentimeter lang und vermehren sich sehr freudig. Man kann sie auch einfach durchschneiden! Das vermehrt sie nur weiter. Wenn Sie eine Planarie in der Mitte durchschneiden, wächst dem Schwanzteil ein Kopf nach und dem Kopfteil ein neuer Schwanz. Dann sind es zwei. Sie können sie auch längs teilen. Wenn Sie es gut hinbekommen, wachsen den beiden Hälften je ein neuer Kopf und ein neuer Schwanz nach.

So. Jetzt kommt erst die Hauptsache: Die Forscher haben den armen Planarien etwas beigebracht. Mit Lichtblitzen und Elektroschocks lassen sich Planarien so abrichten, dass sie sich bei bestimmten Lichtblitzen zusammenkrümmen. Damit lässt sich also eine Reaktion von ihnen leicht beobachten. Blitz! Krümmen. Blitz! Zusammenziehen. Blitz! Aufbäumen. Und nun der endgültige Clou: Wir schneiden die Planarien in der Mitte quer durch. Die Kopfteile werfen wir in den Teich zurück und geben den Schwanzteilen gutes Futter, damit sie sich prächtig entwickeln und nicht länger so kopflos herumkriechen.

Wenn die Köpfe wieder nachgewachsen sind und uns die Tiere wieder ganz vollständig erscheinen, beginnen wir gleich wieder mit den Lichtblitzexperimenten. Wir wollen einmal sehen, was die vervollständigten Schwanzteile anstellen, wenn ihnen der Kopf weggenommen wurde und wieder nachwuchs. Die Versuche ergeben: Die neuen Tiere wissen tatsächlich noch, dass sie sich zusammenkrümmen müssen! Blitz! Krümmen. Es geht noch!

So. Was sagen Sie nun?

James McConnell hatte nun leider eine zu weitgehende Vision mit Pillen statt einer neuen deutschen Oberstufenreform, die wissentlich neuerlich die Köpfe schwer belastet oder die Schüler noch stärker als bisher leistungsmäßig in zwei Teile schneidet. Er spekulierte, ob sich das Wissen in chemischer Form irgendwo im Körper aufhalte und sich vielleicht isolieren lasse, so dass wir hoffen könnten, einmal das große Latinum ganz einfach als eine einzige bittere Pille zu schlucken.

Das geht natürlich zu weit – zu hoffen, dass alles mit Pillen abgetan sein könnte. Aber diese Versuche sind wirklich flashy, nicht wahr?

Das Wissen um eine angemessene Reaktion auf Quälereien sitzt also bei Planarien im Körper. Wenn ihnen für den abgetrennten Kopf ein neuer nachwächst, übernimmt dieser das Wissen aus dem alten Körper.

2. Merkt sich unser Körper etwas?

Unser Körper, so sage ich, hat ein Ursprungsempfinden für die nötigen oder die angenehmsten Dosierungen von „Sonne und Wasser".

Mein Körper möchte viel Kaffee. Und Ihrer?

Manche Körper brauchen den Nervenkitzel beim Spielen oder leider beim Autofahren, was in mir wieder starken Zorn auslöst. Wir sprechen von einem *Suchtpegel*. Alkoholiker oder eben Süchtige aller Art haben eine gewisse Schwelle im Körper.

Fast alle Menschen haben zahlreiche, systemgewollte *Hemmschwellen* in sich. Denken Sie etwa an Schamgrenzen. „Mit diesem Kleid traue ich mich nicht in die Oper. Keine zehn Pferde bringen mich hinein." Es gibt noch Massen mehr davon, für die ich Ihnen genug eigene Phantasie zutraue.

Wir kennen *Toleranzschwellen*. „Was zu viel ist, ist zu viel. Jetzt hört es auf. Jetzt hast du den Punkt überschritten. Jetzt ist Schluss damit."

Jetzt ist die so genannte *Reizschwelle* überschritten.

Im Beruf werden wir mit Schwellen aller Art traktiert. Die bekannteste ist die *Deadline*, die Todeslinie, wie Amerikaner für das deutsche „letzter Termin" sagen. Nach der Deadline ist Schluss: Keine Bewerbungen mehr! Ladenschluss! Annahmeschluss! Das *Ultimatum* ist verstrichen.

Unser Körper schlägt in verschiedensten Zusammenhängen Alarm. Der Wecker löst einen Alarm im Körper aus, Feuersirenen setzen uns in Wallung. Der Körper selbst schlägt Alarm, wenn seine *Belastungsgrenzen* erreicht sind. Er befindet

2. Merkt sich unser Körper etwas?

sich im *Alarmzustand*, jenseits der Schwellen. Bei Alarm mag im Körper „Adrenalin" oder „Endorphin" in den Blutkreislauf schießen, wie ich in *Omnisophie* kurz beschrieben habe. Das Zucken des Körpers erfolgt über eine chemische Veränderung der „Körpersäfte".

Die Versuche mit den Plattwürmern zeigen, dass im Körper solche Schwellen gespeichert sein könnten. Das ist das, was ich aus den Ergebnissen der Experimente erkennen kann. Auf eine bestimmte Intensität eines bestimmten Signals krümmen sich die Körper zusammen.

Wir Menschen nehmen vielerlei Reize auf und reagieren auf sie in unterschiedlicher Weise. Manche frieren, wenn andere schwitzen. Während die einen schwarzsehen, sehen die anderen rot. Gustav Theodor Fechner begründete um 1860 die Psychophysik. Diese wohl erste wissenschaftliche Teildisziplin der Psychologie wollte den Wahrnehmungen der Menschen durch physikalische Messungen auf die Spur kommen. Fechner glaubte damals, mit diesem Ansatz ein gutes Stück zur Klärung des Leib-Seele-Problems beizutragen.

So etwas Ähnliches glaube ich auch. Leider begannen die Physiker nur zu messen, aus welcher Entfernung ich eine Kerze brennen sehen kann und in welcher Konzentration wir noch Cola im Eis schmecken können. Sie fanden experimentell heraus, dass sich Messungen ganz grob in Graphiken wie der folgenden darstellen ließen.

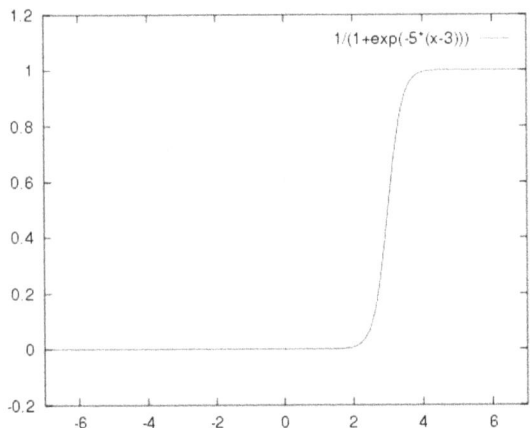

Um einen bestimmten Wahrnehmungswert herum (hier bei x = 3) wird bei vielen Messungen an vielen Personen ein Umschlagpunkt deutlich. Bei einem Reiz von 2 reagieren noch fast keine Personen, ab 4 fast alle. In der Mitte liegt eine Indifferenzzone. Solche Graphiken kommen heraus, wenn wir etliche Personen fragen, „ab welcher Lautstärke" sie zum Beispiel ein Geräusch hören können. Sie erinnern sich sicherlich noch an Ihren letzten Gesundheits-Check. Das Problem ist, dass Sie je nach Tagesform oder Laune eine schwach unterschiedliche Hörleistung zeigen.

Außerdem wollen Sie gerne mogeln und möglichst früh hören, damit der Arzt Sie nicht für krank erklärt. Deshalb raten Sie auch beim Sehtest, worauf das Resultat je nach Expertise im Raten oder nach Intelligenz variieren mag. Es gibt auch Tests, wo Sie auf die Frage „Tut es weh?" antworten sollen. Da lügen die meisten von Ihnen mit Tendenz zu „Nein!". Das ist wissenschaftlich gemein. Können Sie nicht einen Moment Wissenschaft ohne Ego akzeptieren? Nein! Leider ist deshalb der Wert 3 in der Graphik nur so eine Art mittlerer Umschlagpunkt.

Die Psychophysiker sind eben leider doch mehr Physiker und messen nun genau, wie wir riechen, sehen, hören oder tasten. Es wäre schöner, wir würden einmal messen, wie stark Sie beleidigt sind, wenn Sie beschimpft oder ungerecht beurteilt werden. Das würde mich viel mehr interessieren, weil es hier viel stärker um Lebenssinn geht.

Es ist natürlich ganz hoffnungslos, solche Experimente zu veranstalten. Sehen Sie: Wenn Sie schon bei harmlosen Fragen nach Ihrem Gewicht oder beim Sehtest zu schwindeln beginnen, was werden Sie dann sagen, wenn Sie auf Beleidigungsstärke gemessen werden? Wie definieren wir überhaupt eine Beleidigung? Welche Beleidigung wird gewählt? „Ich frage Sie erst nach Ihrem Lieblingsfußballverein und schmähe den dann." So etwas geht bei mir gar nicht, weil ich Fan von einem Münchner Verein bin, der ohnehin immer beleidigt wird, so dass ich gar keine Schwelle mehr in mir habe, bei der ich beleidigt wäre. Die Beleidigungsstärke hängt auch ziemlich vom Alkoholspiegel ab und davon, ob der Ehepartner dabei steht. In dessen Gegenwart müssen wir in die eine Richtung lügen („Ich bin hart, siehst du! Bewundere mich, wie gottgleich cool ich bin!") oder in die andere („Und du stehst einfach dabei und hörst dir an, wie ich behandelt werde. Tu doch was, mein Gott!").

Ich fürchte fast, dass das Messen von Reaktionsschwellen bei den wesentlichen Dingen des Lebens mit normalen Versuchspersonen schlicht hoffnungslos ist. Die harten Experimente der Art „Ab wann bekommen Sie ein Trauma?" verbieten sich ja von selbst!

Na, nicht ganz! Haben Sie *Supramanie* gelesen? Im Grunde ist unsere heutige Arbeitswelt dabei, täglich unsere Belastungsgrenzen zu testen. Und wie reagieren wir allesamt auf diese Realversuche? Wir betrügen, mogeln, schummeln, schönen, vertuschen – so gut wir können. Es sind ja gar nicht mehr die Psychophysiker, die uns ausforschen, sondern die Arbeitspsychologen oder gleich die Manager, ganz und gar ohne jede Wissenschaft. Heute ist zum Beispiel eine interessante Frage: „Wie viel muss ich Ihnen bieten, damit Sie die Firma verlassen?" Wo ist da Ihre Schmerzschwelle? Wann hat man Ihnen so viel geboten, dass Sie antworten: „Das nehme ich an, dann muss ich mir nichts mehr bieten lassen!"

Mit diesen wenigen Beispielen möchte ich verdeutlichen, dass es massenweise Schmerzschwellen in uns gibt, in deren Nähe wir reagieren, wie es obige Graphik zeigt. Schauen Sie noch eine an:

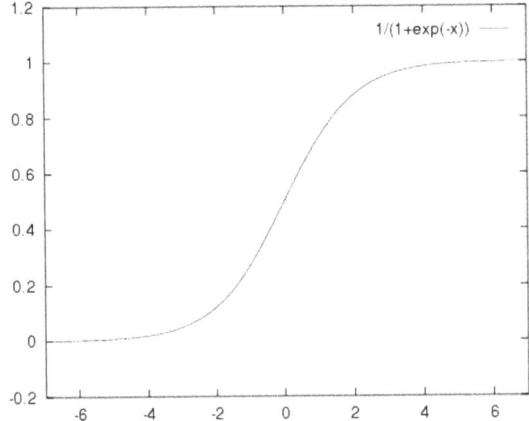

Hier ist die Kurve „allmählicher". Der Umschlagpunkt ist nicht so klar. „Du, manchmal regt sich Mutti kaum auf und ein anderes Mal wütet sie sofort wie eine Furie. Verstehst du das? Du musst immer auf der Hut sein. Bei Papa ist es immer relativ klar, wann er ausrastet. Ein Zentimeter über die Grenze und Zack! Das ist hochgefährlich, aber du kannst dich wenigstens darauf verlassen. Mir ist das Berechenbare bei aller Härte doch lieber als mal so mal so."
Es hängt also alles davon ab: *Wer* ausrastet, in welcher Stimmung, bei welcher Gelegenheit!
  Wissenschaftlich-experimentell erscheint es hoffnungslos, Aufklärung zu finden.
  Aber in solchen Reaktionskurven um unsere Schwellwerte liegen eine Menge Hinweise auf das, was wir Lebenssinn nennen.

Darüber möchte ich im Folgenden mit Ihnen zusammen nachdenken.
  Ich möchte Sie überzeugen, dass wir ein gutes Stück unseres Lebens mit Hilfe solcher Kurven bestreiten. In unserer Körperhardware, so will ich argumentieren, sind viele solcher Kurven gespeichert, die einen Seismographen in uns auslösen.

„Immer, wenn ich in den Spiegel schaue, zucke ich zusammen, weil ich sofort meine Nase sehen muss. Sie ist sehr schief. Da hilft keine Schönmalerei von Mitmenschen, ich bin einfach vom Schicksal gezeichnet."
  Ich will immer argumentieren, dass dieses Zusammenzucken Hardware ist. Da hilft kein so genanntes Zureden: „Schau, wir sind alle irgendwo nicht schön. Sieh dich um! Ich selbst habe zufällig gerade nichts ganz Scheußliches, aber fast alle anderen *schon*. Du kannst also ganz normal und frohgemut in die Welt schauen, obwohl es in deinem Falle wirklich nicht einfach zu gehen scheint."

Solche gut gemeinten Ratschläge machen meist das Problem schlimmer, weil sie das Problem wieder in die Aufmerksamkeit rücken. Aber es gibt eine Menge Psychotherapien, die sorglos meinen, gutes Zureden und Erkenntnis des Normalen würde die zuckende Hardware zum Schweigen bringen. Die Nase ist schief und bleibt schief. Im Fernsehen werden absurd oft, finde ich, Menschen gezeigt, die Abhilfe durch eine Operation suchen. Am Ende ist die Nase gerade. Dann nimmt man den armen

Geplagten den Verband ab und das Zucken des fast tödlich gewesenen Seismographen ist weg.
Absolute Ruhe.
Stille.
Lieben jetzt alle Mitmenschen den Gradnasigen?
Jetzt entdeckt der Gradnasige den nächst stärkeren Seismographen. Glanzlose Augen, noch nie gesehen. Zuck!
Ist er mit gerader Nase glücklich? Eine Zeit lang.

Die Seismographen lauern in uns, d.h. viele solcher Kurven, wie sie in der Graphik symbolisiert sind! Wie bekommen wir sie weg? Wie beeinflussen wir sie? Geht es? Wie?

Die meisten Therapien behandeln die Seismographen mit Vernunft, Einsicht oder durch Verhaltenstraining. Fast alle Therapien haben sehr enttäuschende Heilungsquoten. Ich glaube: Niemand will so richtig wahr haben, dass es Hardwareprobleme sind. Die meisten sagen: „Du musst das Problem aus der optimistischen Perspektive sehen! Es kommt bei deiner Nase nur auf die Sicht an! Niemand von uns sieht dich deswegen schief an, du denkst viel zu sehr um die Ecke." Psychologen nennen es Reframing. „Use your weaknesses, aspire to the strength." Besinne dich auf deine Stärken! Lass von den Schwächen ab! Das ist Überzeugungsarbeit gegen Schmerzschwellen. Geht das? Marcel Proust schrieb zwar: „Die wahre Entdeckungsreise ist nicht, neue Landschaften zu sehen, sondern neue Augen zu haben."

Können wir jedoch alles mit neuen Augen sehen, nur weil oder wenn wir wollen?

3. Über Schwellen

Merkt sich der Körper etwas?

Joachim Bauer publizierte 2002 sein Buch *Das Gedächtnis des Körpers – Wie Beziehungen und Lebensstile unsere Gene steuern*. Ein Teil des Buches handelt von neueren Erkenntnissen zur Depression.

Normalerweise schauen die Therapeuten nach dem Schweregrad und dem Verlauf einer Depression. Es gibt Menschen, die nach einem schweren Schicksalsschlag in Depressionen verfallen und dort verharren, während andere Mitmenschen alle Unglücke ohne größere Blessuren zu überwinden vermögen. Es gibt Menschen, die fast bei jedem Wehwehchen scheinbar grundlos in tiefe Trauer sinken. Bis vor einiger Zeit sprach man deshalb von verschiedenen Schweregraden.

Joachim Bauer berichtet in seinem Buch, dass ganz sorgfältige Untersuchungen von Krankenhistorien immer offenbarer werden lassen, dass jede Depression mit einer erstmaligen schweren seelischen Verletzung beginnt. Viele Menschen, wie gesagt, verkraften so einen Schlag. Etwa bei der Hälfte der Fälle kommt es jedoch zu neuen Depressionsschüben oder „Episoden", wie man sagt, die gewöhnlich im Abstand von zwei bis fünf Jahren wiederkehren. Dabei reichen oft immer geringere auslösende Ereignisse aus, eine volle Depression hervorzurufen. Die Schwelle für Auslösendes sinkt.

Der Körper scheint somit biologisch konditioniert. Er gewöhnt sich an die depressive Reaktion, die auf immer niedrigere Reize hin erfolgen kann. Im Körper scheinen sich Veränderungen zu vollziehen. In der Hirnforschung spricht man von *Kindling* (ursprünglich: „Anmachholz").

Natürlich können wir bei Depressiven im Körper nachmessen, ob die Chemie in ihnen stimmt. Und dann sehen wir, dass die Depression auch als eine Art Gehirnstoffwechselkrankheit aufgefasst werden kann. Vieles deutet darauf hin, dass bei Depressiven die Fähigkeit der Regulation wichtiger Signalstoffe (Überträgersubstanzen) im Gehirn (Serotonin, Noradrenalin, Dopamin) gestört ist. Die Spiegel der Botenstoffe Serotonin und Noradrenalin sind im Vergleich zum Gesunden *niedriger*. Bei manisch Depressiven, bei denen die Krankheit „bipolar" zwischen extremen Tiefphasen und euphorischen Hochphasen verläuft („Himmelhoch jauchzend, zu Tode betrübt"), findet man in der Hochphase (der Manie) eine gesteigerte Katecholaminmenge (Dopamin- und Nordrenalin-*Erhöhung*).

Wie kommt es nun zu einer Depression? Sind bestimmte Menschen genetisch anfällig dafür? Gibt es eine Veranlagung zur Depression? Oder entstehen Depressionen ganz einfach nur durch „Unglücke"? All das ist heute umstritten oder unbekannt. Es gibt jede Art von Meinung dazu. Die einen erklären die Depression zu einer Gehirnstoffwechselkrankheit, die mit Psychopharmaka behandelt werden sollte: Wenn Depressive eben zu wenig Serotonin und Noradrenalin zur Verfügung haben, so geben wir ihnen diese Stoffe in Pillenform zu „schlucken". Fertig? Eine ganze Industrie lebt von der Produktion von Antidepressiva.

Die anderen sehen die mehr psychologische Betreuung im Vordergrund, die im Idealfall nach jeder ernsten Belastung eines Menschen professionell geschult erfolgen sollte. So müssen heute alle Geiseln oder Feuerwehrleute des 11. September oder Lokführer nach einem „Personenschaden" sofort in eine Behandlung, damit bei ihnen sich die Körperchemie gar nicht erst umbilden kann.

Ähnliche Meinungspole finden wir auch bei anderen Krankheiten der Seele, die ebenfalls wieder als psychische Phänomene, als Körperkrankheiten oder als Gehirnstoffwechselerkrankungen gesehen und mit Pharmaka behandelt werden können. Den Verlauf zur Schizophrenie kann man zum Beispiel so erklären, dass Menschen eine zu empfindliche Seele oder ein zu feines Nervenkostüm haben und viel zu stark auf Stress reagieren (Vulnerabilitätsmodell). Im Gehirn der Schizophrenen misst man dagegen viel zu viel vom Botenstoff Dopamin. Liegt es daran? Ist das „angeboren"? Bei der Parkinson'schen Krankheit misst man zu *wenig* Dopamin. Woher kommt das? Bei ADHS-Kranken, also solchen mit einer Aufmerksamkeits-/Hyperaktivitätsstörung, steht das Dopamin nicht lange genug zur Verfügung. Dadurch ist die Konzentration sehr schwankend. Ist das angeboren? Entsteht es durch lebensgeschichtliche Einflüsse? Immer stehen die Psychologen gegen die Biochemiker. Seelentherapie oder Pillen? Bei Hyperaktiven wird schon lange das Mittel Ritalin verabreicht. Dagegen laufen andere Wissenschaftler Sturm, die glauben, dass in der frühen Säuglingszeit ein überwaches, leicht erregbares Kind von strengen oder gut meinenden Eltern „niedergehalten wurde", die das lebhafte Kind für nicht normal hielten oder selbst zu stark von ihm belastet wurden.

Und da sind die Endorphine! Frisch Verliebte, so hat man herausgefunden, stehen bis etwa 18 Monate unter dem Einfluss einer stärkeren Endorphinzufuhr, welche ein typisches Hochgefühl perlender Freude auslösen kann. Endorphine betäuben die Psyche. Sie lindern Schmerzen und können bei größeren Unglücken oder Körperschäden den Körper ganz unempfindlich machen. Langstreckenlauf, Bergsteigen oder Askese erzeugen solche Euphorien. Viele Menschen sterben friedlich unter dem in Weisheit vom Körper erzeugten Endorphin einen schönen, sanften Tod.

Sind Endorphinüberschüsse angeboren?

Ich finde es ein bisschen lustig, dass ich *das* noch nicht gelesen habe. Das bloße Verliebtsein ist also irgendwie auch chemisch, irgendwie auch eine Krankheit, aber die Industrie hat natürlich keine Pillen dagegen produziert. Deshalb sagt offenbar keiner, Tendenz zur Verliebtheit sei angeboren. Aber das sieht man doch an unseren Mitmenschen?! Manche verknallen sich andauernd, andere dagegen nie?! Dafür konzentrieren sich die Chemiker und Mohnzüchter darauf, für diese Seite des Lebens Drogen aller Art zu erfinden, damit wir Abarten der Endorphinräusche auch wieder per Pille erleben dürfen! Hier nimmt man also die Pillen *für* die Chemie, nicht *dagegen*.

Überall ist derselbe Widerstreit zu spüren. Die einen sagen: Es ist eine seelische Angelegenheit, die dadurch entstand, dass unfähige Eltern oder Unglücke zu unsachgemäßen Eingriffen in die Seele geführt haben! Seelische Misshandlung führt dann zu anderen biochemischen Zusammensetzungen im Gehirn, weil sich dies anpasst! Die anderen dagegen: Es ist angeboren und muss entsprechend durch Eingriffe reguliert werden! Ich habe in *Omnisophie* erläutert, dass die wahren Menschen (die Intuitiven) meistens die erste These vertreten und die richtigen Menschen, diejenigen, die an Ordnung glauben, überwiegend der zweiten Annahme zuneigen. Die einen Menschen glauben, der Mensch komme rein und gut auf die Welt und alles Unglück in ihm sei später hineinproduziert, wie auch immer. Die anderen Menschen denken sich das Baby wie ein junges Tier, das erzogen werden muss, weil es angeborene Anlagen zum Tier habe, die ihm abgewöhnt werden müssten. Was dann am Ende nicht aberzogen sei, müsse wohl das angeborene Resttier oder irgendeine Bosheit des Kindes selbst sein, das sich gegen die Erziehung gesträubt habe.

Diese beiden Sichten auf den Menschen gibt es schon immer, seit der Mensch mit zwei Gehirnhälften denkt, die diese Frage jeweils anders beantworten. Deshalb sind Seelenkrankheiten, wie ich sie hier genannt habe, entweder aus Unglücken entstanden oder sie sind Abnormalitäten, die durch Eingriffe normalisiert werden müssen. Welche Ansicht wirklich wahr ist, scheint mir den Menschen kaum wichtig. Es gibt immer diese zwei verschiedenen philosophischen Haltungen, die sich gegenüber stehen. Unversöhnlich. Um Wahrheit geht es wohl nicht, sondern um Einstellung.

Um die Einstellung des Menschen, um die Einstellung des Arztes, um die Einstellung des Wissenschaftszweiges, um die pharmakologische Einstellung des Patienten. Alles Einstellungssache?

Ich selbst habe auch eine Einstellung. Ich habe im Buch *Supramanie* beschrieben, wie die heutige Wirtschaft mit Kennzahlen und deren Normalisierung betrieben wird. Zu wenig Umsatz? Marketing hochschrauben! Zu hohe Kündigungsrate der Mitarbeiter? Kleine Gehaltserhöhung für die, die wir behalten möchten! Zu hohe Staatsdefizite? Steuererhöhungen! Zu hohe Kosten für Zahnersatz? Zuzahlungen erhöhen! So werden die Schrauben gedreht. Der Staat und die Wirtschaft werden immer wieder neu justiert. Hier eine Stellschraube, dort eine Stellschraube.

Genauso lässt es sich mit dem Seelischen anstellen. Hier eine Vitaminpille, dort etwas Hormon. Mehr Dopamin, weniger Dopamin. Alles eine Frage der Einstellschrauben? Sind wir Seelen oder Motoren, die zur Inspektion müssen?

Sie kennen meine Einstellung oder Sie können sie sich denken. Ich würde lieber erst verstehen wollen, was die Präparate wirklich in uns tun, bevor ich Eingriffe vornehme. Meine Schwester Margret ist Ärztin für ganz schwere Fälle. Sie sagt eher: „Soll ich auf neue Erkenntnisse warten, wenn ich hier jedenfalls schon etwas tun kann? Was weiß ich, woher es kam! Vergewaltigung, Scheidung, Entlassung! Zu spät! *Jetzt* gibt es Chemie und die hilft *jetzt*! Es ist *Not*! *Not*!"

Und ich verstehe meine Schwester. Aber ich weine.
Innerlich.
Wissen Sie – das mit der Not sagen sie alle. Die Politiker erhöhen Steuern, weil Not ist. Die Unternehmer sparen in der Not. Die Eltern schlagen die Kinder, weil nur noch diese Notmaßnahme hilft.

Ich glaube, sie handeln eben alle erst, wenn Not ist. Und weil das so ist, haben sie immer Recht damit, dass man jetzt, *jetzt*, in *diesem* Augenblick, etwas *Nötiges* tun muss, das jetzt, in der Not, leider nicht das Wahre ist. Das Wahre wäre für gute Zeiten angebracht. Wann aber gibt es gute Zeiten? Klar: Wenn man eine Zeit lang das Wahre täte! Solange man nur das Nötige tut, sind die Zeiten schlecht. In schlechten Zeiten kann man nur das Nötigste tun. Und so dreht sich die Welt im eigenen Jammer. Ich nenne es ein paar Seiten weiter Abwärtsspirale einer Eskalation.

4. Trauma

Trauma ist das griechische Wort für Wunde.

Passend zu meinen Bemerkungen im vorigen Abschnitt wird es in zwei unterschiedlichen Bedeutungen verwendet. Die Mediziner nennen eine Verletzung durch äußere Gewalteinwirkung ein Trauma. Die Psychologen verstehen unter Trauma einen seelischen Schock, also eine Wunde der Seele. Eine seelische Erscheinung ist traumatisch, wenn sie auf ein Trauma zurückzuführen ist. Sonst heißt sie idiopathisch – sie ist unabhängig von einer erkennbaren seelischen Ursache.

Die Wissenschaft klärt immer stärker, dass viele psychische Störungen durch seelische Traumata verursacht werden. Viele Ereignisse in unserem Leben überfordern in gewissem Sinn unsere Selbstheilungskräfte. Besonders bei Gefühlen der

Ohnmacht, der Hilflosigkeit und dem Ausgeliefertsein fühlen wir, dass wir keine Bewältigungsstrategien mehr haben. Wir stehen unter seelischem Schock, wenn wir einen Autounfall erleiden, die Wohnungstür zu unserer aufgebrochenen verwüsteten Wohnung offen vorfinden, wenn ein Entlassungsschreiben ohne Vorwarnung im Postkasten steckt. Unser Körper kann die Gefühle abschalten und auf Überlebensprogramme wechseln.

Erst langsam löst sich diese Erstarrung. Wir träumen eine Weile davon, schlafen schlecht dabei, haben Angst. Das Trauma wird seelisch verarbeitet und niedergekämpft. So heilt die Seele unter mehrfachem Durchleben des belastenden Ereignisses.

Ich bin vor einigen Jahren nach einer langen Autofahrt abends aus dem Heidelberger Wald in meinen Wohnort Waldhilsbach hineingerollt, relativ langsam. Endlich zu Hause. Die Bäume lichten sich, noch ein paar Häuser weiter – und daheim. Da krachte es.

Es krachte.

Ich wusste nicht warum. Ich schaute. Das Auto stand. Ich war auf einen Stahlcontainer gefahren, der dort im Dunkel unbeleuchtet stand. Er hatte keinen Kratzer. Mein Auto war total zertrümmert, die Vorderachse gebrochen, weil das rechte Rad abgeknickt war.

Ich hatte nicht gebremst. Es hatte nur gekracht.

Ich hatte danach viele Wochen Angst beim Autofahren. Ich zweifelte an meinem Verstand. Ich habe fast noch einmal neu das Autofahren erlernt, weil sich alle Automatismen aufgelöst hatten. Ich *dachte* wieder an das Fahren: „Jetzt bremsen – jetzt blinken – jetzt das Steuer bedienen." Und es tat in der Seele weh. Und im Hirn ohnehin. Ich! Mir passiert *das*!

Niemand hat mich in diesen Tagen verstanden. Alle sagen: „Das passiert. Es ist nicht so schlimm. Es war ja am Ende einer Dienstreise, die über IBM versichert ist. Was regst du dich auf? Du musst es schnell vergessen. Es passiert anderen auch. Wahrscheinlich warst du im Geiste schon beim Abendessen."

Blablabla. Die Seele tut weh. Der Körper ist aus den Fugen geraten und reagiert beim Fahren nicht mehr automatisch. Ich zucke bei jedem Anzeichen einer Gefahr im Verkehr zusammen. Ich will gar nicht mehr Auto fahren. Ich weiß nicht, ob ich mich auf mein Gehirn verlassen kann. Kann das sein, dass es mich manchmal verlässt? Warum tut es das?

Trauma.

Im Film *Spiel mir das Lied vom Tod* wird zart angedeutet, dass Claudia Cardinale zu etwas gezwungen wurde. Sie zuckt – aber nur mit den Achseln und findet, es reiche, sich hinterher ordentlich zu waschen. Auf eine kalte Dusche des Lebens also eine heiße zum Aufleben und Abwaschen? Das klingt im Film total cool. So aber ist das Leben nicht. Wir können nicht einfach vergessen, abwaschen, uns *nicht* aufregen.

Wenn die Seele es unter allgemeinem Nichtverstehen („Ist doch nichts passiert!") nicht verwinden kann, gibt es posttraumatische Belastungsstörungen aller Art! Depressionen erscheinen, Schmerzen treten auf, Panik kommt auf. Fremdheitsgefühle und dissoziative Symptome quälen. Alles ist wie Weh, Unruhe, Übererregtheit oder innere Betäubung. Wenn die Seele nicht damit fertig wird, chronifizieren sich die posttraumatischen Beschwerden und nehmen ein Eigenleben auf. Manchmal weiß ein Kranker nicht einmal, dass er an einem Trauma leidet.

Im Jahr 2000 waren wir im Urlaub in den USA. Es war wunderschön. Plötzlich hatte ich das erste Mal in meinem Leben starke Schmerzen. Einfach so, aus buchstäblich heiterem Himmel. Tabletten, die man in Amerika pfundweise im Supermarkt bekommt, halfen nicht. Ich war in meinem ganzen Leben bisher ganz genau 10 Tage krank, 5 Tage wegen eines Unfalls, drei Tage einzeln wegen drei Mal Weisheitszahnziehen und zwei Tage wegen Montezumas Rache bei einem Auslandsaufenthalt. Das war's. Und dann Schmerzen und ein Gefühl, dass mein ganzer Rücken verzogen ist. Nach drei Wochen war es weg. Im Herbst 2001 hatte ich es wieder, nicht so stark. Ich nahm mir vor, zum Masseur zu gehen, weil ich kaum ruhig schlafen konnte. Ende November hatte ich erstmals Zeit dafür. Da bemerkte ich, dass es weg war. Im Herbst 2002 begann es wieder und heute (30.9.2003) ist es schwächer, aber wieder da. Ich weiß heute, woher es kommt. Es ist das Erscheinen eines neuen Buches. Mein Körper hat Angst, von der ich nichts weiß. Der Körper klickt bei *Amazon.de*, wie sich das Buch verkauft. Er zuckt unter neuen Rezensionen. Er hat Prüfungsangst. Und alle Mitmenschen sagen ihm: „Reg dich nicht auf. Es wird schon gut sein, oder? Was machst du so ein Gedöns darum?"

Das muss eher ein prätraumatisches Symptom sein? Der Körper duckt sich schon vorsorglich vor den Hieben.

So kann frühe Vernachlässigung, ein lange zurückliegender Krankenhausaufenthalt und natürlich jede Gewalt und Nötigung aller Art etwas viel später in uns wachrufen. Angst, Schmerzen, unklare Bauchschmerzen, Essstörungen aller Art, „somatische" Beschwerden, Panik, Phobien, Abhängigkeitssymptome (Alkohol, Drogen), chronischer Schmerz (Fibromyalgie) ... Manche erleiden schwere Persönlichkeitsstörungen bis hin zu Borderline-Syndromen oder werden so genannte multiple Persönlichkeiten.

Und immer wieder sagen die Fachkundigen: „Es liegt eine Kombination von psychischen, neurologischen und funktionellen Störungen vor." Und sie sagen auch: „Die Beschwerden sind durch eine insgesamt deutlich erniedrigte Reizschwelle gekennzeichnet."

Depressionen erscheinen nun früher, die Schmerzschwelle sinkt, wir sind nun leichter gereizt oder übererregt. Die Schwellen des Körpers sind falsch eingestellt. Die Biochemie erscheint falsch: Zu viel Dopamin oder zu wenig, zu viel oder zu wenig von einigem von dem, was in uns den Körper steuert.

Ich will mit all diesem Kranken sagen: Ein Trauma verschiebt Schwellen aller Art in uns. Die Schwellen sind vielleicht im Kopf und vielleicht auch nicht, vielleicht bekannt oder auch nicht, sie sind „im Körper" und direkt per Apparatemedizin messbar in der Konzentration von allerlei wichtigen Stoffen, die unser Gehirn steuern. Könnten wir statt Blutbildern auch Hirnbilder erfassen mit allem Drum und Dran?

5. Menschen zwischen Schmerzschwellen

Ich will kein Biochemiebuch schreiben. Ich möchte nur eindringlich vor Augen führen, dass in uns etwas noch nicht richtig Geklärtes geschieht, wenn wir Traumata, also Seelenwunden, erleiden.

Eine einzige Wunde mag reichen, die Depressionsschwellen zu senken.
Ein einziges Erlebnis mag chronisch die Schmerzschwellen senken.
Eine schreckliche Angst mag zur Phobie führen.
Menschen können sich als Schüchterne zurückziehen.
Menschen können durch langsam steigende Wut im Amok enden.
Wunden mögen vereitern und als Sucht aller Art den Menschen verzehren.

Irgendwelche Schwellen verschieben sich.
 Das will ich hier als ein hauptsächliches Vorstellungsmodell dieses Buches erhellen.

In *Supramanie* habe ich Ihnen gezeigt, wie die Leistungsanreize unserer Leistungssuchtgesellschaft in uns die Reizschwellen verschieben. Viele Menschen beginnen, vor Leistungssituationen Angst zu bekommen, wenn ihnen einmal ein Leistungstrauma zugefügt wurde. Die Psychologen sprechen hier zum Beispiel von sozialen Angststörungen, von Sozialphobien oder Sozialphobikern. Soziale Angststörungen werden schon nach den Depressionen und Suchtabhängigkeiten als dritthäufigste Störung im Menschen genannt. Man sagt, um die 10 Prozent von uns leiden zeitweise an einer Sozialphobie.

Sozialphobie, so sieht man sie derzeit, ist so etwas wie die Angst, beurteilt zu werden, im Rampenlicht zu stehen bzw. sich von anderen Menschen beobachtet zu wissen. Das ist „peinlich" und belastend. Sozialphobiker fürchten sich, für dumm gehalten oder ausgelacht zu werden. Sie fürchten sich vor dem, was andere von ihnen denken. Sie mögen nicht, wenn andere ihnen beim Schreiben, Essen oder generell bei der Arbeit zusehen. Sie reden nicht gerne vor vielen anderen, vermeiden Öffentliches, gehen Prüfungen aus dem Weg …

10 Prozent von uns haben schon Angst, Tätigkeiten in Gegenwart anderer auszuführen, die sie allein für sich angstfrei hinbekommen. („Der Lehrer schaute mich während der Arbeit an, da blockierte mein Körper vollständig." – „Ich zittere beim Essen, wenn meine Mutter herüberschaut." – „Ich hasse es, höheren Menschen vorgestellt zu werden." – Oder dies Beispiel, huiih, das ist vielleicht politisch inkorrekt, aber ein authentisches Erlebnis. Anne war keine drei Jahre alt und ich musste im Kaufhof auf die Kundentoilette. Ich nahm sie zur Sicherheit mit hinein und tat also dort etwas, wobei ich keine Hand frei hatte. Anne stellte sich aber gleich sehr inte-

ressiert neben einen anderen Mann, mit dem Ellenbogen lässig an die Wandfliesen gelehnt, und schaute ihm zu, dem es in ihrer Augenhöhe peinlich wurde. Sie sagte staunend: „Es geht bei dir nicht, oder?" Da lief er in Panik fort.)

Und wie heißt es dann so schön?

„Das Vermeiden an der Unterrichtsteilnahme und die einhergehende Prüfungsangst lässt die Schulphobiker schlechter abschneiden, was die Angst vor Leistungsbeurteilungen noch weiter verstärkt." Die Schwelle verschiebt sich!

Vielfach wird die Sozialphobie als Einstiegsstörung in einen härteren Teufelskreis gesehen. Eine Sozialphobie beginnt vielleicht mit einem schrecklich verhauenen Referat? Mit einem verlachten Gestotter bei der ersten Liebeserklärung? Psychologen kennen heute schon Leistungsphobien!

Diese treten erstmals durchschnittlich zwischen dem 16. und 17. Lebensjahr auf … (Mittlere Reife, Oberstufe?)

Schwellen über Schwellen.
Überall lauern Wunden und Traumata.
In *Supramanie* bereitete ich die These vor, dass wir uns diese Traumata selbst zufügen.

Es ist aber im Allgemeinen nicht klar, dass ein Trauma eine Wunde im Körper ist. Deshalb habe ich so viele Beispiele aufgezählt. Es soll deutlich werden:

Psychischer Druck ist Körperverletzung.

Ein psychisches Trauma veranlasst den Körper, in vielfältiger Weise die Reaktionsschwellen zu verändern. Diese Schwellen werden oft nur nach einem einzigen Anlass vom Körper falsch gesetzt.

Wir sind dann zu empfindlich, zu reizbar, zu schüchtern. Wir vermeiden Spinnen, Gewitter, Plätze, Leistungsbeurteilungen, Begegnungen mit Andersgeschlechtlichen, Partys. Wir führen ein Leben, das einer Wiederverwundung aus dem Wege geht. Nicht wieder ausgelacht werden! Nicht wieder vom Chef zusammengestaucht! Nie wieder verlassen werden! Nicht mehr verhauen! Nicht mehr kontrolliert! Nicht mehr gefangen!

Wir fliehen.

Die Leistungsgesellschaft setzt uns nach. Die heutigen Anreiz- und Leistungsbeurteilungssysteme betreiben das Reizen von Wunden geradezu planmäßig professionell. Alles Nachmessen von Leistung wird absichtlich mit Schmerz verbunden. Ohne diesen Schmerz, so meint man, erlahme der Arbeitswille. Man sehe ja, wie die Menschen vor Leistungsmessungen wegliefen! Sie laufen davor davon, weil sie Zeichen einer Leistungsphobie haben, ja. Deshalb setzen die Systeme nach, um die Flüchtenden wieder unter Druck zu setzen. Die Systeme heben die Schwellen an. Die Flüchtenden laufen schneller davon. Alles eskaliert.

Wir laufen in Wirklichkeit davon, weil wir Wasser und Sonne in unseren eigenen individuellen Dosierungen brauchen. Wir fürchten uns, dass in unserem Körper Kälte und Durst einziehen.

6. Meine Cocktailtomate und ich

„Macht euch langsam fertig, wir müssen los! Es sind schon Staus auf der Autobahn!"

Ich muss aber noch zu den Pflanzen auf der Terrasse schauen. Ich ziehe die eingetopfte Tomate unter das Dach in den Schatten und gieße sie tüchtig.

Sie sagt: „Ich brauche nicht so viel Wasser und muss außerdem in die So- da – autsch, was ist das für ein Zeug im Wasser?"

„Es ist Dünger."

„Ich brauche ihn nicht so! So ist es wie Gift, verstehst du? Was ist das überhaupt genau?"

„Es ist normaler Kakteenflüssigdünger aus der Plastikflasche. Er passt nicht ganz genau, das ist mir ja klar. Deshalb habe ich auch die Konzentration mehr als verdoppelt, dann hast du auf jeden Fall genug Nährstoffe."

„Kakteen wachsen langsam und bilden kaum Früchte!"

„Ich kann mir nicht vorstellen, dass Tomaten so sehr anders als Kakteen sein sollen. Alle Pflanzen brauchen Dünger!"

„Ich sterbe vielleicht daran! Hilfe!"

„Nun schrei hier nicht so laut herum, dazu hast du kein Recht. Du siehst dafür nicht besonders gut aus. Du hast schon braune Blätter und die Ansätze der Früchte sind noch sehr klein. Ich habe das schon kommen sehen, weil du so viele Fruchtansätze pro Rispe gebildet hast. Das wird nichts, ich habe sie ja auch an jeder Rispe bis auf je fünf abgeknipst."

„Warum? Aber warum? Ich bin doch schließlich keine belgische Fleischtomate!"

„Aha, das dachte ich mir schon, dann müssten die Früchte schneller wachsen. Was bist du denn für eine Sorte? Wir haben dich geschenkt bekommen, weil der Nachbar zu viele Pflänzchen hatte. Wir haben keinen Platz für Tomaten im blumigen Sonnenbeet, weil du da ein Misston wärst."

„Ich bin eine Cocktailtomate. Ich werde fast rot vor Zorn, dass es erst jetzt bemerkt wird."

„Entschuldigung, Entschuldigung. Dann habe ich dich eben falsch eingeschätzt und viel zu viel von dir erwartet. Ich hätte die Rispen so lassen sollen, nicht wahr? Sieh mal, jetzt haben wir offenbar das Problem, dass du durch einen Fehler, wie er häufig vorkommt, praktisch nicht mehr zu dem taugst, weshalb wir dich angepflanzt haben. Du bringst jetzt nicht genug Früchte, weil ich die Rispen weggeknipst habe. Hmmh …"

„Aber es ist doch euer Fehler, nicht meiner!"

„Du hättest es früher sagen sollen. Im Übrigen ist das Leben nun einmal so. Ich habe neulich zwei Paprikapflanzen irrtümlich weggejätet. Sie waren sofort mausetot. Das passiert. Die haben auch nicht groß gejammert."

„Paprika sind eine schärfere Gangart gewöhnt, aber ich …"

„Tomaten sind wie Paprika Nachtschattengewächse, erzähl mir nichts. Auberginen, Tabak, Kartoffeln, alles das Gleiche."

"Und sie brauchen alle Kakteendünger? Warum komme ich auf der Terrasse in den Nachtschatten?"

"Es ist nur für den Urlaub. Wenn du in der Sonne stehst, verbrauchst du das Wasser viel zu schnell und keiner von uns ist da, um dich zu gießen. Deshalb gieße ich dich so kräftig, dass der ganze Topf schwimmt. Ich mische überreichlich Dünger hinein und ziehe dich in den Schatten. Für dich ist das wie zehn Tage schlechtes Wetter, das muss jede normale Pflanze aushalten können. Es gibt ja auch Tomaten, die im Freien leben müssen und voller Schnecken sind. Da geht es dir doch im Vergleich prachtvoll. Wenn wir wieder da sind, päppeln wir dich wieder auf. Hauptsache, die Früchte werden langsam rot."

"Nur für euren Urlaub? Diese Quälerei? Wie soll ich im Schatten rot werden? Wie meine Tomatenperlen erzeugen?"

"Du – jetzt werde ich gleich sehr empfindlich. Du bist keine Perlenmuschel, nur eine Tomate. Mach mich nicht böse. Ich habe seit zwei Jahren keinen echten Urlaub mehr gehabt und darf mir den wohl gönnen. Ich finde dich jetzt gemein. Du musst an das Ganze denken und Rücksicht nehmen. Du bist wohl überhaupt nicht dankbar. Wozu bist du denn da? Hast du dich das einmal gefragt? Wir wollen eine Menge wohlschmeckender Früchte, wie man es von einer Tomate im Freien für unsere Pflege verlangen kann. Wir wollen, dass du dekorativ aussiehst, weil wir alles andere hier nicht wollen. Ich meine, da hast du ohnehin eine Menge Minuspunkte, allein schon, weil du eine Tomate bist. Du kannst froh sein, dass ich dich noch behalte, trotz der braunen Blätter und der kleinen verstümmelten Rispen. Wegen deiner jetzigen Unartigkeit werde ich deinen Zustand nach meiner Rückkehr sorgsam prüfen. Bitte komm mit den Tomaten langsam zur Sache, wir lassen dir ja wegen unseres Urlaubs eine Menge Zeit. Ich könnte zum Beispiel hart fordern: Morgen Röte! Oder wenigstens morgen Abend Röte! Tu ich ja nicht. Ich bin nicht unrealistisch, das kann mir niemand nachsagen. Oder? – Oder? Sagst du nichts mehr? Na gut, es gibt nichts dazu zu sagen."

"Wir wollen endlich losfahren! Ist alles bereit?"

"Nur noch die Tomate gießen!"

"Ach, ich hatte mich so auf die Tomaten gefreut, manchmal hatte ich schon einen wässrigen Mund. Irgendwie ist das eine krüppelige Sorte. Ich habe es mir fast gedacht. Auf dem Etikett stand Mont Cherry, die Piemont-Tomate. Keine Ahnung, was es bedeutet, aber es sind dann keine holländischen oder belgischen, denke ich. Cherry heißt Kirsche. Das steht auf den Tomaten vom Tengelmann drauf, die sie noch ganz jung abpflücken. Hat was wie Kalbfleisch essen an sich, oder? Vielleicht pflückt man die Tomaten besser grün ab und wartet, dass sie in der Küche reifen. Das sagen manche. Dann könnten wir die Pflanze selbst jetzt schon wegtun. Na, egal, hau noch mal Dünger drauf. Wir haben noch Rasendünger mit Unkrautvernichter vom letzten Jahr. Und komm jetzt!"

"Mir stinkt schon die Fahrt durch die Staus. Verpestete Luft bis Italien."

"Du kannst dir doch sofort Landwein reinziehen, wenn wir da sind. Manchmal ist für dich das Leben fast nur im Vergiftungszustand zu ertragen, oder? Komm, es ist Urlaub! Urlaub! Wenn überhaupt – würde mich ein Leberschaden an deiner Stelle nicht kümmern. Du verbrennst eher in der Sonne, das gibt wieder eine schöne Allergie. Huhu, wir wollen mal sehen, wer nach dem Urlaub mehr Rot angesetzt hat! Und denk an die Muschelvergiftung vom letzten Jahr!"

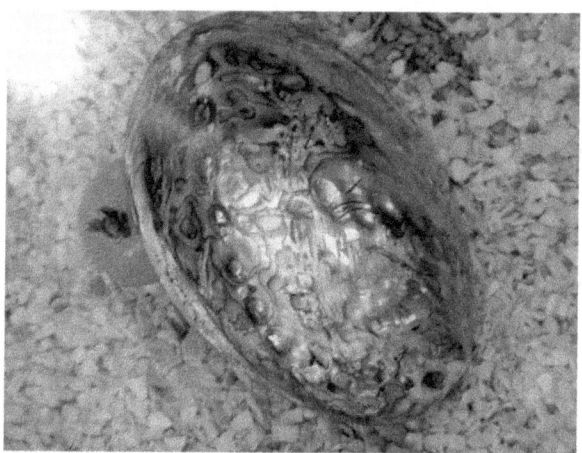

(Eine Paua-Muschel – poliert, sonst sieht sie mehr nach Zement aus. Unerkannte innere Werte?)

III. Wunden der Normalkinder von Normaleltern

1. Psychologie – die Wissenschaft, den Eltern die Schuld zu geben?

Wir müssten ja buchstäblich Tomaten auf den Augen haben, wenn wir nicht sähen, wie Kinder zu erziehen wären!

Fast jeder normale Mensch hat eine Erziehung nur an sich selbst oder höchstens noch an seinen Geschwistern erfahren. Er sieht die Erziehungsversuche um sich herum. Er entwickelt daraus eine Vorstellung, was Erziehung ist. Er unterscheidet, was er an seinen Eltern liebte („Das mache ich genau so!") und was er hasste („Das mache ich auf jeden Fall ganz anders!" – Oder: „Jetzt bin ich selbst oben und darf selbst quälen."). Der normale Mensch heiratet jemanden, bei dem diese Unterscheidungslage ganz anders sein mag. Und dann bekommen die beiden ihren Nachwuchs und erziehen ihn vergleichsweise ahnungslos.

Fast jeder Mitarbeiter sieht, was sein Manager oder Chef mit ihm anstellt. Die meisten Menschen finden, sie hätten einen schlechten oder mittelmäßigen Chef. Wenn sich ein Mitarbeiter bewährt und hohe Leistung bringt, wird er Chef oder Manager. Er ist fast ganz ahnungslos, wie denn das Managen geschehen soll. Manager und Eltern wachsen in ihre Aufgabe hinein. Ausbildung gibt es meistens nicht und wird auch nicht für wichtig gehalten. Die Eltern sorgen sich, wie oft sie Babys wickeln müssen (das bestimmt eigentlich das Baby von selbst) und wie oft sie es mit wie viel füttern müssen (das weiß das Baby selbst). Über Erziehung macht sich niemand Gedanken. Wenn die meisten Menschen finden, sie hätten einen höchstens mittelmäßigen Chef, was würden Kinder von ihren Eltern denken, wenn sie wüssten, was gute Eltern sind?

Neu ernannte Manager, die bisher einfach gute Mitarbeiter waren, sorgen sich, dass sie wissen, was sie jetzt an neuen Formularen ausfüllen müssen und welche Rechte und Pflichten sie anvertraut bekommen. Aber dann denken sie, sie hätten jetzt Führungspotential, also das Vermögen, andere Menschen zu lenken, zu motivieren und zu begeistern. Über das Führen an sich denken sie nicht nach.

Und so steht seit langer Zeit unwidersprochen im Raum, dass fast alle Führung und Erziehung von Menschen übernommen wird, die das nicht richtig gelernt haben und auch niemals als durch Probieren wirklich lernen. Normale Eltern erziehen zwei Kinder in einem Durchgang, danach ist es vollbracht.

Die Gymnasiallehrer studieren in der Universität fast ausschließlich das Fach, in dem sie unterrichten werden. Pädagogik? Die ist nahezu nicht im Plan. Die meisten Lehrpläne sehen ein gutes Stundendeputat in der Fachdidaktik vor. Lehramtsstudenten lernen also, wie man vorgegebenen Stoff verständlich und interessant vorträgt. Es geht dabei um die günstigste Art der Stoffvermittlung. Aber sie lernen nicht, wie Schüler erzogen werden sollen. Sie lernen schon gar nicht, was die Erziehungsziele wären. Folglich findet in deutschen Gymnasien das reine Vorbereiten auf einen späteren Beruf statt. Das Gymnasium garantiert das Hinführen zur Berufsfähigkeit.

Wer aber *erzieht* die Kinder? Wer *fördert* die Mitarbeiter? Die berufstätigen Eltern sagen: „Das Kind ist tagsüber meist in der Schule, die es eben auch erziehen muss." Die Lehrer antworten: „Erziehung muss vom Elternhaus als Vorleistung erbracht werden. Die Schule hat mit ihrem dichten Leistungslehrplan keine Zeit dafür." Die Eltern wollen das Kind von der Schule *fertig* mitnehmen. Die Lehrer wollen, dass das Kind fertig erzogen zur Schule gebracht wird. Manager verlangen, dass sich der Mitarbeiter selbst schult und *fertig* zur Arbeit antritt.

(„Sei fix und fertig – oder wir machen dich fix und fertig! Wer nicht fix ist und noch nicht fertig, arbeitet nicht genug!" Fertig für die Welt, fertig mit der Welt ...)

Hinter der ganzen Misere steht die immer weiter um sich greifende Vorstellung, dass Kinder vor allem im quantitativen Sinne etwas *lernen* müssen. Wir stellen uns Kinder wie Computer mit leeren Festplatten vor, die nun mit dem „Stoff" des Lehrplans gefüllt werden. Wer vieles weiß und kann, hat Vorteile. Und Erziehung ist, Vorteile anzuhäufen. Die Persönlichkeitsentwicklung des Menschen tritt immer stärker in den Hintergrund. Die Personalabteilungen der großen Konzerne suchen händeringend nach gut ausgebildeten *Persönlichkeiten*. Keine da. Nie so viele, wie wir nötig hätten. Sie wachsen nicht mehr nach, weil wir sie nicht kultivieren.

(Denken Sie noch einmal kurz an meine Diskussion mit der Cocktailtomate zurück?)

So sieht das Normale aus. Natürlich gibt es auch Eltern, die darüber hinaus ihre Kinder total vernachlässigen. Es gibt auch viele, die sich um die Erziehung ihrer Kinder rührend kümmern. Aber auch diese Kinder gehen in die normale Schule mit dem Endziel der Berufsfähigkeit! Sie sitzen mit desinteressierten Normalen im Klassenraum ...

Und in dieser Lage beobachten uns die Psychologen mit immer größerer Sorge. Sie sehen, wie viele von uns leiden. Sie zählen die Depressiven, die Stresskranken, die Süchtigen, die Enttäuschten, die Abgewiesenen. Sie versuchen, uns als Menschen zu verstehen. Woher stammt unser Leiden?

Es hat etwas mit Wasser und Sonne zu tun. Haben wir beides genug und genau richtig bekommen?

Denken Sie an Ihre Geburt zurück! Sie kamen zur Welt, überall Blut. Die Lunge japst. Ihr Nabel wird getrennt. Sie schreien. Liegen auf dem Bauch der Mutter, die starke Schmerzmittel bekam und schlaff glücklich ist, dass es überstanden ist. Sie verstehen die Welt noch nicht. Ihr Gehirn ist leer. Sie haben unklare Gefühle. Vielleicht sehen Sie sogar leider ganz gelb aus? Dann müssen Sie in einen Kasten zur Bestrahlung gegen Gelbsucht. Sie werden dort drin angebunden (man sagt vornehm: fixiert), damit immer Ihre richtige Seite angestrahlt wird.

1. Psychologie – die Wissenschaft, den Eltern die Schuld zu geben? 41

Eine Woche später sind Sie schon ein bisschen trainiert, ganz genau alle vier Stunden ein festes Milliliterquantum zu trinken. Genau alle vier Stunden, mit einer Ausnahme in der Nacht. Da ist der Abstand acht Stunden. So soll ein Kind sein. Dann ist es ein gutes, pflegeleichtes Kind, das den Eltern helle Freude macht und im Dunkeln schläft.

Menschen, bei denen eingebrochen wurde, fühlen sich monatelang unsicher. Handtaschenräuberopfer meiden lange ängstlich die Straße. Ich habe wochenlang nach meinem Autounfall an meinem Verstand gezweifelt.

Aber das Baby wird *sofort* schockartig an die Regelwelt gewöhnt. Schreien? Verboten. Essen zwischen den Zeiten? Es muss warten.

Nach der normalen Natur des Menschen würde man erwarten, dass ein Baby trinkt, wann es will. (Tiere lassen saugen, wann immer Tierkinder wollen. Würden sie anders handeln, wenn sie Uhren hätten?) Mütter würden Babys auf dem Arm tragen. Babys würden auf dem Bauch oder Arm der Mutter schlafen, jede Nacht.

Dieser Gedanke, dass Babys überhaupt nicht in ihrer natürlichen Weise aufgezogen werden, ist als *Continuum Concept* in die weltweite Diskussion eingegangen. Die Amerikanerin Jean Liedloff war bei ihren Besuchen bei den Yequana-Indianern so sehr vom offenkundigen Lebensglück dieser „Wilden" betroffen, dass sie sich auf die Suche nach dem verlorenen Glück unserer Kindheit machte. Diese Indianerstämme erziehen ihre Kinder absolut genau so, wie man es ganz naiv beim normalen Nachdenken über die Biologie von Babys erwarten würde. Sie tragen sie herum, lassen sie bei sich schlafen, lieben sie, spielen viel mit ihnen, schreien sie nie an, sind nie nervös mit ihnen, zwingen sie zu nichts und warten, dass sich die Kleinkinder von allein einfügen, was sie dann auch *ausnahmslos alle* tun. Von allein! Ohne Zwang! Von allein! Das glauben die meisten Amerikaner nicht und die Deutschen sowieso nicht. Aber bitte: Wenn man ganz im Sinne der eigenen Natur aufwächst, dann ist es kein „Einfügen", verstehen Sie? Es ist normales Leben, ganz selbstverständliches normales, dort glückliches Leben. Im Natürlichen gibt es keinen Grund, anders als natürlich zu sein. Bei uns gibt es gute Gründe, die Schule zu schwänzen …

Vieles in diesem Buch kommt am Ende zu einem ähnlichen Schluss: Behandelt die Menschen artgerecht mit ausreichend „Wasser und Sonne"! Mit diesem Gedanken der Artgerechtigkeit gehe ich noch einen Schritt weiter als Jean Liedloff. Ich glaube, der Mensch muss aus seinem eigenen Ursprung heraus *werden*.

Die Bücher von Jean Liedloff wirken wie reine Wahrheit und sind sofort zu verstehen. Ich habe aber den Eindruck, dass sie nicht wirklich verstanden werden. Kommentare sagen natürlich in der Regel, was man sich von westlichen Menschen erwartet: „Glück geht nur bei Indianern, aber wir sind zivilisiert." (Bärenstark!) Oder: „Es ist zu viel Arbeit, die Kinder immer zu tragen." Ich habe auch eine Studie gefunden, die nach Langzeitversuchen zum Ergebnis kommt, dass das Herumtragen von Babys diesen nicht *schadet*. Es ging bei der Untersuchung wohl darum, dass viele Amerikaner das Continuum Concept von Jean Liedloff in die Praxis übernahmen, und da muss man doch sicher erst nachprüfen, ob die natürliche Behandlung von Babys nicht sehr schädlich für diese ist? Hey, stellen Sie sich vor, ein Baby sieht öfter den nackten Vater im Dunkeln! Was soll da bloß aus ihm werden?

Die Indianer tragen die Babys herum und lassen sie trinken und spielen, wie sie wollen. Ja! Stimmt! Aber die meisten, die darüber diskutieren, listen lauter so einzelne Merkmale oder Handlungsregeln auf und probieren die dann vielleicht an Kindern aus. Dabei hat es mit dem doofen Herumtragen oder Stillen nach Bedarf nur ganz entfernt zu tun. Es geht vor allem darum: Die Indianer setzen den Kindern keine unnatürlichen oder unsinnigen Seismographen ein. Keine Angst, keine Drohung, keine Schläge, kein Anschreien.

Es wird einfach jeglicher psychischer Zwang vermieden (körperlicher Zwang ist auch psychischer Zwang!). Oder in Kurzform: Die kleinen Indianer wachsen ohne Trauma auf. Sie werden im Vorstellungsmodell der Pflanze nicht falsch umgetopft, bekommen die richtigen Nährstoffe und sollen keine andere Pflanze sein, als sie sind.

Wenn Sie alle diese Gedanken in sich bewegen, so könnten wir meinen: Normale heutige Kindererziehung macht Eltern fast zwangsläufig schuldig. „Psychologie ist die Wissenschaft, den Eltern die Schuld zu geben." Das habe ich als Zitat eines Vaters aufgeschnappt, der sich nicht anhören mochte, was seine Tochter erflehte. Sie knickte zusammen und fühlte sich völlig allein gelassen.

Unser normales Leben richtet in Kindern etwas an.

Wir akzeptieren, dass Menschen beim Versagen einer Beförderung verbittern und im Zustand so genannter innerer Kündigung weitere Arbeit verweigern. Wir erlassen einem Mann zehn Jahre Gefängnis, wenn er auf ein Penisgehänsel hin eine Frau tötet. Wir verstehen, wenn jemand vor Eifersucht rast. Das ist bei Erwachsenen normal.

Und Kinder?

„Du bist nichts." – „Du kommst in ein Heim." – „Niemand wird dich heiraten." – „Versager!" – „Wir könnten dich so sehr lieben, wenn du anders würdest."

Noch einmal: Erwachsenen erlässt man zehn Jahre Gefängnis, wenn sie ausrasten. Kinder müssen so etwas von Erwachsenen hinnehmen. Diese eben zitierten Sätze habe ich alle selbst gehört. Sie sind glücklicherweise nicht zu mir gesagt worden. Aber ich schrieb ja früher schon, wie man mich beim Tanzen auslachte. (Tut wieder beim Schreiben weh.) Mein Vater erzählte oft ganz stolz folgende Geschichte:

„Du warst oft unnütz als Baby, Gunter. Du hast geschrien, ganz ohne Grund, auch des Nachts. Wir sahen nach dir, aber es war stets alles in bester Ordnung. Da wurde es uns eines Tages zu viel. Ich schlich mich in das Nebenzimmer an dein Bettchen und schlug hart mit der flachen Hand auf das dicke Kissen über dir, so dass es sehr laut knallte. Ich habe darauf geachtet, dass es nur laut knallte – dir geschah ja nichts, da die Decke so dick war. Du warst ganz erschrocken und bliebst still. Seitdem hast du nie mehr in der Nacht geschrien Nie mehr. Daran sieht man, dass Kinder nur die Erwachsenen unnütz um sich haben wollen. Weiter nichts."

Mein Vater war ein sehr, sehr lieber Mensch. Er hatte leider eine normale klassische Auffassung von Erziehung. Ich habe der stolzen Erfolgsgeschichte seiner Erziehung nie ganz ohne Grauen lauschen können. Ich habe später nie auch nur einen Hauch von Nachdenken in ihn hinein diskutieren können. Ich hätte ihn stark angreifen müssen. Dann aber hätte er wohl gesagt: „Jetzt willst du mich wohl erziehen? Du *mich*? *Mein* Kind?"

Sie können so alt sein, wie Sie wollen. Als Kind dürfen Sie niemals über Ihre eigene Erziehung mit Ihren eigenen Eltern reden. Weil das keine Sachdiskussion ist, sondern Schuldzuweisung. „Du willst mir nur Schuld geben, nicht wahr? Nach all den Jahren, die ich dich aufzog? Wäre nicht ein Ausdruck des Dankes angemessener? Warum kommst du mir mit Psychologie?" Psychologie ist die Wissenschaft, Schuld zu geben?

Wir fühlen, dass wir voller Wunden sind. Wir, die wir Wunden empfingen. Die, die Wunden von uns empfingen. Gott vergib' uns unsere Schuld, wie auch wir vergeben unseren Schuldigern.

Aber ich schreibe dennoch dieses Buch über Wunden, über Traumata und Heil.

2. Ein allgemeiner Ursprung von Seelenwunden

Wo kommen alle unsere Wunden her?
Ich habe schon ein paar typische Unfälle genannt.

Wenn Sie etwas nachsinnen, finden Sie weitere Beispiele zuhauf. Wir werden einfach nicht artgerecht behandelt. Als Kind nicht, als Erwachsener eher noch weniger.

Es gibt die Waldorfschulen nach der Psychosophie Rudolf Steiners, deren Schüler im Sinne meiner *Omnisophie* wahre Menschen werden sollen. Diese zeichnen sich dadurch aus, dass sie „als Pflanze wenig Wasser" brauchen, also friedliche, liebevolle Menschen sind, zumindest solche, die anderen nichts zu Leide tun. Ich will bald begründen, dass es überhaupt nichts bringt, Menschen zu wahren Menschen zu erziehen. Das ist genauso wenig artgerecht wie alles andere. Es wäre schön, wenn sich die Waldorfschulen als Institution sähen, von Geburt an wahre Kinder artgerecht großzuziehen. Aber sie wollen *alle* ihre Schüler zu wahren Menschen machen. Im Grunde sind es aber meist wahre Menschen, die ihre *Kinder* in die Waldorfschule schicken. Dort sollten aber nur wahre Kinder sein, nicht aber Kinder wahrer Eltern. Aber das ist nur ein Nebengedanke.

Ich will hier vor allem sagen, was ich schon ziemlich oft über Waldorfschulen gehört habe, nämlich dies: „Es ist ja gut und schön, Kinder zu liebevollen, friedlichen Menschen zu erziehen. Sie haben dann aber nicht gelernt, im Kampf zu bestehen. Sie werden empfindlich sein gegen Verwundungen. Sie werden damit in der Waldorfschule praktisch absichtlich lebensuntauglich gemacht und sind damit der Wildheit, Rücksichtslosigkeit und Aggression des Normallebens hilflos ausgesetzt. Waldorfschulen vergehen sich deshalb an Kindern, die ja eigentlich durch gute Erziehung für dieses normale Leben hart gemacht werden *müssen*. Es geht nicht anders, hört auf zu plärren, ihr hoffnungslosen Idealisten, Kinder müssen lernen, ordentlich etwas auszuhalten. Wie sollten sie sonst bestehen?"

III. Wunden der Normalkinder von Normaleltern

Es wird demnach offenbar allgemein angenommen, dass der im Leben vorherrschende Wettbewerb um die Gelder und Erfolge eine größere Mindesthärte notwendig mache, die in alle Kinder ohne Unterschied hinein zu erziehen sei. Man muss sie hart machen. Alle!

Wie geschieht das?

Wir lehren Kinder, mit Verletzungen umzugehen. Wir gewöhnen sie an Verletzungen. Wir verletzen sie nicht gerade absichtlich, aber wir finden es nicht sehr schlimm, „wenn es passiert". Deshalb passiert es auch – weil wir es nicht wirklich notwendig finden, richtig aufzupassen.

Ich konfrontiere Sie noch einmal mit ein paar biologischen Fakten, die ich selbst gerne besser interpretieren können würde. Leider finde ich in der Literatur meist nur Medizin für Kranke, kein Nachdenken über Gesunde. Ich interpretiere trotzdem.

Es gibt eine Methode, Wellen in unserem Gehirn zu messen, die so genannte Elektroenzephalographie. Sie misst die elektrische Aktivität unseres Gehirns, besonders die der Großhirnrinde, die spontan abläuft oder durch Versuchsreize evoziert (hervorgerufen) wird. Dabei können Aktivitäten in bestimmten Wellenlängen registriert werden. Eine graphische Darstellung dieser Wellen in der Zeit der Messung heißt EEG (Elektroenzephalogramm). Verschiedene Bereichsabschnitte im Frequenzbereich der Hirnaktivität haben Namen:

- *Deltawellen* haben eine Frequenz von 0 bis 3 pro Sekunde.
- *Thetawellen* haben eine Frequenz von 4 bis 7 pro Sekunde.
- *Alphawellen* eine von 8 bis 13.
- *Betawellen* von 14 bis 30.

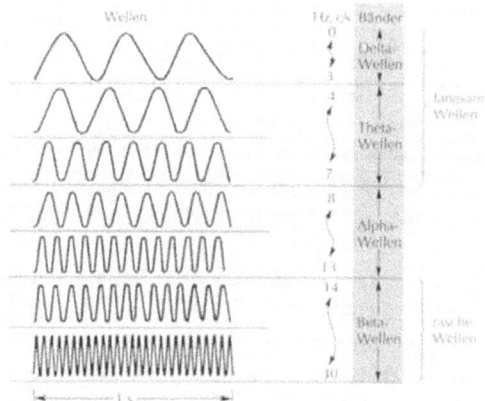

(Alle EEG-Bilder stammen aus dem hervorragenden Buch: *Leitfaden für die EEG-Praxis. Ein Bildkompendium* von Mitsuru Ebe und Isako Homma.)

Aus einem EEG kann zum Beispiel viel über ein Vorliegen einer Epilepsie gesagt werden. Wir können uns aber EEGs ganz normaler gesunder Menschen anschauen.

Es fällt dabei zuerst auf, dass es ganz verschiedene EEGs ganz normaler gesunder Menschen gibt. Die Mediziner sprechen von verschiedenen Normvarianten. Zum Beispiel von Alpha- oder Beta-Varianten.
Sehen Sie?
Das sage ich ja nun schon durch mehrere Bücher hindurch: *Es gibt verschiedene Menschen. Ganz* verschiedene. Und diese unterscheiden sich nicht einfach nur dadurch, dass sie eine jeweils andere Meinung zu Gott oder der Todesstrafe haben. Im EEG-Sinne sprechen die Mediziner jedenfalls ganz klar von mehreren Normvarianten, manche Autoren unterscheiden bis zu dreißig (!).

In unserem Hirn lassen sich dominierend *Betawellen* messen, wenn wir uns nach außen konzentrieren und genau beobachten, was in der Welt geschieht. Wir zeigen eine erhöhte Vigilanz (durchschnittliche psychische Wachsamkeit), wir verarbeiten Sinneseindrücke von außen und denken darüber nach im Sinne des prüfenden, logischen Analysierens. Ein hoher Anteil von Betawellen in der Hirnaktivität geht gewöhnlich mit einem hohen Adrenalinausstoß einher. Das Hirn steht unter Aufmerksamkeitsstress nach außen, sorgt sich unruhig, ist angstvoll und oft ärgerlich. Und man stellt bei der Untersuchung von normalen gesunden Menschen fest, dass ein beta-dominiertes Gehirn eine häufig auftretende Normvariante ist.

Die längeren Wellen des Alpha-*Frequenzbereiches* sind eine Anzeige für körperliche und geistige Zustände der Entspannung. Wenn wir zum Beispiel die Augen geschlossen haben und langsam einschlafen, befindet sich unser Gehirn in einem Zustand dominierender Alpha-Aktivität. Wir fühlen innere Ruhe, Wohligkeit, frei fließendes Denken in großer Zuversichtlichkeit, wir fühlen eine gewisse Einheit von Geist und Körper, wir sind eins, ganz ruhig und gelassen. Im Alpha-Zustand, also in einem Zustand erhöhter Alpha-Aktivität, sind wir aufnahmefähig, können uns viel merken, wir sind kreativ, haben Phantasie. Wir spüren intuitiv. Wir sind in zuversichtlicher Erwartungsspannung. Während die Beta-Zustände mit erhöhten Adrenalinkonzentrationen korrespondieren, sind im Alpha-Zustand oft vermehrte Endorphin- oder Serotoninkonzentrationen zu messen, unter denen man tendenziell „Glück" fühlt.

Thetawellenaktivität zeigen die normalen gesunden Menschen gewöhnlich nur im Schlaf während des Träumens. Manche Menschen schaffen es bei der Meditation, bei der Hypnose oder in Selbstversunkenheit Thetawellen im Wachen zu erzeugen. In diesem Zustand sind Kreativität und Phantasie bis ins Extreme gesteigert. Bildhafte Vorstellungen und Inspirationen erreichen den Menschen. Er entwickelt ungewöhnliche Ideen und Problemlösungen. Wir sind in diesem Zustand irgendwie eins auch mit Teilen des Unterbewussten. Sind die ekstatischen Zustände der Mystiker solche Momente? Die meisten Menschen erreichen fast nie Theta-Zustände im Wachzustand.

Delta-Zustände sind nur im Tiefschlaf erreichbar. Man spekuliert, dass buddhistische Mönche in extremer Versenkung (Samadhi) die Leere des Nirwana empfinden.

III. Wunden der Normalkinder von Normaleltern

Wir können sofort einige Erkenntnisse daraus ziehen: Die „normalen" Menschen sind wohl mehr in Beta-Zuständen? Die guten Waldorfschüler in Alpha-Zuständen? Was wäre wünschenswert? Wie werden wir erzogen?

Darauf will ich noch gar nicht hinaus. Ich komme mit härterem Geschütz. Achtung:

Die EEGs von Kindern sind ganz anders als die von Erwachsenen!

Kinder bis 5 Jahre zeigen fast keine (!) Betawellenaktivität.

Säuglinge (bis 18 Monate) zeigen dominierende Delta-Zustände, die langsam durch höhere Amplituden gekennzeichnet sind.

Kleinkinder (18 Monate bis 5 Jahre) sind Thetawellen-dominiert.

Kinder ab fünf Jahren bis ungefähr 15 Jahren sind Alphawellen-dominiert. Die Thetawellenanteile gehen langsam zurück.

Betawellen erscheinen erst nach und nach mit dem Großwerden. Das „normale Erwachsenen-EEG" mit hohen Beta-Anteilen bildet sich erst im Alter von etwa 14 bis 20 Jahren heraus.

Später, wenn wir alt geworden sind, beruhigen sich die Hirnwellen wieder und gehen wieder in den Alpha-Bereich zurück.

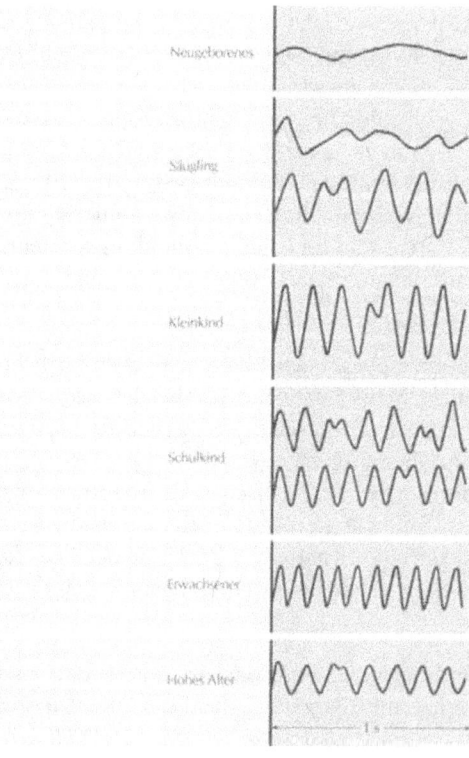

2. Ein allgemeiner Ursprung von Seelenwunden   47

Dann wären normale Babys in Zuständen der Meditierenden?
Kleinkinder in Kreativrauschzuständen?
Kinder in entspannten lernbegierigen Zuständen?
Die Alten wieder wie Kinder?

Glauben Sie das?
Sie *wissen* das! Ich weiß das! Alle wissen das, im Sinne einer unabweisbaren Gewissheit!
Warum sagen wir denn, dass Kinder weise sind?
Warum wollen wir wieder „wie Kinder" sein?
Warum fühlen wir, dass wir den Ursprung wieder finden möchten?
Warum wissen wir, dass wir etwas verloren haben?
Warum lässt Jesus die Kindlein zu sich kommen?

Und erkennen wir nun im Sinne von EEGs, was normale gesunde Erziehung ist?
Beta. Adrenalin.
Sorge. Unruhe. Pflicht. Regeln. Gewohnheiten. Achtsamkeit.
„Pass auf!"
Der Satz: „Pass auf! Denk nach!" ist das Kernstück der Migration zu Beta.
Logik, Verstand, Analyse sind Beta.
Lehrpläne und Arbeit unter Druck sind Beta.

Es scheint, als ob die Erziehung des Kindes und später das Management der Mitarbeiter nichts als ein einziges gewaltsames Herausreißen aus den so empfundenen „kindlichen" Bewusstseinszuständen ist, zu denen wir dann später wieder mühsam hinwollen, nachdem wir sie verloren haben.

Ich hätte jetzt sooo gerne EEGs von den Indianern, bei denen Jean Liedloff gelebt hat. Ich habe leider keine. Ich erkläre hier meinen Glauben: Ich glaube, dass sie nicht (so sehr) in Beta-Zuständen leben. *Ich gebe hier meine Vorstellung an* (es wird an dieser Stelle immer spekulativer, ich weiß):

Der Mensch erzieht die Kinder, so dass das Hirn in Beta-Zustände gerät. Der Mensch ist nicht offensichtlich von Natur aus darauf angelegt, zwangsläufig zu einem Beta-Erwachsenen zu werden. Und in diesem Sinne ist die normale gesunde Erziehung zumindest eine zwangsweise Körperveränderung, die weit über das bloße „Lehren" hinausgeht.

Sind Sie wirklich sicher, dass das Kind in Beta-Zustände *muss*? Weil das Leben eben so ist? Wenn es überhaupt in Beta-Zustände muss, wann? In Deutschland wird das Studium im Durchschnitt im Alter von 27 Jahren beendet. Dann erst beginnt das Geldverdienen. Brauchen wir bis dahin schon diese Beta-Zustände in dominanter Form? Oder würden wir mehr lernen, wenn wir bis zur Universitätszeit in Alpha- und Theta-Zuständen verblieben, die für das Lernen ideal sind? (Ich unterstelle immer polemisch, die Erwachsenen-EEGs sind Ausdruck unserer angespannten Lebensart.)

Sind Sie sicher, dass Sie ein Baby im Delta- oder Theta-Zustand artgerecht *so* anreden? „Pfui, Baby, nicht spucken. Pfui, jetzt klapse ich dich. Böses Baby, Mutti böse. Der schwarze Peter kommt dich holen."
Es entspricht, hirnelektrisch gesehen, dem Ohrfeigen eines meditierenden Buddhisten, der die Augen nach außen geschlossen hat.

(Viele Methoden der NLP (Neurolinguistische Programmierung) versuchen, das Erreichen von Alpha-Zuständen wieder neu zu erlernen. Es gibt Musik, die im Thetawellenbereich das Hirn in Resonanz versetzen soll. Es gibt eigens entwickelte Maschinen („mind machine"), die das Erreichen der Theta-Zustände möglich machen sollen. So viel Mühe für das Erreichen unseres früheren Zustandes als Kind! Es ist wie Pflasterkleben auf Wunden.)

3. Lebensgeist und Liebesströme: Wasser und Sonne

Wir tun also dem Menschen Gewalt an, so wie wenn wir Pflanzen festbinden, gegen Insektenbefall mit Gift spritzen oder sie so stark beschneiden, dass sie vor lauter Überlebensangst mehr Früchte austreiben. So gibt die Gesellschaft dem Menschen Halt durch Regeln. Sie hält ihn in einer gewissen Not, damit er arbeitet. Das Supramanie-Prinzip entspricht in etwa dem Beschneiden von Obstbäumen.

Mit den bis ins Spekulative getriebenen Gedanken der vorigen Seiten wollte ich Ihnen vor Augen halten, dass Erziehung, Verhaltenszwang, ja sogar die ganz normale Aufzucht mit regelmäßigem Füttern und Schlaf uns Menschen biochemisch verändern.

In uns wird der Stoffwechsel verändert.

So wie Tomaten in Gewächshäusern unter zu schnellem Wachstum wässrig werden und nicht mehr schmecken, so wird aus uns biochemisch etwas anderes. Was? Das liegt an unserem Leben, an den Eltern, an der unvermeidlichen Umwelt.

Die Psychologen stellen im Menschen vor allem den Aggressionstrieb und den Sexualtrieb fest. Menschen sind grausam, sie wetteifern, stehlen sich gegenseitig Güter und Sexpartner, sie sind faul und verwöhnt.

Das kann ja im Nachhinein stimmen, wenn die Menschen in dieser Form schließlich ins Gefängnis oder auf die Couch müssen. Ist aber der Mensch von Natur aus so?

Ich will das hier einmal leidenschaftlich bestreiten.

Von Natur aus, so sage ich, hat der Mensch *Lebensgeist* und *Liebesströme*, die er quasi im Blut fließen fühlt. Die Lebensgeister halten ihn in wachem, tätigem Leben. Sie geben ihm Kraft und verleihen ihm Flügel. Der Mensch mit viel Lebensgeist strotzt vor Tatkraft und Schaffensfreude.

Rufen Sie Ihrem Hund zu: „Wir gehen raus!" Dann bellt er, springt herum, weint fast vor Freude, das ist so ein ganz spezieller Ton im Wau. Er springt alle Umherstehenden an, rast und platzt fast vor Tatendrang. Das ist unbändiger Lebensgeist.

Dieser Lebensgeist ist bei uns Erwachsenen gebändigt – leider! Im Kinde aber ist der *un*bändige Lebensgeist noch vorhanden.

Wenn wir ihn dann *für Zwecke* bändigen, wird biochemisch im Körper des Kindes etwas losgetreten, was uns später sagen lassen wird: Der Mensch hat einen Aggressionstrieb. Den hat er dann auch. Es war aber, das behaupte ich, Lebensgeist. Lebens*hunger*, meinetwegen, aber niemals Aggressionstrieb.

Der Mensch fühlt überströmende Liebe zu anderen in sich. Er umarmt und wird auf den Schoß genommen. Babys nehmen mit einem Lächeln Kontakt zur Mutter auf. Dieses Lächeln erzeugt Ströme von Behagen und Energie in uns. Wir spüren diese Ströme vielleicht am stärksten beim ersten Verlieben. Selbst wenn uns aber nur ein strahlendes Kind oder Arbeitskollege freundlich grüßen, so stoßen sie in uns etwas Unwiderstehliches an, wir sind *besiegt* vom Lachen, vom Charme, von ansteckender Freude. Die Sonne scheint auf uns und dann in uns selbst.

Diese Liebesströme halten unsere Seele gesund. Wir fühlen den Liebesstrom bei Freundschaft, Gemeinsamkeit, in der Liebe, beim Spielen mit Kindern und Enkeln, dann, wenn wir bekommen und geben, besonders, wenn wir selbst schenken.

Später, wenn wir die Kinder gebändigt und an ihnen Normungsversuche unternommen haben, reden wir von Sextrieb, von Harmoniesucht, Bindungsangst, von Helfer- und Borderline-Syndromen, von der Angst, nicht akzeptiert zu sein.

Ich stelle mir vor, der Mensch lebt wie eine Pflanze in einem Lieblingsklima.

Er braucht die Ströme des Lebensgeistes und der Liebe in sich, und zwar in einem richtigen, ihm im Ursprung gegebenen Verhältnis.

Mehr erst einmal nicht.

Die Natur sagt nicht, ich müsse Latein lernen oder besser als andere im Abitur abschneiden oder eine Wahl gewinnen. Die Natur bettet mich in den Körper.

Ich will im Folgenden deutlich machen, wie sich dieses Leben, das wir dann tatsächlich führen, aus ein paar logischen Überlegungen heraus entwickeln lässt. Das wird Sie vermutlich stören, so wie sich viele von Ihnen an den *noch einfacheren* Thesen vom Ich, Über-Ich und Es Freuds immer gestört haben. Aber so einfach mache ich es hier ja nicht. Es wird eine Stufe schwieriger und kommt hoffentlich eine Stufe näher an die Wahrheit heran.

4. Eine Menschenmatrix nach Lebensgeist und Liebesenergie

Wir gehen also mit einer groben Lupe an den Lebensgeist und die Liebesenergien heran. Ich will hier die Kinder und späteren Menschen in je drei nahe liegende Grade einordnen:

Drei Mal Lebensgeist (niedrig, mittel, hoch) und drei Mal Liebesenergie (niedrig, mittel, hoch).

Das sind also drei mal drei Kombinationen. Dann hätten wir also neun verschiedene Kombinationen. Es gibt ja Theorien der Esoterik mit neun Temperamenten. In einer größeren Buchhandlung finden Sie bestimmt einen halben Meter über ein Neunerschema mit dem Namen *Enneagramm* (ennea wie griechisch für neun). Ich habe diese neun Richtungen menschlichen Strebens einmal in einer Drei-mal-drei-Matrix angeordnet. Damit tue ich vielleicht dem Enneagramm und den Enthusiasten dieses Schemas Gewalt an, weil zu dem Enneagramm eine sehr tiefgehende Interpretationskultur gehört, die ich durch diese Anordnung ganz radikal über den Haufen werfe. Verzeihung. Ich hätte ja auch die Einträge ganz neu und anonym „erfinden" können. Das will ich aber nicht. Im Grunde sind ja alle existierenden Theorien über Menschen ziemlich gut. Ich versuche nur so etwas wie einen Rahmen zu finden, um dadurch vom Einzelmenschen auf die Gesellschaft oder den Lebenssinn allgemein kommen zu können. Es ist also diesmal eher gut, Sie kennen das Enneagramm nicht. Ich schreibe diese Zeilen nur für jene, die sich mit diesem Thema schon beschäftigt haben. Die Bücher von Don Richard Riso haben mich am meisten inspiriert.

Ich möchte also die Kinder nach „Wasser und Sonne" ordnen. Drei Stufen für Lebensgeist, drei für Liebesstromstärke. Ich schreibe für die neun verschiedenen „Wasser-Sonne-Kombinationen" die hervortretenden Einzelcharakterisierungen auf. Ich versuche, jeweils die Einzeleigenschaft zu nennen, die diesen Menschentyp am besten kennzeichnet. Sehen Sie in die folgende Tabelle:

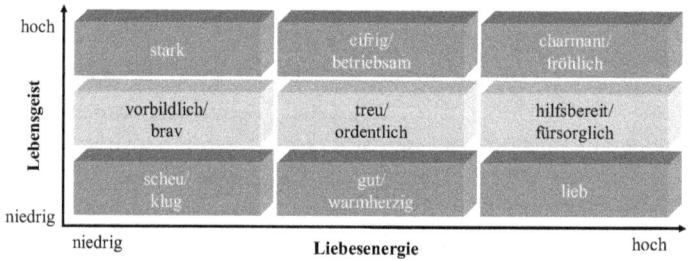

In der ersten Zeile habe ich die typisch vorherrschende Eigenschaft des aktiven Lebensgeistes dargestellt. In der ersten Zeile finden Sie links die Stärke (wenig Sonnenwärme) und rechts die wärmste Variante, das Frohe und Verführerische.

In der zweiten Zeile finden wir die Eigenschaften von Kindern, die mittleren Lebensgeist in sich spüren. Die Variante des kühlen Kopfes ist ein „vorbildliches" Kind, die gefühlswarme Art ist fürsorglich und herzlich.

In der dritten Zeile sind die im Lebensgeistsinne mehr zurückhaltenden oder rezeptiven Kinder zu finden, es sind die klugen, die guten, friedlichen Kinder und die ganz lieben.

Ich stelle hier diese These auf:

So sind Kinder „biochemisch von Geburt".

Ich will später begründen, dass unter bestmöglicher „artgerechter" Erziehung und in einem System, das Menschen im Ursprung leben lässt, die Kinder in ihrer eigenen Art und in ihrem Ursprung zu den folgenden Seinsformen reifen könnten:

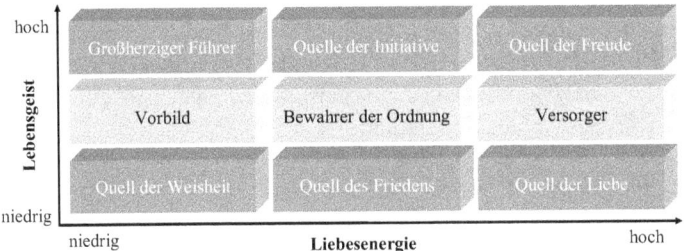

Ich gebe diese Tabelle nur als Vorschau, es ist viel darüber zu sagen. Im Grunde strahlen die Kinder ja von klein auf ihr spezifisches Verhältnis von Liebe und Lebensgeist aus. Das eine strahlt Energie aus, das andere Stärke, das dritte ernste Klugheit, ein anderes sprüht vor Witz. Sie alle *strahlen aus* (von innen nach außen). Sie alle haben das Charisma des Kindes. Wohlgemerkt: Die Strahlen gehen vom Kind aus und erfreuen die Welt.

Nun werden aber diese Kinder unter den vorherrschenden Vorstellungen von Erziehung und Lebenssinn erzogen, die wenig auf ihre individuelle Eigenart eingehen. Ich möchte argumentieren, dass sich nun die Kinder in einer bestimmten, ganz gut vorhersagbaren Weise an die westliche Kultur anpassen und sich jedes in seiner besonderen „Wasser-Sonne-Bestimmung" entwickelt. Der innere „biochemische" Ursprung ihres Wesens findet jeweils bestimmte wichtige und passende Werte im normalen westlichen Leben, an die er sich klammern wird. Diese Werte werden zu Leitmotiven im Menschen und bestimmen wesentlich das, was sie dann später unter ihrem Lebenssinn verstehen. Ich möchte ausführlich darstellen, wie das geschieht. Ich will zeigen, wie problematisch dieser Weg ist.

Schauen Sie in die folgende Tabelle:

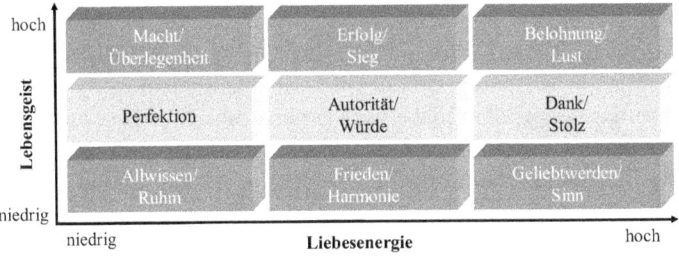

Hier habe ich die Werte dargestellt, nach denen der spätere Mensch wahrscheinlich *gieren* wird. Diese Werte wird er wahrscheinlich *„maximieren"* wollen. Das starke Kind möchte sich bald mächtig fühlen, das kluge allwissend, der vorbildliche perfekt und so weiter. Diese Werte korrespondieren in etwa zu den gefühlten Ursprungszuständen. Ich will erklären, dass der heranwachsende Mensch bei normaler Behandlung nicht mehr von sich aus auf die Welt *strahlt*, sondern Strahlen von anderen *sammelt*.

Kinder beginnen zu speichern: Wissen, gute Taten, Dankeschöns, Erfolgspunkte, Streicheleinheiten. Jedes Kind auf seine Art. Im Grunde ist die Entwicklung eines Lebenssinns dann eine einzige große Anpassungsleistung der spezifischen Persönlichkeits-Biologie an das System der Gesellschaft.

Macht sammeln ist anders als Führen. Vorbild sein ist anders als Fehlerfreiheit erreichen. Initiative ergreifen ist anders als Erfolge sammeln. Freude verbreiten ist anders als Lust haben. Sehen Sie den riesig großen Unterschied? Die eine Variante ist ein im Leben ruhender, tüchtiger Mensch, der in dieser Form in seinem Ursprung glücklich sein kann. Er führt ein eigentliches Leben. Er strahlt aus. Die Sammelvariante aber giert nach Liebespunkten, Danksagungen, Ruhm und Ehre oder Sex. Sie hängt am Tropf. Sie will haben und bekommen, während das Eigentliche ausstrahlt und gibt.

Ich will diesen Unterschied im Folgenden klar herausarbeiten. Ich will zeigen, dass die jetzige Gesellschaft nur die Sammelvariante fördert. Im Grunde müsste Ihnen schon vieles klar sein, wenn Sie das Buch *Supramanie* vorher gelesen haben.

Denn: Unsere Gesellschaft stellt sich dem Artgerechten entgegen. Sie will, dass wir Punkte sammeln. In diesem Punkt ist die Gesellschaft in der jüngsten Zeit noch viel grausamer geworden, denn es werden nicht mehr alle Punkte *gleichermaßen* gut bewertet.

Schauen Sie dazu in die Tabelle: Was will die Gesellschaft von uns allen? Vor allem *Erfolg* und dann *Perfektion*, am allerbesten beides gleichzeitig. Für ein Dankeschön kann man sich heute nichts mehr kaufen. Allwissenheit von Professoren wird ohne nützliche Industrieprojekte nicht mehr geduldet. Die Unternehmen der heutigen Zeit bekämpfen sich in erbarmungslosem Wettbewerb. In der Ökonomie herrschen quasi Kriegszustände. Jedenfalls herrscht kein Frieden, nicht einmal die echten Waffen schweigen. Achtung und Würde sind ganz in den Hintergrund getreten. Liebe wird nur noch in leeren Kirchen beschworen, Freude ist in der Freizeit erlaubt und muss am besten bei Vergnügungsunternehmen und Services teuer eingekauft werden. „Ich habe glatt 2.000 Euro in die neuen Super-Tarnanzüge meiner Kleinkinder gesteckt. Sie sind jetzt beim Versteckspielen deutlich leistungsfähiger und punkten wie nie. Die Ausgabe hat sich gelohnt, dabei war ich erst sehr zögerlich, das neue Tarnkonzept zu akzeptieren, weil es für die Kinder starke Atmungseinschränkungen beim Spiel bedeutet. Sie können aber ohne diese Technologie kaum mithalten und wären dauernd in ihrer Psyche angeschlagen." So oder ähnlich klingt es für Rodeln, Segeln, Tennis oder auch nur fürs Telefonieren. Spaß kostet so viel, dass er oft keine Freude mehr macht. (Beachten Sie bitte, dass so viele Menschen Liebe und Dank oder Freude sammeln, obwohl sie eigentlich nur Erfolg sammeln sollen. Warum machen „die" das? Weil sie ihren Ursprung fühlen und sich schrecklich verbiegen, aber nicht wirklich mehr ganz so werden können, wie das System es wünscht.)

Die Gesellschaft, insbesondere die Erziehungs- und Managementsysteme, benachteiligen also die Kinder ganz unterschiedlich in ihrer Entwicklung. Die Versteifung der Gesellschaft auf *volle Leistung und Perfektion vom Kindergarten an* verhindert eine artgerechte Entwicklung der Kinder.

5. Der Lebensgeist und das Natürliche, Richtige und Wahre

Jetzt möchte ich die bisherigen Gedanken mit dem Konzept der natürlichen, richtigen und wahren Menschen aus meinem Buch *Omnisophie*, dem ersten Band dieser Reihe, verknüpfen. Ich möchte hier die Charakterisierung dieser Menschen ebenso kurz wie in *Supramanie* wiederholen. Leser von *Omnisophie* oder *Supramanie* kennen die nächsten wenigen Seiten dann schon. (Und bitte verübeln Sie mir nicht die häufigen Querverweise auf die früheren Bücher. Sie sind als Service gedacht. Ich bemühe mich redlich, alle Bücher so zu schreiben, dass sie unabhängig voneinander lesbar sind. Wenn ich also Querverweise einschiebe, so sind sie nicht als Daueraufforderung gedacht, sich alle Bücher von mir zu kaufen. Darum geht es mir nicht.)

In *Omnisophie* werden drei Menschenarten unterschieden, die wir hier auf neun Arten unterteilen wollen.

Die von mir so genannten *richtigen* Menschen denken logisch und strukturiert, die *wahren* mehr intuitiv und ganzheitlich, die *natürlichen* Menschen erklären das Primat des Willens über das Denken. Lesen Sie Kurzporträts dieser drei Wesensarten.

Sie können sich beim Lesen dieser Portraits schon überlegen: Wie viel „Lebensgeist" wirbelt in diesen Menschen? Sind diese Menschen mehr wie Feuer, Erde, Luft oder Wasser? Was fühlen Sie?

Der *analytische Verstand* sitzt quasi „in der linken Gehirnhälfte". (Das stimmt ungefähr mit den neurologischen Befunden überein, die seit einiger Zeit immer tiefere und leider immer verwirrendere Erkenntnisse ans Licht bringen. Für die Implikationen ist es ganz irrelevant, wo dieser Verstand sitzt, aber es hilft vielen Menschen, sich alles besser vorzustellen.) Die linke Hirnhälfte „denkt" logisch, sequentiell, rational, objektiv und heftet den Blick auf Einzelheiten. Ich habe sie ausgiebig mit der Funktionsweise eines normalen Computers verglichen, der offensichtlich die gleichen Eigenschaften besitzt. Computer arbeiten sequentiell Programme ab und haben jede Einzelheit gespeichert. Ihnen fehlt der Blick für das Ganze. Sie „wissen" aber alles einzeln. Ein Computerspeicher ist so wie eine Universitätsbibliothek in Abteilungen, Ordner und Regale unterteilt. Das File-System eines Computers sieht wie eine Organisationsstruktur eines Unternehmens aus. Der analytische Verstand hierarchisiert gerne, legt Kriterien fest, führt Listen und Zahlentabellen. Erkenntnisse werden aus Analysen gewonnen, aus Statistiken und Umfragen, aus dem Studium und der Auslegung von Gesetzesbüchern und Regelwerken. Die linke Gehirnhälfte liebt Traditionen und Gewohnheiten. Sie legt Wert auf reibungsloses Funktionieren. Sie sieht den Menschen als Teil eines Gemeinschaftssystems von Menschen. Der Einzelne hat ein nützliches Mitglied zu sein. Der analytische Verstand mahnt mit erhobenem Zeigefinger. Er weiß, wie es richtig ist. Er ist der Sitz der Vernunft. Wenn sich Menschen vorwiegend der linken Hirnhälfte bedienen, sind sie vernünftige Menschen, solche wie Lehrer, Beamte oder (offizielle) Eltern. Ich nenne sie die *richtigen Menschen*. Richtige Menschen setzen auf Pflicht und Arbeit, sie schaffen und halten Ordnung, achten auf die Moral und guten Geschmack. Richtige Menschen sind verantwortlich und zuverlässig, sehen Arbeit als Mühe und Lebensaufgabe, suchen Achtung, Ansehen, Respekt und Rang. Richtige Menschen haben das privilegierte Gefühl, „normal" zu sein, was für sie mehr den Anstrich von „vorbildlich" hat. „Man muss *so* sein, man tut das *so*, es ist *so* Pflicht und Tradition!" Andere Menschen sind eben *nicht* richtig!

Die *intuitive Einsicht* residiert in der rechten Gehirnhälfte. Sie denkt ganzheitlich und schaut nicht gern in das Einzelne. Sie synthetisiert, bildet aus verschiedenem Wissen ein neues Ganzes. Sie wirkt subjektiv und eher emotional. Ich habe das intuitive Denken mit dem mathematischen Modell des neuronalen Netzes verglichen. Solche Netze „spüren das Gasnze der Welt". Sie sind so etwas wie der ganz persönliche Schatz unseres gesammelten Lebens, die Essenz unseres bisherigen Seins. Jede Erfahrung in unserem Leben lagert sich unsichtbar in das Ganze ein und verschwindet verschwimmend im Ganzen. Die Intuition ist die Summe des Ganzen. Neuronale Netze „assimilieren" neues Wissen und formen damit das Ganze der Intuition immer vollendeter aus. Im Gegensatz zum analytischen Verstand wird das assimilierte Wissen aber nie explizit abgreifbar gespeichert. Nach dem Assimilieren ist es im Ganzen suspendiert und daher nicht gerade ganz untergetaucht, aber mit ihm untrennbar verschmolzen. Das Ganze in uns weiß dann die Antworten auf Fragen, es weiß aber keine Regeln oder Fakten mehr. Das Analytische speichert Wissen, Regeln und Fakten und antwortet wie ein Computer nach logischen Berechnungen. Intuition verschmilzt die Summe des Lebens zu einer Entscheidungsmaschine, die von außen wie ein Orakel aussieht. Intuition sagt zu einem Ölgemälde: „Es macht betroffen, so schön ist es!" Verstand analysiert: „Renommierter Maler, der bekanntlich mit Farben *zaubert*, wie der Museumsführer es ausdrückt. Besonders charakteristisch ist die wischende Maltechnik, die sich hier einzigartig und exemplarisch findet. Der Künstler hat großen Einfluss auf die Farbgebung einer ganzen Schule von ..." – „Halt!", schreit die Intuition. „Findest du das Bild *schön*?" Der Verstand wägt die Fakten ab und bejaht zögernd. Er hätte noch gerne ein paar andere Meinungen gehört, am besten von anerkannten Autoritäten. Intuition weiß *selbst*. Ganz sicher. Sie ist persönlich, weil sie die Lebenssumme ist. Verstand ist unpersönlich oder überpersönlich. Er steht für das Allgemeine, das allen Menschen gemeinsam ist. Der Verstand findet das Intuitive „subjektiv", weil es persönlich ist. Das Intuitive ist „authentisch", weil es persönlich ist. Der Verstand ist kalt, weil er überpersönlich ist. Das Intuitive weiß und liebt. Es beherbergt Erleuchtung, Ethik, Ästhetik. Der Verstand misst nach Regeln und Kriterien. Er ist der Schirmherr für Ordnung (gemessenes und sortiertes Wissen), Moral (gemessene Ethik und verordnete Sitte) und

Geschmack (gemessene Schönheit und verordnete „Mode"). Menschen, die hauptsächlich intuitiv urteilen, habe ich *wahre Menschen* genannt. Viele Wissenschaftler und Künstler sind Intuitive, viele Computerfreaks. Bei IBM habe ich fast 1.000 Mitarbeiter getestet. Sehr viele sind intuitiv, wohl über die Hälfte. (Bei einem Test, der *nur zwischen links und rechts* unterscheidet und keine natürlichen Menschen zulässt, was ich ja tue, so kommen 70 Prozent Intuitive heraus, bei Psychologen, Dichtern, Architekten ebenso – das ist hier nicht wirklich brauchbar, weil ich ja noch die im Folgenden erklärte Spezies des natürlichen Menschen kenne, aber Sie haben jetzt einen kleinen Eindruck von den statistischen Verhältnissen.) Intuitive gelten als Hüter der Ideen, hängen Utopien und Idealen an. Sie sind definitiv *nicht normal* im Sinne der richtigen Menschen. Richtige Menschen mögen die Intuitiven theoretisch gern, aber sie lächeln etwas über sie und halten sie wahrscheinlich manchmal oder oft für Spinner. Die Intuitiven mögen die Richtigen eher nicht so gern, weil aus der Sicht des Idealen das Normale spießbürgerlich und zwanghaft wirkt. Nehmen wir den Gegensatz „Liebe muss verdient werden" versus „Liebe ist unbedingt". Oder „Auge um Auge" versus „Liebe deinen Nächsten" oder „Erziehen ist Tilgung des Tiers im Menschen" versus „Erziehung ist liebendes Pflegen". Das eine wird mehr von den richtigen Menschen vertreten. Es ist praktisch und bewährt. Das andere ist sonnig idealistisch und scheint nicht in großer Skala zu funktionieren! Wahre Menschen sind in einer kläglichen Minderheit gegenüber den richtigen Menschen.

Schätzungsweise: 10 bis 15 Prozent in der Gesamtbevölkerung. In gebildeteren Schichten sind sie in der Mehrheit. (Über diese schlichte statistische Feststellung sollte einmal lange nachgedacht werden!)

Die dritte Entscheidungsmaschine im Menschen sitzt nach meiner Vorstellung *nicht* im Gehirn. Natürlich sitzt sie auch dort, im Mandelkern (Amygdala) oder so. Aber es ist besser, wir stellen uns vor, sie sitzt im Körper. Ganz verteilt. Sie besteht aus einigen tausend Seismographen, die auf bestimmte Vorkommnisse lauern. Wenn das, worauf sie lauern, eintritt, schlagen sie aus. In uns zuckt etwas. Ich habe in *Omnisophie* ein mathematisches Vorstellungsmodell für diese „Algorithmen" eingeführt. Es sind Algorithmen, die in einem Ozean von Information auf das Auftreten bestimmter Spezialinformationen „scharf gestellt sind" und „aufpassen". Sie tun sonst nichts anderes, außer Spezialalarm zu geben. Ich habe solche Algorithmen vorgestellt und gezeigt, dass sie wenig Platz und ganz wenig Rechenzeit brauchen. Es zuckt nur kurz in uns, das ist alles. Wir wissen oft nicht warum. Es zuckt wie ein Alarm. Der Verstand muss dann aufmerken und analysieren, was los ist. Es zuckt, wenn es in unserer Nähe kracht, wenn etwas vorbeifliegt, wenn uns jemand kränkt, droht, belügt. In uns sagt etwas: „Zack!" – „Zisch!" – „Hui!" – „Achtung!" – „Vorsicht!" – „Pass auf!" *Diese Seismographen in uns steuern unsere Aufmerksamkeit.* Sie befehlen gebieterisch, womit sich der Kopf, links wie rechts, bitte jetzt gleich befassen sollte. Sie weisen hin, warnen, interessieren, alarmieren. Die Seismographen beißen oder erfüllen uns vom Körper her: Erröten, Stärke, Hass, Zorn, Triumph, Empörung, Bestürzung, Starre, Angst, Übermut, Innehalten, Grauen, Panik, Freude, Lust, Ungeduld ... Die Seismographen alarmieren und versetzen die „Körperchemie" im gleichen Augenblick in einen anderen Zustand, in einen Zustand, der jetzt sofort angemessen erscheint. Zuschlagen? Entspannen? Jubeln? Weglaufen? Schimpfen? Nachgeben? Lachen? Stillhalten? Wenn der Körper zuckt, aktiviert er Adrenaline („Schau hin! Tu was!") oder Endorphine („Stell dich tot! Lass es sein!"). Dann mag er kämpfen, sich zufrieden zurücklehnen oder in Depression verharren und versinken. Es sieht aus wie das Einschalten eines Turbos oder einer Dämpfung, Entspannung oder eine Teilabschaltung (ein Aufgeben, Hinnehmen). Der Mensch ist sehr persönlich dadurch charakterisiert, *welche* Seismographen er im Körper *worauf* lauernd eingestellt hat. Als ich zur Schule ging, hatten die meisten Mitschüler an genau solchen Stellen eher „draufhauen" eingeschaltet, wo bei mir „stillhalten" oder „weggehen" bevorzugt war. Das habe ich ja schon in früheren Werken über mich verraten. Das Lehrbuch sagte für meinen Fall: „Werden Sie bei Ihrem unaggressiven Profil am besten Mathe-Professor. Im Elfenbeinturm haut Sie niemand mehr." Sehen Sie? Es gibt unglaublich viele Möglichkeiten, Seismographen zu setzen: „Gut gekämmt? Hose zu? Guckt einer ins Wohnzimmer? Irgendwas zu essen? Bügeleisen aus? Lehrer in der Nähe? Polizei? Eltern? Geld? Tropft was? Bild schief? Unaufgeräumt – Besuch kommt? Schöner Busen? Milch gekauft? Mülleimer rausgestellt?" Seismographen erzwingen Aufmerksamkeit. „Pass auf!" Das Seismographensystem lenkt unsere Aktivität. Es richtet unsere psychische Energie aus. In seinem Zentrum herrscht der Wille. Der Wille ist die Summe des Seismographensystems. Menschen, die in sich das Primat des Willens spüren, scheren sich nicht, ob ein Ziel mit der linken oder rechten Hirnhälfte erreicht wird. Sie kümmern sich mehr um einen adäquaten chemischen Zustand des Körpers. Sie arbeiten nicht in *jedem* Zustand, wie es der Verstand vernünftig fände. Sie haben dann „keinen Bock". Zu anderen Zeiten stürzen sie sich in ungezählte Überstunden, um „es zu zwingen". Ich habe solche Menschen die *natürlichen Menschen* genannt. Richtige Menschen empören sich über natürliche Menschen, die ihren Willen *über* die Pflicht setzen. Natürliche Menschen trotzen den richtigen Menschen und provozieren sie gerne, auch mit Four-Letter-words. Sie arbeiten nicht aus Gehorsam, sondern schon früh gegen Eis oder Ausgeherlaubnis oder für ein vorzeitiges Moped. Von wegen Pflicht! Sie verhandeln und kämpfen dafür, dass es ihnen gut geht. Richtige Menschen finden, dass natürliche Menschen zu viel Stress machen. Sie klagen, dass natürliche Menschen Probleme „mit der Impulskontrolle" haben, mit ihren Seismographen also. Impulse sind Tiererbe und verdammungswürdig! Natürliche Menschen lassen sich im Gegenteil mehr durch diese Impulse leiten. „Spaß bei der Arbeit" wollen sie und üben gerne Tätigkeiten aus, bei denen der Körper sich wie in einem günstigen biochemischen Zustand anfühlt: Handwerksarbeit, Fliegen, Chirurgie, Jagd, Verkauf und Vertrieb. „Spaß bei der Arbeit" bedeutet auch, die eigenen Grenzen kennen zu lernen. Wie weit kann ich gehen? Welche Risiken entstehen? Wie geht der Körper mit Gefahr um? Wie fühlt es sich an, wenn eine Sache heikel wird? Auf der Kippe steht? Wie agiert man in Gefahr? Wie bleibt man cool? Wie schmeckt Sieg oder überschäumende Freude? Deshalb suchen sie immer auch die Nähe von Gefahr (sagen die richtigen Menschen) oder Kitzel (finden die natürlichen). Der natürliche Mensch bewahrt sich im Kampfgewühl bei Schwierigkeiten. Wenn alles ruhig ist (herrlich

– finden die richtigen Menschen), stöhnt der natürliche Mensch über Langweile und wird fast verrückt. Es muss etwas los sein! No risk, no fun!

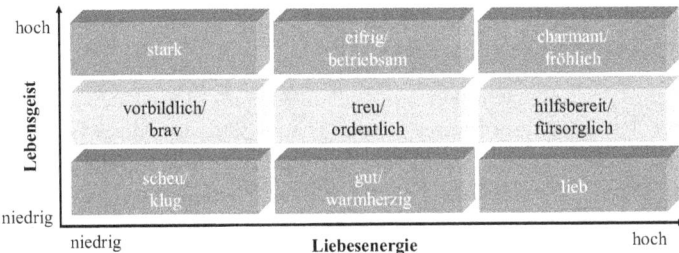

Ist Ihnen der Zusammenhang mit der Tabelle der typisierenden Kindereigenschaften gleich klar geworden? Die Natürlichen stehen in der ersten Zeile der Tabelle, die Richtigen in der zweiten, die Wahren in der dritten.

Die *Natürlichen* wollen möglichst im Vollen leben. Sie kämpfen um Reichtümer, um Gewinn im Leistungswettbewerb, um Lust, Macht und Liebe. Das Leben soll nicht lau sein, das vor allem nicht! Das Leben soll in den Adern pulsieren. Die natürlichen Menschen haben am meisten Lebensgeist.

Die *Richtigen* sind ordentlich, haben Sinn für eine Gemeinschaft, die ihnen Sicherheit schenkt und die das Gewaltmonopol innehat. Nur die unbedingt nötige Gewalt wird durch die Obrigkeit oder das System gegen innere und äußere Feinde ausgeübt, um alles zu schützen. Im Ausgleich für den Schutz des Systems und seine Geborgenheit in ihm passen sich die Richtigen willig an alle Systembedingungen an.

Die *Wahren* sind idealistisch, ganzheitlich, träumen von einer besseren Welt, in der ganz von selbst unter nur guten Menschen Ruhe, Frieden, Wahrheit, Liebe und Frieden herrschen. Da die Welt noch nicht so ist, ziehen sie sich in Nischen des Wahren zurück, im Extrem in Klöster, Forschungseinrichtungen, in Kunst und Kultur. Sie gehen nicht hin, wenn Krieg ist. (Aber, Sie kennen Ihren Brecht, der Krieg kommt doch zu ihnen.)

Diese Menschenarten sind nun gerade diejenigen, die ruhig, „normal" oder eher wild sind. Die Wahren bilden sich rezeptiv ihre Welt, die Richtigen suchen sich einen Platz oder eine Heimstatt in der vorgegebenen Gemeinschaft, die Natürlichen lassen sich es nach aller Möglichkeit im Leben gut gehen.

Sie unterscheiden sich in der „Pulsstärke" oder in der Überschwänglichkeit des Lebensgeistes.

Die richtigen Menschen sind das Mittlere, die Norm, der Mittelweg, den alle gehen können und *müssen*, wie *sie* sagen. Die Wahren sagen: Wenn alle jeweils alle anderen in Frieden ließen, *dann* wäre die Welt vollkommen. Die Richtigen wissen, dass es das Böse immer geben wird, wogegen sie das System erbaut haben, das sie schützt und dem man sich im Ausgleich unterzuordnen hat. Die Natürlichen sehen im System eine Art Gefängnis, weil das System wegen seines Kampfes gegen das

Böse auch meist das Natürliche unterdrückt. Deshalb wehren sich die Natürlichen immer ein wenig und erzeugen in den Richtigen das ungute Gefühl, dass im Natürlichen das Böse sei. Wenn das System zu hart ist, wehren sich die Natürlichen manchmal so stark, dass sie mit dem Bösen selbst verwechselt werden ...
Und hier liegt der Kern des Unartgerechten.

Diese verschiedenen Menschenarten habe ich in *Omnisophie* mit vielen Argumenten herausgearbeitet. Ich bekomme immer wieder Zuschriften von Menschen, die es nicht glauben, dass sich Menschen im Lebensgeist unterscheiden. Und ich muss immer geduldig das sagen: Wussten Sie schon, dass es bei Pferden den Unterschied zwischen Vollblut, Warmblut und Kaltblütern gibt? Den haben Sie in der Schule gelernt. Sie haben die Pferde *gesehen*. Sie haben die Vollblüter mit Old Shatterhand und Winnetou obendrauf geliebt. Sie wissen, dass Kaltblüter geduldig die Ackerwagen zogen. Jedes Kind sieht nach ein paar Sekunden, ob ein Pferd ein Vollblut oder ein Kaltblut ist. Sie alle *sehen* es bei Hunden! Die einen sind ruhig, die anderen zittern ständig, dass es endlich „losgeht". Tja. Und bei Menschen streiten Sie es ab? Warum? Schauen Sie sich unter Menschen um, die Sie kennen. Sehen Sie den Unterschied? Ja? Gut, dann wären wir jetzt so weit: Sie können den heißblütigen Kampfstier vom Ochsen unterscheiden, den Kampfhund vom Dackel, den Ackergaul vom Lippizaner, das Partygirl vom frühstückenden Beamten.

Und jetzt *Sie*! Glauben Sie, man sieht ausgerechnet *Ihnen* nichts an? Ich habe einmal mit zwanzig Studenten einen Test durchgeführt. Jeder Student stellte sich mit beliebigen Worten oder Themen seiner Wahl genau drei Minuten nach Stoppuhr den anderen vor. Anschließend stimmten wir über jeden Studenten vier Mal ab, welche Eigenschaften er in der Typologie von C. G. Jung hätte: Ist er introvertiert oder extrovertiert? Ist er linkshirnig (mehr *richtig*) oder rechtshirnig (mehr *wahr*), ist er „Think" (kalt im Sinne der Sonne) oder „Feel" (warm), ist er ordentlich oder „flexibel-spontan"? Vorher hatten die Studenten den Test auf diese Fragen bei *www.keirsey.com* absolviert. Wir verglichen diese Ergebnisse mit den Abstimmungsresultaten. Ergebnis: Bei 80 Abstimmungen genau 79 Treffer. Die einzige Fehlabstimmung betraf eine hochbegabte Russin mit DAAD-Stipendium, die leider kaum deutsch konnte. Wir hielten sie fälschlicherweise für introvertiert, was in ihr einen heißblütigen Protest auslöste: Wir sollten Sie einmal tanzen sehen statt in Deutsch zu stottern! Vielleicht sollten wir nur zweieinhalb Minuten reden lassen und dann ein bisschen vortanzen? Ein guter Test wäre auch, Sie zu zwingen, vor etwa 20 Personen diesen Satz zu sagen: „Ich mag Sie alle richtig gern." Solch einen Satz mit Anmut sagen – können Sie das? Es ist mindestens so schwer wie tanzen ... (Manager versenken so oft ihre ganzen Sympathiewerte. „Sie als Mitarbeiter sind das Wertvollste, was ich habe", sagt der Vortänzer und stolpert über alle Herzen.)

Ich verstehe Sie, wenn Sie die Wahrheit über Sie selbst nicht gleich als Wahrheit in Ihrem Körper spüren. Aber die anderen Menschen wissen nach drei Minuten oder auch auf den berühmten *ersten* Blick, wer Sie sind und ob die Chemie mit Ihnen stimmt oder die Wellenlänge.

6. Die Liebesströme und das Autarke, das Normsoziale und das Fühlende

Im selben Muster können wir nun Menschen nach der Art unterscheiden, wie sie auf Bindungen angewiesen sind und in welchem Maß sie die Zuneigung anderer brauchen.

So kommen wir zu den Menschen der ersten, zweiten und dritten Spalte in der Menschenmatrix: „Verströmt nur *wenig* oder *normal viel* oder *ziemlich viel* Sonne."

Da gibt es reservierte Menschen, die wenig Liebe ausstrahlen und ernst wirken. Sie selbst kommen offenbar mit nur wenig Zuwendung aus. Sie wirken „privat", sachlich, objektiv, abgeschlossen, distanziert, herrisch, scheu. Sie sind gewissermaßen autark und kommen offenbar weitgehend mit sich selbst aus. Mathematiker sitzen im Elfenbeinturm und forschen. Controller brüten über Zahlen und wirken unzugänglich. Herrscher dulden nur Menschen auf Knien in ihrer Nähe. Sie alle nehmen aktiv kaum innige Beziehungen auf. Im Bild gesprochen: Sie recken sich nicht nach der Sonne. Sie kommen ohne viel Wärme aus. Sie leben offenbar problemlos in einem „nördlichen Klima".

Die normalen Menschen mit mittlerer Liebesenergie erscheinen im Sinne der Wärme so etwas wie normsozial. Sie pflegen normale Beziehungen. Es gibt friedliche Versionen, die sich in der Abhängigkeit zu anderen Menschen geborgen fühlen. Die loyalen Mitarbeiter wünschen sich ein Team, eine Gruppe, in der sie ein geregeltes und allseits geschätztes Dasein führen. Es gibt Erfolgsmenschen, die im Wassersinne eventuell einen starken Lebensgeist besitzen, aber eben doch die anderen Menschen brauchen, damit sie wenigstens bewundert werden. Alle diese Menschen lieben ein mittleres Klima.

Und schließlich gibt es Menschen, die im Warmen leben müssen. Stille Versionen widmen sich ganz dem Thema der tiefen Liebe, andere halten das Klima im warmen Bereich, indem sie versorgen, unterstützen und warmherzig helfen. Die Tropenpflanzen unter den Menschen verführen aktiv und wollen die Adern voller Lebensgeist und Liebesströme spüren. Pulschlag ist ihnen alles.

Wieder so eine Einteilung! Eine Einteilung wie Kühler Kopf, Mittel-Mensch und Heißes Herz.

7. Kinder werden geboren und treffen auf das Normale

Ich stelle hier das Normale vor, nicht das Ideale. Ich werde hier nicht schon auf das eingehen, was ich mir als artgerechte Haltung von Kindern wünschen würde. Ich möchte erst darstellen, woher die Schmerzen in uns stammen: Unsere Kultur ist dominiert vom Normalen, vom Normsozialen und Richtigen. Das „Andere" soll sich anpassen, tut es aber nicht, trotz aller Schmerzen, die das Unangepasste auszuhalten hat. Nehmen wir hier nur einmal an, Kinder hätten normale Eltern.

Ich meine, ich selbst habe natürlich auch eigene Kinder und ich gehöre zu den eher seltenen wahren und autarken Menschen, die gewiss nicht normal sind. Ich versuche trotzdem, meine Kinder für die normale Welt tauglich zu erziehen. Ich erziehe sie daher normaler, als ich es selbst innerlich vertrete. In diesem Sinne benehmen wir uns wohl alle als Eltern normaler, als wir sind. Wir tun offiziell so, als seien wir normal oder richtig. Wir verbieten das Trinken und Rauchen und sind selbst süchtig. Wir predigen Altruismus und Fleiß, bis unsere Kinder dahinter kommen, wie normal wir eigentlich wirklich sind. Wir bauen in dieser Weise viele normale Illusionen vor den Kindern auf, so dass uns diese für einige Zeit mit mustergültigen Eltern verwechseln mögen.

Ich schildere hier kurz, was eine solche normale Behandlung in Kindern bewirkt, mehr noch nicht. Ich erschlage nicht jeden Spezialfall, ich stelle auch keine allgemeinen Gesetze auf. Ich nehme hier nur an, ein natürliches, wahres oder richtiges Kind wird von unverstellt normalen Eltern geboren. Das ist schon ziemlich gut – unverstellt normale Eltern zu haben. Es ist schon eine halb ideale Annahme, die ich da treffe, glauben Sie mir.

Ein natürliches Kind! Oh je!

Normale Eltern sorgen dafür, dass aus dem Kind etwas wird. Sie arbeiten hart im Beruf, stehen dort selbst unter Druck und müssen ihr Kind unter diesen Stressverhältnissen möglichst gut versorgen. Natürlich sind Kinder gerne gesehen, die relativ stressfrei zu erziehen sind: Am besten sind sie brav, hilfsbereit, pflegeleicht, gesund, emotional robust, angepasst, ruhig, eigenständig und strebsam. Als Babys schlafen sie sofort durch, haben einen Rhythmus, der sich mühelos an die Arbeitszeiten der Eltern anpasst und ihnen ein möglichst ungestörtes eigenes Leben lässt.

Kinder haben es schwer, wenn sie neugierig und kräftig sind, alles anfassen, laut sind, Zurechtweisungen nicht ernst nehmen und so weiter. Solche Kinder *nerven*. Das bedeutet, dass sie für die Eltern übermäßig oft Alarm im weitesten Sinne schlagen. Sie fassen wertvolle Vasen an, fallen irgendwo hinunter, verletzen sich, machen Flecke, spucken – Sie kennen das ja. Alle solche Aktionen lassen in den Eltern deren Seismographensystem anschlagen. Die Aufmerksamkeit der Eltern wird auf das Kind gezogen. Immer wieder sind kurze Eingriffe und Hilfestellungen nötig. Das *nervt*.

Wenn mehrere junge Eltern sich über ihre Sprösslinge unterhalten, dann ist dieses Nerven ein häufiges Bewertungsthema. „Ich habe Glück mit meinem Kind, es ist total ruhig und lieb. Nebenan, unsere Nachbarn, haben eins, das sabbert und schreit rum. Schrecklich. Sie müssten sich mehr um das Kind kümmern, dann wäre es friedlicher. Eltern müssen sich gegen Kinder durchsetzen, sonst ist es keine Erziehung und die Kinder verrohen."

Denken Sie noch an die Beschreibungen verschiedener Menschen? Es hat wohl alles gar nichts mit irgendeiner Erziehung zu tun: Wir fürchten uns einfach, in unserer geregelten westlichen Welt ein Baby zu haben, das gewissermaßen als natürlicher Mensch geboren wird. Es gehorcht nicht gut, lässt sich kaum Grenzen setzen, macht

Unsinn bis zur elterlichen Verzweiflung, probiert alles aus, wird aus Schaden nicht klug, auch nicht nach Strafen. Schrecklich! Kinder mit Lebensgeist!

Was sollten geplagte Eltern mit einem natürlichen Baby tun? Darüber schreibe ich noch: Artgerechte Geduld sollten Sie haben und am besten die Freude in diesem natürlichen Wesen mitempfinden und mit ihm wie mit einem jungen Hund herumtollen, bis es entkräftet und glücklich einschläft. Natürliche Kinder brauchen viel Zeit und vor allem Aufmerksamkeit von Eltern. Wenn Sie ein natürliches Kind haben, können Sie diese Zeit mit Freude und Geduld verbringen oder mit dünnhäutigem Aufschreien: „Ich komme zu gar nichts. Es nervt!" Ich weiß zum Beispiel noch auf den Tag genau, wann unser Sohn Johannes das erste Mal in seinem Leben zwei oder drei Nächte hintereinander durchgeschlafen hat: an seinem dritten Geburtstag. *Da* genau! Er war mit einem Schokoladenkuchen als Antrittspräsent stolz in den Kindergarten eingezogen. Da ging es rund! Seitdem schlief er einigermaßen gut. Seitdem, so schien es, war er *ausgelastet*. Diese Erkenntnis hat mich damals tief betrübt. Wir hatten ihn also nicht auslasten können! Da ist ein kleines Kind, das viel zu viel Energie oder, wie ich hier sage, Lebensgeist auf die Welt gebracht hat. Viel mehr Lebensgeist als wir normal vertragen. Normale Menschen *nervt* es. Normale Menschen flippen oft schon aus, wenn jemand beim Frühstück singt! Manchmal mache ich mir einen Spaß und komme gut gelaunt herein, ganz früh, und rufe begeistert: „Hallo, ihr Frohnaturen!" Uuih, da zucken alle Morgenmuffel.

Und ich stelle mir vor, dass für die natürlichen Menschen alle anderen wie Dauermorgenmuffel sind. Wie Muffel eben. Und die Muffel sind dann überall um den natürlichen Menschen herum und heulen oft seismographisch gestochen auf: „Du nervst!" In den Büchern mit Harry Potter kommen die normalen Menschen auch in solch einem Zusammenhang vor. Sie heißen dort Muggel. Wer ist ein Muggel? „Menschen, die nicht zaubern können, also ganz langweilige eben!", antwortete mir Johannes auf Nachfrage.

Was geschieht mit typischen natürlichen Kindern? Sie werden oft ermahnt. Sie antworten auf das Muffelige so: „Sei doch nicht so. Reg dich nicht auf. Stell dich nicht so an. Was ist dabei? Na und, wenn schon! Es passiert schon nichts, und wenn, was soll's. Ist nicht dein Problem, ist ja mein Blut." Darf ich hier eine Spekulation anstellen?

Ein natürlicher Sohn ist geboren: Der normale Vater kann so etwas wie Ungehorsam oder erneutes Nerven nach mehrfacher Ermahnung nicht gut ertragen. Der Vater wird zum Durchgreifen tendieren. Ich kenne etliche Mütter, die eigentlich ganz stolz sind, wenn ihr natürlicher Sohn wieder etwas echt Prachtvolles in der Schule angestellt hat. Er war dann doch *stark*? Ach, wäre ihr eigener Mann doch so voller Energie!

Eine natürliche Tochter ist geboren: Die normale Mutter findet sich damit nicht ab und rastet nicht, die Tochter ohne Unterlass mit Wohlverhaltensratschlägen einzukreisen. Ich kenne etliche Väter, die heimlich mit der natürlichen Tochter sympathisieren. Ach, wäre ihre eigene Frau doch so! „Mann, schau mal, sie hat sich so ein aufreizendes T-Shirt gekauft. Pfui! Pfui! Mann, schimpf doch mal! Mann! Mann?! Ihr Männer seid alle gleich!"

Je nach Grad der Lebensenergie kommt es also zu fast vorbestimmten typischen Konflikten mit den normalen Eltern. Die natürlichen Kinder demonstrieren unter dem Druck des Normalen Stärke. Das autarke natürliche Kind, das wenig Bindung braucht, leidet nicht sehr unter dem Krach im Haus. Es kann dadurch leicht an Macht gewinnen, indem es kämpft. So entstehen Menschen in der Matrix oben links. Der jeweils andersgeschlechtliche Elternteil, der das mag, zeugt Respekt und stützt damit die Entwicklung zur Machtorientierung.

Die normsozialen natürlichen Kinder bleiben in den Bahnen der Umwelt, versuchen sich aber andauernd hervorzutun. Der natürliche Sohn gewinnt alle Wettbewerbe und bringt die ersten Preise wie Trophäen der Mutter heim. Sie bewundert ihn dafür. Analog wird die natürliche normsoziale Tochter Papas Superstar. Sie hat Erfolg bei ihm auf ganzer Linie.

Die natürlichen liebebetonten Kinder werden mit Charme siegen. Der Sohn schmeichelt der Mama, die Tochter dem Vater. Hier siegt die Wärme des Kindes. Das Kind bekommt dafür Liebe, Verzeihen und viel Taschengeld. Es wirkt dann vielleicht verwöhnt.

Ein richtiges Kind! Wir sind eben gute Eltern!

Richtige Kinder sind brav von Geburt an. Sie lieben das Regelmäßige, stellen nichts an und erfreuen die Eltern. Sie haben genau die mittlere Lebensgeiststärke, die von ihnen erwartet wird. Sie passen sich mühelos den Verhältnissen an, die ja für sie so eingerichtet sind. Die Systeme (die Familie, dann der Kindergarten und bald die Schule) verlangen Freundlichkeit, Fehlerfreiheit, Einfügen in die Gemeinschaft und hilfreiche Aufmerksamkeit. Die richtigen Kinder liefern das. Die meisten Eltern sind froh über ein richtiges Kind. Im Grunde sind sie meist sicher, dass das Kind deshalb richtig ist, weil ihre Erziehung so erstklassig war. Deshalb sind sie über richtige Kinder stolz, weil sie über sich selbst stolz sind. Sie haben bei der Erziehung alles richtig gemacht! Bei natürlichen Kindern sind sie eher nur erleichtert, wenn alles gut ausgehen sollte.

Die autarken richtigen Kinder versuchen, selbst fehlerfrei und perfekt zu sein. Dann sind sie unangreifbar. Sie gewinnen später Oberhand über andere Menschen, indem sie diesen deren Fehler ankreiden, was ganz unschuldig vor sich gehen kann. „Papa, muss in die Suppe nicht auch Petersilie hinein? Ist das nicht gesünder?" – „Ja, Kind, ja! Mama, warum hast du nicht an Petersilie gedacht? Donnerwetter, Kind, ja!" – „Papa, dein Auto ist aber lange nicht gewaschen." – „Äh, ja sicher. Ich hatte keine Zeit."

Die normsozialen Richtigen fügen sich glatt in die Gemeinschaft ein. Sie tun, was *man* tut. Sie fühlen sich dann sicher und geborgen. Alles ist gut, wenn sie sagen können: „Ich führe nur Anweisungen aus, mehr nicht." Dann ist in diesem Sinne alles perfekt. Sie sind loyal und gehorsam und verdienen sich in der Gemeinschaft Würde und Respekt.

Die richtigen Kinder, die in sich stärkere Liebesströme fühlen, verlegen sich oft auf das Helfen gegen Dank. „Papa, ich nehme dir deine Tasche ab, komm. Ich habe dir schon Kaffee gemacht. Hier ist deine Post, schau mal das – darf ich diesen bunten Umschlag aufmachen?" Diese Kinder gewinnen durch Hilfe indirekt die Oberhand.

So entstehen die richtigen Menschen der zweiten Matrixzeile.

Ein wahres Kind – es ist so verletzlich!

„Sei vorsichtig mit dem Kind, wenn es etwas falsch gemacht hat. Schrei es nicht an. Es leidet dann so sehr. Du *musst* auch nicht schreien. Eine sanfte Korrektur reicht und es tut das nie mehr wieder. Bei meinem *anderen* Kind muss ich bis zum Lungenschaden schreien, dann erst grinst es vielleicht zurück – und dann kämpfen wir. Hier aber genügt ein einziges Wort. Dabei gehorcht es nicht wirklich, es denkt nur nach, was wirklich getan werden müsste. Im Grunde ist das Kind etwas merkwürdig. Wir verstehen es nicht, aber es scheint ganz lieb zu sein. Es ist ziemlich gut in der Schule."

Was sollen kleine Menschen tun, wenn sie mit unterdurchschnittlich viel Lebensgeist auf die Welt kamen? Wenn sie eine ruhige, friedvolle Welt brauchen?

Die Welt ist nicht ruhig und friedvoll, nicht einmal die Welt der theoretisch normalen Menschen. In dieser realen Welt wird sich ein wahrer Mensch zwischen Aggressionen aller Art ungemütlich fühlen. Alle um ihn herum sind so laut! Er wird dieses bunte Treiben, das Schimpfen und gelegentliche Zuhauen unter den anderen Kindern als Kampf ums Überleben empfinden, während natürliche Kinder noch Spaß dazu sagen würden. Das wahre Kind weint. „Mama, sie hauen!" Mama geht raus: „Hört auf zu hauen!" Die anderen Kinder halten fassungslos ein. „Du Spielverderber! Was war denn überhaupt los? Hältst du denn gar nichts aus? Deine Mutter kauft dir nur lehrreiches Spielzeug, so einer bist du? Kauf dir langsam eine richtige Pistole, dann lassen wir dich wieder mitspielen. Und lass deine Mutter aus dem Spiel."

Die autarken Kinder wählen oft die Königsstrategie, im Hause zu bleiben und Bücher zu lesen, bis sie alles wissen. Sie sind in der Schule unter dem Schutz des Lehrers die Besten. Sie gewinnen nach der Pubertät langsam die Achtung der anderen, denen nun dämmert, dass ihre Befüllung mit Lateinvokabeln den späteren Lebensweg mitbestimmt. Ich selbst bin solch ein Mensch. Ich selbst habe unter Schock mit vierzig Jahren angefangen, mich mit dem Sinn des Lebens zu befassen, als ich las, dass das Bücherlesen so etwas wie Lebensbewältigung des Aggressionslosen in einer als aggressiv empfundenen Welt sein mag. Ich las das verwundert und ich fand zu meinem Schrecken, dass es für mich wohl eindeutig stimmte. Dann ist also Wissen gar nicht der Sinn im Leben, sondern der Schutz vor den anderen Leuten da draußen? Es gab mir einen Knacks im Herzen. Ich hatte mich also nur mit akademischen Graden und Forschungspreisen vor Aggressionen geschützt? Autarke wahre Kinder scheinen immer zu fragen: „Tut mir einer etwas?"

Die normsozialen wahren Kinder versuchen, eine gewaltfreie Gemeinschaft zu retten. Sie werden Friedensengel, die Harmonie stiften. Sie zittern mitten in dem

Lebensstrudel, nehmen das Laute als Misston und appellieren unermüdlich: „Vertragt euch doch wieder!" Sie gelten bald als „gute Kerle, gute Mädels". Sie scheinen ständig zu lauern: „Ist da eine Disharmonie?"

Die liebesdurchströmten wahren Kinder sind sehr empfindlich unter jedem ärgerlichen Blick, der sie trifft. Ihre Seismographen zucken. Sie achten ganz feinsensorisch auf Wolken im seelischen Herzensgefüge ihrer Umgebung. Sie scheinen immer fast stoßbetend zu fragen: „Liebst du mich noch?"

Für wahre Kinder ist schon das Normale gewöhnungsbedürftig. Das Natürliche geht ihnen deutlich zu weit. Das empfinden sie in den ersten Jahren, in denen sie noch nicht verstehen, vielleicht wie einen Irrsinn in der Welt. Später werden sie selbst den idealistischen Kampf aufnehmen: für Wahrheit, Wissen, Friede und universelle Liebe.

Was Kinder brauchen oder wollen

Aus der Not des Systems heraus versuchen die autarken Kinder, Selbstständigkeit zu erreichen, indem sie ihr Leben auf Macht, Perfektion oder Wissen gründen. Wer die Macht hat, muss sich nichts sagen lassen! Wer alles richtig macht, kann nicht getadelt werden! Überlegenes Wissen ist Macht! Solche Kinder scheinen zu sagen: „Erkennt mich an! Ich bin allein schon wertvoll! Ich vermag Großes zu leisten!" Sie agieren oft, als ob sich die Eltern gewünscht hätten: „Aus dir soll einmal etwas werden!" Autarke Kinder wollen Aufmerksamkeit in Form des Respekts ihrer Unabhängigkeit oder Überlegenheit.

Die normsozialen Kinder wollen sich in der Familie oder Gemeinschaft aufgehoben fühlen und dort bewähren. Sie gründen Grundstrategien auf Leistung, Loyalität und Gehorsam oder auf Harmonie und Frieden. Sie scheinen zu sagen: „Seht ihr, ihr Großen? Ich bin zwar noch klein, aber schon ein vollwertiges Mitglied der Gemeinschaft. Ich bin eigentlich schon groß. So, wie ich jetzt schon bin, müsste ich euch wohlgefallen." Sie agieren oft, als ob sich die Eltern von ihnen dies gewünscht hätten: „Wir sorgen sehr für dich, dafür schuldest du uns Dank, Gehorsam und Respekt. Je mehr du dich anstrengst und je besser du dich einfügst, desto weiter wirst du es bringen. Dann hast du unser Wohlgefallen." Normsoziale Kinder wollen Aufmerksamkeit in Form von Anerkennung und Lob. Dann fühlen sie sich geborgen und sicher.

Die liebebetonten Kinder leben vor allem von der elterlichen Liebe. Sie suchen daher die Zuwendung der Eltern in Form von Liebkosungen, Dank oder tiefer Liebe. Sie scheinen zu sagen: „Ich mache euch stetig Freude. Ich tue viel dafür, eure Herzen zu gewinnen. Ich bin bereit, euch den Hof zu machen. Bestätigt mir dafür, dass ihr mich lieb habt! Sagt mir, dass ich jemand bin, der euch etwas im Herzen wert ist!" Sie agieren oft, als ob sich die Eltern gewünscht hätten: „Wir möchten Freude an dir haben. Du sollst lieb sein. Du darfst uns niemals traurig machen oder enttäuschen, hörst du?" Liebebetonte Kinder wollen Aufmerksamkeit in Form von Akzeptanz.

Wenn Sie es im wirtschaftlichen Leben formuliert haben möchten, könnte ich es so ausdrücken:

- Autarke Kinder verlassen sich auf eine große Stärke (ein exzellentes Produkt) und verlangen Gegenleistung.
- Normsoziale Kinder arbeiten hart für den Auftraggeber und wollen Lob und Lohn.
- Liebebetonte Kinder leisten Services und wollen Kundenzufriedenheit.

8. Schmerz durch falsche Dosierungen aller Art

Natürliche Kinder brauchen „Auslauf" und „Action". Sie möchten angefeuert und herausgefordert werden: „Werde mächtig! Zeig Leistung! Mach Freude!"

Richtige Kinder brauchen Bestätigung, dass alles richtig ist. „Perfekt! Brav! Danke!"

Wahre Kinder brauchen tiefes Verständnis. „Du bist wertvoll." („Du weißt viel." – „Du verbreitest Eintracht und Wohlgefühl." – „Du bist ein liebenswerter, feiner Mensch.")

Autarke Kinder wollen als solche respektiert werden.
Normsoziale Kinder wollen Anerkennung. „Toll! Brav! Sehr anständig!"
Liebebetonte Kinder wollen Akzeptanz und Liebe.
Wenn wir also Kinder als Pflanzen sehen, so brauchen sie Wasser.

Viel Wasser: Herausforderung.
Normal viel Wasser: Bestätigung.
Ein wenig Wasser: Verständnis.
Wenn wir Kinder als Pflanzen sehen, so brauchen sie Sonne:

Viel Sonne: Liebe und Akzeptanz.
Normal viel Sonne: Anerkennung.
Ein wenig Sonne: Respekt.

Alles, was zu viel oder zu wenig ist, schlägt Wunden.
Deshalb gibt es so viele Wunden und so viele verschiedene.

Sie werden sich nun genug vorstellen, oder? Ich muss nicht auf jede der neun Grundhaltungen eingehen und jeweils die Ausschläge bei Über- und Unterdosis aufzählen?

Autarke Menschen zum Beispiel leben von Natur aus mit wenig Wärme. Nun kommen alle Psychologen und bescheinigen ihnen Bindungsangst. Ich bin so einer dieser Autarken (Abteilung Wissen). Seit meinem fünfzehnten Lebensjahr folterten mich die Erwachsenen einige Zeit mit der unschuldigen Frage: „Hast du jetzt *endlich* eine Freundin?" Es war reine Quälerei für mich. Als ich mit neunzehn tatsächlich eine hatte, war ich eher erleichtert als verliebt, glaube ich. Ich konnte das jetzt auch! Ich konnte den anderen etwas antworten! Seit ich denken kann, fragen mich Menschen, warum ich nicht jogge, laute Musik höre oder wenigstens einen BMW kaufen gehe. Und ich sage, sie sollen mich in Ruhe lassen. Als Pflanze (und Mathematiker oder Philosoph) bin ich in diesen Dingen genügsam. Ich brauche keinen Überschaum, nicht hier, nicht da. Als Wissenschaftler will ich respektiert werden. Ich würde mir wünschen, jemand versteht meine Werke (Sie *jetzt?*) und hat für mich als Mensch Verständnis. So könnte ich meinen eigenen Tabelleneintrag begründen. Ecke links unten. Wenn mich jemand für Normsoziales lobt („Du hast dich großartig in die Gemeinschaft eingefügt."), geht das an mir gerade so vorbei. Das brauche ich irgendwie nicht. Ich füge mich schon ein, aber es ist nichts, wofür ich gelobt werden müsste! Wenn mir jemand sagen würde: „Ich akzeptiere dich als wertvollen Menschen", so würde ich eher denken: „Warum *vorher* nicht? War etwas nicht in Ordnung? Was willst du von mir?" Autarke Menschen empfinden das Angebot von Akzeptanz eher als indirekte Beeinflussung, also eine Gefahr für die Autarkie. („Ich akzeptiere dich, weil du bist, wie ich es gerne habe.") Akzeptanz ist ein Urteil von außen. Autarkie will ja gerade ohne ein Außen auskommen. Deshalb ist auch Liebe ein Problem für Autarke, weil sie die Autarkie bedroht. Dieses Problem heißt dann eben Bindungsangst, wenn es die andere Seite sieht.

So kann daher sogar Liebe, auch Herausforderung, Überschaum oder Verständnis Wunden schlagen. Sagen Sie einmal einem Hochleistungs-Yuppie: „Du bist ein feiner Mensch. Alle Achtung, wie warmherzig du bist." Das will er nicht! „Toll! Toll! Toll!" müssen Sie sagen und seine Platinkartensammlung bewundern!

Alles ist falsch oder richtig, je nachdem.

Kakteen brauchen viel Sonne, wenig Wasser. Im Winter Kälte und fast gar kein Wasser.

Sumpfpflanzen stehen im Wasser im Dunkeln.

Zyperngras hell im Wasser.

Wein klammert sich an karge Felsen.

Alles ist gut so, aber die Systeme wollen alles einheitlich normal haben.

Sie erzwingen etwas in uns, was uns die Welt bewältigen lässt, anstatt im Ursprung zu leben.

IV. Machina in Homine

1. Der normale Mensch wie ein Lebensbehinderter

Der Mensch, als Pflanze gesehen, hat so oft seine Wurzeln in falscher Erde, muss sich gegen Unkraut empor recken oder fristet im Unterholz ein Trauerdasein.
Als Pflanze gesehen behindert ihn so vieles.

Das glauben Sie nicht? Sehen Sie sich um! Fühlen Sie in sich! Sie haben es *vergessen*!

Alle Frauen leben heute in einer jetzt allerdings schon aufgehellten Männerwelt. Sie sind nicht diejenigen, die die Kriege beginnen. Sie wollen keine Supramanie. Ihnen wird geraten, sich wie Männer zu benehmen, also ihren „Kommunikationsstil" zu adaptieren, um gleichermaßen erfolgreich zu sein. Im Grunde sollen sie wie die meisten Männer um Vorteile kämpfen und alles Harmoniestreben beiseite lassen. („Frauen, gewöhnt euch an ein seelisch kühleres Klima!") Soweit sie weniger im Beruf verdienen als ihr Mann, opfern noch ziemlich viele Frauen ihre eigene Karriere der des Partners.

Die Ausländer leben unter dem dauernden Vorwurf, sich nicht genug zu assimilieren und zu integrieren. Sie leben nun wirklich in fremder Erde. Sie müssen sich ganz schön verkrümmen, um in deutscher Erde zu wachsen. Wenn sie es schaffen, wird man ihnen die falsche Form der Blätter vorhalten: Warum ist die noch anders?

Introvertierte Menschen gelten zunehmend als schrullig und nicht teamfähig. Sie leiden biologisch auf großen Büroflächen und sehnen sich, ein paar Minuten am Tag ohne Telefongeschnatter zu sein. (Man schätzt, dass ein Viertel der Menschen introvertiert sind, bei Akademikern mehr (!).) Sie werden nicht artgerecht gesehen und behandelt, weil „der normale Mensch extrovertiert ist".

Alle Minderheiten wie zum Beispiel die Homosexuellen tun immer noch besser daran, sich wie eine normale zweigeschlechtliche Pflanze zu geben.

Körperlich Behinderte sind an jeder Ecke zu bedauern.

Legastheniker und Dyskalkuliker stöhnen wie unter einem Fluch. („Du hast es leicht, Abi zu machen, dir erlassen sie alles.")
Furchtbar viele Menschen klagen:

- „Ich habe leider einen ganz falschen Beruf. Zu spät." (Die meisten Lehrer brennen vor der Zeit aus und werden frühpensioniert.)
- „Wir haben zwei Kinder bekommen, weil wir unsere Ehe retten wollten."
- „Ich habe 30 Kilo Übergewicht. Ich will oft nicht mehr leben. Sie sagen, ich soll nichts essen. Ich weiß nicht, was ich tun soll."
- „Ich bin hässlich. Ich gebe eine Unmenge für Klamotten und Kosmetika aus, aber es wird natürlich nichts aus mir."
- „Ich bin arbeitslos, schon wieder. Ich finde keinen Halt."

- „Seit der Scheidung bin ich eingesackt."
- „Seit Mutters Tod habe ich kein Ziel."

Wie viele Menschen sehen Sie um sich herum in falscher Erde wachsen? Sehen Sie, wie sie sich alle krümmen und anpassen wollen, wie sie den falschen Dünger schmerzhaft einnehmen?

Den meisten tut es nicht mehr so sehr weh. Man gewöhnt sich ja. Aber ihnen ist immer klar, dass sie nicht optimal wachsen. Jede Pflanze hat ihren bestimmten Platz im Garten: In der Sonne, im Halbschatten, unter Bäumen. Woanders gedeiht sie nicht. So geht es Menschen. Sie überleben im falschen Klima, ja, das geht, aber sie „blühen nicht", wie Kakteen, die im Winter warm stehen.

Dieses Nicht-Artgerechte zwingt zur überlebenden Anpassung. Wir werden hart, weil das Leben mit seiner Anpassungsforderung hart zu uns ist.

Niemand von uns glaubt wirklich, wir wären glücklicher als Menschen in ärmeren Ländern. Wir wundern uns manchmal, warum wir mit dem Reichtum, den die Supramanie uns verheißt, nicht glücklicher sind als früher. Das Glück ist *biochemisch* in uns oder auch nicht! Es ist eine Sache des Gehirnstoffwechsels. Und der passt sich der falschen Erde, dem Schatten und der Trockenheit nicht so wirklich an.

2. Der Andersartigkeitsmalus

Eine Lebensbehinderung wirkt bei erstem Hinsehen wie ein Handikap beim Golf. Man startet nicht mit gleichen Chancen, sondern mit einem Punktabzug.

Das Normale ist männlich, extrovertiert, ordentlich, sachlich, diszipliniert, gesund, gut situiert.

Alles andere scheint zu Punktabzügen zu führen. Es hört sich so an: „Als Frau musst du zwei Klassen besser sein als ein Mann, wenn du befördert werden willst."

Lassen Sie uns noch einen zweiten Blick auf dieses Handikap werfen: Diejenigen Menschen, die in ihrer Umgebung nicht die Norm sind, müssen gewissermaßen in einer Umgebung aufwachsen. Sie müssen sich fühlen wie eine Balkontomate im Schatten, die in sandige Kakteenerde gesetzt ist. Sie müssen sich mit den nicht artgerechten Bedingungen zurechtfinden und trotzdem am besten so sein wie die anderen. Wenn es die Balkontomate im Schatten schafft, schmackhafte Supertomaten auszubilden, so bekommt sie genau so viel Lob wie die Freitomaten. Aber sie hat unter den fremden Bedingungen fast ein Wunder vollbracht. Was aber, wenn wir noch verschärft verlangen würden, die Balkontomate solle *längliche* Roma-Tomaten erzeugen, aber keine runden? Oder vielleicht Paprikas, die biologisch sehr nahe mit den Tomaten verwandt sind?

Eine Frau zum Beispiel muss keineswegs besser als ein Mann sein, um befördert zu werden. Sie muss nur genau das Gleiche leisten wie ein entsprechender Mann. Ich meine: Sie muss *nur* etwas *Männliches* leisten.

Ein Introvertierter muss *nur* etwas Extrovertiertes leisten.
Ein Ausländer muss *nur* etwas Deutsches leisten.

Alle diese Menschen haben nicht einfach nur ein Handikap. Sie leben in einer nicht für sie geplanten Umwelt, müssen sich also dort anpassen. Und sie müssen etwas leisten, was ihre Natur so ohne weiteres nicht hergibt! Sie haben zwar natürliche Talente, aber es wird von ihnen verlangt, zusätzlich andere zu besitzen. Sie sind Mitglieder einer bestimmten Kultur, aber sie sollen sich anders kultivieren. Sie sind in der Fremde und sollen dort das Fremde leisten.

In dem Film *Schweinchen Babe* übernimmt ein ganz junges Schwein bei einem Schäfer die Rolle des Schäferhundes und erweist sich gegen alle Widerstände der normalen Hunde und Menschen als der leistungsfähigste Schäferhund überhaupt, ganz gegen die Natur eines Schweins. Müssen Sie da nicht auch vor Rührung schlucken, wenn das erniedrigte und beleidigte arme Schwein am Ende doch als vollwertiger Hund akzeptiert wird und bestimmt bald zur Belohnung Markknochen bekommt? Das ist eine Freude! Wir jauchzen alle mit, wenn im Grunde jedes Schwein klüger sein kann als ein dummer Hund und es dem Letzteren ordentlich zeigen kann.

Die Moral dieses Filmes ist *auch*: Jede Balkontomate kann es ohne Wasser schaffen, Paprikafrüchte hervorzubringen, wenn sie sich nur recht stark anstrengt, normal, also eine Paprikapflanze in der Sonne, zu sein.

Jeder Ausländer kann Abitur in Deutschland machen, wenn er erst einmal die Sprache lernt und sich anschließend in Kant oder deutsche Rechtsphilosophie einarbeitet.

Frauen können genau so schnell in die Vorstandsetage kommen wie Männer, wenn sie nur die männlichen Kampfriten in Meetings übernehmen, über alle ihre Taten laut nur Gutes reden, die Ellenbogen herausfahren und vor allem hart sind, denn es geht in der supramanen Gesellschaft nicht um Menschen – sondern professionelle Macher schaffen Profits herbei.

Immer wird verlangt, dass unter falschen Bedingungen eine veranlagungsferne Frucht hervorgebracht werden soll. In einem Interview sagte eine Goldmedaillengewinnerin: „Wenn ich am Abend vor dem Wettkampf ein Glas Rotwein trinke, verliere ich tags drauf zwei Zehntel, bin also wohl den Sieg los." An der Spitze entscheidet so wenig über Nummer eins oder Nummer zwei. Wie viel muss dann das Fremde leisten, um fern der Heimat Nummer eins zu sein?

Wenn die Tomate eine Paprikafrucht trägt, sagen wir: „Wir akzeptieren diese Tomate als Paprikapflanze, aber sie wirkt alles in allem immer noch fremdartig." Wenn unter allen Paprikapflanzen und allen Tomatenpflanzen, die gelernt haben, Paprikafrüchte hervorzubringen – wenn es dort eine einzige Tomatenpflanze gibt, die einfach nur Tomaten erzeugt, dann sagen wir: „Sie ist eigenartig." Oder: „Sie besteht auf ihrer eigenen Art und passt sich nicht an."

Wenn also ein Wesen in einer Umwelt nicht das Normale ist, so ist es fremdartig oder eigenartig, je nachdem. Im ersten Fall muss es immer um Verzeihung bitten, dass es zwar alles Gewünschte tut, aber eben fremd ist. Im zweiten Fall wächst – isoliert gesehen – das Wesen artgerecht heran, wird aber nicht wertgeschätzt, geliebt, akzeptiert oder geachtet. „Ich erkaufe mir das Artgerechte unter Verzicht auf den

Respekt der Umgebung." So kommt ein angepasstes Fremdes oder ein gering geschätztes Eigenartiges heraus.

Mit einem Wort: Das Nicht-Normale oder das Andersartige muss leiden, so oder so. Es bleibt, ob es sich anpasst oder nicht, fremd- oder eigenartig oder meist eine Mischung aus beidem.

„Ich weiß ja nicht, ob ein Mann eine gute Kindergärtnerin sein kann. Unser Kind mag ihn gern, keine Frage, aber er wirkt doch sehr fremd."

Meine Schwester wird öfters in der Klinik gefragt: „Jetzt liege ich schon eine Woche hier im Bett und werde richtig gut von Ihnen behandelt, Schwester. Aber irgendwann müsste doch ein richtiger Doktor nach mir sehen, oder?"

Wenn man die heutige Welt unter Supramanie so gestaltet, dass sich zum Beispiel Frauen sehr viel mehr als Männer verbiegen müssen, um erfolgreich zu sein, so ist es doch logisch, dass weniger Frauen ganz oben erscheinen oder überhaupt verbogen sein wollen? Und wir finanzieren für Milliarden immer neue Forschungen, die aufklären sollen, warum das so ist. Ganz oben kommt es, wie im Sport, auf die letzten Milli-Prozent an. Wenn aber manche Menschen mit ein paar Prozent Malus starten? Ganz oben muss alles optimal laufen. Und alles nicht ganz Optimale kommt nicht nach oben. Das Optimale ist immer wieder: einheimisch, männlich, reiche gebildete Eltern usw. Das ist nur logisch, ganz ohne Doktorarbeit darüber.

Das Andersartige verstört das Normale und das tut dem Andersartigen weh. Was immer das Andersartige ist. Wir sagen (mit Jesus): Jeder Mensch ist einzigartig.

Wenn das für jemanden wirklich stimmt, tut es ihm bestimmt sehr weh.
Oder es macht schon weiter nichts mehr.
Denn ich möchte klarstellen:

3. *Jeder* Mensch ist ein Andersartiger oder Lebensbehinderter

Dabei ist es nicht notwendig, dass alles andersartig ist.

Dieser *einen* Erkenntnis ist dieses Buch gewidmet. Wenn ein System das artgerechte Behandeln zum Prinzip erhebt, wird ja niemand irgendeiner Andersartigkeit angeklagt.

In unserer Gesellschaft aber herrschen *Normen*.

Diese Normen wurden seit alters her von den richtigen und den normsozialen Menschen aufgestellt, um ein sicheres System zu erschaffen, in dem alle Menschen geborgen leben können. Zu vielen Zeiten genossen die wahren Menschen als Künstler, Dichter, Gelehrte oder Mönche eine Art Sonderstatus einer besonderen hohen Kultur, die neben den Normen nicht nur akzeptiert war, sondern oft geehrt wurde. Man spricht in manchen Gebieten der Soziologie explizit von *Teilkulturen* in der Gesellschaft, die sich besondere Gesetze gaben, die neben den Normen respektiert wurden. Die Künste, Klöster, Ritterorden, Kirchen und Universitäten bildeten solche Teilkulturen. Deshalb hatten die wahren Menschen viele geduldete und *erwünschte* Plätze neben den Normen. Die Teilkulturen gaben sich die *besseren* Gesetze, die leider für die Masse nicht geeignet schienen.

Außerdem war so etwas wie Kraft und Stärke bei der körperlichen Arbeit viel wert, während heute Stärke in der Schule eher als Aggressionstrieb wahrgenommen und niedergeknüppelt wird. Deshalb war das Natürliche noch in etwa natürlich und nicht wie heute schon etwas psychopathisch oder kriminell Angehauchtes.

Die liebebetonten Menschen und auch die normsozialen hatten in allen Zeiten der Menschheit den Schutz und die ausdrückliche Würdigung der Religion, die das Gute im Staate hochhält. Die Liebe hatte in der Familie und in allen Ehrenämtern einen festen Platz und ihre Heimat.

Alle diese Schutzbauten für die verschiedenen Menschen verschwinden in der allerneuesten Zeit, in der das Hochleistungsindividuum propagiert wird. Für *welche* Menschen ist dann aber diese unsere Welt noch der *natürliche* Nährboden?

Allenfalls nur noch für diese: die *autarken* Menschen und die betriebsam *Leistungswilligen*.

Diese Menschen kommen ohne andere aus und sind im Prinzip mit einer Leistungsgesellschaft einverstanden. Wie aber stehen sie zu einer supramanen Welt, die nur noch die Nummer eins wirklich anerkennt und dann aber auch gleich fast anbetet? In einer Welt der Supramanie wurzeln nur ganz geringe Prozentsätze der Leistungsmenschen in der artgerechten Erde?! Was passiert mit denen, die ganz nach oben kommen? Sie werden verheizt, wie ich beschrieben habe. Denken Sie an die Kinderstars im Tennis, die dann schon mit 25 Jahren wieder aufhören müssen. Es gab keinen Grund, die fetten Jahre so früh gehabt zu haben – sie könnten auch mit 32 noch Wimbledon gewinnen! So sehen Sie es im Musikgeschäft und im Management. Die Menschen schießen in den Himmel und verglühen oder landen auf dem Mond.

Da unsere Gesellschaft so einseitig das alleinige Ziel der individuellen Hochleistung propagiert und alle in Wettbewerbe schickt, in denen es nur wenige Sieger geben kann, weil es aus Geiz und Gier nur wenige Preise geben darf – deshalb sind wir so gut wie alle *Andersartige*, die sich mit der Problematik fremden Bodens auseinander setzen müssen.

4. Machina: Nie mehr verletzt werden!

Der Mensch entwickelt in sich einen Bewältigungsmechanismus, der ihn an den fremden Boden gewöhnt.

Ich will dieses Maschinenartige in ihm hier die *Machina* des Menschen nennen.

Machina ist aus dem Lateinischen und bedeutet Maschine, in einer zweiten Bedeutung war die Machina zu alten Zeiten das Gerüst, auf dem die Sklaven zum Verkauf ausgestellt und ausgerufen wurden.

Es gibt viele Vorstellungen von einem Etwas, das in uns wütet und den Menschen sich selbst entfremdet. Karl Marx wettert gegen die im faulen System notwendige „Arbeitsmaske", C. G. Jung spricht von der *Persona* des Menschen, von seiner „offiziellen" Umwandlung, die er schon nur aus Höflichkeit gegenüber den anderen Menschen tragen muss. Viele Psychologen spüren um ihre Patienten herum einen harten, soliden Panzer, den sie zu einer Therapie erst knacken müssen. Es ist schwer, sagt man, an den Menschen heranzukommen, weil sich Menschen hinter einer Mauer verschließen. Die Psychologie operiert oft mit den Begriffen des Widerstandes und der Abwehr, wenn Patienten nichts an sich heranlassen und den Status quo hartnäckig und eigensinnig mit Klauen und Zähnen verteidigen. Wenn Menschen ihre so genannte neurotische Energie mobilisieren, kann es richtig heiß und stürmisch werden. Wie immer die neurotische Energie sich zeigt oder entlädt: Sie ist *stark!* Denken Sie an hysterische Anfälle, an psychopathische Wut, an den unbezwingbaren Zwang, an die hartnäckige Depression.

Maske, Panzer, Mauer.

Die Menschen *selbst* sehen sich ja von *innen*. Sie empfinden sich überhaupt nicht gepanzert. Sie zucken unter Schlägen, Beleidigungen, unter dem Lachen der anderen. Sie empfinden sich im Gegenteil im unsichtbaren Gefängnis unter Bedrohung und haben Angst. Sie fühlen sich hypernervös! Alfred Adler spricht auch mehr vom „Nervösen" als vom psychisch Kranken. Der Nervöse ist innerlich andauernd aufgewühlt und gestresst. In ihm toben sich Angst und Stress aus, weil irgendetwas nicht stimmt. Hoffentlich klingt es für Sie nicht zu weit hergeholt, aber es sieht so aus, als sei der Nervöse nicht in seinem Element, nicht wahr?

Und das hieße, er wurzelt nicht in heimischer Erde. Er kämpft innerlich mit etwas Fremdem, das er innen als Versagen oder Verzweiflung empfindet oder außen als Feind.

Hinter Mauern eingeschlossen, von Feinden umzingelt, wehrlos allein gelassen. (Manche haben noch eine Chefsekretärin davor.)

Diese Vorstellungen von Mauern und Feinden möchte ich hier für dieses Buch aufgeben. Ich möchte Sie bitten, mir in der Vorstellung zu folgen, in uns sei eine Machina oder eine Bewältigungsapparat, der uns das Leben unter fremden Bedingungen und Notwendigkeiten ermöglicht. Sigmund Freud findet, da sei ein *Ich* in uns, das in realistischer Weise einen Ausgleich zwischen unserem Trieb und den Notwendigkeiten sucht – so gut es kann. Das Ich nimmt Kompromissbildungen zwischen verschiedenen Zielen vor, die oft in Konflikt stehen. Das Ich gleicht aus. Das Ich wäre so etwas wie ein vernünftiger Mensch, der mit der weißen Fahne zwischen den verfeindeten Parteien hin und her geht, zwischen ihnen vermittelt und die Parteien immer wieder befriedet.

Eine Machina ist dagegen nach meiner Vorstellung mehr ein Mechanismus, der mit dem gegebenen Leben mit den gegebenen Wurzeln des Einzelmenschen klarzukommen sucht. Diese Machina in uns fürchtet sich vor allem vor dem Strom von Verletzungen, die die Seele und vereinzelt noch den Körper treffen. So fürchtet etwa der liebevolle Mensch das seelentötend Eisige oder der übersprudelnde Mensch die erstickende Langeweile. Auf den andersartigen Menschen, der nicht in seiner biochemischen Heimat leben kann, strömen lauter schmerzende Seismographenmeldungen herein. Der Ruhige wird durch das normale supramane Leben gehetzt, der Aktive durch Vorschriften gefangen gehalten, der Liebende gleichgültig übersehen, der Helfer ausgenutzt. Sie alle laufen Gefahr, als „Andersartige" nie in ihrer ursprünglichen Lebensmischung zu leben. Sie schreien, jeder für sich, nach dem „richtigen Dünger", nach der richtigen Dosis von Wasser und Sonne. Sie schreien wie um Hilfe. „Ruhe!" – „Dank!" – „Freiheit!" – „Liebe!" – „Respekt!" – „Anerkennung!" – „Friede!" Immer wieder zucken die inneren Seismographen, dass die Lebensmischung nicht stimmt.

Unsere Machina spürt dieses Zucken der Seismographen wie dauernde Pein. Sie sucht nach einer Bewältigungsmöglichkeit.

Die Machina ist schon voll funktionstauglich, wenn ein Kleinkind das erste Wort sagen wird: „Mama!" Das Kleinkind ist schon lange lieb oder trotzig, ruhig oder agil, kämpferisch oder hilfsbreit. Die Machina speist sich bis zum ersten Wort *fast nur* aus Seismographenalarm. Die Philosophen sagen, der Mensch suche Lust und vermeide Schmerz. Ich argumentiere gleich, dass das nicht stimmt. Für das, was wir als sinnvoll empfinden, erleiden wir fast *gerne* jeden Schmerz und versagen uns alle Lust! (Denken Sie an Bergsteiger oder Marathonläufer.) Es geht nicht um Lust und Schmerz als solche, sondern um Seismographenmeldungen, ob unsere psychische Mischung im Innern stimmt oder nicht. Der Mensch meidet *seinen* Schmerz und sucht *seine* Lust. Der eigentliche und einzige wichtige Schmerz ist der, nicht im Einklang mit dem Ursprung zu sein. Im Einklang wird Lust gefühlt. Der Einklang ist je nach Art des Menschen jeweils anders. Der eine ist in Liebe mit sich im Einklang, der andere in Muße, wieder ein anderer im Getümmel der Schlacht. Lust ist – in einem artgerechten Zustand zu sein. Der eigentliche Schmerz ist – der Einbruch des Fremden. Der normale Körperschmerz einer Schramme oder einer Ohrfeige ist nichts. Der Schmerz einer Demütigung alles.

Die Machina versucht, die eigene Art in einer andersartigen Umgebung zu bewahren. Sie zuckt mit den Seismographen unter dem Alarm des Fremden.

Wie aber bewältigt ein kleines Kind das Fremde?
Wie bewahrt es sich selbst?
Wie bleibt es im Ursprung?

Das aber ist ganz klar: Das Kind kann dies nicht allein leisten. Es wird ja gewöhnt, erzogen und gezwungen. Wie sollte es das gegen die Übermächte vermögen – sich selbst zu bewahren? Es mag im Ursprung bleiben, wenn die Übermächte es dort aufwachsen lassen und es bei der Entfaltung unterstützen. Das wäre artgerechte Aufzucht und Haltung. (Ich werde nie sagen, das Kind würde sich *von selbst* ohne Erziehung entfalten können! Die Erziehung soll das Entfalten fördern!)

5. Die Machina wird Hardware

Die Machina des Kindes entwickelt sich aus den frühen Seismographenwarnungen. Das ruhige Kind erschrickt unter dem Lauten und Aggressiven. Das zarte Kind erfriert bei Zurückweisung. Das liebe Kind weint, wenn es ausgeschimpft wird. Das starke Kind wütet gegen Zwang jeder Art. Das lebensfrohe Kind leidet unter „Entzug". Die Höchststrafe ist für jedes Kind eine andere. Das eine fürchtet das Versagen des Nachtischpuddings, das andere ein lautes Wort, ein drittes will sich unter keinen Umständen entschuldigen, also niederwerfen müssen.
Die Machina bewältigt das Leben um diese Drohungen herum.
Sie bildet Verhaltensweisen heraus.
Stille Kinder fliehen, mögen den Pudding andere essen – es sei ihnen herzlich gegönnt.
Starke Kinder kämpfen – die Freiheit ist wichtiger als ein liebender Blick.
Liebe Kinder machen den Hof – sie gehen betteln.
Lebensfrohe Kinder betteln immerfort, wenn es nicht genug gibt.

Die Machina macht den Stillen im Lauten zum Flüchtling.
Sie macht den Unterdrückten zum Aggressionsbündel.
Sie verwandelt die Liebe in Untertänigkeit.
Sie polt das Frohe in Verlangen oder gar Sucht um.

Das Ziel der Machina ist es, positive Seismographenausschläge des Ursprungs zu bekommen, wo immer dieser liegen mag. Die Machina ist ständig auf der Lauer nach der Bewältigung des ursprünglich erzeugten oder eingetretenen Mangels.

Wenn ein Kind nicht artgerecht aufwächst, empfindet es diesen ursprünglichen Mangel wie einen Dauerschmerz. Nicht *genug!* Nicht genug Ruhe, Friede, Liebe, Freiheit, Freude etc. Seine Machina wütet gegen Unruhe, Unfriede, Gleichgültigkeit, Langeweile.

Die normale Gerechtigkeit der Erziehung begünstigt das Entstehen eines solchen zentralen Mangels. Das Prinzip der Gerechtigkeit verlangt für Eltern oft, die Kinder genau gleich zu erziehen und zu behandeln. „Mir gelten alle Kinder gleich viel!", sagen Mutter und Vater. Wenn aber jeder gleich viel gilt, ist es nur ein kleiner Schritt zum Gleichgültigen oder zum Gleichmachenden! Die Kinder sind nicht gleich gültig oder gleich! Sie wollen jeweils etwas anderes, weil sie einen eigenen Ursprung haben.

Dieser eigene Ursprung ist im Körper biochemisch in Hardware gegossen.
Deshalb entwickelt sich die Machina ebenfalls als Dauerkonstrukt in der „Hardware". Sie agiert von früh auf vor allem auf Zuckungen des Artfremden. Sie vermeidet das Artfremde mechanisch wie durch ein abspulendes Programm. Die Machina erwächst in uns wie ein Teil des Körpers. Dass aus der Machina einst eine Art rationales Ich würde, das Kompromisse ausloten kann und Lösungen herbeiführt – das ist eine fromme Hoffnung, die nur für wenige Menschen in Erfüllung geht. Für die meisten ist das Zucken von artfremdem Zwang das hauptbewegende Motiv.

Einer der Urväter der Psychologie, Alfred Adler, hat die Vorstellung eines „Minderwertigkeitskomplexes" oder einer gefühlten „Minderwertigkeit" erstmals formuliert. Er stellte fest, dass Menschen ihr Leben sehr oft um die Problematik eines als minderwertig empfundenen Organs herum organisieren. (Behinderungen, Sehstörungen, chronische Erkrankungen, ein zu klein empfundener Penis, schiefe Zähne, die falsche Figur). Adlers Individualpsychologie befasst sich intensiv mit den Mechanismen, wie Menschen aus Minderwertigkeitsgefühl eben die genannten Minderwertigkeitskomplexe herausbilden und damit versuchen, die Organschwächen zu kompensieren oder zu „überkompensieren".

Wenn ich hier die Vorstellung der Machina entwickle, so folge ich einem solchen Urgedanken. Ich will hier aber die ganze Zeit betonen, dass wir gar kein minderwertiges Organ brauchen, um Komplexe auszubilden. Allein unsere Andersartigkeit in einem kontrollierenden System, das uns nicht als ursprünglich akzeptiert, reicht schon aus, um diesen Kompensationsmechanismus in Bewegung zu setzen. Damit erkläre ich also nicht nur die Menschen mit „Organschwächen" zu Betroffenen, sondern alle Andersartigen, damit also, wie schon ausgeführt, fast alle Menschen. Insbesondere auch mich und *Sie*. Die Machina in uns kompensiert dann nicht im engeren Sinne irgendwelche hart vorgegebenen Hardwareschwächen am sichtbaren Körper, sondern sie bewältigt das Anderseinsollen, den Zwang und das Wachsen in falscher Erde.

Menschen mit Organschwächen könnten vielleicht sogar irgendwie wissen, woher die Minderwertigkeit kommt und warum sie sie kompensieren oder darüber neurotisch werden. Sie könnten verstehen, dass sich ihr Leben um einen realen oder vermeintlichen Mangel rankt und eine „fixe Idee" ausbildet. Ich will hier sagen, dass wir alle so eine fixe Idee als Folge des Andersartigkeitsseinmüssens in uns aufbauen, die wir dann (irrtümlich) möglichst „Sinn" nennen.

6. Die Machina als Pseudosinnerzeuger

Eine wirklich schöne junge Frau trat nach einer Rede von mir heran und sagte, sie sei ganz erfüllt – sie selbst aber habe *niemals* Zuckungen von Seismographen in sich, sie fühle sich völlig normal oder eben von dem Problem des Hauptschmerzes überhaupt nicht betroffen. Sie stand da, ganz durchgestylt, im langen Kleid, in edlen Stoffen, hochhackig, gertenschlank – und sie sagte noch kurz, sie bewundere mich, auf der Bühne ganz locker ganz ich selbst sein zu können und zu Hunderten von Menschen zu reden. Und ich fragte: „Was fühlen *Sie* denn, wenn Sie sich vorstellen, dort zu stehen?" – „Ich würde vor Angst sterben. Wahrscheinlich echt zittern." Alle Umstehenden schauten sie lächelnd an. Sie stutzte und schaute in die lächelnde Runde: „Habe ich etwas Komisches gesagt?" Sie zuckt nie mehr, weil ihre Machina es verhindert, dass sie je eine Bühne betritt, nicht wahr? Alle wussten es sofort. Ich dachte noch: Warum kleidet sie sich so aufwändig und kostbar, wenn sie nie eine Bühne betreten will? Genügt das Aussehen dann ganz ohne Bühne? Und was mochten wohl die anderen über diese kleine Episode denken?

Wissen Sie selbst denn, bei welchem Schmerz Sie sterben würden?

Es wäre wohl besser, Sie wüssten es. Dann hätten Sie eine Chance, ein rationales Ich zu Rate zu ziehen. Viele Menschen haben das Zucken oder die Möglichkeit eines Zuckens vergessen. Die Machina hat für sie das Leben arrangiert. Wer keine Fehler mehr macht, muss niemals mehr niederknien. Wer alles weiß, wird nie mehr als dumm belächelt. Wer die Macht hat, wird nie mehr um Freiheit betteln müssen usw.

Wenn Sie also keinen grässlichen Hauptschmerz für sich selbst kennen, mag Ihre Machina ihn abgekapselt oder bewältigt haben. (Die Muschel zog Perlmutt über den Hauptschmerz.) Dann haben Sie aber vielleicht Ihren Ursprung vergessen, weil Ihnen das Wachsen in fremder Erde nicht mehr wehtut? Oder Sie leben gar in Ihrem Ursprung und alles ist wirklich und wahrhaftig gut?

Ich möchte im Folgenden argumentieren, dass der subjektiv (durch die Machina und die Lebensbewältigung) gefühlte Lebenssinn oft gerade das ist, was den Hauptschmerz vermeidet.

Wenn Sie es im Bilde des verwundeten Menschen sehen: Der subjektiv gefühlte Lebenssinn ist etwas, was die Wunde nicht neu reizt und eventuell sogar heilen lässt.

Ich will diese gefühlte Sinnrichtung Pseudolebenssinn nennen. (Die Perle der Muschel!) Ein Leben hat eine Pseudosinnrichtung, wenn die Machina den Hauptschmerz, nicht im Ursprung zu sein, dauerhaft von uns abhalten kann. Im dem trivialen Sinne der obigen Beispiele wäre ein gefühlt sinnvolles Leben eines, in dem es unendlich viel Nachtischpudding gäbe oder in dem niemals ein Kniefall getan werden müsste, in dem es nie Stubenarrest gäbe oder niemals einen ernsthaften Fehler oder den Bruch einer Beziehung. Lassen Sie mich das ordentlich im artgerechten Kontext erklären. Das ergibt einige Aufzählungen, die Ihnen außer demjenigen interessanten Teil, der Sie selbst betrifft, überflüssig lang erscheinen mögen. Aber das muss jetzt sein.

(Und ich drohe Ihnen hiermit noch mehr vom Gleichen in einem späteren Kapitel an. Der Pseudosinn hier ist nur der normale Pseudosinn, der sich in einem normalen Charakter bildet. Es gibt noch viel mehr speziellen Pseudosinn, den Sie in sich bilden können, wenn Sie eine böse Schwiegermutter haben oder selbst als Chef versagen.)

Manchmal geschieht es, dass Sie *alle* Beispiele ganz zutreffend finden, nur das eine nicht, das Sie selbst betrifft! Und Sie sagen vielleicht beim Lesen: „Ja, so ist es bei meiner Mutter, bei meiner Frau, bei Erika und bei Horst! Bei mir aber ist es niemals so!" Und dann bitte ich Sie: Denken Sie an die blonde Frau mit den strahlend blauen Augen, die nicht wirklich lebend auf die Bühne kann?

Wenn das Drama des eigenen Pseudosinnes aufgeführt wird, will niemand gerne gleich selbst auf die Bühne. Es mag dann all dies, mit anderen Schauspielern, nicht wirklich erscheinen – oder nur Erbauung sein, solange der Kegel des grellen Lichtes Sie nicht persönlich als Opfer sucht.

7. Neun mögliche Pseudosinne für erfolgreiche Machinae

Ich erinnere nochmals an die Tabelle der „Wasser-Sonne-Mischungen":

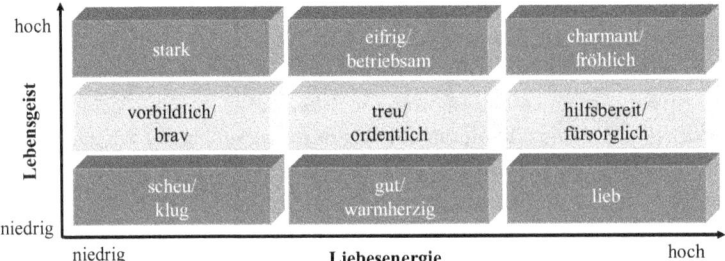

Wenn Menschen mit solchen Haupteigenschaften *artgerecht* aufwachsen würden, könnten wir hoffen, dass sie sich so entwickeln:

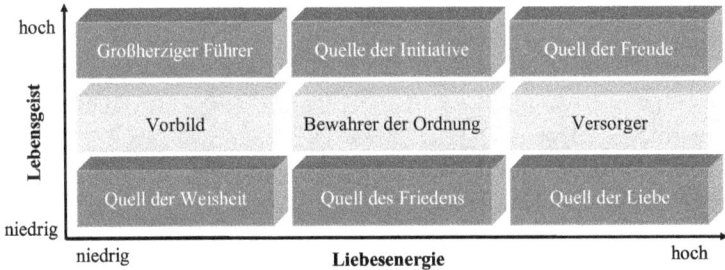

Dies wäre eine Entwicklung, die wir als sinnvoll empfinden könnten. Menschen würden in dieser Weise artgerecht zu einer *Quelle des Lebens*.

Sie werden aber fast niemals zu Quellen, sondern zu Bewältigungsmaschinen des Lebens. Sie werden zu Senken oder zu bodenlosen Löchern, die aufsaugen, was andere Quellen hergeben. Die Bewältigungs-Machinae wollen *haben*, und zwar dies:

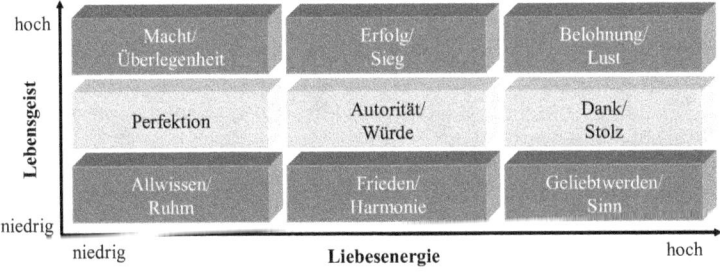

Statt also Quelle von Wasser und Sonne zu *sein*, statt also im angemessenen Klima fest zu wurzeln und glücklich zu leben, versuchen sie Wasser und Wärme in ungünstigem Klima je nach dem Bedarf *aufzusaugen*.

All dies begründe ich nun etwas genauer und gehe mit Ihnen einfach einmal alle Fälle einzeln durch.

Stärke und Macht: Ein starkes natürliches Kind wird durch die Normen der Umwelt immer wieder in typische Konflikte geraten. Es erscheint der Normwelt als zu ungestüm und undiszipliniert, zu forsch und neugierig, zu agil und rücksichtslos. Es ist durch normale Ermahnungen nicht zu stoppen. Wenn man es artgerecht erzöge, sorgte man dafür, es vor dauernde Herausforderungen zu stellen, es zu trainieren, seine Stärke auszubilden und es selbstdiszipliniert werden zu lassen, so dass es später ein großherziger Führer würde, dem sich die Schwächeren anvertrauen, die auf seine Effektivität und Wirksamkeit angewiesen sind. Früher hätte man vielleicht sagen können: Wir sollten einen Helden aus dem Kinde machen. Unsere Normwelt aber will das Kind in Regelwerke zwingen und normal machen. Dagegen wehrt sich das Kind, weil es damit aus seiner Art herausgerissen wird. Es fühlt, dass die normale Welt nicht die seine ist, dass es also umgepflanzt werden soll. In ihm entsteht eine Machina, die das Leben in einer Normwelt bewältigt. Die Machina des starken Kindes beginnt, möglichst viel Widerstand gegen das Normieren zu leisten. Die Machina sieht, dass sie mit Hilfe der großen Stärke des Kindes viel erreichen kann, selbst gegen Erwachsene, Eltern und Lehrer. Erfolgreicher Widerstand gegen die Normierung fühlt sich wie Machtgewinn oder Sieg an. Erfolgloser Widerstand ist wie eine bittere Niederlage oder Frustration. Der Hauptschmerz des starken Kindes *im normierten* Klima ist Unterwerfung unter fremde Macht. Unterwerfung schmerzt so sehr, dass die Machina gegen diese Seismographenausschläge bedingungslos kämpft. Die Machina, die die Folgen der Normierungsversuche bewältigen will, sucht ihr Heil in Aggression. Aggression mündet in Sieg oder Niederlage, in Lust oder Schmerz. Die Machina strebt eine Endlage an, in der es keine Unterwerfung mehr gibt. Sie will daher *alle Macht haben*. Wenn die Machina die Macht errungen hat, wird der Ursprung des Menschen scheinbar nicht mehr verletzt. Der Mächtige darf stark sein, ohne je normiert zu werden. Die Macht-Machina hat für das Starke eine vermeintlich unverletzbare Nische gefunden, in der die Schmerzen nicht zu stark sind. Innerlich weiß der aggressive Mächtige, dass er im Ursprung ein großmütiger Führer sein sollte, also eine Quelle der Kraft. Solange der Mächtige noch nicht die Allmacht hat, fürchtet er sich aber vor Schmerzen und Wunden und verlangt weiter nach Festigung der Macht. Er sammelt Macht, anstatt Kraft zu geben. Macht ist Pseudosinn geworden, weil sie den Hauptschmerz des falschen Wurzelns abhält. Die Machina quält sich für Macht. Im machtlosen Zustand fühlt sie ohnmächtige Wut. Das Hauptmittel der Machina ist direkte Aggression und das Verhöhnen der Schwächen anderer.

Eifer, Betriebsamkeit und Erfolg: Die Worte Eifer, Betriebsamkeit und Emsigkeit werden im Amerikanischen im Wort *industrious* zusammengefasst. Lässt das auch in Ihnen etwas anklingen? Industrie? Das eifrige, ehrgeizige natürliche Kind will unaufhörlich etwas tun oder erreichen. Ruderer würden sagen: Es hat eine hohe Schlagzahl. Reiter würden sagen: Es hat eine scharfe Gangart. Musiker würden sagen: Sein Metronom ist auf Allegro oder gar Presto eingestellt. Das ist eigentlich in unserer Leistungsgesellschaft eine ideale Eigenschaft. Ein Kind geht schneller, als es verlangt wird. Wenn man es artgerecht erzieht, erzieht man es, Motor für die Umgebung zu sein, also eine Quelle des Anschubs oder der Initiative. Es wird Menschen mitziehen und tätig werden lassen. Initiativkraft macht die anderen, mehr „lahmen" Menschen zuversichtlich, ein gemeinsames Projekt erfolgreich zu beenden. Initiativkraft verbreitet Zuversicht (im Amerikanischen *confidence*). Wenn ein solches Kind in die Normierungsmühle gerät, muss es sich dem allgemeinen Trott anpassen. Die Schlagzahl oder die Gangart in Kindergarten und Schule ist auf den Durchschnitt eingestellt. Initiativkraft bei einem Kleinkind macht Eltern ganz schön nervös! Das initiative Kind wird versuchen, seine Energie irgendwo auszuleben. Es gibt in unserer Leistungswelt einen idealen Ort, Energie abzuladen, nämlich in Wettbewerben aller Art. Die Systeme, besonders die Suprasysteme, wollen durch Wettbewerbe und Leistungsanreize den Energieeinsatz aller Menschen „hochpushen". Die Systeme setzen Belohnungen und Preise aus. Wenn nun ein Kind eine innere höhere Schlagzahl hat, kann es sich in Wettbewerben austoben. Dort wird ja die allerhöchste Gangart belohnt! Das initiative Kind stürzt sich in Wettbewerbssituationen aller Art. Es läuft am schnellsten, arbeitet am schnellsten, kennt die besten Tricks, ist findig und immer voraus. Wenn es im wirbelnden Wildwasser dem Siege zueilt, fühlt es sich im Ursprung. Der Hauptschmerz des initiativen Kindes ist, im Trott gehen zu müssen, also mit angezogener Handbremse zu leben. Lust ist, sich im Spielrausch mit anderen zu messen und immer besser und besser zu werden. Es geht nicht primär um Sieg, sondern um Spielfreude und das Spüren der Leistungsgrenzen, die immer weiter nach oben verschoben werden – die Virtuosität steigt!

(Unser Sohn Johannes hat von Kind an Fußball gespielt, nur dort konnte er sich wirklich verausgaben. Er hat sich lange nicht um Regeln oder Taktiken gekümmert, die Kinder liefen einfach alle auf den Ball zu. Später lernten sie spielen. Noch viel, viel später wollten sie *gewinnen*. Fast seine ganze Jugend kannte Johannes die Tabellenstände nicht. Es ging um die Spielfreude, nicht um Auf- oder Abstieg. Irgendwann begann das Siegen in den Vordergrund zu treten. Sie griffen zu Foulspiel und Täuschungen. Sie brüllten sich in der Kabine an. Eltern guter Spieler verlangten, dass für den Sieg nur die besten Spieler aufgestellt werden dürften, es gab Elternabende mit Forderungen. Aus Fußball wurde Ernst. Johannes war ein richtig guter Fußballer geworden, da kam er mit 17 Jahren und sagte, er wolle nicht mehr spielen. Es gehe nicht mehr um Fußball, fand er. Johannes ist wie Menschen im nächsten Abschnitt. Diese erbringen alle erdenkliche Leistung, aber nicht in freudlosem Ernst.)

Wettbewerbe sind ideal zum Verbessern der Fähigkeiten, aber die Systeme benutzen sie, um alle Menschen uniform zur Leistung zu zwingen. Deshalb werden Preise verteilt, die planmäßig Tränen und Schmerzen in Verlierern erzeugen (*sollen* – was nie zugegeben werden darf, damit alles weiter funktioniert – es ist natürlich offiziell irre schön, einfach dabei sein zu dürfen). Die Schmerzen sollen aufputschen und motivieren. Jeder soll hart arbeiten und das Beste geben. In *Supramanie* habe ich gründlich nachgewiesen, dass sich nun plötzlich die Aufmerksamkeit verschiebt. Es geht nicht mehr um Schaffensfreude, sondern um den Pokal. Der Sieg als solcher ist wichtig, nicht mehr das Erleben der Leistungsgrenzen. „Ich habe heute mein bestes Tennis gespielt!" – „Na und? Du hast *verloren!*" Nun entwickelt sich langsam eine Machina im betriebsamen Kind, den Niederlagenschmerz zu vermeiden. Die Machina spielt jetzt ernst auf Gewinn.

Die finale Art, alle Niederlagenschmerzen vermeintlich für immer aus dem Leben zu verbannen, ist, die unantastbare Nummer eins zu sein. Schmerz schmeckt wie Nummer zwei oder Niederlage im Wettkampf. Gegen diesen Schmerz entwickelt die Machina Ehrgeiz. Ehrgeiz ist pure Energie zur Abwendung des traumatisierenden (verletzenden) zweiten Platzes. Die Machina wird daher erfolgssüchtig und erklärt Leistung und Sieg zu den ersten Werten unserer Welt. Supramanie ist die Machtübernahme der Machina des Ehrgeizes. Die supramane Machina des initiativen Kindes sammelt Siegpunkte anstatt der Umgebung Quelle der Anschubenergie zu sein. Der Sieg ist Pseudosinn geworden, weil er vermeintlich den Hauptschmerz des falschen Wurzelns abhält. Die Machina quält sich für Erfolg und Sieg. Im sieglosen Zustand fühlt sie Niederlage und Enttäuschung. Das Mittel der Machina ist ehrgeizige Hochleistungsanstrengung und das herabsetzende Zeigen auf Faulheit anderer.

Charmante Fröhlichkeit und Belohnung/Lust: Fröhliche natürliche Kinder balgen sich lachend wie junge Hunde, die an den Menschen hochspringen und ihnen vor Liebe das Gesicht lecken. Diese Kinder verströmen ein Übermaß an Energie in unbekümmerter Freude und im Überschwang. Sie sitzen auf dem Schoß der Erwachsenen und halten alles in Bewegung. Ihr Hauptproblem mit der Welt ist klar: Wie jeder von uns weiß, ist das Leben ernst und meist schwer. Deshalb sind auch die Erwachsenen so ernst. Sie reagieren sehr ernst, wenn andere Menschen Spaß haben wollen, am besten noch Spaß bei der Arbeit. Da versteht das System in der Regel gar keinen Spaß, auch wenn der Satz „Bei uns macht Arbeit Spaß" zum Standard-Blabla jeder Führungskraft gehört. Es gibt Manager, die das sogar echt überzeugt sagen können! Sehen Sie denen in die Augen! Da blinkt Fröhlichkeit und Charme. Sie sind dann selbst diese bunten Menschen, von denen hier die Rede ist. Mit einem Wort: Spaß darf sein, aber nur, wo es sich gehört. Und damit werden diese ursprünglich fröhlichen Kinder durch Normen der Systeme grausam gefangen. Sie wehren sich durch Schwänzen oder Drückebergerei vor Nicht-Spaß, haben die phantasiereichsten Ausreden, sie stibitzen Bonbons, umarmen die Mutter charmant, um einen Kuss oder einen Erlass von Pflicht zu bekommen. Sie werben mit Charme für Freude und versuchen andere Menschen zu verführen, auf den Weg der Freude mitzugehen. Da die Systeme die Freude unerfreulich knapp halten, werden die fröhlichen Kinder bald süchtig nach „Lust". Sie verhandeln jeden Arbeitsgriff nur gegen Belohnung oder eine Lust. Das ist die entstehende Machina. Sie ist süchtig nach *Bekommen*. Diese Sucht dieser spezifischen Machina wird von Systemen als „tierisches Relikt im Menschen" verteufelt und verfolgt, weil das System Arbeit ohne Lohn favorisiert. Es ist aber nur die Machina des fröhlich-warmen natürlichen Kindes, das grausam umgepflanzt wird und sich irgendwie gegen diesen Entwurzelungsschmerz wehren muss. (Genau diese Machina scheinen die von Jean Liedloff besuchten Indianer eben *nicht* auszubilden, weil die warmherzige Fröhlichkeit dieser menschlichen „Tropenpflanzen" in Südamerika nicht unterdrückt wird. „Dann arbeiten sie aber nicht so hart", warnen die Systeme und weisen nach, dass sich glückliche Menschen niemals goldene Wasserhähne werden leisten können.) Die Machina des Fröhlichen ist wie süchtig hinter Freuden her. Sie quält sich für *Bekommen*, was die Systeme hart in Anreizsystemen ausnutzen. Die Systeme kanalisieren diese Machinae in Konsumlust und lassen sie finanziell für jeden Spaß bluten. Die Machina des fröhlichen, charmanten Kindes quält sich für Freuden. (*Freuden* – nicht: Freude) Seine Pseudosinnrichtung ist Lust. Im freudlosen Zustand fühlt die Machina Öde (Langeweile, Ereignislosigkeit, Frustration, „Null-Bock"). Das Mittel der Machina ist Verführung und notfalls Trotz oder Erpressung. („Ich ziehe jetzt beim Einkaufen mit den Eltern so lange ein gelangweiltes Gesicht, bis sie endlich einwilligen, zum Burger King zu gehen. Wenn ich keine Zwiebelringe zusätzlich bekomme, mache ich mit dem Nullbockgesicht weiter.")

Vorbildlichkeit und Perfektion: Die vorbildlichen Kinder sind grundbrav und geben der Gesellschaft, der Familie und dem System den „fair share", den gerechten Anteil. Dafür werden sie respektiert und erfahren etliche Bestätigung, ein wertvoller Teil der Gemeinschaft zu sein. Sie sind in dieser Lebensweise autark. Sie machen ihre Hausaufgaben und sind damit aus dem Systemdruck entlassen. Wer seine Hausaufgaben macht, „ist keine Baustelle" für Eltern, Lehrer oder Manager. Sie alle nennen das Kind dann zuverlässig und lassen es in Ruhe. Sie sind in gewisser Weise ideale Kinder aus der Erziehungssicht: autark, also selbstständig und zuverlässig „wie die Uhr".

Im Gymnasium Bammental sollten einmal die Lehrer eine einzige Eigenschaft nennen, die sie an Schülern am meisten schätzten. Es gibt doch bestimmt mehr als hundert Wörter, die für diese Eigenschaft in Frage kämen! Oder? Etwas mehr als die Hälfte der Lehrer wählte aber nur ein einziges Wort: *zuverlässig*. Sehen Sie?! Leider wird in einem Suprasystem, das auf Hochleistung setzt, die Zuverlässigkeit nicht mehr unbedingt sehr hoch eingeschätzt. „Machen Sie Punkte!", heißt es schon in der Oberstufe. Das Abliefern der Hausaufgaben ist nicht mehr die erste Priorität, sondern die Höchstpunktzahl oder null Fehler. Die Machina des vorbildlichen Kindes beginnt nun, alle Fehler wie die Pest zu meiden, weil sie eine geringere Punktzahl zur Folge haben. Der ausgeglichene brave Charakter des Kindes verliert im Hochleistungsklima die Ruhe. „Ich bin am zuverlässigsten! Ich bin der Bravste!", will die Machina des umgepflanzten Kindes hören, das sich nicht mehr genug bestätigt fühlt. Die Machina macht dieses Kind zum Perfektionisten. Alles muss stimmen! Alle Fehler werden ausgemerzt, auch später bei den Partnern, Kollegen oder Mitarbeitern! Die Machina wird kontrollwütig und prüft alles auf null Fehler. Wohlgemerkt: auf null Fehler, nicht nur etwa auf angemessene Qualität. Als Bürokraten, Hüter der Ordnung, als Puristen oder Zwanghafte kann die perfektionistische Machina hart aggressiv werden. Sie will Perfektion von allen Menschen! Diese Perfektion wird oft als Forderung nach Einheitlichkeit oder Uniformität laut. Alles soll in gleicher Weise perfekt sein. Uniform anziehen! Zum Verkaufen der Argumentation wird von *Gerechtigkeit* gesprochen, die ja als Kardinaltugend gilt.

Dabei fungiert die Machina nur als Bewältigungsmechanismus des Umpflanzens eines einst braven, vorbildlichen Kindes, das eigentlich Ruhe vor Kritik wollte. Die Hauptwunde des Perfektionisten wäre, einen Fehler zu haben. Im fehlerhaften Zustand wühlt ihn Ärger auf. Die Hauptwaffe gegen Kritik ist die ärgerliche Fehlerzuweisung an andere. Dieser Zustand der Machina fühlt sich wie gerechter Zorn an, der zu einem gerechten Krieg berechtigt. Die Machina des braven Kindes quält sich für Perfektion und gegen Fehlerlosigkeit bis hin zu Makellosigkeit. Im nicht makellosen Zustand fühlt sie Ärger und gerechten Zorn auf das Fehlerhafte anderer Menschen. Die Pseudosinnrichtung ist Perfektion. Das Mittel der Machina ist Zeigen auf Fehler.

Ordentliche Verlässlichkeit und Autorität: Mittel-Wasser, Mittel-Sonne! Dieses Kind ist richtig und normsozial. Es fügt sich in jeder Hinsicht in die Gemeinschaft ein und ist treu und verlässlich. Lassen Sie es mich so charakterisieren: Es ist der archetypische Sohn, der ein archetypischer Vater werden will. Oder, wenn Sie so wollen: „Der treue Deutsche." Während das zuverlässige Kind perfekt und immer richtig arbeitet, ist dieser typische Sohn ein verlässlicher Teil der Familie, des Systems und tut dort *gehorsam und treu*, was man von ihm erwartet. „Ich tat genau, wie du wolltest", scheint es anzustreben. „Was soll ich tun?", fragt es oft. Es möchte gesagt bekommen, was von ihm erwartet wird. Es möchte gerne darin bestätigt werden, dass es schon wie ein Erwachsener wirkt. „Du bist schon groß!" Das hört es gern. Ein solches Kind wächst ruhig und artgerecht heran, wenn es nur sinnvolle Befehle bekommt, die es von Herzen gern ausführen kann. Wenn aber Vater oder Systemvertreter (Lehrer, Polizei etc.) ihm Anweisungen geben, die von ihm falsch empfunden werden oder wenn sie es nicht als „groß" achten und es gar als „klein" bezeichnen, dann begehrt dieses Kind innerlich auf. Es hadert mit der Autorität und schimpft. Es kann sehr ambivalent zur Autorität stehen. Einerseits will es ihr gehorchen, andererseits fühlt es sich oft *ungerecht* behandelt. Es verlangt für seinen Gehorsam einen gerechten Herrscher. Die heutigen Leistungssysteme zählen mehr und mehr Punkte. Sie belohnen viel stärker die perfekte Leistung oder den Sieg im Wettbewerb. Das gehorsame und loyale Verhalten erzielt heute nur gute Verhaltensnoten, aber allein gesehen keine guten Noten. Die Belohnungssysteme sind heute fast durchweg *ungerecht* gegen Menschen, die dem System treu dienen. Das treue Kind wird wütend, wenn andere beliebter sind oder mehr Punkte bekommen, die aber nicht treu sind und sich über das „blinde Gehorchen" sogar noch lustig machen. Das wühlt im treuen Kind. „Es kündigt innerlich." Es macht „Dienst nach Vorschrift". Es versucht, schnell groß zu werden, weil es hofft, dann selbst eine Autorität zu werden, der dann die anderen Treue schulden.

Wer die Treue bricht, ist tief schuldig. Wenn eine Autorität einem Vasallen mit gutem Grund Vorwürfe machen kann, ist der „Untreue" mit Schuld beladen. Das Todesurteil des Treuen ist: „Du bist nicht mehr mein Sohn." – „Du bist nicht mehr meine Tochter, hinweg mit dir." Damit ist der Untreue ausgestoßen und verfemt. Diese Schuld wurzelt wohl am tiefsten im Deutschen an sich, wie auch das Bild des treuen Kindes das Deutsche vielleicht am besten widerspiegelt. Die Machina des treuen, verlässlichen Kindes kämpft gegen Schuldvorwürfe oder gar Eingeständnisse bis zum letzten Blutstropfen („Kannst du nicht *einmal* in deinem Leben eine Schuld eingestehen?"). Sie zittert vor dem Erwischtwerden. Diese Machina ist mehr als alle anderen innerlich zerrissen. Schauen Sie in die Tabelle: Wir besprechen gerade die Mitte, die es offenbar schwer hat, ein klares Profil zu zeigen. Das treue Kind hält sich an Regeln und Sitten und Ordnung, aber auch an die Person oder das System, dem es treu ist. Wenn es dort Widerstreit gibt, hat es innerlich keine klare Wahl. Deshalb hat der treue Deutsche so etwas von der Art der Nibelungen an sich. Dem Herrn die Treue brechen oder das Weltgesetz verletzen? So etwas lässt sich manchmal nur durch den eigenen Tod auflösen? Die Machina des treuen Kindes quält sich für Autorität und gegen Schuld. Im Zustand der Schuld fühlt sie Zerknirschung, im Zustand ungerechter Behandlung fühlt sie sich rebellisch. Im Zustand, in dem sie ihre Autorität nicht geachtet sieht, spielt sie den harten Mann. Die Pseudosinnrichtung ist Autorität.

Versorgung und Dank: Das liebe, hilfsbereite Kind ist zuvorkommend und freundlich warm. Es hilft, wo es kann. Dieses Kind wirkt wie eine archetypische deutsche Tochter, die jedermann ins Herz schließen muss! Dieses Kind liebt es, in der Gemeinschaft diesen Herzensplatz einzunehmen und ist einfach ein richtig guter Mensch. Ich stelle mir dieses Kind wie die Goldmarie im Märchen *Frau Holle* vor. Marie ist aufmerksam, schüttelt freundlich die Äpfel, zieht freundlich das Brot aus dem Ofen. Marie hört zu, weiß, was gebraucht wird, ist bereit, überall *freundlich* Nutzen zu stiften und für die Welt zu sorgen. Freundlich! Nicht nur treu, sondern mit viel mehr Wärme. Ein blitzgescheites, liebes Mädel!

Und wissen Sie was unsere Gesellschaft aus solchen Menschen macht? Hören Sie in das Märchen hinein, wie es ausgeht:

„Nun war es eine Zeitlang bei der Frau Holle, da ward es traurig in seinem Herzen und ob es hier gleich viel tausendmal besser war, als zu Haus, so hatte es doch ein Verlangen dahin; endlich sagte es zu ihr: »Ich habe den Jammer nach Haus kriegt, und wenn es mir auch noch so gut hier geht, so kann ich doch nicht länger bleiben.« Die Frau Holle sagte: »Du hast Recht und weil du mir so treu gedient hast, so will ich dich selbst wieder hinaufbringen.« Sie nahm es darauf bei der Hand und führte es vor ein großes Thor. Das ward aufgethan und wie das Mädchen darunter stand, fiel ein gewaltiger Goldregen, und alles Gold blieb an ihm hängen, so daß es über und über davon bedeckt war. »Das sollst du haben, weil du so fleißig gewesen bist«, sprach die Frau Holle."

Marie lebt gerne hilfsbereit und fröhlich, sehnt sich aber gleichzeitig nach Bindung („viel Sonne"). Sie geht dorthin zurück, wo sie die Sonne erhofft, obwohl dort keine zu erwarten ist, denn die Witwe hat ja ihr anderes, faules Kind lieber. Frau Holle ist offenbar mehr eine Art Autorität, die Treue erwartet und belohnt, aber selbst mehr mit Schnee zu tun hat als mit Wärme. Nun aber bekommt Marie Gold und es heißt im Märchen weiter: „Da ging es heim zu seiner Mutter und weil es so mit Gold bedeckt ankam, ward es gut aufgenommen." Sehen Sie? Das Gold erzeugt nun auch die vorher mangelnde Liebe und Sonne, aber mehr in einer anderen Art, nämlich als Dank.

Die lieben, hilfsbereiten Kinder im sonnigen Klima wachsen. Das gibt es nicht so oft in dieser Welt, allein schon, weil die anderen Charaktere nicht gerade als exzessive Produzenten von Liebe auftreten. Im Grunde verstehen ja nur die sonnigen Kinder wirklich etwas von Sonne und Wärme, die anderen nicht. Die anderen haben die Liebe dieser Goldmarie gern und sie freuen sich über den Nutzen, den sie stiftet. Am Ende sagen sie „Dankeschön!" und geben ihr ein Geschenk als Zeichen der liebenden Wertschätzung zurück. Klar? Jetzt komme ich zum Kern: Das liebende Kind möchte aus dem Ursprung her nach allen Seiten in warme liebende Augen blicken. Es geht um Sonne, um viel Sonne. Durch Hilfsbereitschaft erzeugt es nun selbst liebende Augen, sei es im Apfelbaum oder im Backofen. Es geht immer um liebende Augen und Sonne. Die Welt aber ist in großen Teilen ohne diese Sonne. Sie kann keinen liebenden Blick zurückgeben, weil sie dazu nicht fähig ist. Deshalb dankt sie (das ist die wärmere Form) oder sie belohnt (das ist die kalte Form). Die Kälte weiß manchmal um sich selbst, deshalb gibt sie oft „fürstlichen Lohn", was eine Art Ersatz für liebende Augen aus einem kalten Menschen heraus sein mag. Selbst das Kalte spürt, wann eigentlich Wärme von ihm verlangt wird. Dann gibt das Kalte noch Trinkgeld auf den gerechten Lohn. Trinkgeld ist dann Wärmeersatz.

Und Sie wissen schon, was ich sagen will: Die heutigen Leistungssysteme kennen nur zugemessenen Lohn, keine Wärme mehr und schon gar kein Trinkgeld. Die treuen Kinder leiden, weil das Wort Treue kaum noch im Wortschatz vorkommt. Das Wort Wärme friert ein. In Deutschland fällt der Wärmepegel beim Übergang ins Gymnasium abrupt ab. Viele Lehrer wundern sich, dass die Leistungen von lieben, hilfsbereiten Mädchen irgendwie verkümmern, wenn es langsam zum Abitur geht, wenn aggressive Jungen plötzlich um Punkte kämpfen. Jetzt erst kommt es ja darauf an! Auf Punkte. Wärme? Es geht nur um Punkte. Dank? Der lässt sich nicht in Punkte umtauschen. So erlebt der Goldmarie-Charakter eine anhaltende Auskühlung der Welt. Er entwickelt eine Machina, die nun nützlich und fleißig ist, Arbeiten abliefert und dafür immer offenen Dank fordert. (Die Perfektionisten wollen Null-Fehler-Bescheinigungen, die Treuen anerkennende Augen des Herrn.) „Sie könnten sich auch einmal bedanken, Chef! Sie nehmen alles einfach so hin!" Ein normaler kalter Chef sieht die Notwendigkeit des Dankes nicht oft. Die Mitarbeiterin bekommt doch ihr regelmäßiges Gehalt? Warum soll er für jeden Handschlag danken? Er versteht nicht, dass Goldmarie im Ursprung nur für Sonne arbeitet, nicht aber für Gold, also mehr für Blumensträuße als für schnödes Gehalt. Was tut ein Mensch, der *nur* Gold bekommt, aber keine Wärme? Er versucht eben, das Gold *umzumünzen*. Er muss es irgendwie in Dank umwerten. Oder er muss dahin fliehen, wo die Sonne scheint. Goldmarie kriegt Weh nach Hause. Die Machina kann zur Wärme fliehen, also später einmal einen Beruf im Kindergarten, im Pflegebereich, an der Hotelrezeption oder in der Pfarrei anstreben. Die Machina kann die eigenen Kinder zwangsweise bemuttern und Dank erzwingen. Sie kann ungewollte Geschenke verteilen und Dank oder Wärme erzwingen. („Du, entschuldige, dass ich so spät noch klingele, ich habe dir hier eine Zucchini mitgebracht, wir haben so viele davon. Kann ich dir einen Moment in deiner Küche zeigen, wie man sie am besten behandelt? Kein Problem, du, ich gebe gerne Rat, da kannst du froh sein! Ich liebe es, wenn sich jemand etwas zu Gefallen tun lässt und ich ihn besuchen kann.") Die Machina kann schmollen und stolz tun. („Ich muss mich nicht so behandeln lassen!

Das habe ich nicht nötig! Entschuldigt euch, dass ihr nicht Danke gesagt habt! Man *muss* danken, jedes einzelne Mal!") Die Machina wird unaufhörlich darauf hin weisen, dass sie geholfen hat.

Im Grunde mutiert Goldmarie ein bisschen zur Pechmarie, die stets um den Lohn besorgt ist.

Die Machina des nützlich-sorgenden Menschen quält sich für Dank. Im Zustand „der Unnützlichkeit" schmollt sie, verdirbt rundum die Laune und erzwingt Einlenken und Dank unter stoßweisen Aufzählungen eigener Verdienste. „Was habe ich alles für dich getan!" Wenn sie genug Dank geerntet hat, verzeiht sie den Undank und stellt Stolz und Schmollen ein. Die Pseudosinnrichtung ist Dankbarkeit der anderen und damit Stolz auf sich selbst. Das Mittel der Machina ist indirekter Angriff auf das Seelische anderer Menschen, um gegen eigene Hilfe eine gewisse Unterwerfung der anderen als Kompensation verlangen zu können.

Weisheit und Ruhm der Allwissenheit: Das stille, aggressionslose Kind beobachtet scheu die Welt. Es wird oft klug dabei. Es ist sehr rezeptiv, abwartend und wirkt wie das „schwächste und kälteste" unter den Kindern. Es ist nie impulsiv oder überschwänglich, nur ruhig und gelassen.

Es bekommt Ratschläge. „Spiel mit den anderen." Oder: „Hau zurück!" Damit predigt man ihm *mehr* Wasser und Sonne. Die Kinder, die (zu) viel Wasser brauchen, die natürlichen, werden zurückgepfiffen. Die Kinder, die (zu) viel Wärme brauchen, werden etwas geringschätzig als zu weich gesehen. Stark gefühlsbetonte Jungen könnten sich heute anhören: „Bist du schwul?" (Was allerlei sagt, über all das.) Das schüchterne kluge Kind wird für schwächlich gehalten. Es muss mehr aufdrehen! Das will es nicht und sagt unaufhörlich: „Lasst mich in Ruhe!" Es wird oft verhauen und umhergeschupst. Es will im Ursprung bleiben. Mit der Zeit merkt es, dass es seine Beobachtungen von der Welt zu geschätztem Wissen machen kann. Es gewinnt Achtung für Klugheit. Sie ist das Einzige, was es von der realen Welt bekommt. Aus seiner Eigenart entwickelt sich eine Machina. Sie sammelt Wissen, wo sie kann. Sie stapelt Wissen im Überfluss, wie es ein Geizhals mit dem Gelde triebe. Aus der Klugheit wird Besserwissen und damit einhergehende Überlegenheit. Die anderen sind *dumm!* Der Vorwurf der Dummheit wiegt unter den Menschen am schwersten. Fast alle schrecken sie davor mehr zurück als vor Fehlerzuweisung, Schuld oder Niederlage. Mit der Waffe des Wissens lassen sich Gegner niederstrecken. Vor dem Wissen sinken sie auf die Knie und erbitten Rat, wie der Kalif beim Großwesir, wie Alexander der Große bei Aristoteles. Zum Wissenden geht man hin, wie man zu einem Arzt oder einem Anwalt geht. Wir konsultieren die Wissenden und geben ihnen Geld, das ihnen meist wenig bedeutet. Die Machina des scheuen, klugen Kindes strebt Unverletzlichkeit gegen Dummheit an. Wenigstens es selbst als Ausnahme der Welt ist keinesfalls dumm! Unverletzlichkeit gegen einen Dummheitsvorwurf ist Allwissen. Das Allwissen schützt vor Gewalt. Das Allwissen würde beweisen, dass die Welt in ihrem Strudel der Gewalt und der Leidenschaft Unrecht hat und beruhigt werden müsste! Das Allwissen wäre der Urschlüssel zur Welt, sie zu erkennen und dann nach der reinen Erkenntnis zu gestalten! Man müsste nur wissen, was die Welt im Innersten zusammenhält!

Das scheue, kluge Kind braucht aber auch Schutz vor zu viel Sonne, sonst verbrennt es. Es liebt ganz zart und schüchtern. Es wird ganz und gar nicht zum großen Verführer, es wird nur ganz schüchtern ein Zeichen der Liebe zur Annäherung setzen. So etwas wird meist glatt überhört – viel zu leise! –, dann fühlt es sich einsam. Oder es wird in der Art der höherenergetischen Menschen „abschlägig beschieden", was dem scheuen Kind wie eine totale Abweisung oder wie brutalste Gewalt vorkommen muss. Dann zieht es sich zurück und weint. Oft läuft es schon weg, wenn nur die bloße Möglichkeit besteht, abgewiesen zu werden. („Sie war meine große, einzige Liebe, aber ich wusste, sie würde mich abweisen, da fragte ich natürlich erst gar nicht. Sie hat bald einen Nichtswürdigen geheiratet, mit dem sie unglücklich ist – es ist ihr nicht bewusst, aber ich erkenne es genau, dass sie mit mir glücklicher wäre.") Es lebt lieber ganz ohne Sonne, als dass es Gewalt erlitte. Die größte Pein ist: überwältigt zu werden. Der Königsweg für einen solchen Menschen ist der Ruhm durch Wissen. Wer Ruhm hat, ist unangreifbar und wird nicht abgewiesen. Der Berühmte wird geliebt, ohne weiteres Zutun.

Die Machina des scheuen, klugen Kindes quält sich um Wissen, Welterkenntnis und letzten Endes auch um Ruhm. Ohne Ruhm oder „fachliche Ehre" fühlt sie Wehrlosigkeit, zieht sich zurück und muss Leere, Einsamkeit und im Extrem Grauen ertragen. Die Pseudosinnrichtung ist Allwissen und die damit verbundene Überlegenheit. Wenn die Machina sich unwissend und damit verloren fühlt, lernt sie besessen, um die Lücke zu schließen.

Frieden und Harmoniesucht: Was soll ein friedliches, gutherziges Kind (mittlere Beziehungssehnsucht, wenig „Aggression") in unserer Welt beginnen? Wir haben *keinen* Frieden. Um diesen Konflikt dreht sich das Leben des Kindes, das selbstlos, gelassen und vertrauensvoll in die Welt blickt. Es ist geduldig und sanftmütig. Wenn es erwachsen ist, sagen wir: „Das ist ein richtig netter Mensch." Dieser Mensch akzeptiert sich und andere im friedlichen Miteinander. Als Kind ruht er in sich und strahlt innere Zufriedenheit und Harmonie aus. Liebe: mittel, für Beziehungen gerade richtig. Wasser: wenig, also selbstgenügsam.

Was geschieht nun mit einem solchen gleichmütigen, vertrauenden Kind in dieser Welt? Es soll sich an Regeln halten. „Gut, mach ich", sagt es, weil es gutmütig ist und anschließend Friede herrscht. Es wird vor Erwartungen und Forderungen gestellt. „Okay, mach ich", sagt es und beginnt den Erwartungen zu entsprechen. Es prüft nicht stark, ob die Wünsche von außen nun genau richtig oder berechtigt wären – es ist ja gutmütig, arglos und liebenswürdig. Es vertraut der Obrigkeit. Was wird geschehen, wenn die Obrigkeit Hochleistungskampf, Bestehen im Wettbewerb und Bestnoten verlangt? Wenn es Streit zu Hause gibt und Vater und Mutter es auf seine Seite ziehen? Wir ahnen es alle. Es sagt: „Gut, mach ich." Und es gibt eine Katastrophe, wenn ein argloses, gutes Kind unter schlechte Herrschaft gerät.

Darf ich noch ein Grimm-Märchen anführen? *Hans im Glück* heißt es. Hans dient sieben Jahre lang und bekommt dafür einen Goldklumpen. Er fällt leichtgläubig darauf herein, den Klumpen für ein Pferd, dann das Pferd gegen eine Kuh, die für ein Schwein, das für eine Gans, die für einen Stein einzutauschen, der ihn nie mehr beschwert, weil er in einen Brunnen fällt. Und das Märchen endet mit dem Satz: „Mit leichtem Herzen und frei von aller Last sprang er nun fort, bis er daheim bei seiner

Mutter war." Sie könnten denken, Hans ist dumm. Das mag für dieses Märchen gelten, aber vor allem ist er innerlich sanft glücklich und weiß, dass all das Haben nicht wichtig ist. Arglose, gutmütige Kinder haben einen besonders schlimmen Fehler, wenn sie in einem normalen System leben: Sie können dem Druck nicht gut widerstehen. Das gilt für die Denker auch, die aber aus der Welt ganz fliehen (in den Elfenbeinturm oder auf Nagelbretter). Das sanfte Kind aber kann nicht fliehen, weil es die Sonne der Menschenbeziehungen braucht. Es bleibt also gewissermaßen im Feindesland, es kann nicht physisch weichen. Wenn es zu sehr unter Druck gesetzt wird, wenn ihm das „Gut, mach ich" nicht mehr so leicht von den Lippen kommt, dann weicht es innerlich aus der Welt. Es wird träge und unempfindlich, gleichgültig und passiv. Am Ende werden Peiniger sagen: „Fauler Sack." Sie werden ihm dann Dampf machen, dem Passiven. Und er wird innerlich immer weiter weichen. Das friedliche, gutherzige Kind bildet eine Machina aus, die allen Schwierigkeiten aus dem Weg geht und Probleme aussitzt. Die Machina quält sich für (inneren) Frieden und Konfliktlosigkeit. Im Konflikt fühlen sie sich antriebslos, hilflos, fatalistisch und resigniert. Die Pseudosinnrichtung ist Friede und Harmonie mit anderen.

Liebe und Geliebtwerden: Ein liebes, warmes Kind wird geboren! Es ist die Sonne selbst! Ganz warm, voller Gefühle und Leidenschaft, aber es schreckt vor aller Gewalt zurück. Dieses Kind ist von Anfang an „emotional intelligent", spürt das Strömen der Liebe in den Mitmenschen, spürt deren Ärger, deren Wut, besonders ihre Kälte und den Kampf. Es vermag in die Seelen zu schauen, weil es selbst wenig Wasser braucht, also selbst nicht drängt und will. Das kluge Kind schaut in die Welt und kann zur Weisheit gelangen. Das Sonnenkind interessiert sich nicht so sehr für die Gesamtschau der Welt, sondern für alles, was Seele und Liebe in ihr ist. Das Sonnenkind liebt Tiere und Pflanzen und die Seele der Kunstwerke. Es entwickelt eine emotionale Intuition (wie der Weise eine wissende Intuition). Weil es im wirklichen Leben überall Leiden oder Nicht-Liebe sehen muss, wenn es nicht ganz schwärmerisch bleibt, entwickelt es Mitleiden.

Wenn es in einem supramanen System und unter fordernden, reglementierenden Eltern aufwächst, so spürt es, dass etwas Gewaltsames mit ihm geschieht. Was ist es? Eltern und System bauen darauf, jedem Kind eine gewisse Mindesthärte anzuziehen, weil das Leben eben hart ist (weil man es hart haben will und in dieser Weise für erfolgversprechender erachtet). Wenn nun das Sonnenkind an Härte gewöhnt wird, wird es irrtümlich spüren, dass es nicht geliebt wird. Oder: Man akzeptiert es nicht, wie es ist. Es soll härter sein. Es wird aus dem reinen Strom der Liebe herausgerissen und mit etwas Feindlichem konfrontiert, das es als Hass empfinden muss. Es beginnt, sich für nicht normal zu halten. (Das scheue, kluge Kind hält sich auch nicht für normal, aber es macht auf dem Weg zum Allwissen eine Stärke daraus. Das Kind der Sonne aber braucht Menschen, es kann nicht Einsiedler werden wie das scheue Kind!) Die Gewalt bringt sein Herz zum Flammen. Die Sonnenströme wirbeln im Chaos. Ein Sturm von Leidenschaft wogt im Kind. Was kann es tun? Die klugen Kinder sammeln Wissen wie Gewehrpatronen und schießen später als Besserwisser oder gar Klugscheißer um sich. Die sanften, gutherzigen Kinder ziehen sich in Resignation zurück. Aber das Sonnenkind muss in der Welt der Menschen verharren, weil es ja Liebe, warme Liebe im Ursprung sucht. Es kann nicht resignieren, weil es ein Rückzug nach innen wäre, der den Weg zur Liebe abschneidet. Nein, die Tragik ist: Es muss in der Nähe der Gewalttätigen bleiben und hoffen, dass einst doch die Sonne scheint. Warum aber, so fragt es sich, soll es merkwürdig oder anders sein, wenn doch Liebe das Höchste ist? Warum sagen die Eltern, sie hätten es herzlich lieb, aber eben nicht so – nicht so lieb, wie es ist? Warum sagen die Eltern, sie hätten das Kind mehr lieb, wenn es nicht gar so lieb wäre? So fragt sich das Kind ratlos, was falsch an ihm ist, wenn doch Liebe das Höchste ist, wie alle sagen – alle! Es zweifelt an sich selbst. Es nimmt alles persönlich. Es wird überempfindlich und hypersensibel. Es wird melancholisch, es trauert und endet in Depression ... Es schämt sich seiner selbst so sehr.

Es wird ein Leben lang fragen, was denn der Sinn des Lebens wäre und warum die Welt keine Liebe will. Es wird zum Sinnsucher werden. Das Sonnenkind entwickelt eine Machina, die Sinntupfer wie Briefmarken sammelt. Die Machina sammelt Lebensrechtpunkte für das Dasein der Liebe. Die Machina wütet gegen alle Nicht-Liebe. Sie fragt sich, warum die Nicht-Liebe der Welt so hart gegen es selbst wütet. Die Wissenden fragen sich auch, warum die Welt voller Hass, Gier und Verblendung ist und sie kommen manchmal zum Schluss, dass die Welt verrückt und eventuell sogar irreal sei. Die Wissenden haben aber nicht die Ströme der Liebe in sich, deshalb können sie so nach außen denken. Die Liebenden aber spüren die Ströme der Liebe und der Leidenschaften in sich und sind nur bestürzt, dass ihnen keine Liebe entgegenkommt. Woran liegt das – wenn doch Liebe in ihnen selbst ist und sonst überall Kälte? Weil sie allein und besonders sind, zwingt sich ihnen langsam eine grausame Logik auf: Sie *selbst* sind verkehrt, irgendwie. Sie suchen verzweifelt nach dem Grund in ihrem Inneren. Die Machina will erzwingen, dass sie von anderen geliebt werden! Warum erfüllt sich das nicht? Die Machina beginnt auch im *Innern* zu suchen. „Wessen muss ich mich schämen? Warum werde ich nicht geliebt?" Diese Prozedur ist mit Worten wie Selbstzerfleischung, Selbstverachtung, Selbsthass, Selbstvorwurf verbunden. Die Machina durchpflügt die Ströme der Liebe – und findet auf ewig nichts, weil dort der Grund nicht ist.

Die Machina des Sonnenkindes quält sich nach Sinn und Akzeptanz. Im Zustand der Nicht-Liebe und der gespürten Sinnlosigkeit ist sie depressiv und empfindet Scham. Die Pseudosinnrichtung ist Geliebtwerden.

Das waren nun die Darstellungen typischer Kinderschicksale.

Zusammengefasst:

Das Leben beginnt in einem ursprünglichen Zustand:

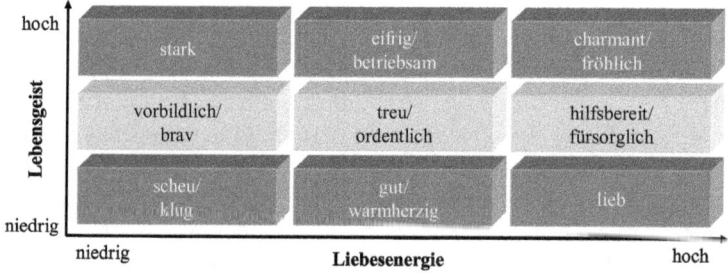

Das System und seine Forderungen erzwingen die Ausbildung einer Bewältigungsstrategie. Eine sich entwickelnde Machina kämpft um die Erhaltung des Ursprungs. Sie strebt in ihrer Not nach einem möglichst schmerzfreien Zustand. Sie beginnt in den überwältigend allermeisten Menschen, Folgendes als *Pseudosinn* zu „maximieren":

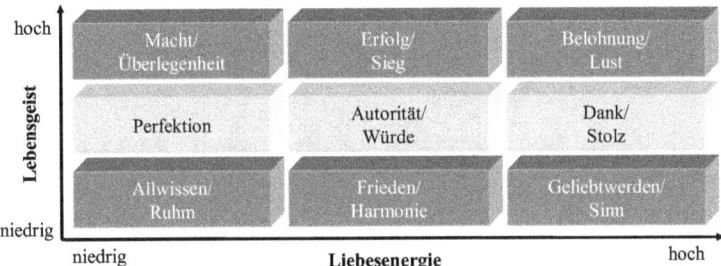

Wenn sie diese „Werte" nicht erreicht, wechselt sie in einen Kriegsmodus, der durch die folgenden emotionalen Zustände charakterisiert ist:

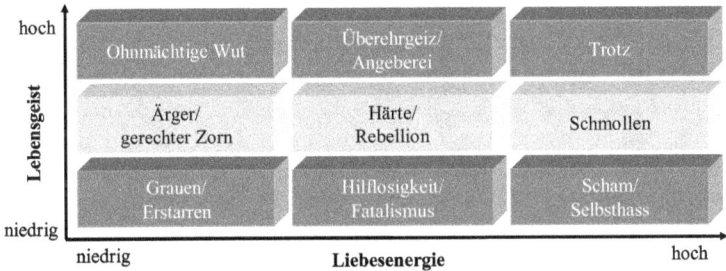

Und wenn man die Machina fragt, was sie wirklich will, sagt sie ja nicht „Macht" oder „Sex", sondern sie deklamiert als Lippenbekenntnis, sie strebe am Ende dies an:

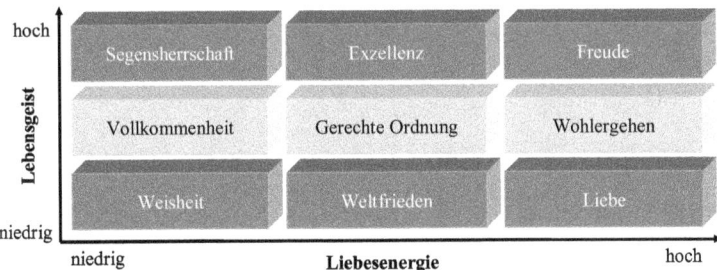

Wenn die Machina das in uns erfolgreich behauptet, nämlich dass sie diese ewigen Werte anstrebt, während sie doch nur verzweifelt versucht, den Ursprung wieder zu finden, dann könnten wir denken, wir seien auf dem richtigen Wege. Der wahre Weg aber ist, dorthin zu gelangen:

90 IV. Machina in Homine

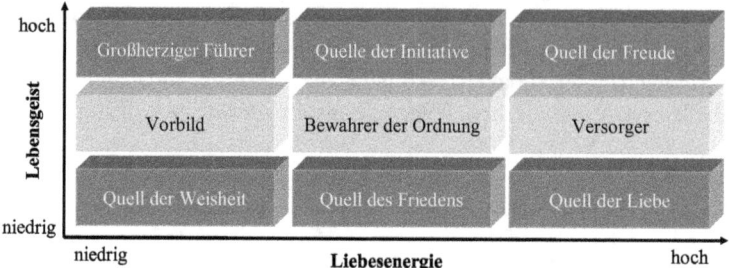

Und zwischen dem wahren Weg und dem, den die Machina als Lippenbekenntnis anstrebt, scheint es kaum noch einen Unterschied zu geben. Der Unterschied ist aber wie zwischen dem Sammeln von Punkten und dem Sein. Er ist riesengroß, aber in der täglichen Eile kaum erkennbar. Ich versuche, ihn ganz ans Licht zu ziehen.

Am besten sehen wir ihn, wenn wir in uns eigentlich zwei Seelen erkennen können.

„Zwei Seelen wohnen, ach! in meiner Brust,
Die eine will sich von der andern trennen",
so sagt schon Doktor Faust zu Wagner. Faust ist ja Professor und hat natürlich eine artgerechte Machina, alles bekannte Wissen aufzusammeln. Er speichert das Wissen der Bücherwelt im Kopf, bis er alles drin hat. Das ist eine sehr anspruchsvolle Leistung, ganz ohne Computer oder USB-Sticks. Da merkt er, dass dies eigentlich nicht das ist, was er wollte. Was aber will er? In Auerbachs Keller zechen? Gretchen schwängern? Ins Leben zurück? Er stolpert mit Mephisto in Sphären herum, die für ihn nicht artgerecht sind.

Und er geht einen mühevollen Weg zurück in den Ursprung. So jedenfalls könnte man den Faust geschrieben haben wollen.

V. Alpha-Seele und Beta-Seele

1. Alpha- und Betawellen zur Metametapher erhoben

Bitte, lassen Sie es mich ein weiteres Mal betonen: Es geht mir vor allem um Vorstellungsbilder, nicht um exakte Beweise, dass der Sinn irgendwo in einem speziellen Hirnlappen zu finden wäre. So, das habe ich jetzt wieder gesagt. Jetzt kommt nämlich ein tiefer Gedanke.

Vorher muss ich noch kurz an eine frühere Stelle im Buch erinnern, ich schrieb:
In unserem Hirn lassen sich dominierend *Betawellen* messen, *wenn* wir uns nach außen konzentrieren und genau beobachten, was in der Welt geschieht. Wir zeigen eine erhöhte Vigilanz (durchschnittliche psychische Wachsamkeit), wir verarbeiten Sinneseindrücke von außen und denken darüber im Sinne des prüfenden, logischen Analysierens …
    Und dann:
Die längeren Wellen des Alpha-*Frequenzbereiches* sind eine Anzeige für körperliche und geistige Zustände der Entspannung. Wenn wir zum Beispiel schon die Augen geschlossen haben und langsam einschlafen, befindet sich unser Gehirn in einem Zustand dominierender Alpha-Aktivität. Wir fühlen innere Ruhe, Wohligkeit, frei fließendes Denken in großer Zuversichtlichkeit, wir fühlen eine gewisse Einheit von Geist und Körper, wir sind eins, ganz ruhig und gelassen …

92 V. Alpha-Seele und Beta-Seele

Ich führe Ihnen nochmals Bilder vor Augen.

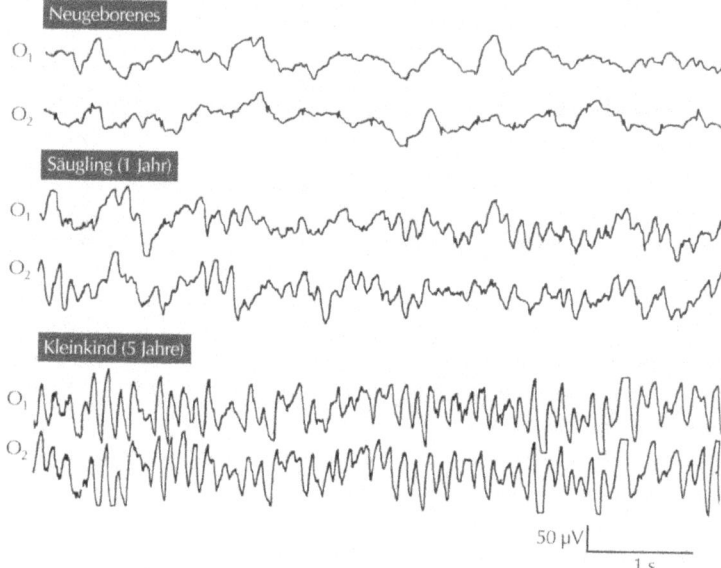

So entwickeln wir uns in der frühen Kindheit. Deltawellen gehen in Thetawellen über, in die sich mit fünf Jahren schon Alphawellen mischen. Die Amplituden steigen an.

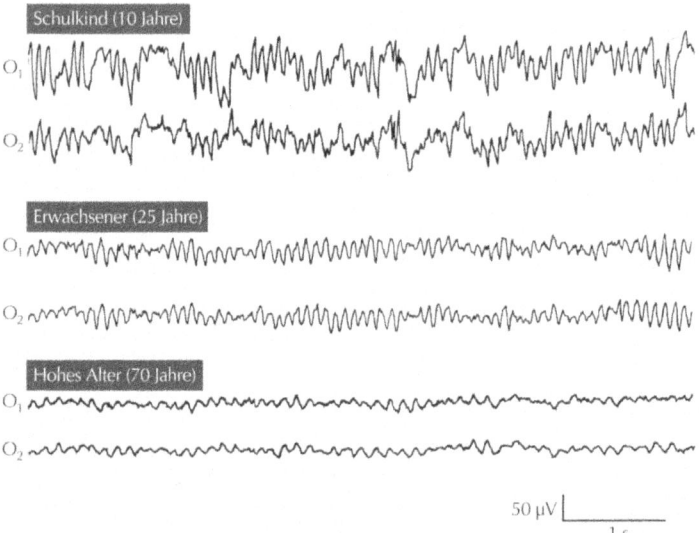

Dann werden wir langsam erwachsen. Mit 14 bis 20 Jahren bildet sich das „typische Erwachsenen-EEG" heraus. Die Amplituden sinken! Sagt man nicht, wir lernen ab 25 Jahren nicht mehr so viel? Sind nicht mehr so kreativ? Muss das so sein? Nein, es gibt auch bei Erwachsenen verschiedene Normvarianten. Im folgenden Bild sehen Sie zwei solche gegenübergestellt. A wie Alpha, B wie Beta.

So sehen richtige EEGs aus. Die Buchstaben vor den einzelnen Zeilen bezeichnen die verschiedenen Stellen am Kopf, an denen die Elektroden angelegt werden.

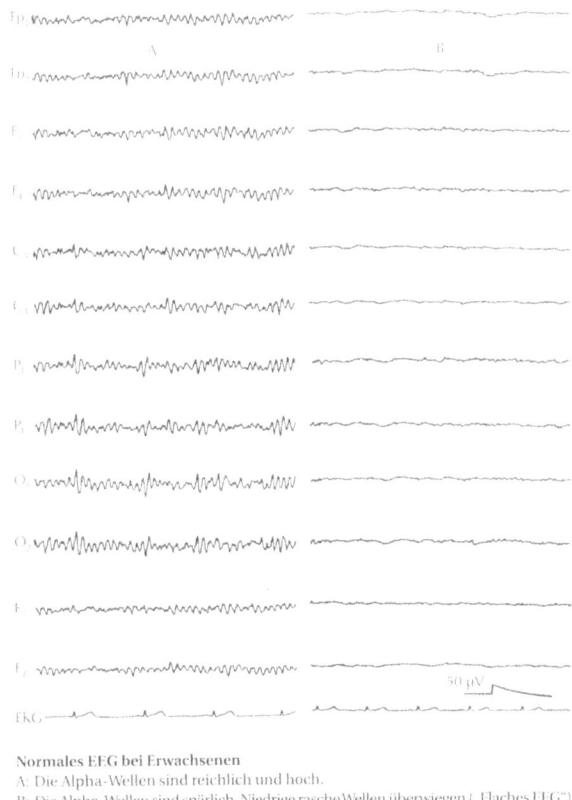

Normales EEG bei Erwachsenen
A: Die Alpha-Wellen sind reichlich und hoch.
B: Die Alpha-Wellen sind spärlich. Niedrige rasche Wellen überwiegen („Flaches EEG").

Wir wechseln auch zwischen verschiedenen Zuständen. Das lässt sich am besten sehen, wenn die Gehirnströme bei geschlossenen Augen in Entspannung gemessen werden. Dann machen wir die Augen auf, und sieh! – wir gehen sofort in einen „Pass auf!"-Modus.

94   V. Alpha-Seele und Beta-Seele

Schematisch:

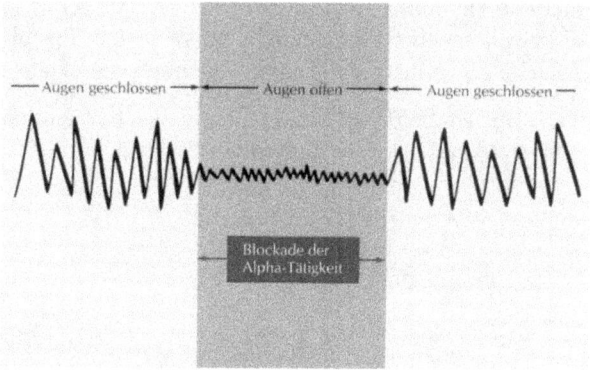

Und an echten Menschen gemessen:

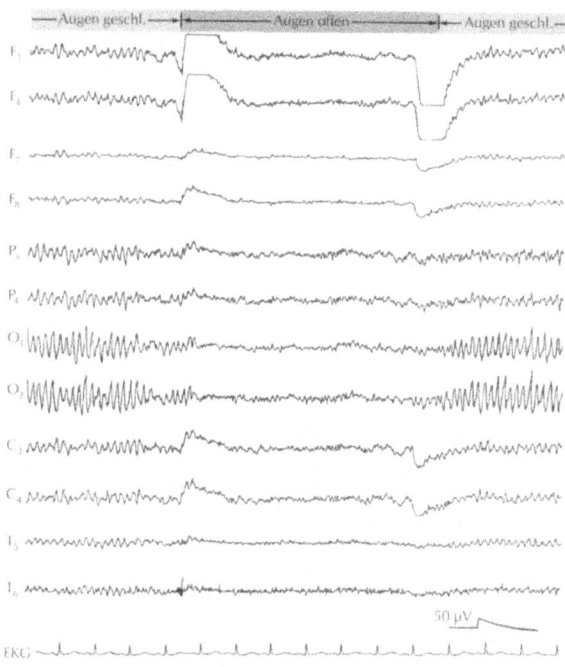

Normales EEG eines Erwachsenen
Im Wachzustand, bei Ruhe und geschlossenen Augen ist die Alpha-Tätigkeit deutlich zu sehen. Durch Augenöffnen wird sie unterdrückt: visuelle Blockadereaktion

1. Alpha- und Betawellen zur Metametapher erhoben

Ich will daraus eine große Metapher entstehen lassen:

Ich möchte, dass wir uns den *Alpha-Zustand* als einen Ursprungszustand vorstellen. Wir ruhen in uns und sind eins mit uns. Wir sind in gewisser Weise am Anfang, wie wir als Kind noch *ungebogen* waren. Wenn wir dies fühlen, so sage ich, sind wir im Alpha-Zustand. Im Zustand geschlossener Augen sind wir eigentlich wir selbst. Kein Zittern vor jemand, kein Achten auf etwas. Nur wir selbst sind da, wenn wir uns bei geschlossenen Augen die Hirnwellen messen lassen.

Und ich *weiß*, dass es nicht genau mit den Hirnwellen mathematisch exakt zusammenpasst. *Ich weiß*. Es ist aber so ähnlich, und deshalb bezeichne ich dieses Gefühl des Ursprungs mit dem Alpha-Zustand und assoziiere damit die Langwellen im Gehirn.

Wenn wir uns kümmern, sorgen, etwas besorgen, uns anspannen, ärgern, kopfrechnen, wenn also unser Gehirn mit vielen widerstreitenden Einflüssen klarkommen muss, die alle unter Kontrolle gehalten werden müssen – dann sieht es nach Betawellen im Gehirn aus. Ich möchte diesen Zustand den *Beta-Zustand* nennen.

Gegensätze dieser Art habe ich Ihnen schon mindestens zwei Mal in anderen Zusammenhängen dargestellt. In *E-Man* habe ich über die Einteilung der Menschen von Meyer Friedman und Ray Rosenman in solche von Typ A und B referiert. Im Buch *Type A Behavior and Your Heart* berichten sie über die Gefahren, denen Typ A gegenüber Herzattacken ausgesetzt ist. Typ A lebt unter Stress, arbeitet schnell und ungeduldig, ist hyperwachsam, aufstiegswillig, hektisch, ruhelos. Typ B dagegen ist ruhig und entspannt, arbeitet stetig vor sich hin, sieht sich nicht unter Zeitdruck, denkt nicht sehr oft über Fortkommen und Erfolg nach, ist langsamer in seiner Bewegung. Typ A (alles andersherum, A und B, Beta und Alpha, ja, leider) gleicht sehr stark dem Menschen im Beta-Zustand, Typ B dem im Alpha-Zustand. Friedman und Rosenman warnen in ihrem Medizinbuch, dass das Leben des Stresstypus sehr viel ungesunder ist und unter viel häufigeren Herzstörungen leidet. Hier in *Topothesie* geht es mehr um das sinnvolle Leben, nicht primär um Gesundheit. Mutmaßlich ist ein ungesundes Leben aber auch nicht sinnvoll?

Im Buch *Supramanie* habe ich die *Reversal Theory* von Michael J. Apter beschrieben. In ihr gibt es an den verschiedenen Polen zwei Gegensatzzustände. Apter unterscheidet „telic states" und „para-telic states", also zielgerichtete und nicht zielgerichtete Zustände. Ich habe diese beiden in *Supramanie* dichterisch frei so beschrieben:

„*Pass auf!*"-Zustände sind um Bewältigung von Aufgaben bemüht. Sie reagieren auf Probleme, versuchen Störungen zu vermeiden. Probleme werden gelöst. In diesem Zustand wird das zukünftige gute Ende geplant. Man freut sich auf das Ende und den damit verbundenen Erfolg oder man fürchtet sich, ihn nicht zu erreichen. Man fordert Vernunft von sich selbst. Und natürlich: *Keine Aufregung*!

„*Die Welt gehört mir!*"-Zustände freuen sich in voller Energie. Diese Zustände wollen einen genussvollen Prozess und dann eher Fortdauer desselben.

Die telischen Zustände sind also um Kontrolle bemüht, ein Ergebnis in der Zukunft zu erreichen. Die anderen freuen sich in diesem Zustand an der Arbeit selbst und an dem energiereichen Zustand, in dem sie stattfindet.

Sehen Sie nun, dass alle immer zu einer ähnlichen Vorstellung zweier Zustände kommen? In einem Zustand wird gestrebt und gekümmert, die Menschen schinden sich, um etwas zu erreichen. Im anderen Zustand fühlen sie sich wie ursprüngliche gesunde Menschen, die sich auch während einer harten Arbeit des Lebens freuen und sich nicht so sehr um das Ende und die Frucht der Arbeit ängstigen. Sie werden später vielleicht Gott dafür danken, ebenfalls in einem als ursprünglich empfundenen Zustand. (Oder noch ein Bild: Alpha-Zustände mögen wie das Leben des von Jean Liedloff besuchten Indianerstammes sein, wie ein stetiges, volles Leben in gelassener Ergebenheit.)

Und so definiere ich für den Rest dieses Buches Alpha- und Beta-Zustand:

Der Alpha-Zustand ist der reine Zustand des Seins, in dem Freude, Ärger, Wut und alles, was zum Leben gehört, in einem gegenwärtigen Lebenszustand des Einsseins empfunden wird.

Der Beta-Zustand ist der Zustand des konzentrierten Strebens auf eine Absicht, ein Ziel, ein Haben oder Erreichen hin. In ihm beziehen sich Freude, Leid oder Wut vor allem auf den erwünschten Zustand, sie sind nicht vorwiegend Äußerungen des Seins.

2. Alpha-Schmerzen und dominierende Beta-Schmerzen

Die beiden letzten Erklärungen waren aber für meine Verhältnisse schon arg theoretisch, das gebe ich zu. Ich sehe mich förmlich zu erläuternden Beispielen gezwungen.

Ein kleines Kind schreit. Ein Hund jault auf. Können Sie hören, was die beiden meinen? Ein Kind verletzt sich mit dem Messer und schreit. Spürt es Schmerz? Meistens nicht. Es hat Angst. Einem Kind wird eröffnet, dass Papa nun doch nicht mit ihm zum Fest geht. Das Kind schreit. Aus Enttäuschung? Aus Entsetzen? Meistens nicht. Es will noch etwas bei Papa erreichen.

Reiner Schmerz oder reine Trauer sind anders und eher selten.

Ich trete auf einen Dorn. Reiner Schmerz! Ich trete barfuss auf eine rote, dicke Schnecke. Reiner Ekel. Ich sehe, dass jemand in Eile ein Kind rücksichtslos zur Seite schleudert. Reine Wut! Meine Tochter bekommt ihr Abiturzeugnis feierlich überreicht. Reine Rührung. Wir kommen aus einem langen Urlaub wieder, kochen ein paar Spaghetti. Ich öffne die Ketchupflasche. Explosion! Der Ketchup war gegoren, was ich mir erst viel später erklären konnte. Explosion!! Es kracht. Die Flasche bleibt ganz unbeschadet, aber der ganze Ketchup ist tröpfchenfein in der ganzen Küche verteilt. Ungläubig sehen wir das Desaster auf den weißen Glasfasertapeten. Wir begreifen nur langsam. Reine dumpfe Verzweiflung. Reine helle Wut beim endlosen Reinigen. Wände neu streichen. Fatum.

Große Party bei uns. Ich parke eine große Pfanne mit Gebratenem oben auf den Hochkühlschrank in zwei Metern Höhe. Beim Herunternehmen schubse ich sie leicht in Wandrichtung. Es kracht. Die Pfanne verschwindet spurlos. Ich klettere bange auf einen Stuhl und schaue nach. Oh, ich wusste nicht, dass Kühlschränke keinen richtigen Boden obendrauf haben, es ist viel Raum freigelassen für die Kühlluftaggregate. (Die Pfanne ließ sich angeln, aber das Fleisch blieb über einen Meter tief in den hinteren Eingeweiden der Elektronik in Stücken vergraben, bis wir viel später eine neue Einbauküche bekamen.) Die Gäste kommen. Ich muss sie über Kühlschränke aufklären. Reine Peinlichkeit!

Ich fahre zur Arbeit, ein Eichhörnchen läuft über den Weg. Ich bremse etwas. Es ist schon auf der anderen Seite, da kommt es zurück! Bremsen kreischen. Ich kann ausweichen. Da wendet es ein zweites Mal und setzt sich fast selbst unter das Rad. Es ist mir so nahe gegangen. Der Tod!

Ich sitze frisch verliebt mit meiner späteren Frau als Student vor einer für mich richtig teuren Pizza und schneide sie unbeholfen an. Ich drücke dabei etwas fest mit dem Messer. Da klappt der auf dem Tisch zu weit zu meinem Körper gerutschte Teller um. Ein heißes Gefühl auf dem Schoß. Ich lege die Pizza verstohlen-elegant zurück und muss sie noch essen, was sonst, als Student? Auf dem Heimweg staunten die Menschen über einen Fettfleck von 28 cm Durchmesser. Wir waren verliebt! Und feixten.

Solche Schmerzen sind *Alpha-Schmerzen*, wie das Fühlen von Unglück oder Glück im Alpha-Zustand. Es ist reines Empfinden, reines Fühlen. Wir sprechen nach Episoden wie den eben geschilderten von *Erlebnissen*. Wir „genießen" sie später allesamt, ob Glück oder Unglück: „Weißt du noch, als in New York der Strom ausfiel und wir zusammen neun Stunden im Dunklen nach Hause gingen und wie wir dann wie wahnsinnig alles besonders Leckere aus der Kühltruhe aßen, bis wir platzten, damit wir es nicht wegwerfen mussten?" Alphaschmerzen, so weh sie immer tun, sind von dieser Art: „Weißt du noch?" Selbst mittlere Katastrophen werden liebe Erinnerungen.

Unser Johannes war knapp vier Jahre alt. Wir haben Besuch. Ich schneide in der Küche Bauchspeck mit meinem Super-Dreizack. Ratsch-ratsch-ratsch. Da fährt plötzlich aus dem Nichts heraus ein kleiner Finger von unten/hinten dazwischen und wird an der Spitze gekappt. Entsetzlich viel Blut. Die Frauen warnen das Krankenhaus vor und verbinden. Das Blut quillt weiter. Die Frauen setzen das Kind kurz neben mich, um sich Mäntel überzuziehen. Johannes schreit, aber nicht wie unter Schmerz. Ich frage ihn: „Sag mal, warum heulst du herum, es ist alles in Ordnung. Hast du ein Problem?" Er verstummt, schaut mich groß an und sagt leise: „Du, kann ich jetzt *endlich* ein bisschen Speck zu essen bekommen?" Ich stopfe ihm welchen in den Mund. Kauend fragt er: „Du, Papa, wird es wehtun?" – „Nur einmal. Sie stechen mit einer Nadel in den Finger und betäuben ihn. Danach fühlst du nichts mehr." – „Tut der Stich weh?" – „Ziemlich. Ich habe immer etwas Angst dabei. Aber es ist nur einmal. Zisch, rein! Das ist es dann." – „Habe ich dann Angst?" – „Bestimmt." – „Nein."

(Sie fahren los. Als im Krankenhaus der Arzt zur Behandlung herankommt, streckt Johannes ihm tapfer seinen Zeigerfinger entgegen, wie es sonst Oberlehrer tun. „Du, Papa, es tat wirklich weh, aber man hält es aus.")

Man lebt in Freude, Schmerz, Wut, Liebe – in warm und kalt. Alpha.

Beta handelt nicht wirklich von Lust und Schmerz. Es geht um Schuld, Angst, Anspannung, Erleichterung, Vorsorge, Besorgnis, um Ziele, Wünsche, Leiden und Hoffnung auf Besseres.

„Mist! Ein Dorn im Fuß! Muss ich zum Arzt wegen Tetanus? Was wird dann Vater sagen? Ich sollte Schuhe anziehen, sie werden mich schon anschreien."

„Musst du denn die Ketchupflasche so schnell aufmachen? Kannst du nicht aufpassen? Hat sie in der Sonne gestanden? Hast du sie im Fenster stehen lassen? Ich? Ich soll es getan haben? Wieso ich? Typisch, das zu sagen. Du willst von deiner Schuld ablenken. Mir würde es nicht passieren, nie!"

„Wenn man Speck schneidet, passt man auf Kinder auf! Wie kann das passieren? Gerade, wo wir Besuch haben! Ausgerechnet! Wenn ich dieses verdammte Messer in der Hand habe, passe ich doch wohl auf. Er ist ein Kleinkind! Du musst wissen, dass er auch von hinten kommen kann. Jetzt bringen unsere Gäste ihre Zeit mit Krankenhausfahrten zu. Was die denken!"

So wäre Beta gewesen.

Betazustände will ich solche nennen, die nervös darauf aufpassen, dass alles in unserer Umgebung funktioniert – ohne jede Störung und Hindernis. Wenn etwas schief läuft, wenn Fehler auftreten, wenn Streit aufkommt, dann regieren Stressgefühle unser Dasein, die zum Ziel haben, wieder Ordnung zu schaffen. Unter Stress erleben wir Ungeduld, Schuldzuweisung, Scham, Ärger, Gewalt, kurzfristige Taktik, Eile, Dringlichkeit. Im Beta-Zustand ist etwas, das man beenden will. Der Grund für Schuld, Ärger oder Eile muss verschwinden, aber sie wallen immer wieder neu vor uns auf. Im Betazustand wird das Leben bewältigt und täglich neu vorbereitet. Im Alpha-Zustand wird gelebt.

Eine Arbeitsgruppe ringt seit Stunden in einer fruchtbaren Sitzung um die Zukunft der Firma. Sachzwänge werden überwunden, neue Möglichkeiten eröffnen sich, die Menschen reden zueinander hin und gewinnen Vertrauen. Alles fließt.

Da fragt einer: „Darf ich einmal die Diskussion kurz stoppen? Wer führt Protokoll? Wir sollten auch langsam festlegen, was die Ziele des heutigen Tages sein sollen. Wenn wir keine Ziele festgelegt haben, wissen wir am Ende nicht, ob die Diskussion zum Ziel geführt hat. Ich bin unruhig, wenn wir einfach so drauflos reden, ohne uns in die Pflicht genommen zu haben. Wie messen wir, ob es gerade nützlich ist, was wir tun?"

Das ist der Absch(l)uss des Alpha-Zustandes. Eine fruchtbare Diskussion in entspanntem Vertrauen ist alpha. Dann aber kommt das große Aufpassen: Es werden Ordnungen eingeführt, Protokolle geführt, Listen abgehakt. Passen wir auf! Kommen wir voran? Wie viele Punkte haken wir pro Minute ab?

In einer kleinen Bankzweigstelle zwitschern die Stimmen der Kunden und der Angestellten. Geld kommt und geht in großer Betriebsamkeit. Die Luft schwirrt von Grüßen und Artigkeiten. Geld an sich ist ernst genug.

Da tritt ein höherer Direktor ein. Augen heben und senken sich und passen sofort auf. Einen laut lachenden Kunden treffen flehende Blicke. Nach einer Weile ist Betriebsamkeit. Die Kunden lassen sich routiniert bedienen. Ein an kleine Schwätzchen gewohnter Kunde muffelt in Unkenntnis über die heutige schlechte Laune: „Habt ihr heute was? Alle so still? So ist das doch sonst *nie* hier?! Habt ihr einen Affen von gestern?"

Betazustände sind wie offizielles aufpassendes Leben, das auf Nutzen und Fortkommen ausgerichtet sein muss. In den obigen Beispielen tritt das offizielle Beta in einen Alpha-Zustand. Es wirkt wie eine Alarmglocke, wie ein Herausreißen. Es kommt oft vor, dass wir aus dem Leben gerissen werden und nun aufpassen müssen. Das ruckartige Anwerfen der Beta-Motorik ist wie ein kleiner schneller Tod.

Vom Beta-Zustand kommen wir nie so ganz leicht in den Alpha-Zustand. Ich kann zum Beispiel Bücher nur im Alpha-Zustand oder im Theta-Zustand schreiben. Ich sitze im Büro. Ich musste einen Streit schlichten. Danach kämpften meine Sekretärin und ich mit einer jungen Dame aus einem kleinen Unternehmen, das für IBM die Reisekostenabrechnungen prüft und abwickelt. Ich hatte nach ihrer Ansicht einen inkorrekten Mehrwertsteuersatz angegeben. Hin und her. Schließlich bekam ich Recht. Entschuldigung. „Wir haben den Vorgang leider schon zurückgeschickt und teilweise vernichtet. Bitte reichen Sie alles noch einmal genau so ein, wie es war. Sollten nun Belege fehlen, begründen Sie kurz schriftlich, dass Sie Recht bekommen haben." Das sticht die ganze Zeit im Leib. Es fühlt sich an, als werde mein nutzloses Leben teilverdorben. Wenn ich dann den Vorgang grimmig rekonstruiert habe, sitze ich am Schreibtisch und bin nur noch erleichtert, wie ein verletzter Hase, der gerade noch den Jagdhunden entwischen konnte. Ich sitze wie im Versteck – das Stechen lässt langsam nach. Ich werde Kaffee holen müssen und in einer Computerzeitung blättern. Ich beruhige mich. Wann kann ich neue Vortragsunterlagen machen? Ein Personalgutachten abgeben? Eine Erfindungsmeldung für das Patentamt ausformulieren? Das alles geht nicht im „Pass auf!"-Modus. Der Geist muss ruhen und fließen. Es ist wirklich wie Einschlafen. Die Ruhe zieht langsam ein. Der Geist wird wach, er arbeitet im „Pass auf!"-Modus nicht kreativ. Ich beginne zu ruhen. Die vagen Ideen kommen wieder, sie wallen heran, ich weiß wieder, was ich gestern dachte, welchen Einfall ich ausfeilen müsste. Da klingelt das Telefon: „Wir haben gerade beschlossen, dass wir von allen Rednern morgen die Präsentationen per E-Mail einsammeln und schon gleich ausdrucken, um sie in einer Mappe allen zu überreichen." Das schmerzt sehr. Ich habe gar keine Unterlagen, weil ich morgen im Zug etliche Stunden Zeit zur Vorbereitung auf meine Rede habe. Ich bin entnervt, kann das Ansinnen abwehren. Aber der Stich hat mich ganz wach gemacht: Beta-Zustand. Ich muss also wieder zur „Einschlafzeremonie" zurückfinden? Also *wieder* zum Kaffeeautomaten. Ruhe! Bitte!

Noch besser als Kaffee ist Bahn fahren. Da stört niemand. Es ist zwar laut, aber es geht mich nichts an. Im Zug lässt sich das Hirn gut im Alpha-Zustand erhalten. Wenn es ermüdet, schlafe ich fünf Minuten. Das ist gut!! Leider sieht ein Nickerchen im Büro nicht gut aus, während es in der Bahn alle akzeptieren. So ziemlich alle Menschen, die ich kenne, fänden ein mittägliches Kurznickerchen ideal. Aber es ist nicht korrekt. Das finden dieselben Menschen, die sich ein Nickerchen wünschen. Warum versteht die Welt die Alphazustände nicht? Warum denkt sie, man wäre faul? Beta ist Trumpf in der Welt! Wenn ich zu Hause arbeite, schlafe ich *nie*. Ich flippere am Computer, um mich zu konzentrieren. „Moni, ich muss nachdenken, ich kann jetzt nicht!" Dann hört sie aber leider oft, dass ich flippere. Ach, das Leben! Das Gehirn muss zum Kreativen sauber sein! Versteht das niemand? Da darf nichts weiter Betaartiges drin sein, keine Schuld, kein Ärger, kein Druck! Nichts soll wurmen, nerven, sägen. In einer Kolumne beschrieb ich dies so:

„Gunter, du flipperst schon wieder." – „Ja. Ich reinige mein Gehirn." – „Was ist das?" – „Wie Händewaschen zwischen zwei Arbeiten. Beginnst du eine Arbeit mit ungeputztem Gehirn?" – „Ist es dann leer, so geputzt? Set all zero?" – „Das Vorherige muss heraus, die Schlacke, die Reste. Heitere Ruhe kommt kurz herein und dann sammelt sich die Kraft. Sie wächst – sie konzentriert sich neu, wie sich der Löwe wieder aus dem Dösen löst, wie er sich erhebt und über die Savanne späht. Es fühlt sich wie eine Idee an." – „Gunter, ich habe keine Idee, wie sich eine Idee anfühlt." – „Ein Idee ist etwas Störendes, Irritierendes, das hier nicht hingehört, aber ich spüre schon fast jubelnd, dass es hier bleiben muss." – „Kannst du es denn von den Massen an Störendem unterscheiden, das wir alle im Gehirn haben, Gunter?" – „Oh du meine Güte, deswegen muss ich doch das Gehirn putzen!" – „Mit Guatemala beim Flippern?" – „Oder Shiraz."

Viele Philosophen sagen, man solle in der Gegenwart leben, jetzt und ungeteilt – nicht sorgen für Morgen, nicht im Innern ringen und kämpfen. Gelassen und ruhig solle man sein.

Das ist Alpha.

Das Aufpassen und Achten und Sorgen ist Beta. Da ist das ganze Gehirn voll von dringenden Vorgängen. Wer glücklich sein will, hat immer nur den einen einzigen Vorgang in Kopf, an dem er jetzt gerade arbeitet. Er hat dann, so sagt man, den Kopf ganz dafür frei.

Im Beta-Zustand ist der Kopf voll. Viele von uns halten das für wünschenswerte Betriebsamkeit. Das Gegenteil eines vollen Kopfes ist aber eben nicht der verachtete leere Kopf, sondern der freie. Freie Köpfe, so denken aber fast alle, sind Luxus. Sie sind kein Luxus, sondern nur selten und wertvoll.

3. Die Beta-Seele der Machina: Sorge an den Grenzen

Ich glaube, wir haben mindestens zwei Seelen in unserer Brust. Jetzt und hier jedenfalls bespreche ich zwei, später im Buch versuche ich es noch einen Schritt höher: Theta. In uns ist eine Alpha-Seele, die so etwas wie diejenige Seele sein mag, wie wir sie uns landläufig vorstellen, wenn wir denn eine haben. Und es muss noch eine

Beta-Seele geben, die sich sorgt und kümmert. Oh, da schießt mir das hässliche Wort *Krämerseele* durch meine Gedanken.

Ich will es so formulieren: Unsere Machina hat eine Seele!

Unser Bewältigungsapparat in uns hat auch Prinzipien und Gesetze. Die Machina fühlt in ihrer Seele Angst und Zufriedenheit, das glatte Funktionieren und das Glattgehen. Sie kontrolliert auf Erfolg und Nutzen und weiß im Innern, was sie steuert: die Beta-Seele.

Ein Industriemanager hatte für einige Zeit die Leitung einer großen ehrenamtlichen Organisation übernommen und schied dann wieder frustriert aus seinem Amt. Und ich las ungefähr Folgendes in einem Interview mit ihm. „Sie lassen sich nichts sagen! Die Mitarbeiter lassen sich nicht auf mehr Effizienz umpolen. Schrecklich. Sie sagen, sie arbeiten ohne Lohn, also dürfen sie arbeiten, wie sie wollen. Ja, bitte: auch *ineffizient*? Sie geben einfach nicht die Kontrolle an mich ab. Ich bin doch ihr Chef! Das sehen sie anders. Sie bestimmen, dass sie ihre Arbeit in Ruhe so gestalten, dass die Arbeit sie erfüllt. Sie wollen alles so tun, wie es ihnen gefällt. Was soll da ein professioneller Manager noch tun? Sie sagen, ich könnte ja neue Visionen schaffen. Aber das kann ich doch nicht, bevor ich nicht für Ordnung gesorgt habe? Aber immer, wenn ich Verbesserungen herbeiführen will, sagen sie: Dann mach du es allein. Meine Frau sagt das ebenfalls oft. Ja. Aber in einem gemeinnützigen Unternehmen? Sie verschwenden doch nur Ressourcen, wenn sie so arbeiten, wie sie es wollen. Ich bin ganz ohne Einfluss geblieben. Alles läuft gut ohne mich, aber nicht, wie ich will."

Wissen Sie noch? Damals? Früher mussten wir uns am Sonntag schön anziehen, wenn wir zur Kirche gingen. Wir blieben den ganzen Tag geputzt. Am Sonntag neue, gestärkte Unterwäsche. Weiße Kniestrümpfe. Und die Erwachsenen mit ihren betawelligen Mienen sagten unaufhörlich: „Pass auf! Sieh dich vor! Du hast etwas Weißes an! Denk beim Spielen daran!" Wir spielten dann lieber nur wenig, weil das Weiße schädlich für Alpha-Zustände ist. So saßen wir herum und langweilten uns. Sonntag ist furchtbar. Sie sagten uns: „Spielt etwas! Es stört uns, wenn ihr euch langweilt. Wir wollen uns nicht um euch kümmern müssen!" – „Dürfen wir in den Wald?" – „Um Gottes Willen, nein!"

Das Spielen in weißen Strümpfen ist so etwas wie ein Betaeinsturz beim Kinde, nicht wahr? Es will spielen, muss aber immer parallel berechnen, ob das Weiße Schaden nimmt. Das ist ungeheuer lästig, weil Alpha-Zustände ungeteilt sind. Wir wollen als Kind selbstvergessen spielen. Wir wollen die Zeit und den Raum vergessen, einfach nur wir selbst sein.

Aber die Erwachsenen wollen, dass fremde Seismographen ganz hellhörig scharf gemacht werden und immer in uns lauern sollen: Schmutz? Gefahr?

Oft passten wir genau auf. Aber dann spielten wir uns in einen Rausch (Alpha) und vergaßen die Alarmseismographen der Erwachsenen, unser Über-Ich.

„Du Tante Lotte, Franz ist hingefallen." – „Sind wenigstens die Strümpfe heil geblieben?" – „Heil schon, Tante Lotte!" – „Muss ich immer nur waschen, ihr Lümmel?" – „Wir wollten sie vor dem Spielen ausziehen, aber ausgerechnet *dabei* ist er umgekippt." – „Ihr dürft sie nicht ausziehen, es ist Sonntag!"

Die Machina hat eine andere Seele. – Ja, vielleicht so einen Touch in Richtung Krämerseele. Sie passt so genau auf. Sie will sich nicht rückhaltlos in das Eigentliche verlieren. Sie schaut immer auf die vielen Kleinigkeiten, auf die es ihr sehr ankommt.

Die Beta-Seele der Machina verhindert, dass wir mit voller Seele spielen oder aus voller Seele singen. („Seid nicht so laut, Mensch! Es ist Sonntag!")

Wenn die Beta-Seele an unseren Grenzen wacht und alles hütet, kann die Alpha-Seele nicht voll da sein. Sie muss Platz machen.

4. Druck an der Grenze killt Alpha

Aber man muss doch aufpassen!
Muss man?
Was soll ein Sonntag, der furchtbar sauber und leise ist? Will Gott es so?

Wir Erwachsene haben uns an alles gewöhnt. An das Aufpassen, das Achten auf die Zeit, das Konzentrieren auf konkrete Leistungserbringung. Unsere Beta-Seele warnt uns ständig durch Angst, Vorsicht oder Anspannung vor einer möglichen Gefahr. Die Machina spannt den Körper in Zwecke.

Wenn wir Menschen fragen, welche Arbeiten sie am wenigsten lieben, dann nennen sie immer diese: Arbeiten, die in qualitätsbedrohender Weise sehr eilig ausgeführt werden müssen. Arbeiten, die in einer von der eigenen Alpha-Seele nicht geteilter Weise kontrolliert werden. Arbeiten, denen sie sich nicht gewachsen fühlen und für deren Ausführung sie folglich mit Tadel und Sanktionen rechnen müssen.

Leistungsdruck, Zeitdruck und Kontrollen schnüren die Alphawellen ab. Wie beim Augenöffnen im EEG oben. Wir werden gezwungen, unter Anspannung zu arbeiten.

Wir beginnen, die Arbeit zu fühlen. *Arbeit, die uns erfüllt, fühlen wir nicht.* Wenn wir danach gefragt werden, wie sie war, sagen wir, es war Spaß oder Vergnügen oder Versenkung.

Im SWR3-Radio sagen sie in diesen Tagen oft: „Wir senken die gefühlte Arbeitszeit!" Sie meinen sicher die Arbeit unter Anspannung, die wir bewältigen. Sie meinen das Spielen in weißen Strümpfen. „Papa, wie lange müssen wir mindestens noch spielen? Wann gehen wir endlich?"

Die Machina will haben, bekommen und bewältigen. Sie passt auf. Sie wittert ständig Angriffe und lebt fast ständig in einem wachen Zustand.

Ist alles in Ordnung? Grüßen die Menschen? Ist alles sauber? Bekommen wir Lob? Droht etwas? Kann etwas schief gehen?

Es ist, als würde ein misstrauischer König die Grenzen seines Reiches bewachen. Überall achten Wächter und Soldaten an Mauern und Toren.

Der König könnte mit seiner Alpha-Seele im Palast sitzen und das Leben genießen. Aber seine Augen schweben sorgenvoll über den schönen Sklavinnen und denken an die Grenze. Droht der Feind? Wird es Krieg geben? Wird sein Reich größer?

Das wäre so schön, obwohl er im Grunde nur im Palast wohnt. Sein Reich ist groß, er kennt es kaum. Aber es soll niemals kleiner werden! Deshalb sendet er die Heere aus, die Grenzen zu schützen.

Ja, wenn das nicht wäre – die Grenzen ausdehnen zu müssen. Ja, dann hätte er ein gutes Leben. Aber gerade die Könige haben es so besonders schwer, weil sie wachen müssen.

Könige schlafen nie, weil sie ja wachen.

„Hat es da ein Hans im Glück nicht besser?", denkt der König und lacht, denn niemals würde er selbst Gold verlieren wollen.

5. „Unionem feci, ergo sum!"

Unio ist das lateinische Wort für eine große einzelne Perle oder für Vereinigung (spätmittelalterlich). Sonst heißt Perle im Lateinischen Margarita (aus dem Indischen), gerade so wie meine Schwester Margret. Unio mystica ist die geheimnisvolle Vereinigung der Seele mit Gott. Aber ich will Unio hier profan mit Perle übersetzen: eine einzelne große Perle.

Unter Schmerzen bildet sie eine Perle aus. Und am Ende ruft sie lateinisch wie Descartes oder besser Cartesius aus:

„Unionem feci, ergo sum!"

„Ich habe eine Perle fabriziert, also bin ich!" Aber sie meint natürlich dies: „Ich machte eine Perle, also *gelte ich etwas.*"

Die Machina hütet und wacht an den Grenzen. Sie baut Mauern, Tore und Türme. Sie schließt ein und verteidigt. Sie greift an und erweitert.

Sie tut dies, damit das Leben besser wird. Sie kapselt die Schmerzen ein. Im Grunde erbaut sie einen Schutzwall, so wie die Muschel die Schmerzen in eine Perle isoliert.

Eine Perle erzeugen, das ist für die Machina:
Wissen erzeugen, um alle durch Verstand zu besiegen.
Ein Reich gründen, in dem sie die Macht hat.
Ordnung schaffen, die nicht gestört werden kann.

Die Perle selbst ist das, was als Resultat vorzeigbar ist:

- Eine wissenschaftliche Großtat.
- Ein Sieg.
- Ein Reich.
- Eine hohe Stelle oder ein hohes Gehalt.
- Ein Kunstwerk.
- Die Gunst der Höchsten oder der Schönsten.
- Würde, Achtung, Respekt, Dank.

Die Perle ist wie der Pseudosinn der Machina. Sie ist der Beweis der Tüchtigkeit der Beta-Seele. Die Muschel verliert sich vielleicht am Ende in die Perle. Die Perle wird fast zur Muschel. Die Muschel ist neben der Perle nichts.

Einen einzigen Tag im Jahr 2002 war mein Buch *Omnisophie* auf den Bestsellerrängen in den Top-100 von Amazon. Ich rief laut aus: „Ich bin auf Platz 42!" Da sagte neben mir jemand ganz ruhig: „Dein *Buch* ist auf Platz 42, Gunter." Ich habe mich geschämt. Ich kann heute noch nicht unbewegt drüber schreiben. Ich habe mich wirklich selten so sehr geschämt.

Die Beta-Seele verwechselt sich mit der Perle, dem geachteten Ergebnis von Arbeit.

Die Alpha-Seele erfreut sich an Perlen. Nicht nur an den eigenen. An *Perlen*! Sie erzeugt Perlen, weil es sie erfreut. Sie nur erzeugt Perlen „ehrenamtlich" so, dass sie sie erfreuen.

6. „Neminem laede, immo omnis, quantum potes, iuva!"

„Verletze niemanden und hilf, so viel du kannst!"
Dies ist seit alters her das Hauptgebot der Ethik.
Ist aber jemand schon ein guter Mensch, der so handelte?

Es gibt einfache gute Menschen und solche „guten" Menschen, die sich Mühe geben, gute Menschen zu sein. Die beta-guten Menschen helfen natürlich, so viel sie können. Sie tun natürlich niemandem weh. Aber sie sind nicht uneigennützig, weil sie *etwas erreichen* wollen. Sie möchten Dank oder Liebe. Sie möchten die Akzeptanz der anderen, dass sie gute Menschen sind.

Wer mit wärmenden Blicken bedacht wird, hat sein Leben als guter Mensch bewältigt. Er war nützlich, hat propere Kinder aufgezogen und stets ein gutes Bild gemacht. Das Bild des Guten ist die Perle, mit der sich die Beta-Seele der Machina gerne verwechselt.

Die direkten Perlenerzeuger erschaffen Reiche und Kunstwerke, Erfindungen und Firmen. Sie haben es dann im Leben zu etwas gebracht. Die beta-guten Menschen helfen den direkten Perlenerzeugern, noch besser Perlen zu erzeugen. Die beta-guten Menschen sind mehr wie Muschelzüchter. Die Muscheln sind ihr Werk. Deren Perlen sind das indirekte Werk des Muschelzüchters.

„Wenn ich meinem Mann nicht den Rücken frei hielte, wäre er nichts."
„Wenn meine Frau mich nicht geheiratet hätte, wäre sie nichts."
„Ich habe das Haus meiner Kinder fast allein mit meinen Händen gebaut. Das ist die Pflicht aller Eltern. Meine Kinder haben ein gutes Leben durch mich. Wenn ich nicht wäre, wären sie nichts. Wenn ich heute stürbe, würden sie sehen, wo sie wirklich sind: in der Hölle."

Viele Eltern sind beta-gute Erzieher. Sie bewältigen die Aufzucht der Kinder.

Großeltern (die mit dem langwelligeren EEG) lieben Enkel oft ganz alphaartig und greifen in keine Entfaltung ein.

Es gibt solche und solche. Ich will nur sagen, dass es verschiedene Arten gibt, gut zu sein.
  Die beta-guten Menschen vollbringen Gutes, weil sie gut sein wollen.

Die alpha-guten Menschen schenken aus voller Güte, sie sind eine Quelle der Güte.

7. Die Alpha-Seele: Quelle ohne Grenzen

Die Machina mit ihrer Beta-Seele bewacht Grenzen und dehnt Reiche aus.
Die Alpha-Seele schenkt und ist Quelle.
Sie ist als Quelle *voll*.
Sie quillt über und verströmt.
  Sie ist vollen Herzens, voller Güte, voller Weisheit, voller Großherzigkeit. Sie ist voller Tugend, Sanftmut, voller Liebe, voller innerer Schönheit.
Sie ist erfüllt von Tapferkeit, Gerechtigkeit, Einfachheit.

Die Alpha-Seele agiert im Gefühl des Überströmens: „Es ist genug für alle da."
Sie hat keine Furcht, auszutrocknen oder zu versiegen. Sie quillt ohne Ende aus Lebensfreude.
Nicht jede Quelle gibt viel Wasser.
Nicht jede Quelle wird zum Strom.
Es gibt Rinnsale und Springquellen.
  Menschen verströmen Liebe, andere Weisheit, wieder andere Hilfe oder tätiges Mitleid. Menschen geben Kraft und Schutz, quellen über vor Freude und Lust. Jeder, wie er hat. Mancher wenig, ein anderer mehr.

Das Überquellende verströmt und sucht sich wie von selbst den Weg zum Meer. Das Strömende fließt zur Bestimmung.
  Wohin? Wem nützt das? Wer hat Vorteile? Das jedenfalls würde sofort die Beta-Seele fragen und sich hüten, alles einfach frei fließen zu lassen. Die Machina sieht auf Effizienz und Effektivität, auf Nutzen und Gewinn. *Sie muss deshalb ein Feind der Alpha-Seele sein*, die einfach strömt.
  Früher, als es noch Teufel gab, sagten wir zu einer siegreichen Machina: „Du hast die Seele verkauft." – Und die Machina lächelte zufrieden, denn damals zahlten die Teufel gut. Verteufelt gut.

8. Der Alpha-Tod des normalen Menschen – Mord durch die eigene Machina

Der Mensch ist ein triebhaftes Tier, das an das Leben in einer Zivilisation gewöhnt werden muss. So sagen viele. Das Ich muss das Es bezwingen. Der Mensch muss sich einfügen. „The brick in the wall." Der Mensch ist ein Ziegel in der Mauer. Dr. Jekyll kämpft gegen Mister Hyde. Das Dunkle gegen das Helle.
Ach, so einfach ist das nicht.

Im Grunde wird das Verströmende durch berechnende Vernunft durch Dämme gestoppt.

Ein ursprünglicher Mensch würde Quell sein. Alpha.

Der normale Mensch staut das Quellwasser auf und gibt es nur gegen etwas anderes ab. Beta.

A: Ich erzähle eine witzige Geschichte zum Freuen.
B: Ich suche unter Menschen in meinem Repertoire vorausschätzend, was ich gut anbringen kann. Ich wähle einen grandiosen Zeitpunkt und gebe etwas zum *Besten*. Der Beste bin ich selbst.

A: Ich spiele mit den Kindern Malefiz, wir lachen und werfen uns raus.
B: Ich kann nicht gegen Kinder verlieren, die noch keine Strategie kennen. Ich verrate sie ihnen auch lieber nicht. Sie haben kein Gefühl für Wahrscheinlichkeiten beim Würfeln. Ich schon! Ich gewinne gerne, gegen wen auch immer.

A: Ein Kollege hadert, weil er keinen DVD-Rohling hat. Ich reiche einen wortlos rüber.
B: „Oh, weißt du was? Ich könnte noch etwas im Vorrat haben. Ich habe eigentlich immer einen Vorrat, weil ich selbst welche brauche und auch gerne einmal helfe. Auf mich ist Verlass, weißt du? Hier, da ist nur noch einer. Der letzte! Oh, das schreibe ich auf, damit ich neue besorge. Sieh mal, was ich für dich tue. Kein Problem, nimm nur. Du musst mir mal einen Kaffee ausgeben, weißt du?"

A: Wir fahren zu einem Geschäftstermin. Es wird wahrscheinlich eine peinliche Verspätung geben. Wir fliegen über die Autobahn. Ich sage: „Guck mal, da stehen *Rehe* auf dem Feld!"
B: Neben mir schießt jemand einen Hassblick auf mich. Er schaut die Rehe nicht an. Er hat auf dem Beifahrersitz keine Zeit dafür, weil er auf die Straße achten und dabei an die Verspätung denken muss!

Die Machina verdient sich etwas mit dem, was aus uns herausströmt. Sie verwertet das, was wir erzeugen. Sie verlangt, dass wir noch mehr vom selben erzeugen. Mehr Arbeit, mehr Liebe, mehr Wissen. Dafür heimst sie etwas ein. Sie will Sicherheit vor Wassermangel in der Quelle!

Die Bewältigungsmaschine in uns sorgt sich um unsere Wunde. Sie will, dass wir niemals dumm, arm oder ungeliebt dastehen. Deshalb sammelt sie Lob, Dank und Bewunderung für das, was aus uns quillt.

8. Der Alpha-Tod des normalen Menschen – Mord durch die eigene Machina

Deshalb baut sie Dämme um den Quell! Deshalb verhandelt sie! „Was bekomme ich dafür?" – „Was habe ich davon?" – „Was nützt es?" – „Um wie viel besser wird die Zensur?" – „Wie viele Punkte bringt mir das?" Die Beta-Seele der Machina lechzt nach Zeichen, dass die Wunde nicht angerührt wird.

Sie sammelt Ruhm und Macht, um uns, ihren Menschen, den sie betreut, zu schützen.

Die Alpha-Seele würde verströmen, was sie hat. Sie gäbe gerne vorbehaltlos Liebe. Natürlich würde sie wiedergeliebt, aber sie braucht keine Liebe, weil sie sich nicht ungeliebt fühlt. Braucht eine Quelle denn Wasser zurück?

Sie gäbe gerne vorbehaltlos Wissen. Natürlich würde man staunen, welch Wissen aus ihr quillt. Aber sie selbst braucht keine Bewunderung, weil sie um ihr Wissen oder auch Unwissen selbst weiß.

Die Alpha-Seele schützte gerne Menschen mit ihrer Stärke. Natürlich würden die Beschützten sie als Führer anerkennen, aber sie selbst braucht keine Kniefälle, weil sie sich kraftvoll fühlt.

Die Beta-Seele fürchtet, dass andere sagen, sie verströme zu wenig Liebe. Da staut sie das Quellwasser auf und gibt, wann etwas verlangt wird, gegen Dank.

Sie fürchtet, sie habe zu wenig Wissen. Da lernt sie und staut auf und gibt gegen Anerkennung.

Sie fürchtet, sie habe zu wenig Kraft und staut sie auf, gibt nur gegen Unterwerfung.

Der ursprüngliche Mensch verströmt, was er erzeugt. Er ist Quell. Er hilft, so viel er kann, nach seinen Kräften.

Die Machina fürchtet sich, dass andere denken, mit den eigenen Kräften sei es nicht weit her. Sie fürchtet das Minderwertigsein. Sie denkt, im Höherwertigsein ist das Paradies. Sie beginnt, nach Höherwertigkeit zu streben, weil es vermeintlich die Wunde heilen wird. Sie baut große Staubecken und leitet Wasser von anderen Seelen ein, das sie ergattern konnte.

Die Muschel verzehrt sich für ihre Perle und lebt selbst in Dürftigkeit dafür.

Die Muschelzüchter geben alles für ihre Zucht, die ihnen Bestätigung bringen wird.

Die Machina kümmert sich berechnend um die Zukunft des Menschen, in dem sie ihren Sitz hat. Sie bewältigt das Leben und alle seine Probleme. Alle!

Eines der harten Probleme der Lebensbewältigung eines Menschen ist seine gute Alpha-Seele, die nur Quell sein will und nicht an Staudämmen arbeiten mag.

Deshalb muss die Beta-Seele eben auch ihr Hauptproblem bewältigen, nämlich die Alpha-Seele. Nicht selten tötet sie sie.

So tötet der Mensch sich selbst, wenn seine Beta-Seele irrigerweise Höherwertigkeit ansammelt, anstatt das wahre Problem des Lebens zu lösen: ein Leben artgerecht als Quelle zu führen.

Die Beta-Seele sammelt Pflaster statt auf Heilung zu schauen. Sie ist wie Aspirin für chronische Kopfschmerzen, wie Kortison für chronische Hautprobleme, wie

Nasentropfen für Schnupfen. Im Grunde: „für" und nicht „gegen". Zu viel Kortison erzeugt ja Probleme der Haut und zu viele Nasentropfen den Schnupfen. So erzeugt das Höherwertigkeitssammeln die Furcht vor dem Minderwertigen, das nun der stete Begleiter wird. Auf das eigentliche Problem im Kern schaut die Machina nicht.

Das eigentliche Problem ist oft, dass keines da ist. Wer liebt oder gibt, bekommt Arbeit und Lohn von der Gesellschaft. Er lebt in Frieden. Wer aber zittert, *wie viel* er gibt und bekommt, beginnt ein Problem zu erschaffen, an dessen Lösung er sich kettet.

Ein liebevoller Mensch, von allen geliebt.

Plötzlich beißt er in einen Apfel der Erkenntnis und schaut sich um: Wird er geliebt? Liebt er? Er fragt die Menschen, ob sie mit seiner Liebe zufrieden sind. Er fragt sie, ob sie ihn lieben. Er fragt sie wieder und wieder, weil die Liebe sich jeden Tag ändern könnte. Da verdrießt es die Menschen, immer ja sagen zu sollen. So sieht nun Kain voller Sorge und bald Grimm, dass Gott sein Opfer nicht annimmt. Er sinnt auf Rache an allem, was Liebe verströmt.

Kain mordet Abel. Beta mordet Alpha. Das Berechnende mordet das Unbefangene. Der Apfel ist das zweifelnde Abmessen einer eigentlich genügenden Quelle. So vertreibt das Messen das Leben.

Und Gott spricht in der Genesis so:

„Vnd nu verflucht seistu auff der Erden [...]. Wenn du den Acker bawen wirst / sol er dir fort sein vermügen nicht geben / Vnstet vnd flüchtig soltu sein auff Erden."

Die Beta-Seele ist jenseits des Paradieses. Die Machina, die die Alpha-Seele tötete, ist verflucht.

Sie sucht und sucht ihr Auskommen. Sie findet keine Ruhe.

All' mein Sinnen, all' mein Streben,
ringet nieder all' mein Leben.
Tu' nur spinnen, tu' nur beben,
dass mir wer möcht' Leben *geben*.
Ich will diese Rastlosigkeit im Folgenden besser beschreiben.

> *Und es sei besänftigend zwischendurch bemerkt: Es gibt auch noch lebende Alpha-Seelen. Ja! Ich schreibe dieses Buch, damit es noch mehr davon geben wird. Ich will deshalb zeigen, warum so viele sterben und wie es sich verhindern lässt!*

VI. Eskalationen der Machinae

1. Wunder der Wahrnehmungen

Wann schmecke ich überhaupt Salz in der Suppe? Wie viel muss drin sein? Wann sehe ich etwas bei Nacht?

Am Anfang des Buches war davon schon die Rede. Ich habe Ihnen Diagramme von typischen Reaktionskurven gezeigt. Die Psychophysiker messen und messen, leider immer nur an ganz leichten Kurven, ich meine an *physikalischen* Kurven. Die wichtigeren Fragen wären ja solche:

Wann bemerke ich, dass meine Frau ein bisschen gegen mich grollt? Wie kann ich feststellen, dass meine Arbeit gelungen ist? Wann kann ich mit Recht fühlen, dass mich jemand liebt? Wann weiß ich, dass ich gebildet bin? Wann muss ich mit einer Krankheit zum Arzt? Darauf gibt es nie klare Antworten, selbst von Menschen, die es wissen müssten.

„Grollst du?" – „Nein! Ich habe nichts!"
„Ist es gut?" – „Ja, lass mich damit in Ruhe."
„Liebst du mich?" – „Aber ja doch."
„Bin ich gebildet?" – „Ja! Wo?"
„Muss ich damit zum Arzt?" – „Ja, unbedingt, immer! Steht in jedem Buch, das von einem Arzt geschrieben ist!"

Beim Messen von Lichtsehen oder Geräuschhören schwindeln die Menschen immer ein bisschen, aber bei wichtigen Fragen geben sie rituell gelogene, man sagt: politisch korrekte Antworten, die so stereotyp sind, dass man sich fast die Frage schenken kann. Was soll das? Meine Frau fragen, ob sie böse ist? Sie sagt immer *nein* – so gemein nein, dass es fast wahr sein könnte, aber es ist nicht wahr, ich spüre es. Deshalb frage ich lieber noch einmal. Und noch einmal. Und noch einmal. Sie sagt immer *nein*. Lustig, oder? Ich denke mir, wenn ich ganz heiter wäre und mich jemand drei Mal fragte, ob ich sauer bin, dann würde ich ihn langsam verbal verhauen, oder? „Hey, spinnst du, mir was anzudichten?" Wenn aber meine Frau zehn Mal nein sagt, muss sie *ja* meinen, weil sie eigentlich vom vielen Fragen schon böse geworden sein müsste. Ich frage aber zur Sicherheit noch ein paar Mal, damit ich eine bessere Statistik habe und sicher sein kann, dass sie mir böse ist. Im Grunde leide ich einfach und bewältige das dummerweise durch Fragen, was noch nie geholfen hat. Echt noch nicht ein einziges Mal, obwohl ich es schon 26 Jahre probiert habe, damit durchzukommen. Ich würde die Frage nur gerne geklärt haben, weil ich unter der Vorstellung leide, dass sie mir böse ist. Ich meine, ich weiß ja im Grunde, dass sie mir böse ist, aber ich komme aus der Schleife nur raus, wenn sie sagt, dass sie mir böse ist. Dann könnte ich nämlich etwas tun!

Ich glaube, ich bin kein Einzelfall.

Depressive Menschen fragen zum Beispiel alleweil: „Liebst du mich?" Sie sind nämlich stark beunruhigt. Ihr Messsystem sagt: „Niemand liebt mich!" Sie versuchen, Heilung bei anderen zu finden. Die Machina wird durch schlechte Messergebnisse angeworfen. Sie glaubt immerfort, der Mensch, für den sie arbeitet, werde nicht geliebt! Sofort schickt die Machina den Menschen auf Liebesjagd. Die Machina fragt jemanden beim Zeitunglesen: „Liebst du mich!" Sie meint es mit Fragezeichen, aber sie fragt es mit Ausrufezeichen. Und sie hört hinter der Zeitung hervor, beim Niedersetzen der Kaffeetasse: „Aber ja doch!" Eine schlechte Machina ist dann für ein paar Minuten beruhigt. Eine bessere merkt, dass die Antwort nicht aus dem Herzen kam. Und dann wühlt sie weiter: „Liebst du mich *wirklich*? Schau mich wenigstens an, wenn du das sagst!"

Die Psychophysiker sollten *so etwas* messen: Wie stellen wir fest, dass andere uns klug, lieb, mächtig oder loyal finden?
„Bin ich loyal?" – „Ja!" – „Lieb?" – „Ja!" – „Sympathisch?" – „Ja!!"
Ich selbst sage immer ja, aber das sage ich nur, weil es sofort Krieg gibt, wenn ich nein sage. Und ich bin prinzipiell gegen Krieg. Aber die anderen Menschen, *Sie* zum Beispiel oder meine Frau, könnten ehrlich sein, finde ich. Nur, bitte, ich – ich selbst kann es nicht.

Es ist deshalb bei wichtigen Fragen schwer, aus der eigenen Wahrnehmung heraus zu einem realistischen Urteil zu kommen, weil fast alle Menschen (auch Sie?) etwas rituell Unverbindliches sagen, wenn sie gefragt werden. Wie sollen wir da herausfinden, ob wir sympathisch wirken oder ob ein Witz von uns ankam? Wann haben wir jemanden gekränkt? Wird Liebe erwidert?

Im Grunde geht es jeweils um die Gretchenfrage: „Wo stehe ich?" Wir müssen die Antwort notgedrungen *instinktiv* wahrnehmen, in unserem Seismographensystem. Der Verstand wird belogen, die Intuition getäuscht. Es gibt eine Klasse von hochintelligenten Menschen, die am so genannten Asperger-Syndrom leiden. Sie erscheinen sehr introvertiert und sehr intuitiv. Im Umgang mit anderen Menschen wirken sie merkwürdig und kommen mit ihnen nicht zurecht. In schwereren Fällen schaffen es „Aspis" nur unzureichend, Gesichtszüge anderer Menschen zu deuten. Sie müssen Gesichtszüge anhand verschiedener Smilies fast wie Vokabeln lernen. Wann lächelt, zürnt oder trauert jemand? Da Aspis das nicht sicher wissen, werden sie von anderen Menschen, die nichts von Aspis wissen, ausgegrenzt. Der Test auf Asperger-Syndrom enthält denn auch immer eine Frage wie diese: „Fühlen Sie sich selbst öfters gemobbt?" So fühlt es sich an, wenn wir nicht wahrnehmen, wie es um die Bewertungen und Gefühlslagen der näheren Umgebung steht. In meinem Modell hier würde ich sagen: Solche Menschen haben keine Seismographen, die auf Gefühle reagieren. Ihnen fehlt anscheinend ein großer Teil des Instinktes dafür.

Stellen Sie sich vor, wir zünden Kerzen am Weihnachtsbaum an. Sie merken sich wie hell es im Zimmer ist. Sie schließen die Augen und wir pusten eine Kerze aus oder zünden eine zusätzliche an. Augen auf! Ist es jetzt heller oder dunkler? Sie wissen es nicht? Kann man es überhaupt merken? Eine einzige Kerze mehr oder weniger? Wir können wohl sicher sagen, ob *nur* eine oder zwei Kerzen angezündet sind. Wir bemerken, ob eine dritte den Raum erhellt. Können wir aber einen Lichtstärkenunterschied zwischen 100 und 105 Kerzen bemerken? Einen zwischen 100.000 und 100.100? Solch einen Weihnachtsbaum sehen Sie natürlich erst im nächsten Leben, aber stellen Sie es sich schon einmal vor, bevor Sie später große Augen machen. Nehmen wir vereinfachend an, Sie bekommen einige Zeit vorher einen Rentenbescheid, in dem Ihnen eine 0,6-prozentige Rentenanpassung verpasst wird. Sie werden schön böse sein, dass man Ihnen deshalb extra einen Brief schreibt. Es lohnt sich nicht! Sie würden den Unterschied auf dem Kontoauszug kaum merken. Wenn bei IBM die Gehälter erhöht werden, freut man sich auch erst so ab – ab etwa – na, ich will das lieber nicht sagen, damit es kein Manager liest. Irgendwann freuen wir uns schon, wenn überhaupt eine Rente kommt. Da wird dann nichts mehr verpasst.

Die Psychophysiker beobachteten als Erste, dass wir nur bestimmte Schwellenveränderungen überhaupt bemerken. Sie haben nachgemessen, „ab wann" wir Unterschiede wahrnehmen. Ernst Weber stellte schon 1834 fest, dass die minimalen Veränderungsschwellen, die wir wahrnehmen, in etwa einen festen Prozentsatz vom wahrgenommenen Reiz darstellen. Wir nehmen zum Beispiel „xy Prozent" mehr Kerzen als „heller" wahr oder „10 Prozent" längere Zaunlatten, wenn man uns fragt, ob eine Latte länger sei als eine andere. Die empirisch beobachtbare Gesetzmäßigkeit, dass ein gerade noch wahrnehmbarer Mindestunterschied je nach Problem ein fester Prozentsatz vom Grundwert ist, nennt man das *Weber'sche Gesetz*. Aus solchen Untersuchungen heraus formulierte später Gustav Theodor Fechner das seither so genannte *Fechner'sche Gesetz*. (Die psychische Wahrnehmungsstärke ist gleich dem Logarithmus des wahrgenommenen physikalischen Reizes, multipliziert mit einer problemspezifischen Konstante.) Viel später, 1957, charakterisierte Stanley Smith Stevens den Zusammenhang zwischen der physikalischen Stärke eines dargebotenen Reizes und der psychischen Reaktionsstärke durch eine polynomielle Kurve. Sehen Sie sich das folgende Schaubild an:

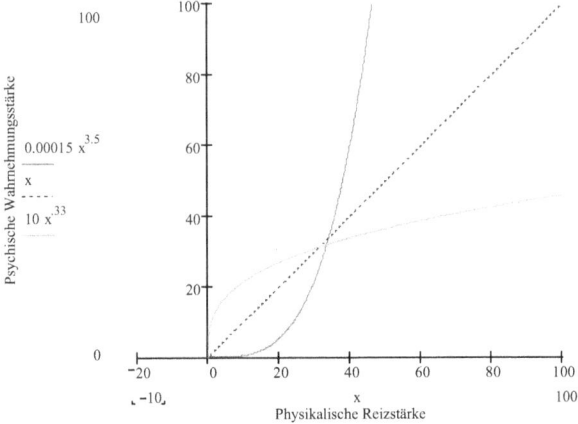

Stevens modellierte den Zusammenhang durch folgenden Ansatz:

$y = \text{Konstante 1} \cdot x^{\text{Konstante 2}}$

Dabei ist y die psychische Wahrnehmungsstärke, x die Stärke des dargebotenen physikalischen Reizes. Stevens führte eine Vielzahl von Messexperimenten durch. Die Ergebnisse von dreien sind im Bild dargestellt. Versuchspersonen sollten die Länge eines Stabes, die Helligkeit eines Raumes oder die Stärke eines Stromstoßes schätzen, der ihnen verabreicht wurde.

Die Personen schätzen die Länge von Stäben realistisch ein (so wie sie ist: y = x). Der Zusammenhang ist durch die Gerade im Diagramm charakterisiert. Proportional zunehmende Helligkeit spüren die Personen im Durchschnitt immer schwächer, es ergibt sich die erst stark steigende, dann immer flacher verlaufende Kurve. „Die erste Kerze macht stark heller, die hundertste nicht mehr."

Dagegen spüren Menschen die Zunahmen der Stärke von Stromstößen in den Körper immer stärker als sie wirklich sind. Zuerst ist der Strom gar nicht schmerzhaft. Man spürt ihn nicht oder kaum, also weniger stark als er ist. Dann spürt man ihn immer schneller immer stärker. Dieser Zusammenhang ist durch die nach oben hinausschießende Kurve verdeutlicht.

Für alle Experimente bestimmte Stevens den entsprechenden Zusammenhang. Er fand also in jedem Experiment diejenigen Konstanten 1 und 2 in der Formel oben, die den Zusammenhang näherungsweise am besten beschreiben. Die Resultate finden Sie in der Graphik wieder.

Ich fühle diese Zusammenhänge unmittelbar nach, besonders die mit den Stromstößen. Da werden wir ganz schön empfindlich, wenn es sehr weh tut, oder? Bei Stablängen setzen wir dagegen nur den Verstand ein und haben damit Erfolg. Bei Lichtreizen haben wir keinen adäquaten Sinn, der die Helligkeit verstandesmäßig verarbeiten könnte.

Bei dem Anschauen dieser ganz plausiblen Ergebnisse müssen wir uns allerdings fragen, was ein Mensch so empfindet. Die Wahrheit? Vielleicht bei Stablängen? Sonst nicht? Fragen Sie einmal einen Angler, wie er die Länge seines Fisches wahrnimmt! Einen Jäger, wie groß der Eber war! Einen Liebhaber, wie lang er brauchte, um zu verführen oder so ...

Jeder empfindet das anders.

Wie lang empfanden Sie eine kurzweilige Rede? Wie lang empfanden Sie die, die Sie neulich halten mussten?

Stellen Sie sich vor, Sie müssen 50, 100, 150, 200, 250 und so weiter Gramm Spinat essen, wie empfinden Sie das? Unser Johannes hat sich stets viel mehr Gramm als Geburtstagsessen gewünscht!

Oder wir stellen Sie bei einer Rede vor 50, 100, 150, 200, 250 und so weiter Zuhörer. Steigt Ihre Erregungskurve steil an? („Oh Gott, so viele! Ich zittere!" oder auch: „Bad in der Menge! Je mehr desto rauschhafter!") Flacht sie ab? („100 oder 1.000 ist mir schon fast egal!")

Manchen macht eine Stechmücke nichts aus („sticht eben"), andere sehen sie wie einen Elefanten, so groß und rüsselig zum Blutsaufen.

Die einen Menschen geraten bei zunehmender Autogeschwindigkeit unter extremen Stress, die anderen leben glücklich auf.

Wir nehmen offenbar alle anders wahr. Unsere psychischen Intensitäten sind fast generell, so oder so, unpassend zu den physikalischen Realitäten. Wenn wir das Erleben nur an den psychischen Empfindungsstärken messen, verschätzen wir uns schrecklich. Klar?

Wirklich klar? Ich meine, glauben Sie jetzt, dass wir uns verschätzen? Dass Sie sich verschätzen? Bei Helligkeit von Kerzen oder Stromschlägen?
Gut.

Und jetzt frage ich Sie: Wie sehr verschätzen wir uns, wenn wir sagen sollen, ob wir geliebt werden?

Wir verschätzen uns bei Fragen wie: Bin ich gut? Weiß ich viel? Bin ich gewandt? Tanze ich grazil? Stehe ich unterm Pantoffel?

Oder: Ist etwas gerecht? Feige? Tapfer?

Sokrates diskutiert all so etwas in Platons Dialogen. Hin und her.
Und er weiß, dass er nichts weiß, vorher nicht und hinterher nicht.
Unsere Gefühle und Begierden, unsere Wünsche und Eigenarten halten uns zum Narren.
Die Welt ist Täuschung, sagt Buddha.
Die Kurven von Weber, Fechner und Stevens zeigen es klar.

2. Schwellwertschocks und Wahrnehmungsverschiebungen

Die Leute sagen, durch Schaden werde man klug.
Es gibt Leute, die meinen, *nur* durch Schaden werde man klug.

Es sollte klar sein, dass sich die Wahrnehmungskurven stark verändern können.
Es geschehen Unfälle, „Verbrechen", Vergewaltigungen, Unrecht, Härten, Entlassungen, Versagen, Niederlagen.

Wir siegen, haben Erfolg, triumphieren, bekommen, verdienen – man kniet vor uns nieder.

Dadurch kann es eine Art Schock in unserem Wahrnehmungsgefüge geben.

VI. Eskalationen der Machinae

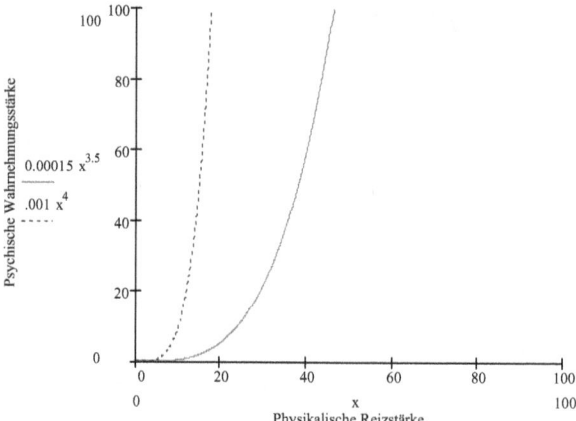

Etwa durch ein Unglück oder einen Schmerz könnte sich die Stärke der psychischen Wahrnehmung erhöhen. Nach einem Unglück sagen wir: „So etwas kann ich nun gar nicht mehr vertragen. Seit mein Kind von der Burgmauer stürzte, gehe ich nie mehr nahe an Abgründe. Es passierte dem Kind damals nichts, und es selbst balanciert seitdem noch sicherer auf Mauern als vorher. Aber wer denkt beim Balancieren an mich? Mich durchzuckt es seitdem durch und durch, wenn ich so etwas sehe. Das Kind hat an Mut gewonnen, aber ich selbst werde fast wahnsinnig vor Angst. Ich habe neulich schon ganz von Sinnen ein fremdes Kind von der Mauer gezerrt und geschlagen. Es wurde hinterher sehr peinlich für mich. Das andere Kind hat nun wohl Angst vor Mauern. Oder vor Frauen."

Mathematisch gesehen hat sich unsere „Angstkurve" verschoben. Wir könnten nun viel weniger tolerant gegen „den Schmerz" sein. Wir nehmen das, was wir fürchten, nun schärfer, vielleicht unangemessener als vorher wahr.

Ich sehe im Arbeitsleben eine Menge von Verschiebungen. Als Jurymitglied der Studienstiftung des deutschen Volkes sehe ich oft hoffnungsvolle junge Menschen einknicken, denen der Bescheid zuteil wird, nicht unter den ein Prozent Besten zu sein. Sie beginnen, die Institution zu hassen, die sie ablehnte, dazu auch alle von uns anerkannten Hochbegabten. Ich kenne eine Menge hoffnungsfroher Mitarbeiter, die das Assessment für Manager nicht bestanden. Sie hassen nun die Firma, die Jury und alle Manager. „Das ist alles Affenzirkus!", sagen die, die verlieren. Dabei war es in diesen Fällen das allererste Versagen in ihrem sterngreifenden Leben. Was sollen dann die normalen Sitzenbleiber sagen?

Auf jeder Höhe kann es uns erwischen, in großer Höhe ist der Sturz bekanntlich tiefer hinab. Das ist auch so eine der Wahrnehmungskurven. Das späte Verlieren ganz oben ist härter als das frühe Stolpern unten. Oscarpreisträger leben im Durchschnitt statistisch fünf Jahre länger als solche, die für den Oscar nominiert wurden, bei der Verleihung bibberten und eben nicht auf die Bühne durften.

Auf der anderen Seite des Spektrums gibt es ganz junge Popstars oder Lottogewinner, die plötzlich in ganz andere Mentalitätssphären gelangen. Wir kennen ja alle die

Geschichten, dass Erfolg oder Geld fast auf der Stelle jemanden aus der Bahn werfen kann. Gewinner verschleudern den unverhofften Reichtum oder sie sitzen ängstlich zu Hause, weil die Nachbarn wegen des vielen Geldes misstrauisch geworden sind und sie als andere Menschen *wahrnehmen*. Shootingstars verkraften die Zeit nach einem One-Hit-Wonder nicht und landen irgendwo, oft drogenabhängig.

Verliebte sehen die Welt für einige Zeit definitiv anders. Sie himmeln an. Für einige Monate Verliebtsein schüttet das Hirn Glücksstoffe aus, bis es sich wieder normal anpasst. Dann ist der Rausch vorbei, und wir können plötzlich tatsächlich negative Eigenschaften an den Angebeteten *wahrnehmen*. Die Welt war rosarot wegen des geänderten Gehirnstoffwechsels.

Was passiert, wenn in uns eine Wahrnehmung verzerrt ist? Wenn wir einen Seismographen in uns tragen, der falsch eingestellt ist?

3. Aufmerksamkeitsschwellen

Auf diese Weise tragen wir Wahrnehmungskurven in uns herum. Manche drehen Cents um, manche achten erst 50-Euro-Scheine. Viele wollen auf keinen Fall ausgelacht werden, andere können es selbstironisch ertragen. Die einen nehmen mit Humor, was andere verbittert.

Die einen sind mehr *empfindlich* oder *angespannt* oder *gierig*. Ich stelle mir dabei die Stromschlagkurve vor:

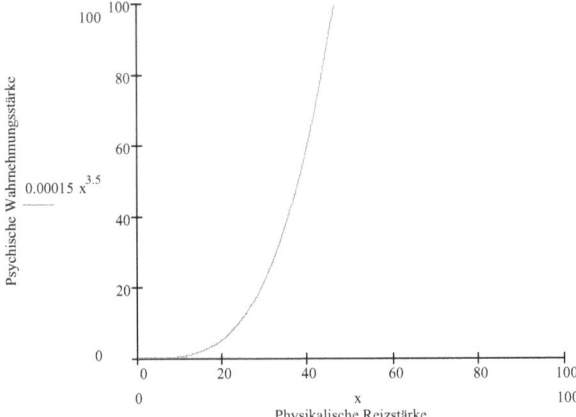

Die anderen sind mehr „relaxed". Sie sind akzeptierend und haben ab einer gewissen Reizstärke das Gefühl, es sei „genug" oder ausreichend. Sie könnten sagen: „Mir geht es gut." Oder: „Es ist jetzt hell." Im Grunde achten sie nicht mehr auf den physikalischen Reiz, wenn er eine gewisse Höhe erreicht hat. Hierzu passt die Kurve vom Helligkeitsexperiment:

VI. Eskalationen der Machinae

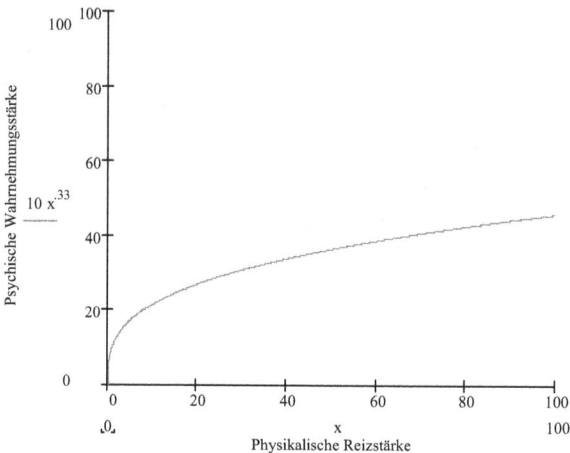

Ab einer gewissen Stärke „ist es eben so". Noch mehr vom selben wird als keine große Veränderung gesehen. Wer sich genug geliebt fühlt, reagiert auf noch mehr Liebe nicht so stark. Wer sich wohlhabend fühlt, streckt sich nicht mehr für jede monetäre Belohnung oder zerreißt sich gar dafür. Der erste Bissen der Mahlzeit schenkt uns Überleben, die nächsten paar Bissen sichern das Leben, aber dann schmeckt es nur noch und wird bald zu viel. Es gibt Gastgeber der Stromschlagkurve, die uns ein Buffet zeigen, wo zehn Mal mehr aufgetischt ist, als wir essen können. Und wir mögen mit entgleisenden Zügen sagen: „Wer soll das essen?" (Der Gastgeber erwartet natürlich nicht, dass alles gegessen wird, aber er erwartet sehr wohl den vollen Dank für das Auftischen, aber das ist eine andere Kurve.)

Lassen Sie mich wieder einmal plakativ einfach werden und ein Vorstellungsmodel einführen: Es gibt eine *reale oder realistische* Sicht auf die Dinge. Es gibt eine *empfindliche* Sicht („Pass auf!") und eine eher zu *lethargische* („Das tut's!").

Die empfindliche Sicht ist für mich eher die Beta-Seite des Lebens, die ruhige mehr die Alpha-Seite des Lebens, die für mich durch das einfache, „glückliche" Leben der von Jean Liedloff beschriebenen Indianervölker repräsentiert wird.

Die aufpassende Beta-Seele der Machina, also das Bewältigungsprinzip in unserem Leben, kennt viele Aufmerksamkeitsschwellen, bei dem Überschreiten ihre Seismographen sofort Alarm schlagen. „Bis hierher und nicht weiter!" – „Über diese Schwelle nur über meine Leiche!" – „Das macht niemand mit mir!"

Die Alpha-Seite des Menschen sieht die Dinge vielleicht zu ruhig? „Reg dich nicht so auf!" – „Weißt du, das macht nichts, den kleinen Kratzer sieht ja keiner. Ich habe halt den vollen Preis bezahlt, warum soll ich da einen Zank anfangen." Die Alpha-Seele will um einen recht hohen Preis bei sich selbst bleiben und eben nicht in den Stressmodus springen und „außer sich" sein.

Ich will es so formulieren:
Die Machina sieht die Dinge eng, wo sie im Bewältigungsstress arbeitet: Stromschlagkurve, Seismographenalarm im Körper!

Die Alpha-Seele tendiert zur Ruhe mit sich selbst und sieht Dinge weniger dramatisch, als sie vielleicht sind.

Die Machina hat zu empfindliche Aufmerksamkeitsschwellen, die in sich ruhende Seele wohl zu entspannte, wenn man dieses unser Leben betrachtet.

Die Philosophie nennt die Kunde der Wahrnehmung die *Ästhetik*. Die Mediziner benutzen das Wort *Hyperästhetik* für „Überempfindlichkeit". Die griechische Vorsilbe hyper steht für „über", die Vorsilbe „hypo" für unter. Ich weiß nicht, ob es das Wort *Hypoästhetik* gibt. MS Word hält es jedenfalls beim Eintippen eben gerade für einen Rechtschreibfehler. Ich benutze es einfach hier für „Unterempfindlichkeit" und füge es meinem Word-Wörterbuch hinzu. Der Hyperästhetiker nimmt Dinge sehr übersensibel wahr, der Hypoästhetiker eher zu wenig.

Ich habe in Psychologiebüchern noch gar keine Kurven für *wirkliche* psychische Erscheinungen gefunden. Das Testen von Helligkeiten oder Längen ist ja tatsächlich Psycho*physik*. Im normalen Leben geht es aber hauptsächlich um die psychische Inneninterpretation von Lob, Tadel, einem Gruß, einem Sieg, einer Schande oder einer Schuld. Das ist sehr schwer in Formeln darstellbar, weil wir bei einem Sieg im Hochgefühl schwelgen, während wir uns bei einer Niederlage in Selbsthass suhlen oder über unfaire Feinde klagen. Je nachdem, ob der physikalische Reiz in Richtung Sieg (positive Richtung) oder Niederlage (negative Richtung) zielt, empfinden wir ganz andere psychische Reize. Deshalb können wir nicht wirklich eine echte Kurve in ein Diagramm zeichnen, die diesen Sachverhalt sauber wiedergibt. Ich tue es trotzdem, nur um Ihnen ein Vorstellungsbild zu geben. Ich stelle mir den Zusammenhang zwischen physikalischem Reiz und psychischer Reaktion so vor:

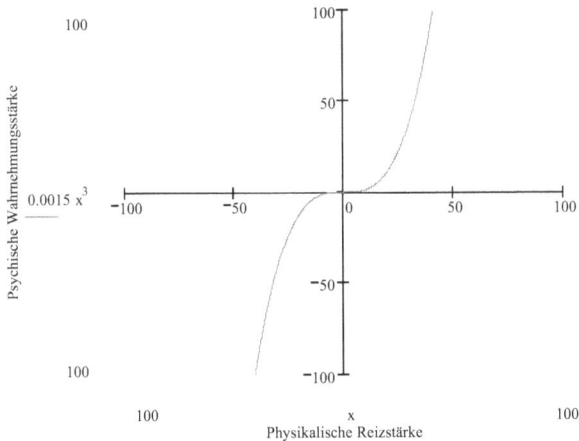

Vor dem Experiment befinden wir uns am Nullpunkt (mathematisch gesehen!). Nun kommt die Chefin oder der Lover und gibt ein Urteil ab, das Lob oder Tadel, Liebe oder Verschmähung sein kann. Das Positive (Lob etc.) stelle ich mir wie einen positiven Reiz vor, das Negative (Tadel) wie einen negativen physikalischen Reiz. Entsprechend fällt auf den positiven (negativen) Reiz die psychische Reaktion positiv

118 VI. Eskalationen der Machinae

(negativ) aus. So komme ich zu der oben dargestellten Kurve. Sie ist steil nach oben gerichtet, also eine Kurve für den Beta-Modus. In dieser Kurve wird das Positive zu positiv gewertet und das Negative zu negativ. „Himmelhoch jauchzend, zu Tode betrübt" ist der kennzeichnende Spruch für das manisch Depressive, das sehr stark übertreibend empfindet. Reaktionen nach dieser Kurve nehmen Lob übertrieben „wie bare Münze" und sehen bei Tadel genauso übertrieben schwarz.

Man könnte die Dinge auch folgendermaßen betrachten:
Wie ein naives Kind schauen wir den Chef an und sehen: Es ist gut oder nicht. Der

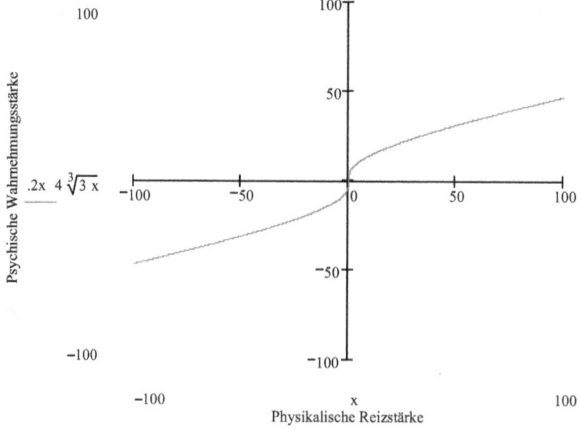

Geliebte ist gewogen oder nicht. Das erkennt der naive Blick und er differenziert nicht mehr sehr stark. „Es ist gut." – „Es ist genug." – „Es ist zu wenig." – „Wir müssen mehr tun." Bei dieser psychischen Kurve geraten wir nicht „außer uns". Wir schätzen aber die Lage zu undramatisch ein. Oft in Eile! Not! Früher schrie ich häufiger Johannes an: „Wir kommen zu spät! Und du hast noch immer nicht die Schuhe an! Mach schnell!" Und er brummelte: „Was denn, ich komme ja schon!" Hyperästhetisch und hypoästhetisch.

Beide Reaktionsweisen verkennen die Lage. So oder so.

Womit aber befassen wir uns am meisten? Was ist für uns das Wichtigste im Leben?

4. Das Hyperästhetische gibt unserem Leben Erlebniswert

Wenn ein Mensch eine überschätzende Kurve der Stromschlagart im Körper verankert hat, dann ist hier der Körper selbst am Werk und setzt sich über allen Verstand und alle Einsicht hinweg. Der Körper reagiert übertrieben und instinktiv. Jede starke instinktive Reaktion überschreibt alles andere.

Wenn der Stromschlag zuckt, ist der Mensch stark und fast unüberwindbar.

Wir haben in der Nachbarschaft Leute, die tiefe Ruhe zum Überleben brauchen. Sie drücken das in herzlichen Briefen aus, in denen sie auf Störungen von Mittags- und Nachtruhe hinweisen und spielerisch Sanktionen anklingen lassen. Sie warten auch geduldig bis zu entscheidenden Terminen, etwa 12 Uhr oder 22 Uhr. Dann rufen sie laut in die umgebende tiefe Seelenruhe hinein, man möge die Plauderei auf der Terrasse einstellen.

„Niemand kann in Frieden leben, wenn Hyperästhetiker in der Nähe sind."

Andere Nachbarn stören sich an hohen Bäumen und führen Feldzüge. Wieder andere versuchen, am besten unter den Augen der Besitzer, auf ihr Grundstück eingedrungene Katzen mit Holzscheiten den Garaus zu machen. Etliche probieren das gleiche mit entsprechend verhaltensgestörten Kindern, die nach einem Ball fahnden. Es gibt welche, die leckeres Gift für Hunde auf dem eigenen Grundstück auslegen oder sich um Knallerbsenernten streiten.

Im Management gibt es hochbürokratische Charaktere, die dann Erbsenzähler oder Spreadsheet-Fanatiker genannt werden. Manche stehen den ganzen Tag wie mit einer imaginären Peitsche im Flur und scheinen zu rufen: „Schneller! Weiter! Mehr!" Andere brüllen ganztägig: „Der Kunde steht im Mittelpunkt!" Und sie meinen es ernst, weil sie sich selbst dafür halten.

Putzteufel, Bigotte, Ordnungshüter, Zerstreute, Abwesende, Computer-Geeks, Esssüchtige, Musikfans, die vor dem Lautsprecher Wäsche im Wind trocknen – sie alle sind unter uns und geben unserem Leben grelle Farbe, auf die wir liebend gerne verzichten mögen.

Es gibt bestimmt annähernd so viele Hyperästhesien wie Menschen?

Unsere Charakterfärbung ist insbesondere so eine Art Überempfindlichkeit. Die zumindest haben wir.

5. Neun typische Hyperästhesien

Wer unter Gelächter, Vorwürfen, Kritik, Undank, Zwang oder Disharmonien Stromschlagzucken der Seismographen erlebt, ist gezwungen, all dies zu fliehen. Das heftige Zucken von Seismographen ist schlimmer als alles, was die Welt inhaltlich oder real an Unglücken für uns bereithält. Der Mensch, der stark überschätzende Stromschlagseismographen im Körper hat, muss jeden Alarm mit panischer Angst vermeiden. Die reale Welt ist ganz egal – wenn der Körper zuckt. Der Mensch bewältigt im Grunde sein Inneres bzw. seinen falsch konditionierten Körper. Der Mensch muss trotz seiner Seismographen versuchen, gut zu leben. Die Hauptstromseismographen sind wie eine schwere Krankheit, mit der er leben muss. Der normale Mensch wird versuchen zu fliehen. Wohin?

Die meisten versuchen, nach oben zu fliehen. Die anderen fallen womöglich in die Hölle.

Ich erinnere an den Lebensbeginn:

120   VI. Eskalationen der Machinae

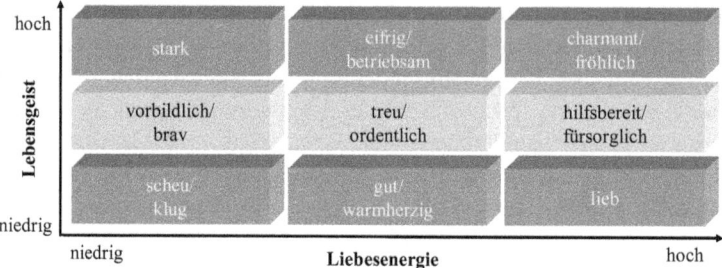

Die normale Erziehung und die Systeme normen und vereinheitlichen den Menschen, so dass er dies wie den Tod fürchtet:

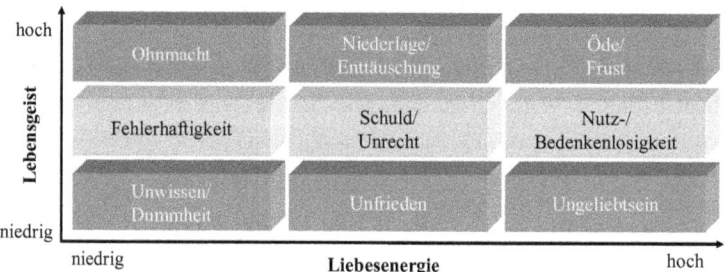

Dies sind die artspezifischen Stromschlagseismographen oder Hyperästhetiken des normalen Menschen. Solche Alarme muss er unbedingt meiden, weil sie anzeigen, dass seine Hauptwunde aufreißt. Das Aufreißen der Hauptwunde zerfetzt ihn innerlich. Die Machina heult unter Alarm auf. Die Wahrnehmung der Verwundung in den Skalen einer Stromschlagkurve *ist weit übertrieben*. Der Körper zittert. Er wechselt sofort in den Kriegsmodus. Je nach Hauptwunde ist dieser etwa durch die folgenden Hauptvarianten gekennzeichnet:

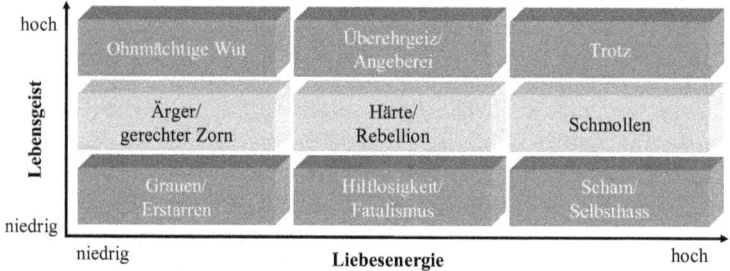

Das Ziel ist das Pflastern der Wunde. Die Machina bemüht sich um Fassung, Teilerfolg, erzwungenen Dank, Anerkennung, was immer den Zustand der Wunde lindert. Das Ziel bleibt immer die Sicherheit vor der Neuverwundung. Die Machina sieht den besten Schutz vor Neuverwundung im Sammeln von Pseudosinn:

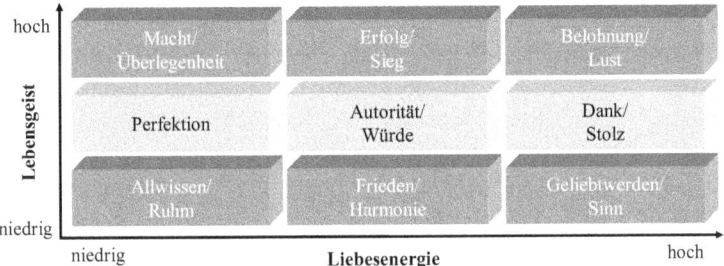

Ruhelos ist die Machina im Beta-Modus auf der Jagd, bis die gesammelte Beute sie wieder ruhig stellt. Wenn der Perfektionist vollkommen ist, ist alles andere auch schon gut. Wenn der Mensch der Liebe geliebt wird, kümmert ihn der Rest nicht mehr. Wenn der Wissenschaftler bewundert wird, braucht er nichts anderes mehr. Wenn der Erfolgsmensch gesiegt hat, ist alles gut. Der Hauptstromschlagseismograph ist der Mittelpunkt des Lebens. Solange die Hauptwunde brennt, ist alles andere zweitrangig.

6. Abwärtseskalationen: „Hör auf!"

Was passiert, wenn ein Mensch eine Stromschlagkurve in sich implantiert fühlt? Er nimmt Teile des Lebens absolut übertrieben wahr.

Das ist schon prinzipiell schlimm. Sehr oft aber ist eine dauerhaft falsche Wahrnehmung nüchtern und etwas hart besehen eine schwere Krankheit.

Es gibt zwei extreme Vorgehensweisen der Machina, mit der Krankheit umzugehen.

Ein Mensch, der etwas übertrieben überbewertet, kann oder wird in aller Regel versuchen, alle anderen Menschen zu zwingen, seiner eigenen übertriebenen oder verzerrten Wahrnehmung zu folgen. „Ordnung ist das Wichtigste im Leben!" Dieser Versuch endet meistens in einer Katastrophe, die in eine Sackgasse führt. Oft droht unentrinnbare Gefangenschaft in der eigenen verzerrten Wahrnehmung, weil die anderen Menschen eben die eigene Krankheit von außen als Krankheit sehen und nicht übernehmen werden. So ein Satz wie „Ordnung ist das ganze Leben!" wird von anderen als Bedrohung empfunden. Sie reagieren auf die Aufrufe, einer verzerrten Wahrnehmung zu folgen, mit immer heftigerer Abwehr. Es folgt eine Teufelsspirale, die ich *Abwärtseskalation* nennen will. Stellen Sie sich plakativ übertrieben einen Alkoholiker vor, der allen Schnaps anbietet: „Ohne Trunkenheit ist das Leben nichts. Trinkt also alle mit!" Was soll der „normale" Mensch da noch tun? Er wendet sich ab. Noch schlimmer ist es, dem übertriebenen Menschen die objektive Wahrnehmung zu predigen. „Lass ab vom Alkohol!" Diese Äußerung ist äquivalent zu dieser: „Deine Wahrnehmung ist verzerrt und du bist krank." So beginnt meist eine neue Spirale nach unten. „Ach, ihr armen Nüchternen, ich bin ganz allein!"

Er sieht dabei aus wie eine schrecklich verletzte Muschel, die sich vollkommen überzeugt völlig falsch therapiert und sich gleichzeitig unaufhörlich wundert, dass ihr niemand zu Hilfe kommt – ja, dass ihr alle sagen, ihr Leben sei ganz verquer angelegt.

Ein Mensch mit einer übertriebenen Wahrnehmung kann auch dahin gelangen, sich in seiner Disziplin übertrieben hervorzutun und den anderen Menschen damit zu nützen. Der Ordnungswütige kann es sich zur Aufgabe machen, für andere Menschen Ordnung zu schaffen. Er kann als Controller oder Hausmeister Segen stiften. Dafür werden die anderen Menschen dankbar sein und ihm die übertriebene Weltsicht verzeihen, ja sogar zugute halten. Deshalb dürfen alle guten Künstler „durchgeknallt sein" oder wie „Schmetterlinge" wirken. Das Übertriebene darf sich zur Blüte entfalten.

Wenn der Mensch in seiner Übertreibung Erfolg hat, so eskaliert sein Bemühen nach oben. Er wird „Star" in seiner Übertreibung. Im Überschwang und in seiner immer einseitiger werdenden Wahrnehmungsverzerrung verlangt er, dass alle seine Wahrnehmung ebenso verzerrt übernähmen. Die anderen Menschen bewundern aber nur „die Perle der Muschel", sie schwenken keineswegs auf die Wahrnehmung des Stars um. Der fühlt sich irgendwann mitten im Siegesrausch vollkommen einsam und unverstanden. „Sie sehen nur, was ich tat! Sie applaudieren. Aber was bin ich selbst ihnen wert?" Nichts. Nicht viel. Längst nicht so viel wie das Werk.

Hier stelle ich zunächst drei Beispiele von Abwärtseskalationen vor:

Nehmen wir das Beispiel des lieben Menschen. Er zittert vor Ungeliebtsein. Seine Seismographen sind äußerst scharf darauf eingestellt. Sie lauern auf Ungeliebtsein. Da die Seismographen übertrieben scharf eingestellt sind, wird sehr oft Alarm ausgelöst. Der liebe Mensch fühlt sich ungeliebt. Da er das übertreiben wahrnimmt, stimmen ihm die anderen Menschen nicht zu. Fehlalarm! So sagen sie unisono. Das wertet der liebe Mensch als Äußerung von Menschen, die keinen Sinn für Liebe haben. Er sieht irrtümlich, dass man ihn nicht liebt. Er ist verzweifelt und schockiert. Seine Seismographen stellt er nun noch schärfer ein, weil ihm diese Katastrophe passiert ist. Weil nun die Seismographen schärfer lauern, müssen sie viel öfter Unliebe wahrnehmen. Deshalb schlagen sie nun häufiger Alarm. Die anderen Menschen sind nun ganz irritiert, dass nun jedes laut gesprochene Wort Unliebe bedeuten soll, dass jeder Blick beargwöhnt wird. Diese ablehnende Haltung der anderen Menschen wertet der liebe Mensch als Unliebe. Er stellt die Seismographen noch schärfer ein. Irgendwann sieht er überall Unliebe. Niemand hört ihn mehr. Die anderen sagen: „Nichts zu machen, depressiv. Wir haben ihm so oft zugeredet, dass er es übertrieben sieht. Wir haben so oft gesagt, er soll damit aufhören! Alles wird unter dem Gesichtspunkt der Unliebe gesehen. Nicht auszuhalten. Irgendwann ist uns der Geduldsfaden gerissen. Wir hören da nicht mehr zu. Irgendwann sagen wir: „Du, wir lieben dich nicht. Das war nicht immer so, ganz und gar nicht. Aber jetzt lieben wir dich nicht mehr. Es reicht." Da sucht der liebe Mensch verzweifelt andere Menschen, die ihn lieben könnten.

Der Perfektionist: Er zittert vor eigenen Fehlern. Daher ist er fehlerlos und nörgelt herum. Er hat ganz übertriebene Ansichten, wie perfekt alles sein muss. Jedes Mal, wenn er einen Raum betritt, sieht er schiefe Gardinen oder einen nicht geleerten Aschenbecher. Ein Formular ist nicht korrekt ausgefüllt, ein Unkraut beim Jäten vergessen. Alles scheint ihn zu stören. Er murmelt unaufhörlich vor sich hin, dass etwas noch besser gemacht werden müsste. Die anderen Menschen erklären immer wieder, dass die Welt nicht so perfekt sein muss. Das ärgert den Perfektionisten, denn er selbst ist perfekt. Wenn die anderen Menschen die Perfektion nicht hochhalten wollen, ehren sie ihn nicht. Sie wollen ihn nicht als Braven anerkennen. Deshalb versucht er, die Perfektion als höchsten Wert der Welt hinzustellen. Er tut dies, indem er den anderen Menschen zeigt, wie fehlerhaft sie sind. Er nörgelt an ihnen herum. Da dies unter seinen übertriebenen Maßstäben erfolgt, ärgert er die anderen ständig, die ihm erklären, sie wollen diese Perfektion nicht. Die eigene Perfektion des Perfektionisten stößt die anderen Menschen bald ab. Sie wirkt aggressiv auf sie. So beginnen die Mitmenschen des Perfektionisten, an ihm selbst Fehler zu suchen und freuen sich diebisch, welche zu finden. Sie reiben sie ihm unter die Nase. Das ärgert den Perfektionisten „zu Dreck" und er beginnt, noch perfekter zu sein und den anderen Menschen zu beweisen, wie fehlerhaft sie doch sind. Unaufhörlich stellt er seine Fehlerseismographen noch feiner und übertriebener ein. Bald sagen die anderen: „Nichts zu machen, er ist zwanghaft. Wir haben ihm oft zugeredet, dass er es übertrieben sieht. Wir riefen: hör auf! Alles sieht er unter dem Aspekt der Fehlerlosigkeit. Nicht auszuhalten, diese Kontrolle und das Nörgeln. Irgendwann hatten wir genug. Wir hören nicht mehr hin. Wir haben keine Geduld mehr. Bald sagen wir: Du bist ein völlig fehlerloser Dreck. Das war nicht immer so. Aber wir können dich nicht mehr ausstehen. Bleib weg." Da sucht der perfekte Mensch verzweifelt andere Menschen, denen er Fehlerlosigkeit predigen kann.

Der Besserwisser: Er weiß alles. Er hat einen feinen Sinn für Falsches und Unexaktes. Wenn sich Menschen unterhalten, mischen sich Inkorrektheiten in ihren Plausch. Der Besserwisser unterbricht und weist auf eine wichtige Feinheit hin. Die anderen sagen, sie wollten es nicht so genau wissen, sondern sich nur nett unterhalten. Der Besserwisser ist sehr darüber betroffen, dass sich Menschen so offen zum Unwissen und zur Dummheit bekennen und nicht zuhören wollen. Er bemüht sich, seine richtige Sache nochmals eindringlich warnend vorzubringen, und weist nach, dass alle anderen in die Irre gehen. Da lassen sie ihn irgendwann stehen. Er läuft hinterher und zeigt ihnen die Dummheit. „Fragt mich doch, ich weiß es genau! Holt bei mir Rat!" Aber die anderen finden, er sähe es zu übertrieben. Sie wenden sich ab. Bald ist er allein und hadert mit der absoluten Dummheit der ganzen Welt. „Nichts zu machen, er ist ein Klugscheißer. Wir haben ihn so oft beschworen, mit seinen Sermonen aufzuhören. Irgendwann hatten wir von dem spezialisierten Gesabber genug. Wir lassen ihn stehen. Keine Geduld mehr. Bald sagen wir: Du hast im Kopf ein Lexikon und sonst bist du nichts, gar nichts. Wir meiden dich." Da sucht der Besserwisser andere Menschen, die sich für sein Spezialgebiet interessieren.

So gehen Menschen an ihren Stromschlagkurven zu Grunde.
Die Machina des Lieben sammelt zu stark Liebe und wird verlassen.

Die Machina des Perfektionisten erkältet die Welt und wird verlassen.
Der Besserwisser sucht bewundernde Anerkennung und wird gemieden.

Eine übertriebene Machina hat den Menschen versenkt. (Es waren drei Beispiele von neun oder mehr. Stellen Sie sich noch andere vor? Wo ist Ihr eigener Hauptseismograph? Ich bin gefährdeter Besserwisser. Ich versuche seit Jahren, einen neuen Hauptseismographen in mir zu schulen. Er soll lauern, ob andere Menschen finden, ich würde zu speziell besser wissen. Wenn der alarmiert, höre ich auf. Sofort. Leider alarmiert er nicht schon immer, wenn es nötig wäre.)

Der Grund für den Untergang ist das Schärfen der Stromschlagseismographen, also das Festhalten und Verschärfen der eigenen übertriebenen Weltsicht. Die Kurven der Wahrnehmungsintensitäten verändern sich, werden steiler und steiler. Immer kleinere Reize werden dramatischer gesehen. Im Beispiel: Der Perfektionist sieht die Welt übertrieben fehlerhaft. Also sieht er viel mehr Fehler als die meisten Menschen seiner Umgebung. Die wehren sich gegen die Nörgelei. Deshalb verbohrt sich der Perfektionist vollends in die Fehlerproblematik. Er wird hellsichtiger für Fehler, er kann immer besser differenzieren. Er fühlt, er ist Weltmeister und der Allergrößte in Perfektion. Jetzt sieht er noch mehr Fehler, nörgelt noch mehr, sieht wieder mehr ...

Ach, wenn man den Hauptseismographen abschalten könnte! Was wäre dann? Artgerechte Haltung würde darauf abzielen, gar keine Stromschlagseismographen einzubauen oder zuzulassen.

7. Aufwärtseskalationen: „Weiter so! Weiter!"

Warum versteifen sich die Systeme auf das Einsetzen von Seismographen? Sie wollen natürlich Aufwärtseskalationen provozieren.

Der Erfolgsmensch: Er weiß worauf es ankommt. Er weiß es und riecht den Rest zielsicher. Er zeigt Erfolge vor, die sich überall erringen lassen. Er übt für *Jugend musiziert,* nicht gerade Klavier, weil dort die Konkurrenz am größten ist, aber eben Fagott oder Gesang. Er wird ein Jahr der Schulzeit in den USA verbringen. Er bewirbt sich für Praktika aller Art. Dabei sieht er weniger auf das Geld als mehr auf den passenden Eindruck. Er trägt anerkannte Markentextilien, kennt sich in Armbanduhren aus. Seine Bewerbungsunterlagen sind ein Fest für die Augen. Er hat alles gesammelt, was irgendwie Punkte erzielt. Die Freundin ist très chic. Wenn er eine neue Arbeitsstelle antritt, sucht sein Blick das Wichtige: Wofür gibt es Punkte? Wohin geht es bergauf? Wer sind die Gegner, die anderen hier mit den vielen Punkten? Was hat jemand, was er nicht hat? Wie und wo kann er es bekommen? Seine Arbeitskollegen wissen von Anfang an genau, dass er alle Erfolge haben wird. Sie schauen ihn mit gemischten Gefühlen an. Ja, er rackert unermüdlich. Ja, er arbeitet härter als die anderen, oft an drei, vier Vorgängen gleichzeitig. Er hat ihn verdient, den Erfolg. Oder auch nicht so richtig, denn er saugt irgendwie alles weg.

Bleiben noch Punkte für die Übrigen? „The winner takes it all." Wenn keine Punkte mehr zu holen sind, wird er weiterziehen, in anderen Jobs arbeiten, weil er nun eine höhere Verantwortung anstrebt, wie er sagt. Er hat den Wettbewerb um die Punkte gewonnen. Nun zieht er zu einem höherrangigen Turnier, wo er sich bewähren will. Sein Ziel ist irgendwann, besser heute als morgen, die höchste Liga. „Im Grunde habe ich meinen Erfolg meiner Gewohnheit zu verdanken, jedes und alles im Wettbewerbsmodus anzugehen. Wenn ich etwas tue, dann richtig und als Bester. Das Zweitbeste ist nicht so viel schlechter als das Beste, also werde ich gleich Bester. Es ist immer wieder eine schwierige Phase am Beginn, wenn ich den inneren Schweinehund überwinden muss. Der Sieg ist noch so weit, die Lage der Mitbewerber gar nicht klar. Aber wenn ich einmal Fuß in der Sache fasse, bin ich kaum zu stoppen. Ich besiege die stärksten Gegner. Es ist schon richtig, dass ich nicht durch Betonmauern gehe, also gegen Leute kämpfe, gegen die ich eine Nummer zu klein bin. Solche Situationen vermeide ich natürlich. Ich gehe nie im Misserfolge hinein, das ist vielleicht auch mein Geheimnis – wittern zu können, wo ich wirklich gewinnen kann. Durch das dauernde Arbeiten im Wettbewerbsmodus habe ich viel mehr Stresserfahrung als alle anderen. Ich werde besser und besser. Ich verzettele mich nicht wie die anderen, die jammern, wenn die keine Streicheleinheiten bekommen oder so. Ich brauche nur zu gewinnen, das reicht mir. Ich liebe es, immer besser zu werden. Manchmal wundere ich mich, wie leicht es gelingt. Die anderen geben fast schon auf, wenn ich komme. Ich kann manchmal fast von Beginn an dominieren. Es ist wunderschön, die Initiative zu haben."

In der Jury der Studienstiftung des deutschen Volkes ist immer die Kernfrage: Gehört der Kandidat zum besten einen Prozent aller Studenten? Ist er hochbegabt? Fälle wie der eben geschilderte führen oft zu erbitterten Diskussionen. Gehören die Gewinner automatisch zu den Hochbegabten? Wir winden uns. Ja, die Gewinner gehören zu dem allerersten, besten Prozent. Aber sie sind irgendwie kühl. Sie gewinnen, aber ohne Sinn?! Sie scheinen per se gewinnen zu müssen, immer wieder. Wenn wir ihnen ein Stipendium gewähren, läuten wir die nächste Eskalationsspirale ein. Ist das der Sinn einer Förderung? Etwas in unserer Seele stimmt nicht wirklich zu.

Der Machtmensch: Er weiß instinktsicher, wo die verborgenen Möglichkeiten liegen. Die Erfolgssüchtigen übertreffen die anderen im Wettbewerb. Die wahren Kämpfer aber besiegen ihre Gegner. Es geht nicht darum, der Beste zu sein, sondern nur um den Sieg im Kampf. Beim Tennis siegt, wer den letzten Punkt macht, nicht, wer am meisten Punkte erringt. Bei Boxen gewinnt der letzte Niederschlag, unabhängig vom Kampfverlauf. Der Machtmensch behält die Oberhand. Er gibt nie auf. Er ist Meister der vielen Versuche und Ansätze. Irgendwie bringt er die Sache hin, bringt den Gegner zu Fall. Er behält das letzte Wort, findet den letzten Ausweg zum Triumph, ist der begnadete Troubleshooter. Im Chaos ist der Starke stärker. Wenn sich alle im Schlamm vor dem Blut und dem Opfer fürchten, kommen die Kämpfer zur Geltung, dann sind sie in ihrem Element. „Ich habe die Macht, weil ich nie aufgegeben habe. Ich war viel öfter unten als andere Menschen. Ich habe Niederlagen geschmeckt, aber ich weiß, wie ich tausend Mal aufstehe. Besiegt mich Millionen

Mal, ich komme wieder. Niemand hält mich auf! Ich koste am Ende den Sieg aus, ich weiß es. Ich weiß, was mir zusteht: alles. Ich werde mir am Schluss nehmen, was mir schon immer gehörte. Oft wundere ich mich, wie leicht sie es mir machen. Im Grunde sind überraschend viele Menschen reine Memmen. Das Behalten der Oberhand ist nicht so schwer, weil die anderen den Kampf für schmutziges Geschäft halten. Sie zucken zurück. Wenn ich sie mit einer Katastrophe, mit dem Äußersten bedrohe, dann laufen sie davon und beklagen sich über mich. Sie haben einfach Angst. Soll mir recht sein, es ist aber auch manchmal schade, die Macht geschenkt zu bekommen. Das wirklich Große im Leben sind Siege gegen überlegene Gegner. Ich wäre gerne Terminator."

Unser Bundeskanzler Schröder rüttelte der Legende nach in jungen Jahren an den Gitterstäben des Kanzleramtes und rief: „Ich will hier rein!" Der Star-Fußballer Effenberg war gefürchtet, geliebt und gehasst. Er schrieb sein Buch *Ich hab's allen gezeigt* und schaut mich auf dem Cover mit einem megastarken blauen Löwenblick an, so dass ich bestimmt jeder seiner Grätschen ausweichen werde. Lieben wir unseren Kanzler Gerhard Schröder, der eher lustlos zu regieren scheint? Er wirkt wie ein Löwe, der keinen Hunger hat, der aber die Wahlen sicher gewinnt, weil dann wieder die Zeit des Kampfes ist? Wir bewundern seine Fähigkeit, die Oberhand zu behalten. Aber etwas in unserer Seele stimmt nicht zu.

Es sind Beta-Eskalationen. Die Machinae kämpfen und rackern unter Selbstaufopferung. Sie werden mit jedem Sieg und jeder Niederlage stärker und härter. Sie werden süchtig nach oben.

8. Der Endsieg der Machina: Welt zu Füßen

Wer allen Erfolg hat, wer als Allwissender Guru anerkannt ist, wer vollkommen ist, wer der Welt den Frieden bringt, wen alle Menschen lieben, wer Superstar ist, wem alle Menschen Dank schulden, wer die Autorität hat, der alle Menschen treu sind, wer die Macht hat und verehrt wird – der hat den finalen Sieg mit seiner Machina errungen:

Die Welt liegt ihm zu Füßen.
Nichts kann ihn mehr verletzen.
Nichts kann ihm mehr passieren.

Außer dem einen: Die Machina könnte von anderen, die auch nach deren Stellung hungern, besiegt werden. Deshalb muss nun eine Machina, die alle besiegt hat, zwar nicht fürchten, dass etwas die Wunde, die sie betreut, verletzt – aber später, in der Zukunft, könnte eine Gefahr heranziehen.

Die Machina muss nach dem Endsieg darauf achten, dass sie oben bleibt. Sie wird feststellen, dass nach oben kommen eher leicht war, als oben zu bleiben. So wütet sie weiter und weiter und will allen Pseudosinn für sich allein.

Alles entfernt Gegnerische wird niedergeschlagen.

Es gibt Alpha-Seelen, die bis ganz nach oben gelangen: Gandhi, Einstein, Sokrates etwa. Sie erkennen regelmäßig, dass sie unendlich fern sind, dass Gott weit ist und dass es schon wunderschön ist, ihn ein bisschen erahnen zu können. „Ich weiß, dass ich nichts weiß", sagt Sokrates. „Ich kann meine Vorhand noch verbessern", sinniert Steffi Graf.

9. Das Alpha-Loch der Machina

Max Schmeling hat ebenfalls seine Gegner niedergeschlagen und die Weltmeisterschaft gewonnen. Er gewann unsere Herzen dazu. Es war ein Sieg des großen Herzens. Alpha. Winnetou siegt stets mit einer Alpha-Seele. Unsere Seelen stimmen zu, wenn am Ende der Mensch höher steht als seine Leistung allein, wenn die Muschel mehr gilt als die Perle. Konrad Adenauer ist in einer sehr merkwürdigen Prozedur des Zweiten Deutschen Fernsehens zum größten Deutschen gewählt worden. Sie können mit mir über das Verfahren lange diskutieren, aber die Liste der 100 größten Deutschen „hat etwas". Schauen Sie einige Namen an:

Brandt, Graf, Becker, Küblböck, Einstein, Schwarzer, Rühmann, Nena, Böhm, Schweitzer, Loriot, Dutschke, Uhse, Seeler, ...

Die allermeisten sind reine Alpha-Menschen. Authentisch und rein. Keine Punktesammler. Unsere Seele stimmt ihrem Erfolg mit vollem Herzen zu. Ich würde jetzt nicht Daniel Küblböck zur irgendeinem großen Deutschen wählen. Aber er hat eine deutliche Alpha-Seele, nicht wahr? So wie Sissi oder Willi Millowitsch, Sven Hannawald oder Friedrich Nietzsche auch, die unter ihm rangieren.

Das Volk wählt, wen oder was es liebt: Alpha. Solche, deren Vorname wichtig ist: Romy, Heinz, Franz-Josef.

Andere erkennt es sehr hoch an, wie Edmund Stoiber oder Michael Stich. Aber das ist nicht Liebe. Eben: hohe Anerkennung.

Der Beta-Erfolgsmensch oder seine Machina fühlen das Loch in sich drinnen: Ich will es Alpha-Loch nennen. Es ist ein gefühltes Loch an einer Stelle, wo die Alpha-Seele sitzen müsste. Das Reine, Liebende, Wiederliebende, Leidenschaftliche, Lohende, Weise, Treue. Die Quelle, die verströmt. Nicht das, was viel sammelte oder siegte.

Die Machina spürt diesen Mangel.
„Du ergibst dich, weil ich dich besiegt habe. Du liegst im Staub! Bewunderst du jetzt meine Stärke?"
Die Machina will eine Alpha-Unterwerfung.
„Du sagst, ich sei perfekt. Meinst du es wirklich?"
„Du schenkst mir einen Blumenstrauß. Was bedeutet er?"
„Du hast mir gehorcht und ich weiß, dass es dir schwer war. Was fühlst du?"

„Du hast dich mir hingegeben, aber liebst du mich?"
„Du hast mich beschenkt, was willst du dafür?"
„Du sagtest ja, aber meinst du ja?"
„Du hast aufgegeben, gilt das für immer?"
„Du hast mich gelobt, aber schätzest du mich?"

Wenn mir Heinz Erhardt etwas schenken würde, fragte ich *bei ihm* nach dem *Warum?* Wenn mich Nena kurz küsste wie einen ihrer Schnuckis auf der Bühne, würde ich *ergründen* wollen, warum sie es tat? Alphaartiges wird unmittelbar wahrgenommen.

Eine Machina spürt, wenn eine andere Machina ihr nachgibt, sie lobt, streichelt, sie gut behandelt. Auge um Auge, Zahn um Zahn. Eine Machina spürt, wann ihr ein wenig Alpha-Seele vergönnt wird. Fans spenden Applaus, manche sogar Alpha-Seelenstrom, aber die Machina des Stars spürt, dass sie nur dem Stellvertreter eines Vorgestellten gelten. Viele Stars, besonders die allerschönsten Supermodels sagen: „Ach, sie alle himmeln mich an. Aber ich selbst? Ach, wie ersehne ich mir einen Mann, der mir Liebe schenkt. Ach, wann kann ich sicher sein, dass es Liebe ist?" – „Ich habe viele Freunde, denn ich bin reich. Ach, wann kann ich sicher sein, Freunde zu haben?" – „Ich habe viele Mitstreiter, denn ich bin mächtig. Ach, wann kann ich sicher sein, dass sie treu sind? Wollen sie nur Posten und Beuteanteile?"

Die Machina der Muschel spürt, dass die Perle angehimmelt wird. Die Muschel wird nicht beachtet.

Und deshalb gieren diejenigen, die das Höchste leisteten, nach Alpha-Seelen.
Der Reiche sehnt sich nach Alpha (das Geld verstecken, noch Freunde da?).
Die Schöne sehnt sich nach Alpha (schaut, ob sie ungeschminkt gesehen wird).
Der Kalif sehnt sich nach Alpha (und geht im Märchen heimlich unters Volk).

„Liebst du mich wirklich? Um meiner selbst willen? Hast du keinen Hintergedanken?"

Die geschminkte, reiche, mächtige, wissende, erfolgreiche Machina giert nach Alpha, nach „Liebe", nach Berühren der Seelen. Diese Gier ist wie eine Alphamanie. Wenn eine Machina Alpha-Ströme erhält, wird sie „besänftigt", nicht geheilt.

10. Das Beta-Beste ist das Beta-Schlechteste und umgekehrt

Die ganze Tragik liegt in der Stromschlagkurve. Seismographen sind zu stark eingestellt. Wenn unsere Fühler viel zu stark auf bestimmte Reize reagieren, werden wir für solche Reize hypersensitiv.

Wir regen uns für bestimmte Dinge zu stark auf. Wir hetzen uns an solchen Stellen. Unsere Machina nimmt den Kampf auf.

Wir laufen hinter Geld, Macht, Beförderungen etc. her und bekommen sie schließlich auch, wenn wir uns genug anstrengen. Unsere Gesellschaft setzt ja für das hetzende Sichanstrengen genügend Preise und Belohnungen aus. Das punktuelle Bemühen der Machina an der Stromschlagschwelle, dort, wo sich der Mensch am meisten erregt, wird honoriert.

An seiner empfindlichsten Stelle wird der Mensch zum Experten.

Es gibt fast Erblindete, die erstaunlich viel sehen. Es gibt Menschen mit anderen körperlichen Einschränkungen, die erstaunliche so genannte Kompensationsleistungen erbringen. Das Leiden ist so allgegenwärtig – wie beim Blinden –, dass eine ganz ungewöhnliche Mühe auf das Überwinden verwendet wird.

Überall da, wo unsere Wahrnehmungen übertrieben sind, wo wir wie Stromschläge wahrnehmen, was real auch ruhiger betrachtet werden könnte, überall da arbeiten wir unter Hochdruck an der Beseitigung von zu stark und damit falsch wahrgenommenen Problemen.
Der Ehrgeizige zerfrisst sich für Erfolg.
Der Depressive jagt vermisste Akzeptanz.
Wer keine Fehler erträgt, wird perfekt, „gerecht" und Manager oder Controller.
Wer schwach ist, kompensiert durch Wissen und Noch-Besserwissen und forscht.
Der Unterdrückte zerfleischt sich für den Sieg.
Der Ungeliebte wird Künstler.

Das Leben des so „falsch eingestellten" Menschen kapriziert sich ganz auf die hauptsächlichen Empfindlichkeiten. Weil das so ist, *sind die größten Erfolge des falsch eingestellten Menschen an seiner falsch eingestellten Stelle zu erwarten,* denn er arbeitet ja quasi ununterbrochen an dieser Baustelle in seinem Innern.

Das Beste des Ehrgeizigen ist der Erfolg.
Das Beste des Perfektionisten ist die Vollkommenheit seiner Umgebung.
Das Beste des Tragikers sind seine Kunstwerke.
Das Beste des einstmals Unterdrückten sind seine Siege.
Das Beste des Schüchternen sind seine Forschungsideen.

Das Schlechteste des Ehrgeizigen ist sein Ehrgeiz.
Das Böse am Unterdrückten ist das Zerfleischen.
Das Unerträgliche am Forscher ist das Besserwissen.
Und so weiter.

Die gehetzte Machina macht aus der größten Übertriebenheit oder aus der größten empfundenen Wunde durch übertriebenes Agieren das Beta-Beste.

Die Perle der Muschel ist genau an der Wunde!

Deshalb bewirkt die Eskalation der falschen Seismographeneinstellung, dass die Machina nie wirklich von ihrem Hauptaugenmerk ablässt. Sie fabriziert einen auf eine einzige Stelle fokussierten Teilmenschen. Der Teilmensch leidet unter der einseitigen Fokussierung auf seine Stärke und fühlt den Mangel der Alpha-Seele. Der berühmte Forscher denkt nur noch an das eine. Der Topmanager denkt nur noch an das eine. Don Juan denkt nur an das eine. Sie schrumpfen als Menschen auf das Gespür ihres Hauptseismographen. Das, was wir als das Beste an ihnen sehen könnten, ist nun zum Gefängnis geworden oder in vieler Hinsicht zum Schlechtesten an ihnen.

Weil sich also der normal verwundete Mensch auf seine Hauptseismographen konzentriert, so konzentriert sich fast der ganze Mensch dorthin. Deshalb wohnen im normalen Menschen das Beste und das Schlechteste ganz nahe zusammen.
Das ist die wahre Tragik des Menschen:

Das Gute und Böse des Normalen stehen eng zusammen.

Oder ein bisschen nach der großartigen symbolischen Art mancher Philosophen ausgedrückt:

Das Gute und Böse des Beta-Menschen sind eins.

Das Böse und das Gute sind durch einen Stromschlagseismographen miteinander verkettet. Die Muschel ist an ihre Perle gebunden. Die Perle ist das Beste und schützt das Schlechteste an ihr. Sie ist ihre größte Leistung und ihr größter Abfall von sich selbst. Die Perle entstand für die Heilung der Wunde und muss immer bleiben.

Wegen dieser Verkettungstragik ist der maschinisierte Mensch nur noch schwer heilbar. Wollten wir sein Böses beseitigen, müsste auch das Gute verändert werden. Das wird ein normaler Mensch fürchten! („Ich leide unter schwerer depressiver Todesangst. Antidepressiva helfen dagegen sehr gut, aber ich bin dann ein anderer Mensch, nicht ich! Ich fühle unter Medikamenten nicht mehr tief! Ich will das andere Ich nicht. Ich nehme die Tabletten nicht mehr. Ach, ich habe solche Todesangst.") Wollten wir Menschen „heilen", so müssten wir ihnen ihre Übertriebenheit nehmen. Wir müssten ihre Sicht auf das eine dämpfen. Aber dann nehmen wir der Machina auch den Trieb und die Aussicht auf Massen von Pseudosinn. Wenn die Machina nicht mehr hetzt, aus Ehrgeiz, Machtgier und Sucht, so gibt es eben auch keinen Erfolg, keinen Sieg, keine Lust.

„Und was wäre dann?", fragt die Machina. Und wir müssen sagen: „Die Herrschaft wird an die Alpha-Seele abgegeben. Du hast nichts mehr zu fragen, sondern dieser zu dienen." Da wütet die Machina, und es ist nicht klar, wie die Sache ausgeht. Meistens behält sie die Oberhand.

VII. Alpha-Inseln

1 Alpha-Mutationen, wenn die liebe Beta-Seele Ruhe findet

Denken Sie bitte wieder kurz an die Graphiken mit den Gehirnwellen? Im Alter tendiert das Gehirn wieder zu Alphawellen. Beta kann im Prinzip in Pension gehen. Die Perle muss nicht bleiben, wenn die Wunde nicht mehr schmerzt.

„Ihr könnt das nicht mehr verstehen. Ihr habt den Krieg nicht mitgemacht. Ich habe alles verloren. Ich träumte, wieder ein eigenes Haus zu haben. Daran setzte ich alles. Gerade heute habe ich die Hypothek abbezahlt. Heute beginnt mein Leben. Ich bin nun glücklich. Für immer."

„Ich wollte unbedingt Professor werden. Ich habe alles dafür getan. Als ich den Ruf erhielt, saß ich starr den ganzen Tag. Ich erforsche seitdem viel großartigere Dinge, die mir damals in meiner Laufbahn zu risikoreich erschienen. Ich musste ja publizieren. Heute kann ich darauf achten, ob meine Resultate etwas bringen. Der Gesellschaft oder meiner Seele, was weiß ich. Ich gehe darin auf. Keine gehetzten Warnsignale in mir. Früher dachte ich: Wenn ich nicht gleich drauf komme, gehe ich drauf. Ich bin gemächlich geworden und seither habe ich wundervolle Ideen. Früher habe ich meine Diplomanden zur Prüfung geprügelt, nun helfe ich ihnen und wir trinken viel Kaffee zusammen."

„Ich kann nicht gut darüber reden, aber unsere Familie war die Hölle. Ach, es war auch schön. Wir waren sehr glücklich. Manchmal. Abwechselnd seelischer Terror. Wir konnten nicht voneinander lassen. Wir waren sehr unglücklich. Sie sind nach und nach gestorben oder verzogen. Ich bin allein. Es ist eine wahnsinnige Ruhe. Ich liebe sie wahnsinnig. Niemand schlägt mich mehr, es zuckt nicht mehr aus heiterem Himmel. Niemand flippt aus. Ich bestimme selbst. Oft ist es *zu* ruhig, verstehen Sie? Ich würde mich gerne wieder einmal streiten. Ich weiß gar nicht mehr, wie das ist. So schlecht war es früher auch nicht, nein. Aber zurück will ich nicht."

„Wir haben viele Jahre nicht miteinander gesprochen, weil sie vom Erbe etwas verschwinden ließen. Es war eine schwere Zeit für unsere Familie, weil ja keiner den ersten Schritt tun konnte. Ohne eine Entschuldigung lasse ich nicht mit mir reden, das kann keiner verlangen. Ich war besonders tief getroffen, als sie versuchten, mir meine Geldforderungen nach Jahren zu erfüllen, obwohl, wie sie sagten, sie sie nicht anerkannten. Oh – so einfach mit Geld lasse ich mich nicht abspeisen! Ich wollte eine Entschuldigung. Das überwiesene Geld habe ich in bar abgehoben und ihnen vor die Füße geworfen. Das hat sie für Jahre gekränkt. Irgendwann, bei der Beerdigung meines Mannes, der gar nicht so schwer krank war wie ich, haben sie sich entschuldigt. Nach achtzehn Jahren. Aber es hat sich für mich richtig gelohnt. Ich habe es erreicht. Nun sind wir wieder Freunde. *Gute* Freunde. Schade, dass sie so stur waren. Was wäre gewesen, wenn ich die Entschuldigung nicht angenommen hätte? Da können sie froh sein. Ihre Abbitte war schon ein wenig dünn. Na ja, ich bin nicht so."

„Ich habe mich fast für meine Arbeit umgebracht, war Tag und Nacht unterwegs. Eines Tages warf mich eine Krebsdiagnose aus der Bahn. Ich überlebte. Ich weiß seither, was Leben ist. Ich weiß nun bestimmt, dass alles, was ich Leben nannte, nicht mehr sein darf. Ganz plötzlich haben sich in mir alle Werte verschoben, als mein Leben vorbei war."

Oft geht die Machina in den Ruhestand, wenn „alles" erreicht oder „vorbei" ist. Wir sagen: „Ich muss mir nichts mehr beweisen. Ich muss niemandem noch etwas beweisen. Ich bin nichts mehr schuldig. Ich muss nichts erreichen. Ich habe alles getan. Es ist jetzt so, wie ich es mir wünsche. Besser wird es nicht mehr." Die Muschel erklärt die Arbeiten an der Perle für beendet. Der Mensch wird ruhig. Er hat, so spürt er, einen gewissen Status erreicht. Seine Machina ist mit diesem Zustand zufrieden. Der Hauptseismograph schlägt nicht mehr Alarm.

Das Gute und das Böse sind eins. Im Guten verblasst das Böse …

Hoffentlich bleibt also alles im Guten …

Siegen. Oscar. Preis. Abitur. Heirat. Haus. Zwillinge. Enkel. Gute Rente. Heilsamer tiefer Einschnitt. Manche Menschen finden irgendwann Ruhe. Die Alphawellen kommen wieder. Das unmittelbar dringlich Strebende hat zumindest eine längere Ruhepause.

2. Von Beta zu Alpha ohne Perle?

Andere verbittern oder versinken normal. „Ohne Perle."

„Sie kommandieren mich herum, weil ich alt bin. Jetzt haben sie die Oberhand. Ich muss einwilligen, weil ich sie brauche. Sie nehmen mir die Rente weg. Solange ich noch lebe, geht es ihnen ganz gut. Ich wünsche ihnen an den Hals, dass ich plötzlich sterbe. Oh, das wird ein Fest für mich! Sie kommen dann mit dem Geld nicht mehr hin."

„Ich forsche seit langer Zeit, aber die anderen sind mir voraus. Ich bekomme keine Stelle an der Universität. Ich schleppe mich von Zeitvertrag zu Zeitvertrag an verschiedenen Instituten. Sie achten mich nicht, das ist mir klar. Ich liebe mein kleines Fachgebiet. Es ist so schwer, überhaupt zu verstehen, worum es darin geht. Das soll mir mal einer nachmachen. Ich verstehe es. Ich würde gerne mit anderen darüber reden, was ich tue, aber sie verstehen es ja nicht. Meine Publikationen liest keiner, weil sie in unreferierten Zeitschriften gedruckt wurden. Ich fühle mich abgeschnitten. Sie sagen, ich solle bei ihnen mitforschen, aber das kann ich ja nicht, weil sie mir da voraus sind. Kunststück."

„Meine Frau kommt aus sehr gutem Hause. Als ich meinen Schwiegervater das erste Mal traf, sah er mich so seltsam an, als ich sagte, ich sei Mitarbeiter einer großen Firma. Er fragte: ‚Mitarbeiter?' Mir war gar nicht so klar, was er von mir dachte. Es wurde danach immer über meine Karriere geredet. Ich versuchte, ins Management aufzusteigen, aber ich bestand die Prüfung nicht. Das hat ihnen sehr wehgetan, besonders, weil damals gerade unser Kind unterwegs war. Ich versuche, alles zu tun, damit ich ihren Erwartungen entspreche. Ich denke schon, dass meine Frau mit mir zufrieden ist. Meine Schwiegereltern sind es nicht. Ich habe heimlich gehört, wie meine Schwiegermutter etwas stockend flüsterte, es müsse da mindestens im Dunkeln etwas geben, was ich gut können müsste. Das hat mich sehr aufgebracht – dieses Anzügliche dabei. Als ob ich nichts anderes als Sex im Kopf habe. Daran denke ich gar nicht. Nein, ich arbeite gut und sorge für meine Familie."

Es gibt etliche liebe Menschen, die mir in solchen Dimensionen ihre Sorgen geschildert haben. Einfach so. Ich kenne zum Vergleich einige wenige Hundert Hochleistungsmenschen, die ich gemanagt oder eingestellt habe, die ich bei IBM als Mentor betreue, die ich als Toptalent in der Firma fördere, die ich als diverse Klassenkameraden oder Kommilitoninnen meiner Kinder kenne oder die ich bei der Bewerbung um ein Stipendium begutachtete.

Die Hochleistungsmenschen haben genau die gleichen Probleme wie alle anderen Menschen auch. Bestimmt die Hälfte (mindestens!) von ihnen leidet unter so schweren Hauptseismographen wie die eben gerade geschilderten. Auch sie gehen schwer verwundet durch ihr Leben. Sie unterscheiden sich nur dadurch: Sie arbeiten erfolgreich an einer schönen Perle und können auf diese Weise mit der Wunde leben. Die Perle lenkt sie vom Hauptseismographen ab. Oder: Der Seismograph schlägt in Gegenwart einer Perle nicht so schnell an.

Die Hochleistung schützt die Wunde, aber sie heilt sie nicht. Die Wunde ist die falsche Seismographeneinstellung, also der Hauptseismograph mit dem Stromschlagkurvenverlauf. Den müsste man auf das Reale zurückbiegen. Das wäre ein Eingriff in den Körper oder in den Gehirnstoffwechsel. Die Hochleistung, das Lob, der Dank, die Bewunderung behüten den Körper in einem Zustand, in dem der Hauptseismograph nicht anschlägt. Die Wunde schmerzt also faktisch nicht mehr. Sie ist aber noch da, sie wird nur durch eine unermüdliche Machina geschützt. Die Machina wirkt wie ein Verband, ein Pflaster oder ein künstliches Glied.

Heilung wäre: Ohne Machina auskommen, die uns vor Stromschlägen schützt.
Heilung wäre: Ohne irreale Stromschlagschwellen zu sein – real wahrzunehmen.

Ginge das? Können wir die Machina einfach so in Pension schicken?
Können wir willentlich Seismographen beerdigen? Wie?
   Wäre es denkbar, die Wunden und Kränkungen, die vergiftende Umwelt und den Einfluss der Systeme schlicht in Gelassenheit und Heiterkeit zu ertragen und zu überwinden?

Wenn es ginge, würde es Jahre brauchen.

Wer sich aufraffte und überhaupt viele Jahre aufwenden wollte, der würde – da bin ich sicher – lieber eine Perle zu erzeugen versuchen, oder wenigstens davon träumen.

Viele sind diesen Weg schon Jahre erfolglos gegangen, ohne eine vor ihren eigenen Augen nennenswerte Leistung erzielt zu haben. Viele Jahre Tränen und nichts vorzuzeigen! Solche Menschen glauben *auch nicht mehr* an den Weg der Perlenerzeugung. Sie sind taub für Aufrufe, erfolgreiche Menschen zu werden. Sie wissen, dass etwas in ihnen nicht stimmt. Manchmal denke ich bei mir, sie könnte man von allen Menschen *am ehesten* heilen? Weil sie eben nicht mehr an die Beta-Hetze und das Perlenerzeugen glauben.

Heilen durch Liebe der Alpha-Seele? Durch langes Nichtbefassen mit Wunden und langes Nichtneuverletzen? Durch behutsames Aufklären über Hauptseismographen? Oder schweigendes Neuwachsenlassen?

Mir geht noch immer die für mich schönste Stelle aus Jean Liedloffs Buch im Kopf herum. Sie schildert, wie alle Indianer ohne Machina oder Beta-Seele leben. Ausnahmslos – bis auf einen einzigen Mann, der eine Zeit lang in der Stadt gelebt hatte (und offenbar mit erworbener Machina zurückgekehrt war). Er wohnte bei einer Familie, die ihn bei sich wohnen ließ und ihn ernährte, weil er nun einmal da geblieben war. Für einige Jahre saß er verdrießlich herum. Niemand „kümmerte sich" um seine Stimmung. Nach langer Zeit steckte er unversehens Land ab und begann, einen Garten anzulegen. Viele kamen und halfen ihm. Er begann das Land zu bestellen. Jean Liedloff berichtet, wie das von den Indianern kommentiert wird. Sie hatten ihn verstohlen all die Jahre beobachtet – was würde mit ihm geschehen? Sie wussten, alle, was ihm gefehlt hatte: *Das Wissen, dass er arbeiten wollte.* Endlich, nach Jahren, hatte er es bemerkt. Da freute sich das ganze Dorf mit ihm.

Da habe ich so einen Schauer beim Schreiben, wissen Sie?
Sie haben alle geduldig gewartet, bis er seine Alpha-Seele wieder fand.

3. Alpha-Lethargie: Wach auf!

Für uns im westlichen Kulturkreis ist solche Geduld unfassbar. Uns erscheinen Indianer eher lethargisch – viel zu *ruhig*. In der Unterwelt der Griechen tranken die Verstorbenen aus dem Fluss Lethe, um alles Irdische zu vergessen. Das griechische Wort argós bedeutet „träge". Lethargie bedeutet für uns unter anderem „seelische Trägheit". Ja, so erscheinen uns viele „Ureinwohner".

Ich spekuliere: Wir erkennen mit einem einzigen Blick, dass „Ureinwohner" keine Machina und keine Beta-Seele haben, die uns in einer von uns so genannten Kultur unerlässlich scheint. Die Vorstellung von hoher Kultur ist in uns untrennbar mit der Erzeugung kostbarer Perlen verbunden.

Die amerikanische Kultur hat zum Beispiel ihre Überlegenheit über die kommunistische dadurch bewiesen, dass sie den Wettlauf um eine Mondlandung gewann, nachdem sie den Wettlauf einer ersten Erdumrundung verloren hatte.

Eine Kultur zeichnet sich durch *Errungenschaften* aus. Das geschilderte Indianervolk aber strebt nicht nach Errungenschaften.

Deshalb ist der Weg dieser Indianer niemals *unser* Weg. Indianer mögen glücklich sein, aber sie können sich keine Klimaanlagen leisten.

Wir würden Menschen ohne Machina, die sich um *Errungenschaften* kümmert, wach rütteln. „Mach zu! Steh nicht herum! Lass uns alle Zeit nutzen!"

Buddhisten atmen in Versunkenheit. Taoisten gehen den Weg. Mystiker vereinen sich mit Gott.

Unsere Kultur wird das Anderssein nur wenigen Einzelnen verzeihen, soweit sie der Gesellschaft nicht zur Last fallen. Im Großen und Ganzen ist uns ein allgemeines Leben mit Alpha-Seele zu ruhig und damit verdächtig untüchtig. Jean Liedloff wirbt indirekt dafür, aber sie verkennt dabei idealistisch den Wert unserer *Errungenschaften*. Die wollen wir behalten und vermehren.

Hmmmh. Ich selbst könnte mit weniger leben, aber ich sehe schon, damit begebe ich mich zu weit in philosophische Leere hinein. Und in Wirklichkeit habe ich in diesen Tagen auch ein wenig Seismographenausschläge, wenn so sorglos über das künftige Absenken meiner sauer eingezahlten Rente debattiert wird.

Wir brauchen also eine Kultur mit Errungenschaften, aber eine mit weniger Wunden, nicht wahr? Sie mögen jetzt sagen, ohne Tritte in den Hintern geht es nicht. Sie mögen sagen, eine gewisse Härte im Leben müsse verlangt werden können. Ja! Ja! Ja! Aber die Wunden, von denen hier andauernd in Beispielen die Rede ist, sind in Unwissenheit oder aus Dummheit geschlagen. „Du bist ein Versager." – „Du bist also nur Mitarbeiter." – „Ich rede zehn Jahre nicht mehr mit euch."

Das aus psychologischer Unwissenheit vergossene Blut müsste gespart werden können.

Das wäre die wahre Kultur.

4. Alpha *mit* Perle?

Ist eine Kultur denkbar, die geduldig wartet, bis wir selbst merken, dass wir arbeiten *wollen*? Wissen Sie noch, wie in Ihnen damals in der fünften Woche der Sommerschulferien die Sehnsucht erwachte, wieder zur Schule zu gehen? Ach, damals, als die Schule noch keine Noten-Quälerei war. Wir *wollen* ja zur Arbeit gehen – gerne! Aber wer geht gerne Tag für Tag zur Prüfung?

Unser heutiges Leben ist eine einzige Prüfung, damit wir im Betawellenmodus bleiben.

Der Hauptdruck besteht in der dauernden Tempoverschärfung, die eine Menge Stress verursacht.

Ist ein Leben ohne Dauerstress noch vorstellbar? Können wir es uns leisten?

Ich habe viele Seiten in *Supramanie* mit Beispielen gefüllt, dass wir unter Stress schummeln, schönen und bis an jede Grenze zum Betrug herangehen, um irgendwie lebend die Tretmühle zu überstehen. Mein ganzes Werk ist vielleicht im Zentrum ein Plädoyer, ohne Stress mehr zu leisten. Das geht! Und es geht! Nämlich bei artgerechter Haltung.

5. Alpha-Perlen an Beta verkauft und verbrannt

Es gibt täglich Berichte in der Zeitung, wie Alpha-Seelen verbrannt werden. Künstler haben Erfolg und verbrennen am ersten Hit. Die zweite CD „müssen" sie „herausbringen", unter dem Zusatzgeschmack der Fans, unter den Bedingungen des Vertrages, unter dem Termindiktat der Agenturen. Welttouren schließen sich an. Ihre Alpha-Seele wird Stück für Stück geopfert.

Sportler werden nach dem ersten wichtigen Tor hochgejubelt. Ein guter Fallrückzieher und die Zeitung fragt: „Planen Sie schon für die Nationalelf?"

Jeder eigentliche Erfolg wird augenblicklich aus der kreativen Ruhe herausgerissen und gelangt in den Brennpunkt der Konzentration. Plötzlich gerät etwas in den Bann einer Überempfindlichkeit, einer Stromschlagkurve: Vermarktung. Was wird aus der Kunst, wenn sich alles dieser Fixierung unterordnet?

Die Vermarktung des Eigentlichen verändert augenblicklich das Ich, wenn es nicht stark genug ist, das Vermarkten wie nebenbei zu ertragen.

Zwei junge Menschen streicheln sich, küssen sich das erste scheue Mal und kommen an einen Punkt, wo das Unschuldige endet. Vielleicht endet es nie? Wie bei Daphnis und Chloe?

Oder die Liebe endet in Konzentration auf *eine* Überempfindlichkeit.

„Mach ich dir das gut? Warum sagst du nichts? Fühlst du es? Bin ich gut? Hast du echt noch nie? Ich habe Angst, dass du nicht mitkommst, wenn ich losliebe, weißt du? Es ist dann nicht so toll, ich habe gelesen, dass es gleichzeitig zusammen besser ist, obwohl es auch ganz gut sein kann, den anderen mal echt glücklich zu sehen, aber ich habe auch Angst, dass du überhaupt – ich will mich danach nicht schuldig sehen, es wäre doof und wenn du überhaupt nie – ich meine niemals – du weißt schon, das kommt vor – dann ist es ja nicht meine Schuld – dann geht es ja nicht – ich zittere jetzt, wie es ausgehen wird, wenn wir uns gleich stärker lieben. Sag jetzt wenigstens, dass du was fühlst, es macht mich nervös, wenn du es nicht sagst, weil es ja sein könnte, dass du echt nichts fühlst, dann fühle ich mich schlecht, du bist so stumm, mir ist ganz schlecht, wenn ich denke, dass es mir gleich – gut – gut geht und du dann nachher nichts sagst."

„Ach komm, lass mich doch. Ich komme irgendwann schon hinterher."

„Unsere Mannschaft spielte zu verkrampft. Es ging um zu viel." – „Unsere Mannschaft spielte verkrampft gegen den papiermäßig schwachen Gegner, gegen den ein Pflichtsieg erwartet wurde." – „Ich wusste alles vor der Prüfung, aber ich verkrampfte." – „Ich durfte einmal mitspielen und sollte mich bewähren. Im Training konnte ich alles noch. Als es zählte, zog sich in mir alles zusammen."

Der Hauptseismograph erwürgt die Harmonie des Strömens der Quelle. Plötzlich blitzt der Scheinwerfer fokussiert auf das einzige eine. Die Machina konzentriert sich. Ab jetzt zählt es.

VIII. Interaktionen der Machinae

1. Interaktionen von Machinae und Menschen – Doppelsterne überall

Bis jetzt war von Wahrnehmungsstilen einzelner Menschen die Rede. Nun möchte ich mit Ihnen anschauen, wie Menschen miteinander auskommen.

Lapidar gesagt: schlecht.

Paare von Menschen kreisen um ihre falschen Wahrnehmungen, deren jeweilige Unterschiede eine der Hauptthemen ihrer so genannten „Kommunikation" bilden.

Menschen kreisen wie Doppelsterne umeinander und können auch nicht richtig voneinander lassen. Sie ziehen sich teilweise an, brauchen sich ja aber, aber sie kreisen, ohne sich wirklich nahe zu kommen – es sei denn, sie wären ganz gleich. Es sei denn, sie könnten anderes verstehen.

Kommunikation dient der Verständigung der Menschen untereinander, aber ich will es trotzdem ein wenig auf die Spitze zu treiben versuchen, dass Kommunikation als Interaktion zwischen Menschen zum großen Teil Kampf ist. Ich zeige, dieser Kampf wird dauernd geführt und ist im Wesentlichen unnötig. Kommunikation müsste also nicht zwangsläufig zum großen Teil Kampf sein. Unter normalen Menschen ist sie es aber.

Ich begründe das, ohne den Versuch zu machen, die ganze Psychologie neu aufzurollen, obwohl hier einige Ideen geäußert werden, die mir die Welt besser zu erklären scheinen als die bisherigen. An dieser Stelle möchte ich aber nur mit Ihnen Munition aufsammeln, mit der ich dann auf das Nicht-Artgerechte sch(l)ießen kann.

Was kommt heraus, wenn sich Menschen mit verschiedenen oder gleichen Hauptstromseismographen gegenüberstehen? Wie geht das aus, wenn sich eine Machina einer Alpha-Seele gegenübersieht?

Ich beginne mit einem drastischen Beispiel: Der eine Mensch ist Perfektionist und der andere ein etwas haltloser Genussmensch. Der eine weiß, wie man alles richtig macht, der andere macht, was er will.

Sehen Sie schon im Geiste, wie sich der mahnende Finger des einen erhebt?

Wenn zwei solche verschiedenen Menschen zusammentreffen, wird oft ein Kampf daraus. Das sehen wir von Anfang an. Der Ordentliche wirft dem „unordentlichen süchtigen Chaoten" seine Persönlichkeitsstruktur vor, worauf der andere mit dem Vorwurf „Oberlehrer" das Gleiche tut.

Chaot: „Ich esse, worauf ich Appetit habe."
Oberlehrer: „Du hast gesehen, dass da noch Reste im Kühlschrank sind."
Chaot: „Die sehen nicht appetitlich aus."
Oberlehrer: „Deshalb müssen sie ja eben jetzt gleich gegessen werden."

Chaot: „Dann iss sie."
Oberlehrer: „Ich habe keinen Hunger."
Chaot: „Haha, du wartest. Schlau."
Oberlehrer: „Wenn du nicht die Reste isst, dann passiert was."
Chaot nimmt die Reste und wirft sie in den Müll.
Oberlehrer: „Du Schwein!"
Chaot: „Du du du ... ich kotze, wenn ich dich sehe! Du bist wie reinste Antifreude!"
Chaot geht mit seinem Essen weg. Türknall.
Oberlehrer hebt vorsichtig das Essen aus dem Müll und isst es, weil Gott es so will. Er selbst.
„Es schmeckt noch. Ich wusste es. Ja, es schmeckt noch gut. Aber natürlich kann ich es noch genießen. Ich werde mich gegen Verschwendung wehren, solange ich noch Atem habe. Ich hasse diesen Kerl."
Chaot, draußen: „Mir schmeckt das jetzt nicht mehr. Dieser Hund! Ich hasse ihn!" Wirft das Essen in den Busch.

Dieser Dialog schildert eine typische Beta-Eskalation zweier Machinae. Eine wütet bei Fehlern oder Unordnung, die andere schützt die Wunde, die aufbricht, wenn die Freiheit zu unschuldigsten Lustbefriedigungen rüde unterdrückt wird. Sofort schlagen zwei Hauptseismographen an – und es wird sehr laut im Raum. Je zwei verschiedene Menschen bilden in dieser Weise eine Art Doppelstern: Zwei verbundene Sterne drehen sich umeinander. Im Zentrum ist ihre typische Reibung, die sich aus ihren typischen Zuckungen ergibt.

Solange zwei Menschen über für sie *beide* normale Dinge reden, ist alles real und normal. Wenn aber das Gespräch oder die Interaktion eine Stromschlagschwelle überschreitet, wird es sofort ernst. Der Schwache fühlt sich überrumpelt, der Machtmensch fürchtet Verrat, der Perfektionist eigene Fehler. Wenn sich etwas an ihrer Wunde zu rühren beginnt, ertönt Alarm.

Ein starker Seismograph schlägt an.

Die psychische Wahrnehmungsstärke steigt dramatisch an. Die zuckende Person ist jetzt „gereizt", unter Stress, „unter Strom", erregt. Sie ist sozusagen im Kampfzustand. Das Gemüt ist besorgt, aggressiv, fühlt sich bedroht.

Jetzt geht es los!

Ziel der Interaktion oder Kommunikation von Machinae ist es, die jeweils andere zu zwingen, die eigene übertriebene Sichtweise zu übernehmen und zu teilen.

Politiker reden ein Leben lang mit dem politischen Gegner, ohne jeden Erfolg. Putzteufel predigen Sauberkeit, Bürokraten verteilen Formulare. Jede Seite versucht die Hardware der Seismographensteuerung im anderen so zu verändern, dass sie der eigenen gleicht. Das geht bei normaler Kommunikation unter Gleichen nicht. Wie sollte sich bei hartnäckigem Zureden die Machina verändern? Warum sollten wir einen übertriebenen Hauptseismographen vom anderen *übernehmen* wollen? Wir halten den anderen ja genau in diesem einen Punkt für übertrieben! („Verrückt!")

2. Unser Hauptseismograph

Wissen *Sie* denn, worauf Sie sofort „anspringen"?

Machen Sie doch einmal eine Liste! Ich meine: Verfahren Sie wie in der folgenden Anekdote.

Ich kannte einmal einen eigentlich ganz lieben Menschen, der immerfort wegen irgendwelcher Dinge mit diversen Mitmenschen im Streit lag. Er war stets verzweifelt über sein Pech, dass ihm die anderen unentwegt Probleme bereiteten. „Kann nicht einmal etwas einfach nur ganz glatt gehen?", so haderte er unermüdlich. Ich schlug vor, er sollte sich eine Liste anfertigen, die alle möglichen oder denkbaren Angriffsarten der Welt gegen ihn aufzählen würde. „Ist unpünktlich, hat mich gehauen, beschimpft, versetzt, nicht informiert, war faul, verschwenderisch, nicht lieb, nicht gehorsam." Dann sollte er jeweils bei einem neuen Ärger ankreuzen, zu welcher Art dieser Konflikt gehörte.

Das tat er.

„Gunter, es sind fast alle Einträge in einer Zeile. Alle Aggressionen gegen mich sind von ähnlicher Art! Und nun willst du wissen, was es ist, oder? Rate! Oder war es das, was du mir sagen wolltest? Dass mich alle mit Fehlern und Schlampigkeiten ärgern? *Das wusste ich.* Lieb? Ist mir egal! Hauen? Kommt nicht vor. Nein, es sind nur diese ewigen Schlampereien, die mich glühend auf die Palme bringen. Was willst du aber dagegen tun, sag mal, Gunter? Wie rotten wir die ewige Schlamperei aus?"

Ich habe damals den Fehler begangen und ihm erklärt, dass genau da sein Hauptseismograph sei, der in ihm eine falsche Wahrnehmung der Welt erzeuge, während seine Mitmenschen die Lage eher realistischer einschätzten. Er sei Perfektionist. Huuih, das gab eine stürmische Stunde. Ich wurde umgeblasen. Ich hatte natürlich *wieder* seinen Hauptstromschlagseismographen zucken lassen.

Und ich wusste damals noch nicht, dass die Menschen dann in einen sehr besonderen Zustand gelangen, wenn sie zucken. Und in diesem Zustand sind sie zumindest auf ihren Seismographen nicht ansprechbar. Das ist auch der Sinn dieses Zustandes: für seine Dauer unbesiegbar zu sein, wenn die Hauptwunde angerührt wird.

Was ist also *Ihr* Hauptseismograph? Bevor ich Manager werden konnte, unterzog man mich einem Stressinterview, in dem man kontrovers diskutiert und auch hart in die Enge getrieben wird. Die Beobachter schauen dann einmal, wie der Manager in spe so reagiert. Mitten in eine ruhige Phase fragte man mich, ob ich in zwei Sekunden eine Frage beantworten könnte. Ja! Sie fragten: „Was ist Ihr Hauptfehler?" – Und zu meiner eigenen Überraschung gab ich eine spontane Antwort, die ich bei langem Nachdenken nie gegeben hätte. Ich sagte, wie aus der Pistole geschossen: „Ungeduld mit Dummheit!" Da war er also, mein Hauptseismograph. Da war also der Hauptpunkt des Zuckens. Ich rege mich am meisten auf, wenn ich auf Befehl etwas tun muss, was ich selbst nach bestem Wissen für falsch halte. Dann rase ich innerlich. Ich weigere mich oft, nenne innerlich den Kontrahenten „dumm", weil ich es besser weiß – und ich weiß *viel*! Und da haben wir sie, die größte Schwäche und die größte Stärke nebeneinander. Wunde und Perle.

3. Blind für Hauptseismographen – die Hauptspielregeln

Erklären Sie einmal einer Mutter, ihre Erziehung sei falsch. Sie werden sofort gewürgt. Beim Kaffee diskutieren wir über Erziehung. Wir finden fast alle anderen Erziehungsarten schlecht. Alle anderen, alle Nachbarn und besonders die Verwandten erziehen unmöglich! Also ist es klar, dass alle anderen wahrscheinlich unsere eigene Art auch schlecht finden. Wenn nun jemand kommt, Ihnen zu erklären, dass Sie schlecht erziehen, ist das zu erwarten gewesen. Sie erwarten es aber ganz und gar nicht, sondern fallen aus allen Wolken.

So ist das immer mit den Seismographen. Sie bewachen die Perle.

Professoren fühlen sich im Allwissen allmächtig. Perfektionisten sind im Zustand der Fehlerlosigkeit unverletzbar. Helfer beim Helfen, Erfolgsmenschen beim Aufstieg. Hier aber ist ihre größte Schwäche. Das aber können sie nicht sehen, weil neben dran ihre größte Stärke ist. Wenn wir also die größte Schwäche eines Menschen angreifen, dessen größte Stärke genau daneben liegt, dann glaubt der angegriffene Mensch, seine größte Stärke werde angegriffen.

Da jault die Machina auf! In ihrer größten Stärke, hinter ihrer Perle womöglich, fühlt sie sich am allerstärksten. Sie schießt zurück, in höchster psychischer Erregung. Sie gewinnt immer, weil sie hier so stark ist.

Sehen Sie daran zweierlei:

- Da die größte Schwäche neben der größten Stärke liegt, ist der Mensch blind für seine Schwäche.
- Da ein Angriff auf die größte Schwäche vom blinden Menschen als Angriff auf die größte Stärke verwechselt wird, ist der Angreifer für den blinden Menschen immer absolut hart krass im Unrecht – *unendlich* im Unrecht.

Deshalb verteidigt sich ein blinder Mensch gegen Angriffe gegen seine größte Schwäche beliebig stark, er fühlt sich beliebig im Recht und er verteidigt sich mit seiner größten Stärke. Da er also mit optimalen Waffen beliebig *sicher* im Recht und beliebig *hart* kämpft, gewinnt er gegen jeden normalen Gegner. Das gilt für jeden normalen Menschen. (Sie werden sich oft schon gewundert haben, wie gut dumme oder arrogante oder rücksichtslose Menschen im Leben klarkommen, trotz allem Gegenwind. Wenn es hart auf hart kommt, siegen sie. Neurosen sind irrsinnig stark!)

Erklären Sie also versuchsweise einem Besserwisser, er sei ein ätzender „Klugscheißer". Sagen Sie ihm: „Hör auf!"

Bringen Sie einem notorischen Helfer bei, seine ewige Hilfe sei nur Zudringlichkeit. Sagen Sie ihm: „Hör auf!"

Belehren Sie einen Harmoniesüchtigen, dass ohne ein bisschen Krieg die Welt nicht funktioniere. „Hör auf!"

Bitten Sie einen Liebessüchtigen, nicht alles im Leben auf Liebe zu beziehen, wenn die anderen nur normal bei der Arbeit seien. „Hör auf!"

Und so weiter und so weiter. Ich will sagen: Das schaffen Sie nicht. Sie rühren mit solchen Angriffen die Hauptwunde auf. Die aggressive Machina des normalen Menschen ist *oft so sehr* erfolgreich, dass in der Nähe des Hauptseismographen kein anderer Mensch einen Fuß auf den Boden bekommt.

Psychologen sprechen seit Freud oft von dem Phänomen des *Widerstands* von Patienten, die niemanden an ihr innerstes Problem heranlassen. Das Problem ist oft eine Machina, die sich vor Stromschlägen schützt. Das spüren die anderen Menschen. „Da geh' ich nicht dran!", sagen wir.

Dies sind die Hauptpunkte meiner Argumentation:

- Jeder Hauptseismograph, auch Ihrer, ist leicht zu finden. Er liegt neben der größten Stärke
- oder er lässt sich aus Ihrem hauptsächlich angestrebten Pseudosinn ableiten.
- Fast alle Menschen kennen ihren Hauptseismographen nicht – meist ahnen sie ihn, wollen ihn aber nicht kennen.
- Wenn man versucht, einem Menschen den Hauptseismographen zu zeigen, wird eben jener Seismograph beim Zeigen in Alarm versetzt. Die Machina leistet Widerstand und vernichtet den Angreifer. Deshalb kann man normalerweise einem normalen Menschen seine Hauptschwäche nicht explizit zeigen, obwohl sie jedem anderen in die Augen springt und auch er selbst sie sofort erfassen könnte und eigentlich längst hätte erfassen müssen. Seine Hauptschwäche oder Wunde befindet sich dort, wo die meisten vernichteten Gegner liegen. Da neben der größten Schwäche die größte Stärke des Menschen liegt, ist die Machina fast unbesiegbar stark, wenn die Schwäche angegriffen wird.

Die Hauptspielregeln der normalen menschlichen Interaktion sind also die:

- Jeder kennt die Schwächen aller anderen, seine eigene aber nicht.
- Man kann keinem anderen dessen Schwächen klar machen.
- Wer es dennoch beim Anderen versucht, greift ihn in seiner Stärke an und macht ihn sich damit zum Feind, weil er die größte Stärke in Zweifel zieht.
- Angriffe auf eigene Stärken werden entrüstet unter totalem Krieg abgewehrt. „Wenn diese meine Stärke nicht anerkannt wird, bin ich des Todes, weil der Rest von mir wenig wiegt."
- Wenn wir jemandes Machina angreifen wollen, schicken wir am besten jemanden vor, der naiv genug ist, es zu tun. Oft ernennen wir uns leider selbst. (Und wir wissen nicht, was wir tun.)

Die übergeordnete Regel über allem lautet, dass diese Hauptregeln nicht bekannt sind. Sie werden nur geahnt. Menschen wissen also nicht, dass man Machinae nicht frontal angreifen darf, aber sie spüren, dass man es nicht tun sollte. Man erkennt es an der Feigheit der Menschen. „Dem müsste mal einer die Meinung sagen!"

Deshalb darf, mit einem Wort, kaum je die Wahrheit gesagt werden.
  Andererseits ist sie auch nicht bekannt.

4. Wahrheit tut weh und darf daher nicht sein – und *wird* nicht sein

Tja. Wahrheit tut weh. Wahrheit ist schmerzhaft. Wir sprechen Wahrheiten nur ungern aus, am liebsten hinter verschlossenen Türen. Wehe, sie wird gehört! „Hörer an der Wand hört die eigne Schand!" Wann gibt es im Leben ehrliches Feedback? Alle paar Jahre. Wer traut sich, Wahrheiten auszusprechen?

Kinder und Narren sagen die Wahrheit.

Die wichtigen Wahrheiten sind Wahrheiten der Selbsterkenntnis. Die aber rühren an ganz starke Wunden, die von Alarmseismographen und Machinae hermetisch abgeschirmt sind.

Es ist quälend schwierig, Wahrheiten anzusprechen. Ich erinnere mich an einen Kollegen in einer glücklicherweise anderen Abteilung, der ständig nach Schweiß roch, wie Männer sagen würden. Frauen aber fanden, er stank. Sie erzählten sich in seiner Gegenwart monatelang Rezepte, wie oft sie die Wäsche wechselten und wie oft gelüftet werden müsste und wie schwer es sei, mit Stinkern auszukommen. Es half nichts. Er stank weiter. Sie wurden immer deutlicher, schenkten ihm Seife und Deodorant. Sie unternahmen Versuche beim Management, das verständlicherweise kniff, weil es keinen akzeptierten Geschäftsprozess zum Management des Geruchs von Mitarbeitern gäbe. Alle schämten sie sich wütend für ihre Feigheit. Irgendwann war es zu viel. Sie sagten es ihm. Weil sie feige waren, in einer Front – alle zusammen. Er verstand nicht. Er schwor, dass er ja *zwei* Hemden habe, die deutlich nachweisbar verschieden seien und jede Woche penibel gewechselt würden. Er war sehr böse. Er erinnerte sich jetzt an die vielen Erzählungen der Vormonate, in denen von ungeheuerlichem Sauberkeitswahn die Rede gewesen war. Es fiel ihm wie Schuppen von den Augen: Er erkannte plötzlich, dass er von einer ganzen Sekte von Reinlichkeitssucht umgeben war. Er setzte sich wieder an die Arbeit und redete nicht mehr. Man gab ihm bald ein Einzelzimmer.

Wenn die Machina mit der absolut verletzenden Wahrheit konfrontiert wird, erschießt sie den Überbringer dieser Wahrheit. Deshalb darf niemand, dem sein Leben lieb ist, eine Wahrheit verkünden, die einer Machina zu Leibe rückt.

Deshalb aber ist auch die Welt voller ganz unbehelligter Lüge.

Ich will sagen: Wir spüren alle, dass die Wahrheit im Dunkeln bleiben muss. Lüge wird nicht hell gemacht, also nicht behelligt. Wir wissen das aus dunkler Erfahrung mit Wahrheit. „Wahrheit verletzt!" Warum? Sie weist nach, dass die Wahrnehmung über Stromschlagseismographen objektiv falsch ist. Wahrheit ist eine *Messung* – keine *Wahrnehmung* einer Machina. Wer eine Machina mit der Wahrheit erfolgreich bezwingen will, öffnet ein Höllentor, wenn er nicht ein Großmeister ist.

„Wie sag ich's meinem Kinde?" ist eine hohe Kunst, die hohe Anerkennung einbringt. „Mensch, wie hast du das bloß geschafft, denen das einfach so beizubringen?"

5. Normale Beta-Eskalationen

Sehen wir uns konkrete *Doppelsterne* an. Frau und Mann. Mutter und Tochter. So etwas. In dieser Lage können wir nicht einfach die „Kommunikation beenden" oder das Verhältnis „zu unserem gegenseitigen Bedauern auflösen". Doppelsterne kreisen umeinander. Immer wieder kommen sie dort in die Nähe der Wahrheit, wo sie weh tut – in der Nähe der Stromschlagseismographen.

Die Ehefrau besteht darauf, die Wohnung vor dem Urlaubsantritt supersauber zu hinterlassen, damit die Nachbarin beim Blumengießen während der Abwesenheit keinen „Dreckhaufen" mit ansehen muss und in der Nachbarschaft nicht hinter dem Rücken überall verkündet, man lebe in einem Saustall. Der Ehemann würde gerne bruchlos aus dem Bett heraus und vergnügt ins Urlaubsauto hineinspringen und losdüsen. Nach drei Wochen ist sowieso wieder genug Staub da. Warum *vorher* sauber machen?

Die Ehefrau ist an diesem Punkt nahe an den Hauptseismographen des Perfektionisten, der fürchtet, von Nachbarn bei Fehlern erwischt zu werden. Vielleicht redet die Nachbarin dann hinter ihrem Rücken so: „Sie tut wer weiß wie, aber du hättest mal sehen sollen, wie es bei denen daheim aussieht, wenn sie in Urlaub sind."

Der Ehemann sieht den Staub ohne Emotionen und damit eher realistisch. Er fühlt die unbesiegbare Machina der Ehefrau und beginnt sich „zu Dreck zu ärgern". „Könnten wir das Geputze nicht wenigstens im Urlaub für eine ganz kurze Zeit *ein Mal* weglassen? Bitte!" Er bekommt eine harte Abfuhr der Machina seiner Frau. Er schreit sie an, er habe nur wenige Tage Urlaub im Jahr und wolle diese paar Minuten Spaß haben! Seine Machina bäumt sich auf, weil seine Frau nicht logisch diskutieren will. Es kommt jetzt darauf an, welche Machina der Ehemann hat. Ein harmoniesüchtiger Mann würde weinen, weil der Urlaub mit einem Misston beginnt, ein Depressiver merkt, dass der Urlaub mit Unliebe beginnt, ich würde aufrauschen, dass es unlogisch ist, vor dem Einstauben zu putzen. Usw.

Weil der Ehemann die Machina seiner Frau gereizt hat, wütet diese und schützt die Wunde der Ehefrau. Die Wunde ist: „Ich will immer gut und brav dastehen." Der Ehemann versteht das überhaupt nicht. Er sieht nicht die Machina hinter einem trivialen Problem wie der Sauberkeit. Er ignoriert damit die Wunde seiner Frau. Er rührt sie auf. Ihre Machina bekommt einen Hauptstromschlag. Sie wehrt sich darauf so irre stark, dass die Machina des Mannes sich nun selbst angegriffen fühlt.

Die Machina des Mannes hat nun *absolut nichts mit Sauberkeit* zu tun! Die Machina fühlt keine Sauberkeit oder irgendetwas Sachliches, sondern das Verletzen der verteidigten Wunde. Deshalb fühlt sich, je nach Ehemann und Machina, jetzt *dieser* unterdrückt, lächerlich gemacht, ungeliebt, tief betrübt, entrechtet, verachtet. Was immer seinen Hauptstromseismographen zucken lässt.

Weil die Sauberkeit also implizit die Wunde der Ehefrau tangierte, wird daraus durch Eskalation eine beidseitig zuckende Schlacht der Machinae. Beiden geht es nicht um Sauberkeit, sondern um ihre jeweilige Wunde. Beide erkennen die Wunde des anderen nicht oder nicht als solche an. Beide beschuldigen den anderen, mit „so einem albernen Kram" *schon wieder* am Anfang den ganzen Urlaub zu versauen. Es ist nun der zehnte Urlaub, der unentrinnbar mit der Sauberkeitsdiskussion beginnt. Jedes Mal trifft der reale Blick des Ehemanns auf die ängstliche Sicht derselben Sauberkeit. Immer wieder rastet das Leben unentrinnbar aus, wenn es in die Nähe eines Stromschlagseismographen gelangt! Von außen gesehen wirkt es tragisch. Von innen wie das Verhängnis.

Eric Berne, der Begründer der Transaktionsanalyse, spricht in diesem Zusammenhang von interpersonellen Transaktionen oder Interaktionen. Er schreibt in einem berühmten Buch über die von ihm so genannten *Spiele der Erwachsenen*. Darin finden wir etwa auch das Beispiel eines Ehepaars, das sich für eine Veranstaltung fein macht. Die Ehefrau spricht mittendrin von dem Wunsch, irgendeine größere Anschaffung machen zu wollen. Der Mann reagiert gereizt und kränkt sie damit. Es kommt zum Streit und sie bleiben zu Hause. Berne wie fast alle anderen Autoren in solchen Fällen auch raten dann in verschiedenen Formen, sich doch bitte zu *vertragen!*

Ich habe beim Lesen dieses Beispiels tief geseufzt. Der Mann ist bestimmt nur ein fürchterlich sparsamer Mensch, weiter nichts. Und wenn er eine Ausgabe plant, dann nur mit größtem Bedacht und mehrmaligem Rechnen, ob der Lebensabend nicht in Gefahr ist. Neulich hat meine Frau so leichthin vorgeschlagen, den Hang vor unserem Haus abtragen zu lassen und dann einen Carport für Anne hinzustellen. Dann wären wir die Gartenarbeit los und es wäre gut für mich! Sie meinte das nicht böse, weil sie nicht so gut Handwerkerrechnungen vorausschätzen kann wie ich. Ich aber brach bei den Worten „mal den Hang abtragen lassen" ganz kurz innerlich völlig zusammen. So viel Geld haben wir nie! Und was wäre der Nutzen? Ich hatte ganz kurz Blutrauschen im Kopf, sah aber dann, dass sie es nicht so hart meinte. Sie hatte nicht vor, uns zu ruinieren. Sie meinte ja, es wäre gut für mich! Das stimmt nicht so richtig, weil sie sich sicher um das Auto unserer studierenden Anne am Wochenende in der sehr engen Gaiberger Straße sorgt. Wie sieht das aus? Aber ich stelle mir vor, meine Frau hätte den Hang ganz kurz vor einem Opernbesuch abtragen wollen.

„Zisch!", wäre es durch meinen Körper gezuckt, der ich hauptsächlich für unsere Finanzen zuständig bin. Wie aus einem Luftballon wäre die Freude auf die Oper entwichen und lange erst wieder zum zweiten Akt oder so gekommen. Ich stimme hier der Sicht von Eric Berne ganz und gar nicht zu. Es sind keine Transaktionen von Menschen in verschiedenen Zuständen wie dem „Eltern-Ich" oder dem „Kindes-Ich", sondern es sind völlig unbeabsichtigte und ahnungslose Stiche in eine Hauptwunde des anderen. Der schreit auf – der andere ist überrascht und von der Heftigkeit des Schreis nun selbst angegriffen! Und der Doppelstern dreht sich um die beiden Brennpunkte herum.

Wieder eine Eskalationsrunde. Wieder Wundenlecken.

Es sind *keine* Spiele, sondern Unkenntnisse über Hauptseismographen, die zu Blut und Schlachten führen. Da bricht etwas auf und die Machinae wüten. Warum nur empört sich der unwissende Angreifer so regelmäßig und rauscht ebenfalls auf?

„Ich sage so etwas *Harmloses* und du schlägst plötzlich um dich? Hat dich der *Teufel* gepackt? Entschuldige dich auf der Stelle für deine Grausamkeit!"

Die Beta-Eskalation der Machinae entsteht dadurch immer wieder, dass die eine Machina von der anderen unwissentlich angegriffen wurde. Die angegriffene Machina faucht sofort beliebig grob zurück, weil sie sich niemals solche Unwissenheit vorstellen kann. Sie wird nachher sagen, wenn es dunkel und ruhiger werden wird: „Du kennst mich doch, wie empfindlich ich da bin." Aber der Partner hat an dieser Stelle keinen Hauptseismographen, ist also nicht empfindsam, also vergleichsweise übergrob. Er fühlt sich mit der realistischen Sicht, wie sie *jeder normale Mensch* hat („keiner denkt wie du"), im völligen Recht. Wenn er also aus entsetzlicher Unwissenheit oder entsetzlicher relativer Unempfindlichkeit heraus dem anderen in die Wunde stach und sofort im Gegenzug angegriffen wurde, dann ist ihm subjektiv ein unerhörtes Unrecht geschehen. Seine Machina schlägt zurück: Eskalation.

6. Beta-Waffenruhe

Natürlich könnten etliche solcher „Spiele" oder Kämpfe bei besserem Verstehen der anderen Menschen vermieden werden. Leider hören dann zwar die schrecklichen Eruptionen auf, aber das lediglich Verstehen anderer Menschen löst das Problem der verschiedenen Stromschlagseismographen noch nicht auf.

Kehren wir zu dem Beispiel zurück, in dem die Ehefrau vor jedem Urlaub die Wohnung auf Vordermann bringen muss. Wie sähe ein Waffenstillstand aus? Ich habe vielleicht nicht genügend Phantasie, aber so viel fällt mir dazu nicht ein. Ihnen?

Die Sauberkeit einer Wohnung ist für die Ehefrau ein Hauptproblem, über dem ihre Machina wacht. Es gibt keinen Kompromiss, etwa den, „nur wenig sauber zu machen". Der Ehemann könnte verlangen, dass es ja „ihre" Machina und „ihr" Problem sei, und sie solle alles allein am Vortag erledigen, wenn er noch arbeite. Gibt das gute Stimmung, wenn er am Morgen aus dem Bett ins Auto springt?

Waffenruhe wäre: Der Ehemann hilft fröhlich beim Saubermachen mit.
Punkt.

Ich wäre jetzt überrascht, wenn Ihnen noch etwa anderes einfällt.
    Machina ist Machina. Stromschlag ist Stromschlag.
    Natürlich kann man auch das Problem einmal an sich zur Sprache bringen. („Jetzt im Urlaub haben wir endlich einmal Zeit für uns. Ich schlage vor, wir beseitigen einmal alle unsere zweiseitigen Probleme. Lass uns einmal darüber reden, ob wir wirklich sauber machen sollen oder überhaupt noch in unserem Leben große Anschaffungen machen müssen.") Ich habe aber eben gerade zu beweisen versucht, dass dies ja nicht einmal Psychotherapeuten so richtig gelingt: die Machina still zu legen oder gar die Wunde zu heilen. Zumindest lässt sich das Zucken in der Hardware der Frau nicht durch „Bereden" lösen, sondern vielleicht nur durch lange, mühevolle Deeskalation.

Was nur noch bleibt, ist wohl dies: Der Ehemann hilft beim Saubermachen aktiv mit und sie fahren fröhlich fort. Er lässt also die Machina seiner Frau „gewinnen".

Liebe ist vor allem, nicht zu verwunden.
Liebe ist, den anderen Menschen mit dessen Machina zu akzeptieren.
Liebe ist, die Schmerzen des anderen zu verstehen.

Jesus und Konfuzius möchten, dass wir den Nächsten lieben wie uns selbst.
Mir gefiele diese Forderung besser:

Achte die Schmerzen deines Nächsten wie deine eigenen.

Wenn also der Ehemann fröhlich mitputzte, wären alle glücklich. Er müsste es schaffen, aus Alpha-Liebe, als Quelle von Liebe, mitzuputzen und keinen Lohn dafür zu wollen.

Wirkliche Liebe achtet die Schmerzen des andern und verletzt nicht. Wirkliche Liebe stachelt nicht unwissend und blind Machinae auf. Der Ehemann will vielleicht später mit seiner Eisenbahn im Keller spielen? „Er spinnt!", könnte die Frau finden. „Ich muss ihm das abgewöhnen." Aber sie wird ihn lieben und spielen lassen? Mit ihm glücklich sein, dass er glücklich ist?

Was ich aber eben vorschlug, wirkt in der „unwissenden" Wirklichkeit irreal. De facto bewegen sich die Standpunkte höchstens ein bisschen aufeinander zu, wenn lange und hart genug um einen Kompromiss gekämpft wurde.

Der Ehemann: „Ich bezahle eine Putzhilfe, die nach der Abfahrt sauber macht."

Die Ehefrau setzt sich dann nicht ganz glücklich ins Auto, der Ehemann ist nicht ganz glücklich, weil sie es nicht fertig bringt, ganz glücklich zu sein, obwohl er seinen Teil zum Kompromiss gab, nämlich ein wenig zu putzen.

Wenn Sie an die Wahrnehmungskurven denken, dann könnte man so sagen: Die real nötige Sauberkeit ist 100 Prozent. Der Mann empfindet vielleicht 75 Prozent als „richtig", die Frau empfindet, 300 Prozent müsse sein. Sie einigen sich hinterher auf 150 Prozent.

Der Mann empfindet nun schwach empört, dass doppelt so sauber gemacht wurde wie nötig.

Die Frau empfindet gepeinigt, dass sie nur die Hälfte des Nötigen tun konnte.

So leben sie bis ans Ende ihrer Tage in der Beta-Waffenruhe, und beide Machinae zucken im Innern über den Kompromiss, der für beide glatte 100 Prozent danebenliegt. Das hilft niemals einem von beiden. Verstehen Sie? Wir müssen ein Leben so organisieren, dass unsere Machinae möglichst keine Stromschläge bekommen.

7. Das Nachkriegsparadoxon der Machinae

Da beide Seiten im Kompromiss subjektiv empfinden, um 100 Prozent neben ihrem Idealzustand gelandet zu sein, schlagen die Seismographen weiterhin an.

Der Kompromiss löst nur die Sachfrage, nicht aber die Unruhe in den Körpern. In den Körpern gibt es keinen Kompromiss. Die Frau zuckt innerlich, weil es eben nicht sauber ist. Sie ist unruhig. Der Mann ist „sauer", weil er wieder nachgeben musste, wo er keinen Sinn sah.

Jetzt beginnt die Nachkriegszeit. Sie liegen beide im Urlaub am Strand und reden miteinander.

„Du, Schatz, mein Traum wäre es, wenn Du ab und zu mal dieses Saubermachen lassen könntest." Ein schwieriger Blick trifft ihn. Ihre Machina fragt sich, ob es losgehen soll. Er fährt fort: „Ja, ja, ich verstehe, das ist für dich nicht akzeptabel, und dafür haben wir ja auch unseren Kompromiss. So ganz glücklich, nur das möchte ich dir sagen, bin ich damit nicht. Immer noch nicht. Weißt du – ich finde, du könntest mich jetzt im Urlaub einmal extra in den Arm nehmen und drücken und danken, dass ich nicht darauf bestanden habe, mal ganz ohne Saubermachen in den Urlaub zu fahren."

„Waaaas? Ich soll auch dann noch danken, wo du mich *unterdrückst*?"

Oder: „Du, Schatz, ich weiß ja nicht, ob das mit der Putzhilfe so ganz glatt ging, obwohl wir noch einmal angerufen haben, ob auch alles sauber ist. Wer weiß. Ein bisschen Sorge bleibt. Du, ich finde, du kannst mich jetzt im Urlaub ruhig einmal extra in dem Arm nehmen und mich drücken. Du kannst dankbar sein, so eine gute Ehefrau zu haben, die darauf eingeht, alles einer Putzhilfe anzuvertrauen."

„Waaaas? Ich habe von meinem eigenen Konto Geld genommen und die Putzhilfe bezahlt, damit die deine eingebildete überflüssige Arbeit tut, und dann soll ich dir dafür *danken*?"

Wenn ein Kompromiss in der Sache geschlossen wurde, zucken beide immer noch. Sie erzählen nun beide, wie sehr sie „nachzucken" und erwarten vom jeweils anderen, dafür gelobt oder geliebt oder gepriesen zu werden, dass sie einen Kompromiss ertrugen, bei dem sie noch zucken. „Liebe mich dafür, dass ich nachgab, ja, viel mehr nachgab, als mir gut tut." In anderen Worten: Beide wollen, dass ihre Sicht der Welt Recht bekommt. Die Ehefrau will, dass der Mann ihr vollständig Recht gibt, dass viel geputzt werden müsste. Sie hat nur *seinetwegen aus Liebe* zu ihm dem Kompromiss zugestimmt. Der Mann will, dass ihm vollständig Recht gegeben wird. Er hat nur aus Liebe zu ihr seine eigene Linie des Gar-nicht-Putzens aufgegeben.

Sie geben also beide in der Sache nach, beharren aber beide darauf, dass ihre Seismographeneinstellung korrekt ist. Beide „reagieren" richtig, finden sie, beide geben nur aus wahnsinniger Liebe zum anderen nach, weil der jeweils andere eine falsche Seismographeneinstellung hat. *Nach dem Kompromiss müssen sich also am besten beide gegenseitig zu ihrer Seismographeneinstellung gratulieren.* Dann sind die Machinae wieder ruhig. Das können sie aber beide nicht über das Herz bringen, weil der Kompromiss ja nur deshalb nötig wurde, weil sie ihre Seismographeneinstellungen unerträglich fanden.

Beide Machinae erwarten eine Huldigung bzw. eine Pseudosinnzufuhr für den Kompromiss.

Die Huldigung vor den Seismographen beruhigt die Machina über den Verdruss, in diesem *Einzelfall* unter dauerndem Nachzucken zum Kompromiss bereit gewesen zu sein. „Schatz, toll, dass du dieses eine Mal nachgegeben hast." – „Ja, Schatz, aber denk nicht, dass ich dir damit Recht gab." – „Ja, Schatz." Der, der gegen seine Überzeugung (gegen das Zucken) nachgab, muss dafür gelobt werden, dass seine Überzeugung absolut richtig ist.

Wenn das immer wieder geschieht, können sich beide Seiten immer wieder neu einigen, ohne dass je eine Seite jemals „Unrecht" bekommt. Denken Sie an Tarifverhandlungen, die wie ein Elefantentanz zweier Machinae wirken. Arbeitgeber und Gewerkschaften kämpfen nach ewig gleichen Ritualen wie ein Beta-Ehepaar. Sie einigen sich immer wieder quälend, weinen unter dem Kompromiss und bescheinigen dem Gegner eine harte Verhandlungsführung. Wehe, es gibt verbale Entgleisungen nach dem Kompromiss! Wehe, jemand triumphiert! Der Triumph nach einem Kampf ist so ziemlich das Dümmste, was eine Machina tun kann, aber nichts ist gleichzeitig so orgiastischer Balsam für die Beta-Seele des Menschen. Eine Machina muss umso mehr gelobt werden, je weiter sie ihre Hyperästhesien verdrängen musste, je mehr Kröten sie schlucken sollte, je härter sie ihren Trieb hinter sich ließ. Jede Machina muss unbedingt „ihr Gesicht wahren".

Sonst geht es immer wieder in eine neue Nachkriegszeit. Deshalb hören wir rituell immer wieder: „Es war ein wahrhaft schmerzhafter Kompromiss, den wir schlossen. Er tut allen weh. Deshalb muss er wirklich in der vernünftigen Mitte liegen. Denn die reine Vernunft, die in der Mitte liegt, ist von allen politischen Parteien fast gleich weit und sehr weit weg. Deshalb tut ein Kompromiss, der sinnreich ist, allen sehr weh. Und das ist gut so. Wenn einem von uns nichts wehtäte, dann wehe ihm – er würde ja siegen. Und wir wollen keine Sieger, weil wir selbst nie nachgeben würden. Ja! Dieser historische Kompromiss kam dadurch zu Stande, dass wir alle verloren haben, wir alle haben Blut vergossen, wir alle bluten, wir alle haben einen großen Teil unserer Überzeugungen verraten, weil wir alle etwas Historisches unternommen haben: Wir gehorchen der Vernunft, so weh es jetzt auch tut."

Besonders wenn jemand objektiv verliert, braucht dessen Machina Pseudosinn. Je höher die Machina verliert, umso mehr Balsam benötigt sie. Grundsätzlich will derjenige, der gegen seine Überzeugung nachgab, dafür Pseudosinn: Dank, Lob, Bewunderung. Der Unterlegene braucht Trost. Der über der Niederlage Kranke will Pflege und Mitleid. Der unterlegene Getreue will Freispruch von Schuld. Der vernichtete Perfektionist will bestätigte Fehlerlosigkeit im Handeln. Sie alle wollen Vergebung für ihre Niederlage. Sie alle wollen hören, dass sie das Menschenmögliche getan haben. Ihr Inneres bäumt sich fürchterlich auf vor der impliziten Beschuldigung der Sieger und der Macht: „Wer verliert, tat nicht genug. Wer unten ist, ist selber Schuld." Sie alle fordern: „Sagt mir, dass ich noch ein geachteter Jemand bin, obwohl ich versagte." Sie wollen so etwas wie Liebe im Sinne von Balsam. Die gibt es oft nur in dieser Form (meist als höfliche Artigkeit oder als notwendig anerkannte Pflichtübung): „Danke, ihr wart Teil meines Sieges." – „Danke, ohne euch wäre ich nichts." – „Der Dank bei diesem Sportfest gilt vor allem den vielen Verlierern, ohne die unsere Stars längst nicht so gut aussehen würden. Viele Verlierer geben dem

Sieger erst einen würdigen Rahmen. Danke!" – „Danke, Mutter, dass du mich egoistisches Kind immer so verwöhnt hast. Deshalb schenke ich Dir ja auch zu jedem runden Geburtstag eine rote Rose." – „Danke, dass du das kleinere Stück genommen bekamst."

Je mehr eine unterlegene Machina zuckt, umso mehr Pseudosinn muss sie bekommen.

Sonst wird sie am Ende siegen.
Aber wir erleben dies: Der Imperator des Weltreiches wirft alle blutig nieder und erwartet eine Konfettiparade. Die Amerikaner setzen rigoros ihre Standpunkte im Irak durch, auch gegen etliche Länder im Westen, und erwarten Fähnchen schwenkende Iraker, die die Panzer begrüßen. Der Putzteufel säubert unter dem Ächzen aller alles total, ist selbst total befriedigt und fordert alle auf, die totale Sauberkeit zu bewundern. Der Manager presst Blut aus den Mitarbeitern, steigert den Gewinn unermesslich und erwartet Bewunderung für seine unendliche Tüchtigkeit im Wirtschaften. Der Besserwisser kämpft verbissen um das Rechthaben in einer mäßig wichtigen Sache während einer Party. Er mischt die ganze Party auf, ob der Plural von Status nun Stati ist, wie alle im Raum wissen, oder korrekt Status mit langem End-U. Er siegt nach der von ihm allein betriebenen Konsultation mehrerer Lexika. „Stati" gibt es nicht. Er triumphiert über die allgemeine Dummheit. Er erwartet nun, dass die dumm Dastehenden ihm huldigen. Er weiß auch als Einziger, das Joule wie dschaul ausgesprochen wird, nicht wie dschuul, weil Joule ein Engländer ist, kein Franzose! Neue Runde, während alle vor Überdruss platzen.

Die siegreiche Machina erwartet Pseudosinn für ihren Sieg.

Dafür hat sie doch gekämpft. Eine Alpha-Seele würde sich nach einem Sieg authentisch freuen. Sie freut sich über das Erreichte oder das entstandene Werk. Die Beta-Seele der Machina kämpft aber nur mittelbar für das Gute an sich. Sie erkämpft vorrangig Pseudosinn. Wehe, sie bekommt ihn nicht! Dann tobt sie. „Ich habe einen historischen Sieg errungen – und weißt du, wie viele gratuliert haben? Niemand! Null!" Das ist die gewöhnliche Klage des einsamen Siegers. „Ich sorgte für dich, mein Kind, zwanzig Jahre. Ich tat kein Auge zu und wachte über dir Tag und Nacht. Ich zwang dich, alles richtig zu machen. Nun, Kind, knie nieder und danke mir für deine Existenz. Pflege mich im Alter mit rührender Sorge und vergelte mir meine harte und vorbildliche Erziehung dadurch, dass du mich ehrst und indem du ab jetzt absolut alles tust, wie ich es WILL!"

8. Hass und Verachtung nach Kämpfen ohne Pseudosinnverteilung

Die siegreiche Machina wird wütend, wenn die Huldigungen ausbleiben oder schwach ausfallen. Die unterlegene Machina bekommt Hassgefühle gegen schamlos triumphierende Sieger, die ihre „Gefühle missachten".

Die siegreiche Machina ist durch den Sieg verwundet, weil sie den Hass fühlt.
Die unterlegene Machina hasst den, der nicht sieht, wie sie blutet.

Der US-Präsident Bush hat „Saddam wie eine Ratte im Erdloch gefangen", wie er triumphierend im Fernsehen der Welt verkündete. Das gibt viele Millionen Verwundungen in Seelen. Und für viele Jahre wird jeder amerikanische Tourist all diese Verwundungen vor Ort besichtigen dürfen. Er wird staunen, wie sie dort hinkamen und wie offen und unverheilt sie noch sind. Die Preußen, die Engländer und Franzosen haben dagegen Napoleon nur auf eine Insel geschickt ...

Das Zucken der unterlegenen Machina, die das Gesicht verlor, ist Hass.

Die betrogene Ehefrau hasst.
Der verhöhnte Unterlegene hasst.
Die gedemütigte Schwiegertochter hasst.
Der bloßgestellte Manager hasst.

Hass ist das Spiegelbild von Triumph.

Wenn der Besserwisser Recht hat, also siegte – wenn man ihm aber nicht huldigte, brillant zu sein, dann verachtet er alle als „dumm". Wenn dem triumphierenden Sieger nicht gratuliert wird, dann verachtet er die Unterlegenen. Wenn dem Helfer nicht gedankt wird, verachtet er die, denen er half. Wenn jemand Treue bewies und nicht geachtet wurde, verachtet er den Herrn.

Mein Hass ist auf eine siegreiche Machina gerichtet, die mich zwingen will, ihre übertriebenen Werte anzuerkennen oder die meine übertriebenen Werte mit Füßen tritt.

Meine Verachtung trifft die, die meinen Sieg nicht anerkennen wollen, die sich also weigern, nach meinem Sieg in der Sache auch noch meine Werte als die ihren anzunehmen.

Hass und Verachtung stellen sich ein, wenn Menschen dies vergessen:

Achte die Schmerzen deines Nächsten wie deine eigenen.

9. Arroganz der Macht und Gegenterror

Genau diesen Satz vergisst die Macht. Sie betätigt sich eher als Schmerzproduzent.

Ich habe bewusst mit Beispielen aus einer normalen Ehe begonnen, in der ich die beiden Partner als gleichberechtigt geschildert habe.

Die meisten Beziehungen von Doppelsternen sind viel schiefer und verzerrter, nämlich durch ein „oben und unten" geprägt.
Eltern und Kinder.
Chef und Mitarbeiter.
Lehrer und Schüler.

Kunde und Service.
Arzt und Patient.
Zuständiger und Bittsteller.
Konzerne und Zulieferer.
Danke und Bitte.

Die Macht ist meist blind für die Hauptstromseismographen derer da unten. Fast alle Menschen und Institutionen sind eher blind dafür. Die Macht aber kann es sich faktisch leisten, „Gefühle zu missachten" oder „Menschen verachtend" zu agieren.

Es ist ein als wertvoll empfundenes Privileg der Macht, keine anderen (übertriebenen) Wahrnehmungen respektieren zu müssen. Die Macht sagt nicht nur „Es geschieht, was ich will!", sondern auch: „Man sehe die Welt wie ich." Das aber setzt die ignorante Macht nie durch und sieht sich deshalb ständig in Gefahr.

Sie ordnet eine objektive Welt nach ihren Maßgaben an, in der sie weiterhin die Macht hat. Das Kind hat so und so zu sein. Der Schüler muss so und so fertig abgerichtet zur Befüllung in der Schule geliefert werden. Der Patient soll tun, was der Arzt verlangt. Die Macht ignoriert die Wahrnehmungen der Menschen, also ihre zentrale Stelle in der Persönlichkeit, ihre Sehnsüchte, ihre Angst.

Mit einem meiner Anti-Lieblingswörter ausgedrückt: Wir sollen uns gegenüber der Macht *kooperativ* verhalten.

Das heißt, unhöflich ausgedrückt, aber viel besser formuliert: Wir sollen tun, was die Macht befahl. „Nach seiner Gefangennahme zeigte sich der Häftling kooperativ." Untertanen heißen ja auch Mitarbeiter, also Kooperative.

Die unterdrückten Seismographen der Kooperativen schlagen Alarm. Die Machinae suchen verzweifelt Auswege. Kinder mucken auf. Schüler protestieren. Mitarbeiter streiken. Firmenübernahmen scheitern an „kulturellen Widerständen" in dem übernommenen Unternehmen. Die Machinae leisten der Macht Widerstand. Die Macht spricht von Terror. Terror ist die „no name"-Gewalt für Mittellose.

Im Augenblick kämpft die Macht der Welt gegen den Terror. Oben die USA, unten der Irak oder das Arabische. Die Europäer sind nicht so mächtig wie die USA, sie würden die Auseinandersetzung anders austragen. Mehr wie Mann und Frau, im Streit und mit noch mehr Streit und mit schließlichem Kompromiss. Zwei Machinae würden miteinander ringen. Mit den USA ringt niemand, es ist besser, man ist kooperativ in einer Allianz der Willigen. Was die USA tun, ist objektiv nicht ganz falsch, es verletzt und ignoriert aber die Hauptseismographen der anderen Seite(n). Das sagen alle, die sich den Arabern nicht überlegen fühlen. Sie können nämlich mitfühlen, weil sie nicht die Macht haben, das Fühlen nicht nötig zu haben.

Eine Macht, die die Hauptgefühle der anderen Seite verkennt, erzeugt Hass und Widerstand, hier und überall. Eltern verkennen (ihre) Kinder und erziehen (sie) nicht artgerecht. Sie verkennen das Innerste ihrer Kinder. Deshalb bildet sich in den Kindern die Machina oder die Beta-Seele, die sich verzweifelt um das Bewältigen des Lebens ohne große Verwundungen der Alpha-Seele bemüht. Die Macht wird durchweg gehasst. „Die Macht ist der wahre Überbringer der schlechten Botschaft." Die Macht darf sagen: „Du stinkst. Wasch dich. Du bist nichts." Alle Machinae dieser Welt versuchen, den Angreifer der schlechten Nachricht abzuwehren: „Shoot the messenger." Wenn die Macht nicht vernichtet werden kann, wird sie gehasst. Hass wehrt sich im Wahn bis aufs Äußerste. Hass erzeugt Terror, Aufstand, Ausbruch. Wenn sich wie bei den Liebenden der Hass im Irrtum der Machina gegen das eigene Selbst richtet, auch Selbstmord. Weg, was gehasst wird! Kein Opfer zu klein!

Die Macht schlägt stärker zurück, wenn sie bedroht ist. Beta-Eskalation. Todesspirale.

Nach einem Attentat im Irak gegen die Amerikaner hieß es in den USA sofort: „Das bestürzt uns sehr. Es bedeutet natürlich, dass wir nun länger da bleiben müssen." Es gibt also neue Attentate.

Der unselige Doppelstern dreht sich. Die beiden Sterne, der kleine und der große, kreisen um die beiden Brennpunkte der Ellipse. Sie ziehen sich an und stoßen sich ab. Sie können nicht voneinander lassen. Ein Ehepaar findet sich gegenseitig anziehend und kreist in etwa gleichberechtigt umeinander. Der Doppelstern, der oben und unten bedeutet, besteht aus einem großen und einem oder vielen ganz kleinen Sternen. Diese hassen die Bindung an den großen Stern. Sie würden lieber fliehen. Aber das Kraftfeld des Machtsterns hält sie fest.

Nicht artgerechte Behandlung von Menschen ist zu allererst Ignoranz ihrer *Art*, also Ignoranz ihrer Empfindlichkeiten. Dies ist die teuerste Art, Menschen aufzuziehen oder zu behandeln. Wird das in diesem Kapitel langsam hell und klar?

10. Dick aufgetragen: Die 300-zu-75-Beziehungsstörung

Ich will hier einen Hauptverlauf der Interaktionen von Machinae *nochmals* zusammenfassend auf den Punkt bringen, weil es mir so sehr wichtig ist. Ich habe alles schon indirekt entwickelt, aber vielleicht noch zu abstrakt. Sie mögen jetzt seufzen, ich schreibe zu lang. Aber es ist doch so wichtig! Mir jedenfalls, sagt mein übertriebener Seismograph.

Wir schauen uns das typische Zeremoniell einer Interaktion zwischen zwei Machinae an:

- Ein Hauptseismograph von Person A zuckt.
- In einer dadurch entstandenen „objektiven" Problemlage soll eine Lösung gefunden werden.
- Ein Hauptseismograph von Person B zuckt, weil ein Problem gelöst werden soll, das es nur für Person A, nicht aber für Person B gibt.
- Es folgt ein Widerstreit der übertriebenen Hauptseismographen um den jeweilig angestrebten Pseudosinn.

10. Dick aufgetragen: Die 300-zu-75-Beziehungsstörung

Ein Hauptseismograph von Person A zuckt. Dadurch entsteht eine neue Lage. Ein Problem trat in die Welt und muss gelöst werden.
„Wir sollten *jetzt* Urlaub buchen."
„Dieser Vorgang ist *dringend*."
„Wir hatten schon einige Stunden keinen Sex."
„Sind deine Hausaufgaben fertig? Mach sie jetzt, damit ich nicht mehr daran denken muss."
„Lass uns jetzt abwaschen, ich bin so müde und möchte ins Bett gehen."

Person B sieht die Welt anders. Sie will nicht jetzt Urlaub buchen, sieht es nicht dringend, will jetzt keinen Sex, muss überhaupt nicht vor dem Schlafengehen die Küche aufräumen. Und die Vorstellung, Hausaufgaben nur deshalb schnell zu erledigen, weil dann Person A weniger Kontrollaufwand hat, der ohnehin nicht anerkannt wird, bringt Person B fast schon zum Hauptzucken.

Person B ist unwillig, mit einem Problem konfrontiert zu werden, das es in der spezifischen Dringlichkeit nur in der Vorstellung von Person A gibt. Person B sieht meist das Problem in gewisser Weise schon ein, aber ganz anders und eben ruhiger.

Ausgangslage: Es gibt einen Stein des Anstoßes, irgendetwas, was von Person A und Person B verschieden wahrgenommen wird. Person A sieht den Anstoß empfindlich, also mit – sagen wir – 300 Prozent Übertreibung gegenüber einem angenommen neu „realen" Wert von 100 Prozent.

Person B sieht diesen Anstoß relaxt oder entspannt, ihm ist die Sache nicht wirklich wichtig, er achtet nur mit 75 Prozent der Aufmerksamkeit darauf, die die Sache „real" verdient hätte.

Person A ist nun mit 300 Prozent übererregt. Ihre Machina beginnt, von B zu fordern, ihren übererregten Standpunkt zu teilen. Ihre Forderung: „Person B, sieh die Sache genau so dramatisch wie ich."
Person B muss nun reagieren.
Es gibt einige hervorstechende Möglichkeiten:

1) Person B beharrt darauf, die Dinge selbst richtig zu sehen, also: 75 Prozent.
2) Person B bewegt sich auf den fiktiven realen Standpunkt: 100 Prozent.
3) Person B gibt „aus Liebe" nach und geht auf 150 Prozent.
4) Person B geht „wegen des Drucks" gegen seinen Willen auf 150 Prozent.
5) Person B geht künstlich auf 300 Prozent und regt sich scheinbar selbst genauso auf.

Die Gegenreaktion von Person A ist:

1) Flammender Streit. Der Anstoß ist nun nicht mehr der ursprüngliche, sondern die Reaktion von B. „Du liebst mich nicht." – „Du tust nicht ein bisschen, was ich sage." – „Du bist ein träger Klotz und sitzt nur herum. Tu mal was. Wenigstens, wenn ich etwas will."
2) Viel mehr Streit. Bei Möglichkeit 1 bleibt sich B treu, bei Möglichkeit 2 argumentiert er „objektiv", was Person A wirklich stark erbost.

3) Person A findet, nun bewege sich immerhin „etwas". Sie fragt, ob B sich deshalb bewege, weil er A Recht gäbe (warum dann nur 150 Prozent?) oder „nur aus Liebe" (B gibt also A Unrecht und tut es „dem verrückten A zu Liebe").
4) Ähnlich! „Nur weil ich Druck mache, he? Du gibst mir also Unrecht? Wenn du schon einwilligst und einigermaßen tust, was ich sage, dann mache bitte nicht so ein gequältes Gesicht!"
5) Ähnlich! „Warum gehst du auf mich ein? Das ist nicht deine echte Meinung. Die ist 75 Prozent. Warum folgst du mir? Weil ich sonst streite? Du willst nur Frieden? Oder willst du mir zeigen, dass du mich liebst und dich dadurch überlegen fühlen kannst?"

Die nächste Reaktion von Person B:

1) „Ich bleibe mir treu. Es wird dann eben so laut wie immer, wenn du rumzickst. Ich ändere mich nicht. Du spinnst. Dein Problem gibt es nicht."
2) „Ich bin sehr böse, weil das Reale und Objektive von dir nicht akzeptiert wird. Du musst einsehen, dass es dein Problem in dieser Schärfe objektiv nicht gibt. Verrückt, total verrückt. Ich rede mit dir nur noch auf dieser Basis."
3) „Ich habe mich sehr weit bewegt, sehr weit. Ich gebe dir nicht Recht. Ich habe es aus Liebe zu dir getan. Jetzt schimpfst du, dass ich dir nicht Recht gebe. Du schimpfst, es sei vielleicht ‚nur' Liebe. Das trifft mich sehr ins Herz. Mich trifft fast der Schlag."
4) „Ich habe mich gebeugt, sehr weit gebeugt. Nun wirfst du mir vor, dass ich es nur unter Druck tue. Ja, natürlich. Du willst wohl noch, dass ich es tue, weil ich dich liebe oder weil ich dir Recht gebe? Was denn noch? Sei zufrieden. Es geschieht, was du willst. Aber ich mache kein frohes Gesicht dazu. Das kann niemand verlangen."

„Ich habe genau getan, was du wolltest. Nun sagst du, es sei nur deinetwegen. Ich soll dir aber noch zusätzlich Recht geben und dich bewundern. Ich soll es von mir aus so fühlen wie du. Das alles will ich gerne noch zusätzlich tun. Ich gebe dir alles gern und bin sehr glücklich dabei, alles für dich zu tun. Nur will ich, dass du mich dafür liebst. Ich erleide das alles ja nur deinetwegen. Du musst mich kniend verehren, dass ich mich selbst höchstpersönlich so sehr überwunden habe. Ich bin moralisch überlegen."
Person A nach mehreren Runden: „Ich will, dass alle Menschen die Sache so wahrnehmen wie ich. Ich will es, weil ich richtig empfinde und alle anderen falsch. Ich will sie überzeugen. Leider scheinen sie mich entweder stark ablehnend für verrückt zu erklären oder aus angeblicher Liebe zu mir nachzugeben. Ich kann sie also nicht besiegen, was mich fuchsig macht, oder ich besiege sie formal mit Gewalt, aber das will ich nicht. Ich will sie überzeugen, dass meine Wahrnehmung die richtige ist. Wenn sie also nachgeben, bin ich noch viel böser, als wenn sie sich weigern. Dann weiß ich, woran ich bin. Das Nachgeben ist betrügerisch. Ich merke genau, dass sie nachgeben, weil sie Schiss vor mir haben oder eine Menge Dankschleim von mir erwarten, dass sie angeblich plötzlich genau so wahrnehmen wie ich. Warum soll ich dafür danken, wenn ich jemand beibrachte, etwas richtig wahrzunehmen? Ich werde versuchen, noch stärker zu überzeugen."

A schärft seine Wahrnehmung und konzentriert sich. A sieht nun noch viel schärfer, wie unvollkommen die Welt ist. A's Erregung geht auf 400, 500.
Person A sieht: „Ich probiere es härter, immer härter. Ich weiß nicht, woran es liegt, dass sie nicht richtig wahrnehmen."

Person B nach mehreren Runden: „Person A sieht alles total dringend. Wenn sie was will, soll ich springen. Sie spinnt. Ich habe alles versucht, sie zu überzeugen, dass sie spinnt. Ich habe es mit Logik versucht, mit Objektivität, mit stoischem Aushalten der Verrücktheiten. Ich habe aus Liebe nachgegeben, aber nur Verachtung geerntet. Ich habe auf Druck schließlich mitgemacht und ebenfalls Verachtung geerntet, weil ich angeblich immer ‚so eine Schnute' ziehe, wenn ich einer Gewalt nachgebe. Soll ich meine Persönlichkeit aufgeben? Ja, das ist es, was sie will. Ich halte es nicht aus. Auf der anderen Seite: Wenn ich selbst etwas dringend will, faucht sie mich an. Sie ist nicht bereit, irgendwo nachzugeben, wenn es mir wichtig ist. Ich bat sie, bei mir nachzugeben, wenn ich bei ihr nachgebe. Sie sagte, das sei etwas anderes, weil sie ja etwas Wichtiges von mir wolle, während ich etwas Verrücktes zum Ausgleich fordere. Das macht mich unendlich wütend, weil ja sie verrückt ist und nicht ich. Ich weiß nicht, wie ich ihre Verrücktheit korrigieren kann, so dass sie vernünftig wird. Ich sage ihr so oft: Schau doch mal, wie gut ich die Sache behandle und wie gut das wird. Dann schreit sie wieder los, völlig unbeherrscht."

Person A und B haben verschiedene Wahrnehmungen. 300 zu 75. Ein anderes Mal 75 zu 300. Im normalen Alltagsstreit verlangt nun immer die 300-Partei in großer Aufregung, dass etwas geschehen müsse. Die Machina wütet. Es wird ein Kompromiss oder eine Lösung herauskommen. Immer aber streiten sie sich, weil die Machina bei 300 Prozent fordert, dass nun JEDER den Stein des Anstoßes im 300er Bereich wahrnehmen müsse. Eine Machina will bei 300 Prozent einfach, dass alle anderen Personen es auch so sehen: 300 Prozent.

Die jeweilige Person B sieht es aber faktisch nicht so. Deshalb wird jede Lösung und jeder Kompromiss zur Qual. Person B wird denken (und im Denken kommen Schimpfwörter vor!): „Was immer ich auch tue, ich habe jetzt die Arschkarte gezogen." Egal, ob Person B gegen A kämpft oder Person A gehorcht, es gibt Krieg. Friede gäbe es nur dann, wenn Person B wie A psychisch empfinden würde. Das aber tut Person B einfach nicht. Es geht nicht. Die Empfindung ist nicht so. (Oder sie gleicht sich nach langer Ehe an.)

So sehe ich das eher normale Eskalationsmodell einer „Kommunikation", die in jedem Fall zu einem Konflikt führt und im normalen Alltag unauflöslich ist, solange nicht die Wahrnehmungen der Menschen uniform gleich sind, was sie aber in der Regel nicht sein *können*, wie ich hier schon lang und breit ausführe. Person A will von Person B im Grunde, dass das Seismographensystem von B genau so wahrnimmt wie das von A. Diese Forderung ist zumindest kurzfristig unerfüllbar und führt zur Schieflage, dass alle Lösungen nun zum Konflikt werden. Was immer der Stein des Anstoßes war: Nun streiten sich A und B. Die Machina von A beschuldigt B als schlechten Menschen, darauf wird die Machina von B an einer anderen Stelle hochempfindlich verwundet („meine Liebe wird verachtet" – „nicht objektiv" – „ich habe Recht" – „fängt schon wieder denselben Streit an, wo ich nur Frieden liebe"). Da schlägt Machina B zurück. Und so weiter.

Der Verlauf hängt sehr davon ab, welche Kombination A und B bilden (richtige, natürliche, wahre etc. Machinae). Einige Beispiele folgen.

Person B könnte nun dieses Kapitel gelesen haben und *wissen*, dass Machina A auf 300 ist. Was soll sie tun? Ich habe eine Möglichkeit angegeben: Sofort dafür sorgen, dass der Level von Person A unter 300 kommt. Dann kann es Lösungen geben. Es geht nicht darum, Person A Recht oder Unrecht zu geben, sondern darum, sie vom Erregungsniveau herunterzubekommen. Das geht nur mit der Einsicht, dass in Person A eben Stromschläge wüten, die sie erregen.

Aber wie sollte das funktionieren? Oft helfen das bloße Zuhören und ein bisschen Mitaufregen. Im Grunde müsste Person B begreifen können, wie sehr A außer sich ist und was sie zucken lässt, so zu wüten.

Können Sie es noch ein drittes Mal hören?

Achte die Schmerzen deines Nächsten wie deine eigenen.

Am besten wäre es, eine Großmutter hörte zu, ein Kind, ein Narr, ein Weiser, einer, der Menschen liebt. Eine Alpha-Seele sollte zuhören, die in diesem Spiel nicht ihrerseits Pseudosinn sammeln will.

Eine Quelle, die *gibt*: klares Wasser zum Abkühlen, etwas Sonne zum Aufwachen. Achtung und Respekt für Empfindlichkeiten des anderen.

Damit habe ich eine einfache Antwort gegeben, die ich für absolut wahr halte. Ich habe damit noch keine zusätzliche machinafreie Alpha-Seele für diese Welt geschaffen. Deshalb ist das Problem noch nicht gelöst. Das müssen die Alpha-Quellen tun, von denen wir also mehr und mehr und noch mehr brauchen. Sonst bleiben wir im Dauerzwist. Jede Person A gegen jede davon verschiedene Person B.

„Was ich auch tue, es ist falsch!" Solche Grunderfahrungen in der „Kommunikation" von Machinae werden oft seit Gregory Bateson und Paul Watzlawick als Pathologie oder Paradoxon in der Kommunikation beschrieben. Das Dilemma wird meist darin geortet, dass es verschiedene Sprachebenen, Bedeutungsebenen, logische Ebenen gibt. Die Ausführungen sind logisch-mathematisch gehalten und benutzen einen Hauch Mathematik oder Logik. Beim Lesen dieser Theorien sagte meine Intuition, es könne mit Logik nichts zu tun haben, weil „wir" so nicht „ticken". Ich habe lange über das Buch *Pragmatics of Human Communication* von Paul Watzlawick nachgedacht, das Ideen von Gregory Bateson ausbreitet und in die helle Sonne stellt. Ich will hier keine Gegenüberstellung beginnen. Ich habe Ihnen hier nur ein anderes Vorstellungsmodell angeboten: Ich sehe den Widerspruch, der zu den Wirren im Alltag führt, in den verschiedenen Wahrnehmungen. Die 300-zu-75-Vorstellung reicht für mich aus, um den täglichen Wahnsinn des fast notwendigen Unglücks für alle hinreichend zu deuten.

Und solange Machinae am Werk sind und keine Alpha-Seelen zuhören, gilt: Kommunikation zwischen verschieden wahrnehmenden Menschen ist Kampf.

Das muss nicht sein. Es ist aber so.

Wissen Sie, was Sie in Wirklichkeit fast alle tun?

Achte die Krankheit deines Nächsten wie deine eigene.

Wenn die Seele unseres Nächsten blutet, sehen wir nicht hin. Wenn sein Finger blutet, helfen wir in ehrlicher Panik, er könnte ernsten Schaden nehmen. Wir sind sofort da, jemandem mit Körperwunden und Körperkrankheiten zu helfen. Aber das Rasen der Beta-Seele oder der Seele schlechthin erkennen wir nicht. Dann ist Person A gemein, aggressiv, depressiv, süchtig oder pedantisch. Dann schlagen wir zurück. So müssen erst die rasenden verletzten Seelen den Körper krank machen. Die Seele macht ihr Leiden im Körper für Person B erfahrbar und verständlich.

„Depressiv? Selbst Schuld." – „Du hast jetzt Multiple Sklerose? Oh weh."

„Arbeitslos? Selbst Schuld." – „Du bist alkoholkrank. Hmmh, selbst Schu... ja, kann man dir helfen?"

Krankheit des Körpers ist sichtbar gewordener Seelenschrei.

Die Psychologen nennen sichtbare Seelenschreie Symptom. Migräne, Bettnässen, Magersucht und Sucht sind Symptome oder sichtbar gewordene Seelenschreie.
Und was tun wir dann alle?

Wir schicken die Menschen zum Arzt, zur Entziehungskur, zum Essen oder Abnehmen. Wir wecken den Bettnässer alle zwei Stunden, damit das Bett sauber bleibt. Wir beseitigen das Symptom oder auch nur dessen schädliche Auswirkungen. Psychologen kennen das Phänomen der Symptomverschiebung. Ein Symptom wird ganz „abgewöhnt" oder beseitigt, da tritt ein neues woanders auf: Die Seele schreit immer noch. Solange sie ungehört schreit, macht sie die Schreie im Körper sichtbar. Dann aber wird der Körper zum Fleischarzt geschickt. Ich habe das in unserer Nähe längere Zeit miterlebt: Magersucht. Und es war klar, woher sie kommt. Aber die Menschen sagten: „Iss." Und so sagen sie an anderer Stelle: Trink nicht, geh arbeiten, streng dich an, lerne besser, gehorche nur immer. Sei kooperativ. Und sie sagen: „Weißt du – erwarte nicht noch mehr Rücksicht und Anteilnahme von uns. Wir leiden doch auch. Siehst du das denn nicht? Müssen wir dich erst anschreien?"

11. Wettbewerb oder Heimat in gleicher Wellenlänge

Das Erzielen von Kompromissen zwischen *verschiedenen* Menschen führt oft zum Auseinanderdriften, zur *komplementären* Form der *Schismogenese*.

Der Terminus der Schismogenese stammt von Gregory Bateson, der die wachsende Differenzierung und Kontrastierung zwischen Gruppen durch gegenseitiges Anders-sein-Wollen studierte.

Bateson untersuchte auch den von ihm so genannten *symmetrischen* Fall, wobei es zur Auseinandersetzung von „Gleichen" und zur Eskalation kommt. Die Eskalation zwischen ähnlichen Menschen sieht wie Wettbewerb, Verdrängungswettbewerb oder gar Vernichtungskampf aus.

Ich erkläre die symmetrische Schismogenese hier wieder anhand der Stromschlagseismographen. Zunächst stelle ich fest, dass der Wettbewerb wohl nur da ausbricht, wo es um etwas geht. Wettbewerb wird ja nicht um nichts geführt, sondern darum, wer „oben" ist.

Wenn etwa die Machinae zweier Perfektionisten, zweier Besserwisser oder zweier Machtmenschen zusammentreffen, dann sicher auf dem Gebiet der Perfektion, des Allwissens oder der Herrschaft.

„Sie sagt, ich habe einen Fehler gemacht. Das kann gut sein. Ich will es nicht abstreiten, obwohl ich einige Gründe hatte, warum es aus vielerlei zusammentreffenden Zufällen heraus passiert ist. Aber dann hat sie gesagt, so etwas könne ihr nicht passieren. Ha! Das hat mich wirklich aufgebracht. Ich zittere jetzt noch. Da habe ich ihr aber auch einmal ein paar kleine Fehler unter die Nase gerieben, das hat sie gefuchst. Ich verstehe aber trotzdem nicht, dass sie die Fehler abgestritten hat. Das täte ich nie. Sie ist viel zu weit gegangen. Ich kann sie nicht mehr achten."

„Er weiß nichts. Sie applaudierten nach seinem Vortrag, den eigentlich ich selbst halten sollte, aber es war damals nicht sicher, ob ich Zeit hätte. Sie sagten, er wäre genau so gut wie ich gewesen und sie hätten jetzt einen fast ebenbürtigen Ersatzkandidaten. Dass ich nicht lache! Ich habe ihn nicht bloßstellen wollen, aber als eine Frage aus dem Auditorium tiefer ging, wand er sich. Da war nichts mehr dahinter. Gar nichts. Heiße Luft! Nebel hat er geworfen, als es ans Eingemachte ging. Das habe nur ich bemerken können, weil das Publikum ja dumm ist. Er hatte leichtes Spiel. Wieso er sich zutraut, ohne Tiefe auf die Bühne zu treten, weiß ich nicht."

„*Ich* habe den Anspruch auf diese Abteilung! Was erlaubt sich der Kerl! Er nimmt diesen Antrag sofort zurück, dafür werde ich sorgen! Sie hören ihn nur an, weil er ein Mann ist. Ich werde Ihnen zeigen, was *ich* jetzt tue. Ich habe schon einen Termin beim Vorstand. Das geht nie mehr gütlich zwischen uns ab. Er hat das Messer gezogen. Das kann *ich* schon lange. – Wieso einigen? *Ich* einige mich nie. Es war nicht so gemeint? Dann soll er es nicht sagen! Hinter meinem Rücken eine Abteilung krallen. – Sie haben es abgelehnt? Gut. Na also. Dann muss ich ihn also nur noch durch den Fleischwolf drehen lassen. Aufhören? Ich? Nie! Nie! Warum aufhören? Er fing an, also hört er selbst auch auf. Gut – er soll unterhalb der Grasnarbe in mein Büro gekrochen kommen und um Verzeihung bitten. Ich will überlegen, was ich dann tue."

Bei Gleichen, die in einen Streit geraten, kommt es oft zum Verdrängungswettbewerb. Sie kämpfen mit sehr ähnlichen Machinae oder Methoden, ihre Probleme zu bewältigen.

Wenn *verschiedene* Machinae kämpfen, verwenden sie quasi verschiedene Waffen. „Ich kämpfe mit einem Speer. Tu du das auch. Ich werde dich besiegen. Es ist unfair, wenn du mit einem Bogen schießt!" – „Dann nimm auch du einen Bogen und ich besiege dich!" Verschiedene Machinae lamentieren vor allem, dass *ihre eigene* Waffenführung die einzig Wahre ist. „Er kommt mir mit Objektivität und Methode.

Ich habe ihn verbal zu Sau gemacht und gewonnen. Jetzt ist er beleidigt. ‚Das gilt nicht,' sagt er. Niemand hat ihm verboten, zurück zu schreien. Objektiv! Bah!"

Wenn *gleiche* Machinae kämpfen, müssen sie sich *übertrumpfen*. Es sieht aus wie Aufrüstung von beiden Seiten.

„Das Unternehmen gegenüber hat jetzt auch Vanilla-Limonade. Wir müssen hart zurückschlagen. Vanilla können wir auch! Wir machen Vanilla-Plus!" – „Sie reagieren unfair. Ihre Vanilla ist nie und nimmer Plus. Wir versuchen dazu noch Lemon Light." – „Sie haben jetzt dazu noch Lemon Light. Es schmeckt nicht. Wir kontern mit Blutorange Ice."

„Sie haben neuerdings einen Gartenzwerg. Protzig. Es ist bestimmt wegen unseres süßen Rehs aus Bronze. Wir stellen jetzt noch einen Betonhasen dazu. Süß. Sieh mal! Toll. – Oh, jetzt ist da eine weiße Ziege im Garten, die soll wohl ein Schneewittchen darstellen. Was soll das? Wir hatten so einen schönen Garten und dann fangen die auch so etwas an, nur scheußlich. Sie wollen uns damit etwas zeigen, da bin ich sicher."

„Die Amerikaner haben Atombomben. Die wollen wir auch. Ha, jetzt haben wir eine Erdumrundung. Mist, jetzt bauen sie Wasserstoffbomben. Wir werden nachziehen und sie überholen, in allem! In allem! Aus purem Trotz werden wir sogar Cola mittrinken, damit sie nicht denken, wir hätten nur Wodka."

Es gibt auch so etwas wie eine gemeinsame Kultur gemeinsamer Vorstellungen. „Wir leben auf der gleichen Wellenlänge. Mit meiner Freundin verstehe ich mich blind. Sie fühlt wie ich. Wir reden nicht viel miteinander. Wir sind zusammen glücklich. Unsere Verständigung klappt blind. Unsere Interessen und Seelen sind so sehr gleich."

Wenn Menschen auf einer Wellenlänge leben, müssen sie vielleicht gar nicht mehr so viel „kommunizieren", weil sie sich ja blind verständigen?

12. Sieger im 300-Prozent-Wettbewerb!

Im 300-zu-75-Vorstellungsmodell heißt das: Wenn zwei Machinae mit gleichen Hochempfindlichkeiten aufeinander treffen, dann erregen sie sich eskalierend gegenseitig. Sie gehen beide ans Limit, um sich gegenseitig zu übertrumpfen.

Wenn beide die reale Lage mit 300 Prozent Intensität erleben und sich auf der Stromschlagkurve der Wahrnehmung schon an einer ganz steilen Stelle des steigenden Astes befinden, dann gibt jedes Pünktchen Fortschritt gegen den gemeinen, feindlichen Wettbewerb einen hohen zusätzlichen Kick in der Wahrnehmungsintensität.

Beide Wettbewerber sind immer am Limit, in einer Grenzsituation.

Sie kühlen nicht ab, wie das bei Kompromissen von ganz divergenten Wahrnehmungen der Fall sein könnte. Im Wettbewerb gibt es nur Sieger und Verlierer, keine Kompromisse oder Einigkeit.

Die Wettbewerber bleiben also hochaufmerksam aufeinander gerichtet. Die Folge des Wettbewerbs, dieses steten Streckens an der Grenze, ist die so genannte Hyperaggressivität, das Wesen der Typ A Aggressiven. „Kurz vor dem Herzinfarkt, höchste Anspannung, alles ist eilig." Diese Haltung ist gekennzeichnet durch Hyperwachsamkeit, ein Dauergefühl starker Dringlichkeit, einen Hang, unermüdlich zu arbeiten, dabei viele Aktionen gleichzeitig abzuarbeiten und dauernd mit dem schon Erreichten unzufrieden zu sein.

Insbesondere die stark initiativen Erfolgsmenschen (normsozial, natürlicher Mensch, „muss der Mutter oder später ersatzweise dem Ehepartner Erfolge auftischen") neigen zu diesem Modus.

Sie erzielen eine Menge Pseudosinn (Erfolg eben), indem sie alles Mögliche einseitig als Wettbewerb deklarieren. Dann prahlen sie und brüsten sich. Der Trick ist: Man sehe etwas mit 300 Prozent Wichtigkeit an, was normalerweise nur mit 75 Prozent betrachtet wird.

An der Straße liegen Äpfel von herrenlosen Bäumen. Ein Mensch erzürnt sich entsetzlich und hält alle Menschen mit einem Weltapfelproblem in Atem. Er organisiert den Weltapfeltag unter Presseblitzlichtgewitter im ganzen Dorf, ganze Schulklassen der Unterstufe strömen aus und bringen Fallobst in die Apfelsaftfabrik, die den Saft an Bedürftige ausschenkt, die weltweit von überall her vom Dorfrand zusammengetrommelt werden. Rührend: Ein Apfelsaft schlürfender Dackel in der Rhein-Neckar-Zeitung. „Gigantischer Erfolg der Weltapfelinitiative!"

„Kinder, es macht keinen Spaß, hier herumzubummeln. Wir wollen in den Spaziergang kleine Hüpfübungen und einiges Training einbauen, damit wir die Besten sind. Wir können beim Entengang noch die abgeschrittenen Bäume mit Namen wiederholen und das Gezwitscher der Vögel fachlich durchnehmen."

Ich meine mit solchen 300 Prozent nur solche Aktionen, die um des 300-Prozent- „Feelings" willen begonnen werden, nicht ehrenwerte Leidenschaften einer initiierenden Alpha-Seele. Die Wettbewerbsmachina ist zwanghaft von Gelegenheiten angezogen, der Beste zu sein. Die anderen, die nur mit 75 Prozent dabei sind, werden moralisch abgefertigt: „Schlappschwänze, Angsthasen, Faulenzer, Nichtstuer." Damit hetzen die vorsätzlichen Wettbewerbssüchtigen den Wahrnehmungslevel über 100, wie den Puls beim Sport. Sie erklären die gleichgültigen Herumsteher für Schuldige, die nur Schmarotzer seien. „Zum Apfelsafttrinken seid ihr am Ende da! Das kann jeder! Pfui!"

Die 75er beginnen die 300er zu hassen. Die 300er verachten die faulen 75er von Herzen gerne. Es ist eine sehr befriedigende Verachtung: Von oben nach unten. „Nur Pack, die da!" fühlt sich besser an als „Ich hasse ihn, mich über 100 zu zwingen."

Die 300-Haltung des Wettbewerbs ist eine von unseren Systemen erwünschte, das ist klar. Ich habe sie ausführlich in *Supramanie* besprochen. Sie zwingt Unwilligen die eigene Empfindlichkeit auf („Bildet eine Koalition der Willigen!") und sät indirekt Hass, Neid, Versagens- und Prüfungsangst. Unter Druck beginnen Menschen zu schummeln, schönzureden und zu betrügen. Für ein paar Dollar mehr.

13. Satisfaktion und Flammen

Die in uns erzwungenen übertriebenen Wahrnehmungen heften sich in unserem Körper *an die Symbole* dieser Wahrnehmungen. Der Unterlegene sieht im Überlegenen das Symbol seiner Niederlage. („Seit ich nach meinem Projektfehlschlag prompt eine miese Bewertung bekam, hasse ich den Chef körperlich.") Person A hasst Person B, die nicht auch ein 300er ist. Person B hasst A, weil sie gezwungen werden soll, 300er zu werden. Der Wettbewerbsinitiator wird von den Ruhigen gehasst („Mach doch nicht aus allem Stress!"), er selbst verachtet wiederum die Faulen. Wettbewerber hassen sich als Feinde. („Sie werben unseriös gegen uns. Lüge! Wir müssen zurücklügen, sonst gewinnen sie." – „Doping? Macht jeder. Wenn du nicht an die Grenze gehst, verlierst du gegen diese Betrüger.")

Die Macht bekämpft die Untergebenen, wenn sie nicht in gleicher Weise wahrnehmen wie sie. Wenn die Macht 300 anordnet, ist 300. Wer nicht mitzieht, wird gekreuzigt. Damit jeder mitzieht, gibt es Inquisition, Staatssicherheit oder Innenrevision. Die Gefolterten hassen das Symbol der angeordneten 300: die Macht.

Wenn Menschen gezwungen werden, gegen ihren Willen falsch übertrieben wahrzunehmen, heftet sich dieser Unwille wie Hass an das Symbol des Zwanges: Vater, Mutter, Partner, Chef, führende Politiker, Lehrer. Überall Hass.

(Nur eine Feinheit: *Lehrer* werden gehasst, manchmal bis zum Attentat. *Hochschullehrer nicht* – die halten wir nur für unfähig, wenn wir sie nicht mögen. Der Unterschied liegt darin, dass naturwissenschaftliche Professoren nicht wirklich versuchen, übertriebene Wahrnehmungen zu erzwingen. „Interessiert euch oder auch nicht." In den Geisteswissenschaften wird allerdings versucht, die eigenen übertriebenen Wahrnehmungen anderen aufzuzwingen. Das nennt man Gründung einer Schule. Dann regt sich auch schon der Hass und die Verachtung, weil das sofort zu anderen, besseren Schulen und zu Schismogenesis führt.)

Hass! Gegen Menschen, die von uns ungeliebte übertriebene Wahrnehmungen verlangen! Gegen sie als Symbole dieser falschen 300 Prozent.

Megahass für die Mutter aller erzwungenen übertriebenen Wahrnehmungen: nicht artgerechte Behandlung. Umpflanzen eines Menschen in falsche Erde. Dagegen regt sich des Menschen Urhass. Deshalb findet Sigmund Freud in Patienten so entsetzlich viele Tötungswünsche gegen Vater und Mutter, gegen Geschwister und Lehrer. Diese versuchen uns anders zu gestalten, als wir sein müssen. Offenbar findet der Hass keine Ruhe, solange das Symbol des Hasses noch lebt. Ich kenne eigentlich liebe Menschen, die Verwandte hassen. Sie hassten sie noch, als sie verwirrt oder hilflos im Pflegeheim waren und keine Macht mehr hatten. Wie sagen wir so schön? „Es ist erst Ruhe, wenn einer von beiden unter die Erde kommt." Das Symbol des Hasses muss fort. Wir sind deshalb keine potentiellen Mörder, wie uns manche Psychologen vorzuwerfen scheinen. Nur *ein* Seismograph schlägt so lange schmerzend mit hoher Überempfindlichkeit aus, wie das Symbol lebt. Mit ihm stirbt vielleicht der Stromschlagseismograph und der Hass. Es sind also nicht Todeswünsche oder

Mordgelüste. In uns zuckt es. Und wir denken: „Weg, weg, weg mit dem Symbol, das mich mit jedem Anblick neu verwundet. Oh, wärest du tot!"

Hass!

„Du isst Heringe so lange, bis sie dir schmecken." – „Ich bringe dir noch ein Jahr jeden Morgen eine Rose. Du musst mich bald lieben." – „Ich ruhe nicht eher, bis sich jeder hier im Raum für Chemie interessiert." – „Unsere Religion ist viel besser, das werdet ihr noch spüren." – „Freudianer sind schlechte Menschen, sie sollten das zugeben." – „Die Welt soll grün werden." – „Ihr sollt rot werden, und wenn ihr dabei schwarz werdet."

14. Massenpsychologie der Verlierer

Wir hassen denjenigen, der uns umpflanzt.
Wir hassen den, der uns eine Wahrnehmung aufzwingt, die wir nicht teilen.

Wir beginnen, diejenigen zu lieben, die das Gleiche hassen. Wir tun uns im Hass auf die Sieger zusammen.

Die Amerikaner werden als Beta-Sieger nicht geliebt und solidarisieren ganze Kulturen. Bayern München ist als ständiger Sieger Gegenstand einer großen Fan-Zusammenrottung gegen „diesen arroganten reichen Verein, der unseren armen zwingt, sich übertenerte Spieler zu kaufen, um mithalten zu können". Mitarbeiter aufgekaufter Firmen leiden unter der Unterdrückung der eigenen Kultur und wehren sich stumm durch Dienst nach Vorschrift. Die meisten Mergers oder Firmenübernahmen scheitern an der Arroganz des Übernehmenden, der die eigenen Wahrnehmungsmuster generell durchsetzen will. Es ist seit zwei Jahrtausenden bekannt, dass die Römer ihr Reich darauf gründeten, die Kulturen der Besiegten zu schonen.

Und? Hat jemand etwas gelernt?

Revolutionen entstehen nicht, weil die Unterdrückten zu arm wären. Sie entstehen, weil die Sieger zu arrogant sind, sich also nicht um die Wertempfindungen der Verlierer scheren. Dann ist es leicht, die Verlierer im Hass gegen die Arroganz zu einen und zum Sturm auf die Bastille zu führen. Not stachelt keinen Seismographen an. Ständige Not bedrückt. Aber Arroganz entflammt. Da stehen die Massen auf.

Deshalb jammern wir gemeinsam über einen arroganten Arbeitgeber, über arrogante Übernahmen oder arrogante Politiker. Wir ziehen gegen das Arrogante völlig entflammt in den Krieg. Nichts ist so schön wie das Baden im gemeinsamen Hass auf etwas uns gemeinsam Quälendes. Unsere Seismographen heulen gemeinsam auf. Gemeinsam sind wir die Verlierer gegen ein gemeinsam Gehasstes. Nichts macht so stark wie dieser geteilte und damit potenzierte Hass. Wir rotten uns wie Pöbel im Hass zusammen und sind unbezwingbar. Es fühlt sich an wie Rausch. Wenn sich dann plötzlich ein Führer zeigt und uns in diesem Rausch bestärkt und uns gar glaubhaft sagt, er liebe uns, dann brechen alle Dämme.

Krieg und Auflösung.

15. Satisfiktion, Wertumwertung und Gegenseismographen

Huiih, das war jetzt eine ganze Hassorgie für Sie von mir. Die Welt – so habe ich Ihnen gezeigt – muss ja förmlich nur so aus Hass und Verachtung bestehen, wenigstens tagsüber zwischen den Mahlzeiten. Und Sie werden mir schon an den Kopf geworfen haben, dass es weit weniger Hass gibt, als ich ihn jetzt schwarz auf viele Seiten gemalt habe.

Ich will Ihnen aber entgegnen: Ja, der Hass ist überall und überall.

Er ist aber nicht mehr zu sehen, weil er unkenntlich gemacht wird.

Ich habe auch nicht gesagt, Hass sei das Gegenteil von Liebe. Ich habe gesagt, Hass sei für mich das Gefühl ohnmächtiger Wut, von einer stärkeren Macht gezwungen zu werden, deren Wertungen zu akzeptieren.

Eine über alles geliebte Frau könnte zu ihrem Mann sagen: „Ich habe einen anderen. Unsere Liebe ist zu Ende. Tschüss." Es ist ihre Wertung, dass die Liebe endet. Der Mann liebt über alles. Ihre Wertung triumphiert. Sie geht. Da hasst er sie um alles in der Welt. Das bedeutet nicht, dass er sie nicht noch immer um alles in der Welt lieben würde. Aber er hasst sie gleichzeitig. Er hasst sie, wenn er sie mit dem Neuen sieht. Er hasst alles an ihr, was sie nun anders tut. Er hasst das neue Kleid, das neue Auto, ihre neue Wohnung. Er wird am liebsten ihre späteren Kinder und vielleicht auch die jetzigen anspucken. Er hasst, dass ihre Wertung der Lage die Macht hat. Und er liebt sie über alles in der Welt.

Genauso lieben wir unsere Eltern über alles, aber wir hassen sie sehr oft als Symbole der uns umdefinierenden Gewalt, die von ihnen ausgeht. Hassliebe.

Gleichzeitig lieben und hassen – das ist kaum zu ertragen. Oder nur hassen und abhängig zu sein von der Macht – das ist unerträglich. Wenn wir einen unfähigen Chef haben, der unsere Arbeit ruiniert und uns aber auch die Gehaltserhöhungen geben soll? Der Chef erniedrigt uns und ist gleichzeitig notwendige Pseudosinnquelle. Was dann?

Wir konvertieren den Hass in gespielte Höflichkeit und versuchen, diese als Liebe zu empfinden.

Es hört sich zu Weihnachten so an: „Ach Mutti, du bist die Beste. Wir lieben dich alle. Es ist so schön und riecht so gut. Wir wollen an nichts sparen. Ach, Mutti, wieder daheim! Ach Vati, zu Hause! Alles atmet weihnachtliche Liebe. Hier sind wir glücklich. Hier geht es uns gut. Hier können wir bestimmt auch *vergessen*. Schwamm drüber. Wir lieben uns alle und es ist toll, wie wir uns immer wieder vertragen."

Weihnachten soll harmonisch sein. Ein teurer Urlaub soll ohne Trübung „gelingen". Da beschließen die Menschen im Innern, die Hass-Seismographen zu ersticken. Sie zwingen sich, ohne Hass die Symbole des Hasses zu ertragen. Ein Urlaub im Streit ist für viele das Trauma schlechthin. Daher nehmen sie sich zusammen und sind kooperativ. Sie adaptieren willentlich Werte, die nicht ihre eigenen sind, um eine Katastrophe zu vermeiden. Die Psychologie spricht von Reaktionsbildung („Man täuscht sich Liebe vor, wo inakzeptabler Hass ist." Man versucht es mit dem im Allgemeinen so empfundenen „Gegenteil".). Ich glaube eher, man überschreibt die Seismographen mit noch härteren Seismographen.

Hass von 300 wird von vorgespielter Liebe auf 500 ersetzt.

Kennen Sie diese inneren Umstrukturierungen? Wenn der General in die Kaserne kommt, ist alles blitzblank. Angst wird durch untertänigen Aktionismus ersetzt. Wenn der Vorstand eines Unternehmens kommt, rüsten sie alles tagelang und schmeicheln und tun schön. Wenn Prüfung ist, lächeln sie den Prüfer zuckersüß an und sind ausgesucht höflich. Sie krümmen sich unter der Macht. Hass wird mit Zuckerguss überzogen und unkenntlich gemacht.

Ja! Das ist es! Hass wird *unkenntlich* gemacht. Wie macht man Gold für Diebe unkenntlich? Eingraben in Schmutz. Wie macht man Hass unkenntlich? Mit Goldrand schmücken. Es geht nicht um das Verkehren ins Gegenteil, wie die Psychologie denkt, sondern um dieses unkenntlich Machen. Niemand darf zu Weihnachten sehen, wie wir hassen. „Ach, wäre es nur schon vorbei!", seufzen die Hassverstecker. Ach, wäre der Chef schon wieder weg. Ach, wäre es schon geschafft! Sie haben alle Angst vor einer Erniedrigung durch die Macht.

Deshalb setzen sie vor der Macht die Maske auf. Sie können sich gar nicht vorstellen, wie sehr Mitarbeiter in der Verwaltung, in Banken oder Versicherungen leiden, wenn es eine Innenrevision gibt oder wenn bei IBM ein Corporate Audit durchgeführt wird. Sie zucken wochenlang in Angst. Sie haben meist gar nichts getan. Sie zucken wie wir Unschuldige, die in einer dunklen Nacht von der Polizei gestoppt werden. Wir zittern. Und zittern. Uns sollen fremde Wertungen aufgezwungen werden, die wir innerlich ablehnen.

Und dann sind wir sehr, sehr nett und lächeln den Feind an.

Wenn wir zu viel Angst vor Aktionen der Macht haben, kooperieren wir. Die Macht freut sich über die Kooperation, denn sie sieht damit ihre Macht gefestigt. Stellen Sie sich vor, in meine Abteilung kommt eine Revisionstruppe und ich lache sie vergnügt an! Und dann gebe ich den unnachgiebigen Prüfern eine Runde Kaffee aus und plappere fröhlich drauflos: „Hallo, ihr da – Mistjob, überall was finden zu müssen, was? Heute gibt es nun gar nichts zu finden, weil hier bei mir nichts ist. Ist aber die gleiche Arbeit für euch. Ist das für euch dann befriedigend oder frustig? Eigentlich müsste es befriedigend sein, oder?"

Ich habe am Anfang meiner Zeit bei IBM über Audits gelacht, weil sie alle lange vorher angekündigt wurden und weil bei mir (wirklich, nicht lachen!) meist alles ohnehin in Ordnung war. Was soll denn dann eine scharfe Prüfung meiner Personalakten, von der ich vorher weiß? Ich habe die Weisheit darin nicht gesehen. Ich fand den Aufwand lästig.

Die Weisheit ist diese: Wie Blei legt sich die Prüfung um unsere Herzen. Voller Unruhe lernen wir sicherheitshalber alle vergessenen Richtlinien auswendig. Voller Angst wienern wir das Haus. Unruhig räumen wir alles auf. Wir verschärfen die Vorschriften. Wenn „sie" kommen, sind wir zuvorkommend und lieb. Durch die Ankündigung werden wir langsam wochenlang weich und kooperativ. Wir übernehmen in übertriebener Weise für einige Zeit übertriebene Werte.

15. Satisfiktion, Wertumwertung und Gegenseismographen   165

Die Macht will gar nicht aufdecken, dass sie betrogen wird, um die Betrüger hinzurichten. Das täte ihr selbst ja weh! Sie sähe am Betrug ihre eigene Machtlosigkeit. (Wie der Hahnrei am Bett. Er hatte den Detektiv nur bestellt, weil er hoffte, Untreue zu *verhindern*.) Die Macht kündigt ihre Allgegenwart an, um uns die von ihr angeordneten übertriebenen Werte verinnerlichen zu lassen (wären die Werte nicht übertrieben, müssten sie weder angeordnet noch überprüft werden).

Vielen Hausfrauen, die ein Präsentierzimmer bereithalten, versinken in solche Zustände, wenn sie eine Konfirmation ausrichten sollen. Das wirkt bei vielen wie eine Revision. Das Haus wird noch schnell renoviert, der Garten neu angelegt, alles lackiert und auf Vordermann gebracht. Die übertriebenen Werte müssen demonstriert werden. Alles zur Schau durch alle.

Angst und Hass werden unkenntlich gemacht.

Am besten werden Angst und Hass unkenntlich, wenn wir einen Sinn in das Verstecken des Hasses legen. Am besten behaupten wir, wir sehen in unserer Handlungsweise positive Aspekte.

Wir konstruieren die Fiktion einer Genugtuung – eine Satisfiktion.

„Alles hat auch sein Gutes!", lügen wir uns vor.

„Eine Revision ist hart, aber gut. Es wird so ab und zu einmal aufgeräumt. Das hat zweifellos etwas Gutes." – „Ich bin Hausfrau. Ich bekomme leider keine richtige Arbeit, weil mein Mann dauernd umziehen muss. Er macht Karriere. Es ist im Grunde gut, wenn ich nicht arbeite. Ich halte ihm den Rücken frei. Er braucht mich sehr, denn er kommt praktisch nie nach Hause, so viel Arbeit hat er. Ich liebe ihn und mein Leben." – „Wenn ich nach Hause komme, jammert sie herum. Dabei komme ich schon gar nicht mehr nach Hause. Ich liebe sie sehr. Ich bringe ihr Geschenke mit. Drachenfutter? So neckt sie mich. Nein, nein, ich liebe sie." – „So eine Diplomprüfung ist sinnvoll. Da werde ich gezwungen, einmal alles vollständig zu wissen. Das wird das letzte Mal in meinem Leben sein, dass ich alles weiß, was ich wissen sollte. Ich liebe diesen Augenblick höchsten Wissens."

Und am Ende: „Macht muss sein. Sie schützt mich ja."

Die Macht bedroht uns. Wir zittern vor Angst, winden uns in Erniedrigung und hassen. Wir unterdrücken den Hass. Denn die Macht muss hart sein, weil sie uns schützt. Unter ihrem Schutz können wir leben. Und letzten Endes hat die Macht Recht.

„Ich wurde sehr oft hart geschlagen. Aber es hat nicht geschadet. Seht hier die Narben. Gut verheilt. Im Grunde bin ich jetzt gut erzogen. Ich liebe meine im Ertragen gewonnene Stärke."

„Ich musste als Kind alles essen, was es gab. Ich musste mich stark überwinden. Sie zwangen mich, alles zu essen, was sie mir gaben, nachdem sie sich erst den Braten nahmen. Es ist im Nachhinein gut so. Ich muss mich nicht erniedrigen, etwas öffentlich nicht zu mögen. Es ist mir fast egal, was ich esse. Es schmeckt heute alles gleich gut. Ich liebe es."

„Meine Eltern waren sehr streng. Ich hatte weiß Gott nichts zu lachen. Ich habe mich durchgekämpft. Jetzt bin ich stark. Meine eigene Familie, die ich gründete, habe ich durch die früheren Erfahrungen gut im Griff. Meine Familie liebt mich später auch und das wird gut tun."

„Sie entführten mich und wollten mich töten. Ich starb vor Angst und Hass. Nur als ich dann später mit ihnen schlief, fühlte ich mich einigermaßen sicher. Die Liebe zu ihnen hat mich gerettet."

„Ich bekam nie viel Geld als Kind. Sie hänselten mich. Ich weinte manchmal. Ich stahl einige Male und starb vor Angst. Wenn ich heute sehe, wie viel eine Cola im Wirtshaus kostet – ein Glas so viel wie fünf Liter im Discount, dann wird mir ganz schlecht. Ich habe jetzt gelernt, den Wert der Dinge zu verstehen. Ich bin meinen Eltern sehr dankbar. Ich liebe meine Fähigkeit, mit nichts zu leben. Meine Kinder lernen es auch."

Harte Schule des Lebens.

Am oberen Ende:

„Sie nervten mich tagein tagaus, ich sollte der Beste sein. Das bin ich nun. Ich bin ihnen dankbar. Früher habe ich das gehasst, das muss ich sagen. Aber ich habe das Beste daraus gemacht. Ich bin der Beste. Ich liebe mich."

Die finale Satisfiktion ist diese:

„Umgepflanzt sein ist schön. Ich liebe mich so, weil ich ihnen jetzt gefalle."

16. Das Beste draus machen – massenhaft Pseudosinn

Wenn uns das Umpflanzen zu sehr wehtut, machen wir das Beste daraus. Ich selbst wurde öfter verhauen und konnte das später im Austausch gegen absolut richtige Mathe- und Lateinhausaufgaben vermeiden. Wissen ist Macht! Aus Angst und Hass wuchs schützendes Wissen.

Andere lernen zu kämpfen. Zu verführen. Gnädig zu stimmen. Zu schmeicheln. Bücklinge zu machen. Prüfungen zu bestehen. Zu gehorchen. Zu erobern. Zu schuften. Zu werden, wie es verlangt ist. Fehlerlos zu sein.

Wenn wir damit Erfolg haben, sind wir voller Glück. Und wir wissen nun: Das Rezept, das uns gegen die Kälte, gegen die Macht, den Hunger und die Gewalt schützt, ist das Allheilmittel, der Segen!

Wir beginnen, diese Pflaster zu sammeln. Die Pflaster sind:

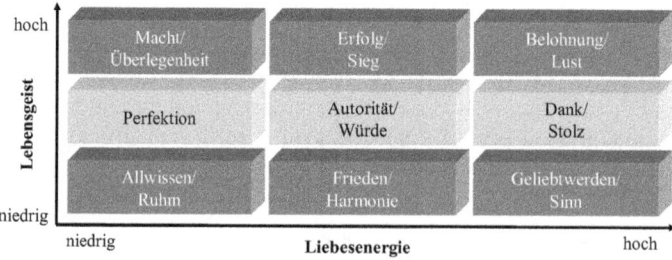

Wir lieben den Chef. Wir lieben die Macht. Wir lieben Gott. „Die Welt ist voller Schmerz= und Leid, aber es kann keine bessere Welt geben, sonst hätte Gott sie anders gemacht. Weil ich das glaube, komme ich in den Himmel."

Um nicht Angst und Hass zu fühlen, sammeln wir Pseudosinnpunkte.

Die meisten Pseudosinnpunkte sammeln die ehrgeizigen Aufsteiger, die nie wieder einen Schmerz fühlen wollen. „Nie wieder arm." – „Nie wieder gedemütigt." – „Nie wieder hilflos." – „Später wird alles abgerechnet. Am Ende wird alles gerecht vergolten."

Im Grunde wehren wir uns gegen etwas, was uns anders haben will, als wir sind.

Wenn wir nicht so sein dürfen, wie wir sind, dann müssen wir uns woanders Kompensation suchen: Wir sammeln Pseudosinn. Das ist das Beste, was wir tun können. Mit dem vielen Pseudosinn tut es nicht mehr (so) weh.

17. Hilft irgendetwas? Psychotherapie? Satisfiktion?

Was tun wir, wenn wir das Anders-sein-Müssen nicht ertragen?

Wir denken alle so: Wenn ein Mensch auch aus großzügigerer Sicht nicht mehr *normal* ist, soll er zur Psychotherapie. Wann also? Sein alltägliches Verhalten kollidiert mit allgemeinen Kriterien der Gesellschaft und wirkt unangepasst, was zu schädlichen Konsequenzen für ihn führt oder für die, die ihn dann zur Psychotherapie bringen: Familienmitglieder oder Freunde.

Die Psychoanalytiker gehen den verborgenen Trieben auf den Grund und finden vielleicht eine Erklärung der seelischen Lage, der Hauptstromschlagseismographen, der falschen Wahrnehmungen, der Symbole des Hasses. Sie sehen das Umgepflanztsein, die Begrenzungen, die Macht, die Versuche, sich durch die Machinae ein Heim oder eine Perle zu bauen. Sie verstehen den angesammelten Pseudosinn, der dazu noch in seiner Bedeutung ganz falsch wahrgenommen wird.

Und wenn wir das wissen, was dann? Die Psychoanalyse interessiert sich für die Kunst des „Herausbringens" dieser Erkenntnisse. Das ist eine große Kunst, weil die Menschen sehr unwillig sind, sich selbst auf den Grund zu gehen. Sie leisten Widerstand, weil ihre Empfindlichkeiten ans Licht kommen und das in ihrem Leben irrtümlich Wichtige auf ein normales Maß herabgewürdigt wird. (300 wird auf 100 reduziert. Das will niemand der Hochempfindlichen.) Und dann? Dem zwanghaften Perfektionisten wird gesagt: Tu ein wenig vom Gegenteil. Dem psychopathischen Machtmenschen wird gesagt: Werde großherziger. Allen wird gesagt: Übertreib nicht. Geh ein Stück zurück. Von 300 auf 100. Aber das heißt meist auch: Du hast leider nur Pseudosinn gesammelt, sonst nichts! Du leidest unter einer gestressten Beta-Seele deiner untüchtigen Machina. Vergiss die Symbole deines Hasses. Und so weiter. Ich habe in diesem Buch erklären wollen, wie schwer wir ganz Normalen fast alle leiden. Wie schwer leiden aber die, die nicht mehr ganz normal sind, also mehr leiden als wir Normalen? Wie schwer wird jemand unter der Aufdeckung seines Leidens leiden?

In der Psychoanalyse kommt es oft zur so genannten Übertragung. Der Patient „überträgt seine Emotionen auf den Analytiker". In dem Kontext hier: Er ist bereit, über sein Leiden zu sprechen, wenn ihn der Analytiker dafür „liebt oder sich lieben lässt". Der Analytiker ist dann verstehende Mutter oder gütiger Vater, ein Gott, an den man sich wendet und der alles zum Guten führt. Der Analytiker ist dann die finale neu erschlossene Quelle von Pseudosinn. „Mein Analytiker lobt mich." Wenn aber die Therapie zu Ende ist? Dann steht der einstige Patient gut verstanden da? Wo sucht er nun die Satisfiktion? Müssen wir ihn zum Perlenbau bewegen? Wird er je seine Alpha-Seele wieder sehen?

Wir akzeptieren nur Krankheit, nicht Leiden.

Krankheit ist das nach den gesellschaftlichen Kriterien Unnormale im körperlichen Erscheinungsbild des Menschen. „Das ist nicht normal. Du musst zum Arzt." Wir gehen zum Arzt, weil es „Das" heißt. „*Das* ist nicht normal." Schwirig ist: „*Du* bist nicht normal." Deshalb gehen wir nicht zum Therapeuten. Wir warten, bis die Seele im Körper sichtbar wird. Der Arzt ist nicht für das Sehen der Seele ausgebildet. Er wird von „unklaren" Beschwerden sprechen und sie ganz richtig für „psychosomatisch" erklären (soma, griechisch: Körper). Dann „kann" er nichts tun.

Die so genannte *Verhaltenstherapie* versteht den Menschen lieber nicht so genau und hält sich an das Muster: „*Das* ist nicht normal." Sie korrigiert von außen das *Verhalten*, egal woher es rührt. Die Verhaltenstherapie spricht von „Konditionierung", von „Desensibilisierung" und „Gegenkonditionierung". Ziel der Verhaltensveränderung des Patienten ist „Coping with Reality", also Zurechtkommen mit dem normalen Leben. Das amerikanische Wort „cope" steht für „gewachsen sein, die Lage meistern, es schaffen, fertig werden, bewältigen". In meinen Worten hier: Die Beta-Seele wird durch Zwangsreparaturen an der Machina beruhigt. Die Machina wird in Schuss gebracht. Die Wahrnehmungen des Patienten werden verändert durch Belohnungen im Laufe der Therapie. Der Patient sieht nach der Verhaltensänderung, dass er nun normal ist, mehr verdient, gelobt wird. Es erschließen sich also bessere Quellen für Pseudosinn. Wenn er wieder Pseudosinn sammelt, ist er in Rahmen der gesellschaftlichen Kultur wieder *normal*. Er hat Satisfiktion.

Die *kognitiven Therapien* sehen die Hauptproblematik in Wahrnehmungsstörungen oder Störungen des Erkennens. Sie versuchen, im Menschen die Systeme unangemessener Überzeugungen zu verändern. „Denke und rede über dich anders! Positiver! Dann wird das Positive folgen!" Diese Therapie versucht, den Menschen zu der Selbsterwartung zu bringen, dass er selbst etwas bewirken kann und am Ende zum „Coping with Reality" fähig ist. Man setzt ihm realistische Teilziele, deren Erreichen ihn ermuntern soll. Er hat dann etwas bewirkt und wächst im Spüren von Selbstwirksamkeit, sein eigenes Schicksal in die Hand nehmen zu können. Satisfiktion: Baue eine Perle. Du kannst es, kannst es allein. Wir sehen sie wachsen. Du kannst es, allein. Die kognitive Therapie versucht, übertrieben negative Stromschlagseismographen durch Perlenbau in realistische Gefilde abzudämpfen.

Die *Transaktionsanalyse* nach Eric Berne, der sie nach seinen vielen Beispielen von „Spielen der Erwachsenen" entwickelte, bemüht sich, die Interaktionen der Menschen untereinander zu beschreiben, exemplarisch vorzuführen und sie damit auch als „Spiele", wie Berne sagt, zu entlarven. Im Grunde entheiligt Berne „den Tanz der Machinae" durch die Offenlegung und Interpretation ihrer Liturgie. Er verkennt aber das Finstere der Stromschlagseismographen hinter diesen Zuckungen. Das Lachen über Machinae vertreibt die Stromschläge nicht.

Das klingt alles nach mühevoller Reparatur, nicht wahr? Und wir armen Leute heißen auch *Patienten* in diesem Spiel. Ich war ja noch nie „da", weil ich als auf höherem Niveau unnormal gelte, was beim Bücherschreiben sehr hilft. Bei mir hat das Unnormale schon wieder Pseudosinnqualitäten. Ich denke fast, dass ich heutzutage wahrscheinlich gar nicht mehr „Patient" hieße, wenn ich hinginge, sondern bestimmt schon ganz zeitgemäß „Kunde". Das klingt kognitiv besser. „Sehen Sie die Tarife für unsere Services gleich unter der Klingel!" Ach, das ist vielleicht unfair, weil ich es mir nur so vorstelle, ohne je „da" gewesen zu sein. Ich selbst führe so eine Art Geduldspiel (Nicht: Kampf! Bin ja ohnmächtig.) gegen das Wort „Human Resource" oder menschliche Ressource, das man statt der Wörter „Mitarbeiter" oder „Kollege" oder platt „Mensch" verwendet. Es hat für mich so einen Geruch wie das Wort Patient.

Carl Rogers hat die *klientenzentrierte Therapie* begründet. Bei ihm heißen die Patienten eben schon einmal Klienten. Das ist doch ein Schritt zur richtigen kognitiven Wahrnehmung („Sieh es rosiger!"). Rogers bietet den Klienten an, sich im Gespräch mit ihm neu zu bewerten und sich mit seiner Hilfe eine neue Vorstellung zur eigenen Verwirklichung zu erarbeiten. Rogers sieht seine eigene Rolle darin, von außen die Blockierungen des Menschen, die den Ausdruck seiner natürlichen Neigungen hemmen, erkennen und beseitigen zu helfen. Rogers akzeptiert den Klienten ohne Bewertung und stellt an ihn keine Forderungen. (Er untersucht ihn nicht und schält nicht das Nichtnormale heraus.) Er erörtert die persönlichen Konflikte des Klienten und entwirrt sie mit ihm zusammen. Alles wird ins Helle gerückt, was die Selbstverwirklichung behindert.

Das ist für mich „artakzeptierende Behandlung". Zurückführung auf das eigene Zentrum des Menschen. Auf das Klientenzentrum. Das Selbst. Die Alpha-Seele. Ja! Könnten wir nicht die Alpha-Seele im Menschen wieder aufdecken, ausgraben, Schritt für Schritt freipinseln von Staub und Kruste, ganz sacht, damit ihr nichts geschieht. Da innen vergraben hat sie gewartet. Sie ist ganz klein und unentwickelt geblieben, so verkümmert und verdrängt all die Jahre. Wir begießen sie ein wenig mit Wasser. Wir stellen sie ein wenig in die Sonne. Wir beobachten geduldig das Wieder-Wachsen, so wie der Bauer Gott helfend über sich weiß. Die verdrängte Persönlichkeit ersteht nachträglich neu. Wir warten gespannt, wie sie sich jetzt im Alter erstmals entfaltet. Wir vertrauen darauf, dass jeder Mensch ein ursprünglicher guter ist, der sich jetzt regt. Wir müssen ihm deshalb beim Wachsen nicht befehlen, als wer er sich entfalten soll. Wir vertrauen. Er ersteht aus dem vergessenen Ursprung.

Die Ideen von Carl Rogers lösten Euphorie und Begeisterung aus. Der gute Menschenkern wird wieder belebt! Träume werden wahr! Fritz Perls begründete in den sechziger Jahren die Gestalttherapie, die das Ziel hat, den Menschen wieder zu einer

Ganzheit zu verhelfen. Es gibt also schon länger Vordenker und Klassiker des artgerechten Wachsens. Es geht ihnen *nicht* um Beihilfe zur Satisfiktion.

Warum tut niemand etwas in größerem Stile? Für alle die Menschen?

Die klientenzentrierte Therapie, so wie ich die Berichte verstehe, hilft leider gar nicht so viel, wie es den Anschein haben könnte. Schrecklich, nicht wahr?

Da kommt ein Carl Rogers und hilft unendlich vielen Patienten dramatisch weiter, aber seine Jünger melden eher Misserfolge. Carl Rogers stellt denn auch nach einigem Nachdenken Forderungen an den Therapeuten: Authentisch müsse der sein, voller Echtheit und viel Empathie mitbringen, also die Fähigkeit, sich in andere hineinzuversetzen.

Und wieder übersetzt in meine Worte: Der Therapeut muss eine Quelle sein und mit einer ruhigen Alpha-Seele warten und helfen, wenn es verlangt wird. (Der Therapeut soll nicht seine eigene Machina mit dem Patienten kämpfen lassen und ihn also *bekämpfen*. So etwas heißt „Gegenübertragung".)

Ich stelle mir die in Menschen zentrierte Therapie vor wie die des Familienvaters bei den Indianern in Jean Liedloffs Buch. Fünf Jahre ernährt er den nörgelnden Städter am Tisch. Fünf Jahre wartet er, wie der Wunsch in ihm wächst, wie die Ganzheit zunimmt, wie sich der Ursprung in ihm meldet. Fünf Jahre lang wächst die verdrängte Alpha-Seele heran. Die Machina schläft langsam ein, weil niemand mit ihr kämpft. Fünf Jahre lang keinen Blitzschlag der Seismographen. Ruhe zum Wachsen. Wasser am Fluss. Sonne über den Bäumen. Da legt der Fremde einen neuen Garten an. Und wir fühlen, dass er damit neue Wurzeln im Ursprung schlug. Wenn er jetzt seinen Garten beackert und Früchte unter Schweiß erzeugt, ist es wie Sinn und Aufgehen. Er bedeckt keine Wunde, schützt sich nicht gegen Forderungen, beugt sich keiner Macht. Er entfaltet sich.

Was haben Sie denn so gedacht? Beim ersten Lesen dieses Beispiels? Na? Ich kann es mir denken, ich habe es auch gedacht. Das: „F Ü N F Jahre! So lange! Solche Geduld ist nicht normal!" Ist sie auch nicht. Aber fünf Jahre sind nicht lang. Das sollten Sie sich gedankenspielend überlegen. Sie hassen doch Jahrzehnte andere Menschen, die etwas Besseres sind als Sie! Sie spielen die tragischen Zusammenstöße in Ihrer Familie mit der Genauigkeit einer lateinischen Messe ab. Quälende Zeremonien der Machinae, immer nach dem gleichen Programm. Psychotherapien für solche Fälle dauern viele Jahre, die Heilungschance, dass nun gerade Sie ihren Hass verlieren, ist gering, solange alle noch zu Hause sind, wenn Sie von der Therapie kommen. Denken Sie nach: *Nur* fünf Jahre. Keine Zusatzkosten, kein Streit.

Und wir sehen aber nun eines unserer Hauptprobleme, um zu beginnen mit artgerechter Haltung: Wir brauchen genug Seelenquellen, die Geduld haben. Wir brauchen mehr Carl Rogers, damit wir nicht nur Einzelpersonen als Seelen vergöttern, sondern eine wirkliche Therapieform daraus machen können. Wir müssen beginnen, das Wärmen mit Sonne und das Beleben mit Wasser wieder so zu schätzen wie als Kind.

Mehr Alpha! Aber die Patienten-Psychologie versucht erst: „Besseres und mehr Beta!" Sie predigt „Metakommunikation" zum besseren Vertragen und gegenseitigem Verstehen der Machinae. Und die Machinae nehmen jeden Vorschlag zum besseren Verhandeln und gegenseitigen Durchschauen dankbar an. Sie basteln daraus Waffen zum besseren „Coping with Reality", unter dem Machinae das *Gewinnen* im Leben verstehen. All das ist Pseudosinnproduktion in beliebiger Richtung. Notfalls wird Pseudosinn neu erfunden, was die Wissenschaftler stark verwundert und sie interessiert den „radikalen Konstruktivismus" der Machinae studieren lässt. Sie reiben sich die Augen, die radikalen Konstruktivisten, und zeigen allen Zuhörern, dass fast alle Menschen die Welt in sich scheinbar fast beliebig anders auffassen, als sie real zu sein scheint.

Das sage ich ja: Sie denkt *nicht*, die Welt, sondern empfängt Stromschläge mit verzerrtem Gesicht, voller Schmerz. Unter Schmerz sucht sie Satisfiktion, für die es viele konstruktive Möglichkeiten gibt. Wir sind radikale Gefangene unserer künstlich übertriebenen Wahrnehmungen, die sich irgendwie in diesem Leben in uns hinein gesengt haben.

Warum lässt man es zu?

Niemand lässt es zu. Es geschieht. Eltern, Familien, Schulen, Bosse und Systeme setzen von ihnen gewünschte Werte in uns ein – mit Gewalt, die in uns übertriebene Seismographen zur Abwehr erzwingt.

Insbesondere die Systeme wollen absolute Gleichheit der Menschen und der Sichtweisen erzwingen! Sie wollen, dass alle Menschen genau gleich empfinden.

Da es aber verschiedene Arten von Menschen gibt, ist die *eine* Sicht des Systems für fast alle anderen Menschen übertrieben. Und diese Menschen wehren sich übertrieben. Und dann versinkt alles in Übertreibungen und Täuschungen. Ich habe dazu viel zu sagen. Das meiste steht im Buch *Supramanie*. Hier nur noch ein kleines Kapitel über Systeme. Dann wird das Buch radikal konstruktiver. Angeklagt oder eskaliert ist nun genug.

IX. Supramanie und Beta aus Prinzip

1. „Gott sollst du sein, mein Sohn – und ich bin deine Mutter!"

Als ich in Büchern über Schizophrenie las, fiel mir ein, wie es sein könnte, verrückt zu werden.

Eine Mutter liebt ihren Sohn abgöttisch. Er ist ihr Ein und Alles. Sie hält ihn für den kommenden Gott der Menschheit. Sie sieht sich in der heiligen Pflicht, ihn zu einem Topmanager oder einem Superstar zu entwickeln. Wie ein König soll er werden. Sie nimmt diese Aufgabe sehr ernst. Sie will unbedingt zum Ziel gelangen.

Sie tut es in dieser Weise: Sie gibt ihrem Sohn von klein auf genau zu verstehen, was sie von ihm erwartet – etwas viiiiel Besseres zu werden. Sie ist jede Sekunde auf ihre Mission konzentriert und hilft ihrem Sohn in jedem Augenblick, König zu werden. Sie prüft ihn ständig, ob er auf dem rechten Weg ist.
Wenn er geht: „Schreite königlich!"
Wenn er schaut: „Blicke offen und souverän, senke nie den Blick!"
Wenn er liest: „Nein – nicht, lies dies und bilde dich!"
Wenn er isst: „Die Gabel abwinkeln, sieh, so!"
Wenn er sitzt: „Gerade! Ein König sitzt gerade!"
Ununterbrochen bekommt er Signale und Befehle. Sie fühlen sich an wie einstiges Glück und schwere gegenwärtige Pflicht. Unaufhörlich trommelt es: „Oh König! Tue dies und das, damit es Wirklichkeit wird." Er ist sehr stolz, einst König zu sein. Der Sohn ist völlig überwältigt von diesen Signalen, er fühlt sich erdrückt.

Niemand da draußen im Leben sieht es ähnlich wie er. Niemand spürt, dass er ein König wird. Er selbst beginnt zu wissen, dass er niemals ein König sein wird. Niemals! Er sieht, dass die geforderten Verhaltensweisen keinen Erfolg am Ende zeitigen werden. Er stöhnt unter den Anordnungen der Mutter. Wenn er die Mutter sieht oder in der Nähe spürt, schlagen mehrere starke Seismographen gleichzeitig an, die sich widersprechen: „König! Harte Pflicht! Ruhm! Sie lachen mich draußen dafür aus!"

Der Sohn beginnt, die Nähe der Mutter zu meiden und später zu fürchten. Es hagelt Rat, wenn sie ihn wahrnimmt. Er macht nichts gut genug, weil es immer Besseres geben wird, solange sein Weg nicht vollendet ist. Er sieht keinen Sinn mehr darin, zu tun, was die Mutter sagt. Er weiß, dass er nie König wird. Aber die Mutter wacht mit Argusaugen über ihm. Er muss also guten Willen zeigen und seine Pflicht tun. So tut er irgendetwas gerade so wie ein König, was aber wieder nicht genügt. Er bekommt auf jede Aktion Schelte, was er vorher schon weiß und sowieso erwartet. Die Mutter ist selbst mehr und mehr irritiert, dass der Sohn noch immer nicht König ist. Sie wird unruhig. Sie lauert auf positive Anzeichen. „Der

Ortsvorsteher hat dich zurückgegrüßt! Siehe, es wird!" Sie setzt den Sohn noch härter unter Druck, positive Anzeichen zu liefern, an deren Eintreffen er selbst nicht mehr glaubt.

Und die ganze Zeit, die ganze liebe lange Zeit weiß die Mutter genau, dass sie eine *gute* Mutter ist. Sie ist eine sehr gute Mutter, denn welche Mutter auf dieser Erde kümmert sich ebenso wie sie darum, einen König aufzuziehen? Sie ist – und das weiß sie genau – die *beste* Mutter. Sie ist stolz und sagt es oft zu ihrem Sohn. „Na, bin ich eine gute Mutter?" Und er antwortet: „Ja, du bist die Beste auf Erden." Aber er selbst glaubt immer weniger daran, dass die Mutter so, wie sie ist, sein sollte. Das irritiert die Mutter und sie verlangt Beweise vom Sohn, dass er sie liebt. „Ein König liebt seine Mutter!" Sie gibt ihm viel Rat mit dem Zusatz, es sei der Rat der besten aller Mütter. In jedem Befehl, der immer herrischer wird, liegt ein hartes Wort und die Gewissheit, dass es reine Liebe von ihr ist. Liebe zum Sohn – von der besten Mutter.

Wenn der Sohn einen Befehl verweigert, liebt er sie nicht und wird auch nicht König. Wenn er den Befehl ausführt, rennt er in sein Verderben, denn draußen lachen alle über ihn – und lieben wird ihn niemand da draußen. Wenn er etwas tut, wird er nichts erreichen. Wenn er nichts tut, bekommt er Strom. Wenn er tut, was die Mutter sagt, hasst er sie und liebt sie innerlich nicht – sie aber denkt, er liebe sie *gerade dann*. Wenn er sie lieben wollte, als Mutter, als beste, würde er sich selbst treu sein wollen und Mensch bleiben, ein Selbst, er, der Sohn. Dann aber würde die Mutter wüten, dass er nicht gehorchte und sie ergo nicht liebte.

Wenn die Mutter keinen Rat gibt, verlangsamt sich der Weg zum König. Wenn sie also ihren Sohn liebt – und sie liebt ihn sehr –, wird sie ihm andauernd Rat geben. Sonst liebte sie ihn ja nicht. Sie ist irritiert, dass der Sohn nicht wirklich zu glauben scheint, er würde König. Ihm fehlt der harte Biss, sich den Weg frei zu hauen, obwohl sie es ihm immer predigt. Etwas stimmt nicht mit ihm. Heimlich verachtet sie ihn ein bisschen. Was, aber *was* stimmt nicht? Es könnte doch sein, dass er sie nicht liebt? Wäre das möglich? Sie geht hin und fragt ihn: „Sohn, liebst du mich?" Und er sagt: „Aber ja doch, Mutter, sehr." Da wirft ihm die Mutter ärgerlich an den Kopf, warum er sich dann nicht bemühe, rasch der König zu werden und auf ihren Rat zu hören. Und sie gibt ihm noch mehr Rat.

Er verzweifelt, weil er keinen Rat weiß.

Sie verzweifelt, weil sie ahnt, er liebe sie nicht.

Da fragt sie ganz drängend: „Liebst du mich?"

Und er sagt: „Ganz wahnsinnig, Mutter." Und er weiß in diesem Moment, dass sie ihn mit Rat überschüttet, König zu werden. Er bekommt Angst, seiner Mutter zu sagen, er liebe sie. Er spürt, dass es sich wie Hass in ihm anfühlt.

Er bekommt Wahnsinnsangst, ihr zu sagen, er liebe sie.

Und er spürt, innen drin, hinter allem Rat und jenseits des Königreiches – da, innen drin, *liebt er sie*.

Er darf nie mehr in seinem Leben davon sprechen, denn sie zerfleischte ihn, wenn er ihr die Liebe gestände. Er darf nie sagen, dass er allen Rat körperlich zu hassen beginnt, weil der Rat ja die sichtbar gemachte körperliche Erscheinung ihrer Liebe ist.

Er darf nie fragen, ob sie ihn liebt, denn sie liebt ihn ja, wie sie unaufhörlich sagt. Er glaubt womöglich, sie liebe ihn, innen drin, hinter allem Rat und jenseits des Königtums, *wirklich*. Ja, sie liebt ihn wirklich. Er liebt sie auch wirklich.

Aber die Königsmutter und der König lieben sich wahnsinnig. Die Königsmutter verachtet den König, der sie wiederum hasst.

Das ist ein ganz kleines System. Ein Doppelstern.

Ich habe in einem Buch Folgendes gelesen, ich glaube, im schon genannten Buch von Watzlawick: Da war ein schizophrener Sohn in der Klinik nach langer Behandlung schon wieder ein wenig gesund. Sie ließen nach einiger Zeit wieder zu, dass die Mutter ihn besuchte. Sie kam herein, setzte sich sacht ans Bett und seufzte: „Ach, ich glaube, du liebst mich nicht." Da fuhr der Sohn gestochen auf, musste weggebracht werden und schlug und biss dabei die Krankenpfleger.

Dazu ist mir der Gedanke von König und Königsmutter gekommen. Ja, so mag es zugehen.

Was kann ein von der Mutter erkorener König tun?
Weglaufen! Das lässt die Mutter nicht zu.
Bundeskanzler werden. Das brächte Erleichterung.
Er wird aber wohl den Kopf einziehen und nicht mehr reagieren wollen, oder? Er wird in der Wohnung sitzen, den Kopf schützend mit den Armen verbergen und offensichtlich tot sein. So?
Dann prallt die Mutter von ihm ab.

Er könnte auch alles, was die Mutter sagt, sorglos mit einem dauernden kichernden Lachen ignorieren und auf der anderen Seite absolut nichts Geregeltes in seinem Leben tun. Denn wenn er etwas Ernst nähme und wenn er in seinem Leben irgendeine Regel beachtete, dann würde er ganz offenbar in der Befolgung der Regel zeigen, dass er nicht König werden will, sondern einer *eigenen* Regel folgt! Das aber würde die Mutter nie dulden. Er kann aber *keine* Regel befolgen, dann prallt die Mutter von ihm ab. Es wäre also gut, er benähme sich so chaotisch, wie es ihm nur irgend möglich ist. So?

Dadurch würde die Mutter langsam resignieren müssen.

Er könnte sich einbilden, *wirklich König zu sein*. Das wäre gut, dann könnte die Mutter nicht schelten. Ja, er *ist* jetzt der König. Die Mutter sieht natürlich, dass er noch nicht König ist. „Spute dich!", ruft sie ihm zu, aber er kann ihr sinnreich erklären, dass er König ist. Die anderen da draußen erkennen ihn nicht an. Sie kämpfen gegen ihn und verraten das Reich. Die Welt ist Aufruhr, ihn nicht anzuerkennen. Alle wenden sich gegen ihn, den König. Das erklärt der König der Mutter auf der Küchenbank. Die Erklärungen sind etwas verbogen, etwas um die Mutter herum. Sie klingen im ersten Moment wahnsinnig gut. So?
Damit müsste die Mutter doch zufrieden sein.

Schizophrene Menschen (das sind nicht die mit den gespaltenen Persönlichkeiten, diese heißen in der Psychologie „multiple Persönlichkeiten") haben ein gestörtes Selbstwertgefühl, bei dem die Grenzen ihres Ich verschwommen sind. Sie ziehen sich aus dem Sozialen häufig zurück. Sie haben oft in Situationen unangemessene

Emotionen, leiden unter Wahnvorstellungen, glauben (ohne unbedingt davor Angst zu haben) an die Verfolgung durch andere. Die Logik im Denken ist verloren.
Sie fühlen, dass ihre Gedanken von fremden Mächten gelenkt und kontrolliert würden.
Die Schizophrenie tritt in drei reinen (und dann natürlich gemischten) Typen auf:
- Katatonie: Der Kranke wirkt erstarrt (Stupor) und zeigt keine Reaktion mehr. Er versucht, nicht mehr zu kommunizieren. Er lehnt Bewegungen ab. Er verweigert sich jeder noch so kleinen Anweisung ohne jeden Grund. Oft tut er das Gegenteilige. Seine Körperhaltung wirkt oft bizarr. Etc.
- Hebephrenie (desorganisierter Typus): Schwere Desorganisation von Verhalten und Emotionen, zusammenhanglose Sprache. Wirkt kindisch. Der Kranke ist mal gereizt, fordernd und ungehemmt-unverschämt, dann wieder „läppisch" gestimmt, zieht Grimassen, lacht ohne Grund, macht Faxen. Beziehungslosigkeit. Aktivitäten ohne Ziel und ohne Fokus. Etc.
- Paranoia (Verfolgungswahn): Halluzinationen, Größenwahn, Eifersucht und Verfolgung. Um sie dreht sich sein „Denken". Hört Stimmen, die ihm etwas zuflüstern.

Wie schon weiter vorn erwähnt:
Den Verlauf zur Schizophrenie versucht man so zu erklären, dass Menschen eine zu empfindliche Seele oder ein zu feines Nervenkostüm haben und viel zu stark auf Stress reagieren (Vulnerabilitätsmodell). Im Gehirn der Schizophrenen misst man dagegen viel zu viel vom Botenstoff Dopamin.

Vergleichen Sie einmal die Erscheinungen der Schizophrenie mit meiner Schilderung von der Königsmutter und ihrem Sohn?
 Sie impft ihren Sohn, den künftigen König, mit einer Höchsterwartung, die als totale Hoffnungslosigkeit ausblüht, was in eine Hyperallergie gegen alle erdenklichen Erwartungen an sich eskaliert. Das Schizophrene wäre also ein Block gegen unerfüllbare Erwartungen der Macht und eine (durch die reale Einsicht in die Lage erzwungene) Unfähigkeit/Weigerung, der Macht emotionale Zeichen der Hoffnung zu signalisieren, dass es besser wird?
 Ich habe schon oben gesagt, was ein solcher Sohn einer Königsmutter tun könnte: Still sitzen und sich nicht rühren (kataton?) oder sich einbilden, König zu sein (Größenwahn) oder alles, was im Leben kommt, „läppisch" zu finden (hebephren). Dann prallt die Mutter ab. Der Schizophrene will nicht mehr kommunizieren, weil es dann sofort „Rat" gibt, also Hauptstromschläge mit der Botschaft: „Du machst etwas falsch beim Königwerden." Er kommuniziert dadurch faktisch nicht mehr, so dass er die Wichtigkeit der äußeren Reize nicht mehr sortiert, sondern sie alle gleich (un)wichtig an sich vorüberziehen lässt. Ein Brei des „Läppischen" zieht an ihm vorbei. Oder er hält sich die Ohren zu. Oder er interpretiert alles, als sei er König. Er beendet damit die Beziehung zur Welt. Sein Gehirn ertränkt sich in Dopamin.
 Warum auch nicht? Er ist an keiner Stelle *als Mensch* wichtig. Er soll König für die Mutter sein und die Mutter dafür als Königstrainer lieben. Er soll dazu noch die Mutter als beste aller Mütter lieben.

Ich selbst kenne gar keinen Schizophrenen, nicht so richtig, es wäre schön, wenn mir einmal jemand schreibt, an *dueck@de.ibm.com*. Das geht aber nicht, klar. Ich verstehe. Es wäre eine Kommunikation. Aber, geschworen, lieber Leser: Ich bin *nicht* Ihre Mutter. Ich will nur Rat. Von Ihnen.

Ich muss jetzt einfach spekulieren, weil ich eben nur ernsthaft drüber nachgedacht habe, weiter nichts:

Wenn der künftige König nun ein natürlicher Mensch wäre?

Ich glaube, er würde dann alles läppisch finden. „Reg' dich nicht auf, Ma. Ich werde bald schon König. Ich geh erst was essen. Ich bestelle mir am besten bei Pizza Hut eine Königinpastete. Hahaha!"

Wenn der künftige König nun ein wahrer Mensch, ein Idealist wäre? Einer, der ganz wenig Lebensgeist braucht und nicht wirklich aggressiv ist?

Ich glaube, er würde einfrieren und still sitzen. Vielleicht vor dem Computer, wie es heute so viele Kinder tun. Er würde dort nichts mehr hören von der Welt. Vielleicht wie in der Kirche, mit den Gedanken bei Astralleibern. Man sagt, kurz vor dem Ausbruch der Schizophrenie befassen sich die künftigen Könige bzw. die Kranken mit höchst esoterischen Theorien und Riten.

Wenn der künftige König ein richtiger Mensch wäre, der sich an Ordnung und Pflicht gebunden fühlte?

Ich glaube, er würde den König in sich im Wahn erfinden, damit die Pflicht getan ist. Ich glaube, er würde alles Fehlverhalten, das ihm die Mutter anhängt, damit erklären, dass eine höhere Macht ihm durch Stimmengeflüster befiehlt, all das zu tun, was er tat. Er selbst tat nur die Pflicht! Er wird das nicht sauber zu Rechtfertigende, die mangelnden Fortschritte auf dem Weg zum König, mit allerlei Feindesmassen erklären. Und er wird vor allem unlogisch werden, weil man damit alles erklären kann, sogar einer Mutter.

Ist dieser Gedanke nicht schrecklich?

Es ist der Gedanke, wie es anzustellen wäre, einen Menschen mit einem echten System verrückt zu machen: Fordere vom Menschen, Gott zu sein, und prüfe den Fortschritt alle halbe Stunde!

2. „Nummer eins sollst du sein, Mensch – und ich bin dein System!"

Im Management sprechen wir von „stretch targets", von Zielen, nach denen man sich ordentlich strecken muss, um sie zu erreichen. Es sind Ziele, die nur durch wirkliche (Über-)Anstrengung zu verwirklichen sind. „Verlangen wir am besten 50 Prozent mehr, als sie leisten können – wer weiß, vielleicht schaffen sie es. Nicht auszudenken, wenn wir Ziele an Mitarbeiter vergeben, die zu leicht zu schaffen sind!"

„Heute muss jeder das Abitur machen, sonst ist es aus. Bei ALDI an der Kasse sitzt gerade einer, der ein Diplom in Wirtschaft hat."

„Unser Unternehmen soll die Spitze in der Welt bilden, wir haben die zufriedensten Kunden, die sich über unsere führenden Produkte freuen und sie uns aus den Händen reißen. Wir haben die fähigsten Mitarbeiter der ganzen Welt. Alles an uns ist Spitze. Wir sind die Eins."

Das Management eines Unternehmens will, dass jeder der beste Mitarbeiter wird. Jeder soll wie ein künftiger CEO (Corporate Executive Officer, also „König") sein. Der Karrierepfad ist einer nach oben – dorthin! Jedem Mitarbeiter werden übermenschliche Ziele gegeben, denn als späterer CEO *ist* er übermenschlich.

Das System fordert also von jedem, die Nummer eins, CEO oder König zu sein. In *Supramanie* habe ich solche Systeme „Suprasysteme" genannt. Damit auch wirklich sichergestellt ist, dass jeder Nummer eins wird, überschüttet das Unternehmen die Mitarbeiter mit Prüfungen, Checks, Audits und Revisionen aller Art. Die „Mutter System" wacht mit Argusaugen. Letzte Woche erfuhr ich hautnah von einer wahrhaftigen Abmahnung eines Sparkassenzweigstellenleiters, an dessen privaten Kontobewegungen man in der Sparkasse festgestellt hatte, dass er während der Arbeitszeit mit der EC-Karte in einem Kaufhaus bezahlt hatte. Er wurde vor allen seinen Mitarbeitern bloßgestellt und sitzt nun da, als Führungskraft. Was geht in solchen Menschen vor? Was geht in Ihnen vor, wenn Sie alle paar Minuten überprüft werden? Das Überprüfen von Mutter System im Flughafen dauert schon länger als der Flug. Schlange stehen. Mutter System will noch einmal sehen, wie Sohnemann aussieht, bevor er aus dem Haus geht. Unter übermenschlichen Forderungen und ständigen Prüfungen beginnen wir Menschen zu schummeln.

Natürliche Menschen prahlen mit noch nichts und finden Fehler an sich läppisch.

Richtige Menschen erfinden nach Misserfolgen Feinde und fühlen sich von Stuhlsägern verfolgt.

Wahre Menschen schrumpfen innerlich weinend zusammen und verstummen.

Hebephren, paranoid, katatan.

Der verstummende Mensch wird sich in Sucht ertränken – in Konsum, Alkohol, in Computerspielen.

Warum auch nicht? Er ist an keiner Stelle *als Mensch* wichtig. Er soll Karriere für das System machen und das System dafür als Karrierepfadöffner lieben. Er soll dazu noch das System als System lieben. Die Firma ist die beste Firma. Wenn sie nicht von allen geliebt wird, macht sie wohl weniger Gewinn. Wir müssen sie deshalb alle lieben, sonst geht es ihr schlecht und uns selbst auch.

3. Schizophrenia Oeconomica

Das Fordern übermenschlicher Leistung ist der hauptsächliche Versuch unserer Zeit, in uns fremde Wertungen zu erzwingen und in uns einzupflanzen, die wir nicht unbedingt wollen, selbst wenn wir sie im Intellekt einigermaßen bejahen.

Wenn die Mutter das erste Mal sagt: „Du bist der künftige König!", dann fühlen wir ja noch Glück. Und wenn wir als zukünftige Nummer eins gefeiert werden, fühlen wir uns groß.

Später zucken wir unter Strom, wenn die Leistungen überprüft werden. Im Augenblick sind die Computer der Unternehmen so weit, dass sie an jedem Monatsende volle Bilanz ziehen, als sei ein Geschäftsjahr zu Ende. Der Gedanke des Geschäftsquartals ist schon wieder passé. Bald werden wir immer „real time" wissen, was es geschlagen hat. Und es wird geschlagen, wer nicht „real time" übermenschlich ist.

Die Idee der Supramanie ist es, jeden bis an den Anschlag, bis an sein Limit zu nutzen. Diese Idee stellt sich für alle diejenigen als ganz gut heraus, die später CEO werden. Viele andere aber werden Opfer einer Schizophrenia Oeconomica. Sie verstecken sich, erstarren oder erfinden sich Feinde, die ihre Leistungen verhinderten. Viele Seiten in *Supramanie* behandeln solche Erscheinungen, die ich dort unter „Topimierung" (die allgemeine Lehre, den Status quo als bestmöglich hinzustellen) lange besprochen habe.

Die Idee der neuen Leistungsgesellschaft ist es, jeden so verrückt zu machen, dass er gut arbeitet. Dafür verlangen die Unternehmen, dass jeder Mitarbeiter sie liebt, sich mit ihnen sogar identifiziert und täglich für den noch nicht eingesparten Arbeitsplatz dankt. „Danke, Mutter System, dass du mich auf den Königsweg gebracht hast. Du bist die beste Mutter der Welt." – „Und ich liebe *dich*, du *mein* Mitarbeiter, du bist das Wertvollste, was ich habe. Du bist mein Teuerstes."

4. Invasive Messungen, Prüfungen und Anreizsysteme

Es wird heute ganz genau gemessen, wie teuer alles sein darf. Eine Megaeskalation unserer Zeit besteht darin, alles im „Wert" zu messen, in Punkten und Geld. Was nicht in Geld umgerechnet werden kann, wird verglichen. Das ist ein immer wiederkehrendes Motiv meiner Bücher. Ich rege mich innerlich sehr darüber auf. Sehr!

Überwachungskameras und Blitzlichter überall. Computer takten unsere Zeit in Geschäftsprozessen. Das nicht richtig Messbare wird in Wettbewerbe gehetzt. „Schnell, du bist in Rückstand!" Aufrüstungsspiralen. „Arbeitswut", Zeitdruck sind die Folge.

Nun wird das ganze Leben objektiv nachgemessen.

Objektiv? Das habe ich das ganze Buch *Supramanie* hindurch widerlegt. In Wahrheit wird der Fortschritt gemessen, den wir entlang „von oben" vorgegebener „Werte" oder entlang von Triebrichtungen machen. Je nach Lage steht ein Jahr lang der Kunde, dann ein Jahr lang die Innovation, der Umsatz, der Gewinn, das neue Firmengebäude im Vordergrund. Was in diese nun wichtigste Richtung nützt, wird gezählt! Meist nur das. So gewinnt ein starker Trieb in diese Richtung die Oberhand. Dieser Trieb ist viel stärker, wenn nur in seine Richtung laufend Gewinne zu machen sind!

Vom Prinzip her werden also in uns Triebe gesenkt, die uns in eine von oben bestimmte Richtung treiben sollen. Das bedeutet insbesondere, dass unsere, Ihre und meine Hauptseismographen vollständig ignoriert werden. Wir werden alle gezwungen, unsere eigenen Stromschläge zu ignorieren und Schläge der fremden, angeordneten Art höchst schmerzhaft zu empfinden. Die Messsysteme zwingen uns ihre übertriebene Wahrnehmungsstruktur auf.

Das ist die schon besprochene Arroganz der Macht. Hass entsteht. Satisfiktion muss her. Wir beginnen, die Macht mit Tricks zu umgehen, und betrügen sie, wo wir können. Wir wehren uns gegen das Anders-sein-Müssen.

Wir werden noch ganz anders sein müssen, wenn bald überhaupt alles gemessen wird. Wir könnten die Krankheitskosten, die uns gerade mehr und mehr umbringen, dramatisch senken, wenn wir die Wartungsarbeiten ab dem 85. Geburtstag einstellen oder nur noch auf Privatrechnung weiterführen. Wir könnten Babys entsorgen, die keinen guten IQ zur Welt bringen.

Atmen Sie einmal tief durch.

In Indien ist es Sitte, dass Töchter eine gigantische Mitgift zur Hochzeit mitbringen, die die Finanzen eines Vaters schwach ruiniert – wenn, ja wenn er nicht genug Söhne hat, mit denen er sich alles bei deren Heiraten wieder hereinholt. Eine Mitgift ist deshalb in Indien wegen dieser Auswüchse verboten. Seither gibt es keine Mitgift mehr. Der Brautvater macht nur noch „Geschenke" in der alten traditionellen Höhe – am besten *nach* der Heirat, damit der Gesetzgeber nichts tun kann. In Indien, so las ich gerade in der Süddeutschen Zeitung, kommen auf 1.000 männliche Babys nur etwa 930 weibliche. Wie kommt das? Es ist nicht ganz klar, aber Abtreibungen nach ungünstigem Ultraschallbefund wären ja möglich, nicht wahr?

Sie sehen, die Menschen können gut rechnen.

Und wenn einmal alles am Geld aufgehängt wird, dann am Ende auch Sie.

Das sehe ich heute schon kommen.

Und ich rege mich darüber so auf. Hilft nichts, bin allein. Wissen Sie, das dachte ich seufzend, als ich den Testsatz schrieb: „Wir könnten Babys entsorgen …", da wusste ich, dass Sie böse werden, weil man so etwas nicht denken darf. Und genau deshalb wird es so kommen.

5. Ostrazision und negative Anziehungskraft

Der Ostrazismus ist das Volksgericht im alten Athen, das unter anderem über die Verbannung von schuldigen Athenern beschied. Bei der Abstimmung schrieb man Namen auf Scherben, die damals als Stimmzettel dienten. Das griechische Wort für Scherbe ist Ostrakon. Wer zu viele Ostraka mit eigenem Namen vorfand, musste das Land verlassen. Heute sprechen wir noch vom „Scherbengericht": Da sitzen Menschen über uns zu Gericht und geben ein Urteil ab, ob wir weiterhin dazugehören dürfen.

Die heutigen Systeme funktionieren anders als früher. Das Verbannen und Exkommunizieren wollte abschrecken. Das Ziel aller Inquisitoren war ja immer, dass alle dazugehören müssen und am besten (mindestens aus Angst) dazugehören *wollen* – ja, dass alle eine solche Panik vor dem „Draußen" haben, dass sie immer drinnen bleiben wollen. Im Grunde verbreitete das Exkommunizieren oder die Verbannung so viel Schrecken, dass eben alle Schäfchen beieinander blieben. Der Hirte hielt seine Lämmchen zusammen, indem er den Schäferhund vorschickte. Ein Lamm ohne Schutz da draußen allein? Es würde augenblicklich unter die Wölfe fallen.

Die heutige Leistungsgesellschaft setzt sich nicht mehr zum Ziel, für alle Menschen da zu sein.

In ihr haben nur solche Menschen Platz, die Gewinn machen oder mit denen Gewinn zu machen ist. Wer unter diese Schwelle fällt, muss raus:
Der Ostrazismus der Gewinnschwelle.

Menschen über der Gewinnschwelle haben Leistungsrechte. Die darunter nur noch Menschenrechte.

„Meine Arbeit ist zu schwer, ich bin krank. Ich schleppe mich Tag für Tag dahin. Ich leide. Meine Familie nörgelt über mich, sie erwartet viel von mir. Im Grunde kann ich nicht mehr. Aber mir geht es gut. In diesen Tagen kann man von Glück sagen, wenn man einen Arbeitsplatz hat. Ich habe einen. Darauf bin ich sehr stolz. Ich gehöre nicht zu jenen, die *uns* auf der Tasche liegen. Ich kenne welche, die sind gesund und haben keine Arbeit. Das sollte verboten sein."

In Suprasystemen kommt es auf den Wettlauf des Zugehörens an. Nicht jeder darf zum System gehören, nur die in der Gewinnzone. Es ist nicht das System, das uns zwingt, zu ihm zu gehören. Nein! Wir selbst stellen Bittgesuche um Aufnahme.

„Niemand zwingt dich, Kind, das Abitur zu machen. Ich verstehe nicht, warum du die Schule kritisierst. Ich verstehe nicht, warum du dich auflehnst. Du musst nicht Abitur machen. Nur, bedenke, das Abitur ist die Eintrittskarte in die besseren Bezirke der Welt. Also drück die Schulbank und du wirst eingelassen. Auf dich selbst müssen wir uns nicht einlassen."

„Was soll das Gerede um schlechte Studienbedingungen. Was soll das Fluchen um interessante Wissenschaft. Du musst nicht studieren, es ist teuer genug. Geh doch!"

„Was beklagen Sie sich? Sie sind hier kein Überflieger, weiß Gott nicht. Warum also reißen Sie das Maul auf? Ja, wenn Sie Überflieger wären, dann *brauchte* ich Sie und würde mit dem Honigschmieren nicht ruhen, damit Sie sich nicht in eine andere Abteilung bewerben. Aber so? Wollen Sie kündigen? Da draußen stehen Hunderte wie Sie."

„Ach ja, früher, da haben wir noch *alle* Seelen in den Himmel genommen. Das können wir nicht mehr. Wir dachten früher, wir könnten das ewig so durchhalten. Was ist denn so Gutes an deiner Seele? Erfüllt sie die neuen Kriterien in besonderer Weise?"

Die heutigen Systeme umwerben die Highflyer und halten die Leistungsträger fest umklammert. Die da unten halten sie nicht auf, das System zu verlassen. Immer ist etwas wie Scherbengericht in der Luft. Die Menschen keuchen. Sie haben Angst vor Ostrazision, das ist: auf den Scherbenhaufen zu kommen.

Die Gewinnschwelle schied indirekt schon immer Leben und Tod.

Früher aber war sie eine Trennung von Leben und Tod für *Systeme* oder *Nationen*.

Heute aber hat jeder seine eigene, persönliche Gewinnschwelle.

Jeder lebt nun selbst. Wir werden Einzeltiere. Lebenspartner mögen sagen: „Von unserer Beziehung verspreche ich mir keinen Gewinn mehr. Geh. Du bringst mir nichts mehr." Ostrazision. Früher bedrohte uns eher der Krieg mit blutigen Streichen, heute streicht der Rotstift. „…, bis dass das Rot uns scheidet."

6. Konsum-Satisfiktion – „Work hard – party hard!"

Wie halten es die Menschen in Suprasystemen bloß aus?

Viele der jungen Menschen, die heute mit meinen Kindern in die Zeit kommen, in der sie den Beruf wählen *müssen*, wie sie eher sagen, sind gespalten. Sie zagen, weil fast nichts mehr sicheres Auskommen in sechs Jahren nach einem Studium garantiert. Dann gehen sie los, vertrauen auf das Geschick. Die mehr natürlichen Menschen, diejenigen der mehr aggressiveren Sorte, für die die Welt im Augenblick besser passt, nehmen eine Herausforderung an.

„Ich werde reich!" – „Ich werde ein Star!" – „Ich werde ein Boss!"

Originalton: „Ich habe mein Studium mit einer Zwei abgeschlossen, das war für mich das Optimale bei zehneinhalb Semestern. Eine Eins bringt mir nichts. Ich habe eine Stelle bei einer Beratungsfirma angenommen, die von allen verlangt, sich für wenig Geld in einem schweren Job zu zerreißen. Das werde ich tun. Ich werde es allen zeigen. Ich werde nur arbeiten und mein Privatleben zehn oder fünfzehn Jahre opfern. Dann aber will ich oben sein. Ich werde dann Geld haben, viel Geld. Mein Traum ist es, mich mit 45 Jahren zur Ruhe zu setzen. Ich meine: ich will dann nicht aufhören zu arbeiten. Aber ich will so viel Geld haben, dass ich frei bin. Ich arbeite dann nur noch, was mir Spaß macht. Damit hebele ich das System in gewisser Weise aus. Ich nehme mir, was es hergibt, aber dafür bekommt es mich nur 15 bis 20 Jahre. Kinder werde ich nicht haben. Das verträgt sich nicht. Ich will auch keinen Partner, der zu Hause auf mich wartet und quengelt. Der soll auch arbeiten. Wir sehen uns dann nur ab und zu. Unser Motto wird sein: Work hard – party hard. Die Wochenenden fliegen wir irgendwo hin und lassen uns schwer absacken. Ich will ein schnelles Auto und schicke Kleidung. Ich will, die kurze Zeit zwischen der Arbeit genießen. Aber vor allem will ich mit 45 frei sein. Ich will nach oben."

„Und das System kommt dir noch nicht hoch?"

„Das System ist Teil des Spiels, das ist nicht von mir. Ich werde eben gewinnen."

Wir müssen also im System bleiben – das vor allem anderen. Wir müssen ihm hart dienen, um Früchte zu gewinnen. Die müssen so wundervoll schmecken, dass es auszuhalten ist. Wir machen das Beste daraus. Wir verbieten uns jede Art von Hass auf das System, nehmen alle Regeln an und werden alle anderen Menschen übertrumpfen, weil die ja schlapp sind. Der Hass auf das System wird in Liebe zu ihm gedreht. „Ich liebe meine Arbeit sehr. Ich kann mir jetzt viel leisten."

Satisfiktion.

7. Die Beta-Eskalation aller Systeme – „Mehr vom Gleichen bis zum Ende!"

Seit ich in der Wirtschaft im Management arbeite, sagen alle erfahrenen alten Hasen aller Unternehmen immer dies:

„Sie hechten einer Mode hinterher, wenn einer einmal Erfolg mit etwas Neuem hat. Drei Jahre Kundenzufriedenheit. Drei Jahre Kostensenken. Drei Jahre Dezentralisierung. Immer ein neuer Schweinezyklus. Alles ändert sich ständig, aber es dreht sich nur herum. Oder besser: Es ist wie ein Pendel, das nun drei Jahre nach einer Seite ausschlägt. Am Anfang geht es rasch, dann wird es langsamer, dann noch langsamer, bis das Pendel den maximalen Ausschlag hat und ruht. Da sucht es sich eine neue Richtung zum Zurückpendeln – und wenn es die hat, geht es wieder drei Jahre dahin, nur dahin, völlig triebhaft! Weißt du, Gunter, wenn das Pendel in Bewegung ist, kannst du nichts tun. Es pendelt bis zum Anschlag weiter und keine Macht der Welt hält es auf. Vielleicht kann man dem Pendel die neue Richtung zeigen, aber wenn es dorthin ausschlägt, kommt es nicht etwa an einer vernünftigen Stelle zu stehen, sondern es pendelt gnadenlos zur anderen Seite weiter, bis zum Exzess und keine Macht, auch nicht der Prophet der neuen Richtung, kann es aufhalten. So pendelt die Welt hin und her. Alle sagen, die Welt würde sich ändern. Das stimmt nicht. Sie pendelt hin und her. Wenn du vierzig Jahre gearbeitet hast, weißt du es. Es hat sich nichts geändert. Gar nichts. Und ich bin müde, wenn die jungen Manager oder Lehrer oder sonst welche jedes Jahr kommen und sagen, nun würde sich etwas zum Besseren ändern. Sie setzen das Pendel in eine neue Richtung in Bewegung. Das Pendel aber schwingt wieder zu weit – viel zu weit! – und sie sehen, dass sie in der Summe Unsinn anrichteten. Da kommen wieder andere Jungmanager und Gurus und wissen wieder eine neue Möglichkeit. Ich bin müde. Es wird nichts besser. Niemals. Weil sie es übertreiben. Es ist wie ein Trieb, die Richtung bis zur letzten fatalistischen Konsequenz zu gehen. Sie übertreiben etwas anfangs Richtiges so sehr, dass sie alles in den Ruin treiben. Sie zentralisieren, bis es nur eine Firma auf Erden gibt, die wie ein schwarzes Loch alles aufsog. Dann wird das instabil, es gibt einen Urknall. Das Mammutunternehmen explodiert in alle Richtungen. Wie Staub verteilt es sich, kristallisiert sich wieder und neue kleine Unternehmen entstehen, die wieder viel später in ein schwarzes Loch stürzen. Es ist wie der Lauf der Welt. Ewiges Pendeln und Wiedergeborenwerden. Und es ändert sich nichts, so viel auch geschieht. Diejenigen, die sagen, es ändere sich diesmal etwas und es sei dieses eine Mal etwas ganz unvorstellbar Neues, die sind blind und sehen nicht zwei Schritte weit. Nie, Gunter, wird das Pendel irgendwo in der Mitte stabil bleiben. Nein, dazu hat die Welt zu viel Schwung. Und das ist ja nicht falsch."

Lachen Sie mich also nicht aus, wenn ich mich in die Myriaden der Prediger einreihe und mahne:
„Es wird böse enden!"

(Wie der legendäre Held Werner Enke in *Zur Sache, Schätzchen*.)

Es gibt heute im Management aber auch solche Stimmen:

„Wissen Sie, es gibt Höhen und Tiefen, und die haben wir hier als Vorstandschefs alle durchgemacht. Das Bewusstsein, dass es wieder bessere Zeiten gibt, macht alles für uns einigermaßen erträglich. Diesmal aber frage ich mich, ob es besser werden kann. Ja – *kann*. Wenn es früher schlecht ging, wurde es brutal. Man drückte uns die Preise und wir drückten die Preise. Der Markt ist brutal. Aber im Aufwärtsgang waren wir wieder generöser und gaben Runden von Champagner aus. Rauf und runter, die Welt pendelt hin und her. Wenn ich mir nun vorstelle, die Zeiten würden nach dem 11. September nun endgültig besser oder gut und wenn ich mir vorstelle, wir machen wieder viel Gewinn – da frage ich mich: Werden wir auch wieder großzügiger? Ich meine, wir haben jetzt den Geiz in die Computer programmiert. Da ist er drin. Auch wenn es aufwärts geht. Alle haben nun das Brutale als Prinzip gelernt, erforscht und in Computerchips hart verdrahtet. Und werden wir nun in Zeiten des guten Gewinns einfach und schlicht zufrieden sein? Oder werden wir weiter brutal sein, nun einen *sehr* guten Gewinn haben zu wollen? Wird das Brutale aufhören, wenn genug Brot da ist? Ehrlich gesagt, ich fürchte, es wird brutal bleiben. Für immer. Wissen Sie, die Sportler werden nun nie mehr aufhören, Rekorde aufzustellen, was nur mit mehr Doping langfristig geht. Es gibt keine Rückkehr aus dieser Eskalation. Die Eskalation ist im Sport das Prinzip! So wird es auch für uns werden. Für uns Vorstände. Das wollte ich nicht. Aber sehen Sie, als Manager sitzt man in der Tretmühle fest. Ich wollte, ich könnte noch etwas wirklich selbst entscheiden."

Teil 2
Für Alphaethisierung – gegen Psychozid

X. Wundheilung: Wer den Sinn sucht, geht meist zu weit! Denn das Beste ist nie gut genug, weil das Gute besser ist …

1. Den Imperativ kategorisch an den Kanthaken!

Das Betaartige darf nicht so überhand nehmen! Wir müssen wieder mehr Alphaethik einführen, sonst bewältigen, arbeiten, streben und hetzen wir uns zu Tode – durchschnittlich geworden in ermüdenden Warteschleifen. Den Weg in diese Richtung beginne ich nun zu beschreiben.

Wir dürfen uns nicht damit aufreiben, Probleme zu lösen, die durch das Aufreiben überhaupt erst entstehen. Wir sollten nicht Krieg führen, um Frieden zu schaffen. Wir sollten nicht schuften, um uns hinterher irrealere Wünsche leisten zu können.

Es geht nicht um das Überleben, nicht einmal um das Heilen der Wunden, sondern um ein *überquellendes Leben*. Im Grunde müssten wir erst einmal verstehen, *dass* es das theoretisch geben könnte, ein glückliches Leben!

Immanuel Kant philosophierte über das Gute. Er sucht es im Menschen selbst und findet es dort, verankert als „das moralische Gesetz", das im Menschen das Gute selbst weiß. „Zwei Dinge erfüllen das Gemüt mit immer neuer und zunehmender Bewunderung und Ehrfurcht, je öfter und anhaltender sich das Nachdenken damit beschäftigt: Der bestirnte Himmel über mir, und das moralische Gesetz in mir." Das sind Kants berühmt gewordene Worte, die ich schon in Omnisophie zitierte und die mich irgendwie nachträglich enttäuschten, weil ich sie ähnlich bei Aristoteles schon fand. („Die Vorstellung der Menschen von den Göttern entspringt einer doppelten Quelle: den Erlebnissen der Seele und der Anschauung der Gestirne.") Das moralische Gesetz ist nach Kant in allen Menschen vorhanden als „Faktum des Bewusstseins" vom *kategorischen Imperativ*: Dieser fordert von allen Menschen, dass sie stets so handeln sollten, dass die Regel ihres Handelns ein allgemeines öffentliches Gesetz sein könne. Dieses Prinzip stellt nach Kant im Menschen das Grundgesetz der Vernunft dar. Gut ist, was diesem Prinzip folgt. Böse ist, was dagegen verstößt.

Nach Platon findet der Mensch das Gute und Höchste nur als Ergebnis eines mühevollen, langen Ringens um das tiefe Verständnis der Idee des Guten. Kant aber sagt – ganz gegen Platon – das moralische Gesetz (der Imperativ) sei in jedem Menschen vorhanden, ohne jede Philosophie, ohne jedes Ringen. Die tiefe Ehrfurcht vor diesem Gesetze führe den Menschen ganz von allein zum Guten. Insbesondere sei kein Gott nötig, um die Entscheidung über gut und böse zu treffen. Der Mensch mit dem innewohnenden moralischen Gesetz könne allein über das Gute und das Böse entscheiden.

Allerdings empfand Kant es für den normalen Menschen ziemlich hart, sich im Handeln strikt an die Pflichtethik des moralischen Gesetzes zu halten. Was wäre denn die Belohnung für einen Menschen, der unausgesetzt und aufopfernd seine Pflicht und nichts als seine Pflicht täte? Er wäre dabei ja vielleicht nicht glücklich und sein Leben wäre vielleicht nicht schön! Kant verneint selbst, dass das Gute ausschließlich aus sich selbst Lohn für sich selbst sein könne. Das Gute zu tun müsse sich für den Guten schließlich wirklich lohnen! Wenn sich das Gute nicht lohnt, kann nach Kant nicht realistisch angenommen werden, dass das Gute unverdrossen getan wird.

Woher bekommt also der Mensch, der seine harte Pflicht tut, seine Genugtuung, immer gut zu sein? Kant postuliert dafür unseren Gott und unsere Unsterblichkeit. Es muss gefordert werden, dass es einen Gott und die Unsterblichkeit gibt. Gott garantiert die Vergeltung des Guten. Mit Gott lohnt sich das Gute. Gott gibt dem Menschen über das ganze Leben eine Glückserwartung aus der Pflichterfüllung.

Das normale eingepasste gute Leben in Pflicht genügt also nicht zum Glück allein, sieht Kant. Wenn die Menschen „übertriebene Werte" eingepflanzt bekommen, als bittere Pflichten, dann eben sind sie vielleicht gut, aber nicht *notwendig* glücklich. Das will Kant einer Philosophie nicht abfordern. Gut und glücklich sein muss gleichzeitig gehen können! Kant rettet seine Pflichtethik mit dem Postulat eines Gottes. Pflichterfüllung lohnt sich, weil es Gott und die Unsterblichkeit gibt. Und Kant rettet Gott, weil wir ihn für die Pflichterfüllung dringend brauchen. Gott *muss* sein, weil das Leben sonst nicht so richtig glücklich wäre. Und Glück muss sein, weil sonst eine Philosophie nicht richtig angemessen ist.

Kants Philosophie ist nämlich auch eine Übertreibung!

Der Mensch, so Kant, weiß also, was gut ist und was zu tun sei. Aber das, was gut ist, muss nicht *angenehm* sein. Aber der Mensch tut es dann doch, weil Gott ihn einst belohnt?

So glauben wir Deutsche.

Ist das nicht eine recht komplizierte Gedankenkette für komplizierte Deutsche? Wieso nehmen wir fast unisono an, dass das Gute wahrscheinlich mühselig und arbeitsam wäre?

Nehmen wir denn an, das vernünftige Leben sei nichts für Menschen, außer wenn Gott es belohnt?

Und warum nehmen wir an, wir würden alle das moralische Gesetz in unserem Herzen tragen, das uns dieses vernünftige Leben abfordere, das aber nicht „für uns gemacht" ist?

Diese ganze Philosophie sieht aus wie eine Rechtfertigung *nicht* artgerechten Lebens.

Ich habe Ihnen in meinen Büchern schon eine ganze Menge moralischer Gesetze beispielhaft vorgetragen, die wir Menschen im Herzen tragen. Zum Beispiel: „Man muss die Wohnung vor dem Urlaubsantritt sauber machen." Wenn Sie ein putzaffiner Mensch sind, werden Sie mit Sicherheit finden, dass diese Regel ein allgemeines öffentliches Gesetz sein sollte. Das werden Sie zumindest ihrer Familie

1. Den Imperativ kategorisch an den Kanthaken! 189

auch deutlich machen. Es soll ja von Ihnen aus ein allgemeines Gesetz werden! Die Konservativen meinen, das Konservative sei wie ein gutes öffentliches Gesetz. Die Fortschrittlichen und die Sozialen sagen es genauso. Die Kommunisten und Kapitalisten sagen es. Adam Smith sagt es. Die Darwinisten sagen es. Die Unternehmenscontroller haben ausschließlich Meinungen, die ein Gesetz sein sollten, und sie machen Gesetze daraus. Besserwisser halten das bessere Wissen für ihr moralisches Gesetz, Depressive möchten Gesetze der Liebe. Lustorientierte möchten Gesetze der Freude.

Ja, Herr Kant. Wir alle tragen ein *heiliges Gesetz* in uns – oder zwei: Unsere Alpha-Seele und unsere Beta-Seele:

- Die natürlichen Alpha-Seelen finden, dass alle Menschen stark, initiativ und freudig sein sollten. Die natürlichen Beta-Seelen möchten als Gesetz für die Menschheit, dass der *Wettbewerb* um Sieg, Erfolg und Lust das Höchste sei.
- Die richtigen Alpha-Seelen meinen, dass alle Menschen vorbildlich, treu und hilfsbereit sein sollten. Die richtigen Beta-Seelen möchten als Gesetz für die Menschheit, dass die Perfektion, die *Erlangung* von Autorität und Dank das Höchste sei.
- Die wahren Alpha-Seelen denken und fühlen, dass Menschen weise, friedliebend und voller Menschenliebe sein sollten. Die wahren Beta-Seelen möchten als Gesetz für die Menschheit, dass die *Erlangung* von Allwissen, Harmonie und Liebe das Höchste sei.

Die Alpha-Seelen fühlen sich selbst bewegt vom entsprechenden „moralischen Gesetz" in ihnen. Sie spüren ganz tief im Innern, dass sie so im Ursprung und tief im Frieden mit sich selbst sind. Die Beta-Seelen kämpfen mit den anderen Beta-Seelen und verlangen militant, dass alle anderen Seelen ihre eigene übertriebene Wahrnehmung der Welt teilen sollen. Sie wollen die eigene übertriebene Wahrnehmung allen anderen aufzwingen. Sie wüten dafür.

Deshalb möchte ich sagen: Ja, jeder Mensch hat ein moralisches Gesetz in sich, nämlich das Bewusstsein um sein eigentliches Sein oder Selbst. Jeder Mensch spürt in sich voller Ehrfurcht seine Alpha-Seele. Es ist aber nicht *das* moralische Gesetz des Menschen, sondern *sein eigenes* moralisches Gesetz, seine *eigene* Alpha-Seele. Weil es, Kant hin oder her, verschiedene Menschen gibt. Und ich möchte hier im Buch darauf hinaus, dass es für alle Menschen ein gutes Leben gibt, wenn die Welt jedem ein Leben nach dem *eigenen* moralischen Gesetz erlaubt und wenn die Welt das Wüten der Beta-Seelen eindämmt. Für diesen Fall müssen wir gar nicht einen theoretischen Gott zaubern oder eine Unsterblichkeit erfinden, um eine Glücksphantasie für alle parat zu haben.

Es gibt gar kein allgemeines moralisches Gesetz, sondern viele verschiedene Alpha-Seelen, die in dieser folgenden Form leben könnten:

Gehorche den Herzen! (Gehorche eigentlich dir selbst und achte die Schmerzen der anderen.)

Das glauben Sie nicht? Ich habe mir mein Killerargument noch aufgehoben. Hören Sie Kant selbst, der aus seinem früheren Leben berichtet:

„Ich bin selbst aus Neigung Forscher. Ich fühle den gantzen Durst nach Erkentnis und die begierige Unruhe darin weiter zu kommen oder auch die Zufriedenheit bei jedem Erwerb. Es war eine Zeit da ich glaubte dieses allein könnte die Ehre der Menschheit machen u. ich verachtete den Pöbel der von nichts weis. Rousseau hat mich zurecht gebracht. Dieser verblendende Vorzug verschwindet, ich lerne die Menschen ehren u. ich würde mich unnützer finden wie den gemeinen Arbeiter wenn ich nicht glaubete dass diese Betrachtung allen übrigen einen Werth erteilen könnte, die rechte Menschheit herzustellen."

1762 erschienen Rousseaus Werke, die Kant später „zurecht" brachten. Kant ist am 22. April 1724 geboren worden. 1788 erscheint die *Kritik der praktischen Vernunft*, die den kategorischen Imperativ erläutert.

Ich interpretiere diese Textstelle so: Kant lebt wie ein Wissenssüchtiger oder eine Wissenssammlerseele mit dem Ziel des Allwissens unter Verachtung des Pöbels bis zum Alter von mindestens 40 Jahren. Die Macht des Allwissens verachtet die da unten, den Pöbel, die die übertriebene Sichtweise des Allwissens nicht übernehmen wollen, die in punkto Wissen keinen Hauptseismographen haben. Dann kommt eine Wende in Kants Leben: Rousseau.

Kants Beta-Seele schrumpft. Seine Alpha-Seele erwacht und wächst. Erst spät schreibt Kant in seinem Leben wichtige Werke. Jetzt erst ehrt er die Menschen, ehrt die Handwerker und die Leute der Straße, die schließlich auch sein Gehalt zahlen.

Im zunehmenden Alter wird die Alpha-Seele Immanuel Kant zur überströmenden Quelle des Wissens. Sie gibt Weisheit ab, anstatt Wissen und Erkenntnis zu verschlingen. Nun – im Alter und als Alpha-Seele – findet sich bei Kant die Ehrfurcht vor dem moralischen Gesetz in ihm selbst, „je öfter und anhaltender sich das Nachdenken damit beschäftigt", wie er selbst schreibt.

Kant hat sein *eigenes* moralisches Gesetz gefunden. Es ist das seiner *eigenen* Alpha-Seele. Kants eigenes moralisches Gesetz heißt: kategorischer Imperativ. Nun sagt uns Kant, wir sollen dieses Gesetz auch in uns finden. Aber es ist nicht da. In uns ist *unser* moralisches Gesetz.

Ich will damit zweierlei sagen:

- Wir tragen alle in uns die Alpha-Seele und damit unser eigenes moralisches Gesetz, dem wir folgen sollten.
- Wir finden es nicht, solange es von der übertriebenen Pseudosinnsucht der Machina oder der Beta-Seele überdeckt wird.

Im Beta-Zustand fühlt der Mensch kein moralisches Gesetz. Er ist erfüllt von der Besessenheit, seinen spezifischen Pseudosinn zu vermehren, und will, dass alle Menschen seine eigene Sicht auf die Welt teilen. (Der Putzteufel will, dass Sauberkeit heilig ist und sonst nichts. Der „Beamte" will, dass prozessurale Ordnung heilig ist und sonst nichts. Etc.)

Wir müssen also ein Leben und eine Welt bauen, die es jedem erlaubt, nach seiner Façon glücklich zu werden, die es jedem möglich macht, nach dem eigenen moralischen Gesetz zu leben. Allgemein aber muss dieses Gesetz gewiss nicht sein.

Als 1788 die Kritik der praktischen Vernunft erscheint, ist Kant 64 Jahre alt. Er hat sich nun Jahrzehnte mit der Idee des Guten denkerisch befasst. Er findet umso mehr Ehrfurcht vor der Erkenntnis des Guten, „je öfter und anhaltender sich das Nachdenken damit beschäftigt". Was hat er also getan? Er selbst? Er hat sich einem quälend langen Weg zum Guten unterzogen. Er fand das Gute für sich selbst nach vielen Jahren. Er fand eine Idee des Guten. Seine.

Je länger und anhaltender sich das Nachdenken beschäftigt, kristallisiert sich heraus, dass Kant doch mehr von Platon hat, als es immer aussieht! Das moralische Gesetz ist nicht ohne den Weg zum Guten im Menschen. Das moralische Gesetz der Alpha-Seele muss sich erst befreien oder entfalten und darf nicht beta-dominiert sein. Kant hatte in seinen frühen Jahren *nicht* dieses moralische Gesetz in sich, als er noch den Pöbel verachtete.

Ist es denn nach dem kategorischen Imperativ gehandelt, den Pöbel zu verachten?

2. Erkenntnis des allgemeinen selbst erzeugten Leidens

Jesus hat den Pöbel nicht verachtet. Er wusste um das Leiden der Menschen, die müheselig und beladen sind. Am Kreuz sprach er:
„Vater, vergib ihnen, denn sie wissen nicht, was sie tun."

Machina.

Wenn die Bewältigungsmaschine des Menschen die Aufmerksamkeit auf etwas zu Bewältigendes lenkt, dann ist sie blind für alles andere. Es gibt ein berühmtes psychologisches Experiment von Daniel Simons und Christopher Chabris (Harvard, 1999), in dem Versuchspersonen auf einem Bildschirm eine Art Ballzuwerfen zweier Dreiermannschaften in Weiß und Schwarz verfolgen müssen und sich dabei irgendwelche Vorfälle notieren oder zählen sollen. Für dieses Kontrollieren braucht die Versuchsperson die volle Konzentration. Während des Basketballspiels aber, im Film, geht mitten durch das wilde Gewühl der Spieler ganz ruhig eine Frau mit Schirm hindurch. Nein, stimmt nicht, es ist ein schwarzer Gorilla, der sich auf die Brust trommelt? Kennen Sie das? Es gibt drei verschiedene kurze Videos, mit Frau oder Gorilla. Sie können Sie im Internet finden, zum Beispiel hier:

http://viscog.beckman.uiuc.edu/grafs/demos/15.shtml

Die Versuchspersonen notieren und zählen. Nur etwa die Hälfte sieht die Frau bzw. den Gorilla, so sehr konzentrieren sie sich auf die Aufgabe. Ich wäre ja gespannt, wie die Prozentzahl ist, wenn Pam Anderson durchwandert. Ich meine, mit einem Schirm, wie die andere auch.

Das entdeckte Phänomen heißt „inattentional blindness". Es erklärt vielleicht, warum ich bei meinem am Anfang des Buches geschilderten Autocrash den Stahlcontainer nicht gesehen habe und geradezu erschüttert über meine Blindheit war. Es erklärt, warum Johannes immer etwas „nicht gehört" hat. Neuere Studien zeigen, dass routinierte Autofahrer schlechter Unerwartetes wahrnehmen als unerfahrene.

„Der Erfahrene sieht nur noch das Normale und Erwartete."
Wir denken in eingefahrenen Bahnen, sind gewöhnt, routiniert. Wir sind abgehärtet und spüren nichts mehr. Wir haben unsere Machina austrainiert und sehen „nicht mehr viel". Wir sind tendenziell blind für alles, worauf sich nicht unsere Machina richtet.

Insbesondere ist unser aller Machina von klein auf trainiert, das *Bewältigen* des Lebens im Vordergrund zu sehen, nicht das Leben an sich. Unsere Machina wird trainiert, alle Menschen als gleich anzusehen. Wir hassen oder verachten oder misstrauen allen Menschen, die von uns verschieden sind, denn da nach unserer Annahme alle gleich sind, müssen die von uns verschiedenen schlecht sein. Wir glauben an Grundsätze, die uns eingetrichtert wurden: „Niemand darf bei der Arbeit herumstehen, sonst setzt es etwas!" Unsere Machina ist scharf eingestellt, eine bestimmte Sorte von Pseudosinnpunkten einzusammeln. Alles dies habe ich nun im Buch herausgearbeitet.

Wir müssen die Hauptursachen des Leides bekämpfen oder am besten in Kindern nicht zur Entfaltung kommen lassen.

- Es gibt den ursprünglichen Menschen, der ein Individuum ist, insbesondere einen individuellen „Wasser-Sonne-Pegel" braucht.
- Die ursprüngliche „Alpha-Seele" wehrt sich gegen das Sozialisieren oder Einpassen und entwickelt eine Gegenstrategie, die zumindest versucht, die empfindlichen Stellen zu schützen („die Wunde, die durch das Einpassen entsteht").
- Der Zwang, das Leben bewältigen zu müssen und sich einpassen zu müssen, lenkt die Aufmerksamkeit in einer individuellen Weise auf das Leben. Eine Bewältigungsstrategie entsteht. Die Machina entwickelt sich. Die Strategie des Bewältigens richtet sich nach bestimmten individuellen Stellen der Aufmerksamkeit aus, die sich in Pseudosinn verklären: Dank, Wissen, Erfolg, Macht, Lust etc.
- Die Machina steht in Gefahr, ganz übertrieben eine bestimmte Strategie zu verfolgen, sie wird *betriebsblind* (inattentional blindness) gegen alles andere, hält insbesondere „andere" Menschen für „schlecht" oder „verdächtig".
- Kommunikation zwischen Machinae dient in hohem Umfange dem Ziel, die eigene Art dominieren zu lassen. Kommunikation in diesem Sinne ist Kampf.
- Abwärtseskalierende Machinae von „verlierenden oder verlorenen" Menschen zerstören tendenziell den „eigenen" Menschen selbst, weil sie unter der Betriebsblindheit blutgierig etwas erreichen wollen, was ihnen verwehrt ist, solange sie einer falschen Strategie folgen.

Das Blinde gegen das Verschiedene, die Konzentration auf das Bewältigen und nicht auf das Leben, die quälenden und hartnäckigen Bekehrungsversuche an anderen („Sieh es so wie ich! Verdammt noch mal!"), die Verklärung der eigenen Einpassungsstrategie als Pseudosinn erzeugen das Leid.

Einpassende Erziehung und Menschenführung erzeugen die Hauptmasse des Leidens der Welt. Sie erzwingen den Aufbau einer Machina im Menschen, die praktisch biochemisch fest in den Körper gebrannt wird, die physikalisch in den geänderten Gehirnwellenfrequenzen sichtbar wird. Die Erziehung ist nicht etwa nur „Gehirnwäsche", sondern definitiver Körperumbau, der überhaupt nicht mehr, eventuell teilweise oder nur sehr schwer rückgängig zu machen ist.

Wir Menschen erzeugen das Leiden selbst, weil wir die Konsequenzen des „nicht artgerechten" Körperumbaus nicht verstehen und auch daher in uns nicht mehr sehen.

3. Erkenntnis der eigenen Machina – „Halt ein!"

Was soll nun ein Mensch tun, der hier sieht, dass er vielleicht eine Machina haben könnte?

Speziell: Haben *Sie* eine? Welche?

Ich habe meine eigene über Monate und Jahre zu finden gesucht. Die Stelle, wo sie für andere zu sehen ist, war ganz leicht zu finden. Ich muss nur hören, wann andere sagen: „Hör auf!" Sie sagen speziell mir, ich wolle alles zu genau wissen. Es ist nicht schlecht, alles sehr genau zu wissen – solange ich es für mich behalte. Wenn ich aber Vorlesungen darüber halte und Monologe von mir gebe? Dann werden die Mitmenschen närrisch. Sie wollen es nie so genau wissen wie ich. Es reicht ihnen gröber. Mir nicht. Ich möchte es genau wissen. Ich habe also von den Dingen eine andere Wahrnehmung als andere. Meine Seismographen sind empfindlicher auf sachliche Richtigkeit eingestellt als bei anderen. Andere wollen es nur so genau wissen, wie es praktisch relevant ist. Darüber hinaus, sagen sie, ist Wissen irrelevant und nicht mehr nützlich, sondern nur noch belastend. Ich aber finde, man müsste die genaue Wahrheit kennen. Wahrheit kennt keine Nützlichkeitsgrenze. Insofern ist reiner Wahrheitsdrang für andere Menschen glatt *übertrieben* und auch unnützer Ballast. Sie sehen hier wieder als gute Illustration: Meine größte Stärke und meine größte Schwäche fanden sich am selben Punkt wieder. Warum will ich alles so genau wissen?

Das ist eine gute Frage. Wenn ich überhaupt alles wüsste, wäre ich dann zufrieden? Warum? Mir dämmerte, dass der Hauptvorteil von Wissen darin liegt, anderen überlegen zu sein: Wissen ist Macht. Ich werde nicht mehr verhauen, wenn ich als einziger die Lateinhausaufgaben zur Schule mitbringe. Meine Mutter strahlt mit einem so milden verklärten Blick, wenn ich alles genau weiß und andere nicht. Sie lässt mich dafür in Ruhe Bücher lesen und streitet mehr mit meiner Schwester, die souverän Widerworte gibt – da ist wiederum *ihre* größte Stärke und Schwäche. Will ich also wirklich alles wissen? Warum?

Wenn man mich denn immer und heilig geschworen in Ruhe ließe, wenn ich bei vollem Gehalt in Rente gehen könnte und freiwillig weiterarbeiten dürfte, wenn mich niemand mehr angreift: Würde ich dann weiter Wissen speichern wollen? Warum? Ich muss ja nicht mehr der Beste sein. Solche Fragen habe ich mir nicht ganz explizit gestellt, aber ich hatte so ein ganz leeres Gefühl, wenn der Angriffsdruck nachließ. Als ich meine Habilitation bestanden hatte, war ich ganz leer. Als ich bei IBM die höchstmögliche Gehaltsstufe eines „Techies" bekam (die eines „Distinguished

Engineer") war ich völlig leer. Die Machina entspannt. „Alles" ist erreicht. Was nun? Kein Angreifer da. Nichts mehr zu beweisen. Der Marathonläufer fällt nach dem Ziel zu Boden und ruht. Da sagen die Manager: „Nach dem Erreichen hoher Ziele ist es schwer, sich noch höher hinauf zu motivieren." Oder in meinen Worten: „Wenn das Pseudosinnziel erreicht ist, muss man für die Machina ein größeres suchen, nach dem sie sich nun voll und ganz verzehrt. Sonst ist die Machina unruhig, ganz ohne Feind. Man muss sie wieder neu auf etwas hetzen." Es heißt dann: „Ältere Mitarbeiter haben keinen Biss mehr."

Das ist spätestens eine Zeit, in der die Machina in Pension gehen könnte.

Ich weiß einen entscheidenden Termin noch ganz genau. November 1999. Ich kam nach Hause und sagte leise zu meiner Frau: „Du, etwas verändert sich in merkwürdiger Weise. Ich habe gerade die Kommentare zu meiner Rede bei IBM bekommen. Früher schrieben sie immer ‚toll' oder ‚interessant', und jetzt absolut nichts dergleichen, aber vier Mal das Wort ‚authentisch'. Ich schaue gleich einmal im Wörterbuch nach, was es ganz *genau* bedeutet." Ich schlug nach und fand nur „echt". Ich schaute damals ziemlich ratlos. Im November 1999 schrieb ich gerade die ersten Zeilen von *Wild Duck*. Irgendetwas ist in mir passiert in jener Zeit. Das Buch *Wild Duck* hatte damals noch den Arbeitstitel „Lebenssinndesign". Irgendetwas hat mich in dieser Zeit „zurecht gebracht". Ich beiße wohl nicht mehr so wie früher. Und genau seitdem kommen Menschen, die sich früher vor meinen Monologen fürchteten, nun mal von selbst vorbei, eine Antwort zu bekommen. Werde ich jetzt „Alpha"? Bin ich es schon? Wie weit? Oder bin ich nur alt geworden? Ich fühle mich freier. Ich fühle, dass ich bei den nun schon jahrelangen Gesprächen mit Ihnen schneller „wachse" als jemals in meinem Leben. Das Verändern und Wachsen ist Lohn in sich selbst. Ich beginne zu spüren, was das wäre: in sich selbst Lohn zu sein. Das Werden ist wirklich „Lohn" in sich selbst! So könnte auch Tugend Lohn in sich selbst sein, was Kant nicht glauben will und dafür einen Gott einspannt? Das Werden ist eigentlich nicht Lohn in sich selbst. Die Frage des Lohns stellt sich nicht ... Ich brauche kein Wofür, Wozu. Es wächst eine Kraft in mir. Ist das „Alpha"? Das *muss* Alpha sein!

Und wozu musste all das früher sein? Die Angst, etwas nicht zu wissen? Die Angst, dass mir andere im Wissen „über" wären? Die Angst, die Angst, die Angst ... ich wuchs auf dem Bauernhof auf und war nie „Bauer". Ich wollte nie Trecker fahren, nie. Ich war anders. Meine Mutter fand mich nie *anders*. Sie findet mich natürlich *besonders*. Vielleicht musste ich besonders sein, um anders sein zu dürfen. Aber ich wollte im Eigentlichen betrachtet weder besonders noch anders sein – nur ich selbst. Und irgendwann – ja, irgendwann schaffe ich das. Und ich merke, wie es mich zieht ... Und ich schaudere, wie lang es sich hinzieht. Warum so spät?

Ach, das wollte ich alles gar nicht schreiben. Ich wollte ja *Sie* fragen, wie das bei Ihnen ist. Wo sind Sie denn übertrieben? Was sagen Ihnen die anderen?
„Nun jammere nicht immer."
„Die Menschen sind jedenfalls besser als du denkst."
„Die Menschen sind nicht so gut, wie du immer denkst."
„Mach auch mal einen Fehler. Was soll's!"
„Du kannst nie verlieren!"

„Tu doch nicht immer gleich, was ein anderer sagt!"
„Denk auch mal an dich!"
„Ja doch, wir lieben dich! Ja, hör doch!"
„Du musst auch einmal langweilige Arbeit tun. Los!"
„Du musst auch einmal niedrige Arbeit tun. Sei dir nicht zu schade."
„Du hältst dich wohl für etwas Besseres?"

Wann sagen sie zu Ihnen: „Hör auf! Halt ein! Immer dieselbe Tour! Immer dieselbe Leier! Damit bist du noch nie durchgekommen! Alle sagen dir das! Gib doch Ruhe!"

Wo gehen Sie auf die 300-Prozent-Palme?

4. Intermezzo – Übertriebenes

Jetzt erschrecke ich Sie ein wenig und zähle ein paar Möglichkeiten auf, wann Psychologen meinen, jetzt sei es schon sehr stark übertrieben. Es wird noch nicht so schlimm, keine Angst, ich gebe später allerdings eine eingehendere Gefahrenschilderung, wenn ich auf die artgerechte Haltung der verschiedenen Menschenarten zu sprechen komme. Jetzt lege ich Ihnen nur einmal eine Liste gängiger Persönlichkeitsstörungen vor. Ich möchte damit nur ausdrücken, dass diese „Störungen" alle starke Übertreibungen von Machinae darstellen, sonst nichts.

Der Schizoide: Er wirkt kalt, ungerührt, kommt nicht gut mit Menschen klar. Wenn er kommunizieren muss, wirkt es aufgesetzt oder „nachgemacht". Innen drin steckt oft eine ganz zarte, warmherzige Persönlichkeit, die nur für Eingeweihte erkennbar ist, die ihn kennen lernen dürfen.

Die vermeidende, zurückgezogene Persönlichkeit: Sie fühlt sich sehr unsicher, wie sie zur Welt passt. Sie testet unaufhörlich. „Bin ich gut? Wie finden die mich? Habe ich etwas falsch gemacht? Muss ich mir einen Fehler ankreiden? Ich bekomme es schon an den Nerven! Ich muss warten, bis sie mich einmal loben, aber sie sagen partout nichts! Verdächtig!" Sie behandelt das in sich selbst. Es bildet sich ein Stapel von Ärgerlichkeiten aus dem Arbeits- und Familienleben, über die nur im Innern verhandelt wird – so wächst der Stapel und die vermeidende Person sieht hilflos zu. Selbstmisstrauen und hochgradige Empfindlichkeit entstehen. Durch ihr Verhalten isoliert sie sich.

Der Depressive: Er ist traurig und melancholisch, fühlt sich dauernd ungeliebt. Er glaubt, dass ihn andere hassen. „Es muss in mir etwas sein, was die Leute nicht mögen. Es muss angeboren sein. Ich selbst mag mich auch nicht." Selbstvertrauen und Eigenwertschätzung gehen im Selbsthass verloren. Der Depressive bildet eine Art Wahn aus, inferior zu sein und allgemein abgelehnt zu werden. Er selbst ist voller Hass auf die, die ihn vermeintlich ablehnen. Er versinkt in Hoffnungslosigkeit und Hilflosigkeit.

Der Narzisst: Er trägt offen das Selbstgefühl der Superiorität herum, in Rede, Geste und Kleidung. Er muss Reichtum oder Nobelpreise gewinnen, mindestens ein Star werden. Alle lieben ihn! Zumindest kann er das erwarten. Diese Erwartung wirkt wie Aggression auf die anderen Inferioren, die ihn arrogant finden und deshalb nie richtig würdigen.

Der Hysterische (Theatralische): Er versucht ständig, mehr zu scheinen, als er ist, übertreibt dafür insbesondere Gefühle und „spielt großes Theater". Wehe, er wird nicht beachtet! Extreme Aufmerksamkeit, bitte! Sonst wird geklagt, gejammert oder „ausgeflippt". Die anderen werden beim „hysterischen Anfall" zu Opfern gezwungen (Und nicht etwa vernichtet, wie die Opfer meist denken. Die Opfer verstehen nicht, dass es ein „theatralischer" Anfall ist, der nur 99 Prozent echt ist. „Ich bringe mich um!" Wirklich?). Es geht um das Befriedigen des Geltungsbedürfnisses. Pathos, Lautes und Lebendiges werden bevorzugt.

Der antisoziale „Psychopath": Er ist emotional stumpf und mitleidlos, hat kein Gefühl für Zurückhaltung oder Scham, wirkt kalt oder irgendwie „ungnädig" und herzlos. Er ist bärbeißig und brutal. Keine Skrupel. Er prahlt mit Siegen, übertreibt und verherrlicht. „Brustklopfender Gorilla", Fuß auf dem Besiegten. Übertrieben impulsiv, keine Reflexion, wenig Planung oder Überlegung. Es geht um den „quick win", die schnelle Mark, fast aus einer augenblicklichen Laune heraus. (Deshalb werden Verbrecher meist so schnell erwischt.)

Der Sadist: Ihn fasst oft eine explosionsartige instinktive Gier, die sofort befriedigt werden muss. Wenn dies nicht geschieht, wenn sich also das Objekt der Begierde nicht fügt oder ihm zur Befriedigung dient, so hasst er es grenzenlos und lässt es wenigstens dafür leiden. Im Extremfall wird es zerstört bzw. getötet, zumindest sollte es Todesfurcht zeigen. „Zerstör, was du nicht bekommst."

Der besessen Zwanghafte: Er fühlt sich, als ob dauernd etwas von ihm verlangt würde, und hat Sorge, nicht zu genügen. Er fürchtet Anschuldigungen für Fehler. Er versucht, ganz fehlerfrei zu werden. Ständig hat er dabei das Gefühl, nicht genug zu tun. Er flüchtet sich in Disziplin, Formales, in Höflichkeit und Regeln, regt sich bei Neuem oder Innovativen wie über Verbotenes auf. Er wirkt rigide, kontrolliert, distanziert, korrekt, exzessiv ordentlich und reserviert. Er kann vor lauter Perfektionsanspruch nicht gut entscheiden, käut alles wieder und grübelt über den unfehlbaren Plan. Der Zwanghafte ist die Gewissenhaftigkeit in Person, kann Puritaner oder Bürokrat sein, der alles perfekt macht. Er kann „Horter" werden, sammeln oder speziell ein Geizhals sein. Er kann von der immer bedrückten Unterart sein, die immerzu über den Kompromiss zwischen Eigeninteresse und dem Zwang zur Konformität gespalten ist.

Der Negativist: Er gilt als übellauniger Depressiver. Er ist zäh und verbissen pessimistisch, leicht reizbar und böswillig. Er freut sich, wenn etwas schief geht! Er hat es gewusst! Er hat vorher schon gehässig genörgelt! Niemandem will er wohl. Er manipuliert und schwärzt an, ist verbal aggressiv. Trotz alledem verbleibt der Negativist in dauerhaften Beziehungen. Er muss dort aber dauernd verteidigen. Andererseits ruft er unablässig nach Unterstützung: „Da müsste das Gesetz geändert werden!" – „Warum erlaubt das der Chef?" – „Ich möchte, dass mir alle zuarbeiten!" Wenn er merkt, dass jemand etwas von ihm will, fühlt er sich bedrängt und sagt unweigerlich: „Schon mal nein. Was willst du? Nur aus Interesse!" Er vermeidet aber jeden offenen Konflikt, um nicht offen abgelehnt zu werden. Er ist unter allen Evidenzen überzeugt, seine Pflichten zu tun, neidet anderen die bessere Performance und beklagt sich über unfaire Behandlung.

Der Abhängige: Es wäre ihm am liebsten, die anderen sorgen weiter für ihn. Er identifiziert sich mit dem, der ihn füttern soll. Wenn das die Mutter ist? Dann spielt er die Mutter in allen Beziehungen und sorgt und schenkt. Er braucht eine starke Person, die für ihn die Entscheidungen übernimmt. Er benötigt ständige Bestätigung dieses „Partners", der immer der Boss für ihn ist: „Lobe mein armes kleines Ich! Bin ich so, wie du mich willst? Bin ich schon wie du?" Alleinsein ist schrecklich, er muss sorgen und helfen. Das, was er besser allein tun sollte – Entscheiden und Verantwortung übernehmen –, kann er nicht. Er stimmt aller Autorität zu und opfert dafür alles Eigeninteresse. „Wir machen Ski-Urlaub!" – „Oh, schön, ich wollte schon immer mal Ski fahren. Ich bin bisher nur im Sommerurlaub gewesen." – „Nein. Ski!" – „Oh, Schatz, wie ich mich freue!" Der Abhängige fühlt sich anderen gegenüber nicht adäquat und lässt immer anderen die Initiative.

Es gibt noch Hyperaggressive, Schizophrene, Süchtige, Borderline-Kranke oder psychosomatische Opfer, Esssüchtige, Magersüchtige und so weiter und so weiter.

Gehen wir die Liste noch einmal kurz durch? Sehen Sie, dass alle diese Menschen wie unter einer Wunde zucken und zucken?

- Schizoide sind schwach und kapseln sich nach innen ab.
- Vermeidende Personen isolieren sich, weil sie schrecklich verunsichert sind.
- Depressive fühlen sich gehasst und geben sich auf.
- Narzissten lieben sich als Abwehr anderer selbst und machen sich so autark.
- Hysteriker täuschen vor, was dann gelobt und beachtet werden *muss*.
- Psychopathen hauen zu oder siegen um jeden Preis.
- Sadisten können Ablehnung nur unter Qualen ertragen.
- Zwanghafte vermeiden Schuld durch Perfektion.
- Negativisten leisten einer ungünstigen Umgebung Widerstand.
- Abhängige schlüpfen zum Schutz in einen Ernährer.
- Hyperaggressive sehen alles als Wettbewerb, haben es eilig, müssen gewinnen.

Können Sie sich die Wunden vorstellen, die sie empfingen? Ja? Sie sollten jetzt auch sofort sehen, ob es richtige, wahre oder natürliche Menschen mit Wunden sind, nicht war?

Das ist nicht so ganz trennscharf, ich entscheide es für mich unter unsicherer Doppelnennung so:

- Sadisten, Psychopathen, Hyperaggressive, Narzissten, Hysteriker und Süchtige sind eher natürliche Menschen.

- Zwanghafte, Hysteriker, Vermeidende, Masochisten und Negativisten sind eher richtige Menschen.
- Depressive, Schizoide, Vermeidende und Abhängige sind eher wahre Menschen.

Die Natürlichen können den Lebensgeist nicht entfalten und werden neurotisch. Sie erheben sich über das System oder verlassen es mental.

Die Richtigen verheddern sich im System der Menschen. Sie funktionieren dort nicht richtig. Sie fliehen in Anpassungs- und Täuschungsstrategien.

Die Wahren ziehen sich entmutigt und schwach zurück – der Schizoide zum Beispiel in die Wissenschaft oder vor den Computer, der Abhängige wie ein Einsiedlerkrebs in eine fremde Persönlichkeit, wo er „Frieden" findet, der Depressive in die verzweifelte Suche nach einer Liebe in dieser Welt. Der Vermeidende ist ganz unsicher in sich.

Sie können diese menschlichen Schwächen auch gleich noch in Autarke, Normsoziale und Liebende einteilen. Das sieht dann ungefähr folgendermaßen aus:

- Psychopathen, Zwanghafte, Vermeidende und Schizoide wählen autarke Strategien.
- Narzissten, Sadisten, Negativisten und Abhängige operieren in Beziehungen.
- Depressive, Hysteriker und Süchtige lösen ihre Probleme im starken Gefühl.

Damit habe ich die vielen Wunden offen gelegt.
Sie liegen ganz frisch aufgebrochen da.

Wissen Sie, warum die Wunden so furchtbar aussehen?
Es ist kein Verband drauf.
Ein Verband über die Wunde wäre Pseudosinn! Viel Pseudosinn müsste drüber geschmiert werden! So, wie ich die Menschen hier schildere, sind sie Muscheln ganz ohne Perle. Sie haben nichts, mit dem sie sich schützen.

Schutz und Perle der Muschel wäre „Expertise" für Schizoide, „Liebe" für Depressive, „Star sein" für die Narzissten, „Macht" für die Psychopathen und so weiter.

Neurotische Menschen sind also die ohne Schutz, ohne Wertgefühl und ohne Pseudosinn.

Und ich frage Sie abschließend:

Sind irgendwelche Alpha-Seelen darunter? – Nein! Sie sind alle Habenwollende, keine Quellen.

5. Deeskalation – „Weniger vom Gleichen!"

Wenn Sie einen solchen Menschen kennen – was raten Sie ihm?
Wir wissen es. Es gibt nur einen kurzen Rat. Er heißt:
„Hör auf! Treib es nicht so weit!"

Und wir meinen eigentlich im Kern:

„Bitte, komm zurück! Der Sinn ist diesseits! Mehr bei uns!"

Alle obigen Leidenden verfolgen Abwärtseskalationsstrategien. Der Narzisst nervt mit Bewunderungsaufforderung und Arroganz und wird abgelehnt. Der Schizoide zieht sich zurück und kommt dann immer noch weniger mit Menschen klar. Der Psychopath will Freiheit und Achtung durch Draufhauen erzwingen und wird eingesperrt. Süchtige werden süchtiger. Depressive depressiver. Abhängige abhängiger. Hysteriker müssen immer stärker Theater spielen und ausflippen, weil die Täuschung entdeckt wird. Zwanghafte werden immer besessener.

Sie alle rennen vor einer neuen Verletzung davon.
Alle in die falsche Richtung.

Wo ist also der Sinn des Lebens?
Schauen Sie dorthin, wo Sie ihn vermuten, drehen Sie sich um und gehen Sie los. Das heißt bei Jesus: *Umkehr*. In anderen Religionen: *Loslassen*. Befreien der Seele. Wiederfindung. Rückkehr des verlorenen Sohnes.

Leider denken die meisten Botschaften der Philosophie und Religion, der Mensch müsse nur sehen, wie sündig er sei. Dann solle er bereuen und umkehren.

Für Mörder mag das gehen.

Aber was soll der Schizoide bereuen? Er hat Angst! Was soll der Narzisst bereuen? Er findet sich gut, nur die anderen denken das nicht! Usw. Sie alle haben endlich eine Strategie gefunden, mit dem Leben umzugehen. Sie sind schon lange in einem eskalierenden Kampf – und nun umkehren?

„Wie sage ich es meinem Kinde?"

Wie sagen wir dem Narzissten, er sei ein Kotzbrocken, dem Hysteriker, wir haben ihn durchschaut und sind sein Theater satt?

Es ist fast unmöglich umzukehren. Dabei sieht es betörend leicht aus: Nur umdrehen und zurückgehen. Aber wenn wir versuchen würden, uns umzudrehen und wiederzukommen, was geschähe?

Der Schizoide würde den Menschen näher kommen. Seine Seismographen würden wild Alarm schlagen. Er würde Schmerz erleiden. Die Menschen wären verwundert, dass sie ihn so nah sehen und sie würden ihn komisch finden, so nah. Sie würden über das Unbeholfene lächeln! Und so stünde der Schizoide im Regen. Kann er denn einfach zurück?

Der Zwanghafte, der zurückkommen will, müsste weniger perfekt arbeiten, also in seiner Wahrnehmung Fehler machen und Schuld sein. Daraufhin würden seine Stromschlagseismographen zucken und Alarm schlagen. Die anderen Menschen aber, die ihn einen Fehler machen sehen, würden vor Freude tanzen wie auf einem Fest! So sehr hatten sie unter dem Perfekten gelitten. Da zuckt der Zwanghafte und steht im Regen.

Der Verbrecher würde versuchen, den Menschen näher zu kommen. Er steht nicht mehr in der Zeitung, die Menschen müssen sich nicht mehr vor ihm fürchten. Er ist nun erst einmal nichts mehr. Da lachen die Menschen über ihn, die vorher unter ihm stöhnten. Manche rächen sich sogar. Und der Verbrecher steht im Regen.

In Kubricks Film *Clockwork Orange* kommt der Verbrecher nach einer Wunderbehandlung und „Heilung" in die Gesellschaft zurück. Da rächen sich Eltern und Opfer an ihm. Der verlorene Sohn kehrt zurück und wird blutig geschleift.

Es ist gar nicht so einfach, *trotz* der anderen Menschen zurückzukommen. Um den 300-Seismographen eines Verwundeten hat sich ein kunstvolles System von Abhängigkeiten gebildet. Ein Netz, in dem er nun gefangen ist – ein Netz, in dem ihn die anderen Menschen gefangen halten. Ich habe die Mutter geschildert, die den Sohn nie zum König, aber schizophren macht. Würde man den Schizophrenen heilen, so wäre noch das System der Mutter da. Die sitzt dann am Bett und sagt: „Ach, du liebst mich nicht!" Und alles ist mit einem einzigen Satz dahin.

Und trotzdem müssen wir irgendwie zurück.

Ein Vater hat einmal seinen Sohn in der Schule entschuldigen müssen, der einige Wochen „gestört" hatte. Er ging zu den einzelnen Lehrern und garantierte ihnen Besserung des Sohnes, wenn sie ihn dafür jetzt eine Zeit lang „gern hätten" und „wieder aufnähmen". Sie sagten – „im Gegenteil!" – der Sohn müsse nun Reue zeigen. Der Vater bestand auf „Liebe". Schließlich gingen sie darauf ein, hielten ihr Wort und waren sehr erstaunt, dass das Problem relativ rasch verschwand. Fazit: Das ganze System muss geändert werden, wenn ein verlorener Sohn zurückkommt. Wie in der Bibel, als der Daheimgebliebene sich über die freundliche Aufnahme des Verlorenen beklagt: „Du solltest aber fröhlich und gutes Muts sein; denn dieser dein Bruder war tot und ist wieder lebendig geworden; er war verloren und ist wieder gefunden." (Lukas 15, 32).

Aber wer schlachtet schon ein gemästetes Kalb und gibt dem Verlorenen einen Fingerreif?

6. Wiederfinden der eigenen Quelle, geht das?

Manchmal findet ein Mensch zur Seele zurück, wenn er ganz unten ist.

„Und er begehrte seinen Bauch zu füllen mit Trebern, die die Säue aßen; und niemand gab sie ihm." (Lukas 15, 16). Ich glaube, so ist es eher selten. Meist gibt es eine Abwärtseskalation, bis die Hoffnung zuletzt stirbt.

Wenn ein Schwerverwundeter zum Psychotherapeuten geht – was soll dieser dann tun? Er wird das „Aufhören" einzufädeln suchen. Er wird das Erzeugen von Perlen anregen, damit der Verwundete ein Pflaster auf die Wunde bekommt und ein „Erfolgserlebnis" spürt. „Siehst du, wie gut es geht?" So funktioniert „positive Verstärkung" in eine gewünschte Richtung.

Eine Behandlung dauert Jahre. Das muss sie wohl auch?

Wie wären die Seismographen im Körper abzubauen? Wie die physische Körperreaktion auf Seismographenausschläge zu lindern?

6. Wiederfinden der eigenen Quelle, geht das? 201

Kant hat oben seine Wendung von „Pöbel verachten" zu „Menschen verehren" beschrieben. Das ist nicht nur „Hör auf!" und „Lass los!", das ist so etwas wie „komplett zurückgegangen", nicht wahr?

Schauen Sie im Geiste einen Menschen voller Verachtung an. So verachtungsvoll Sie nur können. Konzentrieren Sie sich voll auf das Verachten. 300 Prozent Erregung! Fokus! Böse schauen!

So und nun wechseln Sie innerlich auf Verehrung. Totale Verehrung!

Wie fühlt sich das an? Ganz entspannt – ganz ruhig. Es wird ruhig und wärmer. Ein Lächeln bricht durch die schwarzen Wolken. Nichts ist mehr so wichtig wie vorher, alles entspannt. Es zuckt nichts.

So spüren Menschen oft eine gewisse Erleichterung, wenn sie wissen, dass sie sterben müssen. Sie wirken schon im Diesseits erlöst. Was soll noch das Unsichere, das Traurige, das Verschlossene, wenn es bald vorüber ist? Sehen Sie sich die entspannten Arbeitskollegen an, die gekündigt haben! Die pensioniert werden! Sie *verklären* sich. Nun erst, ohne Seismographen, sehen sie wenigstens zeitweise klar, sehen also den wahren Wert der Dinge, können ihn überhaupt sehen, weil nichts ausschlägt.

Warum können wir nicht loslassen? Weil wir Angst vor dem Zucken haben, das eben leider nur „vor dem Tod" von selbst verschwindet. Wer wirklich loslassen will, muss einen inneren Kampf mit seiner Machina aufnehmen. Die hat die Alpha-Seele unterdrückt, und sie muss wieder in die Rolle des Dieners zurück. Stellen Sie sich vor, die Alpha-Seele ist der Chef und die Machina der Diener. Die Seele will innere Ruhe, aber der Diener macht Stress.

Seele: „Ich würde mich gerne mit der Nachbarin aussprechen und vertragen. Geh hin Machina und bewältige das." Machina: „Sie ist doof. Es bringt nichts. Sie wird brüllen. Sie hat uns beleidigt. Außerdem habe ich Angst, mich zum Gespött und zum Narren zu machen, und dafür werde ich nicht bezahlt."

In diesem Sinne sollten Sie sich kurz einmal als Chef Ihrer Machina fühlen.

Sie stellen sich ein gutes Leben vor. Sie beauftragen Ihre Machina, Ihr Leben wie gewünscht zu managen. Sie erklären der Machina die Arbeitsziele und die bewilligten Ressourcen. Sie sagen: „Go!" Und dann beobachten Sie als Chef einmal, wie es die Machina anstellt, Ihnen ein gutes Leben einzurichten. Bei dieser Übung werden wir fast alle feststellen, dass unsere Machina eben *nicht* gut funktioniert, dauernd mosert, herumbrüllt, sich um unangenehme Aufgaben drückt und vieles aufschiebt und das meiste aus Unvermögen und Angst einfach liegen lässt.

Was ist zu tun?

Wir müssen unsere Machina ausbilden. Dann kann sie unserer Seele dienen. Jeder von uns hat eine andere Seele, also braucht jede Machina eine andere Ausbildung. Dafür ist unsere Seele als Chef verantwortlich.

Und bei ganz vielen Menschen fragen wir uns, wenn wir ihnen in die Augen schauen: Wo ist der Chef? Hat er sich verdrückt? Ist er verschwunden? Hat er alles dem Verwalter, der Machina, übergeben? Wo hat er sich verkrochen?

Will er überhaupt noch Chef sein?

Zum Alpha-Leben gehört große *Tapferkeit*, die wir als *Tugend* heute vergessen haben. Gehen Sie einmal in Ihrer Innenstruktur wie ein Chef spazieren und machen Sie Inventur. Wenn Sie dann das Verzagen greift, wissen Sie, wie tapfer man sein muss, glücklich zu leben, wenn man nicht schon von Anfang an artgerecht erzogen wurde und mit der Gnade einer guten, haushaltenden Bewältigungsmaschine aufwuchs. Wir müssen tapfer gegen das irgendwie beim Umpflanzen entstandene Unsinnige angehen, es umdrehen und die frei werdenden Energien in den Alpha-Bereich leiten.

7. Machinae der anderen

Wir fürchten uns immer nur grässlich vor dem eigenen Zucken. Das der anderen nehmen wir nicht so wirklich ernst. Das macht das Leben ziemlich schwer. Unsere Strategien, die uns schützen, verwunden die anderen.

Diesen Sachverhalt habe ich schon provokativ so ausgedrückt:

„Kommunikation ist Kampf." Oder sinnloser Krieg mit hohen Verlusten.

Carlo Cipolla hat eine pfefferscharfe Satire mit dem Titel *Die Prinzipien der Dummheit* geschrieben. Sie findet sich im Buch *Allegro ma non troppo*. Cipolla definiert Dummheit darin als eine Handlungsstrategie, die anderen schadet, ohne einem selbst zu nützen.

Ich gebe dieser Definition hier eine bestimmte Deutung. Wenn zum Beispiel der Narzisst anderen Menschen sagt: „Ich liebe mich. Liebt mich auch, ich bin so schön!" Dann denkt er im Innern, es nütze ihm. Er fühlt sich gut. Es scheint ihm zu nützen. Deshalb sagt er es ja. Von außen gesehen wird er verabscheut – die anderen Menschen wenden sich ab. Damit schadet sich der Narzisst selbst, ohne es zu merken. Er schadet den anderen, weil er ihnen durch seine Selbstliebe wehtut, die wie Arroganz bei den anderen ankommt. Im objektiven Sinne also schadet der Narzisst sich und anderen. Im subjektiven besiegt er sie und nützt sich selbst.

Oder: Der Schizoide zieht sich zurück und fühlt sich sicherer. Der Rückzug nützt ihm subjektiv. Objektiv aber stößt er andere vor den Kopf und isoliert sich zu seinem Schaden.

Deshalb sind im objektiven Sinne sowohl der Schizoide als auch der Narzisst nach Cipolla dumm. Das waren aber nur *zwei* Beispiele und Sie sehen sicher schon die allgemeine Erkenntnis dahinter: Wer seinen Hauptseismographen pflegt oder seine Beta-Seele oder die Machina vor dem Zucken schützt, schadet sich und anderen im objektiven Außensinne, während er im Innensinne glaubt, sein Tun sei nützlich, weil es Gefahr abwende und die Wunde schütze.

Cipolla hat dieses kosmetische Pflegen der Hauptseismographen nicht in seine Theorie einbezogen. Er meint mit „dumm" so etwas wie „in der realen Welt dumm", ohne weitere Unterscheidung. Es ist ja eine Satire – und alles hier Besprochene ist ja vom Material her gar nicht so lustig.

In diesem Lichte bekommen Sie nun von mir als Hammerschlag sein erstes Prinzip der Dummheit zu lesen: Der prozentuale Anteil der Dummen wird immer unterschätzt, weist Cipolla nach. Schreiben Sie heimlich eine Prozentzahl auf einen Zettel, die nach Ihrer Ansicht den Anteil der Dummen schätzt. Dann, so das erste Prinzip der Dummheit, haben Sie zu *niedrig* geschätzt.

Das zweite Prinzip besagt, dass die Dummheit unabhängig von allen anderen Eigenschaften des Menschen ist, also auch unabhängig von seiner Intelligenz oder Körperkraft oder seiner Fähigkeit, kunstvolle Kaugummiblasen oder Rauchringe erschaffen zu können. Sie sehen das deutlich, sagt Cipolla, wenn Sie in Sitzungen von sehr intelligenten Menschen etwas Wichtiges diskutieren und sich dann aber leider alle an einer winzigen Hauptstromausschlagfrage festbeißen. „Das will ich aber ganz genau klären!" Die ganze Sitzung platzt. Alle stöhnen. Alle haben lange gesessen und gerungen und anderen geschadet, ohne sich selbst zu nützen. Egal welches Meeting Sie besuchen, egal, ob nur Nobelpreisträger oder Kirchenälteste drinsitzen: Der Prozentsatz der Dummen ist immer der gleiche. Sehen Sie hin! Schreiben Sie im nächsten Meeting auf, wie viel Dumme dort sind! Nach dem ersten Gesetz ist Ihre Zahl zu klein. Usw. Lesen Sie das köstliche kleine Büchlein.

Aber sehen Sie: Wenn Sie ein besserer oder guter Mensch werden wollen, hat es im Wesentlichen erst einmal nur mit ihrer zuckenden Körperhardware zu tun, die falsch eingestellt ist. Es hat nichts mit Perlen zu tun, die nur lindern. Nichts mit Leistungen, guten Noten, tollem Aussehen. Nichts.

Leider sind wir also mit unserer schlechten Machina nicht allein. Die anderen Menschen sind im Realen genau so dumm wie wir. Alle sind wir im Realen ziemlich dumm, denn wir schaden anderen real, ohne uns selbst zu nützen. Das einzige, was immerfort allen Nutzen dieser Welt bekommt, ist der Hauptstromseismograph, vor dem wir als wirklichem Herrn unserer subjektiven Welt zittern.

Sehen Sie das bei den anderen nicht hell und klar? Sehen Sie, dass die anderen diesen Hauptseismographen nur ausschalten müssten? Wo ist der Schalter? Tappen Sie im Dunkel nach dem Schalter. Legen Sie ihn um. – Es wird heller. Wo sind Sie? Vorher waren Sie im falschen Theater, und nun?

8. Sonne und Wasser wie Großeltern schenken – Alpha-Quelle

Erleben Sie das noch? Das Hellere?

Es fühlt sich an wie die Arbeit eines kleinen Hausmeisters, der eine Million Euro im Lotto gewann, dieses Faktum allen verschwieg und nun wie eh und je weiterarbeitet. Er nahm sich vor, niemals einen Euro von dem Geld oder den Zinsen abzuheben. Er weiß aber nun in jedem Moment seines Lebens, dass er frei ist.

Frei!

Das Zucken seiner Seismographen hört langsam auf. Er wird ein guter, geachteter Hausmeister. Er hat vorher „den Pöbel" verachtet und wird nach einigen zufriedenen Jahren die Leute im Hause verehren. Nach und nach aber wird er von allen verehrt ...

Können Sie sich ein solches Beispiel vorstellen? Manche berichten so etwas nach schweren Unfällen, die sie zum „Umdenken" brachten. Ich glaube ja nicht, dass man „denkt", sondern so ein Lottogewinn oder ein Unfall zucken ganz ungewohnt anders einmal durch die ganze Körperhardware, so dass sich diese dabei verletzt und neu stabilisiert. Die Seismographen und ihre Schwellen stellen sich neu ein, weil durch das seltene Sonderereignis einmal ein Seismograph noch stärker zuckte, als es jemals der Hauptseismograph vermochte.

Das Verlieben ist so etwas, was offenbar ziemlich viele wieder einmal in meinem Alter packt. Ein Jahr im Ausland kann ebenfalls Wunder wirken! Das Ausziehen bei den Eltern als Student zuckt einmal durch den Körper.

Etwas *anderes* kann helfen, die Kraft des Körpers zu brechen und die Hauptseismographen zu relativieren. „Schickt den Putzteufel ein Jahr in den Regenwald!"

Die andere Methode ist das langsame Ruhigwerden im Alter. Großeltern erziehen die besseren Kinder. Ja, wenn Großeltern nun auch noch über neueste Popmusik reden könnten und nicht in der Vergangenheit lebten – ja, dann wären Großeltern ideal. Sie können loslassen und lieben. Sie brauchen keinen Lottogewinn mehr, sie sind frei.

„Du, warum bist du eigentlich mit unseren Neffen so gutmütig, während du gegenüber den eigenen Kindern viel strenger bist?" – „Bei den anderen trage ich keine Verantwortung, die kann ich lieben, ohne sie erziehen zu müssen."

Eltern fühlen sich nicht frei.
Sie haben eine für Kinder verdammt schädliche Machina.
(Das sehen Sie ja an Ihren eigenen Eltern. Sonst eigentlich nirgends?!)

XI. Das Spüren des Selbst

1. Freiheit!

Sie sind jetzt bestimmt in einer guten Stimmung, über die akademische Frage der Willensfreiheit des Menschen mitzudenken. Der Mensch ist ja nicht durch seinen Instinkt gebunden – wie das dumme Tier! Er hat ja einen Geist und kann sich zwischen dem Guten und dem Bösen frei entscheiden!

Empirisch gesehen ist das Unsinn. Die meisten Menschen haben zwar einen Geist, ja, aber eben auch einen Instinkt und Hauptseismographen. Eine geistig wertvolle Entscheidung zum Guten kann den Körper zum Krümmen bringen. Bei mir zum Beispiel, wenn ich Sport treiben soll! Dazu ermuntert mich jährlich der Betriebsarzt – da muss ich hin, weil ich Teilnehmer am Executive Wellbeing Program der IBM bin und daher die Annehmlichkeiten des Lebens erklärt bekomme. Der Betriebsarzt weiß echt gut, was meinem Körper gut tut, und das leuchtet mir im Geiste auch ein. Und du mein Körper, gell, du da unten an meinem Geist dran? Hey, Körper, dein Lebensgeistkoeffizient ist zu gering, sagt der Arzt, du bist ein wahrer Körper und zu wenig natürlich! Hey, Körper, der Betriebsarzt will dich ein bisschen umpflanzen!

Ich weiß schon, was er macht, der Körper da unten an mir dran. Er wird nach ein paar Liegestützen Schmerzen vorspielen und japsen. Er wird zucken und unwillig sein. Er wird meinem wertvollen Geist, den ein Tier nicht hat, in den folgenden Tagen nahe legen, die ganze Sache zu vergessen, bis wir wieder im nächsten Jahr zum Wellbeing müssen.

Vor dem neuen Termin kämpfen sie dann wieder, der Geist und der Körper. Lustig! Es fängt an, wenn der Termin feststeht. Dann erinnert sich der Geist ganz endgültig (er zittert schon beim Terminfestlegen und schiebt es hinaus), dass der Arzt beim Belasten für das Belastungs-EKG lächelt, wie wenig wir belastbar sind. Das fürchtet der Geist! Aber hallo! Da zuckt der Körper an einer anderen Ecke, nicht in den schmerzenden Beinen, die die Hometrainer-Belastung antizipieren. Die Geistzuckungen wollen, dass ich wenigstens ein paar Tage vorher auf dem Hometrainer radle, damit niemand lächelt. Das wird der Geist nicht aushalten! Ihm graut. Er will den Körper da unten zur Vorbereitung zwingen. Sie kämpfen, die Hauptseismographen, mit zweierlei Schmerzen in mir. Sie ringen und tun mir beide mit ihren angedrohten Schmerzarten weh: Radeln oder Belächeln? Da kämpfen in mir das Gute und das Böse oder jedenfalls zwei Parteien. Wie wird es ausgehen?

Wenn ich radle, wird der Geist sagen: „Siehst du, wie gesund das Radeln ist, Körper? Der Arzt war zufrieden mit dir!" Es ist eine glatte Lüge, der Geist hatte nur Angst.

Wenn ich nicht radle, wird der Geist sagen: „Ich werde gerade so beim Arzt erscheinen, wie ich nun einmal bin! Ich lasse mich nicht verbiegen! Ich bin, wie ich bin, und ich betrüge nicht für die Untersuchung, indem ich einen gesunden Körper vortäusche. Ich bin ehrlich und gut! Und sieh mal Körper, das Ergebnis war auch dementsprechend nicht so gut. Das wollen wir uns überlegen, oder? Willst du nicht einmal radeln?" – Da sagt der Körper: „Na gut, vielleicht sollten wir mal radeln. Wann?" Da merkt der Geist, dass er noch am Buch Topothesie schreiben muss, er hat einfach verteufelt wenig Zeit, den Körper zu quälen. Auch eine Lüge.

Entscheiden ist das Abwägen von Schmerzzuckungen.

Politiker winden sich zwischen den Schwerthieben der Lobbyisten. Manager fürchten sich vor den Zahlen der verschiedenen Alternativen. Risiken drohen Schmerzen an. Die Zukunft hängt drohend über uns oder zieht uns verheißend irgendwohin.

Was wäre Freiheit?

Die meisten Entscheidungen im Leben sind philosophisch gesehen völlig uninteressant. „Soll ich mich ducken, wenn eine Bombe neben mir einschlägt oder nicht?" – „Ja!" Bumm.

Dafür haben wir die Machina, die alles reibungslos per Instinkt bewältigt.

Die interessanten Fragen sind diejenigen, wo mindestens zwei verschiedene Schmerzarten die Entscheidungslage unklar machen. Wie wird es ausgehen?

„Wenn Sie ein Mensch mit einem Messer bedroht – töten Sie ihn?"

„Schlafen Sie für eine Million Dollar mit einer Plastikpuppe im Fernsehen?"

Es gibt ja neuerdings dafür extra Fernsehshows, bei denen sich etwa Spinnenphobiker für Geld überwinden. Und wir Zuschauer suhlen uns in trivialer Lust, indem wir einem psychisch Kranken dabei zusehen, den Kampf der Krankheit mit dem Zucken der Geldgier auszutragen. Wie er zuckt! Wie es in ihm wütet! Wir feuern ihn an! Trau dich! Wir wollen das Zucken sehen!

Hier werden Entscheidungszwänge kunstvoll auf die Spitze getrieben. Was zuckt am stärksten?

Zu der Zeit kamen zwei Huren zum König und traten vor ihn.

Und das eine Weib sprach: Ach, mein Herr, ich und dies Weib wohnten in einem Hause, und ich gebar bei ihr im Hause.

Und über drei Tage, da ich geboren hatte, gebar sie auch. Und wir waren beieinander, daß kein Fremder mit uns war im Hause, nur wir beide.

Und dieses Weibes Sohn starb in der Nacht; denn sie hatte ihn im Schlaf erdrückt.

Und sie stand in der Nacht auf und nahm meinen Sohn von meiner Seite, da deine Magd schlief, und legte ihn an ihren Arm, und ihren toten Sohn legte sie an meinen Arm.

Und da ich des Morgens aufstand, meinen Sohn zu säugen, siehe, da war er tot. Aber am Morgen sah ich ihn genau an, und siehe, es war nicht mein Sohn, den ich geboren hatte.

Das andere Weib sprach: Nicht also; mein Sohn lebt, und dein Sohn ist tot. Jene aber sprach: Nicht also; dein Sohn ist tot, und mein Sohn lebt. Und redeten also vor dem König.

Und der König sprach: Diese spricht: mein Sohn lebt, und dein Sohn ist tot; jene spricht: Nicht also; dein Sohn ist tot, und mein Sohn lebt.

1. Freiheit! 207

Und der König sprach: Holet mir ein Schwert her! und da das Schwert vor den König gebracht ward, sprach der König: Teilt das lebendige Kind in zwei Teile und gebt dieser die Hälfte und jener die Hälfte.

Da sprach das Weib, des Sohn lebte, zum König (denn ihr mütterliches Herz entbrannte über ihren Sohn): Ach, mein Herr, gebt ihr das Kind lebendig und tötet es nicht! Jene aber sprach: Es sei weder mein noch dein; laßt es teilen!

Da antwortete der König und sprach: Gebet dieser das Kind lebendig und tötet es nicht; die ist seine Mutter.

Und das Urteil, das der König gefällt hatte, erscholl vor dem ganzen Israel, und sie fürchteten sich vor dem König; denn sie sahen, daß die Weisheit Gottes in ihm war, Gericht zu halten.
(1. Buch der Könige 3, 16–28)

Die Blutlinie des Schwertes teilt die Welt so fein in zwei Lager, dass die beiden „Körper" jeweils sofort für sich selbst zur Entscheidung finden: Der eine „entbrennt", der andere läuft ins Schwert. Salomonisches Urteil. Es kommt beim Entscheiden darauf an, diese Trennlinie bestmöglich so zu ziehen, dass die eine Seite mehr wiegt als die andere. Das ist die Kunst von Kompromissvereinbarungen.

Sobald aber die Entscheidungsalternativen fast in gleichwertigen Zuckungen gegeneinander stehen, flackert der Körper unstet. Kennen Sie das Flattern des Körpers, wenn Sie Aktien verkaufen oder kaufen? Oder wenn Sie ein Gebot bei einer Internetversteigerung abgeben? Es bebt und brennt im Körper, die Finger zittern. Das Herz klopft wild, wie wenn wir als Kinder gerade die Hand zu Verbotenem ausstrecken. Zwischen dem einen und anderen Ufer liegen nun Haaresbreiten. Ein Laut, ein Ruf, eine zufallende Tür – und wir entscheiden: „Nein, das tue ich doch lieber nicht. Ich lasse es." Das Herz beruhigt sich wieder. Leere. Wir haben uns wieder einmal für das Abwarten entschieden.

Wo ist da die Freiheit des Willens? Entweder ist die Entscheidung klar – oder die Lage ist so sehr unentschieden, dass im Augenblicke der Entscheidung ein fallendes Staubkorn das Zucken der Seismographen auf die andere Seite bringen kann. *Wer hat dann entschieden? Wir selbst? Unser Körper? Der Zufall?*

Ja, wenn wir eine übertriebene Machina hätten, die sich zu 300 Prozent auf etwas ganz Spezielles fokussiert! Auf Gier! Liebe! Lob! Aufmerksamkeit! Geld!

Dann ist die Entscheidung leicht, weil die Trennlinie sehr einfach ist. Wenn ich nur EINES will, dann ist die Richtung klar. Das Übertriebene kann leicht entscheiden. Das Übertriebene ist unfrei.

Und so sagte Bertrand Russell die berühmten Worte:

Das ist der ganze Jammer: Die Dummen sind so sicher und die Gescheiten so voller Zweifel.

Das Übertriebene, das Betaartige, die Beta-Seele, die Machina sind gefangen in einem Korsett und deshalb immer so *sicher!* Die Entscheidung ist sofort bei der Hand! Es ist kein Geist mehr beteiligt, alles läuft automatisch ab. Das normal Dumme ist sicher. Das Komplexe zerreißt sich zwischen verschiedenen Seismographenschlägen und weiß nicht wohin.

Gibt es wirkliche „Freiheit"?
Die Machina ist unfrei. Sie ist Sklave der Wunde.
Wer Freiheit schaffen will, muss Wunden heilen, nicht schützen.
Willensfreiheit gibt es nur ohne Hauptstromschläge.
Gibt es überhaupt Freiheit? Das ist Theta?!

2. Authentisch von allem Leben berühren lassen

Wir müssen eine lustvolle Rangelei gegen das Übertriebene anzetteln.
Das Leben sollte nicht wie eine Einbahnstraße sein, mehr wie eine mäandrische Reise durch eine Fülle vorläufiger Möglichkeiten, die langsam die Seele ergreifen und die ganz große richtige, die eine Entscheidung fällen.
Mephisto zeigt Faust die ganze Welt des mehr „Natürlichen": Weib, Wein und Gesang und die Walpurgisnacht, die Lust, das Verbotene, das volle Leben. Hängen bleiben soll die Seele irgendwo, dass sie der Hölle Beute würde!
Dr. Faust soll sich an etwas heften, kleben bleiben und seine Machina darauf fokussieren. Dann ist er des Teufels, weil der die Beta-Seelen einsammelt.
Aber am Ende sieht Faust die Weite der Freiheit im normalen „tapferen" Leben:

> *Eröffn' ich Räume vielen Millionen,*
> *Nicht sicher zwar, doch tätig-frei zu wohnen.*
> *Grün das Gefilde, fruchtbar; Mensch und Herde*
> *Sogleich behaglich auf der neusten Erde,*
> *Gleich angesiedelt an des Hügels Kraft,*
> *Den aufgewälzt kühn-emsige Völkerschaft.*
> *Im Innern hier ein paradiesisch Land,*
> *Da rase draußen Flut bis auf zum Rand,*
> *Und wie sie nascht, gewaltsam einzuschießen,*
> *Gemeindrang eilt, die Lücke zu verschließen.*
> *Ja! diesem Sinne bin ich ganz ergeben,*
> *Das ist der Weisheit letzter Schluß:*
> *Nur der verdient sich Freiheit wie das Leben,*
> *Der täglich sie erobern muß.*
> *Und so verbringt, umrungen von Gefahr,*
> *Hier Kindheit, Mann und Greis sein tüchtig Jahr.*
> *Solch ein Gewimmel möcht' ich sehn,*
> *Auf freiem Grund mit freiem Volke stehn.*
> *Zum Augenblicke dürft' ich sagen:*
> *Verweile doch, du bist so schön!*
> *Es kann die Spur von meinen Erdetagen*
> *Nicht in Äonen untergehn. -*
> *Im Vorgefühl von solchem hohen Glück*
> *Genieß' ich jetzt den höchsten Augenblick.*

Leider sind es seine *letzten* Worte, weil er schon so sehr alt war, als er das sagte. Er war lange ein großer alter Gelehrter, bevor er überhaupt darauf kam, nach dem Sinn des Lebens zu fragen. Und im Grunde liegt dieser offen vor uns:

Irgendwo in dieser reichen Welt müssen wir „anwachsen". Nicht gleich am ersten freien Wegesrand! („Ich wusste nicht, was ich werden sollte. Da sprach mich der Zweigstellenleiter der Volksbank an. Ich war erleichtert, dass ich nicht überlegen musste. Im Grunde hätte ich mich umschauen sollen. Ach, das ist mir später klar geworden. Nun, jetzt ist es für anderes zu spät. Ich habe im Dorf geheiratet und ich bin jetzt schon 32.") Nicht gleich in die Richtung des Massentriebes! („Ich habe immer nach den besten Verdienstchancen gesucht. Ich bin Vertreter geworden. Ich kann es nicht so gut. Sonst wäre ich wohl schon wirklich reich.")

Wir sollten uns wieder mehr entwickeln, entfalten, umherschauen, im Ausland zur Schule gehen, erfahren, verständigen, uns bilden. Nicht, wie es heute heißt: „Die Schule erzieht zur Berufsfähigkeit." Das ist wie ein drohendes Todesurteil für Alpha-Seelen. Nicht, wie man heute sagt: „Das Uni-Diplom eröffnet höhere Berufschancen."

Da schaue ich traurig und sage: „Alles Beta!"
Machina-Aufrüstung. Ersatzteilmontage. Ständige Upgrades für höhere Leistung.

Nein, wir müssen die Weite der Freiheit in uns spüren und tapfer diese Freiheit in unserem Herzen erobern, bis wir irgendwo in der Welt unser Selbst spüren und anwachsen, gedeihen und Frucht tragen.

3. Vom Schenken zu Sein: Die Theta-Seele

Jetzt werden meine Worte langsam getragener und predigen.
Es ist eine Woge des Herzens.

Und immer wieder dieses Schaudern: „Alles Beta!"

Wenn Menschen wahrhaft „angewachsen" sind und „artgerecht" gedeihen, wenn sie im Wechsel der Zeit bei Ebbe und Flut Früchte bringen und das Leben tapfer meistern, dann verschwindet das Ich und die Seele in die Welt.
 Der Mensch ist nicht nur mit sich eins, sondern mit allem.
 Das ist schwer zu erklären und auch schwer zu verstehen und für mich vielleicht auch noch nicht angemessen, darüber zu schreiben. Denn ich selbst bin bestimmt noch nicht mit der Welt verschmolzen. Gibt es Theta-Seelen? Bestimmt! So ein Leben im Gehirngefühl des Kleinkindes?
 Nicht nur leben, sondern unmittelbar *sein*, wie das kleine Kind auf dem Elternarm? Wie eines, das am Bauch getragen wird und mit großen Augen die Welt trinkt?
 Geht das und geht das in unserer Welt, in der *alles Beta* ist und auch sein soll?

Ich lasse hier erst einmal das Nachdenken darüber sein und komme im letzten Teil („Gott existiert, ob es ihn gibt oder nicht") darauf wieder zurück. Ich gebe hier nur ein paar Verbindungen zur Religion des Ostens: „Alles schon seit Jahrtausenden bekannt!" Und wir Europäer klagen immer noch und stetig immer mehr. Im Grunde wissen wir ja:

„Alles Beta!"

4. „Alles Maya!" – Die drei Gunas

Die Inder würden nicht von „Beta" oder übertriebener Wahrnehmung sprechen. Sie denken, der Mensch unterliegt Illusionen, die ihm eine falsche Wirklichkeit vorspiegeln. Die Illusionen werden von Maya über die Menschen gebracht.

Maya ist Göttin. Die Zauberin Maya, Züchtigerin der Welt, dient Krishna. Sie heißt auch Dunga, was Gefängnis bedeutet. Maya ist Kerkermeisterin der verblendeten Seele.

Maya: Alles ist Schein! Maya bedeutet im Indischen „Zauberkraft, Kunst, Schöpfung, Schein, Verblendung, Illusion – die relative Wirklichkeit". Maya ist abgeleitet von dem indischen Wort ma wie „ausmessen". Alle Dinge, alle Wirklichkeiten sind „Maya". Sie sind Illusion, sie verbergen dem Menschen die unausdrückbare Leerheit des Seienden und hindern ihn an der Lösung von seinen Begierden. „Alles Maya!" – „Die Welt ist Illusion!" Alles, was gemessen und berechnet werden kann, alles, was unserem Intellekt zugänglich ist, gehört zum Bereich der Maya. Maya ist die Grundsubstanz der Stoffe. Maya fesselt die Seelen an die innere Haltung der Ausbeutung und des Verlangens nach Genuss. Die Kraft der Maya hält jedem Menschen eine vorgetäuschte Welt, eine Wirklichkeit vor, die seinem „Grad der Unwissenheit" entspricht. Maya verhüllt die wahre Wirklichkeit.

Maya, die Illusion der Welt, tritt in unzähligen Erscheinungen auf. Sie erscheint in Menschen in drei typischen „Unwissenheitsgraden". Wir sprechen von den drei Gunas der Maya: Sattva, Rajah, Tamah. Guna heißt im Indischen „Strick, Seil, Kette, Fessel". Maya fesselt den Menschen in drei Arten, Gunas oder Fesselungen an die Illusion der Welt.

Sattva steht für stille Reinheit. Rajah bezeichnet die feurige Leidenschaft, Tamah steht für das träge Dunkel.

Man unterscheidet Menschen, die hauptsächlich von Sattva, Rajah oder Tamah beherrscht sind.

Menschen, in denen Sattva vorherrscht: Sie handeln im Sinne der Schriften, sind aufrichtig, geben gern, können selbst verzichten, beherrschen die Sinne. Sie können Leid ertragen, sind mit dem zufrieden, was das Leben bringt, halten Maß. Sie denken nach, überlegen ihr Tun, halten sich an Gesetze und Moral. Sie sind ehrlich, betrügen nicht und täuschen niemanden, vertrauen anderen.

Menschen, in denen Rajah vorherrscht: Sie sind im Begehren nach Lebensgenuss gefangen. Sie arbeiten rastlos und sind voller Stolz auf das Erreichte und gleichzeitig unzufrieden mit allem Erlangten. Sie beten zu Göttern und Mächten um Güter und Erfolg. Sie fühlen sich besonders im Vergleich zu anderen, besser. Sie genießen mit den Sinnen, begeistern sich für Kampf und Wettbewerb, kümmern sich um Ruhm und ihren Namen. Sie prahlen, stellen sich zur Schau und schlagen sich in die Brust. Sie bemühen sich und ackern unermüdlich für die Zielerreichung.

Menschen, in denen Tamah wirkt: Sie sind unfähig und in Unwissenheit darüber ungeduldig und ärgerlich. Sie zeigen kaum Ausdauer, sind roh, geizig, unwahr und grausam. Sie lügen auch aus Eitelkeit, quälen Tiere, leben auch gern auf Kosten anderer, wenn es sich ergibt. Sie lügen vor, etwas zu sein, bemitleiden sich selbst, sind traurig und niedergeschlagen, fühlen dauerndes Unglück. Sie sind oft träge, müde und krank. Sie haben Angst.

Es heißt sinngemäß:

Sattvahaft ist, mit Tat den Sinn des Lebens im Ganzen zu suchen.
Rajahhaft ist das Leben zur Erfüllung der gebotenen Pflichten.
Tamahhaft ist ein Leben, das sich um diese gebotenen Pflichten drückt.

Und der Gott Krishna spricht: „Doch wer sich in mich gründet, ist frei von den Gunas."

Die Freude des Sattva entsteht aus dem Selbst.
Die Freude des Rajah entsteht aus der Berührung der Sinne mit Objekten der Begierde.
Die Freude des Tamah entsteht aus Täuschung, Erniedrigung und Verwirrung.

Und der Gott Krishna spricht: „Wer nur mir dient, ist frei von Gunas."

In der *Bhagavad-gita*, dem berühmtesten Teil des Heldenepos *Mahabharata* erklärt Krishna als göttlicher Guru (Lehrer) seinem Schüler und Feldherrn Arjuna das Wesen der Welt, darunter auch in vielen Versen, besonders im letzten, dem achtzehnten Gesang, die Lehre der Gunas (in der folgenden Übersetzung mit „Qualität" übersetzt, sattva ist als „gut" übertragen.) Ich zitiere hier einen Teil der Worte Krishnas:

Die Qualitätenlehre zeigt's; nun höre, wie sich das verhält:

Wodurch in allen Wesen man das eine, ewge Sein erblickt,
Ungeteilt in den geteilten – solch Wissen ist von guter Art.

Doch wenn in allen Wesen man verschiedne Wesenheiten sieht,
Ganz für sich und streng gesondert – so sieht die Leidenschaft es an.

Doch hängt das Denken ohne Grund an einem Ding, als wär's das All,
Der Wahrheit nicht gemäß, beschränkt – das ist die Art der Finsternis.

Die pflichtgemäße Tat, die frei von Weltlust, Leidenschaft und Hass
Getan ist ohne Rücksicht auf Erfolg – die ist von guter Art.

Doch wenn, getrieben von Begier, von Ichbewußtsein ganz erfüllt,
Hart sich mühend die Tat man tut – das ist die Art der Leidenschaft.

Wenn, ohne Rücksicht auf die Kraft, auf Folgen, Schädigung, Verlust,
Blindlings die Tat begonnen wird – das ist die Art der Finsternis.

Sehen Sie? Es ist vor Jahrtausenden alles gesagt worden, ohne etwas von neuronalen Netzen, Gehirn- und Triebstrukturen zu wissen. Trieb: „Doch hängt das Denken ohne Grund an einem Ding, als wär's das All ..." Heute hängt das Denken an Aktienkursen oder an Globalisierung, als wär's das All. An Karriere, als wär's das alles. An der Rente, als wär's das dann alles gewesen.

Sattva ist wie Alpha-Seele: die Verwurzelung im Guten.
Rajah ist wie Beta-Seele und Machina: das Betriebsame.
Tamah ist das übertrieben Übertriebene: das Verlorensein.

Und als westlicher Mensch muss ich wohl noch als Warnung dazuschreiben: Sattva, die „Wesenheit", wie es so schön bei Reclam übersetzt wird, ist auch immer noch eine Guna, eine Fessel an diese Welt, die uns die Kraft Maya vortäuscht. Auch der Gute wurzelt in ihr. Er ist als Alpha-Seele in meinem Sinne noch nicht heilig oder unbedingt schon in der Nähe Gottes. Er wurzelt in der Welt.

Über allen Gunas würde der Mensch sich ganz dem Gotte weihen, „alles Vollbrachte Gott anheim stellen", also auf keinen Fall die Früchte der Arbeit für sich selbst erarbeiten, um sie zu genießen. Alles für Gott und in Gott. Tue, was getan werden muss und gehe weiter! Halte dich nicht mit deinem Werk auf!
Theta?! Ich versuche, am Ende des Buches selbst etwas dazu zu sagen.

Hier zitiere ich noch eine Stelle aus dem achtzehnten Gesang, an der Krishna Eigenschaften verschiedener Angehöriger indischer Kasten fordert: von Priestern, Kriegern und dem Volk, den Bauern und Handwerkern.

Ruhe, Selbstbeherrschung, Buße, Reinheit, Geduld und Redlichkeit,
Rechtes Wissen und Gläubigkeit ist Priesters Pflicht, nach seiner Art.

Heldenmut, Kraft und Festigkeit, Geschick im Kampf, Furchtlosigkeit,
Spenden und rechtes Herrentum ist Adels Pflicht, nach seiner Art.

Viehzucht, Ackerbau und Handel ist Volkes Pflicht, nach seiner Art ...

Und ich breche hier noch einmal brutal mit meiner Vorstellungswelt in das heilige Epos der Inder ein und interpretiere: Die Eigenschaften der Priester oder Brahmanen sind wie die der idealen wahren Menschen, die Eigenschaften der Krieger sind wie die von idealen natürlichen Menschen, nicht wahr? Und wenn wir jetzt sehr bald im Buch über artgerechte Erziehung nachdenken, ist schon eine Hauptidee gesetzt: Wir schauen nach, ob wir einen Krieger oder Brahmanen als Kind bekommen haben, und dann – bitte – erziehen wir es auch entsprechend, ja?

5. Tao

Ich habe vier oder fünf verschiedene Exemplare des *Tao Te King* von Lao-Tse hier zu Hause stehen. Das Chinesische soll ja so schwer zu übersetzen sein, da ist es besser, ich vergleiche verschiedene Übersetzungen. Ich bin oft sprachlos, wie sehr sich die

Übersetzungen unterscheiden. Ich kann eben leider nicht Chinesisch, sonst würde ich's wohl verstehen. Da lese ich quasi „dasselbe" in verschiedenen Versionen. Und ich kann ja jedes Mal sagen, wie ich es für mich im Herzen am schönsten finde – und ob ich es verstehe – und ob es mich erfüllt. Wo steht für mich selbst das Tao in der wahren Form? Es steht nicht mal hier, mal dort in einem Buch, sondern immer im selben: In der Übersetzung von Gia-Fu Feng und Jane English, die wiederum aus dem Amerikanischen von Sylvia Luetjohann ins Deutsche übertragen wurde. Und dazu gibt es alles in Bilder eingebettet!

Das **Tao Te King** umfasst 81 Sinngedichte. Ich zitiere hier zwei. Das erste handelt von der Reinheit des Wirkens (17)

Das Allererhabenste ist unter den Menschen kaum bekannt.
Darauf folgt das, was sie lieben und preisen.
Darauf das, was sie fürchten,
Darauf das, was sie verachten.

Wer nicht genug vertraut, wird kein Vertrauen finden.

Wenn Leistungen erbracht werden,
Ohne sich zu sorgen und kaum ein Wort,
Dann sagen die Leute: „Wir haben es gemacht!"

Und wieder meine Vorstellungswelt hier mittenhinein:
Das Allererhabenste ist wie Theta, dann Alpha, dann Beta, dann Dunkel.
Oder Einssein mit Gott, dann Sattva, Rajah, Tamah.

Immer die drei Stufen, die ein normaler Mensch noch fassen kann. Seit *Wild Duck* habe ich ziemlich viel über die Ein/Drittel/Drittel/Drittel-These geschrieben. Je ein Drittel ist „Leistungsträger", „Durchschnitt", „Nicht gut drauf" und „der Rest" ist in Höhen, die schwer erklärbar sind: „In der Nähe Gottes." Maslow suchte aus Tausenden den idealen Menschen und fand kaum einen. Maslow sagte danach, er glaube kaum, dass es überhaupt ein Prozent „voll entwickelte" Menschen gäbe. (Ich berichtete in *Omnisophie*.)

Krishna bittet uns, die nötige Arbeit zu tun, ohne auf die Frucht zu schielen. Im Tao heißt es „Ohne sich zu sorgen und kaum ein Wort". Im Kern geht es immer und überall um das Gleiche. Die Machina ist der Sitz der Übel der Welt. Im Sinngedicht 24 des Tao heißt es:

Wer sich auf Zehenspitzen stellt, steht nicht.
Wer große Schritte macht, geht nicht.
Wer sich zur Schau stellt, ist nicht berühmt.
Wer rechtschaffen ist, ragt nicht hervor.
Wer etwas vorgibt zu sein, ist nicht erfolgreich.
Wer überheblich ist, hat keinen Bestand.
Die dem Weg folgen sagen:
„Dies ist unnötige Nahrung und überflüssiges Gepäck."
Sie vermeiden es
Und halten sich damit nicht auf.

In *Supramanie* ist ganze Kapitel lang von Techniken die Rede (Topimierung), sich besser zu machen, als man ist. Es sind Techniken der Machina. Die Beta-Seele des Bewältigens um eines Lohnes willen zittert. „Die dem Weg folgen, halten sich damit nicht auf." Sie sagen: „Alles Beta."

Wir brauchen Alphaethisierung!

Dies ist der Weg.

Wer Liebe sucht, kennt Liebe nicht, denn sie ist überall.
Wer Wissen sammelt, kennt Weisheit nicht, …

XII. Deine Seele ist Gemein-Gut

1. Der Geruch der Seele

Ein großer Geburtstag wurde gefeiert. Viele, viele kamen. Ein Rausch der Freude. Das Fest fand mit Kapelle in einem Gemeindezentrum statt. Es gab türkisches und arabisches Buffet. Alle lärmten und tranken und schwatzten.

In der Mitte saß die Mutter. Sie hatte dringlich die Auffassung vertreten, dass fremdes Essen nicht angebracht sei. Es war schon im Vorfeld zu ahnen, dass sie fürchtete, man werden die Feier als nicht angemessen empfinden. Sie hatte aber nur verlauten lassen, sie äße Fremdes nicht gern, was man zu überstimmen gewagt hatte.

In der Mitte saß die Mutter. Sie saß starr fest wie Marmor, wie ein Standbild aus klassischen Tagen. Sie hatte eine Aura wie eine Witwe beim Begräbnis ihres langjährigen Gatten. Sie verharrte unbeweglich und erwartete die Trauerbekundungen der Gäste, dass es anrüchiges arabisches und türkisches Essen gäbe, damit sie damit Recht hätte, das die Feier misslungen sei. Sie wirkte wie ein erstarrter Drache mitten im Treiben, um dass sich das Leben in gebührendem Abstand herumschlängelte. Ab und zu näherten sich wie vom Gift angezogene Gäste, die sie zwang, ihr Leiden zu teilen.

Wen der fürchterliche Blick der Medusa trifft, erstarrt zu Stein. Ich kann deshalb nicht sagen, wie sie aussieht. Ich darf sie ja nicht anschauen. Ich weiß nur, dass ihre Haare Schlangen sind, weil Pallas Athene das extra so designet hat, um ihr ein bezauberndes Aussehen zu verleihen.

Die Seele hat einen Geruch. Es liegt etwas in der Luft.
Es gibt bestimmte Menschen, die Räume verpesten können.
Kalter Stolz zeigt die Schulter.
Die Statue verlangt den Kniefall.
Die Mutter, die nicht mit mir redet, will mich in Asche verwandeln.
Der Chef ist wütend, seine Bewegungen energisch wie ein Wehe.
Die unruhigen Augen des prüfenden Perfektionisten lassen das Umfeld erstarren.
Der Abweisende lässt es kalt werden und grau.
Ein Gelangweilter nervt tödlich.
Ein Unzufriedener vergällt.

Das lachende Baby erhellt die Blicke, wärmt die Herzen: Thetawellen.
Glänzende Augen schicken uns Freude. Alphawellen.

Unsere Seele verströmt Gefühle.

Schauen wir in klare Kinderaugen. Dort sehen wir schon die verschiedenen Spielarten der reinen Gefühle der Alpha-Seele, die ungetrübten, reinen Gefühle.

Reine Liebe! Reiner Hass! Reine Eifersucht! Welche Gefühle kann ein Mensch verströmen?

Etwa solche?

Angst, Qual, Dankbarkeit, Traurigkeit, Reue, Zufriedenheit, Verzweiflung, Verlegenheit, Schuldgefühl, Neid, Liebe, Hass, Glaube, Enttäuschung, Freude, Furcht, Empörung, Eifersucht, Mitleid, Unschuld, Stolz, Scham, Respekt, Selbstliebe, Selbsthass, Ekel, Verachtung, Verehrung, Pflichtgefühl, Entsetzen, Gleichgültigkeit, Ekstase, Euphorie, Eitelkeit, Freundschaft, Grauen, Groll, Gram, Hoffnung, Leid, Verwirrung, Unruhe, Ruhe, Langeweile, Ohnmacht, Wut, Zorn, Zaghaftigkeit, Peinlichkeit, Treue, Untreue, Gier, Hunger, Libido, Gerechtigkeit, Ungerechtigkeit.

Darüber gibt es dicke Bücher!

Wir können im Alter durch Erziehung des Herzens diese unsere Gefühle stärken und entfalten. Wir können in unserem Umfeld Gefühle „verschenken", sie zu *Tugenden* veredeln. „Liebe verströmen können" ist eine solche Tugend. Die Herzen Gerechtigkeit spüren lassen ist eine Tugend!

Die Erziehung der reinen Gefühle führt zu Tugenden:

Tapferkeit, Mut, Treue, Maß, Gerechtigkeit, Liebe, Großherzigkeit, Barmherzigkeit, schenkende Liebe (Agape), Dankbarkeit, Mitleid, Demut, Einfachheit, Sanftmut, Aufrichtigkeit, Humor, Toleranz, Reinheit, Menschenliebe und Freundschaft (Philia). Platon definiert die Kardinaltugenden Gerechtigkeit, Tapferkeit, Klugheit und Maß.

Dagegen stehen die Untugenden oder Laster oder die Sünden gegen den Heiligen Geist.

Petrus Lombardus (1095–1160) nannte vor allem: Vermessenheit, Verzweiflung, Ablehnung erkannter Wahrheit, Neid über die Begnadung anderer Menschen, Verstocktheit und Unbußfertigkeit. Es gab auch schon damals die Vorstellung von so genannten *himmelschreienden Sünden*: Mord, Sodomie, Unterdrückung der Armen und Ausbeutung der Arbeitenden. So war das damals! (Denken Sie an unsere Arbeitswelt und die Diskussion um „Eliten"?)

Die griechische Stoa kennt ausführliche Kataloge von allerlei Lastern. Der griechische Theologe Evagrius von Pontus erwähnte zum ersten Male Todsünden, und zwar acht Arten: *Völlerei, Wollust, Habgier, Traurigkeit, Zorn, geistige Faulheit, Ruhmsucht und Stolz*, aufsteigend geordnet nach Sündhaftigkeit.

Papst Gregor der Große definierte daraus (leicht geändert und in umgekehrter Reihenfolge) im 6. Jahrhundert die bekannten *Sieben Todsünden*, welche in die Vorstellungswelt der katholischen Glaubenslehre eingingen:

Hochmut, Neid, Zorn, Traurigkeit, Habgier, Völlerei und Wollust.

Im 7. Jahrhundert wurde Traurigkeit durch Trägheit und Habgier durch Geiz ersetzt.

Riechen Sie so etwas? Es liegt in der Luft!

2. Das Parfum der Beta-Seele und die wahre Todsünde

Die Machina in uns bewältigt das Leben. Sie will etwas erreichen. Sie wird also die Gefühle zum Bewältigen des Lebens *einsetzen*.

Ich möchte also eine Unterscheidung machen, die theoretisch schlagend klar ist und im Einzelfall sehr vage. Ich kann *Gefühle haben* oder *Gefühle einsetzen* und taktisch zeigen. Ich kann meinen Chef hassen und sehr lieb zu ihm sein. Ich kann mit meiner Gehaltserhöhung sehr unzufrieden sein, aber Dank heucheln, um nichts zu verderben. Ich kann lieben, um etwas zu erreichen.

Alpha-Gefühle sind Statusmeldungen oder Bewertungen der Seele.
Ich hasse, liebe, danke, leide, wüte, zürne, lache! Alpha.

Beta-Gefühle sind bewältigende Maßnahmen, geeignete Gefühle zu zeigen, besonders um Gefühle in anderen Menschen wachzurufen. Die Machina nutzt den Einsatz von Gefühlen, andere Menschen in bevorzugte Gefühlslagen zu zwingen, um etwas aus ihnen herauszuholen.

Es ist ein gewaltiger Unterschied:
Ich ärgere mich – ich zeige Ärger.
Ich bin wütend – ich zeige Wut.
Ich bin dankbar – ich zeige Dank.
Ich bin traurig – ich zeige Trauer.

Unwissende sprechen von Heuchelei, von Parfum statt Geruch. Heuchelei ist eigentlich nur „Verstellung". Ich meine hier etwas viel Stärkeres: Gefühlsaufzwingung. Oktroyieren! (Kraft landesherrlicher Machtvollkommenheit ohne die verfassungsgemäße Zustimmung der Landesvertretung erlassen.). Es gibt zum Wort oktroyieren leider kein Substantiv. Oktroi, von dem das Verb stammt, hat etwas mit Handelsprivilegien zu tun. Sonst würde es passen – zu dem, was ich meine. Es gibt das schreckliche Wort Mentizid, aus mens wie Geist und caedere wie töten. Mentizid ist eine Methode, jemandes Denkweise durch seelische Folter zu verändern. Ja, so etwa meine ich es. Mentizid wurde zur Erzwingung von Geständnissen „erfunden". Ich meine es hier in einem viel umfassenderen Sinne und nicht so sehr auf Veränderungen des Denkens beschränkt. Ich ringe nach Worten.

Psychozid? Ja. Das ist die wahre Todsünde. Sie ist in der Schwere vielleicht nicht die grell ins Auge stechendste Sünde wie Mord, aber sie ist die Kernsünde des Menschen an seiner Art.

Psychozid: bewusste und unbewusste Methoden, jemandes Seele oder die eigene Seele durch Manipulationen der Gefühle zu verändern, um erwünschte Verhaltensweisen im anderen oder sich selbst zu erzwingen. Oder kürzer: Ich meine mit Psychozid „Seelenwäsche", also den Versuch, jemanden eine gewünschte oder geplante Seele zu verpassen, aufzuzwingen oder ihn dazu teuflisch zu verführen.

(Das Wort Psychozid klingt bezeichnend und gut – dafür bitte ich um Verzeihung, dass es aus dem griechischen psyche für Seele und dem lateinischen caedere zusammengefügt ist. Ästhetisch ist mir unwohl, aber unwohl soll es Ihnen bei dem Wort ohnehin sein.)

Psychozid ist wie der Zwang, ein fremdes Parfum zu verwenden. Stellen Sie sich bitte vor, wir beide gehen in den Duty-free-Shop im Frankfurter Flughafen und ich suche Ihnen zufällig ein Parfum aus. Und das verwenden Sie dann bitte! Oder ich kaufe Ihnen willkürlich etwas von Versace oder Joop direkt vom Laufsteg weg, und das ziehen Sie an, durchsichtig mit Federn und Teerfarben! Nichts gegen Versace! Es geht nicht um ein Etwas an sich, sondern um das *Aufzwingen* von etwas Fremden. „Kind, wir wollen nur das Beste für dich, und deshalb bekommst du das teuerste Parfum, das es zu kaufen gab. Niemand wird so teuer riechen wie du."

3. Psychozid

Der psychozid Trauernde will Liebe und Hilfe durch andere erzwingen: „Sag, dass du mich lieb hast. Verachte mich nicht. Tu mir nichts!"

Es gibt so viele Beispiele für die Zwischendurchwäsche anderer Seelen, die zum Beispiel durch so etwas ins Schleudern gebracht werden:
Liebesentzug.
Schuldvorwürfe.
Anklagen und Erniedrigen.
Verachtung *zeigen*.
Über Menschen demonstrativ hinwegsehen.
Schneiden, bewusst nicht anschauen, böswillig meiden.
Durch Schaustellung von Gefühlen zu Zwecken erpressen.
Sich selbst hassen, um träge bleiben zu dürfen.
„Ich kann das nicht!" (Und muss die Verantwortung nicht übernehmen.)
Große Geschenke machen, um zu verpflichten.
Danken, um einzunehmen.
Helfen, um zu beherrschen und unentbehrlich zu machen: „Kind! Ich tue alles für dich. Sag dafür einfach nur, dass du mich liebst!"
Helfen, um auf- oder abzuwerten: „Kind, das kannst du nicht! Zu dumm bist du! Sieh mal, wie fein ich es beherrsche! Wenn du mich bewunderst, zeige ich es dir gern und nehme es dir ab."

Riechen Sie es? Es liegt in der Luft!
Die Alpha-Seele duftet hell, süß, scharf, stechend, je nachdem ob wir Liebe oder Zorn wittern.

Die Machina verbreitet den Geruch einer Chemikalie. Wie verbranntes Öl oder Äther im Krankenhaus. Wenn wir Beta-Seelen riechen, wissen wir: Nun wird etwas mit uns getan. Psychozidversuch. Leider sind die Machinae gerissen und benutzen jede Art von Wohlgeruch, um keinen Anschein zu erwecken. Das mag die normale Heuchelei sein, die Verstellung, die wir kennen. Sie ist aber nur der Honigduft, der den Psychozid überdecken soll.

3. Psychozid

Am schrecklichsten ist die Ohnmacht vor fremden starken Machinae: Wenn wir riechen, was sie wollen, wenn wir wissen, dass unsere Seele entstellt werden soll, wenn wir den überflüssigen Parfumduft voller Hass noch mitriechen müssen: Wir werden nicht artgerecht umgepflanzt. Wir wissen es. Wir müssen trotzdem die mächtige Machina für das Parfum loben und ihr danken. Unsere Seele wird nicht nur teilgetötet, sondern noch im Grabe herumgedreht.

Direkte Psychozidversuche lassen sich oft noch abwehren, manchmal erkennt man sie nur am Pferdefuss.

Da ward Jesus vom Geist in die Wüste geführt, auf daß er von dem Teufel versucht würde.
Und da er vierzig Tage und vierzig Nächte gefastet hatte, hungerte ihn.
Und der Versucher trat zu ihm und sprach: Bist du Gottes Sohn, so sprich, daß diese Steine Brot werden.
Und er antwortete und sprach: Es steht geschrieben: »Der Mensch lebt nicht vom Brot allein, sondern von einem jeglichen Wort, das durch den Mund Gottes geht.«
Da führte ihn der Teufel mit sich in die Heilige Stadt und stellte ihn auf die Zinne des Tempels
und sprach zu ihm: Bist du Gottes Sohn, so laß dich hinab; denn es steht geschrieben: Er wird seinen Engeln über dir Befehl tun, und sie werden dich auf Händen tragen, auf daß du deinen Fuß nicht an einen Stein stoßest.
Da sprach Jesus zu ihm: Wiederum steht auch geschrieben: »Du sollst Gott, deinen HERRN, nicht versuchen.«
Wiederum führte ihn der Teufel mit sich auf einen sehr hohen Berg und zeigte ihm alle Reiche der Welt und ihre Herrlichkeit und sprach zu ihm: Das alles will ich dir geben, so du niederfällst und mich anbetest.
Da sprach Jesus zu ihm: Hebe dich weg von mir Satan! denn es steht geschrieben: »Du sollst anbeten Gott, deinen HERRN, und ihm allein dienen.«
Da verließ ihn der Teufel; und siehe, da traten die Engel zu ihm und dienten ihm.
(Matthäus 4)

Der Seelenwäscher, der Täter beim Psychozid, fühlt Wollust, wie Gier, wie Sucht. Es ist die Lust des Teufels, andere auf einen breiten Weg zu führen.

MEPHISTOPHELES.
Was wettet Ihr? den sollt Ihr noch verlieren,
Wenn Ihr mir die Erlaubnis gebt,
Ihn meine Straße sacht zu führen!
DER HERR. *Solang' er auf der Erde lebt,*
Solange sei dir's nicht verboten.
Es irrt der Mensch, solang' er strebt.
MEPHISTOPHELES.
Da dank' ich Euch; denn mit den Toten
Hab' ich mich niemals gern befangen.
Am meisten lieb' ich mir die vollen, frischen Wangen.
Für einen Leichnam bin ich nicht zu Haus,

Mir geht es wie der Katze mit der Maus.
(Goethe: Faust. Eine Tragödie)

Alles Beta. Alles „um zu". Alles Pseudosinn.

4. Passivleben: Erquicken oder Vergiften?

„Was hast du?" – „Nichts." – „Aber es ist doch was?" – „Ich habe bei der Arbeit was verdorben und wurde rüde abgekanzelt." – „Warum redest du dann nicht mit mir und ziehst ein böses Gesicht?" – „Es geht mir besser, wenn es allen schlecht geht. Lass mich in Ruhe. Ich will jetzt nicht, dass es mir gut geht."

Es gibt Menschen, die rauchen gerne Zigaretten und verteilen Rauch in die Umgebung. Andere Menschen, die den Rauch einatmen, werden Passivraucher genannt. Sie müssen den Geruch ertragen und werden vielleicht körperlich davon in Mitleidenschaft gezogen.

So stellen ich mir auch das Leben des Menschen in weiterem Sinne vor: Wir dünsten etwas aus. Der Geruch oder sogar der Rauch oder die Heißlust unserer Seele hängt in der Luft.

Unsere Mitmenschen müssen neben uns *passivleben*. Sie müssen hinnehmen, wenn wir einmal unsere Tage haben, an denen unsere Seele krank ist und nicht gut riecht. Sie erwarten, dass unsere Alpha-Seele Lebensgeist und Wärme abgibt. Unsere Mitmenschen wollen von uns erquickt werden, aber nicht vergiftet.

Wenn das Passivleben untereinander gut klappt, sagen wir: Das Betriebsklima ist wunderbar. Wir fühlen uns zu Hause. Wir sagen schon: *Klima*. Wie Sonne und Wasser. Wenn das Passivleben für jeden anderen nicht schlimm ist, sprechen wir von einer harmonischen Familie. Also müssten wir uns nun fragen:
Dünsten wir selbst etwas aus?

Klagen wir? Fühlen wir uns angegriffen? Sind die anderen gegen uns? Ist die Arbeit zu schwer oder macht sie keinen Spaß? Steht der Erfolg unseres Bemühens in Frage? Sind wir unsicher? Haben wir Angst?

Es ist nichts Kriminelles daran, schlechte Zeiten zu haben.

Aber man soll nicht psychozidisch Nutzen daraus schlagen und etwas in die Luft hängen: „Ihr sollt verdammt noch einmal sehen, wie schlecht es mir geht! Ihr bekommt Erfolg! Ihr werdet mehr geliebt! Es ist ungerecht! Ich bin auch einmal dran! Entschuldigt euch für eure Leistungen! Warum enteilt ihr mir und lasst mich allein? Warum liebt ihr mich nicht? Ich weiß, dass ihr mich nicht liebt! Ich hasse euch! Ihr hasst mich! Ich will, dass ihr es irgendwie anstellt, dass es mir besser geht! Ich bin schon ganz krank! Ich habe dauernd Magenweh und Kopfschmerzen ..."

Wenn Sie jemals so etwas denken, oh je, dann ist das Passivleben neben Ihnen schwer. Die anderen können ja nichts dafür. Sie müssen passivleben.

Die Seele des Menschen gehört ihm nicht allein.
Ihre Seele gehört *Ihnen* einfach nicht allein, wissen Sie?
Sie ist in vieler Hinsicht Gemein-Gut, also manchmal gemein und oft gut.

Verletze niemanden und hilf, so viel du kannst! Dieses oberste Gesetz der Ethik könnte hier heißen:
Erquicke und vergifte nicht.

Wenn's nicht klar sein sollte: Ich meine nicht, dass man immer lieb und artig sein soll, nur eben nicht psychozidisch. Wenn ich einen Teller mit Essen fallen lasse, kann ich im Alpha-Sinne sehr erschrocken oder wütend sein, dass mich jemand anstieß. Ich bin dann aber wütend über den *Vorfall*, über das *Missgeschick*, nicht über den Menschen! Ich sage dann als Alpha-Seele bestimmt nicht: „Mistkerl, entschuldigen Sie sich oder ich verklage Sie, die Reinigung zu zahlen." Mit der reinen Wut kann jeder gut leben, aber nicht mit einem Psychozidversuch.

5. Somare, das Phatische und der Existenz-Refresh

Ich glaube, wir haben einen Hauptseismographen, eine Art seelische Nase, die die Seelen der anderen riecht.
    Ich nenne ihn: Somar. (Ich habe ein paar E-Mails mit Marc Pilloud über das Phatische ausgetauscht und da haben wir diese Vorstellung entwickelt.)

Radar ist eine Abkürzung und heißt „radio detecting and ranging", also Ortung und Entfernungsermittlung. Entsprechend ist Sonar die Abkürzung für „sound navigation and ranging", also für Schallortung und Entfernungsmessung. Da klingt Somar für den Menschen vernünftig, abgeleitet vom griechischen Soma, dem Körper. Denn im Körper, vielleicht im Bauch oder im Herzen, spüren wir doch die Seele des anderen?
    „Im Bauch" mag der Instinkt sitzen und den Lebensgeist messen können.
    „Im Herz" mag das Fühlen der Liebesströme und Bindungen sitzen und messen können.

Alle Untersuchungen über Kommunikation mit Fremden besagen, dass wir nach Millisekunden wissen, ob uns jemand gefällt oder sympathisch ist. Darauf wird mindestens in Bewerbungshandbüchern immer wieder hingewiesen: Passen Sie auf! Beim Eintreten zählt der erste Eindruck, der schwer wieder im vorteilhaften Sinne zu korrigieren ist! Seien Sie gewarnt!

Ich glaube, wir haben etwas in uns, ein Somar, das fremde Körper blitzartig auf das Wesentliche untersucht:

- Alpha? Beta? Theta wie Narr, Kind oder Weiser?
- Machina? Unter Stress oder im Angriff?
- Was für ein Hauptstromseismograph?

- Welcher Pseudosinn?
- Erquickend oder Wollend?
- Kampfart? Arrogant, unterwürfig, Beziehung suchend, autoritär, unverschämt?
- Bin ich oben oder unten? Muss darum gekämpft werden?
- Ist Harmonie zwischen uns? „Rapport?"

Zuck! und wir wissen erst einmal vorläufig: „Dem trau ich nicht über den Weg!" Oder: „Sieht nett aus, ich biete Kaffee an, kann bleiben."

So schnell, in Millisekunden, verbreitet sich Ihre Seele im Raum. Alles ist mit einer Messung bekannt. Man riecht es.

In der Kommunikationslehre unterscheidet man Sender und Empfänger, die Nachrichten austauschen. Die Nachrichten enthalten Appelle, persönliche Haltungen, Beziehungsaspekte, Ich-Offenbarungen. Das Wichtigste ist bestimmt schon vor allen Worten, vor allen Nachrichten abgestimmt: Ihre Basisdaten, „wer Sie sind" und „was Sie wollen". Die Forscher der Körpersprache behaupten, dass die hauptsächliche Kommunikation über die Körper abläuft, dass etwa bei Reden fast alles von der Körperhaltung des Redners abhängt, nicht so sehr vom Inhalt seiner Rede!

Warum ist das so?

Es gibt einen schrecklichen Grund! Einen ganz schrecklichen.

„Der Körper lügt nicht."

Oder besser ausgedrückt: Wir haben gelernt, uns zu verstellen, zu täuschen, zu wollen. Unsere Machina steuert uns. Unsere Kultur lehrt uns das Verstellen aber vor allem über die Sprache und dann sagen wir „Liebling!" mit verkniffenen Lippen. Wir sind fast nicht ausgebildet, etwas mit dem Körper zu sagen. Deshalb drückt der Körper wohl noch unsere ursprüngliche Alpha-Seele aus, ob wir wollen oder nicht, weil wir nicht können, wie unsere Machina will.

Wenn ich dann eine Rede halte, wie so oft, scheren Sie sich nicht um das, was ich sage, sondern Sie schauen vor allem, was daran „authentisch" ist, was ich also selbst in der Seele fühle, wenn ich etwas sage, was immer es ist.

Wir können uns also noch so lange verstehen, wie unsere Körper nicht zum Täuschen trainiert sind. Oder: Wenn Sie eine gute Machina haben wollen, die jeden Psychozid begehen kann, dann trainieren Sie Ihren Körper aus.

In der sprachlichen Kommunikation kennt man den Begriff der phatischen Kommunikation (Roman Jakobsons Funktionsmodell der sprachlichen Kommunikation unterscheidet die referentielle, emotive, konative, phatische, metasprachliche und poetische Funktion.). Der Begriff der phatischen Kommunikation (phátis, griechisch „Rede") stammt von B. Malinowski und bezeichnet kommunikative Akte, die den Kanal der Kommunikation offen halten, die die Kommunikation aufrechterhalten und der Bestätigung von Gemeinsamkeiten dienen. „Wie geht es?" – „Wie war das Wetter?" Small Talks bei typischen amerikanischen Parties mögen phatische Funktion haben oder das Reden der Mutter mit dem Säugling, der noch gar nichts versteht.

Wenn ich das alles so lese, schüttele ich mich. Nein! Es ist Seelenaustausch. Immer wieder kommt ein Mensch zur Tür hinein und unser Seismograph sagt: „Immer noch gut drauf!" – „Alles gut." – „Es stimmt etwas nicht!" Es ist ein Seelenexistenz-Refresh: „Baby, ich bin noch da!" – „Es ist alles gut!" – „Hey, Oberboss, kennen Sie mich noch? Wie geht es?"

In Millisekunden teilen wir unsere Seele mit. Je öfter, desto besser. Das Baby wird ruhig, der Oberboss kennt mich bald sehr gut. Der hochfrequente Refresh brennt meinen Eindruck in seine Seele. Er kennt mich bald so gut wie sein eigenes Kind.

Die so genannte phatische Kommunikation ist sicher viel mehr als das Offenhalten des Kanals, entspricht also nicht dem Nichtauflegen des Telefons. Der Duft meiner Seele dringt in den anderen ein. Ich pflanze mich ein. Ich schmeichle mich ein. Er vertraut mir – ja, oder meine Seele kommt jedes Mal bei ihm in schlechteren Geruch: „Der soll mich in Ruhe lassen, der Depp! Er will sich einschleimen, pfui, wie ist er mir zuwider!"

6. Evokation von Machina und Seele

Unsere Seele gehört uns nicht allein!

Ich glaube, Balzac war es, der etwas Ähnliches gesagt hat wie: „Eine schöne Frau gehört allen!" Wie immer er das gemeint hat, sein Ausruf beleuchtet einen wichtigen Aspekt.

Eine Seele hat eine gewisse Reichweite, eine Aura, ein Appeal, ein Charisma, eine Emanation, ein Fluidum – Sie mögen es so oder so nennen.

Und durch kleine Small Talks am Rand evozieren wir die Seele der anderen. (Evokation ist eigentlich die Herausrufung der Götter einer belagerten Stadt durch die Belagerer, um sie auf die Seite der Belagerer zu ziehen.) Wir rufen die Seele oder auch nur die psychoziden Absichten der Machina im anderen heraus und versuchen, sie gnädig zu stimmen oder auf unsere Seite zu ziehen.

Wir schwafeln Unverbindlichkeiten, um Zeit zu gewinnen, die Körpersprache zu lesen und unserem Somar Messungen zu gestatten. Unser Somar misst *immer wieder* an unseren Gesprächspartnern nach:

Quis tu es? Bist du es?

Wer bist du? Bist du es selbst? (Hab ich nur halb lateinisch hingeschrieben, weil es beim Vorlesen so schön klingt. Reine Ästhetik.)

Und wir fürchten uns so sehr mit unserer Beta-Seele vor den Somaren der anderen! Die wittern ja, wer wir sind und was unsere Machina von ihnen will. „Das da drinnen geht niemand was an!", beschwört unsere Beta-Seele. Sie verteilt Visitenkarten, auf denen geschrieben steht, welche Rolle unsere Machina spielen will. Aber die Somare der anderen sondieren: „Welche Rolle spielst du überhaupt?" – „Spielt es eine Rolle?"

Unsere Alpha-Seele würde dagegen verströmen. „Authentisch!", erkennen die Somare unisomo.

Verströmen Sie Ihre Alpha-Seele? Halten Sie Ihre Beta-Seele vor Ihre Wunde? Wir riechen es alle. Die feinste Nase hat dafür bekanntlich der Teufel. Er ruft genießerisch suchend: „Ich wittre, wittre Menschenfleisch!" – „Ich rieche, rieche Menschenfleisch." (*Der kleine Däumling, Die drei Raben*) Der Teufel riecht Alpha. Er weiß, dass Alpha-Seelen köstlich sind.

Farbteil

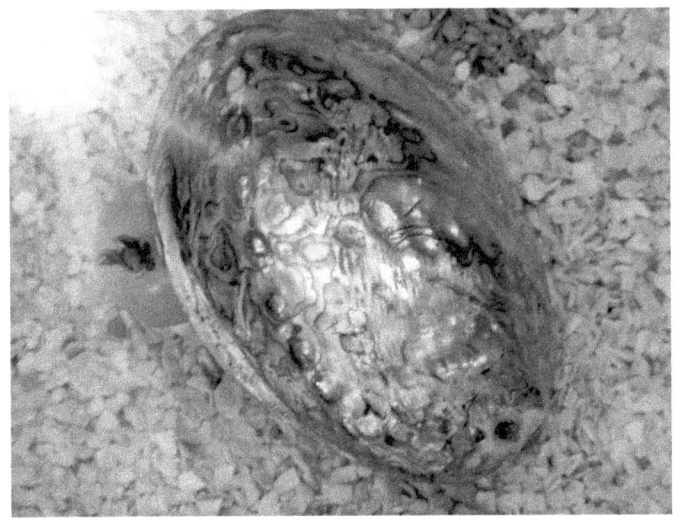

Teil 3
Die frohe Lebenskraft des Natürlichen

XIII. Die natürliche Machina: „Ich bin das Ziel!"

1. Führen – Leisten – Leben

Wie würden wir uns einen artgerechten natürlichen Menschen im Leben vorstellen?

Natürliche Menschen sind kraftvoll, wollen etwas darstellen, die Initiative ergreifen und das volle Leben genießen. Der Management-Guru Fredmund Malik hat einen Bestseller mit dem Titel *Führen Leisten Leben* geschrieben. Dieser Buchtitel gibt genau das wieder, was ein natürlicher Mensch aus seinem Leben machen will. Das Führen und Vorangehen ist etwas, was im Zentrum des „autarken" natürlichen Menschen liegt (wenig „Liebesstromstärke"). Der Leistungswille und der Antrieb, ein authentisches Vorbild zu sein, gründen sich im Ursprung des normsozialen natürlichen Menschen. Der „liebesstromstarke" natürliche Mensch sieht das volle Leben in seinem Zentrum: Liebe und Leben! Für wahre und richtige Menschen ist dagegen das Motto *Führen Leisten Leben* nicht wirklich das Eigentliche. Maliks Buch liest sich wie ein wundervoller Leitfaden, wie ein natürlicher Manager agieren sollte. Und Malik nennt Managementtheorien, die aus *wahren* Ideen gebildet sind, denn auch folgerichtig das Werk von Scharlatanen. Er *muss* sie so nennen. Natürliche Menschen sagen nun einmal „Scharlatan", während wahre und richtige Menschen mit „Sch" beginnende Wörter viel zaghafter benutzen.

Ideale natürliche Menschen habe ich Ihnen in *Omnisophie* wie Jedi-Ritter vorgestellt. Die edlen Jedis sind starke Persönlichkeiten. Die Macht ist mit ihnen. Sie haben starke Ausstrahlung, wirken konzentriert und ruhig, denken für das Ganze, leisten einen Beitrag für das Ganze, sind tapfer, klug und wirksam. *Wirksamkeit!* Diese Eigenschaft sieht Malik wohl als wichtigste Eigenschaft eines Managers an. Ja, so sollen natürliche Menschen vor allem sein. Sie sollen positiv denken, klar entscheiden, ohne Scheu die Verantwortung für ihr Tun und die Menschen um sich herum übernehmen und den Schwächeren helfen, mutig zu werden und ihre Stärken zu entfalten.

Herzhaft anpacken und arbeiten! Natürliche Menschen brauchen keine akademischen Theorien, auch keine endlosen Pläne oder Erkundigungsreisen zwecks Information, damit endlich ohne Angst entschieden werden kann. Natürliche Menschen wollen ehrliche harte Arbeit leisten. Sie nennen sich gerne „professionell" und meinen, sie verstünden ihr Handwerk.

Professionell heißt auch ein bisschen dies: „Ich packe wirksam an, bin clever und effektiv. Hey, macht mit. Seid nicht so zart besaitet und empfindlich, ihr da. Wenn gehobelt wird, fallen Späne – und das ist toll! Fangt bloß nicht mit irgendwelchen persönlichen Empfindlichkeiten an. Verlangt keine Extraeinladung oder unsinnige Höflichkeit. Hey, keinen Schnickschnack! Ehrliche Arbeit! Los! Kommt!"

Ja, so wären natürliche Menschen in ihrem Element, in ihrem Ursprung. So wie stets etwas unruhige Heißblüter oder Rassepferde. Für uns andere, zarter Besaitetere sind sie oft etwas sehr einfach und direkt („grob"?), aber wenn sie so energisch schaffen, dann müssen sie wohl so sein.

2. „Das kannst du nicht!" – „Das kann ich doch!"

Haben Sie ein natürliches Kind zu Hause?

Es probiert alles aus, beißt erst einmal in alles hinein, schüttelt das Spielzeug, singt, lärmt, tobt umher. Bringen Sie alles in Sicherheit!

Hoffentlich haben die Tapeten keine Eselsohren, hinter denen man die Innenarchitektur neu entdecken kann. Alle Bücher werden stiftbefaustet beschriftet, irgendwie fällt oft etwas hinunter und alle Aktionen verlaufen immer gerade so *über* der Grenze zum vollendeten Unglück. Das natürliche Kind sagt nach dem Desaster, wenn es schon reden kann: „Ist ja nichts passiert."

Wir alle haben ein Gefühl, wenn etwas erlaubt oder normal ist. Das hat man uns ja früher auch mühsam beigebracht. Wie laut muss es sein, damit wir zusammenzucken? Wie viele Scherben bringen gerade noch Glück? Wann ist eine Wunde am Knie „nicht schlimm"? Welchen Spaß „versteht" der Mensch normalerweise und wann hört der Spaß auf? Unser Leben ist voller solcher allgemein gefühlter Grenzen.

Und die müssen wir einem natürlichen Kind *setzen*, das steht für die meisten von uns felsenfest. Ich habe das schon in einem früheren Abschnitt geschildert.

Normale Eltern erziehen Kinder per Konditionierung. Das ist die allgemein gelehrte Methode. Die Welt wird in erwünschtes und unerwünschtes Verhalten eingeteilt. Das erwünschte Verhalten wird unentwegt „vorgelebt", wenn es sein muss, oder besser gepredigt. Das unerwünschte Verhalten wird unterbunden, wie auch immer: durch Überreden, Schimpfen, Tadeln, Verhauen. Das erwünschte Verhalten ist das eines guten Erwachsenen. Er ist höflich, hilfsbereit, teamfähig und gehorcht der Autorität. Im Grunde ist er ein guter *richtiger* Mensch. Der gute richtige Mensch ist vor allem brav. So soll nun jedes Kind sein! Brav.

Ins Englische übersetzt heißt brav „well-behaved" oder „benimmt sich gut". Eben das wollen wir! Im Englischen gibt es das Wort „brave". Ins Deutsche übertragen heißt es „tapfer, mutig, unerschrocken", wie ein Löwe. Es heißt auch „stattlich, ansehnlich". Kennen Sie den Film *Braveheart*? Dann wissen Sie etwa, was ein solcher „Löwe" ist: ein edler natürlicher Mensch. Die normale Erziehung des „brave boy" ist also eine, ihn im deutschen Sinne „brav" zu machen.

Ich habe es schon beschrieben: Das natürliche Kind versucht andauernd, die Grenzen zu überschreiten. Lob und Tadel halten kaum vor. Es ist beharrlich dabei, die Kräfte zu erproben. Aus Elternsicht sieht es ständig so aus, als ob das Kind sich zu viel traue, zu viel zutraue, zu viel vornehme. „Nimm nicht so viel auf den Teller, das schaffst du nicht!" – „Trag nicht so viele Bücher auf einmal, das schaffst du nicht!" Und das natürliche Kind trotzt unentwegt. „Das kann ich doch."

Das nervt die Eltern unendlich.

Das Hauptproblem scheint aus Elternsicht darin zu bestehen, dass es aus Fehlern nicht zu lernen scheint. Wenn es mit zehn Büchern fünf Mal hingefallen ist, versucht es beim nächsten Mal eher elf auf einmal. Es will es schaffen oder „zwingen". Es will seine Stärke beweisen. Die Eltern sagen: „Nimm immer so viele Bücher wie Lebensjahre auf einmal, das reicht einige Zeit. Denn du bist noch klein und wirst größer. Du musst es richtig machen und nicht alles auf einmal versuchen."

Nehmen wir an, wir sind jetzt ein kleines natürliches Kind. Sagen wir, drei Jahre alt. Wir wollen beim Umzug helfen. Das geht so: „Was kann ich tun?" – „Steh hier nicht rum! Zur Seite!" – „Ich will was machen!" – „Du kannst nichts machen, geh weg." – „Gut, ich schiebe die Kisten vom Laster. Ich will da rauf." – „Du kommst nie und nimmer auf den Laster, du fällst runter." – „Ich fall nicht runter." – „Doch, basta." – Stille. „Hey, was machst du da! Bleib unten!" – „Nein." – „Bleib unten oder es setzt was." – „Nein."

Wir fallen herunter. Es tut weh. Wir schämen uns und probieren es blutend noch einmal. Da setzt es Ohrfeigen. Man zerrt uns fort. Pflaster drauf. Wir weinen vor Wut. Wir werden eingesperrt.

Wissen Sie, was ein natürliches Kind nervt? Die Erziehung. Und vor allem: Eltern. Und am meisten: richtige Eltern.

Ich will mit Ihnen erst gar nicht rechten, ob richtige Erziehung richtig ist. Ich will nur sagen: Sie nervt das natürliche Kind entsetzlich. Es wird nie verstanden, dass es sich bewähren, hervortun, stärken und üben will. Es muss seine Kräfte messen. Es will meistern, also auch Meister werden. Alles, was irgendwie so aussieht wie Kraft erproben, ist für Eltern nicht normales erwünschtes Verhalten und wird rigoros unterbunden. „Du kannst das nicht! Du darfst das nicht!"

Im Internet habe ich vor einigen Monaten einen Schrei gefunden. Ich erzähle aus dem Gedächtnis, was ich las:

„Das Leben treibt uns durch Angst, Gefahr und endlose Aufregung. Manche hungern nun triebhaft nach Sicherheit, aber die Gefahren bieten auch eine große Bühne des Meisterns, sie geben uns Gelegenheit, über uns hinauszuwachsen, über unsere physischen Grenzen. Es ist wie ein Flirt, wie eine Liebe zu Aufregung und Grenze. Wir spüren das Abenteuer und tanzen mit dem Gegner. Wir lassen alles – alles – alles hinter uns, auch den Tod und gehen bis an unser LIMIT („go to THE LIMIT")."

So ist der natürliche Mensch. Er sucht seine Grenzen. „Ich bin bis an die Grenze gegangen."

Die Eltern sagen: „Er geht über jede Grenze. Über jede. Es ist entsetzlich. Wir dachten, es höre an einem vernünftigen Punkt auf. Wir haben dann hart gekämpft und Grenzen gesetzt. Er schien darauf gewartet zu haben. Es scheint so, als wolle er Grenzen gesetzt *bekommen*. Er versucht es aber immer *wieder*, sie zu sprengen. Wir verzweifeln. Wir werden immer härter und grausamer. Er aber scheint es wie ein Spiel zu empfinden, als wolle er mit uns ständig kämpfen. Es ist immer derselbe Tanz. Immer dieselbe Musik. Er hört erst auf, wenn wir grausam werden. Wir wollen nicht, dass wir grausam werden müssen. Es muss doch wohl Regeln in dieser Welt geben. Er wird im Leben grässlich scheitern."

Und ich frage Sie: *Haben Sie erkannt, was da vor sich geht?*

Beta-Eltern kämpfen gegen spielerisch balgende Alpha-Kinder.
Machinae, die eine Seele bewältigen.

3. Operantes Konditionieren: Lernen anhand von Konsequenzen

So lautet eine Abschnittsüberschrift in dem wundervollen Standardwerk *Psychologie* von Zimbardo/Gerrig. Ist das so? Lernen wir durch Konsequenzen? Ja, sicher, aber sehen es die Psychologen so, dass wir vor allem durch Konsequenzen lernen? Ich fand irgendwo den Satz: „Lernen geschieht durch eine Assoziation zwischen der Vergangenheit und der unmittelbar folgenden Zukunft."

Ich fürchte: Ja – so sehen es die Erziehenden dieser Welt.

In den Begriffen dieses Buches: Wir brennen Seismographen in die Kinder hinein. Für das eine gibt es Lob, für das andere Hausarrest. Lernen des Kindes ist das Spüren der Konsequenzen. Was bewirken die Seismographen in einem Kind? Gar in einem natürlichen?

Das natürliche Kind klettert auf einen Baum, aber nur so hoch, dass niemand schimpft. Es stibitzt Pfefferkuchen so lange, wie es niemand merkt. Es lernt so viel für eine Prüfung, wie es zum Bestehen braucht oder zu einem maßvollen Lob des Vaters. Es macht Pause, solange es nicht beobachtet wird. Es würde gerne in die Spitze des Wipfels klettern und in der Luft triumphierend schwanken. The Limit! Es würde die Dinge selbst lernen, nicht aber um der Prüfungspunkte willen. Die Seismographen der operanten Konditionierung aber wollen Zuckungen in ihm, um das natürliche Kind im Kanal des normalen Lebens zu halten.

Operantes Konditionieren ist die Methode der Wahl zur Dressur von Tieren. Sie haben nicht so wirklich viel Sprachvermögen und Einsicht, so dass sie am besten über den Körper lernen und ausgebildet werden. Taschengeldentzug, kein Nachtisch, ein Bonbon, eine Achterbahnfahrt – das geht sinngemäß mit Ratten auch. Die Zauberwörter heißen Reinforcer, positive und negative Verstärker, Stimulus und Response, Reiz und Reaktion, Verbindung von Reiz und erwünschter Reaktion. Der Pawlow-Hund hört immer einen Signalton kurz vor der Fütterung. Schließlich läuft ihm das Wasser im Maul schon beim Ton zusammen, nicht erst beim Anblick des Fleisches.

Wir lernen also anhand von Konsequenzen?! All das Messen der Leistungen (siehe *Supramanie*) in der heutigen Zeit dient dem Konditionieren. Wir messen und zeigen den Wert als Konsequenz. „Du bist nichts wert!" Wir lernen dann aus dieser Konsequenz.

Das natürliche Kind aber will nicht in gewünschte Bahnen konditioniert werden. Es will an das Limit! Es will mit dem Feind und dem Äußersten flirten. Wenn es in dieser

Weise wirklich an das Limit will, wird es fast jede Minute mit „Konsequenzen" konfrontiert. „Lass das! Pass auf! Komm da runter! Finger weg! Ich werde noch wahnsinnig! Du wirst das lassen und wenn ich es dir einprügele." Immer wenn das natürliche Kind sich innerlich mit voller Energie aufschwingt und sagt:„Das vermag ich – ich der Meister!", dann fällt die Gesellschaft in Form von „Erziehern" über es her: „Lass das! Das kannst du nicht. Es ist extra verboten, weil es niemand können darf."

Das operante Konditionieren des natürlichen Kindes ist das Aufzwingen von fremden Standpunkten in dieses Kind, die seine Alpha-Seele nie akzeptieren wird. Wenn in einem Menschen inakzeptable Standpunkte eingepflanzt werden, entsteht Hass. Das Kind entwickelt einen Bewältigungsmechanismus, eine Machina, die sich gegen „das Umpflanzen" seiner Seele wehrt.

4. Psychozidversuche konvertieren Lebensgeist in Aggression

Die natürlichen Kinder sind diejenigen mit der hohen Lebensenergie. Diese Energie soll in normale Bahnen gezwungen werden. Nun wehren sich die Kinder. Womit? Mit Energie.

Sie fühlen, dass ihnen der Lebensgeist genommen wird. Die Erzieher wollen ihnen den Willen brechen. Sie erfahren diesen beginnenden Kampf wie einen Psychozidversuch. Die Erzieher sind allmächtig und es sind ihrer viele, die sich einig sind und gegen das Kind eine Front bilden.

Was soll das natürliche Kind gegen diese ungeheure Übermacht tun? Es fühlt sich wie ein Hobbit gegen die Heerscharen Saurons.

Die verschiedenen natürlichen Kinder mögen verschiedene Kriegsstrategien gegen den Psychozid entwickeln:

- Das starke Kind wird sich auflehnen und jede einzelne Konsequenz wie einen Einzelfall durchkämpfen. Verbissen und beharrlich bis zum Sieg. Es wird stärker und stärker. Es entwickelt eine Machina, die Macht als Pseudosinn anstrebt. „Mutter, ich werde nicht nachgeben, ich werde *nie* nachgeben und ich werde immer das letzte Wort haben!" Das starke Kind ist machtvoll, weil es sich nie einer Regel unterwirft, sondern allenfalls einer Einzelkonsequenz. Heute verliert es, morgen kämpft es wieder. Es will nicht aus Konsequenzen lernen, es will trotz der Konsequenzen siegen. (Das tun Ratten gewöhnlich nicht.)
- Das initiative Kind kanalisiert seine Energie in das Bekämpfen der Peers. Es kämpft nicht gegen die konditionierende Allmacht, sondern es verbündet sich mit der Macht, um sie zu beeindrucken und ihre Repressalien zu vermeiden. Unter dem Druck des Umpflanzens also strebt das initiative Kind „Erfolg" an. Es „strebt" als „Streber" die Höchstleistung an, den Erfolg als Pseudosinn. Dann ragt es unter den Peers hervor, wird vor den Mitschülern gelobt. Die Energie des initiativen Kindes wird zur Aggression, im Wettbewerb zu siegen. „Mutter, sieh, ich bin der

Beste!" Diese Reaktion des normsozialen Kindes ist gesellschaftlich erwünscht! Dass sie zu menschlichen Schäden unter den Verlierern führt, wird hingenommen. Man sagt: „Jeder kann ja siegen!" Die Unlogik wird nicht verstanden: Ein Sieger – viele Leichen. Ein Elite-Narzisst – viele Gedemütigte als Arroganzopfer. Wenn das initiative Kind als Streber nicht gewinnt, wird es andere quälen, um nach oben zu kommen. Sadisten mögen verhinderte Narzissten sein.

- Das charmante natürliche Kind (viel Energie, starke Liebesströme) versucht unter dem Druck der Konditionierer, „viel Wasser und Sonne", also Lust und Liebe, irgendwie doch zu bekommen. Dazu setzt es Energie und Charme als Waffe ein. Es drückt durch, dass es alle Ressourcen bekommt, indem es verführt, nonchalant auftritt, die anderen unterhält, witzig ist und sich als Ausnahme etabliert. Das „magische Kind" bekommt, weil ihm die Allmächtigen unter seinen Witzen und seinen Küssen verzeihen. „Mutter, ja! Ich habe etwas Geld genommen. Aber ich zahle es zurück! Hier hast du einen Kuss schon mal! Sieh, jetzt lachst du wieder! Was bedeutet schon Geld, wenn ich fröhlich bin, Mutter! Ich liebe dich, Mutter!" Das ist die kanalisierte Aggression des Sonnenkindes, das sich mehr oder weniger diplomatisch wegnimmt, was es will. Es gibt auch die weniger geschickten Trotzvariationen. „Ich ziehe so lange ein trotziges Gesicht, Mutter, bis ich darf. So lange ich so bitter schaue, sollt ihr keine Freude empfinden und wissen, dass ich euch hasse. Wie lange werdet ihr das aushalten?" Dies ist dieselbe Aggression wie beim geschickteren Verführen. In dieser Form ist sie besser sichtbar.

Ich will sagen: Psychozidversuche durch operante Konditionierung mit dem Ziel, natürliche Kinder normal zu machen, *erzeugen* die Aggressionen, die ihnen anschließend die unfähigen Peiniger zum Hauptvorwurf machen: „Natürliche Kinder sind aggressiv!" Das ist das häufige Endergebnis der so genannten Erziehung. Und am Ende dieser Blutspur sagen die Erzieher: „*Der Mensch* ist ursprünglich wie ein Tier. Wir müssen ihn stärker unterdrücken. Noch stärker! Bis der Wille zum Bösen in ihm gebrochen ist."

Erziehung natürlicher Kinder zu normalen konvertiert Lebenslust in Abwehraggression gegen das Normale. Die Lebenslust der Alpha-Seele wird zur Machina, deren Seele nun nicht mehr ruht und rastet, bis sie Erfolg, Macht oder Starruhm und Lust besitzt.

5. Dark Forces: Psychopathen, Hyperaggressive, Hysteriker und Hedonisten

Was passiert, wenn nun die natürlichen Kinder den Kampf gegen die „Konsequenzen" verlieren? Ich will es nur andeuten:

Das starke Kind wird übertrieben kampfsüchtig, die Machina unnötig aggressiv. Die Hauptübertreibung der Machina des starken Kindes ist Gewalttätigkeit und der bedingungslose Kampf um Macht in jeder Einzelsituation des Lebens. Die dunkle Seite der

Machina ist das *Psychopathische*. Diese natürlichen Kinder, die auf die Seite der „Dark Forces" wechseln, heißen „delinquent". Das englische „Delinquency" bedeutet „Vergehen", „Pflichtvergessenheit" oder „Kriminalität". Delinquency riecht wie „Ablehnung, ein richtiger Mensch zu sein", um jeden Preis, auch den der Ostrazision.

Das initiative Kind flüchtet sich in unbegründeten Narzissmus und Arroganz. Es kann sadistisch werden, wenn es keinen genügenden Erfolg hat. Es wird imagesüchtig. (Lachen Sie mich nicht aus, aber viele dieser Art scheinen mir gerne einen roten Schal oder ganz rote Krawatten zu tragen.) Die häufigste Fehlentwicklung des initiativen Menschen scheint mir heute die Hyperaggressivität zu sein. „Alles ist Kampf, um zu gewinnen. Alles ist dringend, was ich tue. Ich schaffe es, viele Sachen auf einmal zu tun. Ich habe trotzdem das Gefühl, noch mehr tun zu müssen. Ich gebe keine Ruhe. Ich wollte, ich könnte ab und zu mein Leben anhalten und mich über das Erreichte freuen." Dieses Syndrom des „Typ A" ist gut für Herzinfarktgefahren untersucht. Manche, so wie ich, halten Hyperaggressivität für eine Persönlichkeitsstörung wie Depressivität oder Schizoidität. Die Gemeinschaft der Psychologen zögert noch. Hyperaggressivität ist ja fast genau das, was wir in einem supramanen System von einer idealen Führungskraft erwarten. Oder? Die hyperaggressive Machina ist gesellschaftlich erwünscht, solange sie nicht in Sadismus und Zerstörung umschlägt. („Dann soll keiner gewinnen.")

Das lebensfrohe, charmante Kind wird zum Darsteller, Schauspieler. Es wird „Star", eine Ausnahme, die sich etwas herausnehmen darf. Es wird zum Hedonisten und Verführer. Es flüchtet sich in Traumwelten, neigt zur Sucht in irgendeiner Form: Wein, Weib und Gesang. Wenn es zu den Dark Forces wechselt, greift es zum Unerlaubten, zu Drogen etwa, wird spielsüchtig und im weitesten Sinne zum Schmarotzer in der Gemeinschaft. Es liefert dafür „Stories" und Prahlerei. In anderen Versionen wird es zum Hysteriker, der mit größtem Pathos das Theater der Gefühle vorführt.

Diese Dark Forces, vor allem das Schmarotzerhafte, das Süchtige und Delinquente, rechtfertigen in den Augen des Systems die Unterdrückung und Konditionierung des natürlichen „Tiers". Ich will sagen: Das Tier entsteht in weiten Teilen überhaupt nur aus dem Widerstand des Natürlichen heraus, das sich gegen das aus seiner Sicht Unnatürliche, Freudlose und Lebensfremde heftig und leidenschaftlich zur Wehr setzt. Es ist eine Haupttriebeskalation zwischen dem Natürlichen und dem System.

6. Psychozidversuche konvertieren Liebesströme in Verführung

Jetzt schiebe ich eine kleine „Abschweifung" ein. Eine Abschweifung ist es eigentlich nicht. Ich schreibe hier zwar zum Thema, aber nicht in der richtigen Systematik.
    Das muss jetzt sein, sonst wird der Aufbau der Argumentation zu schwierig.
    Ich schreibe über das Artgerechte des natürlichen, richtigen und wahren Menschen. Ich widme jeder Einzelart einen größeren Abschnitt und habe hier mit dem natürlichen Menschen begonnen.

242   XIII. Die natürliche Machina: „Ich bin das Ziel!"

Ich könnte das Buch auch in drei Abschnitte über den autarken, den normsozialen und den liebenden Menschen teilen, also in der anderen Dimension – statt entlang des Lebensgeistes entlang der Liebesstromstärke.

Ich möchte Sie, obwohl ich das Buch entlang der Lebensgeistebenen teile, trotzdem einen Moment in die andere Sicht teilweise entführen.

Ich habe eben auf einigen Seiten geschildert, wie das stark Lebensfreudige durch Konditionierung in Aggression konvertiert wird.

Jetzt möchte ich gerne anschauen, was passiert, wenn man die „Liebenden" im System normalisieren will. Dieser Aspekt wird natürlich im Buch ausführlich besprochen, wenn ich das charmante Kind als natürliches, das hilfsbereite Kind als richtiges und das liebe Kind als wahres Kind in den jeweiligen Abschnitten diskutiere.

Insbesondere das charmante, überschäumende Kind haben wir schon besprochen – wie es Gefahr läuft, Schmarotzer oder Hedonist zu werden.

Bei den lebenslustigen Kindern lautete mein Hauptargument, sie wehrten sich, auf das Normalmaß herabgeregelt zu werden. Sie werden also gehindert, ans Limit zu gehen.

Die Kinder, die aber sehr liebesströmend sind, empfinden das System und das Normale als „kalt". Für sie ist die mittlere Umgebung des Miteinander nicht warm genug, gefühllos und nicht wirklich an Liebe interessiert. Sie empfinden diese Kälte als Liebensentzug, also als Abzug dessen, was für sie das Wichtigste im Leben ist. Der Liebensentzug hat auf sie denselben Einfluss wie das ewige Zurückpfeifen des lebenslustigen, lauten natürlichen Kindes.

Für liebesüberströmende Kinder ist Liebesentzug wie Psychozid. Sie wehren sich. Eine der Methoden ist das Zurückholen der Liebe durch Verführung und Prahlerei des charmanten, fröhlichen Kindes. In den weiteren Teilen stelle ich dar, wie das hilfsbereite Kind die Liebe durch Helfen und Unentbehrlichsein zurückholen will. Ich beschreibe noch später, wie das ganz liebe Kind sich erhofft, dass die Liebe zurückkehrt, wenn es den anderen Menschen zeigt, wie traurig es ist (Depression).

Ich stelle ja alles einzeln dar und will hier nur den Gesamtaspekt hervorheben: Das liebesstarke Kind *verströmt* Liebe. Alpha-Liebe! Wenn es nun in der Kälte sitzt, denkt es irrtümlich, ihm werde Liebe entzogen. Dieser eine einzige Irrtum kostet die Alpha-Seele schon das Leben. Sie hat ja selbst Liebe genug. Die Kälte aber lässt sie denken, sie müsste Liebe von außen zuführen, die ihr entzogen wurde. Nun bildet sie eine Machina aus, die die Liebe erobert, erjagt, erbeutet.

7. Psychozidversuche konvertieren Autarkie in Einsamkeit

Genauso können wir die drei autarken Richtungen anschauen: Das starke, das brave und das schüchtern-klug-beobachtende Kind.

Sie empfinden den Zwang der Erziehung als Versuch, ihnen ihre Unabhängigkeit oder Freiheit zu nehmen.

Sie wehren sich dagegen: Das starke Kind kämpft, das brave Kind wird fehlerlos und unangreifbar, das kluge Kind entwickelt zur Abwehr einen tiefen Geist und wird unantastbar durch Allwissen.

Sie alle werden durch die Sucht ihrer Beta-Seele nach Macht, Perfektion oder Allwissen einsam. Sie wollten nur unabhängig und autark sein, finden sich aber distanziert und abseits von den anderen Menschen wieder.

Der Starke wird einsam in der Macht. Die Menschen zittern vor ihr.

Der Perfekte isoliert sich, weil er wie ein lebender Vorwurf wirkt.

Der Allwissende wird nicht verstanden und wirkt, als rieche er Dummheit überall.

So entfernen sie sich aus der Welt: in die Höhen der Macht oder in Eremitenhöhlen auf Nagelbretter. Na, Universitäten sind auch zulässig. Die Universitäten fordern unaufhörlich Unabhängigkeit der Forschung, aber sie sind in Wirklichkeit einsam.

8. Kampf der natürlichen Machina: „Ich bin das Ziel!"

Macht, Erfolg, Starruhm und Lust als Pseudosinne haben eines gemeinsam: Ich! Ich! Ich!

Natürliche Menschen gelten viel stärker als Egoisten als die anderen Menschen. „Tier!"

Ich erläutere schon die ganze Zeit, dass alle Menschen eine Machina haben, aber beispielsweise die des „Helfers" ist besser versteckt, und zwar furchtbar aggressiv im „Unentbehrlichmachen", aber eben nicht im Gewaltsinne.

Die natürliche Machina schreit: „Ich bin das Ziel." Sie meint damit durchaus sich selbst. Es ist ihre Gewalt, ihr Ego und ihre Beta-Seele.

Damit hätte dann der Versuch der Konditionierung zum richtigen Menschen genau zur Folge, was verhindert werden sollte: ein aggressiver egoistischer Mensch.

Er schüttelt die Faust gegenüber der Gesellschaft, offen oder als geballte Faust in der Tasche.

9. Zum Teufel mit der Gesellschaft! Über Subkulturen

Der natürliche Mensch protestiert gegen die Gesellschaft. Er schließt sich oft so genannten Subkulturen an, die sich von den Regeln der gesellschaftlichen Konditionierung fernhalten und ihr eigenes Leben aufbauen. Sie fahren Motorrad, sind Rapper oder Raver, Redskins oder Hells Angels. Sie bilden eine eigene Kultur aus, haben eigene Regeln.

Manchmal könnten wir über diese eigenen Regeln lächeln, denn sie sind oft ähnlich rigide wie die Regeln der ganzen Gesellschaft. „Wir stoßen dich aus! Du hast als Veganer heimlich eine Vanillemilcheiskugel gegessen! Hinweg!"

Theoretiker unterscheiden zwischen Teilkulturen und Subkulturen, wobei es viele Meinungen gibt, wie denn die Grenze zu ziehen sei. Das Rotlichtmilieu ist eine Subkultur, die anderen Regeln folgt als denen der Gesellschaft, das ist klar. Die Künstler, Wissenschaftler oder etwa die Mönche eines Klosters bilden dagegen Teilkulturen aus. Eine Teilkultur wird nicht gegen die bestehende Hauptkultur gerichtet oder als völlig andere Alternative zu ihr gesehen, sie entzieht sich ihr nicht wirklich, sondern sie separiert sich ein wenig, um in der eigenen Teilkultur besonders oder verfeinert zu sein. Besonders der Wahrheit verpflichtet! Besonders Gott geweiht! Besonders der Kunst gewidmet!

Subkulturen wollen nicht besonders sein, sondern frei von den Regeln der normalen Gesellschaft. Theoretiker nehmen zum Teil an, dass Subkulturen aus einer Deprivation („Beraubung, Entziehung, Verlust, Mangel, Entbehrung, Liebesentzug") heraus entstehen. Deprivierte sammeln sich offenbar in Subkulturen.

Und da dachte ich mir, diese Gedanken scheinen das zu sagen:

Deprivierte natürliche Menschen gehen oft in die Subkultur.
Und ich will später im Buch sagen:
Verwundete wahre Menschen bilden Teilkulturen.

Alles Abwehr der Konditionierungswunden!

Und bevor ich konstruktiv über das Artgerechte des Natürlichen sprechen möchte, will ich mit Ihnen noch einen Gang zur *Church of Satan* machen. Ich habe bei Ebay eine Bibel ersteigern wollen. Da waren nicht nur wirkliche christliche Bibeln im Angebot, sondern auch allerlei Hackerbibeln oder eben satanische.

Haben Sie schon einmal über Satan und Satanismus nachgedacht? Über Teufelsanbeter? Was die wohl so treiben? Treiben, nicht „machen". Warum nur – Why the hell – sagen sie „satanische Rituale" und „Church of Satan" oder „Teufelsanbetung"? Ich meine, es ist ja möglich, eine gute Beziehung zum Teufel aufbauen zu wollen. Aber warum muss es so eine Art Gottesdienst sein? Satanisten lieben doch wohl offenbar die katholische Kirche nicht. Sagen wir, sie hassen sie, weil die Kirche versucht, ihnen fremde Werte zu oktroyieren. Warum aber übernehmen sie dann deren Rituale?

Das können wir uns denken: zur Verhöhnung!

Ist das ein Lebenssinn? Einen anderen zu verhöhnen? Oder gibt es nun gar keine andere Möglichkeit, jemanden anzubeten, außer derjenigen, existierende Rituale von klassischen Religionen umzufunktionieren? So wenig kreativ? Oder muss Satanismus mit Wut gegen die Normalen verbunden werden? Der Teufel ist doch sehr konstruktiv, denke ich. Er will uns zu Weib, Wein und Gesang verführen, zu Völlerei, Faulheit, Trägheit, Habgier, Wollust und so weiter, also einfach zu den katholischen Todsünden. Mehr nicht. Ich wusste nicht, dass ich ihn jetzt auch anbeten muss oder gar regelmäßig zum Teufelsdienst gehen soll. Meine Kinder schicke ich dann zum Kinderteufelsdienst? Wir essen dann Teufelszeug oder Teufelsbraten oder Seeteufel zu Mittag? Wir heiraten in der Teufelskirche, der Teufelskerl das Teufelsweib. Wir taufen das Kind, indem wir es zum Teufel schicken ...

So etwas fiel mir ein. Und ich dachte bei mir, es wäre ja möglich, dass der Satanismus eine Protestveranstaltung des deprivierten natürlichen Menschen gegen den richtigen bigotten Pharisäer-Menschen sein könnte, um ihn einmal gehörig zu schockieren und zu erschrecken. Halloween liegt ja in der Nacht vor Allerheiligen, dem Fest der Katholiken zu Ehren aller Heiligen. Der Teufel sucht also doch immer etwas Anlehnung, nicht wahr? Ist er depriviert, der Gute?

Und da ich ein gründlicher Mensch bin, der alles genau wissen muss (oh, meine Beta-Seele!), habe ich also berühmte Bücher des Satanismus gekauft. Ich wollte es wissen.

Wer ist 666? Na? Sie kennen sicher die Stelle aus der Apokalypse, in der dunkel vom Satan geredet wird.

Hier ist Weisheit! Wer Verstand hat, der überlege die Zahl des Tiers; denn es ist eines Menschen Zahl, und seine Zahl ist sechshundertsechsundsechzig. (Offenbarung des Johannes 13, 18)

Einer der Hauptvertreter der neuzeitlichen Magie war Aleister Crowley (1875 bis 1947). Er war im wirklichen Leben „the beast", die Bestie, wie ihn seine Mutter nannte, nachdem alle während einer Morgenandacht hören konnten, wie der Sechzehnjährige sich auf dem Bett seiner Mutter eines Zimmermädchens bemächtigte. „The beast" oder „das Tier"! Crowley identifizierte sich später mit „the beast" und nannte oder hielt sich für 666. Crowley wuchs unter strenger puritanischer Erziehung auf. Man sagte ihm bald sadistische Neigungen nach. Er heiratete zwei Mal, beide Frauen wurden wahnsinnig, fünf Geliebte begingen Selbstmord, etliche weitere endeten in Drogen, im Alkohol oder in Nervenheilanstalten. Er wurde zu einem bedeutenden Magier, schrieb viele magische Bücher, auch Pornographie. Seinen Anhängern war er der große Mystiker und Prophet des neuen Zeitalters. Die, die sein Leben beobachteten, nannten ihn mit allem zu Gebote stehenden Abscheu: „Monster!" Zusammen mit Lady Frieda Harris erarbeitete er das so genannte Crowley-Tarot. Dieses Kartenset ist bis heute als Tarot eines der gebräuchlichsten. Dazu schrieb er als Anleitung *Das Buch Thot*. Dieses Werk finden Sie noch heute in jedem Esoterikregal einer Buchhandlung.

Die magische Lehre Crowleys ist in einem einzigen seiner Sätze fast allgegenwärtig zusammengefasst:

Do what thou wilt shall be the whole of the law.

Dieser Satz findet sich in seinem *Buch des Gesetzes (Liber AL vel LEGIS)*. Darin sagt Crowley, das Wort Sünde sei für ihn gleichbedeutend mit „Einschränkung". Reiner Wille, der nicht von irgendwelchen Zwecken getrübt oder geschwächt werde, der frei sei von einer Gier nach einem Ergebnis, solcher reiner Wille sei das Höchste. Die Welt der Zersplitterung sei ein Nichts, aber die Freude der Loslösung alles. Wer nach einer Balance im Leben suche, verliere das Höchste. Und noch ein Satz wird von seinen Anhängern immer wieder zitiert:

Love is the law, love under will. (Reine Liebe im Einklang mit dem Willen, sonst verlasse!)

Und noch ein entscheidender Satz seines Werkes:

The word of the Law is Θελημα.

Das Wort des Gesetzes ist Thelima. Thelima ist das griechische Wort für Wille, etwa in genithito to thelima su (griechisch) für fiat voluntas tua, sicut in caelo, et in terra (lateinisch) für „Dein Wille geschehe."
Crowley ruft die Menschen auf, „Thelemites" zu werden, was man auf deutsch dann mit Thelemiten übersetzte. Ich war echt spontan entsetzt über die entsetzliche zweimalige Übersetzung. Es heißt doch im Griechischen Thelima, mit einem echten i nach dem l im Wort! Seht ihr Magier dieser Welt denn das nicht! Seid ihr denn von 666 verlassen? Ich jedenfalls, bei allen Bestien, hätte dann doch zumindest alle Menschen aufgefordert, Thelimiten zu werden, nicht Thelemiten. Sehen Sie es auch? Thelimit? THE LIMIT. Das schließt für mich den Kreis.

Das also zum großen Magier. Muss ich die nun notwendigen Schlüsse noch hinschreiben? Ist er ein natürlicher Mensch? Ja. Hat ihn seine Erziehung verwundet? Ja! Was findet er in sich vor? Ein gewaltige Machina, die er 666 nennt. Was stört ihn am meisten? Die Einschränkung! Das Verbot also, zu sündigen. Was will er im Leben? „Thelima". The Limit. In sich findet er eine sehnsüchtige Bestie, die doch im Grunde an der Kette seiner Mutter liegt? Bringen sich deshalb Frauen um ihn herum um?

Für mich ist das Erschauern um diese Gestalt viel wahrer als alles weitere Schreiben über die Machinae des natürlichen Menschen.

Ich las in der *Satanic Bible* von Anton Szandor LaVey. LaVey brachte es zu einer ungeheueren Popularität in den USA, nachdem er sich in der Walpurgisnacht 1966 (die Nacht vom 30. April auf den 1. Mai, in der das Hauptfest der Satanisten und Hexen stattfindet) rituell das Haar abrasiert und die Gründung der *Church of Satan* verkündet hatte. Seine Biographen berichten, dass er als Kind schon Gruselgeschichten liebte, sich viel mit Musik und Okkultismus befasste. Mit 15 Jahren wurde er zweiter Oboist eines Orchesters, brach dann die Schule ab, verließ sein Elternhaus und schloss sich einem Zirkus an, wo er Tiger pflegte, dann dem Dompteur assistierte und für die Musikbegleitung zuständig wurde. Mit 18 Jahren wechselte er als Assistent eines Magier auf einen Jahrmarkt und sah hier die Diskrepanz der Welten: Männer mit geilen Blicken, die dann am Sonntag in der „Weißlichtkirche" saßen. Mit 21 heiratet er und wird Polizeifotograf, als der er die furchtbarste Seite menschlichen Lebens ablichten muss. Voller Ekel gibt er diese Tätigkeit auf, spielt wieder in Nachtclubs und Theatern …

Was predigt LaVey in der Satanischen Bibel?
Lebenskraft statt Hirngespinste, Freude statt Abstinenz. Der Mensch ist ein Tier unter Tieren. Satan sein heißt Sünden begehen, die ja zur Freude führen. Keine Fürsorge für psychische Vampire! „Ich bin mein eigener Erlöser." Es kommt auf das Hier und Jetzt an. Am Anfang des Buches steht eine Art Bergpredigt. Selig sind hier in der Welt des Satanismus die Starken, die Mächtigen, die Mutigen, die Siegreichen, die Todesverachtenden, die Tapferen, die Vielfeindgesegneten etc. Der Satanist ist für sich selbst verantwortlich. Niemand sonst wird sich um ihn kümmern. Alles was der Satanist erreicht, wird er sich selbst verdanken wollen. Der Satanist sucht Gott

nicht außen wie die „Weißlichter" (schönes Wort, finde ich, so wie „Psychovampir" auch, habe ich schon weiter vorn im Buch gestohlen!). Gott ist in ihm selbst. Für LaVey bedeutet Satan vor allem „Gegner" oder „Widerstand". Der Satanismus begründet eine neue Religion, die auf den natürlichen Trieben basiert, die also die sieben Todsünden direkt begehen *will*. Kampf gegen psychische Vampire, die anderen Menschen das Gefühl geben, schuldig oder ihnen etwas schuldig zu sein. Hass auf sie, die Menschen moralische Verpflichtungen einreden. Der Satanist wird fragen: „Was bekomme ich dafür?" Er wird Nein sagen können …

Ich will hier keine Vorlesung über Satan halten. Ich will nur so weit darüber berichten, dass wir Schlüsse ziehen können. Ist LaVey ein natürlicher Mensch? Ja. Hat ihn seine Erziehung verwundet? Das habe ich nicht explizit gefunden, aber er verließ ja das Elternhaus und widmet einen richtig guten Teil der satanischen Bibel dem Widerstand gegen die psychischen Vampire. Hatte ihn da jemand an der Kette?

Die *Satanic Bible* ist für mich wie auch das Werk Crowleys ein Aufschrei gegen die Psychozidversuche der Erzieher der Welt. LaVey erfindet mit dem Satanismus eine Subkultur, die sich entgegenstellt. Satan ist Widersacher.

Sein Symbol ist ein fünfzackiger Stern, ein Pentagramm, das auf einer seiner Spitzen steht. Dies Symbol steht auch für 666.

Baphomets Stern auf einem Glas, das ich zu Hause nicht benutzen darf

10. 666

Ist die Bestie also schon bei der Geburt im Menschen oder kommt sie später hinein? Ist nicht bei den selbsternannten Teufeln immer wieder von dieser Sehnsucht nach Reinheit der Lebensfreude die Rede? Ist ihnen diese Lebensfreude nicht durch erzieherische Strenge und psychischen Vampirismus genommen worden?

Die Bestie 666 ist die Wunde im natürlichen Menschen, dessen Umpolung misslang.

Die Wunde entsteht durch manipulative Konditionierungsversuche. Ich bin zugegeben ein wahrer Mensch. Und ich persönlich empfinde es so, dass der Behaviorismus uns durch Verstärkungen (Reinforcements) ummodelliert, ohne sich um die Seele zu kümmern. Die Verhaltensumzwinger lehnen ja auch explizit die Befassung mit allem nicht Beobachtbaren ab, weil sie sich als Naturwissenschaftler begreifen. Deshalb, nur deshalb haben sie die Seele eines Menschen nicht im Auge. Aber wenn es sie gibt? Und es gibt sie! Deshalb ruinieren die Konditionierer die Alpha-Seele im natürlichen Menschen durch Psychozid. Die Resultatmenschen benehmen sich nun großenteils richtig und erwünscht, aber es sind nur mehr Machinae, nicht wirklich Menschen. Diese harte Aussage trifft nicht für alle Menschen gleichermaßen zu.

Die richtigen Menschen, zu denen ich noch komme, definieren sich ja über normales Verhalten. Sie werden nicht wirklich *umkonditioniert*, weil sie ja schon „vorher" brav sind, bevor konditioniert wird. In richtigen Menschen wird keine Natur so lange zusammengepfercht, bis sie zur versteckten Bestie zusammenkauert. Speziell aber die natürlichen Menschen können wirkliche Opfer der operanten Konditionierung werden.

Sie wehren sich durch Abkehr, Weglaufen, „Auswandern nach Amerika" oder berufliche Selbstständigkeit, aber das können sie erst als Erwachsene tun.

Als Kind üben sie das Gefährliche heimlich, kommen schmutzig heim und leugnen standhaft alles, was sie taten. Das werten die offiziell richtigen Eltern als Ungehorsam und wahre Eltern als Vertrauensbruch. Und dann sagen sie: „Mein Kind ist faul, unwillig, delinquent und es belügt uns, wo es kann." Die Eltern deuten die Abwehr des Kindes gegen „Das darfst du alles nicht!" am Ende so: „Wir haben eine kleine Bestie herangezogen."

XIV. Zur Wohlgestaltung des natürlichen Menschen

1. „I did it my way"

Denken Sie an Frank Sinatra? Hören Sie ihn singen? „I did it my way". Ich liebte, lachte, weinte, hatte – ja! – meine Fehler, verlor auch oft – sah allem ins Gesicht und biss öfter mehr ab, als ich kauen konnte! Mit solchen Gedanken blickt ein natürlicher Mensch auf sein volles Leben zurück. Er verlangt kein wirklich *glückliches* Leben – das ist Unsinn. Ein natürliches Leben hat Höhen und Tiefen. Aber ein *volles* Leben – das wird er erwarten. Der natürliche Mensch wird sich ins Leben stürzen.

Es gibt zu diesem Thema so viele Geschichten vom Tellerwäscher zum Milliardär, von Stehaufmenschen, von Glücklichen, die immer einmal wieder auf der Woge des Erfolgs surfen. Stars schießen hoch und verglühen im Sinken. Jungunternehmer führen ein immer größeres Unternehmen und retten sich in eine Übernahme. Frauenanbeter setzen alles auf ein Ziel.

Die großen Dramen natürlicher Menschen handeln von Ruhm, Riesenerfolgen, von Eroberungen und Abstürzen. Alles ist gewaltig und groß! Ereignisse überstürzen sich. Allen diesen Ruhmesblättern und Höllenfeuern ist gemeinsam, dass es große Bewegung, auch große Ausschläge gab, die zur Bewegung dazugehören. Natürliche Menschen sind von diesen Ausschlägen angezogen, vom Kitzel. Richtige Menschen mögen so denken: „Ich arbeite Tag für Tag und an jedem Abend hat sich meine spätere Rente um 17 Cent erhöht." Das sieht bei natürlichen Menschen wie ein trübes Leben aus. Sie wären lieber Tellerwäscher mit Zukunftsträumen oder wie Huckleberry Finn. Selbst die Mächtigen und die Stars dieser Welt, die alles erreicht haben, was sich unsereins ganz unten vorstellen kann, wollen am Ende wieder den Kitzel, wollen in die *Geschichtsbücher* der Welt! Sie ziehen also in Kriege, bemannen Venusraumschiffe oder provozieren mit Skandalwerken. Wahre Menschen zieht es ins Licht, richtige Menschen häufen Vorräte an Ehre, Dank oder Trueboni. Die Natürlichen aber wollen irgendetwas „wissen".

Ich behaute hier: Sie wollen volle Lebensgeistleistung in ihrem Körper spüren. Dieses Gefühl ist untrennbar mit Grenzüberschreitungen verbunden. Sie wollen über das bisherige Limit hinaus: Einen noch besseren Gegner bezwingen, einen höheren Berg besteigen, Heldentum beweisen, ein Kind aus dem Feuer oder aus dem Brunnen holen – eben das meistern, was vorher noch unmöglich schien. Der Wille hat das Primat. Der Wille muss in höhere Dimensionen vorstoßen und diese neuerlichen Höhen sind hinter der bisherigen Grenze: THE LIMIT.

Es gibt nun sehr viele Möglichkeiten, Grenzen zu überschreiten – und genau darin besteht das eigentliche Lebensproblem des natürlichen Menschen, das wir in diesem Kapitel anschauen wollen.

Die Wohlgestaltung des natürlichen Menschen hängt davon ab, welche Grenzen er überwindet.

Sich stetig steigernde Sucht jeder Form überwindet Grenzen: Sex, Trunk, Opium, Spiel, „Delinquency". Sadisten gehen immer unendlicher näher bis vor den feinen Punkt, an dem Todesangst im sterbenden Blick in Tod selbst übergeht. Machtgierige machen „Kopf ab!" zur Tagesroutine und suchen gelangweilt nach Höherem: nach der Mutter aller Schlachten. Manager setzen das Schicksal einer ganzen Armee von Mitarbeitern auf ein einziges großes Spiel und drehen das Rad. Solches Natürliche stürzt sich blind in Risiken um der Risiken willen. Es geht nicht mehr um das Meistern einer ungewissen Lage, sondern um das Strudeln im Kitzel an sich. Die Geschichtsbücher sind voll von historischen Niederlagen und exzessiv schlechten Menschen. Mit ein bisschen Verzweiflung, ein Verbrechen zu begehen, kommt jeder Mensch fast nach Belieben auf die Titelseite der Zeitung. Er hat Geschichte gemacht! „Kind, du machst mir schöne Geschichten!"

Jetzt kann ich Ihnen den Unterschied herauskristallisieren: Der wohlgestaltete Natürliche strebt das Meistern immer schwierigerer Lagen an, um immer Wertvolleres zu leisten. Er wird der Große Jäger, der Große Häuptling, der Große Herrscher. Im alten Indien, als Könige nicht von Gott eingesetzt waren und eben kraft ihrer persönlichen Macht herrschten, sehnte man sich seit Urzeiten nach dem mahâpurusha cakravartin, dem Großen Raddrehenden Übermenschen, der eine goldene Zeit festhalten könnte. Der Cakravartin steht für den „hellen" Willen des Ganzen. Hierhin richtet sich der Lebensgeist des natürlichen Menschen. Er möchte am liebsten „von Natur aus" Jedi-Ritter werden. Siegfried. Aragorn. Richard Löwenherz. Es geht darum, das wertvolle Äußerste zu tun, zu dem der Natürliche fähig ist. Er will wissen, was das in ihm wäre: „Alles." In seinem Körper lodert der Lebensgeist: Wo ist dessen LIMIT? Wie stark wäre er? Wann darf er sagen: „Jetzt bin ich auf dem Höhepunkt meiner Kraft?" Das ist ein wunderbares Gefühl, auf dem Höhepunkt der eigenen Möglichkeiten zu sein! Das glaube ich jedenfalls ganz fest, obwohl ich ein wahrer Mensch bin. Es muss sich anfühlen wie Ruhe im Auge des Sturms, wie Flow, Selbstvergessen, Aufhörenkönnen des Strebens, Einheit mit dem Körper. Die Körpersäfte sind im Optimum, der Lebensgeist erfüllt alles. Es ist wie ein Rausch, aber es ist alles klar. Das Natürliche ist auf der Höhe.

Der sich notgestaltende Natürliche sucht nur den Kitzel, ohne meistern zu wollen.

Wenn ein natürlicher Mensch keine Gelegenheit hat oder bekommen kann, vor Lebensgeist zu sprühen, also an Höhe zu gewinnen und Grenzen zu überwinden, dann springt er eben in die Tiefe. Das ist eine wesentliche Erkenntnis: Denn die Seismographen im Körper strudeln und zucken bei jedem Höhenunterschied. Wer nur Kitzel sucht, kann diesen Höhenunterschied auch durch reinen Abstieg erreichen. Aufwärts mit dem von Papi bezahlten Lift, dann runter mit Kitzel. Das ist anders als Bergbezwingung. (Ich fahre nicht Ski, wahrscheinlich ist es ein blödes Beispiel.) Geldausgeben für Rausch, ohne das Geld verdient zu haben. Provozieren von Menschen. „Arschloch!" In Parties versinken. Haltlos fallen.

Unsere westliche Gesellschaft fürchtet diesen sich notgestaltenden Menschen wie nichts sonst. Sie hat es sich daher seit Jahrtausenden zur ureigensten Aufgabe gemacht, das Symptom des Weltübels im Grundsatz zu beseitigen: den Kitzel.

Wenn es keinen Kitzel gibt, dann verschwindet das Böse, nicht wahr? Also verbieten wir per Todsündendekret allen Alkohol, Drogen, allen Geschlechtsverkehr, der nicht der konzentrierten Zeugung von Nachwuchs dient, sowie das Verschwenden von Geld durch Nichteinzahlung auf ein Konto. Wer dennoch ein bisschen Vergnügen braucht, soll es sich vorher so sauer verdient haben, dass er vor Schreck lieber das teure Vergnügen sein lässt. Allenfalls könnten wir uns einmal richtig satt essen und schmausen, aber nur zu Weihnachten, Ostern oder Erntedank, im Zusammenhang mit Dankgebeten und Andacht. („Das haben wir eigentlich nicht verdient, dass es uns so gut geht.")

Das „Verbot des Kitzels" ist Psychozid am natürlichen Menschen.

Wenn wir das Überschäumende, Lustige, Laute, Sprudelnde dauerhaft unterdrücken, weil wir den Kitzel aus dem Leben verschwinden lassen wollen, verhindern wir geradezu die Entstehung des wohlgestalteten Natürlichen. Wie sollte er nach einer gebremsten Kindheit Jedi-Ritter werden? Wer bringt ihm das denn bei – seine Grenzen zu erfahren? Wer sieht die Aufgabe, das natürliche Kind wohlzugestalten? Ach, man sagt ihm, wie sich ein jeder zu verhalten habe. Man sagt ihm, dass man erst später einen Willen haben dürfe, wenn es wahrscheinlich nicht mehr zu vermeiden sei. Man oktroyiert Normen und Gewohnheiten. Aber die Wohlgestaltung des natürlichen Menschen beginnt irgendwo dort:

„I did it my way."

Das natürliche Kind muss ermutigt werden, meistern zu wollen. Es muss sich im Meistern üben. Es braucht wie jeder Knappe einen Ritter, einen Trainer, ein Vorbild, einen Jedi-Meister.

Das bloße Verbot des Kitzels bestraft nur diejenigen Natürlichen zusätzlich, die das Meistern nicht aus eigener Kraft schaffen. Das Verbot, in die Tiefe zu springen, bildet noch nicht dafür aus, den Berg zu bezwingen. Unsere Gesellschaft versteht die Alternative des natürlichen Kindes nicht:

Entweder den Kitzel durch Meistern – oder Fallenlassen in den Strudel des Kitzels der Tiefe.

Die Gesellschaft verbietet die eine Alternative, ohne die andere zu bieten.

Denn die Systeme wollen die Einhaltung der Normen erzwingen, nicht das Meistern ermuntern. Sie wollen implizit durch die Normensetzung, dass sich *jeder* Mensch, auch der natürliche, wie ein richtiger Mensch benimmt. Das richtige Benehmen hat immer Vorrang vor dem natürlichen Benehmen.

2. Harmonisierung und Grenztraining der Seismographen

Die artgerechte Haltung des natürlichen Menschen muss also dem Grundsatz folgen, ihn zum Meistern zu befähigen.

Und mit sanfter Hand bringen wir ihm nach und nach bei, das Gute zu meistern. Das aber ist bei Kindern nicht das große Problem, weil sie ja vor lauter Lebensgeist für das Gute leicht zu haben sind! (Ich weiß, dass viele von Ihnen das abstreiten, aber dann ist so ein Kind schon in der Phase, in die Tiefe springen zu müssen.) Denken Sie nach, was die Kids im Kindergarten antworten, wenn wir sie nach ihren ultimativen Zielen befragen: Arzt, Baggerführer oder Jedi. Das sind die natürlichen Ziele – es ist alles in Ordnung. Nun müssen wir sie dazu befähigen, diese Ziele zu erreichen. Es wäre doch nun einfach, bis zum Umfallen Arzt oder Jedi zu spielen, nicht wahr? Warum also Englisch lernen?

Schon im Kindergarten beginnt es: „Please, do it my way. Always one-way in the good old way." – „Alle mal herhören! Wir stellen uns jetzt alle an ..." Das natürliche Kind will selbst herausfinden, wie es angestellt wird. Richtige Menschen dagegen sind gute Angestellte – die stellen nichts an.

Das natürliche Kind lebt vor allem über den Instinkt und damit über seinen Körper und sein Seismographensystem. Erziehung und Schule nutzen behavioristische Konditionierung, um dieses Seismographensystem umzudressieren. Das natürliche Kind, das zuerst vor gutem Willen nur so strotzt, hat hinterher gar keinen Willen mehr, nur noch ein gewünschtes Verhalten, wenn alles im Sinne der Erzieher gelingt. Damit aber ist sein Lebensgeist gehemmt und eingedämmt. Es hat nun den Zugang zu der ganz großen ursprünglichen Stärke in sich selbst verloren. Es wehrt sich noch einige Zeit und bildet Aggressionen heraus, dann springt es in die Tiefe und wird süchtig nach Bonbons und Aufmerksamkeit aller Art, die es durch Trotz erpresst.

Da jetzt aus meiner Sicht heraus das herkömmliche Verfahren ganz grässlich falsch ist, kann ich vor lauter guten alten Traditionen gar nicht so *richtig* sagen, wie „man es besser machen muss". Das ganze System muss sich bemühen, artgerecht zu erziehen. Das würde letztlich bedeuten, dass Kinder gemäß ihrer Eigenart besonders behandelt werden und eben nicht alle gleich. Mit einer solchen Feststellung stehe ich dann allein? In Deutschland will man ja nur unter Zwang an das so genannte heiße Eisen der Hochbegabtenförderung heran. Nicht einmal Schülern, die sich zu Tode langweilen, wird eine artgerechte Behandlung angeboten. Viele von den Hochbegabten haben später Problemfelder im Beziehungsbereich oder bei der emotionalen Intelligenz. „Hähä, sie sind doch nicht so gut!" Dabei lässt man sie eine Dekade in der Schule versauern und hätte die Beziehungsseite praktisch ebenso lange schulen können.

Das System ist also denkbar ungeeignet, artgerecht zu erziehen.

Wenigstens aber für natürliche Kinder müssten wir das Bewusstsein entwickeln, sie das Meistern über das Instinkt- und Seismographensystem zu lehren. Nicht so sehr

2. Harmonisierung und Grenztraining der Seismographen

über Regelbefolgung und Rezeptanwendung! Natürliche Kinder müssen vor herausfordernde Probleme gestellt werden. „Baut ein Baumhaus!" – „Setzt mit dem Floß über!" – „Repariere diesen Fleischwolf!" Im Amerikanischen: „Learning by doing." Wir lassen ein natürliches Kind eine Woche in der Kfz-Werkstatt beim Meister raten, was ein neu eingeliefertes Auto als Defekt hat. Wir lassen es beim Reparieren helfen. Es zieht zu Hause Winterreifen auf oder wechselt das Öl, hängt Lampen auf und dergleichen. Das sind Highlights für natürliche Kinder. Aber dann heißt es wieder: „Das kannst du nicht!" – „Ich kann es doch!" Natürliche Kinder hacken gerne Bäume um, graben Wurzeln aus, mauern, schleppen Steine. Meistern! Sie mähen nicht gerne Rasen, holen nicht gerne Brötchen etc. Das ist Pflicht oder Routine, Rezept oder Botengang. Das ist nicht Meistern! Die richtigen Kinder mähen lieber Rasen! Natürliche Kinder müssen ihre Körpergewandtheit herausfordern können. Sie wollen hinterher stolz sein können: „Ich war clever! Ich habe es geschickt gemacht!"

Ich erinnere mich, wie wir vor Jahren eine Kassette von Benjamin Blümchen gehört haben. Millionen Mal! Jeder kannte sie auswendig, aber wir hörten sie immer wieder. Ich habe jetzt wieder alles vergessen. Ungefähr so: BB vertritt den Mathematiklehrer in der Schule, leitet aber die Kinder in der Unterrichtszeit an, Eierkuchen zu backen. „Sechs Eier!" Da zählt das unsichere Kind. „Eins, ..." Sie messen ab. „Ein Achtel Liter Milch!" Da sehen die Kinder, dass nichts wird, wer nicht ums Ei weiß. Ja, so ist Lernen für natürliche Kinder: eine Herausforderung meistern. Im Grunde brauchen sie keinen Lehrer, sondern einen Trainer.

Der Trainer des natürlichen Kindes muss ihm beistehen, die Grenzen des Körpers zu erweitern. Das Kind will immer mehr können. Es muss sanft geleitet werden, selbst fähiger zu werden. Manchmal muss man es ein bisschen auslachen, ein anderes Mal beim Ehrgeiz packen oder anstacheln („Ich glaube du schaffst es nicht!"). Es gibt Zeiten, wo es mehr will, als es kann, da braucht es Zuwendung und Hilfe, dass es nicht ungeduldig wird. Es braucht ab und zu einen Wettkampf, bei dem es bis ans Äußerste gefordert wird und bei dem es lernt, das Äußerste kennen zu lernen und dann auch ungehemmt geben zu können. Das Instinktsystem muss unter Hochleistung entspannt und souverän bleiben. Der Jedi ist selbst im Tode ruhig. Er gibt hier noch sein Äußerstes ohne Anspannung, ohne Angst. Die Energie muss im Körper fließen. Der Motor muss wie geschmiert laufen, nicht stottern. Wer nervös ist, hat sofort einen stotternden Motor! Spielen Sie gut Tetris auf dem Computer? Oder irgendein Geschicklichkeitsspiel, bei dem von Stufe zu Stufe die Schwierigkeit steigt? Die Bausteine fallen immer schneller, es kommen immer mehr Feinde, die es zu besiegen gilt. Wirklich gut spielt man nur, wenn man sich heiter und ruhig dabei fühlt. Wenn Sie die Nervosität aus dem Bauch kriechen fühlen, dann sehen Sie kurz darauf „Game over!" Hören Sie die Fußballstars? „Wir standen zu sehr unter Anspannung. Wir dachten an die Schmach und weinten der Siegprämie nach. Da verloren wir zwangsläufig."

Im Endergebnis müssen wir natürliche Kinder befähigen, ihr Instinktsystem virtuos zu beherrschen und das Meistern im Alpha-Zustand zu genießen. Nicht: Gewinnen! Sondern: Könnerschaft und Spielfreude verschmelzen. So, wie Reiter mit dem Pferd oder Wildwasserkanuten mit dem Boot verschmelzen. Vollkommen konzentriert mit heiterem Mut. Manchmal hat Steffi Graf so selig gelacht, wenn eine Vorhand millimetergenau saß ... Dieses selige Gefühl des Meisters ist an der Grenze, nicht im Routinebereich.

3. Instinkttraining!

Ja, klar, natürliche Menschen müssten in Grundzügen vielleicht östliche Kampfsportarten probieren. Oder auch Tanzen?

Der militärische Drill zielt auf schlafwandlerische Beherrschung in Extremsituationen. Beim Pilotentraining wird beispielsweise das so genannte Overlearning praktiziert. Nehmen wir an, jemand hat das, was er lernen soll, einmal perfekt beherrscht. Dann bezeichnet man das weitere wiederholende Lernen danach als Overlearning. „Damit es besser sitzt! Bis du es im Schlaf kannst!" Es scheint so, als sei Overlearning beim reinen Lernen so ein wenig Zeitverschwendung, weil man das, was man sehr lange wiederholt hat, trotzdem wieder ähnlich schnell vergisst, als wenn man es nur normal einmal bis zur Beherrschung lernt. „Overlearning is a poor strategy!", warnen denn auch manche Studien, die sich mit so etwas wie Wissensaneignung befassen.

Bei Kämpfern, Sportlern oder Piloten aber geht es nicht um das Hineinklopfen von Wissen, sondern um das Hineintrainieren des Könnens in den Körper. Der Schwung beim Golf, der Aufschlag beim Tennis, die Reaktionen des Piloten bei Gefahr müssen wieder und wieder trainiert werden. Es geht dabei überhaupt nicht so sehr um das richtige Reagieren, sondern um das Meisterhafte. Der Schwung oder der Aufschlag müssen auch dann perfekt sein, wenn ein Zuschauer brüllt oder wenn gerade der Gegner stark ist. Der Pilot muss das normale Navigieren traumhaft beherrschen, wenn er sich dann auf die veränderten Bedingungen einer Notlage einstellen muss. Kämpfen in Vietnam oder auf dem Truppenparcour sind verschiedene Dinge. Es geht darum, in allen Situationen den berühmten klaren Kopf zu behalten. Nur dann ist der Kopf so frei, dass er unter Widrigkeiten und bei Unvorhergesehenem immer noch perfekt reagiert. Klarer Kopf? Nein – im Grunde sollte der Körper nicht verkrampfen.

Der Körper muss blitzschnell reagieren können, zu Entscheidungen fähig sein und nicht unentschieden zittern. Er darf bei Not nicht erschrecken und muss weiterhin zu hoher Leistung fähig sein. Nicht so: „Nach den beiden frühen Gegentoren wussten wir uns keinen Rat mehr." Warum versuchten sie es nicht mit Weiterspielen? Sie waren verkrampft. „Wir haben noch keine Erfahrung in der Champion's League." Der Körper muss auch unter Druck „performen". Das lässt sich nur üben, üben, üben. Noch einmal: üben, üben, üben.

Ich kann mir schon denken, was Sie jetzt denken: Sie sind *kein* Soldat oder Sportler.
Habe ich Sie erwischt?

Wenn Sie das gedacht haben, dann haben Sie selbst einen Teil des Problems gefunden.

Im wirklichen heutigen Leben spielt der Körper eine überragende Rolle. Das glauben Sie nicht, oder? Das ist ja der Jammer.

Wo?

Zum Beispiel: beim überzeugenden Auftreten, beim Präsentieren, noch mehr beim Verhandeln und vor allem beim Führen.

Ich habe schon in diesem Buch mehrfach und eindringlich geraten, es so zu sehen: *Kommunikation ist vielfach Kampf.* Verhandeln ist Kampf, nicht nur Einigungserzielung. Haben Sie einmal den US-Verteidigungsminister Donald Rumsfeld beim Erzielen von Einigungen beobachtet? Das Präsentieren von Ergebnissen aller Art ist Kampf um Beförderung, Anerkennung, Aufmerksamkeit, Geldbewilligung. Es geht in allen Fällen um überzeugendes Auftreten. Das ist Kampf! So etwa jedenfalls. Mit dieser Sichtweise verstehen Sie jedenfalls die Messungen, dass Zuhörer die Aussagen eines Vortragenden im Wesentlichen nach seiner Körpersprache beurteilen. Sie spüren instinktiv, ob es wichtig ist, was er sagt.

Instinktiv!

Der Redner legt seine Worte in seinen Körper hinein. Der Zuhörer spürt sie wieder heraus!

Es geht gar nicht so sehr um den Inhalt. Wenn der Verhandlungsführer noch so wahre trockene Worte spricht – sie stöhnen und klagen: „Er doziert!"

Professoren, besonders die Mathematiker wie ich, legen ja nur die reine Wahrheit dar, die keinen Schmuck verträgt und erst recht keine Körpersprache oder Überzeugungskraft benötigt, so denkt man. Und dann sagen die Zuhörer: „Er doziert!" Die anderen wahren Menschen sind die Liebenden, die Pfarrer, die predigen das Gute im Menschen und den Glauben an Gott. Und sie sind im Besitze des wahren Glaubens, der keinen Schmuck braucht und erst recht keine Körpersprache. Aber die Zuhörer sagen: „Er predigt!" Und wenn Zuhörer finden, jemand doziere oder predige, dann hören sie nicht mehr zu. Wahrheit und Glauben hin und her!

Manager kommen oft und verkünden, jeder Mitarbeiter habe nun die neue Regel zu befolgen. Da schauen die Mitarbeiter ihn an und spüren: „Er hat sich etwas Neues ausgedacht!" Oder: „Er stellt nur einen doofen Befehl von oben durch." Bei Managern fühlen die Mitarbeiter in ihrem Körper, ob es Ernst ist. Ist da ein Wille in diesem Körper, der neue Regeln verkündet? Wenn kein Wille spürbar ist, sagen die Zuhörer: „Ja, ja."

Zuhörer wollen, dass die Wichtigkeit irgendwo im Körper des Sprechenden zu spüren ist. Im Herzen, in der Stimme, in den Augen, in der Haltung, besonders: in der Ausstrahlung.

Und? Wer lehrt uns das?

Wir bekommen im Leben Myriaden von Kommatafehlsetzungen angekreidet, aber niemand kommentiert auch nur, wie wir als instinktive Körper wirken. Sie sagen uns allenfalls, so nicht und dies nicht. Aber wir werden nicht geschult, sicher aufzutreten. Wir bekommen keine Instinktschulung. Was aber sitzt im Körper?

Mut, Tapferkeit, Adel, Zuversicht, Siegessicherheit, Stärke, Kraft, ...

Ein Mathematikprofessor wie ich ... lassen wir das. Sie verstehen schon. Wir alle brauchen eine Erziehung des Körpers und des Instinktes. „Kampfsportausbildung" für alle in Kommunikation! Wahre Menschen meinen oft, dass sie das nicht brauchen. Schlimm genug. Aber natürliche Menschen ohne Instinktausbildung vernachlässigen ihre ureigene Stärke, nämlich die Kraft ihres Lebensgeistes. Natürliche Menschen ohne Lehre bei einem „Ritter" – was sollen die denn werden? Werden sie Macht, Erfolg, Liebe gewinnen? Werden Sie je Alpha-Seelen, die dann Schutz, Initiative oder Liebe ausstrahlen und als Quelle verströmen? Wie denn?

Wenn jemand die Wichtigkeit seines Anliegens im Körper spüren lässt, dann sagen wir: „Authentisch!" Und sonst überlegen wir, ob wir überhaupt mit ihm rechnen müssen – er *selbst* geht uns ja gar nichts an. Seine Botschaft war's, kein Mensch.

4. Instinktives Spüren des Höchsten im Körper

Für das Körperlernen ist es unerlässlich, ideale oder perfekte Beispiele im eigenen Körper zu spüren. Damit meine ich zweierlei: Erstens muss das Beispiel perfekt sein und zweitens muss es gespürt werden können, mit Ehrfurcht, Demut und Bewunderung – mit Sehnsucht, ihm nachzueifern. Nicht jeder Künstler erschauert beim Anblick von Picasso. Aber er mag unter dem Eindruck Chagalls zum Schöpfer werden. Nicht jeder Knappe wird Lancelot lieben, aber vielleicht Artus?

Ich finde, ich muss das jetzt noch einmal sagen: Das Höchste muss da sein und es muss vom Körper aufgenommen werden – mit ehrfürchtigem Schauer oder reiner Begeisterung, wie man es nennen mag.

Wollen Sie das als Erkenntnis in Ihren Körper nehmen?

Dann verstehen Sie auch, warum ein natürlicher Mensch mit manchen Lehrern in der Schule klarkommt und mit anderen nicht. Manche akzeptiert er als Führer, andere eben nicht. Stellen Sie sich auf den Kopf! Predigen Sie dem natürlichen Menschen Pflicht! Das ist eine Ansprache für richtige Menschen, die diese aber nicht brauchen, weil richtige Menschen *jedem* Lehrer gehorchen.

Dann verstehen Sie auch, warum ein natürlicher Mensch manche Manager als Chef gut findet und unter ihnen schuftet und schafft, andere aber als Schlappschwänze und feige Hunde verachtet und gegen sie wütet. Gute Manager schaffen es, im Körper von natürlichen Menschen als Autorität gespürt zu werden. Andere nicht. Dann gibt es Stress.

Die richtigen Menschen kennen die Hierarchie. Wer oben ist, befiehlt. Wer unten ist, gehorcht und dient treu. Natürliche Menschen erkennen Hierarchien nicht wirklich an, wenn sie nicht Ergebnis eines fairen Rangordnungskampfes sind. Insbesondere spüren Natürliche in den Führern nach, ob sie Vorbild sein können. Wenn sie nicht Vorbild sind, verachten sie sie. Warum sollten sie jemanden über sich anerkennen, der nicht fähig ist? Ein Knappe wird nur so gut werden können wie sein Ritter. Deshalb soll der Knappe zum Ritter passen. Der Lernende zum Trainer. Der Schüler zum Lehrer.

So viel zum Spüren im Körper.

Was aber soll im Körper gespürt werden? Das, was dort Resonanz erzeugt – aber es sollte dann etwas „Höchstes" sein. Viele Musiker, Schauspieler, Soldaten, Piloten, Chirurgen sind natürliche Menschen. Musiker werden sich Aufführungen anschauen, Aufnahmen zu Hause viele Male anhören und das Höchste in ihren Körper lassen. Schauspieler werden die Kunst der Größten in großen Theatern von deren Lippen trinken. Angehende Chirurgen werden bei den Meistern assistieren. Juniorberater in einer Firma werden die Starberater unterstützen und bei ihnen das Handwerk lernen. Managementaspiranten werden als Assistenten bei bewunderten Führern beginnen. Alles andere ist zweitklassig. Musiker oder Schauspieler haben fast ein wenig Überglück, nicht wahr? Sie können die Meister wenigstens einmal sehen. Junge Ärzte sollten es schaffen können, eine Operation des Meisters zu verfolgen. Die Führer sind da oft unerreichbar, besonders in der heute völlig verzehrenden Zeit. Wo aber kann das angehende Supertalent das Verhandeln lernen? Das Verkaufen? Es ist gar nicht so einfach, das Höchste überhaupt einmal sehen zu dürfen.

Deshalb sind natürliche Menschen, die ganz nach oben kommen, oft Selfmademen oder Autodidakten! Sehr viele sind das! Deshalb sind Machtmenschen oft Emporkömmlinge. Sie sind Spätentwickler, versuchen sich unten im Kampf und siegen sich nach oben. Ausbildung? Wo hätten sie eine (bessere) bekommen? Sieht unsere Gesellschaft das vor? Unsere richtige Erziehung steckt die armen natürlichen Talente in Verkaufsschulungen, in denen man ganze Aktenordner voller Tricks und List mitnehmen kann, und dabei sollten diese Neulinge nur einmal einen Meister in Aktion sehen dürfen.

Natürliche Menschen gehen in die Lehre! Bei einem Menschen, nicht bei einem Handbuch oder einem Lehrer, sondern bei einem Meister. Leider verstehen das nur Handwerker. Richtige Akademiker meinen, sich von Skripten, Loseblattsammlungen und Repetitorien führen lassen zu können.

Ich gebe Ihnen einmal ein politisch unkorrektes Beispiel, damit Sie doch ein wenig stärker im Körper spüren, wo das Problem liegt. Wo, bitte, lernen wir Liebe?

Die körperliche Liebe, die uns wirklich erfüllen, aufbauen und beseligen soll, müssen wir uns leider allesamt als Autodidakten beibringen. Das ist noch gar nicht das Schlimme! Aber wir sehen schrecklich gespielten, absolut unauthentischen Sex im Fernsehen und anderswo, der nur noch zum Aufstöhnen ist. Nichts – aber auch nichts ist daran echt oder als „Lehrgang" brauchbar. Umfragen bei Jugendlichen zeigten, dass sie sich bei den ersten Verkehrsmaßnahmen so benehmen wie im Fernsehen: Es geht ihnen dabei nicht vorrangig um das Erleben eigener Lust und um das Erfahren der Liebe, sondern um das günstige Drapieren aknefreier Hautzonen, um dem Nebenüber Eindruck zu machen. Reiner Beta-Sex. Die Situation wird *bewältigt*, nicht genossen. Kein Training, kein Üben, kein Fragen nach dem Höchsten, sondern Performance von Unfähigen. Je unwirklicher der sexuelle TV-Stellungskrieg wird, umso perfekter die tummelnden Superbodies, desto armseliger wirkt das um Selbstbewusstsein schwitzende Duo auf der Knut-SC-H-Liege. (Das sagen Studien der Bravo-Erotisierten, nicht ich!) Guter natürlicher Sex ist ein exzellentes Beispiel für dieses Kapitel: Man lernt ihn eigentlich nur bei einem Partner, den man körperlich wohlig spüren kann – und nur dann, wenn man ihn irgendwann mit irgendeinem Partner (zusammen) erlernen kann. Das ist doch ganz natürlich?! Aber diese Gesellschaft tabuisiert und verfremdet solches Höchste so sehr, dass man es nicht einmal jemals zu sehen bekommt – und noch schlimmer, sie hält das, was im Film zu sehen ist, für das Höchste und orientiert sich daran: Hochleistungssex der schlimmsten Beta-Sorte. Und da werden bald die jungen Menschen heimkommen und denken: „Ich hatte heute so viel Stress, so viel Ärger, jetzt tue ich mir nicht auch noch Sex an. Keine Probleme mehr, heute nicht."

Im selben Sinne: Wo haben wir je die Möglichkeit, vollkommene Machtausübung zu beobachten, um zu lernen? Wer bringt unserem Instinktsystem je bei, wie Erfolg riecht? Machtinstinkt und Erfolgssinn sind fest im Körper verankert, jedenfalls bei den Meistern. Das wird praktisch verschwiegen, obwohl es klar ist. Die richtigen Menschen sagen, Erfolg sei für den, der am meisten Punkte sammle. Und dann sammeln sie Punkte, einen nach dem anderen, aber sie bilden nicht ihren körperlichen Sinn dafür. Das kann man wohl nur durch das Dabeisein. Oder eben durch autodidaktische Kraftakte.

Und ich sage also: Das Natürliche muss durch Meister gelehrt werden. Es muss erfahrbar werden von Menschen, die das Höchste in natürlicher Weise repräsentieren.

5. Lebendige Vorbilder: Mutter, Vater, Vorbilder, Götter und Archetypen

Am besten wäre es, man könnte Vater oder Mutter im Körper als Vorbild spüren. Das kommt wahrscheinlich nicht so oft vor, weil Eltern ihre eventuellen natürlichen Kinder eben eher klein halten wollen, als ihnen ein Vorbild zu sein.
Da suchen sich die natürlichen Kinder welche in der weiten Welt.
Viele der hochbegabten Studenten, die ich für die Studienstiftung des deutschen Volkes begutachte, berichten, dass ein plötzlich ins Dasein tretend Vorbild ihre Lebensbahn bestimmt habe.

Da trat ein Mensch in ihr Leben, dem sie nacheifern wollten. (Wahre Menschen berichten oft von einer Art Erweckungserlebnis oder von der ersten Begegnung mit einer faszinierenden Idee, andere von einer Gemeinschaft, der sie sich anschließen wollten. Richtige Menschen suchen einen sicheren Hafen, ein Heim, eine neue Heimat, eine Perspektive.)

Natürliche Menschen suchen ein Vorbild, das ihnen eine Einheit ihres Seismographensystems nachbildungswürdig vorführen kann. Das Vorbild ist eine Art Ziel für die Organisation ihres Körpers und Lebens. Richtige Menschen sprechen oft von einem Muster, einem „shining example", einem leuchtenden Vorbild. Sie sagen: „Erringe so viel Punkte wie dieser da!" Sie messen an ihm das Mögliche. Natürliche Menschen messen nicht, sie müssen ihr Instinktsystem vollenden, was nicht so einfach ist, wenn es unsere Gesellschaft nicht lehrt. Sie brauchen eher, was wir bei IBM „role model" nennen, also ein Vorbild, das spürbar als Mensch die

Zielvorstellung des eigenen Seins verkörpert. Ich bemühe mich gerade, mindestens allen „top talents" bei IBM nahe zu legen, sich einen lebendigen leibhaftigen Coach oder Mentor zu suchen, in dem sie sich wieder finden und neu definieren können.

Es ist nicht so gut, sich nur über Archetypen selbst vorzustellen. „Ich werde Polizist oder Baggerfahrer." – „Ich will Kinder bekommen." – „Ich möchte Schauspielerin werden." – „Ich möchte wie Eminem sein oder zu Real Madrid, vielleicht sogar zu Bayern München." Natürliche Menschen brauchen immer wieder lebendige Vorbilder. Nicht einfach Abklatschidole aus der Boulevardpresse.

Wo aber finden wir unsere Vorbilder? Bei IBM teilen wir sie nach Möglichkeit sorgfältig zu, wenn junge Mitarbeiter nach Orientierung suchen. Das ist schon schwer genug, weil meine Firma als „richtiges" Gebilde eher meint, man müsse einfach jedem jungen Mitarbeiter einen älteren zuordnen. Das ist aber nur die richtige Hälfte der Medaille. Ich wiederhole also noch einmal: Das Vorbild muss im Körper des Natürlichen positiv spürbar sein und ein Verlangen nach Umorientierung und dem Wachsen daran erwecken. Bei richtigen Menschen mag die Zuordnung allein genügen. „Hallo, Sie sind mir als Mentor zugeteilt worden. Was soll ich tun?" – „Ich habe Sie schon erwartet, wir gehen einmal alle Punkte durch, die wir laut Handbuch abhaken müssen." Bei Natürlichen funktioniert das nicht. Sie müssen stolz auf ihren Coach sein können. Sie brauchen keinen neuen Vorgesetzten, sondern eben ein Vorbild, einen „Mini-Gott" für diese Welt.

Wenn sie weit vorankommen, bekommen sie am besten immer neue Vorbilder, so weit es sie trägt! So, wie der Handwerksgeselle der alten Tage sagte: „Meister, ich lernte viel und danke. Gebt mir nun meinen Lohn, auf dass ich weiter ziehe." Richtige Menschen lieben es, in einer Firma bis zum Ende ihre Heimat zu haben. Natürliche Menschen müssen wohl mehr wechseln und viel mehr spüren als nur ein einziges Mögliches. Sie zieht es immer wieder über die Grenzen ihres Seins, über das Limit. Es ist nicht das Mehrverdienen oder die Karriere, die sie zieht, sondern die innere Bereicherung im Alpha-Sinne.

Solange die natürlichen Kinder und Menschen positive Vorbilder haben und also dorthin streben, so lange werden sie nicht ihre Lebensfreude und ihren Lebensgeist in Abwehraggressionen umwenden und in Beta-Schlachten um Pseudosinn enden. Es geht um das innere Aufblühen zum „Helden", nicht um das Beta-Streben nach Macht, zählbarem Erfolg zum Imponieren oder um Lust. Das wäre alles Beta und im Banne der Dark Forces. Aufblühen! Nicht: Hinterherjagen!

6. Flow und Einssein mit dem Lebensgeist: „Im Element!"

Höchstes natürliches Leben ist wie „Volle Kraft voraus!", wie „… three, two, one, zeroooo!" Die helle Seite der Macht oder die helle Energie konzentriert sich hingebend auf eine Mission.

Ich habe das schon in *Omnisophie* geschrieben!

Mihaly Csikszentmihalyi beschrieb das Glück des natürlichen Menschen in einigen bemerkenswerten Büchern über den Flow. Er beschrieb natürlich das Glück schlechthin, aber ich finde, seine Beschreibung des Glücks gilt allein für den natürlichen Menschen. Ich begründete das in *Omnisophie*. Ich wiederhole hier einige Sätze aus *Omnisophie*:

Flow-Zustände stellen sich ein, wenn der Mensch frei über seine Aufmerksamkeitssteuerung herrscht und frei über sie verfügt. (Wie aber kann man die Seismographen steuern?) In diesen Momenten ist der Mensch absoluter Herrscher über die Verteilung seiner psychischen Energie. Mihaly Csikszentmihalyi nennt acht typische Erscheinungen, die im Zusammenhang mit Freude auftauchen: Eine Aufgabe, der man sich gewachsen fühlt. Konzentration. Klares Ziel. Unmittelbare Rückmeldung über Erfolg. Tiefe, mühelose Hingabe. Gefühl, die Kontrolle zu haben. Verschwinden von Sorge und Selbst. Zeitgefühle verschwinden.

Dann sagt der Mensch: „Das hat Spaß gemacht." Csikszentmihalyi entwickelt das Konzept der autotelischen Persönlichkeit (autos wie griechisch Selbst, telos wie Ziel). Sie meidet unbedingt das Exotelische, also das Handeln aus „anderen" Gründen. („Ich muss unbedingt heute noch vier Operationen mehr schaffen, damit ich für die Zeit von Weihnachten bis Silvester etwas vorarbeite.") Die autotelische Persönlichkeit entwickelt sich am besten unter Klarheit, Konzentration der Wahrnehmung auf das Nicht-Exotelische, in Freiheit der Wahl, unter Vertrauen auf die Fähigkeit und unter Herausforderungen. Mihaly Csikszentmihalyi schreibt kurz über Joga („verbinden") und betont gemeinsame Aspekte von Joga und Flow. Im Joga geht der Schüler durch acht Stadien. Er beginnt mit moralischer Vorbereitung (yama) und schreitet zum Gehorsam (niyama) fort. Er übt, Körperhaltungen über längere Zeit ohne Anspannung durchzuhalten (asana), erstrebt Atemkontrolle (pranayama) und versteht es, seine Aufmerksamkeit so zu steuern, dass er Herr über das ist, was ins Bewusstsein darf. Es folgt das Festhalten der Aufmerksamkeit über lange Zeit auf einen Punkt (dharna). Er lernt, unter höchster Konzentration das Selbst zu vergessen (dhyana) und kommt später in einen letzten Zustand von Einssein (samadhi).

Es geht also um Techniken, wie Menschen ihr Aufmerksamkeitssystem, also ihre Seismographen, beherrschen, lenken oder managen. Es ist ein Spezifikum des natürlichen Menschen, die Aufmerksamkeit zu konzentrieren und zu lenken und dem reinen, ganz ungeteilten Willen auf ein einziges Ziel hin auszurichten. Der Mensch wird wie ein Pfeil, ein „Silverbullet". Er ist ganz volle Kraft voraus, eins mit der Bewegung. Außer der Bewegung ist nichts. Kein Selbst und keine Zeit.

So schrieb ich unter anderem in *Omnisophie*. Und mit den neuen Begriffen hier können wir sagen: Der natürliche Mensch will Einssein des ganzen wohlgestalteten Körpers mit dem Ziel. Er will sich im Element fühlen und „nichts aus anderen Gründen tun" müssen: Nur Alpha, nie Beta. Das wäre wie reines Glück für ihn.

7. Verantwortung, Selbstdisziplin (Maß) und Großherzigkeit

„Vater werden ist nicht schwer, Vater sein dagegen sehr."

Wir lächeln über ein gewisses Missverhältnis im Aufwand. Aber dieser Satz stimmt auch für Manager, Bundestagsabgeordnete oder Ärzte. Es ist ziemlich schwer, Manager oder Arzt zu werden, Bundeskanzler gar, aber es ist noch viel schwerer, ein guter Vertreter dieses Fachs zu sein. Zählen Sie durch: Wie viele Abgeordnete sind gute Politiker? Wie viele Ärzte Lichtblicke ihres Metiers?

Auf dem Weg zum Flow und zur Wirksamkeit eines Jedi-Ritters müssen natürliche Menschen gewisse Haupttugenden erwerben.

Manche erwerben sie gerne und wie von allein: Stärke, Tapferkeit, Ausdauer, Cleverness, Mut und so weiter. Ich zählte sie bereits auf. Solche Tugenden braucht auch der Beta-Natürliche, um seinen Pseudosinn einzusammeln: Macht, Lust, Freude, Erfolg, Reichtum.

Wie aber geht er den Weg des Jedi, des mahâpurusha cakravartin, Richard Löwenherz oder Ivanhoe? Dazu muss er eine autotelische Persönlichkeit werden, die den Weg geht (Tao), ohne die Absicht, aus anderen Gründen (also in der Regel selbstsüchtigen) zu handeln.

Um ein wenig konkreter zu werden: Der natürliche Mensch muss Verantwortung übernehmen, Selbstdisziplin und Maß erwerben und ein großes Herz entfalten.

Ich glaube – ich kann das so stehen lassen, oder? Wenn wir natürliche Kinder erziehen, ärgern wir uns in der Regel über einen gewissen direkten, naiven Egoismus, eine Unbekümmertheit, sich bei Tisch das größte Stück zu nehmen. Natürliche Kinder sind oft laut und vorlaut – *unbeherrscht* nennt es der richtige Mensch. Natürliche Kinder nehmen naiv an, dass jeder schon für sich selbst sorgt – und drängeln eben an der Bushaltestelle – *rücksichtslos* und herzlos nennt es der richtige Mensch.

Die normale Erziehung unserer von richtigen Menschen dominierten Gesellschaft bringt den natürlichen Kindern die guten Sitten bei. Sie zwingt Natürliche in einen Verhaltenskodex, mit dem sie leben kann.

- Ein natürliches Kind soll Verantwortung übernehmen: Man gibt ihm eine Pflicht.
- Es soll Maß halten: Man verbietet Unmaß und straft es schrecklich.
- Es soll Selbstdisziplin erwerben: Man bringt ihm Disziplin über Gehorsam bei.
- Es soll großherzig werden: Man fordert eiserne Rücksichtnahme.

Im Kern: Niemand hegt es, damit es aufblüht und die Tugenden entwickelt, sondern man grenzt es grausam ein, damit es in den verbleibenden Grenzen fast aussieht wie gewünscht. Erzwungenes Maß sieht aus wie Maß. Rigorose zwanghafte Rücksichtnahme sieht aus wie „Güte". Pflichterfüllung erscheint wie Verantwortlichkeit. Dieses Aufgezwungene ist aber „Handeln aus anderen Gründen", also exotelisch und „Beta".

Wie aber bringen wir einem natürlichen Menschen bei, autotelisch zu werden? Wie bringen wir in das Kind Verantwortung, Maß und ein großes Herz? Wie wird es autotelisch, also eben auch selbstbestimmt? Wie bewältigen wir diesen Spagat?

Erwarten Sie jetzt nicht, dass ich ein Rezeptbuch zücke und Ihnen eine Art Diätprogramm präsentiere wie „Maß in 30 Tagen". Ich fürchte, bei natürlichen Kindern dauert es ziemlich lange. Es gibt eine Durststrecke für Erzieher, denke ich, weil Natürliche immer doch auch Kind bleiben und das Erwachsene mit Überreglement assoziieren.

Ich kenne aber – das glaube ich gewiss – die „einfache" Lösung des Problems!

„Leben Sie als Vorbild eines Jedi und seien Sie engelsgeduldig – es dauert länger."

Das sagen übrigens eine Menge Erziehungsbücher. Kinder lernen nirgends so schnell wie von verehrten Vorbildern. Das gilt für natürliche Kinder ganz besonders, weil sie ein voll funktionsfähiges Referenzsystem für ihre Seismographen körperlich erleben müssen. Also, auf! Eltern! Es tut Ihnen ganz gut, Vorbild zu sein! Zeigen Sie Verantwortung, Maß und Großherzigkeit! (Und nicht schummeln und Beta-Tugenden vorspielen!) Trainieren Sie das Instinktsystem Ihres Kindes!

Da sagen die Eltern: „Wir können nicht alles leisten."

Warum wollen Sie das dann von Ihrem Kind?

8. Gott gibt natürliche Energie – von innen!

Ja, es wird länger dauern.

Wenn wir den Körper züchtigen, schlagen, beschimpfen, einsperren oder in Angst halten, dann ändert er sich sehr, sehr schnell. Im Nu und fast auf den ersten Versuch passt er sich auch physiologisch den Bedingungen an.

Dagegen dauert es sehr lange, dass ein Körper zu einer autotelischen Persönlichkeit heranblüht.

Der Jammer ist, dass wir es nicht abwarten können, bis die Blüte kommt.

Wir sollten sie uns vorstellen, wie sie am Ende wären: Die natürlichen Kinder, die sich wie die Könige entfaltet haben und nun eine sonnenhelle Ausstrahlung verbreiten! Kraft – keine Aggression! Initiative für die Gemeinschaft – keine Erfolgsgier! Strahlende Freude für alle – keine Sucht nach Erleben! Charisma braucht vor allem Vorbilder, Training an den Grenzen der Instinkte und Geduld.

Dann strahlt es wie ein Gott von innen heraus.

Da horcht das Kind ehrfürchtig friedvoll in sich hinein: „Ich fühle mich überströmend wie ein Gott."

Das ist sternenweit entfernt von dem gewöhnlichen natürlichen Kind. Das sagt: „Ich *bin* Gott. Erkennt es an."

9. Zum Körper passende Systeme!

Die heutigen Systeme passen nicht zum Körper. Ich muss das hier sicher nicht exzessiv wiederholen? Der Körper wird ja in Schablonen und Geschäftsprozesse gepresst, in Notwendigkeiten und Pflichten. Er wird durch Sport ertüchtigt und in Schuss gehalten.
Wer aber wartet auf das Erblühen?
Wer trainiert ihn an den Grenzen?
Wer lehrt ihn, Grenzen immer wieder zu überwinden?
Wer fordert ihn ständig und zeigt ihm höchste Vorbilder?
Wer ehrt heute noch Mut oder Tapferkeit bei Kindern?

Wir brauchen Systeme, die die aktive *Wohlgestaltung* des natürlichen Menschen betreiben. Bisher spezialisieren sie sich auf das *Wohlverhalten*.

Ich sehe nicht, wo in unserer Gesellschaft die natürliche Alpha-Seele ein explizites Thema wäre. Ich sehe dagegen überall, wie die Gesellschaft gegen die selbst gezüchtete Beta-Seele des Natürlichen rigoros vorgeht: gegen Aggression, Gier, Sucht, Narzissmus und Prahlerei oder Egoismus im weiteren Sinne.

Diese Effekte sind die Wunden, die das System in der Aufzucht der Natürlichen riss. Dagegen gibt es Pflaster, damit es oberflächlich ruhig ist.

Wir erleben in der heutigen Zeit eine immer stärkere Reglementierung im Sinne eines exzessiv richtigen Lebens. Die Schule bewegt sich im Klausur-Rhythmus. Wer nicht gehorcht, verliert Punkte und die Chance auf einen späteren Arbeitsplatz. Die natürlichen Menschen werden unter dem stärkeren Zwang aggressiver und süchtiger. Die Gewalt gegen Schulen und Erzieher nimmt zu.

Diese reagieren immer gleich: mit Freiheitsentzug und Regelverschärfung ...

Dieses Phänomen habe ich in diesem Buch ausführlich beschrieben. Es ist eine Abwärtseskalation im Verhältnis der natürlichen Kinder zu den Erziehungsinstitutionen.

Das Patentrezept ist damit ebenfalls schon genannt worden: *Deeskalation*.

Die Systeme müssen für natürliche Menschen so weitherzig gestaltet werden, dass sie eben nicht weglaufen („raus aus der Sch...schule") und auch nicht dagegen kämpfen oder sich unter Schummeln und Tricks durchmogeln.

Konkret hieße es, mehr Toleranzen und Spielräume in die Systeme zu bauen. Ich meine *nicht*: Toleranz. Das ist ein Lieblingsbegriff der wahren Menschen. Dazu komme ich noch. Nein, die starren richtigen Systeme müssen ein paar Toleranzen vorsehen, also nicht so stringent und gewalttätig auf natürliche Kinder wirken. Natürliche Kinder gehen an Grenzen, um sie zu überwinden. Also stoßen sie oft an Grenzen. Folglich überschreiten sie oft und auch gerne Grenzen. Wollen wir da stets mit uniformem Ausschluss aus der Gemeinschaft reagieren? Die Gewaltmaßnahmen gegen das Natürliche sind auch nur deshalb nötig – vergessen wir das nicht –, weil wir eben nicht Vorbilder für sie sind! Dann haben wir sie eben tendenziell beschwerlich am Hals, die Aufmüpfigen.

Wenn die Natürlichen über die Stränge schlagen, Grenzen überschreiten, dann muss es eine souveräne Art geben, damit fertig zu werden: eine mit Verantwortung, mit Maß und mit Großherzigkeit.

Wie wollen die Systeme „gegen" natürliche Kinder „funktionieren", wenn sie selbst die Tugend nicht zeigen, die ihnen an den natürlichen Kindern fehlt? Ja, ich weiß. Die Systeme wollen eigentlich nur Einpassung, die würde reichen. Aber so sind die natürlichen Menschen nicht.

Mehr dazu im Buchteil über das Richtige.

10. Ein Meister sein und Lehrlinge beschenken

Vieles kommt also in unserer Gesellschaft darauf an, ob wir es schaffen, wieder der nächsten Generation Vorbild zu sein. Bei IBM nennen wir es „give back". Wir bekommen so vieles, wenn wir jung sind. Unser Sohn Johannes hat lange Zeit Fußball gespielt. Die Trainer haben ihn ehrenamtlich ausgebildet. Irgendwoher kommen nach Siegen Pommes Frites angeflogen. Nie diskutiert jemand Benzingeld oder Autoabschreibungen. Anne nahm an „Jugend musiziert" teil. Niemand hat Bärbel dal Col dafür bezahlt, dass sie Anne neben der offiziellen Musikschulzeit darauf vorbereitete. Sie hat für Annes Flötentrio extra neue Kompositionen geschrieben, die zum Stil von Anne, Jana und Kathrin passten. Sie spielten hoch motiviert ein Stück mit ihrem eigenen Namen. Viele Lehrer kümmern sich um Theater-AGs und Feriencamps. Professoren ermutigen junge Talente. Mentoren beraten junge IBMer. Wissen Sie eigentlich noch, wie viel Gutes Ihnen getan wurde? Wie sehr sich jemand um Sie kümmerte? Wie oft man Ihnen liebevoll Gehör schenkte?

Das haben nicht alle für Sie getan, Sie bekamen auch Tritte und böse Worte, Sie hassten und rächten sich. Aber insgesamt hat man auch auf Sie eine Menge Liebevolles niederregnen lassen.

Erinnern Sie sich? Schreiben Sie es einmal auf?

Und nun aber los, wie wir sagen: „Give back!"

Geben Sie das, was Sie empfingen, irgendwem anderen zurück, wie auch immer. Danken Sie nicht dem, der Sie förderte. Das war. Es ist nicht das Vordringliche. Denn jetzt sind *Sie* dran, nicht wahr? Sorgen Sie dafür, dass Sie fördern, trainieren, helfen, Cola und Eis kaufen. Sorgen Sie für Sonnenstrahlenblicke und für eine dahinfliegende Zeit, in der niemand daran denkt, Ihnen zu danken.

Seien Sie Förderer anderer, seien Sie Jedi für kleine Knappen.

Seien Sie Alpha-Quelle. Strömen Sie über.

Sagen Sie nicht, Sie hätten keine Zeit oder würden nicht dafür bezahlt – und denken Sie nie, das System sei dafür zuständig! Das ist gerade die Finsternis unserer Zeit! Alles wird Beta.

Teil 4
Das richtige Seismographensystem

XV. Die richtige Machina:
„Mein Platz im System ist das Ziel!"

1. „Wer nicht hört, muss fühlen!" – Fehloperation am braven Körper

Die natürlichen Kinder werden ziemlich gewaltsam auf Normalkurs gezwungen. Dadurch werden die richtigen Kinder in vieler Weise schwer geschädigt.

Wenn nämlich die Erziehung zum Ziel hat, alle Kinder zu braven Kindern zu erziehen, also zu „richtigen", dann muss sie im Verhältnis viel mehr Gewalt aufwenden, als wenn sie nur richtige Kinder zu erziehen hätte.

Wenn wir nur richtige Kinder zu erziehen hätten, keine sonst – ja, dann wären diese Kinder ja schon von sich aus relativ brav und „kooperativ". Sie würden ohne weiteres den Erziehungsmaßnahmen folgen und unermüdlich gutes Benehmen und höfliches Auftreten erlernen und exerzieren. Leider aber sind eben die natürlichen Kinder nicht kooperativ und deshalb wird die Erziehung härter gehandhabt, als sie für richtige Kinder *allein* nötig wäre. Folglich ist die Erziehung der richtigen Kinder zu hart. Überall sehen nun brave Kinder Verbotsschilder, die für sie gar nicht nötig wären!

Wenn zum Beispiel ein braver Mensch nach 15 Jahren Fahrpraxis gerade *einmal* vergisst, im Dorf höchstens Tempo 30 zu fahren, dann wird er hart bestraft. Das Strafmaß ist dasselbe wie für einen notorischen Routinesünder. Nach normalem Rechtsempfinden könnten wir den braven Menschen einfach laufen lassen, oder? Aber nein, er wird bestraft, weil alle Menschen gleich behandelt werden müssen. Eine Strafe ist für einen braven Menschen ein furchtbares Ereignis, weil sie sein Selbstverständnis trifft. Der natürliche Mensch ärgert sich, wie er erwischt werden konnte. „Mist!" Der richtige Mensch ist nun mit einem Makel behaftet und nach 15 Jahren Reinheit wie die meisten Sünder ebenfalls „bestraft". Er schluckt traurig. Er hat einen schrecklichen Fehler begangen. Dieser Fehler zuckt nun in seinem Seismographensystem, in seinem Körper. Es ist *passiert*. Nie wieder wird er sich reinwaschen können. Er schweigt erschrocken oder bittet jeden ihm zu verzeihen: „Kannst du dir das vorstellen, dass mir *das* passiert ist? Ich stehe noch unter Schock. Ich kann es mir nur so erklären, dass meine Schwester in zwei Wochen den dreißigsten Geburtstag feiert, und als ich das Schild sah, das mit der 30 darauf, da dachte ich, was ich ihr noch zusätzlich zu dem teuren Geschenk als Freude machen könnte. Ich war ganz voller Liebe zu meiner Schwester und da habe ich einen kleinen kurzen Moment nicht auf die Straße geachtet, wie es sich nun einmal gehört. Ich weiß das. Aber im Grunde kann ich mich gar nicht so schuldig fühlen, weil ich ja von Liebe durchdrungen war. Ich bin nur so erschrocken, dass mir der Polizist das nicht geglaubt hat. Er grinste frech und meinte, er kenne bessere Ausreden als meine. Ich habe mir 15 Jahre nichts zuschulden kommen lassen und muss mir das sagen lassen. Ich muss mir das bestimmt *nicht* sagen lassen. Aber in diesem Staat wird jeder gleich wie ein Verbrecher behandelt. Ich bin doch nicht einer von diesen Rasern, die heute schon fast die ganze Menschheit ausmachen. Ich verstehe nicht, wie mich der Staat in einem Atemzug mit Rasern, Mördern und Rauschtätern nennt. Denkt denn die Polizei, dass ich lüge? Bestimmt denkt sie das …, wenn alle Menschen vernünftig fahren würden, brauchten wir keine Polizei."

Das war *die* paradigmatische Äußerung dazu.
Wenn ein richtiger Mensch bestraft wird, geht er seelisch auf Grund, weil ihn die Polizei fälschlicherweise für einen natürlichen Menschen hielt. Die Polizei, so denkt der brave Mensch, ist von den richtigen Menschen eingesetzt worden, um die natürlichen, delinquenten Mitmenschen wirksam unter Kontrolle zu bringen. Für ihn selbst ist die Polizei natürlich nicht zuständig. Er *ist* ja schon brav! Die Polizei schützt das Gemeinwesen der richtigen Menschen vor *Verbrechern!*

Deshalb fühlt sich der *bestrafte* richtige Mensch wie ein zu Unrecht verurteilter Verbrecher. Zu größtem Unrecht! Er ist nämlich nur deshalb erwischt worden, weil er ein *Versehen* beging. Natürliche Menschen, so nimmt er an, brechen die Regeln absichtlich oder rücksichtslos und riskieren bewusst, erwischt zu werden. Ihnen geschähe nur Recht, wenn man sie ohne jede Ausnahme erwischte! Immer wieder! Er selbst aber erleidet offenbares Unrecht. Und jetzt, wo er erwischt wurde, fühlt er sich *abgestempelt*. Er hat das Kainsmal auf der Stirn! Was werden jetzt die Nachbarn sagen? Die Kollegen? Die Mitmenschen? Er wird in einen Topf mit *jenen* geworfen werden.

Gibt es das in der Psychologie? Überkonditionierung?

2. Überkonditionierung

Wenn ein lauter Gong ertönt, läuft dem Pawlow-Hund das Wasser im Mund zusammen, weil er jetzt aus Erfahrung weiß, dass es Fleischpulver gibt.
   Das ist klar. Aber: Wir könnten den Hund ja auch *verhauen,* wenn ein Gong ertönt. Gong! Wir warten nun 10 Minuten, dann fallen wir über ihn her und verdreschen ihn. Was wird der Hund tun? Er ist nicht so intelligent wie Menschen, die laute Musik über Kopfhörer anstellen würden, damit sie den Gong nicht hören können. Er wird unten zitternd sitzen und den Gong beobachten. Er wird jeden Gong in seinem Leben meiden und weglaufen, wenn er einen hört. Denn nach 10 Minuten wird er ja wohl verdroschen.

Schaudern Sie nicht – so ist unser eigenes Leben. Wenn der schwer alkoholisierte Vater böse nach Hause kommt, verkriechen sich alle anderen. Wenn der Chef ins Großraumbüro tritt, breitet sich Schweigen aus. Alle machen sich unsichtbar. Die Angst des Hundes vor dem Gong. Kennen Sie dieses nagende Gefühl, wenn Sie aus dem Fenster schauen und dort leise ausrollend ein Polizeiauto hält? Wenn Sie im damaligen Ostblock an der Grenze untersucht wurden? Wenn Sie die Schule mit dem Gefühl betraten, eine unangekündigte Klassenarbeit sei fällig?

Wir reagieren nicht nur auf Befehle und Signale, auf die wir alle konditioniert wurden. *Wir zittern, dass es Signale geben könnte.* „Na, gibt es etwas Neues?" – Darauf antwortete oft eine sehr liebe Seele aus unserem Umkreis am Telefon mit: „Gott sei Dank nicht." Und wir? „War heute schon der Chef da?" – „Gott sei Dank nicht."

Das Gesellschaftssystem des richtigen Menschen teilt die Welt in Schwarz und Weiß, in erlaubt und verboten, in diesseits und jenseits der Grenzen. Innerhalb der Grenzen ist das Normale, außerhalb das stigmatisierte Unnormale, das Verbotene, Verfemte, politisch Inkorrekte, Unerlaubte, Unhöfliche, Unschickliche, Unmoralische, Unsaubere, Verbrecherische. „Das tut man nicht." Der richtige Mensch regelt sein Leben und teilt es ein. Er ordnet es sauber und hierarchisch. Wenn er nicht weiß, was zu tun ist, fragt er den Höheren. „Darf man das?" Methoden und Verfahren bestimmen, in welcher Reihenfolge was zu tun ist. Heute spricht man von „Geschäftsprozessen" oder „Abläufen", auch schon von „Programm" oder „Programmierung". Schritt für Schritt ist alles vorbestimmt. Dazu passt ganz gut der Glaube, dass die Welt von Gott bis ans Ende der Tage vorbestimmt sei und man „gar nichts machen könne". Den natürlichen Menschen würde dies nur im Gefängnis einfallen, vielleicht nicht einmal dort. Sie können sich einen freien Willen vorstellen.

Natürliche Menschen haben stets eine Fülle von Optionen vor Augen, für die sie sich entscheiden können. Sie können den Apfel aus Nachbars Garten stehlen oder auch nicht. Sie können mit der Schlange im Paradies verhandeln oder auch nicht. Der richtige Mensch hat diese Optionen nicht. Es ist alles geregelt.

Leider stimmt das nicht so ganz – es ist nicht *alles* geregelt! Oft gibt es einige Möglichkeiten, etwas zu tun. Diese und jene, wobei alle an irgendeiner Stelle einen erheblichen Nachteil haben. Es gibt in diesem Falle keine perfekte, keine allein richtige Entscheidung. Nun, plötzlich, hat der richtige Mensch einen freien Willen! Aber er stöhnt tief auf:

„Was soll ich bloß tun?"

„Wie ich es auch mache, es bleibt ein Nachteil." Der Nachteil wird ihm später angekreidet. Man wird ihn fragen, warum er ihn in Kauf nahm. Er hat Angst. Es ist die Angst des Hundes vor dem Gong. Der richtige Mensch entscheidet zitternd, dann wartet er wie in der Luft horchend und witternd, wie sie über ihn herfallen und ihn verdreschen werden. Er wird deshalb lieber nichts entscheiden. Er wird zu einem Chef gehen und sich eine Entscheidung befehlen lassen. Soll der Chef entscheiden, wie es sein soll! Er wird sich nicht selbst die Finger verbrennen.

In diesem Sinne ist der richtige Mensch bestrebt, nie in die Nähe einer Verbotsgrenze oder eines Tabus zu kommen. Er hält Sicherheitsabstand. Zur Sicherheit gibt er etwas nach, fährt etwas langsamer, dankt zwei Mal zu viel. Er kommt fünf Minuten zu pünktlich, grüßt Erster, hält Türen auf. Er gießt zu viel Wasser zu den

Blumen, kocht drei Kartoffeln mehr, zieht Pantoffeln an. *Er hütet sich.* Er ist auf der Hut vor den Stromschlägen seiner überkonditionierten Seismographen. Er fürchtet sich ganz generell vor den Warnzuckungen des Körpers.

Die richtige Machina ist so sehr bemüht, nicht getadelt zu werden, keinen Anstoß zu erregen oder nicht aufzufallen, dass alle Seismographen ängstlich lauern, ob Gefahr ist. Der ganze Körper wird auf Gefahrlauern eingestellt. Er geht ganz in dieser Aufgabe auf.

Am Ende ist der richtige Körper nur noch Seismograph. Alles ist angespannt und lauert. Und wenn wir diese Machina fragen: „Etwas Neues?", dann sagt sie froh: „Gott sei Dank nicht." Wenn Menschen überkonditioniert sind, also zu viel Angst vor Grenzen haben, spüren sie nichts Genussvolles, Lebendiges, Frohes in sich. Dafür hat der Körper keine Zeit. Er wacht ja gerade. Wenn aber nichts los ist und wenn kein Alarm geschlagen werden muss, dann fühlt er angespannte Ruhe in sich, die er Zufriedenheit nennt. „Kein Gong in der Nähe." Im Urlaub zum Beispiel.

3. Psychozidversuche erzeugen Angst vor dem Nicht-Normalen

Die Überkonditionierung entsteht, weil das Konditionieren so stark betrieben wird, dass durch diese Stärke auch natürliche Kinder konditioniert werden. Die Zügel werden so eng geführt, dass den natürlichen Kindern dabei der Wille brechen soll. Unter dieser Überdosis wird der richtige Mensch eben stark überkonditioniert. Er spürt im Körper die überharten Grenzen, die eigentlich für die verbissen kämpfenden natürlichen Menschen gelten und zur Sicherheit unter Starkstrom gesetzt wurden.

In der Nähe dieser Grenzen hat der Richtige nun Angst: An Zäunen, beim Stirnrunzeln der Autorität, beim Arzt, beim Rechtsanwalt, in Gegenwart von Lehrern und Polizisten. „Ich musste wegen meines Sohnes ein Gespräch mit seiner Klassenlehrerin führen. Es war entsetzlich. Mir wurde heiß und kalt. Ich fühlte mich wieder *selbst* als Schüler. Ich ließ mir die Verfehlungen meines Sohnes ohne Widerstand um die Ohren hauen, als wären es meine eigenen gewesen. Ich stand innerlich stramm und zeigte echte Reue. Als ich heraus war, fühlte ich den Druck schwinden und merkte erst jetzt, wie stark ich mich unter der Autorität gebeugt hatte." Das hat mir eine Mutter gesagt. Und dann flüsterte sie: „Ich gehe da nie wieder hin." Die Angst des Hundes vor dem Gong. Sie könnte ja sagen, sie wolle sich vor dem nächsten Male wappnen, besser vorbereiten und dereinst *siegen!* Der richtige Mensch aber ist an einen Elektrozaun gestoßen und geht da nie wieder hin. Logik hin oder her. Vernunft hin oder her. Der richtige Mensch hört nicht auf seine erwachsene Vernunft, sondern auf die künstliche, die in seinen Körper gebrannt wurde. Die Kühe und Pferde können locker über den Elektrozaun auf der Weide springen. Sie können ihn umlaufen, es tut kaum weh, wir haben es als Jungen ein paar Mal unabsichtlich geschafft. Ich weiß es. Und wir wunderten uns immer, wie lammfromm sich die schafdummen Kühe einsperren lassen. In Wahrheit fühlen sie sich sicher und geborgen. Kurz vor dem Zaun beginnt die Angst. Sicherheit ist in der Mitte.

Die Richtigen beginnen, alles Normale für heilig zu halten. Das Nicht-Normale, das außerhalb der Schranken des Normalen liegt, bezeichnen sie als unnormal oder abartig. „Mein Kind kann mit 2 Jahren nur 180 Wörter sprechen und nicht 200! Ist es nun nicht normal? Wird es in der Gosse landen?" Wie viel Bier trinkt das Kind bei Parties? Fragen wir es. „Mama, lass doch das Rumbohren!" – „Wie viel!" – „Ein Glas!" – „Du lügst!" – „Mama, lass doch." – „Wie viel!!" – Hoffentlich ist das Kind nicht unnormal! Und dann, bei anderer Sach- und Gemütslage: „Sag mal, warum trinkst du eigentlich mit 17 noch keinen Alkohol? Nicht ein Gläschen Sekt?" – „Nein!" – „Warum nicht?" – „Schmeckt nicht!" – „Sekt schmeckt jedem!" – „Mir nicht!" – „Das ist nicht normal!" Man trinkt eben normal Alkohol. Nicht zu viel, das ist normal. Keinen Alkohol? Auch nicht normal.

In diesem Sinne kommt es darauf an, normal zu sein. Über der unteren Normalgrenze, unter der oberen. Sex ist zum Beispiel auch ziemlich schlimm, aber wenn Sie Ihrer richtigen Mutter verkünden würden, Sie würden nie Sex wollen – oh, dann sind Sie nicht normal! Wenn Sie aber *viel* Sex wollen, sind Sie abartig oder pervers.

Das Überkonditionieren erzeugt also Angst schon weit vor den Grenzen. In der Nähe der Grenzen setzt Stress ein, jenseits der Grenzen Apathie oder Verzweiflung. „Ach, wie konnte mir das passieren!" Freiwillig überquert der Richtige keine gesetzte Grenze. Ihm wird schlecht, wenn er nur daran denkt. Sein ganzer Körper ist zu gutem Teil damit befasst, die Grenzziehungen zu bewachen.

Wenn er sich zu sehr mit dem Lauern vor Grenzen beschäftigt, ist dem Richtigen die Alpha-Seele gestorben. Psychozid – Seelenmord. Die Machina dirigiert ihn im Innern. Vor dem, was draußen ist, macht sie ihm Angst. Draußen sind Schuld, Untreue und Laster. Wer einmal die Grenze überschreitet, kommt nicht zurück! („Du bist jetzt in der Gosse gelandet.") Das Laster hält den Lustnippenden wie eine Sucht im Spinnennetz, aus dem es kein Entrinnen gibt. Wer einmal lügt, dem glaubt man nicht. Der Pfad der Treue kann nur einmal verlassen werden, die Unschuld wird nur einmal verloren. Vertrauen ist für immer dahin. Dann sagen Vater und Mutter: „Du bist nicht mehr unser Kind!" – Dann sagt der Chef: „Du bist hier unerwünscht!" Dann sagt der Staat: „Du bist vorbestraft!"

Die felsenstarre Überzeugung, dass es kein Zurück mehr gibt, erzeugt diese grässliche Angst vor der Grenzüberschreitung. „Auf immer verloren!"

Richtige Menschen haben ultimative Angst vor dem endgültigen Draußensein, vor dem Scherbengericht und der Ostrazision. Die ist so stark, dass sogar der bloße Wohnungswechsel auf viele so wirkt. Deutsche sind nicht immobil, wie man sagt. Sie wollen nur dann nicht nach draußen, nicht über die Grenze, wenn nicht garantiert ist, dass drüben auch wieder Freunde, rustikale Eiche und Nutella warten.

4. Grenzziehungen und das Limit

Irgendwo las ich diese Einschätzung: Amerikaner kommen überwiegend deshalb zum Psychiater, weil sie fürchten, nicht normal zu sein (zu viel Bauchspeck, Drogen, Sex, Probleme bei der Arbeit). Deutsche dagegen gehen eher zum Psychiater, weil sie sich im Normalen eisern gefangen sehen und sich jede Freude (= Überschreitung) versagen. Amerikaner sind von der Kultur her eher Natürliche, sie überschreiten die Grenzen und kommen oft wirklich nicht mehr zurück. Sie sehnen sich, normal zu sein. Deutsche sind eher Richtige, sie leben freudlos in den Grenzen und schauen fassungslos auf Konsum, Genuss, Fernurlaube, Liebeswechselspiele. Sie wissen, dass sie etwas verpassen. Sie wollen auch etwas genießen. Vor Angst warten sie noch.

So ziehen die richtigen Machinae die Grenzen immer näher zu sich heran – die Vorsicht steigt, aber auch das Gefühl des Gefangenseins. Die Überkonditionierung eskaliert ohne neue Erziehung weiter, so wie die Sucht den natürlichen Menschen weiter und weiter über noch fernere Grenzen schleudert. Die richtige Machina eskaliert nach innen, die natürliche nach außen.

Deshalb hassen sie sich nun jeden Tag stärker, weil sich die Standpunkte der beiden entfernen und die Versuche, am anderen Psychozid zu begehen, immer hartnäckiger und mit größerer Energie geführt werden. Die Doppelsterne ziehen mit aller Gewalt den anderen heran, aber sie entfernen sich voneinander, ohne Hoffnung. Die natürlichen Suchtwracks, die Übergewichtigen und Arbeitslosen dienen zur Warnung der richtigen Machina, sich innen zu halten. Die anderen, die noch genießen, werden ebenfalls bald untergehen.

Das Leben ist sehr gefährlich, überall lauert etwas, nämlich vor allem die richtige Machina, die alle Grenzen in sich im Körper verankert hat.

5. Unbeachtet und verloren – der NICHT verlorene Sohn

Die Machina des natürlichen Menschen ist sichtbar! Sie ist aktiv hinter Macht, Erfolg und Lust her! Sie ist laut, trotzig und fordernd. Sie will etwas von anderen. Es ist sichtbar, wenn auch nicht für jeden und auch nicht unbedingt für den natürlichen Menschen selbst, wenn etwas Grenzwertiges geschieht. Die Machina des natürlichen Menschen zieht die Aufmerksamkeit der anderen Menschen in den Bann. „Seht, wie großartig ich bin!"

Genau so etwas tut die Machina des richtigen Menschen nicht. Denn sie darf das nicht, weil es im System als Prahlerei verboten ist und sie selbst nichts Verbotenes tut. (Einschub: Die Machina arbeitet im Stillen doch oft in verbotenen Zonen, aber sie würde nicht nach außen am helllichten Tag das Verbotene tun. Die richtige Machina geht nie „absichtlich", also offensichtlich über die Grenze, was nur Verbrecher tun. Sie agiert im Untergrund und wird das Verbotene bei Licht als „Versehen" deklarieren und notfalls Reue heucheln und um Vergebung bitten.)

5. Unbeachtet und verloren – der NICHT verlorene Sohn

Nach außen gesehen ist der richtige Mensch also „normal" und scheut das grelle Licht. Die Perfektionisten, die Treuen, die Helfer stellen sich dort nicht hin. Sie versehen ihren Dienst und tun ihre Pflicht und bleiben in ihren engen Grenzen. Sie ärgern sich sehr, wenn das Nicht-Normale so sehr in der Aufmerksamkeit steht. „Pfui, wie sie angezogen ist." – „Pfui, wie er sich in die Brust wirft."
Und sie schütteln sich, wenn sie Jesu Worte so in der Bibel lesen:

Ich sage euch: Also wird auch Freude im Himmel sein über einen Sünder, der Buße tut, vor neunundneunzig Gerechten, die der Buße nicht bedürfen. (Lukas 15, 7)

Wenn ein natürlicher Mensch umkehrt, also wieder die Grenze nach innen überquert und nur „vernünftig" wird, was die treuen Menschen innen ja immer sind, dann freuen sich selbst die Engel. Von den richtigen Menschen aber nimmt niemand Notiz. Sie sind normal. Es ist das Wesen des Normalen, dass man nicht Notiz von ihm nehmen muss. Der daheim gebliebene Sohn ärgert sich in der Bibel sehr, als der verlorene Sohn zurückkehrt und mit einem Fest empfangen wird. Er spricht mit dem Vater im Zwist:

Siehe, so viel Jahre diene ich dir und habe dein Gebot noch nie übertreten; und du hast mir nie einen Bock gegeben, dass ich mit meinen Freunden fröhlich wäre. Nun aber dieser dein Sohn gekommen ist, der sein Gut mit Huren verschlungen hat, hast du ihm ein gemästet Kalb geschlachtet. Er aber sprach zu ihm: Mein Sohn, du bist allezeit bei mir, und alles, was mein ist, das ist dein. (Lukas 15, 29–31)

Da vom Normalen nicht Notiz genommen wird, weil es nicht auffällt, wird auch kein Aufhebens davon gemacht. Das Normale wird stets routinemäßig gelobt, und zwar eigentlich nur dann, wenn ein Jubiläum ist oder das Normale übernormal lange vollbracht wurde.

„Wir ehren dich mit dieser Nadel, denn du warst lange ohne Tadel."

Das Normale bleibt unbeachtet. Oft denkt die Machina des richtigen Menschen, sie werde nicht geachtet. Das stimmt nicht. Sie wird nur nicht *beachtet*. Sie denkt womöglich, sie werde verachtet. Nein, nein, nur nicht beachtet, weil das Normale normal ist. Das wurmt die Machina dennoch. Sie lebt normal, arbeitet normal, hilft unermüdlich, ist treu und lädt keine Schuld auf sich. Sie ist dem ersten Gatten treu seit immer schon, seit sie mit ihm zusammen die Unschuld verlor, sie zog die Kinder heran, die normal geworden sein sollen. Die richtige Machina sehnt sich dann innerlich oft unbestimmt und findet das angestrebte normale Leben eintönig. Und wenn es eine Farbe für das Normale gäbe, wäre sie wohl grau. Nicht grün! Grün ist des Lebens goldner Baum, der steht im Lande der Natürlichen und trägt verbotene Äpfel.

Grau in grau fühlt sich die richtige Machina oft verloren, obwohl sie immer daheim blieb, im Normalen. Sie ist ein Rädchen im Getriebe des Systems und wollte ja immer nur Rädchen sein. Sie schaut im Alter vielleicht zurück und sagt: „Schade, mein Leben. Es gab so wenig zu erleben. Es war die Angst, die mir jetzt wich. Ach, wenn ich noch einmal leben dürfte, ich würde es anders machen. Würde mich trauen! Würde was wagen!" Natürliche Menschen sagen am Ende, trunken vom Leben, übersät mit Narben: „Es ist viel geschehen. Ich habe zu Zeiten der Not auch Treber mit Säuen zu essen gehabt – aber ich bereue nichts! Ich täte es immer wieder!"

6. Shadow Forces: Zwanghafte, Passiv-Aggressive und „Psychovampire"

Die richtigen Menschen strengen sich an, im System vorbildlich zu sein. Sie geben sich Mühe, gehorchen der Autorität. Andererseits verlieren sie sich in der Masse. Sie ringen um ihren Platz im System. Wenn sie sich ganz dem System hingeben – was sind sie dann selbst noch wert? Worin besteht ihre Einzigartigkeit, auf die die natürlichen Personen prahlerisch hinweisen?

Die richtigen Menschen leben einen Spagat: Sie wollen im System aufgehen, aber dort beachtet und gewürdigt werden. Sie wollen Masse sein und doch nicht Masse sein. Wollen im Reihenhaus wie alle wohnen, aber schönere Gardinen aufhängen. Unauffällige Kleidung tragen, aber doch dezent zeigen, dass „man etwas ist". Stimmen allem zu, wollen aber gefragt werden. Die Gesellschaft will, dass sich alle Menschen teamtauglich in das System einpassen, aber wenn diese dafür gelobt werden wollen, heißt es dann doch: „Gelobt wird, wer sich aus der Masse erhebt! Gepriesen, wer auch etwas Ungewöhnliches vollbringt! Wer sich hervortut! Wer besonders ist!"

Das brave, artige Kind fügt sich in die Familie ein. Es ist so von Natur aus wie ein „Sohn, der nie verloren geht". Dieses Dasein birgt die Gefahr, nun in der Familie nicht wirklich jemand zu sein. Das artige Kind wird oft wie ein guter Hund gestreichelt, aber im Grunde ist es in vielerlei Hinsicht nichts Besonderes. Es mag sein, dass es sich nicht beachtet fühlt. Es mag sein, dass das System oder die Eltern zu streng sind, zu viel verlangen, aber das Wohlverhalten nicht wirklich belohnen. Das Bravsein, so denkt das System, ist eigentlich selbstverständlich. So wird das Bravsein wohlwollend vermerkt – ja. Aber wer würde wie über einen Sieg jubeln und rufen: „Genial! Du bist brav!" Da versucht das brave Kind, die Aufmerksamkeit auf sich zu ziehen. Es wird perfekt und beginnt, durch eigene Direktiven in der Familie die Macht an sich zu ziehen: „Mama, die Servietten fehlen." – „Papa, du hast das Bild schief aufgehängt. Es sieht schrecklich aus." – „Du sagst immer, zieh einen Schal an, jetzt tu es selbst!" Insbesondere dieses „Tu es selbst auch!" ist sehr machtvoll. Die Waffen des ewig fordernden Systems (Familie, Schule, Betrieb) werden gegen es selbst gerichtet. „Sei du perfekt, bevor du mir etwas sagen darfst!" Eine Weile wehrt sich das System noch, weil es das Spiel nicht versteht. Der Vater lacht noch und fragt: „Na, Kleine, darf ich denn diese Krawatte umhängen? Habe ich deine Erlaubnis?" – „Nein, zu schrill!" Und er zuckt schon ein bisschen und nimmt einen anderen Schlips ... Langsam entsteht im braven Kind die Machina. Sie entstand aus einem Schütteln unter einem strengen System, vielleicht auch aus Hass auf strenge Eltern. Nun wird die Machina des Braven das Über-Ich des Systems. Sie wird später die Tradition durchsetzen, sie wird bürokratisch, bigott, moralistisch oder puritanisch werden, rigoros und am Ende vielleicht zwanghaft. Zwanghaft sauber, ordentlich, zuverlässig, pünktlich und auf der anderen Seite unausstehlicher Erspäher der Unvollkommenheiten: Flecken, Formularfehler, Herumliegendes, Vorschriftenübertretungen, Verstoß gegen Tradition oder Sitte werden sofort anderen Menschen „aufgetischt". Diese Kommunikation ist ihr Kampf. „Ich bin vollkommen, du nicht!"

Im Gegenzug darf nun die Machina nie selbst etwas falsch machen, weil es ein Fest für die gedemütigte Umgebung wäre. Der Teufelskreis eskaliert. Es geht nicht um eine Sache, ein Ziel oder um „das Gute". Er kämpft verbissen gegen die Schatten, er will nicht ganz zur Masse gezählt werden.

Das treue, ergebene Kind fügt sich ebenfalls in die Familie oder die Masse ein. Es geht nur einen anderen Weg als das autarke Kind, das wenig soziale Verbindung braucht und als „Controller einsam sein kann". Das treue Kind fühlt sich nur in einer Gemeinschaft wohl, in der es wohlgelitten ist. Wenn das System zu streng mit dem treuen Kind umgeht und zu viel verlangt, wird es sich innerlich nicht mehr wohlgelitten fühlen und rebellieren. Es bleibt oberflächlich treu, ergeben und loyal, wehrt sich aber passiv-aggressiv gegen ein unbeachtetes oder missachtetes Schattendasein. „Ich mache jetzt Dienst nach Vorschrift. Dann sehen sie, wie sie mich brauchen." – „Diese neuen Befehle werden nicht zum Erfolg führen. Ich sehe schwarz, es wird nicht gehen. Wenn ihr mal auf mich hören würdet." – „Sagt mir, was ich zu tun habe. Das tue ich. Aber ich übernehme dafür keine Verantwortung. Ich bin ja nicht gefragt worden." So erzwingt es indirekt immer wieder die Autorität, sich mit ihm zu befassen. Im Innern fragt die Machina des einst treuen Kindes nun unaufhörlich: „Achten sie mich? Sehen sie, dass ich loyal bin? Stehe ich im Schatten?" Die Machina kann so vermeidend, negativistisch bedenkenträgerisch werden, sie spielt ab und zu einmal den „harten Mann", um zu zeigen, dass sie noch da ist". Sie rangelt um Privilegien, Aufmerksamkeiten, Vorrechte, macht andere Menschen schlecht, schwärzt an und sägt an Stühlen. Die stete Klage ist, dass treue Dienste ungewürdigt bleiben und alle Behandlung ungerecht ist. „Das NICHT verlorene Kind."

Das liebe, hilfsbereite Kind wird in einem zu harten System einen Mangel an Liebe fühlen, die es dringend braucht (viel Sonne!). Als eigentliche Goldmarie geboren, wird eine Machina entstehen, die nun doch nach dem Golde schielt. Goldmarie dient nur treu und schüttelt Betten aus. Aber unter zu harten Bedingungen wird sie verlangen, dass ihr gedankt wird. Ich schrieb es ja schon … Aus dem Schrei nach Dank in einer grauen Schattenwelt kann am Ende ein „Psychovampir" werden, ein notorischer Helfer um des Lohnes willen. Goldmarie mutiert zur überversorgenden Muttergestalt, die sich angestrengt um alles Sorgen macht und die beste aller Mütter wird, die von Kind und Kegel verehrt werden muss, sonst macht sie sich sofort neue Sorgen – und da danken ihr lieber alle sofort. Der Psychovampir macht die Umgebung durch Umsorgen hilflos und abhängig. „Lass das sein, ich putze die Schuhe, du kannst das nicht." – „Nein, du kannst nicht helfen, du weißt ja nicht, wo es liegt. Ich mache das schon." – „Was, du willst am Abend weg? Wir wollen noch alle zusammensitzen und überlegen, welche Tapeten wir nehmen. Ich habe schon Tapeten ausgesucht und ich will, dass sie euch total gut gefallen, sonst kaufe ich sie nicht. Ihr müsst dann nächste Woche dableiben, um zu sehen, ob ich es gut mache, es ist ja viel zu entscheiden beim Tapezieren. Das soll nicht alles an mir hängen bleiben. Wenn ich schon alles mache, soll es sich lohnen und ihr müsst glücklich sein. Es ist mir so wichtig, dass ihr glücklich seid." So konvertiert Hilfsbereitschaft in Tyrannis. Wer viel Aufmerksamkeit braucht, verteilt gegen den Willen der anderen drei mal so viel Aufmerksamkeit und bekommt dann mit einigen pikierten Blicken, die Undank erkennen lassen, ungefähr das Ursprüngliche zurück. Genau das wollte man, so dass man sagen kann, man habe dreimal so viel investiert – die Welt besteht aus Undank, klar. Manche Machinae versuchen es mit weniger Investitionen. Sie spielen zwischen den Hilfephasen die Hilflosen und jammern um Rückgabe von etwas, was sie gar nicht gaben. Ultima Ratio: physisches Weinen. Es gibt Alpha-Weinen, das wir alle trösten. Es gibt dieses Weinen der Machina, kennen Sie das? Eine fremde Machina weint bitterlich und Sie schreien außer sich: „Hör auf! Hör auf!" Weinen der Machina ist eine 300-Prozent-Übertreibung, die erpressen soll. Einer im Schatten zieht Energie aus einem im Licht. Psychovampirismus der Beta-Seele.

7. Systemadizee – ach, Leibniz!

Es gibt ein Rechtfertigungsproblem Gottes. Wie kann es sein, dass es einen Gott gibt und gleichzeitig dieses Leiden auf der Welt? Das beschäftigt die Denker schon seit Anbeginn. Die Gläubigen fragen sich also, warum Gott das Leiden zulässt. Die Ungläubigen begründen den Unglauben mit dem Leiden. Die Theodizee (Theos wie Gott und diké wie Gerechtigkeit im Griechischen) fragt, wie sich Gott und die Existenz des Bösen vereinbaren lassen. Epikur stellt fest:

Entweder will Gott die Übel beseitigen und kann es nicht:
dann ist Gott schwach, was auf ihn nicht zutrifft,
oder er kann es und will es nicht:
dann ist Gott missgünstig, was ihm fremd ist,
oder er will es nicht und kann es nicht:
dann ist er schwach und missgünstig zugleich, also nicht Gott,
oder er will es und kann es, was allein für Gott ziemt:
Woher kommen dann die Übel und warum nimmt er sie nicht hinweg?

Leibniz ersann in der Abhandlung *Die Theodizee von der Güte Gottes, der Freiheit des Menschen und dem Ursprung des Übels* die Erklärung, dass unsere Welt von den unendlich vielen möglichen Welten die beste sei. Denn eine Welt ohne Übel könne es nicht geben, weil ja Gott sicher die beste erschaffen hätte. Also ist unsere Welt die mit dem kleinstmöglichen Übel.

Manche sagen auch, dass der einzelne Mensch sich von Gott selbst zurückziehe, was Gott als Verhalten vom Menschen hinnimmt. Wer ihn nicht zu sich ins Haus einlädt, den besucht er auch nicht!

Die *Systemadizee* fragt, wie es Systeme ertragen können, dass so viel Böses in ihnen vorkommt und so viel in ihnen und unter ihnen gelitten wird. Entweder will das System wirklich die Schwächen beseitigen und kann es nicht. Dann wäre es schwach und würde bald weichen?! Oder es kann es und will nicht – dann müsste es weichen?! Oder es will es nicht und kann es nicht, dann wäre es kein System und müsste weg! Oder es will es und kann es: Warum aber leiden wir dann?

Ist es vielleicht so, dass wir uns unter allen unendlich vielen möglichen Systemen das beste ausgesucht haben, so dass es nie weniger Übel geben könnte als jetzt?

Man könnte sagen, dass der einzelne Mensch sich vom System entferne, was es hinnimmt – aber das stimmt nicht! Es will, dass wir uns einpassen. Ein System ist nicht wie Gott. Es ist aktiv da. Es spielt den aktiven, sichtbaren Gott.

Leider kümmert sich das System nur um die, die sich nicht einpassen, um die verlorenen Söhne. Die nicht verlorenen Söhne aber, die das System bei sich zu Hause einladen, bleiben im Schatten, denn sie sind selbstverständlich. Sie gehören dem System. Und das umwirbt und fängt nur die noch nicht Einverleibten. Es besucht die, die es nicht zu Hause eingeladen haben.

Das System des richtigen Menschen ist dann vollkommen, wenn alle Menschen sich in das System einpassen. In diesem Augenblick ist das System befriedigt. In diesem Augenblick hat sich das System selbstverwirklicht. Und das Leiden in unseren Systemen? Die richtigen Präsidenten der Systeme sagen, das bestehende System sei das nach Wissen und Gewissen beste System, und ohne Leiden gebe es keines, auch nicht ohne Leiden für die, die sich willig einpassen, denn das Leiden verschwindet nur dann, wenn sich alle einpassen würden. Und das sei noch nicht geschehen! „Die Gesetze haben wir schon, sie sind richtig, aber es halten sich nicht alle daran!" So reden sie, um nichts ändern zu müssen.

Und ich sage im nächsten Kapitel: Die Machinae der richtigen Menschen wüten gegen das Graue, gegen die Nichtbeachtung und den Schatten. Normale Menschen gehören, als Pflanzen gesehen, nicht in den Schatten. Sie passen sich ins System ein, um von ihm Lebensgeist und Sonne zu bekommen. Und das System muss ihnen das liefern. Dazu ist es eigentlich bestimmt. Nicht als Scherge, das Uneingepasste zu fangen.

8 Der Lohn: ein hoher Rang im System!

Das System belohnt diejenigen, die die anderen in den Schatten stellen. Es schafft Hierarchien, die Menschen aller möglichen Schattierungen entwerfen.

„Ich will alle überschatten!"

Das ist die Grundsucht der Supramanie.

Den Machinae geht es nicht darum, Sonnenlicht auszustrahlen, sondern freigiebig Schatten zu spenden.

Unser heutiges System ist ein Schattenspiel. Das System selbst beschattet uns.

XVI. Zur Wohlgestaltung des richtigen Menschen

1. Auf das System kommt es an – es ist der halbe richtige Mensch!

Die artgerechte Haltung des richtigen Menschen hängt sehr stark mit dem System zusammen, in dem und für das er lebt. Der richtige Mensch passt sich gerne in die Sozialisierung ein. Er ist gerne in Gesellschaft. Er hält es für ein Grundaxiom seines richtigen Denkens, dass der Wert des Menschen weitgehend durch den Wert der gemeinsamen Kultur bestimmt ist. Der richtige Mensch ist auf die Errungenschaften der Kultur und der Wissenschaft stolz, hält sich etwas zugute auf die fortschrittliche Staatsform, auf die Sicherheit des Lebens, die ihm die Gesetze, die Polizei und notfalls die starke Armee bieten. Die Gesellschaft mit allen Rahmenbedingungen ist für ihn so etwas wie eine erweiterte Heimat, wie ein riesiggroßes Wohnzimmer, in dem es sich gemütlich mit anderen zusammen leben lässt. Da sich der richtige Mensch dort wohl fühlt, ist das System natürlich irgendwie das halbe Leben. „Ich bin ein Familienmensch", sagen manche. Oder: „Ich bin ein Gesellschaftsmensch." – „Ich bin ein Gemeinschaftsmensch." – „Ich bin ein Vereinsmensch."

Büromensch, Gewohnheitsmensch, Großstadtmensch, Durchschnittsmensch.

Natürliche Menschen sind Genussmensch, Jetztmensch, Machtmensch, Erfolgsmensch, Tatmensch, Powerfrau. Für natürliche Menschen müssen die Bedingungen stimmen: genug zu Essen und Trinken, viele Freunde, ein Job und dort gutes Werkzeug, das ein effektives Arbeiten zulässt. Natürliche Menschen sind nicht so sehr am System interessiert – auch deshalb nicht, weil es ganz offenbar nicht speziell für sie designet wird. Würden natürliche Menschen Systeme erschaffen, dann wären und sind es die subkulturellen Gebilde, die ebenfalls Regeln wie bei richtigen Menschen kennen, aber eben ganz andere.

„Unser Dorf muss schöner werden." Für solche Initiativen setzen sich die richtigen Menschen gerne ein. Das System wird blank geputzt und geschmückt. „Wir sammeln Geld für eine neue Kirchenglocke." – „Wir suchen Sponsoren für Parkbänke entlang des geplanten Waldlehrpfades." – „Wir suchen Mitstreiter, die einzelne Artikel und alte Fotos beisteuern, damit wir eine Chronik unserer Ortschaft herausgeben können. Sie soll prächtig werden." – „Wir wollen uns morgen im Dorf alle zu einem Empfang treffen, auf dem die Bürger geehrt werden, die zum Stolz unseres Ortes beitrugen. Wir ehren einige sportliche Leistungen, ein goldenes Feuerwehrjubiläum, unseren einzigen hundertjährigen Bürger, die neuen Abiturienten und zwei Landessieger in Bundeswettbewerben. Die Turnerinnen des TV und die Musikschüler tragen zum Rahmen bei. Für Getränke ist gesorgt."

Es kommt deshalb sehr stark auf das System an: auf die Ehe, die Familie, die Nachbarschaft, den Ort, das Betriebsklima, auf die Landeskultur oder die allgemeine Sicherheit, besonders auch die der Zukunft. Das System sollte eine gewisse Orientierung geben, was in einer Kultur erwartet wird. „Heiraten und zwei Kinder, daneben eine Wohnung abzahlen."

2. Systeme, an die von Herzen geglaubt werden kann

Die ganze Staatsphilosophie befasst sich damit, welche Rolle das System im Verhältnis zu den Einzelmenschen einnehmen soll. Soll der Staat das Leben komplett regeln? Soll er sich heraushalten und nur einschreiten, wenn es Störungen gibt? Wollen wir einen Nachtwächterstaat, einen Schiedsrichterstaat? Einen Wohlfahrtsstaat, der uns päppelt? Einen Vollkaskostaat gar, wie einen Selbstbedienungsladen? Wollen wir einen Unternehmerstaat, der den reibungslosen Ablauf der Wirtschaft managt? Einen Ordnungs-, Polizei-, Überwachungsstaat? Einen Sozial-, Rechts-, Frei-, Vielvölkerstaat? Soll sich der Staat einmischen oder heraushalten? Soll der Staat den Bürger an die Hand nehmen und ihn durch das Leben leiten oder soll er die Verantwortung des Bürgers bei diesem selbst belassen und nur eine Infrastruktur schaffen, in der sich die Einzelnen nicht zu stark ins Gehege kommen?

Das sind ganz wichtige Fragen, die dem richtigen Menschen sehr am Herzen liegen müssten. Sie werden kaum diskutiert!

Das ist nicht ganz wahr – sie werden schon diskutiert, aber eher nur als politisches Schauspiel, wenn eine geänderte Welt- oder Kassenlage zu neuen Sichtweisen zwingt. In den siebziger Jahren hatte Deutschland so viel Aufschwung, dass sich ein Wohlfahrtsstaat etablierte, dessen Versprechen Wählerstimmen einwarb. Heute ist der Schwung längst weg – und die Wohlfahrt ist unbezahlbar. Also sichert der Staat das Überleben der Wirtschaft, der Verarmten und Arbeitslosen. Im Grunde ist alles so unsicher geworden, dass der Staat alles sichern muss, was aber nur bedeutet, dass er im Sichern versagt. Der Staat verkommt zu einer Organisation, die selbst geschaffene Probleme bewältigt. (In einer Beta-Eskalation gefangen!) Er nimmt Züge von Wirtschaftsunternehmen an, die expandieren oder zusammenschrumpfen, die losstürmen oder Wunden lecken. Es sieht so aus, als sähen nun die Bürger die Nationen der Welt im Wettbewerb und im wirtschaftlichen Überlebenskampf. Der Staat unterstützt diesen impliziten Krieg durch Pseudo-Investitionen in Bildung und Infrastruktur für eine führende Wissenskultur. In Wahrheit schützt er durch Subventionen das Untergehende vor dem schnellen Ende. Der Staat selbst führt sich selbst unter zunehmend wirtschaftlichen Gesichtspunkten und führt rigide Kostenrechnungen ein.

„Lohnt sich das?"
Theater? Sport? Das Frauenhaus? Der Stadtpark? Das Jugendzentrum?

Die Antwort: „Alles soll sich wirtschaftlich selbst tragen." So werden die öffentlichen Toiletten in gebührenpflichtige WC-Center umgewandelt. Was nichts kostet, ist nichts wert! Die Universitäten verlangen Geld, bald auch die Schulen. Die Musikschulen brechen derzeit an den immer höheren Gebühren zusammen. „Wenn der Bürger Musikinstrumente beherrschen will, so soll er zahlen! Musik gehört nicht zum unverzichtbaren Bestandteil des Überlebens."

Kurz: Der Staat lässt sich seine Leistungen zunehmend bezahlen. (Das ist an sich kein abwegiger Gedanke, aber ich dachte immer, ich zahle diese Leistungen in Form von Einkommensteuer. Die scheint für etwas anderes verwendet zu werden.)

Ich will hier nichts zu sehr dramatisieren oder zu pauschal kritisieren. Ich überfalle Sie nur mit einem einzigen kritischen Satz, in dem ich alles zusammenfasse:

„Alles Beta."

Der heutige Staat bewältigt hektisch seine Krisen, nachdem erst vorrangig die individuellen Machinae der agierenden Politiker ihre singulären Problematiken des Machtkampfes gelöst haben. Der Staat selbst verliert seine Alpha-Seele, die er in goldenen Zeiten manchmal hat. Er ist zur Machina verkommen, die nur noch aufgeregt bewältigt.

Bietet eine Machina eine Heimat? Frieden? Sicherheit für die Zukunft? Freude, Kinder zu bekommen?

Die Familiensysteme, die Schulsysteme, die Unternehmen schon lange, sie werden zu Bewältigungseinrichtungen. Die Kinder werden für den Überlebenskampf gerüstet. Die Eltern verdienen. Alles kommt auf den Prüfstand der Nützlichkeit für das Überleben. Unbarmherzig werden die Menschen nach Nutzen verglichen: Du hier ins Töpfchen, du da ins Kröpfchen. Wer dem Vergleich nicht standhält, steht im Schatten.

Wenn schon alles auf den Prüfstand muss – dann sollten wir doch *diese* Fragen stellen:

- Mag ich diesen Staat von Herzen?
- Mag ich das Familiengründen von Herzen?
- Mag ich das Arbeitsleben von Herzen?
- Mag ich mein Leben von Herzen?

Glauben wir noch von Herzen, dass unsere Lebensorganisation gut ist?

Wir glauben, sie ist *notwendig*! Wir glauben, wir könnten uns finanziell keine „von Herzen leisten". Wir denken das in einer Zeit, in der der Wohlstand pro Kopf historisch fast maximal ist und in der Sie jeden Tag in eine Buchhandlung gehen können und dort das Buch *Auf der Suche nach dem verlorenen Glück* von Jean Liedloff kaufen können. Neun Euro neunzig. Sie können auch bei den Amish People in den USA Farmen besuchen, die ganz ohne amerikanische Beta-Zivilisation mit ihrer eigenen Kultur und mit Gott völlig zufrieden leben, wofür sie in etwa den normalen Lebensstandard der deutschen fünfziger Jahre „erleiden" müssen, als meine Mutter sagte: „Kind, wir müssen nun einmal aus dem Garten leben." (Ich bekam keine „Brause" aus dem Laden, eben nur Milch oder Johannisbeersaft.) „Kind, das Schwein wurde geschlachtet und wir essen es *ganz* auf." (Lungenhaschee essen.)

Nein, der Grund ist, dass unsere Systeme ihre Alpha-Seele verlieren, alle: die Familie, der Betrieb, der Staat – und wir. Vor allem auch wir. Von unserer inneren Machina werden nun die Systeme getrieben und erfüllen keine Alpha-Funktion mehr. Die Systeme sind ja nicht besser als wir selbst.

3. Alpha-Systeme der Gemeinschaft, der Tradition und des Guten

Um Worte muss ich ringen, wenn ich erklären soll, was Alpha-Systeme ausmacht. Wir fühlen das ja nur in unserer „Kinderseele" oder in der Seele des „Weißhaarigen".

Manchmal denke ich, der Freistaat Bayern ist mehr Alpha als die anderen Bundesländer, nicht so hektisch und bewältigend, irgendwie beschaulich und beharrlich ernst darauf bedacht, in guter Tradition zu leben. So stelle ich es mir vor, wenn ich dort bin. Vieles in Paris fand ich Alpha, aber das ist schon etwas her – und in Budapest in den achtziger Jahren. Ich bin ja nicht überall und vielleicht habe ich jetzt Ihre Heimat vergessen. Ich weiß noch, wie wir in Dallas eine Konferenz hatten und beschlossen, etwa um sieben Uhr am Abend einen kurzen Innenstadtrundgang zu machen und etwas zu essen. Als wir ankamen, war niemand da. Hochhäuser bis in den Himmel, unten voll gepfropft mit kleinen Imbissbuden und Kaffeesälen. Wir hatten noch niemals eine solche Ansammlung von „Fast Food" gesehen. Aber: Alle Geschäfte – *alle* – waren geschlossen. Wir schauten uns noch einmal um: Es war niemand da. Nur ein lärmender Betrunkener kam auf uns zu und lallte uns an. Aus dem Unsichtbaren erschien sofort ein Polizist und nahm in weg. Da waren wir wieder allein. Es gibt nur mittags zu essen.

Kennen Sie das? Eine Arbeitsstadt. Eine reine Bewältigungsstätte. In Paris La Défense ist es nicht ganz so einsam am Abend, aber doch ziemlich dunkel. Dann hat man diesen wundervollen Blick auf Paris.

Und jetzt dagegen eine bayrische Kleinstadt – im Sommer? Irgendwelche Menschen haben dort Zeit, Weißbier oder Café Creme zu trinken, und es ist wundervoll so. Es schadet dem Bruttosozialprodukt anscheinend nicht, auch nicht den Bildungsstandards. „So viel Zeit muss sein."

Es muss langsam Zeit freigemacht werden, über Alpha-Systeme nachzudenken, die uns eine Heimat bieten, die uns an gute Traditionen binden, uns Menschen zusammenführen, zur Gemeinschaft ermuntern, die das Gute sammeln und bewahren.

Die Beta-Seelen reden uns derzeit Rastlosigkeit und ständigen Wandel ein, damit wir überleben. Sie fordern damit implizit die totale Verfügbarkeit unserer Seele für „Nutzen", der nicht der unsere ist. Früher sollten wir oft Blut für das Vaterland zu dessen Ruhm spenden, heute will das System unsere volle psychische Energie für das Überleben. Das eine ist so notwendig wie das andere. Die Beta-Seelen hetzen uns ins reine Bewältigen, wogegen normal gutes Arbeiten mit Sicherheit mehr brächte. Davon handelt das ganze Buch *Supramanie*. Ich argumentiere dort, dass eine auf Trieb und Gier aufgebaute High-Performance-Ökonomie eine unnütze Eskalation antreibt, die im Augenblick kaum zu stoppen ist. Wir kämpfen bei der Arbeit, fühlen uns bei Gegenwehr im Krieg, kämpfen wieder und stärker, spüren die Konkurrenz im Nacken und kämpfen stärker und stärker. Im Tunnelblick vor uns: das Überleben.

Diese Eskalation muss unterbrochen werden. Im Internet fand ich eine Rezension von *Supramanie*, die mir nachsagte, Dueck sei ein Vertreter des Alten. Das sagen alle Eskalierten, wenn jemand auf ihre Eskalation zeigt! Wir haben die Alpha-Beta-Balance verloren. Ich rufe: Wieder mehr Alpha! Und dann sagen die Triebkräfte: „Dueck will das Alte!" Dueck will nicht das Alte, sondern zurück zum Besseren, das wir verlassen haben. Ich habe Ihnen schon ausführlich in diesem Buch den Blick schärfen wollen, dass das meiste Übel der Welt als zu starke Eskalation in eine Triebrichtung erklärt werden kann. Ich habe so viel gepredigt, dass der Mensch in den dunklen Bereich eingetreten ist, wenn er zu oft an derselben Stelle hört: „Hör auf!" Und heute mehren sich Stimmen, die alles zu weitgehend finden! Bildung sei Persönlichkeitsentwicklung, nicht nur Erziehung zum Berufsnutzen! Solche Ansichten äußert nun Johannes Rau in Presse und Büchern. Das Heer der unruhigen Mahner wächst. Die Eskalation zur Beta-Seele geht ungebrochen weiter. Wir warten wohl erst bis zu einem Zusammenbruch, bis zum Ende einer Abwärtseskalation.

Schauen Sie *zurück*! Systeme können auch eine Alpha-Seele haben. Solche Systeme sind menschlich und artgerecht. Und sie überleben, so lange sie leben. Sie sterben leider oft am eskalierenden Trieb, wenn es „zu gut geht".

4. Ein System als Mensch gesehen

Das ist eine ungewohnte Idee, nicht wahr? Eine Firma als Person anschauen? Aber wir sagen doch, ein Unternehmen ist kundenfreundlich, ein anderes nicht. Das eine gibt mit seinen Produkten schamlos an, das andere übt sich in Understatement. Es gibt ordentliche und chaotische Unternehmen. Der Kindergarten ist vom Charakter her eher liebevoll. Die Hauptschule ist ein Ringen mit natürlichen Menschen, das Gymnasium ist so eine Mischung aus hart kontrollierendem Ordnungshüter und aus einem intuitiven Gefühlsmenschen (zwei Drittel richtig, ein Drittel wahr, der Rest natürlich). Altenheime wirken manchmal wie richtige Gefühlsmenschen, andere wie kalte Krankenhäuser.

Warum sollten wir da nicht von Persönlichkeit sprechen?

Es gibt ein sehr nützliches Buch von William Bridges mit dem Titel *Der Charakter von Organisationen*. Darin werden die „Persönlichkeiten" und Charaktereigenschaften von Organisationen wie die von Menschen besprochen. Sie können hinten in diesem Buch per Fragebogen testen, wie Ihr Unternehmen oder Ihre Organisation sein dürfte. Für mich haben etwa 300 Mitarbeiter von IBM den Test ausgefüllt. Er enthält u. a. folgende Frage: „Was ist im Zweifelsfall kurzfristig wichtiger? Kundenzufriedenheit oder Gewinn?" Das ist etwa die Übersetzung der Fragen an Menschen: „Was ist wichtiger? Das Geld für Chips ausgeben oder für den Muttertag?"

So lassen sich die Eigenschaften von Unternehmen herausbekommen. Natürlich reicht es nicht, wenn Sie den Test alleine ausfüllen. Es müssen schon mehrere sein. Bei IBM hätten ungefähr 20 gereicht, danach war der Trend stabil. Ergebnis: „Große Organisation, vorbildlich brav …" Seien Sie doch so lieb und schicken Sie mir Ihr Organisationsergebnis! (Also alle Einzelergebnisse von so 20 bis 50 Teilnehmern.) Dankeschön!

Banken sind wahrscheinlich sehr brave Persönlichkeiten und neigen zu großer Ordentlichkeit, nicht wahr? Die „Bankbeamten" wickeln Vertrauensgeschäfte ab. Sie wissen um das Geheimnis meiner Finanzlage. Die Versicherungen erscheinen uns dagegen als Kunden eher wie natürliche Menschen, die uns verführen oder mit Risikoaufzählungen einschüchtern. Ich erzähle dem „Versicherungsvertreter" sicher nicht, wie viel ich verdiene, denn dann will er mir da dran.

Staaten sind auch wie Menschen. Italien ist natürlich lebensfroh, Frankreich diplomatisch und charmant. Deutschland ist rigide vorbildlich und hat eine alte Kultur. Die USA sind wie ein Junge, der sich nichts gefallen lässt. Es müsste nun auch einen Persönlichkeitstest für Länder geben. In dem ließen wir ein paar Tausend Einwohner beantworten, wie ihr Land reagiert, wenn es zum Beispiel beim Fußball verliert oder Schulden machen muss.

Wundervolle Firmen oder Länder sind solche mit Charisma und entwickelter Persönlichkeit, nicht wahr? Natürliche Länder wie die USA dürfen nicht beta-eskalieren und etwa gewalttätig oder erfolgsgierig oder süchtig werden, dann sind sie als natürliches Land gut und stark. Deutschland darf als richtiges braves Land nicht beta-eskalieren und zwanghaft ordnungswütig, überautoritätsabhängig oder zu bemutternd sein – dann ist es wohlgestaltet richtig und vorbildlich. Wahre Organisationen wie die deutschen Universitäten dürfen nicht beta-eskalieren und grundsätzlich besserwissend oder sektiererisch rein über die Unwissenheit der restlichen Welt lamentieren – nur dann können sie wohlgestaltet sein und Wissen wie frohe Kunde ausstrahlen.

Wie immer die Organisation als Person gesehen ist: Es kommt darauf an, dass sie als Mensch gesehen gut ist. Die katholische Religion ist eher richtig (einheitlich, uniform, dogmatisch), die evangelische eher wahr (auf Prinzipien der Bergpredigt ruhend, nicht so buchstabengetreu, wärmer tolerant). Beide sind „gute" Religionen, nur eben anders. Die eine sollte nicht zu sehr Ordnungshüter sein, die andere nicht so sehr auch alle Heiden tolerieren, dass sie ihre Identität auflöst. Das Wichtige für ein System ist wie bei Menschen: Alpha, nicht Beta – und keine Eskalation, also eine übertriebene Wahrnehmung nur eines Teils der Welt.

Die Persönlichkeit eines Systems ist lange „aus Traditionen gewachsen" oder ganz jung bei der Eroberung eines Kontinents oder des Internets entstanden. Wir sprechen von alten Werten, jungem Pioniergeist oder von New Economy. Nur, wenn diese Strukturen neurotisch werden, bewältigende Machina ausbilden, die zu Beta-Eskalationen neigen, dann ist das System eben kein guter Mensch mehr.

5. Die Gretchenfrage an das System

„Nun sag, wie hast du's mit der Religion?
Du bist ein herzlich guter Mann,
Allein ich glaub', du hältst nicht viel davon."

So fragt Gretchen ihren Dr. Heinrich Faust und sorgt sich. Gretchen spürt schon in aller Unschuld, wie es enden wird. So nämlich wird es enden:

„Dein bin ich, Vater! Rette mich!
Ihr Engel! Ihr heiligen Scharen,
Lagert euch umher, mich zu bewahren!
Heinrich! Mir graut's vor dir."

Mit alpha-unschuldiger Sorge sollten wir ein System fragen:

„Bist du ein guter Mensch?"

Bist du ein guter Staat, in dem ich leben möchte? Eine gute Firma, an die ich meine sehnliche Bewerbung richte? Ein gute Familie, in die ich einheiraten möchte? Der richtige Mensch möchte sein System lieben. Dann ist es seine Heimat.

Unsere heutigen Systeme eskalieren in Beta-Richtung. Wähler suchen kleinste Übel aus. Das Saarland berichtet nach einiger Erfahrung mit dem neu eingeführten *achtjährigen* Gymnasium, das den Lehrstoff des neunjährigen Systems zusammendrängt und auf mehr Wochenstunden der Schüler verteilt, dass nun die Schüler im Dauerlernstress stehen und durch die Schule voll ausgelastet sind. Nun berichten die Vereine und die kulturellen Einrichtungen von einem Zusammenbruch. Die Kinder können nicht mehr nach dem Unterricht kommen. Sie gehen nicht mehr zur Musikschule, nicht mehr zum Sportverein oder zur freiwilligen Feuerwehr. Alle diese Aktivitäten kommen in die Warteschlange, weil die Schule die Kinder bis ans Limit fordert. Die vielfach ehrenamtliche Kultur, die viel billiger zu haben ist als die teure Schule, muss aus Zeitgründen sterben. Diese Entwicklung ist im Sinne von Cipolla Dummheit. Sie nützt niemandem. Unsere Gesellschaft stürzt sich derzeit in eine übertriebene Wahrnehmung von Leistung und Zeiteinsparung. Deshalb entstehen überall Warteschlangen für alles andere.

Kultur? Kann warten. Vorsorgeuntersuchung? Kann warten. Weiterbildung? Keine Zeit, ich verstehe meinen jetzigen Beruf schon nicht! Renovierung der Kulturgüter? Kann warten. Familienleben? Keine Zeit. Betriebsfeiern? Kein Geld und keine Zeit.

Unmerklich werden unsere Systeme in dieser Zeit zu ungeduldigen, verkniffenen Menschen, die sich wie gegen einen befürchteten Untergang wehren. Solche Menschen haben aber nie – nie – nie Erfolg! Sie gleichen Schülern, die immer gegen den Absturz in das Mangelhaft ankämpfen. Davon lösen sie sich nie! Es sei denn, sie würden das Kämpfen aufgeben und einfach interessiert lernen, also von Beta auf Alpha umsteigen.

Und da stellt sich noch eine Gretchenfrage: Wie bekommen wir denn gute Systeme?

Ich denke, es geht nur, wenn eine Mehrheit der Menschen im System wirklich ein gutes System haben will. Wir alle im System sind das System. Wenn wir uns alle von unseren Machinae treiben lassen und Pseudosinnpunkte sammeln, wird auch das System uns nur helfen, noch mehr Pseudosinnpunkte zu ergattern. Wir müssen die Eskalation beenden und umkehren. Das Sinnvolle liegt hinter uns. Alles, was nach Eskalation riecht, bricht schon ganz offensichtlich mit der goldenen Regel des goldenen Mittelwegs.

Ein System sollte die Gretchenfrage bejahen wollen.

Gretchen sollte in ihm mit reinem Gefühl leben können.

6. Selbstbejahung (Tapferkeit), Barmherzigkeit und Humor

Heute würde Gretchen Angst in der Schule bekommen, nicht genug zu arbeiten, damit es eine gute Lehrstelle bekommt.

Das ist das Hauptproblem der richtigen Menschen in Systemen: Sie bekommen Angst zu versagen, Schuld zu bekommen, sich schämen zu müssen. Dabei sind sie die Braven unter den Menschen, die sich am wenigsten schämen müssten. Dennoch sind sie am meisten mit Schuldfragen und dergleichen beschäftigt.

Dies sind Folgen einer Überkonditionierung der Systeme, die so hart eingestellt sind, dass sie natürliche Menschen in Schach halten. Das hatte ich dargelegt. Wenn wir uns zu Systemen aufraffen könnten, die den natürlichen Menschen artgerecht behandeln, also in seiner Art trainieren, dann müssten wir nicht alles zu hart regeln lassen, weil sich dann nicht so viel natürliche Aggression gegen das System richten würde. Aggression der Natürlichen ist pervertierter Lebensgeist, der sich nicht entfesseln darf.

Überkonditionierung von richtigen Menschen führt zu deren Schattendasein, das von negativistischen Zweifeln und Ängsten gekennzeichnet ist. Was wir aber wirklich brauchen, sind alpha-richtige Menschen.

Brave, vorbildliche Menschen dürfen sich nicht mehr hinter einer perfektionistischen Schutzscheibe distanzieren. Treue Menschen sollen nicht passiv-aggressiv mit der Obrigkeit hadern. Liebe hilfsbereite Menschen sollen Goldmarie bleiben dürfen.

Im Grunde müssen sich die richtigen Menschen von Herzen selbst bejahen können. Sie müssten zu runden, positiven Persönlichkeiten heranreifen, die sich bewusst als positiv wirkendes Rädchen im System verstehen. Sie sind Teil eines Systems, das ein guter Mensch sein will und deshalb auf das Mitwirken jedes Einzelnen zählen muss. Natürliche Menschen sind sehr *selbstbewusst*, was die richtigen Menschen schon wieder fast als Makel verstehen (selbstbewusst → egoistisch). „Selbstbejahung" ist aber bestimmt das Pendant des richtigen Menschen zu Selbstbewusstsein des natürlichen. Richtige Menschen sollen wie warmherzige Freunde sein, wie Gastgeber und Wohltätige als Abgesandte des Systems. Sie müssten wie gute traditionelle Eltern sein, die ihre Schutzbefohlenen respektieren, schützen und ernst nehmen.

Wenn die Überkonditionierung des richtigen Menschen vermieden wird, ist er in der Lage, einmal Fehler leichter hinzunehmen, sie mit „Humor zu nehmen", einmal „fünfe gerade sein" lassen zu können. Richtige Menschen, die gerade richtig erzogen sind, können einmal über sich lachen, zwischendurch feiern und müssen nicht so sehr über die Fehler anderer Menschen herfallen. Sie sind großzügig, können hinweg sehen, verzeihen, werden barmherzig sein, wenn etwas außer der Reihe geschieht.

7. Systemgründe der Überkonditionierung

In *Omnisophie* habe ich sehr ausführlich über die Denkweisen der verschiedenen Menschen geschrieben. Die natürlichen Menschen *leben* aus dem Instinkt und aus dessen resultierendem Willen heraus, die richtigen *denken* mit der analytischen „linken Gehirnhälfte", die wahren Menschen mit der „rechten". Die gewöhnliche schlechte Erziehung des richtigen Menschen macht seinem Körper überkonditionierend große Angst, sich genau so brav zu verhalten, wie es seine vernünftige linke Gehirnhälfte *ohnehin sagt*.

Der richtige Mensch wird also doppelt erzogen!

Jede Regel oder Ordnung ist zweimal in ihm. Einmal hält er als braver Mensch die Regeln für vernünftig. Das ist ein Gefühl „des Gehirns". Zum anderen sitzt die Regel im Körper. Sie fühlt sich wie ein Elektrozaun an, der beachtet werden muss. Die Doppelerziehung geschieht implizit auch aus Zeitersparnisgründen, weil man den Körper des Baby schon erziehen kann, wenn es noch keine einsichtige Vernunft hat.

Natürliche Kinder sehen die Regeln nicht ein und lassen sie auch nicht in den Körper – sie verachten auch den Elektrozaun, nicht nur die vernünftige Erklärung. Sie sind dann im Systemsinne „gar nicht" erzogen oder unerzogen, nur eben lebenstüchtig und stark?!

Da nun aus falscher Erziehung heraus alle Regeln im richtigen Kind doppelt angelegt sind, bekommt es als Erwachsener große Probleme. Stellen Sie sich vor, eine *andere* Regel ist nun vernünftig. Beispiel: Das richtige Kind bekommt viel Schelte und gelegentliche Ohrfeigen, wenn es von sich aus redet. „Du bist vorlaut! Bei Tisch ist man still. Wenn Erwachsene reden, hört man zu. Wenn Höhere da sind, wartet man, bis man gefragt wird." Usw. Im Erwachsenenleben geht dieses einstige überkonditionierte Kind in eine Versammlung und soll dort seine Interessen vertreten. Oder es nimmt an einem Managementmeeting teil und soll etwas durchdrücken. Oder es sitzt in der Vorlesung in der Universität und versteht etwas nicht und sollte unterbrechen und fragen. Wenn ich Reden halte, sehe ich es oft in den Augen der Zuhörer aufblitzen. Nun sagt etwas in den Augen: „Ich möchte etwas sagen oder wissen!" Dann erlischt es, wenn ich hinschaue – es wird grau. Manchmal frage ich: „Wollen Sie etwas bemerken?" Dann zuckt der Mensch und sackt abwehrend zusammen. „Nein, nein, nein!" und nachher wird er bei sich denken, er hätte etwas sagen sollen.

So fühlt sich nun das Doppelte an. Die eingeimpfte Körperregel fordert Schweigen. Der Körper zuckt und windet sich, wenn die Grenze des Vorlauten naht. Inzwischen aber ist in der Vernunft im Gehirn die alte Regel ersetzt worden. Sie heißt: „Trage zum Ganzen bei." Da sagt die Vernunft, man müsse reden. Da schreit der Körper, stumm bleiben.

Jetzt ist der richtige Mensch zerrissen. Seine Vernunft diktiert das eine, der Körper beharrt mächtig auf dem anderen.

Ein guter richtiger Mensch wird seine Vernunft siegen lassen wollen. Dann sagt er sich:

„Ich muss meine Angst überwinden."

Das sagt sich der richtige Mensch Millionen Male im Leben, weil der Körper nur die Kinderregeln gespeichert hat und nun im Widerspruch mit der Erwachsenenwelt steht. Der richtige Mensch fühlt: „Der größte Sieg ist der über mich selbst, über meine Angst." Der größte Sieg ist also, die unsinnige Seismographensetzung der Jugend wieder loszuwerden und dadurch der normalen Vernunft ohne Schmerzen im Körper den Vorrang geben zu können. Wenn sich das Leben eines richtigen Menschen verändert, fühlt er wieder den rebellierenden Körper. Deshalb will der richtige Mensch lieber nichts ändern. Immer noch Angst vor dem Gong.

8. Die Erziehung des richtigen Menschen

Es ist jetzt sonnenklar: Wenn Sie ein richtiges Kind bekommen haben, so erklären sie ihm nur, was zu tun ist. Es ist ja brav und macht es von sich aus.
Lassen Sie die unsinnige Doppelkonditionierung. Erziehen sie nicht mit Härte, sie wird nicht gebraucht. Warten Sie, bis es versteht und lassen Sie vorzeitige Anweisungen.

Vermeiden Sie möglichst alles Aggressive wie Schimpfen, Gefangenhalten, Entzug, Demonstration von Nicht-Liebe.

Hey, Sie haben ein braves Kind! Das einzige, was es will, ist „groß sein wie Sie".

Da schulden Sie der Natur fast Dank. Und diesen Dank spenden Sie dem Kind und warten auch immer schön brav, bis es das Kind von der Vernunft her versteht, was es tun soll. Dann tut es das, weil es brav ist.

Alles Laute, Harte, Eindringliche pflanzt Angst in das richtige Kind. Diese Angst nimmt ihm später die Lebensfreude, weil sie der Vernunft des späteren Erwachsenen entgegensteht. Später wird Ihr Kind weiterhin brav sein wollen, hat aber Schmerzen im Körper, weil der Angst signalisiert.

8. Die Erziehung des richtigen Menschen

Damit sage ich:

- Die Erziehung des braven Kindes ist einerseits kinderleicht.
- Sie ist aber heute de facto noch schlechter als die von natürlichen Kindern, weil das Phänomen der Doppelerziehung gar nicht verstanden ist.

Wo eigentlich nichts zu tun wäre, wird unter einiger Mühe eine Katastrophe angerichtet, die nicht wirklich mehr zu heilen ist. Der falsch überkonditionierte Mensch leidet später unter einem angstreichen und somit freudegebremsten Leben und muss nun zur Erbauung Kant lesen, der sagt, es müsse ein ewiges Leben geben, weil sonst gar nicht klar wäre, ob das richtige Leben mit einiger Wahrscheinlichkeit in Glück enden könne. Manche Religion hört sich so an, als müsse Gott den richtigen Menschen dafür entschädigen, dass er die Fron eines richtigen Lebens auf sich genommen hat. Dabei trägt er nur Schaden an allerlei Seismographen, die er von Menschen empfing, die niemals Erziehung gelernt haben.

Wenn die Systeme also zu guten Menschen werden wollen, so sollen sie die richtigen Menschen im Wesentlichen mit Vernunft behandeln, mit Ernst und Würde und nicht mit „Seelenzucht" oder Aggression, die auch bei natürlichen Menschen schadet, nur vielleicht nicht so stark.

Nehmen Sie die richtigen Kinder ernst, erkennen Sie an, dass sie einen würdigen Platz in der Gemeinschaft haben, der ihnen nicht gleich weggenommen wird, wenn sie eine Verfehlung begangen haben. Geben Sie ihnen das Gefühl von Sicherheit und Geborgenheit.

Dann sind die richtigen Menschen die Quellen von Ordnung, Struktur, Gemeinschaft, Heimatgefühlen, Zugehörigkeit, Hilfe und Treue. Sie tun es ganz aus sich. Das Überströmen ist ihnen ein „Ehrenamt". Sie lindern die Not der anderen. Sie helfen Gott schon hier.

Teil 5
Das Selbst im intuitiven Urgrund

XVII. Die wahre Machina: „Das Höchste ist das Ziel!"

1. „Dich verstehe einer!" – Exilseelen

Stille wahre Kinder beobachten lächelnd die Welt von einem sicheren Platz aus, sie werden auf einem Arm gehalten. Sie blicken warm um sich. Sie saugen alles ein. Sie wirken strahlend offen, aber nicht sehr lebhaft. Wahre Kinder eben, die wenig „Lebensgeist" mitbringen. Manche sitzen später „stundenlang" auf ihrer Decke, in ihrem Stühlchen und schauen, sitzen auf einem Schoß, schauen, erkennen – viele haben einen ganz klaren Blick.

Die liebesstromstarken Kinder auf der anderen Seite der wahren Skala schmiegen sich an, reagieren auf Blicke und Gefühle, sie reden und reden und sind ganz begeistert für andere Menschen. Man kann durch ihre Augen in ihre Seele schauen.

Für normale Eltern sind sie keine richtige „Baustelle". Sie sind still oder rührend und begeisternd lieb, reißen keine Bücher von Regalen herunter oder versuchen sich in die Fensterbank zu setzen. „Pflegeleicht!", könnten Eltern zu ihnen sagen.

Wehe aber, man versucht sie zu sehr zu dressieren. Wehe, sie fallen unter aggressive oder rücksichtslose Geschwister, die sich auch einmal herzhaft prügeln wollen. Die wahren Kinder verabscheuen Aggression. Sie können balgen, tollen, springen – aber wenn es irgendwie Ernst wird, wenn es grausam wird oder lieblos, laufen sie davon, geben bis zur Selbstaufgabe nach oder begehren auf.

Stille Kinder bekommen es mit der Angst zu tun und fliehen, um allein weiter zu spielen. Friedfertige, Harmonie liebende Kinder beschwören die Aggressiven, Ruhe zu geben. Sie versuchen zu verhandeln und geben meist um des Friedens willen nach. Liebesstromstarke Kinder können sehr stark gegen Lieblosigkeit aufbegehren, die sich bis zu Hassausbrüchen steigern können. Sie sind aufgebracht, entrüstet oder empört – besonders über Rohheiten.

Ja, sie könnten wie Rehe sein, die wahren autarken Kinder, die immer furchtsam ins Unterholz springen und mit hohem Pulsschlag zittern, wenn Gefahr droht! Die autarken Kinder schauen lange, bis sie wieder zurückkommen. „Wieder Ruhe?" Die Harmonie liebenden wahren Kinder schmeicheln sich heran, nähern sich mit Verzeihungsgesten. „Wieder Frieden?" – „Wieder alles gut?" – „Kann ich es wieder gut machen?" – Die mit Liebe gefüllten Kinder können stundenlang weinen, wenn es Lieblosigkeiten gab. Sie können anklagen: „Ich hasse dich!" Sie können fanatisch auf ethische Regeln bestehen. Sie lieben und leiden – ringen mit den Gefühlen.

Zu den autarken Wahren, die klug und scheu sind:

Ich selbst gehöre zu ihnen, den Rehen, die fliehen. Meine Frau sagt von mir, „man könne sich nicht gut mit mir streiten", weil ich bei steigendem Aggressionslevel hilflos werde und weglaufe. Ich mache das so: „Ich denke nicht daran, solche unsachliche Argumente zu diskutieren. Ich habe Besseres zu tun. Ich muss noch arbeiten und ihr wollt so einen Mist lange ausstreiten. Da mache ich nicht mit. Streitet euch selbst und sagt mir hinterher, was für ein Unsinn herauskam. Ich arbeite erst fertig!" Oder auch so: „Bitte hört doch auf. Ich kann es nicht aushalten, wenn ihr so destruktiv streitet. Es ist gar kein Wille erkennbar, aufeinander zuzugehen. Warum redet ihr dann miteinander, wenn ihr nicht aufeinander zugehen und euch verstehen wollt? Dann ist doch die Wirkung des Streites nur gegenseitiges Wundenschlagen. Das halte ich nicht aus. Bitte hört damit auf und lasst uns uns einigen. Bitte, bitte, bitte! Ich halte es nicht aus." So sieht etwa das Weglaufen im Leben aus. Ich leide körperlich in einer geladenen Atmosphäre. Ich will da nicht sein, wo Menschen aufeinander böse sind. Es ist schrecklich, dieses Zucken mitzuerleben, wie sie das Fleisch beim Essen schneiden, als sei es der böse Mitmensch auf der anderen Seite des Tisches, wie sie die Türen ein bisschen lauter schließen als sonst, wie sie hektischer beta-reagieren. Im Raum lauter Machinae. Ich ertrage es nicht. Ich versuche, ihnen zu sagen, dass ich es nicht aushalten will. „Kämpft nicht, bitte!" Sie hören es nie. Ich bin zu leise. Ich sitze mental schon zitternd im Unterholz und leide. Sie streiten. Sie sind lauter als sonst. Ich will nicht, dass es lauter ist als sonst! Das ist Beta, Beta, Beta! Bestie! Bestie! Bestie! Ich will nicht, dass meine E-Mail lauter ist als sonst, dass sie mir gereizt mit „urgent" und „important" schreiben, ich will nicht, dass sie mich am Telefon hetzen und ihren Frust ablassen. Und ich schreie im Unterholz: „Ruhe! Ruhe!" Ich fühle mich so eingeengt, wenn ich nicht weglaufen kann, wenn ich in zehnstündigen Meetings sitzen muss, mitten im unnötigen Blut! Ich muss zum Glück oft auf die Toilette oder einen unwichtigen Anruf erledigen. Draußen, vor der Tür, aus der es laut schreit, ist tiefe Ruhe. Das Unterholz ist vor den Versammlungsräumen, in meinem Zimmer, vor dem Computer, beim Hören von klassischer Musik.

Das Laute versteht das Stille nicht. Das Laute hat grobe Wahrnehmungsraster und sieht das Wahre nicht oft, wenn es rein und ruhig bleibt. Viele der zarten Seelen wirken dann von außen zerbrechlich, zurückgezogen und traurig. Und das Grobe sagt zum Reinen: „Tu nicht so beleidigt! Los, komm, pack an. Was soll das? Ich möchte dich *einmal* verstehen! Ich möchte *einmal* wissen, was in dir vorgeht! Ich *weiß* es nicht!"

Im Extrem ziehen sich die autarken wahren Kinder ganz zurück. In sich selbst oder in stille Trauer, die sie hinter Coolness oder scheinbarer Gefühllosigkeit verbergen. Sehen Sie sich kurz die so genannten Schizoiden an – es sind solche Menschen, die sich vor Mitmenschen zu fürchten scheinen und die sich zurückziehen. Von außen gesehen wirken sie ungerührt, kalt gleichgültig und „haben kein Gefühl". Sie kommen mit Menschen nicht gut zurecht, erkennen wir von außen sofort. Sie scheinen ostentativ uninteressiert, cool, lau, zeigen wenig Leben und Temperament. „Man versteht sie nicht." – „Man kann ihr Gesicht nicht lesen."

Und dann berichten die Psychiater nach langer Behandlung dies: „Wenn wir langsam und länger in Kontakt zu ihnen treten, so finden wir oft hinter einer völlig gefühllosen Maske ein lebhaftes, reiches Inneres, einen warmen Kern, der voller komplexer Gefühle ist, aber eben ganz zart und sehr verletzlich." Für solche spezielle Schizoide hat sich der Terminus *hyperästhetisch* eingebürgert. Sie erscheinen furchtsam, scheu, dabei feinstfühlig, beständig verwundet durch das Bunte und Schrille dieser Welt, dessen Einfluss sie sich ständig zu entziehen suchen.

Im Gegensatz zu den hyperästhetischen Schizoiden sprechen wir von *anästhetischen* Schizoiden, die „nichts mehr empfinden", an die niemand mehr von außen herankommt. Sie strahlen arktische Seelenkälte und Gelangweiltheit aus, wirken blutarm und wie gähnende Leere. Beim Lesen dieses Unterschiedes dachte ich mir: „Arme Anästhetische!"

Wissen Sie, wir alle, wir Schizoiden dieser Welt, bekommen nun als Krankheit erklärt, dass man nicht an uns herankommt. Wir wirken zu empfindlich, sagt Ihr! Ihr anderen aber seid unerträglich laut, schreit Euch an, führt Kriege und kämpft den ganzen Tag um Karrieren und Vortritt am Fahrstuhl. Und wir, die wir es unerträglich finden, werden für unnormal und dann im nächsten Zug für abnormal gehalten, dass wir feige weglaufen und weinen. Ach ja, und wenn man uns näher kennt, scheinen wir ein viel feineres Gefühl als Ihr zu haben, und viele von uns sind Künstler und Wissenschaftler, aber alle ganz merkwürdig abnormal, nicht wahr? Wir haben das Pech, dass es nicht so arg viele autarke wahre Menschen gibt.

Autarke wahre Menschen gehen also ins Exil, sagen die Menschen. Wahre Menschen werden ins Exil getrieben, sagen die autarken Wahren selbst. So oder so: Die autarken wahren Kinder bilden eine Machina aus, die es in der Welt irgendwie aushalten muss: gegen Gewalt und Hass, gegen Reglement und Eingefangensein in zu lauten sozialen Bindungen. Sie wehren sich gegen den Dauervorwurf, zu empfindlich zu sein, merkwürdig zu reagieren, das ungetrübte Gemüt eines Kindes bewahren zu wollen und eben immer wegzulaufen. „Spiel mit! Geh nicht weg! Hock nicht in der Ecke und spiel dauernd nur mit deiner Puppe. Man spielt nicht nur immer mit einem Baukasten. Man sitzt nicht immer vor dem Computer. Geh auf die anderen zu. Hau zurück, aber jammere nicht immer. Das Lesen von Büchern ist ja sehr gut und lehrreich, aber lies nicht immerfort. Du wirst noch ganz dumm von den vielen Büchern!" (Natürliche Kinder sind ja auch abnormal und hören stets: „Du wirst ja ganz dumm, weil du niemals liest!" Natürliche Kinder fliehen das Leise, das sie „laaangweilig" finden.)

Wir haben neulich bei der IBM einen Workshop gehabt, der sich damit beschäftigte, dass viele Mitarbeiter arbeitssüchtig sind. Sie sollten geschützt werden und nicht so viel Arbeit bekommen. Richtige Menschen haben oft *viel zu viel* Arbeit! Andere Machinae müssen viel arbeiten, weil sie ja Karriere um jeden Preis wollen. Und da stand ich auf und erzählte, was mir einer der Computerfreaks über dieses Problem verraten hatte. „Weißt du, Gunter, schimpf nicht, dass ich so viel arbeite. Du, das Problem besteht überhaupt nicht in der *Arbeits*zeit. Ich arbeite *gerne* jeden Tag meine zwölf Stunden. Sehr gerne sogar. Es macht mir nichts aus, ihr müsst mich nicht bedauern oder so. Weißt du, das Problem fängt an, wenn ich *nach Hause* komme. Dort warten sie schon auf mich und erwarten, dass ich normal lebe. Ich muss Sachen kaufen, lange beim Essen reden, ohne etwas tun zu können, und in Urlaub fahren."

In Psychologiebüchern heißt es dann sinngemäß so: „Der Schizoide stellt nach außen eine Fassade zur Schau, die alle normalen Gefühle und Verhaltensweisen vorspielt und simuliert, die die Außenwelt von ihm erwartet. Man kann von Mimikry sprechen." Mimikry ist das Vorspiegeln eines wehrhaften Tieres durch ein schwaches. Sic! Genau so ist es! Leider versteht es niemand, bei IBM haben sie gelacht. Einige aber zuckten zusammen und redeten hinterher heimlich mit mir. Sie waren erleichtert, dass es sich um kein individuelles Problem zu handeln schien.

Viele autarke wahre Menschen bilden nun eine Machina aus, die sie zum tiefen Experten macht, der auf seinem Fachgebiet nicht angegriffen werden kann. Sie werden Informatiker, Ingenieure, Mathematiker, Philosophen. In solchen Berufen müssen sie sich nicht vor vereinnahmenden Bindungen und direkten Aggressionen fürchten. Die autarken Wahren bestimmen dadurch in gewisser Weise diese Berufsfelder, die dann den Menschen mit mehr Lebensgeist und mit mehr Beziehungsbedarf fremdartig erscheinen. Wenn autarke wahre Machinae angreifen, dann wirken sie wie Eiferer für ein Fachgebiet, wie Besserwisser und Sektierer. „Dumm! Dumm! Dumm seid ihr!", schreit die autarke wahre Machina.

Zu den normsozialen Wahren, die Frieden lieben:

Die normsoziale wahre Menschenvariante liebt die Menschen in einem naiv positiven Sinne. Als Kinder sind solche Menschen „der gute Junge" oder „das liebe Mädchen". Diese Sichtweise der anderen Menschen stellt zufrieden fest, dass sie ganz gutartig sind. Andererseits wird mit wohlwollender Herablassung vermerkt, dass sie eher harmlos sind.

Sie sind als Kinder zutraulich gegenüber jedem Menschen, reden viel und gerne. Jeder kennt sie im Dorf. Sie fühlen sich von allen geliebt – wenn alles gut geht. Dieses Gefühl brauchen sie: das Gefühl der Harmonie und des Friedens. Sie strahlen aus: „Ich bin ein echt netter Mensch." Ein Kumpel, ein Kamerad.

Ich hatte bei der Kurzbesprechung dieser Menschen an das Märchen vom *Hans im Glück* erinnert. Sie sind an der inneren Ruhe interessiert, sie hängen nicht so sehr an Geld und Gut. Sie sind ausgesprochen selbstgenügsam, wenn sie denn in Frieden leben können.

Die Eltern, Autoritäten und Systeme verlangen: „Tu dies!"
Und die Friedliebenden sagen: „Mach ich!"
Denn sie sind gute Menschen.

Diese herzensguten Menschen werden sich um des lieben Friedens willen nach den anderen Menschen richten. „Wir essen chinesisch!" – „Gut, gut, ich kann das wieder einmal mitessen. Schmeckt mir immer noch etwas komisch. Aber ich sehe, ihr wollt es so gerne. Da will ich nicht nein sagen. Klar doch, ich komme mit. Es ist schön, mit euch zusammen zu sein."

Diese Menschen sind eigentlich am leichtesten von allen zu verstehen, oder? Sie beseitigen ihre Probleme, indem sie ihren eigenen Willen aufopfern. Sie schließen sich anderen an, feiern mit, arbeiten mit, freuen sich und leiden mit. Sie sind richtig nett.

Was wir nie wirklich verstehen: Wir töten langsam ihre Seele, wenn wir ihnen etwas abfordern, was sie uns um ihres Friedens willen gerne geben. Wir sagen: „Sei so nett!" Und sie antworten: „Ich bin so nett." Sie bezahlen viel für ein paar Momente der Harmonie. Wird es gut gehen? Wir bestehlen sie, die Harmoniebedachten, und diese sind uns dankbar dafür. „Meine Frau will eine Diät machen. Da habe ich gesagt, ich hungere gleich mit, damit sie nicht leidet, wenn ich esse, was mir Spaß macht. Jetzt geht es meiner Frau gut und ich freue mich so sehr." Es sieht so aus, als ob nette Menschen immer gewinnen. Sie sind gut, schenken etwas, geben etwas aus Herzensgüte und freuen sich mit dem Beschenkten, der nun mit Anerkennung auf den guten Menschen blickt. Alle sind zufrieden – solange der Friedliebende verströmen kann.

Der echte wahre Friedliebende mit der Alpha-Seele aber ist ein *eigener* Mensch! Nicht einer, der uns gehört. Er ist eigenständig mit eigenen Bedürfnissen und einer eigenen Seele. Eine Friedensseele spendet Ruhe, Gelassenheit und Einigkeit. Sie heilt, fühlt mit, ist sanft und geduldig. Wir anderen fühlen uns geborgen und wohl in ihrer Nähe, sie strahlt Unschuld und schlichte Einfachheit aus. Der Friedliebende erstrahlt im Gleichmut, er ist mit sich selbst in Frieden und eins mit sich.

Wenn Sie ein herzensgutes Kind bekommen: Ja, so könnte es werden.
Was aber tun wir?
Wir machen es zu einem guten Diener. Das Pflanzen der Machina in diesen Menschentyp ist vielleicht am einfachsten. Um der Harmonie willen wird „ein Friedensengel" zum Lakai. Normale Eltern finden daran lange nichts Schlechtes. Ein Kind, das tut, was sie sagen! Das ist doch schön?

Aus dem Friedensengel, den wir nie im Kind gesehen haben, wird ein Lakai, den wir uns eigentlich wieder wegwünschen. Dann ist es fast immer zu spät.
Wenn erst die Machina des Friedfertigen den Frieden zum obersten Pseudosinn erhoben hat, dann wird sie zu allererst einmal jeden Unfrieden von sich aus vermeiden. Die Machina des Friedfertigen traut sich nicht, in Auseinandersetzungen zu gehen. Sie vermeidet Zwist. Sie kuscht und gibt keine Widerworte mehr. Sie wird generell unterwürfig. Und dann merkt sie, dass es oft Unfrieden oder Unruhe gibt, wenn etwas wahrhaft entschieden werden muss. Wenn der Unterwürfige etwas entscheiden soll, selbst und einsam, dann muss er fürchten, dass andere Menschen an seiner Entscheidung Anstoß nehmen. Deshalb – so folgert seine Machina – trifft er am besten keine eigenen Entscheidungen mehr.

„Hallo, komm schnell von der Arbeit nach Hause. Der Fliesenleger fragt, ob die Schmuckfliese über den Herd oder über den Geschirrspüler soll. Er kann auch die Höhe variieren." – „Ist mir ganz egal. Schau, was am schönsten ist." – „Nein. Komm nach Hause und sag es ihm. Ich tue es nicht." – „Bist du verrückt, ich habe Dienst. Ich kann nicht weg." – „Es geht nicht anders, der Fliesenleger kann sonst nicht weitermachen. Es kostet 50 Euro die Stunde." – „Entscheide du!" – „Nein!"

– „Ich befehle es dir! Ich hasse dich!" – „Na, gut." Da steht er vor dem Fliesenleger. Seine Frau wird schimpfen. So oder so. Er hat furchtbare Angst. Er sagt, er müsse noch Einkaufen gehen und vertraue dem Fliesenleger vollständig. Schließlich sei er der Fachmann. Er geht weg, während der Fliesenleger entscheidet. Am Abend gibt es Streit. Er hat leider eine grausame Frau geheiratet, die mit nichts zufrieden ist. Sie aber hasst ihn in solchen Momenten, weil sie einen Waschlappen in ihm sehen muss. Er selbst glaubt, eine Hysterikerin zur Frau zu haben, die ihn drangsaliert. Er ist deshalb auf der Hut und fragt sie immer, damit sie nicht böse werden kann. Dann schreit sie ihn böswillig an – immer, wenn sie ihn fragt. Daran sieht er, dass sie sich auch nicht entscheiden kann! Sie will ihm immer die Entscheidung überlassen, um ihm dann das Falsche an der Entscheidung ankreiden zu können! Oh, das lässt er nicht zu! Er wird nie mehr in seinem Leben eine Entscheidung fällen. Das soll sie tun. Dann kann sie über sich selbst meckern. Er hat schon genug an dieser Welt zu tragen, den Frieden in einer solchen zankhaften Familie aufrechtzuerhalten. Er ist der Friedensengel. Ohne ihn würden sie sich umbringen, so aggressiv sind sie alle! Er allein trägt die Bürde der Welt. Er dient ihnen und wird beschimpft. Sie behandeln ihn wie Dreck, wie einen Lakaien. Die Frau aber träumt von einem echten Mann.

Die Frau träumt von einem starken unabhängigen, gelassenen Mann, der Ruhe ausstrahlt und heiter und geduldig ist. So war er, als sie heirateten. Irgendwann wurde er zum Waschlappen. Wie konnte das kommen? Wer konnte das voraussehen? (Sie war's. Er war's. Eskalation zweier Machinae.)

Wer zu unterwürfig ist und zu sehr dient, taugt bald zu nichts mehr. Er wirkt von außen wie ein „fauler Sack". Er rennt vor jedem Problem weg, weil man ihn daran aufhängen wird. Es ist so ein bisschen wie bei der Entstehung von Schizophrenie: Die Frau im Beispiel will einen König und prüft es dauernd nach. Der friedliebende Mensch friert unter der Bürde langsam ein und kann fast katatonwerden. Innen drin aber fühlt er, dass er durch sein Selbstopfer an einen bösen Herrn den Frieden der Welt rettet. Im Beispiel streitet er so sehr mit seiner unzufriedenen Frau, dass er den Weltuntergang heraufbeschwören müsste, wenn er nun noch selbst von sich aus zu streiten begänne! Seine Frau ist so ungeheuerlich unzufrieden – und da sollte er nun noch selbst Wünsche äußern oder Entscheidungen fällen?! Das wäre sicher das Ende der Welt. Seine Frau würde ihn töten, wenn er sich je traute, er selbst zu sein. Deshalb ist er ganz sicher, dass er nie er selbst sein darf, um den Frieden der Welt zu retten. Niemals wird er ein Selbst sein! (Und seine Frau schimpft und tobt, weil sie hofft, ihn einmal, ein einziges Mal aufrütteln zu können, damit er er selbst würde.) Da er nicht er selbst sein darf, frisst er alles in sich hinein. Sein Körper bäumt sich „somatisch" auf.

Dieses ganze Feld heißt als Persönlichkeitsstörung „die abhängige Persönlichkeit". Viele von den Abhängigen werden traurig, essen und trinken bis zum extremen Übergewicht. Natürlich bekommen sie auch dafür nun weitere Anklagen und weichen in ein heimliches Leben aus … Sie klagen, dass sie doch mit allem zufrieden sind, mit allem wenigen auf der Welt, nur die anderen kommen immerzu und wollen, dass sie sich ändern. Der Abhängige sammelt Abhängigkeit als Pseudosinn und merkt nicht, dass die anderen sich dadurch unendlich genervt fühlen. Und wissen Sie, was der Abhängige als größte Angst, als Weltende und Tod in sich fürchtet? Den Verlust des Herrn. (Im Beispiel den Verlust seiner Frau – Trennungsangst.) Dann bräche alles zusammen.

Die Machina des autarken wahren Menschen rettet ein Rest-Selbst vor der Welt in das Exil.

Die Machina des friedliebenden wahren Menschen exiliert das eigene Selbst im Austausch gegen Lob des Dienstherrn und erntet Sturm, in dem sie geduckt überleben muss.

Zu den liebenden wahren Menschen:

Die liebenden wahren Menschen strömen Liebe aus und versuchen im Grunde, eine gewisse Welterwärmung oder globale Klimaverbesserung zu erreichen. Sie möchten die Welt wärmer gestalten, weil sie als Pflanzen betrachtet darin besser gedeihen würden. Aber die Welt ist, gemessen an dem, was sie Wärme nennen würden, sehr kalt. Sie selbst spenden ja Wärme. Sie sind lieb zu den Menschen, tun ihnen allerlei Gefallen, schenken rote Rosen, sind romantisch. Jeden Tag sollte Valentinstag sein! Sie verströmen. Sie sind voller Gefühl, leiden mit, freuen sich mit, fühlen die anderen Seelen. Sie sind quasi mit einer besonderen Intuition für das Gefühlsleben zur Welt gekommen. Sie sind die geborenen emotionalen Intelligenzen.

Aber die Welt bleibt kalt und ungerührt normal. Sie bewegt sich nicht, wenn man ihr rote Rosen schenkt. Die Welt verlangt von allen, auch von den liebenden wahren Menschen, normal zu sein. Das missverstehen die Liebenden und schließen, dass ihre Liebe nicht erwidert wird. Daraufhin verstärken sie ihre Wärmeabgabe und lieben, lieben, lieben mit aller Kraft. Aber die Welt versteht sie nicht und bleibt ungerührt. „Sag mal, was tust du da, hör auf, immer zu lieben. Nun sei nützlich und trag den Müll raus. Dann bist du für uns lieb. Liebe muss man sich *verdienen.*" Da stirbt nach und nach die Liebe im Liebenden, dessen Liebe immer missverstanden wird. Und es dämmert ihm in einem schrecklichen Irrtum, dass vielleicht *an ihm selbst,* dem Liebenden, ein Makel sein könnte, dessentwegen die Liebe von den anderen nicht widergespiegelt wird?

Was ist an mir, dass die Welt so kalt ist? Und sie fragen in wachsender Verzweiflung die Eltern, die Freunde, die Kollegen: „Warum erwidert ihr die Liebe nicht? Was ist an mir?" Und sie werden alle immer antworten: „Nichts ist an dir! Außer vielleicht dieses eine: Du *spinnst!"*

Die anderen erwidern das Gefühl nicht, weil sie vergleichsweise viel weniger davon haben. Die gefühlvollen Kinder finden kaum jemanden, dem sie die Gefühle offenbaren können und der diese Gefühle versteht und würdigen kann. Sie fühlen in sich Stürme von Emotionen, mit denen vor allem sie das Leben um sich herum erfassen und beurteilen. Sie sehen in ihrer Umgebung, dass sie die Einzigen sind, die solche tiefen Gefühle in sich tragen. Sie sind die Einzigen, die tief leiden und himmelhoch jauchzen können. Ihr Herz nimmt teil. Aber die anderen sagen: „Du spinnst!"

Da bricht vielen Liebenden das Herz.

Sie fragen sich, wohin der Sinn des Lebens verschwunden ist.
Wo ist die Wärme?

Dieses Bild symbolisiert für mich selbst diese Frage. Petra Steiner hat es geschaffen. Ich weiß nicht, wen es darstellt, man kann es ja nicht wissen. Aber es ist Heike Ribke, das weiß ich. Die beiden suchen nämlich nach dem Sinn des Lebens, nach der Wärme der Welt – und sie wundern sich, wo sie geblieben sein mag, und was sie wohl falsch gemacht haben könnten, dass es so kalt ist. Dabei war die Welt immer nur normal kalt, also viel kälter als die beiden dachten. Und es liegt nicht an ihnen.

Das ist natürlich nur meine Meinung. Ich habe Petra Steiner gefragt, ob sie mich jetzt steinigt – ich will ja die Bilder nicht mit grob unkundigen Bemerkungen in meinem Buch versehen. Es fragt sich, was wahrhaft im Bild gesagt ist; es fragt sich außerdem, ob es auch so ausgedrückt ist, dass man das Gesagte verstehen *kann* (das ist die Aufgabe der Künstlerin); und schließlich fragt es sich, ob ich selbst nun genug verstehe, was gesagt wurde. Petra Steiner schrieb:

Ich werde hier versuchen, einige Worte zu dem einen oder anderen Bild zu finden, doch seien Sie nicht zu streng mit mir. Vielleicht können und wollen Sie etwas damit anfangen.

Oh Gott ist das schwer …

Zu dem Thema des Unsagbaren komme ich später noch im Buch, wo von Gott die Rede sein soll. Wir können über Kunst nicht so sehr viel sagen, weil Kunst das Unsagbare mitteilt. Die Malerin kann nur *in etwa* beschreiben, was sie fühlt – und wir müssen mit unserer eigenen Intuition aus ihren kleinen Andeutungen des

Unsagbaren in uns wieder selbst ein Unsagbares zusammensetzen. Wenn uns das gelingt, sagen wir, „wir fühlen es" oder „wir verstehen". Über das Unsagbare sprechen ist wie ein Göttliches beschreiben, das den Künstler anrührt. Und jeder weiß: „Gott – ist das schwer."

Die Frau am Meer: ... trifft sehr gut, Ihre Beschreibung. Wenn ich heute dieses Bild ansehe, stellt sich sehr schnell ein Gefühl ein, wie ich es Ihnen oben beschrieben habe. Es ist geradezu so, als ob jemand auf einen Knopf drückt und Klick, dieses Gefühl ist da. Ganz präsent und tief und nah. Es ist der Blick in die weite Leere, in dem das ganze Leben, mit allem was es zu bieten hat, Freud, Leid, Sehnsucht, Glück, Liebe, Hoffnung, Angst ..., für mich verborgen liegt. Ja für meine Augen ist es gerade in diesem Nichts, dieser Endlosigkeit besonders deutlich sichtbar und so überwältigend, dass ich es, da ich es doch selbst gemalt habe, nicht lange intensiv ansehen kann, weil es so tief und weit reicht – bis ins Unendliche.

Die wahren Liebenden leben in Gefühlsstürmen zwischen Freud, Leid, Sehnsucht, Glück, Liebe, Hoffnung und Angst – in Hoch und Tief – zwischen Geburt und Tod der Gefühle. Und sie müssen die Welt fast fürchten, die ihnen so kalt, berechnend und grausam vorkommen muss ... Und vor allem versteht die restliche Welt sie eben gar nicht! Und dieses Unverständnis ist wohl ein großer Teil der Kälte, die die Liebenden in der Welt so fürchten. Ja, wenn sie verstünden, dass es nur *Unverständnis* und nicht Kälte ist! Ja, was dann? Wahrscheinlich ist das eine wie das andere nur schwer zu ertragen, weil beides behebbar scheint, aber nicht wirklich ist. Wenigstens ist aber Unverständnis eine absolute Haltung im Unverständigen, während Kälte als etwas gegen den Unverstandenen gerichtet empfunden werden kann. Unverständnis ist kein Angriff gegen den Unverstandenen. Kälte könnte das sein. Unverständnis könnte der Unverstandene wenigstens mit Verzweiflung quittieren, aber Kälte erzeugt Depression – das ist schlimmer!

Die liebenden wahren Menschen finden kein Verständnis – so wie die autarken wissenden Wahren für ihr tiefes Verständnis der Welt höchstens Bewunderung finden, aber kein offenes Ohr. Immerhin sind die Wissenden ein bisschen besser dran – mit der Bewunderung. Intelligenz gilt ja immerhin viel. Emotionale Intelligenz aber wird erst in der heutigen Zeit entdeckt – und zwar von Leuten, die sie schon besitzen. Die emotional Intelligenten können also schon darüber reden, was in ihnen vorgeht – ein bisschen jedenfalls und schon so viel, dass sie sich gegenseitig verständigen können. Die mäßig emotionalen Intelligenten fühlen noch gar nicht, dass ihnen etwas fehlt.

Petra Steiner schreibt oben von einem Gefühl, dass sie „oben beschrieben habe". Ich habe diese Stelle viele Male gelesen und ihr dann abgerungen, sie hier wiedergeben zu dürfen. Ich hätte das selbst nie so wundervoll formulieren können.

Eben war ich eine Stunde joggen und es kamen mir unzählige Gedanken in den Sinn, die ich Ihnen diesbezüglich gerne mitgeteilt hätte. Und nun, eine Stunde später bin ich so überflutet von der Intensität dieser Gedanken, dass ich nicht in der Lage bin, sie zu ordnen, zu sortieren, zu selektieren, um sie für andere Menschen zugänglich zu machen. Es ist so viel in mir, und ich weiß nicht mehr, wo anfangen und wo aufhören.

Das passiert mir des Öfteren in sehr intensiven, bewegenden Momenten, meist allein, manchmal aber auch in Gegenwart anderer naher Menschen. Sind sie selbst nicht wahrer Natur, bekomme ich dann oftmals die Frage gestellt: „Was ist los mit dir, ist alles in Ordnung? Warum sagst du denn nichts?" Und ich versuche Ihnen dann mit hilflosen mageren Worten zu erklären, dass sich in meinem Innern ein solch überwältigendes Maß an Gefühl versammelt hat (oder wie auch immer man es nennen könnte), das mich so sehr einnimmt, so sehr berauscht und beglückt, dass ich in diesen Minuten oder auch Stunden einfach nichts weiter tun kann, als zu erleben und das mit allen meinen Sinnen, es mir in diesen Momenten unmöglich ist, zu agieren. Ich kann und will einfach nur sein, dem Leben und dem Sinn des Lebens so nah, mehr nicht.

Besser vermag ich es im Augenblick nicht zu erklären. Ich bin bisher nicht vielen Menschen begegnet, die diesen Gefühlsrausch zu empfinden vermögen ... Ich selbst bin fasziniert von diesen Momenten. Sie beglücken mich auf eine sanfte Art und Weise, geben mir Hoffnung und Zuversicht und Glauben und sie machen mir auch Angst. Dann, wenn sie in die Extreme wandern und ich das Gefühl der Kontrolle verliere. Das kann sehr schmerzhaft und anstrengend sein ...

Diesen Gefühlsreichtum verstehen andere Menschen nicht. Liebende können bis zur Raserei euphorisch werden und sich voller Leidenschaft in etwas stürzen. Das nennen wir anderen dann Manie oder „manische Episode der Depression". Liebende können voller Hass auf die Lieblosigkeit einschlagen, wie eine Mutter, deren Kind angegriffen wird. Liebende können verzweifelt weinen, weil alles dahin ist. Sie können sehnsüchtig am Meer sitzen, wo alles sein mag.

2. Psychozidversuche konvertieren das Ideale in Hass auf die Herrschaft

Die normale Erziehung wahrer Kinder versteht sie nicht. Manche wahren Kinder haben wahre Eltern. Mein Vater war ein wahrer Mensch, aber ein sehr introvertierter, wie ich auch. Er half mir nicht – oder doch? Ich wusste jedenfalls, wohin ich wollen sollte – andersswohin!

Das Unverständnis des Wahren führt dazu, dass den Wahren Wertungen von außen aufgezwungen werden, die sie keinesfalls innerlich akzeptieren können. In ihnen entsteht Hass.
    Die Wahren hassen die Welt, weil die die Wahrheit, den Frieden und die Liebe verrät.
    Die Welt will sie zwingen, normal zu sein.
    Das ist für die Wahren ein Psychozidversuch. Der Hass flammt höher.

Die Autarken ziehen sich in Klöster oder vor Linux-Computer zurück. Sie werden Wissenschaftler und Ingenieure. Hier drückt die Herrschaft der Welt nicht.

(In heutiger Zeit setzt die Welt ihnen nach! Die Kirchen und Universitäten werden kostengünstig gemanagt und evaluiert. Die Ruhe ist für die Autarken dahin. Wohin sollen sie jetzt?)

Die Normsozialen verzweifeln am Unfrieden der Welt, den sie auch nicht durch Selbstaufgabe eindämmen können. Sie suchen Arbeit in Pflegeheimen oder in Missionen. Kann irgendwo noch dem Guten gedient werden?
(Die Leistungsgesellschaft will den supramanen Menschen, der sich vordrängt, um die Nummer eins zu sein. Keine Chance für das Friedfertige!)

Die Liebesstromstarken verzweifeln an der Kälte der Welt und neigen zu leidenschaftlichen Verzweiflungsausbrüchen und Rückzug in Depression.
(Unsere Zeit propagiert rücksichtslos das so genannte Objektive. Gefühle werden ins Kino und die Boulevardpresse verbannt. In uns Menschen aber nehmen die Depressionen zu.)

Die Psychozidversuche der normalen Systeme lassen in vielen wahren Menschen eine Art „Ideetrieb" entstehen, entlang dessen ein Ideal verfolgt wird. Die wahren Menschen suchen sich eine Nische, in der sie artgerecht in dieser Welt leben können. Es gibt viele, die im Alpha-Modus wirkliche Idealisten sind und viel Seele in ihre Weltbestimmung investieren.

Viele wahre Menschen aber sind schwer durch das System oder die Erziehung verletzt worden. Sie kämpfen für Ideen im Beta-Modus: Sie greifen das System über die Idee an. Delphinschützer, Vegetarier, Antiatomkämpfer hassen oft auch die Gesellschaft. Antialkoholiker erklären mit einigem Recht die Nation für krank. Umweltschützer gehen mit großem inneren Grimm vor. Da mischt sich in das Ideal der Hass des Kindes auf die Eltern, die immer sagten: „Du spinnst!" Da lässt die stetige Abweisung durch das Normale das Ideale hasserfüllt aufheulen. Die beta-wahren Menschen sind die, die den Hass in ihre Idee hineinfließen ließen.

Dieser Hass der Beta-Idealisten macht vieles zunichte, auch das, wofür sie kämpfen. (Zum Beispiel ist im militanten Feminismus viel Hass auf die Welt. Hilft das der Sache?)

3. Lichttod und Lichttraum durch Polfilter

Da sich die wahren Machinae vor dem Unreinen fürchten, *also vor fast allem*, sehen sie die Welt oft voller Dunkel. Stellen Sie sich die wahre Machina mit einer Sonnenbrille vor, die in den Gläsern Polarisationsfilter hat. Diese kurz auch Polfilter genannten Gläser lassen nur Lichtwellen einer bestimmten Richtung durch. Bekanntlich bekommt ja alles reflektierte Licht eine andere Ausrichtung. Man kann deshalb Polfilter beim Fotografieren benutzen, diese anderen Lichtarten herauszufiltern. Dann ist auf den Fotos der Himmel so furchtbar blau, wie Sie ihn nur in Prospekten sehen. Das Himmelsmilchige oder das Silberige auf an sich grünen Blättern ist reflektiertes Licht. So könnten wir uns einen Polfilter vorstellen, der alles Unechte herausfiltert und nur das Wahre durchlässt? Der nichts Heuchlerisches zum Gral lässt? Der erbarmungslos nur das zeigt, was echt ist?

Dann kommt vielleicht nur noch ganz wenig durch den Polfilter hindurch. Und die Welt mag sehr dunkel erscheinen. Das Grelle, Schrille ist fort, kein schneidendes Weiß mehr da, das in die Augen sticht. Ist irgendwo noch etwas Wahres? Gibt es mehr als diese Welt? Können wir hoffen? Ich stelle mir den Anblick der Restwelt vor wie auf einem Bild von Petra Steiner.

Heike Ribke nennt es „Hoffnungsenergie". (Mir fällt dazu eine Aussage zur Depression ein … Wie war das? Ungefähr so: „Depression ist wie Vulkan. Er scheint unruhig und schwelt. Tief innen fließen die zu Feuer geschmolzenen Emotionen. Sie stehen unter gewaltigem Druck, aber wir sehen außen nur Rauchschwaden und selten spritzende Lavafetzen …" Wo habe ich das gelesen? Ja, so muss Depression sein! Und dann wäre Schizophrenie genau andersherum? Da fallen externe Emotionen wie ein glühender Lavaregen auf den Hilflosen nieder, der nicht weglaufen kann. Er kann nur stehen bleiben, chaotisch herumlaufen oder zu erklären versuchen, was das ist, was auf ihn einströmt: eine Feuer spritzende Macht? Berührt ihn Gott?)

Petra Steiner schreibt zu diesem Bild:

An diesem Bild hänge ich sehr. Es war das erste. Ich hatte so viele Jahre den Wunsch zu malen, mir jedoch nie Zeit und Mut dafür genommen. Es ist in einem Augenblick entstanden, in dem ich tatsächlich die beiden Extreme in mir trug, die sie beschreiben. Einer der intensivsten und innigsten Tage meines Lebens, an dem ich so viel Kraft und Energie in mir trug, dass ich Gefahr lief, die Bodenhaftung zu verlieren. Doch die dunkle Seite, die mich zu der damaligen Zeit noch deutlich unmittelbarer und härter einnahm, zog mich wieder schonungslos hinab in ihre Tiefen. Auch wenn ich mir in diesem Augenblick der Dunkelheit nicht bewusst war, sie war stärker gegenwärtig, als mir lieb war.

So suchen die unverstandenen wahren Kinder mit wenig Lebensgeist im Exil nach Hoffnungsenergie. Sie hoffen kaum auf die Hilfe der Welt.

Die sagt: „Du spinnst!" Und sie meint, jeder habe es glatt selbst in der Hand, einfach ein richtiger Mensch zu werden. Durch „appropriate behavior", wie es die Amerikaner ausdrücken. Oft ist dieser zusätzliche Kälteschock auf ein flehentliches Lebensgebet wie ein Tod der Seele, so schlimm und schwarz. Kann es in einem solchen Moment überhaupt Seelen geben?

Selbstvergessen: Ich glaube, diese Selbstvergessenheit war lange Zeit in meinem Leben mein stiller und treuer Begleiter. Manchmal wurde ich gefragt: „Wo bist du denn, wenn du Stunden regungslos aus dem Fenster starrst, dort gibt es doch gar nichts zu sehen?" Im Außen gab es auch nichts zu sehen. Dort hielt ich mich auch nicht auf. Das Außen - die Aussicht aus dem Fenster, bot nur den Rahmen für meine inneren Welten. Mit Rahmen lässt sich dort länger verweilen, das empfinde ich auch heute noch so (siehe die Frau am Meer – rahmenlos, deshalb so weit und intensiv).

4. Hüte dich vor der Hölle – über Teilkulturen

Die natürlichen Menschen gehen vielfach in die Subkultur, um ein eigenes Leben zu führen. Subkulturen sind aus meiner Sicht eine Protestkultur, die aus der normalen ausbrechen will. („Ihr einen Vogel zeigen!")

Die wahren Menschen aber flüchten in Teilkulturen, in denen das Seelenklima für einen wahren Menschen geeignet erscheint. Teilkulturen sind der Versuch, eine Art bessere, exemplarische, authentische Kultur zu leben, die unter normalen Massenbedingungen nicht möglich erscheint.

Teilkulturen stellen sich über die normale, etwas verächtlich empfundene Kultur. Sie separieren sich nicht von ihr, sondern idealisieren sie für sich selbst.

Teilkulturen finden wir zum Beispiel in Friedensbewegungen, Umweltverbänden, in Klöstern und Universitäten, in der Opensource-Bewegung (Linux, Wikipedia). Dort findet das Ideale eine Heimstatt. Die Idealisten rotten sich zusammen und poolen ihre Kraft gegen das Richtige, dem sie allein ausgeliefert wären. In den Teilkulturen entrinnen sie dem eingepassten, befleckten Einheitsleben.

Die richtigen Menschen bekämpfen die Subkulturen, denn sie wittern dort Feindschaft. Sie halten sich aber auf Teilkulturen viel zugute. Sich *selbst*! Die Masse der Menschen versteht zwar wenig von Theologie, von Wissenschaft oder Kunst, aber sie weiß, dass eine Nation wahrscheinlich nur groß ist, wenn sie hohe Teilkulturen in ihr fördert. So bekämpft sie nur die Subkulturen, spendet aber für Teilkulturen Fördermittel. Das Ideale ist der Gesellschaft als Schmuck willkommen und wichtig. Das Ideale „spinnt", aber es sieht wunderschön aus. Wir brauchen es.

Das ist leider seit einigen Jahren nicht mehr klar. Die Wissenschaft wird gerade von Grund auf in eine Servicelandschaft verwandelt. Wissenschaft ist nicht mehr frei, die Kunst wird an die Kette gelegt. Alles muss den Nutzen nachweisen. Theater, Universitäten und Kirchen sollen von Eintrittsgeldern leben. Die Kirchen gehen nieder. Gott zieht aus, die Kirchen leeren sich, die Kirchensteuerquellen versiegen und zwingen zum Abbau der Ausgaben. Es gibt keine jungen Leute mehr, die Pfarrer werden wollen. Ihnen fehlt der Glaube an einen Job für die Ewigkeit. Gute Wissenschaft ist solche, die sich verkauft. Gute Kunst verkauft sich ohnehin? Das Wahre verfällt in dieser Zeit, weil die supramane Gesellschaft „auf dem Nutzentrip" ist, der auf Spitzenforschung schielt, die durch Gehalts- und Anreizsysteme geschaffen werden soll. Genauso ereilt es derzeit die Subkulturen der Computerfreaks, die allein für sich vor dem Bildschirm Werte wie Künstler erschaffen konnten und glücklich dabei waren. Nun steht eine Stoppuhr neben ihnen oder schon eine Glasfaserkabelstandleitung nach Indien. Die gemeinnützigen Einrichtungen kämpfen um die Spenden der Bevölkerung mit modernen Marketingmethoden. Sie professionalisieren das Nächstenliebe-Business. Wer hat den besten Spenden-Throughput? Die geringsten Verwaltungskosten? Die größten Effizienzen und Marktanteile? „Nur die besten Nächstenliebe-Organisationen können sich in dieser harten Umgebung des Spendenkampfes behaupten. Unprofessionelle Nächstenliebe wird der Marktbereinigung zum Opfer fallen. Die Spender verlangen effiziente Nächstenliebe für ihr sauer gegebenes Geld, die ihren Nutzen auf Heller und Pfennig nachweisen kann. Nächstenliebe lässt sich heute nicht mehr so nebenher im Ehrenamt betreiben. Man braucht eine ausgeklügelte internationale Love-Logistik." Die Pflegeheime logistifizieren sich. In den Zimmern mehren sich die Scorecards und Abrechnungsbögen. „Windelkontrolle, halbtrocken, vier Uhr nachts. 2 Arbeitswerte." – „Sie haben auf Grund von Wasserfüßen nach neun Monaten den Anspruch auf sechs Siebtel Maßschuhe erworben, der wegen eines neuen Gesetzes zum Quartalsbeginn verfällt. Es wird die Anschaffung eines Teilschuhs empfohlen, der ..." Die Arbeit der Teilkulturen, eben die der Pflegeberufe, der Wissenschaftler, der Künstler, der kirchlichen Kindergarten und Krankenhäuser wird „professionalisiert", also so gestaltet, dass sie Teil der normalen Kultur wird. Dadurch stehen heute die meisten Teilkulturen und auch das Authentische und Idealistische vor dem Teiltod.

Für viele Menschen ist nun der Weg versperrt, von dem sie sich eine Umgehung der normalen Hölle erhofften.

5. Schlussbemerkung über Machinae im Allgemeinen

Wir sind jetzt durch die verschiedenen Arten der Beta-Seelen gegangen. Ich habe Ihnen möglichst ohne Schonung die harten Leiden dargestellt. Die natürlichen Machinae leiden unter der Langeweile des normalen Lebens, unter seiner Saftlosigkeit und seiner Armut an Abenteuern. Es gibt nicht mehr viele Berufe wie wandernde Gesellen oder Matrosen! Die Natürlichen leiden am Zwang zur Einpassung. Die Richtigen leiden an der Überkonditionierung, die sie in Hirn und Instinkt spaltet. Sie erfahren sie als Angst oder Lähmung. Die Wahren werden erbarmungslos ihrer letzten Zufluchtsstätten beraubt, weil die Effizienz die Welt unter (unbewussten und unbeabsichtigten) Seelenmord der Wahren erobert. Wenn es keine Kirchen und Bibliotheken mehr gibt – müssen wir Wahren dann vorm Computer sitzen und surfen? Oder ehrenamtlich an Gutem arbeiten?

Alle Menschen bekommen von der Gesellschaft mehr oder weniger schwere Wunden zugefügt, gegen die sie sich stemmen.

Perlmuscheln überall.

XVIII. Die Wohlgestaltung des wahren Menschen

1. „Verstehen und annehmen – nicht loben!"

Nehmen Sie einfach an, dass wahre Menschen ein sehr empfindliches Seismographensystem haben, also einen ganz leicht verletzlichen Instinkt.

Wenn Sie ein natürliches Kind bestrafen, wirkt das wohl gut für eine Stunde oder zwei, dann aber geht es wieder „los". Das richtige Kind ist bei Strafe viel empfindlicher und „merkt sich das". Es „macht es nicht wieder". Das wahre Kind erschrickt bei einer Strafe, weil es offenbar entweder falschen Prinzipien folgt oder weil es nicht geduldet wird, dass es an seinen als wahrhaftig empfundenen Prinzipien festhält. Im ersteren Fall wird es sich schnell ändern. Im zweiten Fall wird es schwer leiden. „Der Idealist soll und darf nicht dem Ideal folgen? Und nun?" Es kann dann eine Strafe sehr überinterpretieren. Es generalisiert die Strafe und sieht gar nicht so sehr sein Fehlverhalten bestraft, sondern die eigene *Person* angegriffen oder in Frage gestellt.

Wenn Sie wollen, dass ein wahres Kind bei Ihnen bleibt, schreien Sie nicht herum, schlagen sie es nicht, klatschen Sie auch nicht laut in die Hände. Seien Sie einfach eine Größenordnung „leiser" und aufmerksamer, wenn etwas falsch ist. Nie: „Du bist dumm!" Nie: „Mami hat dich bis übermorgen nicht lieb!" Das ist für andere Kinder auch schlimm, aber diese erholen sich schneller und passen sich an. Das Übersensitive, Empfindliche oder Hyperästhetische zuckt zu schnell zusammen und am Ende haben Sie mit nur normaler, „gesunder" Härte plötzlich ein hyperästhetisches Kind erzeugt.

Wahrscheinlich ist es für Eltern und andere Nichtwahre sehr schwer, das wahre Kind zu verstehen. Dann haben sie ein Problem, denn das Kind fühlt sich nicht verstanden. „Kind, dich versteh' einer!" wird zu Rückzug eines „verkannten Genies" oder zur Depression der Form „keiner liebt mich". Das friedliebende Kind verirrt sich zu der Frage: „Wie wollt ihr mich haben?"

Wenn Sie also ein zartes Kind nicht verstehen, verletzen Sie es dadurch und *gerade in diesem Augenblick*. „Dich versteh' einer!" tut sehr weh. Wissen Sie das? Ich erzähle zum Beispiel in diesen Tagen oft von meinem neuen Buch *Topothesie*. Menschen in meiner Nähe werden wohl langsam närrisch und mögen das nicht hören. Sie denken wohl, „er muss immer wieder davon anfangen, will wohl bewundert werden, das will ich aber nicht dauernd". Aber ich klage nur innerlich vor mich hin, weil ich allein bin. „Mich versteht keiner." Außer Ihnen am Ende dieses Buches natürlich. Dies hier im Buch ist so etwas wie „ich". Ich schreibe es auf, damit Sie mich endlich verstehen, vielleicht auch, dass ich mich selbst verstehe. Ich fühle etwas in meinem neuronalen Netz in der rechten Gehirnhälfte und würde gerne wissen, was es ist. Ich schreibe es mühselig auf. Machen Sie einen Versuch mit Ihrem computersüchtigen *wahren* Kind, wenn Sie eins haben. (*Natürliche* Kinder sind *anders* computersüchtig. Sie ballern damit oder suchen allerlei Filme im Netz. Aber sie verstehen den Computer an sich nicht. Sie *nutzen* ihn nur.) Der Versuch: Sie stellen sich hinter das wahre Kind an den Computer und fragen: „Was ist das?" Und dann bekommen sie eine tagelange Vorführung und Vorlesung, was dort alles geschieht. Nach fünf Minuten sind Sie gelangweilt, vielleicht sogar aus Prinzip schon früher („Computer sind doof!"), wenden sich ab und sagen etwas unwohl: „Aha." Schauen Sie jetzt in die Augen Ihres armen Kindes! Es weint leise in der Seele und weiß, dass Sie jetzt *wieder* nicht verstehen. Sie werden *nie* verstehen. Das Kind ist wieder allein. Sie werden sagen: „Kind, komm und sitz ein bisschen mit uns am Esstisch und nimm am Gespräch teil!"

Das sagen die richtigen Menschen! Sie wollen immer, dass man *zu ihnen* kommt, weil sie normal sind. Das wahre Kind soll zum normalen Tischgespräch dableiben. Aber die richtigen Eltern hören sich im Gegenzug keine einzige Vorführung am Computer bis zum Ende an. „Pfui, was für ein doofes Spiel!" – „Ach, weißt du, ich verstehe das nicht!" Damit peitschen sie ein wahres Kind aus. Es hört: „Pfui, du bist schrecklich!" und „Ich interessiere mich nicht für dich!"

Wenn aber ein natürliches Kind im Garten einen Handstandüberschlag vollführt, dann klatschen Sie als Eltern doch wenigstens begeistert in die Hände, nicht wahr? „Toll, clever gemacht! Großartig!" Aber das Kind, das Ihnen den Chemiebaukasten erklärt oder ein Gedicht von Rilke vorliest? „Ach, Kind, lass mich doch!" Natürliche Kinder hören „Great!" Richtige Kinder hören „Brav!" Wahre Kinder aber werden nicht verstanden. Sehen Sie doch bitte dies vor allem ein: Es tut ihnen weh, wenn Sie sie nicht verstehen. Es tut ihnen weh, wenn Sie sie etwa derart loben: „Schön, dass du so gerne mit dem Baukasten spielst. Da hat sich mein Geschenk gelohnt. Ich freue mich über dich. Ich habe aber gar keine Ahnung, was du machst." Warum sagen Sie das immer? Immer und immer? Zum Musiker: „Von Musik verstehe ich nichts." Oder zu mir als Mathematiker: „Mathe ist doof." So hören die wahren Kinder immer wieder heraus: „Du gehörst nicht zu uns." Im besten Fall noch: „Du bist besonders." Da das der beste Fall ist, erziehen Sie aus Unverständnis eine wahre Beta-Seele heran, deren Machina schließlich danach lechzt, immer wieder zu hören: „Du bist besonders." Diese Art von „Anerkennung" sollten Sie sich ganz verkneifen können. Besonderssein ist eine schmuckvolle Form von Anderssein. Das riecht schon wieder nach Exil. Gute wahre Kinder aber bleiben unter uns. Sie mögen wirklich besonders sein, aber bitte *machen Sie es nicht zum Thema*, sonst verselbstständigt es sich in einer Machinakonstruktion.

Wenn Sie also ein wahres Kind haben, sollten sie es vor allem *verstehen*. Dann gehört es zu Ihnen. Das Intuitive ist ohne weiteres Hineinknien von außen nicht verständlich, es ist nicht unmittelbar klar, was in dem neuronalen Ideengewühl des Kindes eigentlich vorgeht. Es dauert also, bis man versteht. Es dauert auch lange, bis sich das wahre Kind *selbst* versteht. Das liegt an der mathematischen Struktur der neuronalen Netze „in der rechten Gehirnhälfte", die sehr lange durch Nachdenken trainiert werden müssen, bis sie brauchbar oder gut funktionieren. (Sehen Sie alles genauer in *Omnisophie* nach.) Und es dauert noch viel länger, bis man versteht, *wie* sie funktionieren. Ich meine: Es braucht seine Zeit, Intuition aufzubauen. Klar. Aber man braucht viel länger, um die eigene Intuition zu verstehen, wie sie wirkt, was sie leisten kann, wann man ihr vertrauen soll. Wenn Sie also ein wahres Kind verstehen lernen, indem sie sich mit ihm auseinander setzen, dann wird es von Ihnen trainiert und dabei lernt es sich selbst verstehen und entwickelt sich damit weiter. Immer weiter. Dank Ihnen.

Mir helfen die Leserbriefe an *dueck@de.ibm.com* sehr, mich zu verstehen und weiter zu entwickeln. Manche von Ihnen wundern sich immer noch, dass ich wirklich antworte. Aber! Dann verstehe ich mich doch selbst besser, wenn ich Ihnen antworte! Viele Leserbriefe pressen das Letzte oder besser das Beste aus mir heraus. Und ich freue mich, dass Sie mich verstehen wollen. Da bin ich nicht allein. Und ich verstehe Sie, das ist schön. Und wenn Sie auch ein wahrer Mensch sind, verstehen wir uns. Das ist viel.

Das Patentrezept lautet also: Hören Sie hin, wenn ein wahres Kind Ihnen komplizierte Dinge über Wahrheit, Frieden und Liebe erzählt. Loben Sie es nicht! Verwundern Sie sich nicht! Bitte! Hören Sie zu! Noch einmal: *Loben Sie es nicht!* Sie sollen es *verstehen*. Nicht loben. Das macht mehr Mühe, ich weiß. Aber genau das ist verlangt und sonst nichts. Wenn ein liebes Kind erzählt, dann verstehen Sie bitte einfach dessen Gefühle und loben Sie es nicht. Noch einmal: *Loben Sie es nicht!* Sie sollen es *verstehen*. Das ist schwer, aber genau so nötig.

Bei IBM gehe ich mit diesen Gedanken hausieren. Manager dieser Welt! Bitte, bitte: Lobt die Techies und Geeks und Freaks am Computer nicht! *Versteht* sie. So sehr viel *mehr* wird von euch verlangt! Und weil die meisten Manager richtige Menschen sind und eben nicht ihre Mitarbeiter am Computer, im Labor oder am Baukasten verstehen, deshalb gelten Manager bei Techies als „dumm". Sie klagen oft: „Mein Chef *versteht* nichts!" Und sie meinen eigentlich: „Er versteht nicht und weiß nicht, was ich tue. Er kokettiert sogar damit, dass er keine Ahnung hat." Und sie befürchten: „Er schätzt mich nicht." *Er kann sie ja gar nicht schätzen können, wenn er sie nicht versteht!* Die Liebenden unter den Wahren reagieren ähnlich, wenn sie dem Chef nicht die Beweggründe und das Vertrauen aussprechen können. „Er versteht mich nicht", sagen sie und befürchten: „Er liebt mich nicht." Und im Rückzug vom Chef denken die Wahren, so oder so: „Er ist ein leerer Mensch." Das denken sie, aber sie sagen es ihm selbst nie.

Wenn Ihr Kind voller Gefühle ist, dann sagen Sie nicht: „Du schwärmst! Du träumst!" Treten Sie in seine Welt ein, das wäre schön – auch für Sie.

Petra Steiner schrieb mir über das Malen. Die drei Ausrufezeichen sind authentisch von ihr. Sehen Sie! Ich bin nicht allein mit meiner Mutter, die immer etwas unglücklich ist, dass ich Cheftechnologe bei IBM bin. „Als du noch Professor an der Uni warst, konnte ich allen sagen: Er ist Professor. Und nun?"

Schon als Kind habe ich gerne gemalt oder war gerne kreativ im künstlerischen Sinne. Doch ich kann mich kaum an ein Bild erinnern, mit dem ich jemals zufrieden gewesen

XVIII. Die Wohlgestaltung des wahren Menschen

wäre. Nie, bis auf wenige Male, war das, was ich gemacht habe, gut genug. Natürlich stellt sich die Frage, gut genug für wen? Meine Mutter war immer begeistert und hat mich fleißig gelobt!!! Es kam immer von Herzen, dessen bin ich mir sicher, doch vermochte es mich nie zufrieden zu stellen. In meinen Kinderaugen war es (oder ich) nach wie vor nicht gut genug. Dieses Phänomen hat mich all die Jahre über begleitet und ist auch heute noch Teil meines Lebens. Wenige der Bilder, die ich gemalt habe, finde ich „ganzheitlich" gut und es nagt und zehrt an mir und nagt und zehrt ...

Natürlich liegt im Malen auch die Sucht verborgen, etwas „Besonderes" zu schaffen, etwas, was nur mir zueigen ist, wofür mich andere mit großen Augen ansehen und sagen, wenn ich das auch nur könnte. Es tut weh, sich das einzugestehen, man fühlt sich dabei so jämmerlich und erbärmlich, doch ich glaube, noch trage ich Teile dieser Sucht in mir, wenn sie auch mit der Zeit zu schwinden scheint. Streichen wir die Sucht, dann bleibt die Sehnsucht (Schon wieder eine Sucht? Das fällt mir gerade erst auf ...), mich anderen Menschen mitzuteilen anhand der mir geschenkten Fähigkeiten. Dabei geht es mir nicht um mich (das hoffe ich zumindest innigst), sondern ich sehe mich vielmehr als Vermittler, der versucht, den Menschen eine Botschaft zu überbringen ... der sie berühren, bewegen, erinnern möchte ... an was? An das, woran ich glaube - das irgendwo in uns allen verborgen liegt. Manche haben es (leider) noch nie kennen gelernt, manche haben es vergessen, manche verdrängen bewusst und einige wenige richten ihr Leben danach aus, können dank Glück, Kraft und Mut unter den anderen bestehen oder aber fechten im schlimmeren Fall einen harten Lebenskampf aus. Manchmal fehlt ihnen die Kraft zum Überleben.

Sie wissen sicher, wovon ich spreche. Doch wie lässt es sich in Worte fassen? Ist die „Weltenseele" ein guter Begriff dafür, die doch alles wie Liebe, Kraft, Energie, Glaube, Hoffnung, Zuversicht, Schönheit, Glanz aber auch den Mut zur Schwäche und Trauer ... in sich trägt.

Wenn ich nur einen Funken dessen, was an manchen Tagen, in manchen Stunden mein Leben so unendlich wertvoll und reich macht, anderen Menschen über meine Bilder vermitteln kann, dann macht es einen „Sinn", dieses Leben.

Seltsam, im Schreiben wusste ich noch nicht, was ich Ihnen dazu sagen könnte. Ich hatte viele Gedanken damit verbracht und dann, kommt es unerwartet ohne großartige Anstrengungen in meinen Sinn, das, wonach ich etwas verzweifelt gesucht hatte.

Ganz einfach.
Manchmal glaube ich wirklich, könnten wir uns von all diesen Barrieren, den äußeren und inneren befreien, das Leben wäre so, nämlich ganz einfach.

Unsere Mütter haben uns *besonders* gesehen, was unserer Machina sicher gut getan hat. Aber im Grunde wollen wir uns mit anderen austauschen und im Verstehen gemeinsam *werden und wachsen*. Fühlen sie den Beta-Geruch des Lobes einer Mutter? Es kann sogar sein, dass mindestens meine Mutter sich im Lobe nur freut und sonnt und gar nichts weiter mit mir anstellen will. Sie darf sich ja auch freuen. Aber wie viel schöner wäre es, sie läse dieses Buch? „Ach Kind, ich verstehe davon nichts. Das weißt du doch genau." Und Petra Steiner wäre es sicher lieber, Sie würden ihre

Bilder trinken und aufsaugen und in Sinn verwandeln. Sie können sie auch loben, natürlich *(steiner-petra@t-online.de)*, aber lassen Sie sich lieber Bilder schicken. Das macht Sinn.

Lob ist Beta. Deshalb habe ich das alles etwas scharf formuliert – den Gegensatz vom Loben und vom Verstehen. Sie werden jetzt leider, leider fast alle beim Lesen denken: Ich soll nicht loben? Was ist denn am Loben schlecht? Und wenn Sie jetzt ein ganz wahrer Mensch sind, werden *auch* Sie denken: Ich habe gar nichts gegen ein Lob! Ja, *wenn* mich einmal jemand lobte! Das wäre schön! Und da kommt Dueck und will das Loben abschaffen? Warum?

Ich wollte gar nichts gegen das Loben sagen. Es ist die normale Form der Zustimmung, wie sie für den normalen Menschen designet wurde. Das Loben ist „positive reinforcement" oder die so genannte „positive Verstärkung" beim Konditionieren oder Dressieren. Sie alle, liebe Leser, haben sich daran gewöhnt und nehmen ein Lob oder jedes Lob gerne hin. Für wahre Menschen ist aber das Lob nicht die richtige Art. Das Anfeuern auch nicht! Das ist für natürliche Menschen artgerecht. Das Artgerechte für wahre Menschen ist das Verstehen. Wenn Sie nun ein wahrer Mensch sind und leider schon mit Lob zufrieden sind, dann werden die Menschen bestimmt beim Lob halt machen und Sie eben nie verstehen, nur loben. Das bedroht Sie nicht, aber Sie führen damit ein normales Leben, für das Ihre Machina Lob und Bewunderung speichert. Wirklich glücklich werden Sie damit nicht. Es ist so ein Unterschied wie „Freunde haben" oder von allen gesagt zu bekommen, man sei „ein toller, guter Kerl". Gemeinsames Verstehen ist Alpha.

2. Das wahre „Verstehen" ist wie Werden

Warum ist der wahre Mensch so darauf aus, verstanden zu werden?

Der wahre Mensch vertraut auf seine Intuition. Diese ist wie ein Entscheidungsapparat, der auf eine Frage von außen hin eine „untrügliche Antwort fühlt". Es ist dem Intuitiven oft selbst nicht wirklich klar, wie dieses Gefühl entsteht. Die Intuition ist in gewisser Weise die Summe seines Lebens als unendlich zusammengefaltete Formel, die nur Ergebnisse liefert, selbst aber niemandem bekannt ist. Die Intuition ist wie eine Black Box.

Wenn ein Intuitiver artgerecht aufgezogen werden soll, muss diese Intuition geschult werden! Aber zunächst, noch vor dem Schulen, muss das Wesen der Intuition von den anderen Menschen verstanden werden. Intuition bildet sich durch stetes Beobachten der Welt, durch Fühlen der Seelen und dem Vergleichen der intuitiven Entscheidung mit dem „richtigen" Ergebnis. Ein wahres Kind sieht etwas, die Intuition fühlt etwas. Später stellt sich heraus, ob die Intuition trog oder richtig war. Je nachdem wie es ausging, lernt die Intuition. Es ist wie das Lernen eines Menschen, der versucht, die Zukunft zu erraten. Ja, so! Dazu sagt dieser Mensch zur Probe die Zukunft voraus und vergleicht dann das spätere Ergebnis mit seiner Prognose. Je nach Erfolg seiner Prognose stellt er seine Prognosestrategie feiner ein, bis sie zum

Schluss wirklich funktioniert. Dann fühlt er in sich die „untrügliche" Intuition, auf die er nun immer stärker vertraut und vertrauen kann.

Es wäre daher besser, die Mitmenschen des Intuitiven gäben ihm eine Menge Rückmeldungen, wie sie über seine Prognosen denken. Dadurch schult sich der wahre Mensch. Er liebt es also, unentwegt über die Themen der Wahrheit, des Wissens, der Zukunft, der Liebe und des Weltfriedens im weitesten Sinne zu reden, zu diskutieren und Dialoge zu führen, am besten mit den großen Gurus. Die wahre Schulung der Intuition erfolgt beim Philosophieren mit Sokrates wie in Platons Dialogen. Eine wichtige Frage wird aufgeworfen und die Antworten verschiedener weiser Menschen werden hin und her gewendet. Es geht um das Ringen um gegenseitiges Verstehen. Dadurch schult sich langsam die Intuition. Das intuitive Denken lernt langsam (wirklich: langsam) die Zusammenhänge zwischen den Dingen, ihre Wechselwirkungen und Abhängigkeiten. Es geht bei einer Diskussion nicht darum, eine endgültige Wahrheit festzustellen. Es ist wichtig, alle klugen Gedanken zu einem Thema in sich zu verarbeiten und damit die Intuition zu schulen. Pfui die Beta-Störer, die amtliche Meinungen verteidigen! Weg mit den Kampfhähnen, die nur beeinflussen wollen! Das ist alles Beta oder Nicht-Wahres!

Das Philosophieren denkt um des klugen Denkens willen. Dadurch verändert sich das neuronale Netz des wahren Menschen. Es wird reicher und weiser. Das Verstehen der Welt und der Seele aller Menschen bringt die Intuition zur Entfaltung. Je mehr „Futter" dem neuronalen Netz gegeben wird, umso mehr kann es an Tiefe gewinnen. Es saugt die Seelen und die neuen Dinge in sich auf und arbeitet sie quasi in das Gehirn ein. Hier findet genau das statt, was der klassische Bildungsbegriff umreißt: „Das Wertvolle wird in eine persönlich verfügbare Form gebracht."

Deshalb bewegen die wahren Klugen das Wissen der Welt hin und her und machen sich eigene Gedanken. Sie lieben es, Gedanken und Ideen auszutauschen. *Nicht* aber: Wissen! Nicht: Kaffeeklatsch und Smalltalk. Nicht *Wissen!* Das sind keine Gedanken. Wissen ist ein Begriff des richtigen Menschen, der damit sein Gehirn wie eine Computerfestplatte füllt. Dem Wahren ist es wichtig, eine ganzheitliche Vorstellung von allem zu bekommen. Da hilft das Wissen nur bedingt. Es geht vor allem um das unendliche Wiederkäuen von Zusammenhängen und Querverbindungen, die das Entstehen einer guten Intuition, eines guten ganzheitlichen Erfassens möglich werden lassen. Deshalb müssen Zusammenhänge und Wechselwirkungen immer wieder diskutiert und gewälzt werden.

„Durch Auseinandersetzung zusammensetzen."

Die wahren Friedensengel und die wahren Liebenden kümmern sich um die Zusammenhänge zwischen den Menschen und in ihren Beziehungen (Frieden) und um das Innere der Seele und den Sinn des Lebens (Liebe). Dazu müssen sie unendlich viel von Beziehungen und Seelen erfahren und im Herzen bewegen, hin und her. Sie müssen eine Intuition von „Harmonie" oder „Liebe" in sich aufbauen, so wie die Klugen eine für „Wahrheit".

(Beim Essen sagen die richtigen Menschen zum Wahren: „Musst du immerzu gelehrte Diskussionen um Seele, Sinn und so etwas anfangen? Kannst du nicht einmal normal über das Wetter sprechen? Wen interessiert denn das: Sinn. Immer Sinn! Und dabei gehst du nicht einmal regelmäßig zur Kirche.")

Das Werden und Sein des wahren Menschen hängt also viel davon ab, ob sich in seinem Umfeld Menschen finden, am besten natürlich Weise und Liebende, die sich mit dem Aufbau der Intuition in ihm beschäftigen. Und das bedeutet: Ideen, Gedanken und Gefühle bewegen. So viel wie das wahre Kind immer verlangt!

Deshalb dürstet es, mit Ihnen das Wichtige zu bereden und mitzufühlen, immer wieder. Deshalb will es erfahren, wie Sie sich fühlen und was Sie im Herzen tragen. Deshalb will es auch selbst verstanden werden – es hat dann das Gefühl, dass Sie es kennen und sich wohlwollend an seinem Werden und Sein beteiligen.

Ist es jetzt klarer?

Sie sollen Gedanken und Gefühle *austauschen*. Sie sollen eben nicht sagen: „Hey, was Du alles weißt! Toll! Was du für Gefühle hast, da staune ich aber." Sie sollen bitte mitreden und Ihre Gefühle und Ihre Gedanken zu einem Ganzen beisteuern. Das wahre Kind braucht keinen Trainer wie das natürliche Kind, keinen Vater und keine Mutter wie das richtige Kind. Es braucht so etwas wie einen liebevollen Weisen, einen Priester, eine Seele, eine Großmutter, einen Großvater.

Im Idealfall bekommt das wahre Kind eine wundervolle Alpha-Intuition. Im schlechten Fall sammelt es Wissen und Liebesstreicheleien, weil Sie es *gelobt* haben! Und nicht *verstanden*! Im schlechten Fall wird das wahre Kind besserwisserisch, harmoniesüchtig und liebebedürftig. Es sammelt Punkte, wird aber keine intuitive Quelle. Das ist fast eine vollendete Katastrophe. Die eigene Intuition wechselt man nicht wie ein Hemd oder das Wissen! Die Ausbildung der Intuition dauert sehr lange. Wenn das Ergebnis misslang, dann ist wirklich das Kind im Brunnen. Intuition ist inflexibel, weil sie ja alle Zusammenhänge enthält. Ein Intuitionsfehler ist nicht so leicht zu korrigieren. Wenn Sie zum Beispiel durch welche Umstände auch immer so erzogen sind, dass Sie einen sehr schlechten Geschmack für Kleidung haben – wie bekommen Sie jetzt einen guten? Von wem? Jetzt müssen Sie wieder und wieder etwas anziehen, es vorzeigen, eine Watsche dafür bekommen – Sie müssen ganz neu lernen. Und zwar nicht selbst, sondern von einem Trendguru. Verstehen Sie, was angerichtet wurde, wenn das wahre Kind nicht in guten Händen war?

3. Erkennen des Intuitiven und das Geschenk einer großen Idee

Der wahre Mensch wird also völlig unabsichtlich ständig verletzt oder falsch behandelt, weil das, was ich gerade schreibe, eben nicht bekannt ist. Meine Tochter Anne ist ein wahrer Mensch. Ich glaube, wir verstehen uns. Manchmal, wenn ich am Buch schreibe, erklärt sie mir Biochemie aus dem dritten Semester und ich höre wegen des Buches manchmal nicht zu. Das sollte ich nicht, wo sie selbst doch mein Buch

Korrektur liest. Verzeihung, Anne. Ach ja. Aber immerhin sind wir als wahre Menschen einander verständlich. Ich hatte selbst auch das Glück, einen wahren Vater zu haben. Da es prozentual nicht so viele wahre Menschen gibt, hat nicht jedes wahre Kind überhaupt eine gute Chance auf Verständnis.

Es ist also eine Hauptaufgabe am Anfang der Erziehung, die wahren Kinder überhaupt als solche zu erkennen. Die natürlichen erkennen Sie ja bestimmt irgendwie, oder? Ich erkenne wahre zum Beispiel ziemlich gut, weil ich ja selbst ein wahrer Mensch bin. Ich kann zum Beispiel bestimmt auch sagen, ob Ihr Kind ein wahres ist. Wenn Sie also kein wahrer Mensch sind (und Sie können sich ja selbst zum Wohle Ihres Kindes vielleicht zur Sicherheit einmal testen), dann könnten Sie immerhin mich fragen. Ich sage es Ihnen. Das ist doch einfach? Oder Sie gehen zur Schule und suchen einen wahren Lehrer? Der sagt es Ihnen auch. Warum tun Sie das nicht?

Ich kenne einige Fälle, bei denen ich den Eltern geschworen habe, dass sie ein unentdecktes hochbegabtes Kind haben. Glauben Sie, diese Eltern würden nun dankbar zu einem Psychologen gehen und die Sache aufklären? Weit gefehlt! („Willst du uns hier nach 15 Jahren erfolglosen Redens mit dem Kind sagen, wir blicken da nicht durch und du weißt alles besser? Wir haben alles versucht, Gunter. Wirklich *alles*. *Nichts* geht. Und da kommst du und sagst, wir sollen es nach deiner Art machen.") Sie beharren darauf, dass ihr Kind verstockt ist oder hasserfüllt und nicht unter Kontrolle zu halten ist. Dabei gibt es Bücher wie *Das Drama des hochbegabten Kindes*. Viele Eltern denken nicht einmal im Traum daran, ein wahres Kind zu haben, informieren sich nicht, wollen nicht hören. Die hyperästhetischen schizoiden Kinder sind dann vielleicht sogar supergut in der Schule und leiden unter der Aggression so sehr, dass sie innerlich zusammenschrumpfen und still werden. Dann sagt die hyperstolze Mutter: „Mein Kind gehört zu den Besten in der Schule, wird aber immer verhauen, nur weil es so gut ist. Mein armes Kind." Dabei hat die Mutter nicht erkannt, dass ihr Kind gerade seelisch stirbt. Es wird nicht verstanden. Von den Schülern auch nicht – und verhauen. Und wenn es nach Hause kommt, wird es für die guten Zensuren gelobt, aber nicht verstanden. Da trauert es und zieht sich zurück. Es ist eine Tragödie: Die Mutter lobt das wahre Kind, weil sie stolz auf es ist. Aber sie versteht es nicht und lässt ihm dadurch eine verderbliche Erziehung angedeihen. Es bleibt allein. Es wäre ein Glücksfall, wenn es ganz allein eine wundervolle Intuition aufbauen könnte, ohne Rückmeldungen von Verstehenden zu bekommen.

Es hängt also viel davon ab, ob Sie überhaupt erkennen, ob Sie ein wahres Kind haben. Wenn Sie es nicht erkennen, werden Sie es stark verletzen und „verderben".

Ich müsste jetzt eigentlich eine Liste von Erkennungsmerkmalen parat haben, aber ich traue mich nicht, eine zu liefern. Ich habe im Internet schon Tests gesehen, die Eltern für Kinder beantworten und die als Ergebnis den Charakter des Kindes einschätzen, aber es stand dabei, dass die Eigenschaft „wahr" in frühem Alter durch solche Testfragen nicht erfassbar wäre. Die Tests würden einen Intuitiven erst etwa im Alter von 14 Jahren artgerecht bestimmen können. Ich las, dass später als wahre Menschen Erkannte als Kinder „merkwürdig" wirken (schüchtern, „stoffelig", naiv,

3. Erkennen des Intuitiven und das Geschenk einer großen Idee 317

kindisch). Die Intuition braucht ja viel länger zur Entwicklung als der Wissensspeicher im vorgestellten Linkshirn. Vielleicht ist es am sichersten, Sie fragen einige wahre Menschen, denke ich.

Viele wahre Kinder entwickeln eine Liebe zu einer Idee. Sie spielen ein Instrument, lieben eine bestimmte Musik, wissen wie Anne überhaupt alles über LOTR 1 bis 3 (Lord of the Rings) etc. Ich habe im Alter von 20 bis 30 ein Drittel aller klassischen Literatur gelesen. „Warum machst du das?", fragten mich alle. Ich bekam Büchergeld von der Studienstiftung, um mir für das Studium Mathe-Bücher zu kaufen, und bestellte für das Geld jeden Monat fünf Winkler-Dünndruckausgaben und hoffte, dass mich niemand erwischt. In der Uni züchtete ich vier, fünf Jahre Kakteen aus Samen. Ich wusste eine Zeit lang alles, aber auch alles über Kakteen, alle lateinischen Namen inklusive. Ich übernahm nach der Heirat mit Monika das Kochen und lernte alles über das Kochen, kaufte zwei Meter Kochbücher und vertiefte mich wissenschaftlich. Noch heute muss ich immer in München zum Käfer oder Berlin zum KdW (Kaufhaus des Westens), um Zutaten zu kaufen. „Warum machst du das so extrem?", fragt meine Frau. Ich begann schon früh, an der Börse zu spekulieren, was hauptsächlich mit den Körperseismographen betrieben werden muss, nicht mit Wissen oder gar Vernunft. Das lernte ich nach langer Zeit. Ich probiere alles aus, spekulierte an der Terminbörse, erlebte alle Höhen und Tiefen im Körper. „Warum machst du das so extrem? Warum musst du den ganzen Tag mit Aktien hausieren? Was ist eine Bouillabaisse?", fragten die genervten Mitmenschen. Ich kaufte einmal einen Videorekorder und schaute mir dann überhaupt alle guten Filme an. Ich konnte irgendwann einmal die Michelpreise aller deutschen Briefmarken auswendig. Und 1999 fand ich, ich müsste einmal die ganze Philosophie der Menschheit umroden. „Warum so extrem?" Amazon.de hat's gut. Ich habe zum Schreiben dieser Bücher so irre viele andere gelesen. Meine Frau hat Angst wegen des Hauses – irgendwann ist es voll mit Büchern oder Billy-Regalen. Bei Ebay gibt es übrigens Kunstbücher ganz billig. Jetzt versuche ich, sie umsonst zu bekommen. Haben Sie schon einmal „Biebel" als Suchbegriff eingegeben? Da können Sie Bibeln fast umsonst haben! Weil nur ich nach Rechtschreibfehlern suche? „Warum so extrem, Gunter?"

Die Liebenden unter den Wahren werden genauso extrem jedem die Seele ausschütten und im Dialog versuchen, die eigenen Gefühle zu verstehen. Und die Mitmenschen seufzen, dass der Liebende nur aus Seele bestehe und so viel Aufhebens davon mache. „Du, ich finde, wir sollten alle zum Asyl-Konzert gehen. Ich habe hier für euch ganz exklusiv einige völlig überteuerte Eintrittskarten reserviert – das ist toll, da können wir uns treffen. Wollt ihr übrigens zehn Kilo grünen Tee im Jutesack? Ich kann auch Brennnesseln besorgen." – „Nein danke, ich fahre gerade los und kaufe ein Lamm. Es ist völlig frisch von einer absolut vertrauenswürdigen Person getötet worden. Das frieren wir jetzt ein. Wir markieren das Fell und bekommen es nachgeliefert, wenn es gekämmt und trocken ist. Wir nehmen es schmuddelgelb natur, pfui, wenn es ganz weiß wäre. Hast du schon mal Mahi Mahi gegessen?"

Wahre Menschen leiden völlig glückselig unter etwas, was ich in *Omnisophie* den Ideetrieb genannt habe. Es gibt kleine Ideen und größere. Kleine sind: schöne Kieselsteine sammeln und im Zimmer ausbreiten. Oder einen Kubikmeter Berliner Mauer im Keller aufheben. Größere sind „Jugend forscht". Und im High-End befassen wir uns mit der Idee des Guten oder der Tugend.

Die Erziehung des wahren Menschen besteht wohl nun darin, in ihm eine der vornehmeren Ideen zu wecken. Wir sprechen allgemein vom Wecken eines Interesses. Wahre Menschen sollten von echtem Interesse, vor wahrer Bestimmung, von authentischer Begeisterung, von genuinem Drang erfüllt sein. Ideen, so sagte ich in *Omnisophie*, können wir uns als lokale mathematische Optima in neuronalen Netzen vorstellen. Und wenn Sie das wirklich mit mir zusammen können, dann ist es klar, was wir erzielen müssen: Das wahre Kind muss von guten und hohen Ideen erfüllt werden.

Nicht von ganz *kleinen* Ideen! Wie etwa *Hausdorff-Dimensionen von Mengen nichtnormaler Zahlen*. So hieß meine Diplomarbeit. Ich meine, Sie sehen oft mit Erschrecken, wie klein die Ideen eines Wissenschaftlers sind. Wir verstehen meist überhaupt nicht, um welche Idee es sich genau handelt, aber die Kleinheit einer Idee sehen wir selbst als Laie, nämlich wenn wir gar nichts erkennen können. Wir müssen versuchen, den wahren Menschen auf größere Ideen hinarbeiten zu lassen. Dazu soll man durchaus klein anfangen und ihn erst einmal für eine Idee begeistern oder interessieren. Viele kleine wahre Menschen wissen vielleicht bald alles über die Saurier oder unser Planetensystem und sind Quelle des Wissens für eine kleine Umgebung. Oder sie leben in einer großen Liebe zu einer Tante, einem Nachbarn, einer Kindergärtnerin oder einem Elternteil auf, der sie lehrt, Wärme abzustrahlen und Quelle der Liebe zu sein.

4. Das Schulen von Intuition

Natürliche Kinder werden am besten trainiert, richtige vielleicht erzogen. Die wahren Kinder aber sollen erweckt und entfaltet werden. Wahre Kinder müssen sich selbst zum Entfalten verstehen lernen und müssen dazu Hilfe bekommen. Ich glaube, mindestens die wahren Klugen müssten am besten Einzelunterricht bekommen, wie es an der Musikschule üblich ist. Eine Stunde ganz intensives Üben mit einem Meister, danach eine Woche eigenständiges Weitergehen, dann wieder eine Stunde beim Meister. Das wahre Kind liest eine Woche lang ein Buch, studiert etwas und geht dann eine Stunde zum Einzelkolloquium. Das aufgenommene Rohe wird nun poliert und zurechtgerückt. Der Meister zeigt ihm das verborgen Gebliebene, schließt ihm die Schätze auf, lehrt es besser zu sehen und gibt ihm einen Arbeitsplan für die nächste Woche. „Du interessierst dich für Saurier? Schau dieses Buch an, denke über die Bilder nach. Dann komm wieder und lass uns darüber reden." Liebende wahre Kinder müssten als Gruppe etwas erarbeiten. „Und dann kommt in einer Woche vorbei und wir reden darüber, wie ihr es gemacht habt." Neben dieser Einzelarbeit sollte das kluge Kind einfach wie in den alten Philosophenschulen Athens am Philosophieren über das Gelernte wachsen: Gedankenaustausch mit den Meistern! (In vielen Ansätzen der Hochbegabtenförderung wird den Kandidaten nur immer viel, viel mehr Wissen beigebracht! Da schüttelt es mich! Man stopft sie viel voller, als ein normales Kind es vertrüge. Und was ist damit gewonnen? Das Repertoire ist dann groß, aber ist auch der Genius Funken sprühend übergesprungen? „Viel" ist eine Vorstellung des richtigen Menschen: viel Gigabyte auf der Festplatte.)

Liebende wahre Kinder müssten als Gruppe etwas zusammen erschaffen und sich im vertrauten Team gemeinsam entfalten. Für solche Kinder ist bestimmt die Waldorfschule erfunden worden, die sich auf die Steiner'sche Psychosophie stützt. Sie müssten die Chance bekommen, mit wahrhaft guten Menschen zusammen sein zu dürfen.

Intuitive Kinder müssen mit vielen verschiedenen *wertvollen* (!) Eindrücken erfüllt werden. Sie werden durch Inspirationen in Bewegung gehalten, neu entfacht und sollten dann so viel Begeisterung oder Energie durch die Inspiration getankt haben, dass sie von sich aus lange über die neuen Eindrücke nachdenken. Sie müssen sie im Herzen oder im Geist bewegen, damit sie sich in das Ganze einfügen und integrieren. Inspirationen wirken wie heilsame Erschütterungen des schon Bestehenden und führen zu einer so genannten „Bewusstseinserweiterung". Natürliche Kinder „können" immer mehr. Richtige „lernen". Wahre erweitern das Bewusstsein in Tiefe (durch Arbeit aus Interesse) und Breite (nach Inspirationsschocks).

Was wir also dringend für die artgerechte Haltung des wahren Menschen brauchen, ist dies: Eine Lehre, wie die Intuition zu schulen ist. Das ist schon alles. Das wollte ich vor allem sagen.

Wir müssten Methoden entwickeln, wie das Verstehen von Prinzipien und das Erkennen und Verarbeiten des Wertvollen zu geschehen hätte.
Durch Dialoge, Einzelunterricht und durch fortgesetztes Inspirieren?

Leider ist es furchtbar schwierig, hier zu einem Konsens oder gar Aktionsplan zu kommen, weil wir zwar Millionen von wahren Schülern haben, aber keine Lehrer für sie. Ja, nur eine Hand voll Experten, die überhaupt etwas mit Intuition anfangen könnten. Auf den Fachdidaktikkongressen gibt es sehr wohl Konzepte für das Wahre, aber sie werden nicht als solche erkannt! In der Mathematik etwa würde man nach Auffassung des natürlichen Menschen die Mathematik anwenden und zieldienend nützlich machen. Die richtige Auffassung lernt die Mathematik wie ein Rezept- und Kochbuch und übt die Mathematik wie „Ausrechnen". Die wahre Mathematik wäre wie Verstehen der grundlegenden Prinzipien und ihre Wiedererkennung und Wahrnehmung in vielen verschiedenen Kontexten. Es gibt also verschiedene wissenschaftliche Schulen, die die verschiedenen Standpunkte vertreten und die sich bekämpfen. Bekämpfen! Sie verstehen nicht, dass es sich nicht einfach um verschiedene Sichten der Wissenschaft an sich handelt, sondern um die verschiedenen Sichten der verschiedenen Menschenklassen auf sie. Deshalb sind ja alle Sichten gut – nur *nebeneinander*, für jeweils andere Menschen – nicht kämpfend. Nehmen Sie einfach noch zur Vertiefung derselben Spaltung die verschiedenen Auffassungen im Deutschunterricht: Ein wahrer Zugang könnte uns lehren, die Kunst

320 XVIII. Die Wohlgestaltung des wahren Menschen

atmen zu können, die in Dichtungen steckt. Wir könnten schöpferisch tätig werden und selbst zu dichten beginnen, was die wahren Kinder lieben würden! Leider wird meist für richtige Menschen das Deutsche gelehrt: Die Sprache besteht nicht aus Schönheit und Geist, sondern aus Rechtschreibregeln und Grammatik. Die Gedichte erfüllen nicht unser Herz, sondern sie bestehen aus Versfüßen, Strophenformen und Stabreimen. Die richtigen Auffassungen dominieren. „Dichten? Auch das noch! Erst sollen sie richtig schreiben!" – „Mathematik innerlich begreifen? Auch das noch! Sie sollen erst einmal fehlerlos rechnen." Und da sagen wir alle, auch die Wahren, kleinlaut: „Ja, schon." Und wir haben verloren. Wir kämpfen nicht! (Die Controller der heutigen Unternehmen rechnen total richtig, aber sie verstehen oft die Zusammenhänge nicht, oder? Lesen Sie *Supramanie* oder denken Sie an Ihren Arbeitsplatz, an dem Ihre Punkte addiert werden.)

Früher war die Schule durchaus mehr eine wahre Schule, die das Richtige nicht vernachlässigte. Heute hat das Natürliche das Wahre aus der Schule herausgedrängt, weil die Welt insgesamt einen Shift zum Aggressiveren mitgemacht hat. Das, was wir früher mit tiefer Ehrfurcht *Bildung* nannten, ist heute der *Erziehung zum Erfolg* gewichen. Ich will das hier nicht anklagen (obwohl es mich juckt). Ich will nur sagen: Das Wahre verschwindet mehr und mehr aus der gesamten Erziehung.

5. Ganzheit und Inspiration für das Wertvolle

Wenn ein wahrer Mensch etwas neues Wertvolles erfährt, dann nennt er es *Inspiration*. Eine Inspiration erfasst den wahren Menschen ganz, sie prägt sich als neue Erfahrung oder als neues Spüren im Herz in den wahren Körper ein. Das neuronale Netz passt sich die neue Erfahrung ein. Sie berechnet sozusagen alles bisherige Leben auf Grund dieser Erfahrung noch einmal neu. Wenn zum Beispiel ein wahrer Mensch ein Musikstück einer ganz anderen Kultur plötzlich körperlich ergreifend genießen kann, dann ist nach wenigen Tagen das Musikverständnis verändert. Die Intuition gibt nun andere Antworten auf die Frage: „Ist das Stück schön?" Der wahre Mensch integriert also eine Inspiration, während sie der richtige Mensch als neue Erfahrung der Liste aller bisherigen Erfahrungen hinzufügt. Der richtige Mensch weiß jetzt „mehr". Der wahre Mensch aber ist in gewissem Ausmaß über Nacht im Ganzen „ein anderer geworden".

Wenn wir also den wahren Menschen artgerecht erziehen wollen, müssen wir ihn anleiten, das Wertvolle erkennen und erfassen zu können und dann anschließend damit seine Intuition zu bereichern.

Man kann neuronalen Netzen auf Computern beibringen, zu entscheiden, ob ein Musikstück von Bach ist oder nicht. Man spielt einem Computer Stück für Stück vor. Jedes Mal entscheidet der Computer. Bach oder nicht? Je nach Antwort wird das Entscheidungsprogramm geändert. Neues Stückchen, ein paar Takte Musik. Der Computer entscheidet. Je nach Antwort wird das Programm verändert und so weiter. So geht es bei Computern! Warum geht es bei Computern? Weil wahre

5. Ganzheit und Inspiration für das Wertvolle 321

Menschen wissen, dass es bei Menschen so funktioniert. Neuronale Netze sind wie künstlich erzeugte wahre Menschen.

Wahre Menschen müssten nun einfach nach einer Art Ganzheitsmethode unterrichtet werden, wie sie beim Lesenlernen praktiziert werden kann. Diese „Methode" geht vom Ganzen aus. Die Schüler lernen dabei erst das Umfassende, dann die Teile und schließlich das Einzelne. Die Ganzheitsmethode zum Lesenlernen wurde schon Mitte des 19. Jahrhunderts erörtert und dann nach Ideen der Ganzheits- und Gestaltpsychologie praktikabel ausgearbeitet. (Gestaltpsychologen, die das Ganzheitliche des Menschen, seine „Gestalt", in den Vordergrund stellen, sind ganz offensichtlich *wahre* Menschen, die artgerechtes Lesen für wahre Kinder erfinden, die es aber nicht zahlreich gibt. Deshalb funktioniert diese Methode nicht *allgemein* bei Kindern und ist nach Versuchen in der Schule wieder abgeschafft worden. Klar: sie funktioniert bei den wahren Kindern.)

Wahre Kinder könnten vor allem erst mündlich das Dichten lernen, darüber das Aufschreiben und Vorlesen, dann das Lesen und Schreiben als Ganzes. Erst dann werden die Präzision, das Korrekte und Einzelne gelehrt. Wahre Kinder könnten über der Liebe zu gespürten schönen Sätzen zum Muttertag oder zu Weihnachten die exakte schriftliche Sprache „mitlernen". Sie lernen die Sprache erst intuitiv und später eben auch in der linken Hirnhälfte als Listen von Regeln oder Vokabeln. Wir haben hier zu Hause noch ein altes Wort-Memory-Spiel liegen, das alle vier-, fünfjährigen Kinder gegen alle Erwachsene nach einiger Zeit überlegen gewannen – ganz ohne lesen zu können.

Eine „Ganzheitsmethode" (*ganzheitlich* ist ein Lieblingswort des Wahren) zeigt dem wahren Kind Gedichte, Bilder, Eindrücke, Bauten, Spiele, Menschen in großer Masse und bespricht kurz, was gut oder schlecht daran ist. „Diese Kasperpuppe ist unsauber genäht und hier ist der Faden untauglich angebracht. Siehst du? Ist dieses Krokodil wahrhaft schön? Sehen so Krokodile aus? Wie würdest du eines haben wollen? Warum?" – „Hat dieser Politiker wirklich ernst gemeint, was er sagt? Wie sollten Minister denn sein?"

Dieses ganzheitliche urteilende Durchspielen entspricht der Methode, wie sie bei Computertraining auch benutzt wird. Nach und nach werden Bilder im weitesten Sinne gezeigt und durchgesprochen. Dann werden sie mit einem „Meister" – ja, am besten mit einem wertvollen Menschen – diskutiert. Und ich meine hier genau, was ich schrieb: *diskutiert*. Nicht: *erklärt*. Das neuronale Netz des wahren Menschen muss das Wertvolle selbst spüren und nicht als fotokopierte Liste in die Hand gedrückt bekommen. Das geschieht hoffentlich bei einem Dialog. Dann soll sich das Wertvolle wie eine Inspiration setzen. Dazu gehört insbesondere das Prinzip, dem wahren Menschen nun nicht alle Dinge dieser Welt systematisch zu zeigen („Es gibt folgende 50 Kasperpuppenarten, die sich grob in fünf Klassen untergliedern lassen."). Nein, es werden dem wahren Menschen nur Inspirationen verabreicht. Diese Inspirationen muss das wahre Kind selbst in sich verarbeiten. Seine Intuition muss Zeit haben, die Inspiration persönlich zu verarbeiten. Diese Verarbeitung soll von einem Meister sanft diskutierend gelenkt werden. Wenn der „Neuronensturm" im

Hirn des wahren Kindes abebbt, wenn sich also das neuronale Netz genug umstrukturiert hat, dann wird die nächste Inspiration verabreicht.

In der Schule wird kurz nach einer Inspiration oft wochenlang geübt, damit „es sitzt". Da weinen viele hochbegabte wahre Kinder fast ununterbrochen und wissen nicht, was sie in der Schule überhaupt sollen. Sie wollen schnell weiter! Sie wollen nicht üben!

Ich sage hier wieder nicht, ich sei gegen alles Üben. Aber das Üben ist für andere Menschen artgerecht, nicht für wahre. Wenn Sie zum Beispiel einen Mathematiker und einen Finanzkontroller im Wettbewerb normale Aufgaben rechnen lassen, dann ist der Finanzfachmann um Größenordnungen besser. Der Mathematiker versteht zwar, was zu tun ist. Es ist sogar „leicht" für ihn. Er kann es auch gut. Aber nicht schnell. Er übt ja nicht. Er versteht. Wenn die Aufgabe schwer ist, braucht der Mathematiker ebenfalls lange zur Lösung. Er arbeitet bedächtig. Der Finanzkontroller wird rasch entscheiden, dass er „es nicht kann". Er wird um Rat telefonieren oder in Büchern suchen, aber nicht im Gehirn, weil er dort (in seiner linken Hirnhälfte) nichts gefunden hat und aufgeben muss. Er ist nicht trainiert, die rechte Gehirnhälfte „brüten" zu lassen. Der Mathematiker kennt nämlich die Lösung der Aufgabe genau so wenig wie der Finanzfachmann. Er beginnt aber zu brüten. Die Intuition wirbelt die Neuronen auf. Irgendwann entspannt sich das grimmige Gesicht des angestrengt Brütenden und er ruft heiter und glücklich: „Ich hab's!"

Sehen Sie die Unterschiede? Der Finanzfachmann hat alles gelernt. Was er als richtiger Mensch kann, kann er exzellent gut. Was er nicht gelernt hat, kann er nicht. Das weiß er!

Der wahre Mathematiker kennt den Begriff „kann ich nicht" nicht wirklich. Es gibt Probleme, die er gelöst hat und solche, die er noch nicht gelöst hat. Intuitiv aber weiß er, welche Probleme je lösbar sein könnten. Das ist ein Haupttalent in der Wissenschaft – zu wissen, was möglich ist!

Den richtigen Menschen bringt man alle Methoden bei, wie Probleme zu lösen sind. Diese Methoden übt man. Was mit ihnen nicht geht, geht nicht.

Wahre Menschen müssen nur kurz inspiriert werden, Probleme zu lösen. Sie müssen vom Meister beim Lösen ganz leise überwacht werden, auf dass sie nicht ganz unsinnige Wege gehen. Der so genannte Mentor des wahren Kindes wird es auf Wertvolles hinweisen und mit ihm das Mögliche diskutieren. Sonst aber wartet der Mentor, was geschieht.

Keine Befehle! Keine exakten Ratschläge! Nur den Weg mitgehen und ein bisschen helfen, manchmal dem Verirrten Orientierung geben, manchmal einem Verzweifelten Mut machen. Oft sagt jemand bei mir: „Schau an, Gunter, was das wieder ein Mist ist!" Und ich sage: „Es ist *anderer* Mist als sonst. Du hast gelernt." – „Aber ich kann es noch immer nicht!" – „Solange du immer anderen Mist machst, verändert sich etwas. Erst wenn du still stehst und gar nicht weiter weißt, dann bedeutet das, dass du jetzt keine Denkfehler mehr machst. Dann ist das Lernen vorbei. Nun beginnt das Erschaffen."

Wenn Sie je eine Doktorarbeit geschrieben haben, dann kennen Sie das. Vom ersten Tag an haben Sie brillante Ideen, die sich leider samt und sonders als untauglich erweisen. Dann ebbt die Ideenflut ab. Schließlich kommen neue Ideen nur noch alle paar Tage. Irgendwann aber sitzen Sie lange mit einem Bleistift vor einem leeren weißen Blatt. Das ist die Hölle. Das ist das Ende – des Lernens.

Jetzt braucht der wahre Mensch eine Inspiration. Vom Mentor? Das ist eine Frage der Erziehung. Ich als Ihr Mentor würde finden, ich muss Sie an weißes Papier gewöhnen. Sehen Sie, irgendwann muss die echte Inspiration einmal aus Ihnen selbst kommen. Sie brüten selbst und dann erscheint etwas … und das sind irgendwie dann Sie ganz selbst, was da erscheint, als Produkt Ihres neuronalen Netzes, das in gewisser Weise eben Sie sind.

Das Lehren von Intuition beginnt mit dem Beibringen zur Evokation oder zum Herausrufen des Wertvollen. Der wahre Mensch geht mit staunenden und ganz weit offenen Augen durch die Welt und sucht das Wertvolle. Ein Motiv! Eine Kirche! Eine Kuh! Etwas nie Gesehenes! Bei dem Wort Kuh fällt mir ein, wie ich im Urlaub fünfzehn Minuten lang fotografiert habe. Johannes hat noch tagelang darüber diskutiert, weil er Durst auf der Wanderung hatte und schon ein Gasthaus zu hören war. Und dann muht plötzlich ein Motiv. Meine Frau wartete entnervt. Johannes forderte: „Nun drück ab!" – „Wir müssen auf *Sonne* warten! Die Wolke!" Ich wollte es wahrhaft schön haben, hinter mir ächzten aber ein richtiger und ein natürlicher Mensch. Ich bin sicher, meine Fotos wären prächtiger, wenn es nicht so viel Lebensenergie hinter mir gäbe.

Johannes hat einfach nur Kühe gesehen. Wir stritten. Er lachte, als ich ihm die Braunschattierungen zu bedenken gab. „Weißt du, wenn es nur *schwarze* Kühe gewesen wären, wäre es anders." Er wollte nichts Wertvolles gesehen haben. Johannes wurde gerade volljährig. Als er aber ganz klein war, rief er ständig im Auto: „Eine Kuh!" Da war sie noch ein Ruck für ihn.

Es kommt für mich bei der Intuition viel darauf an, die Kinderäugigkeit zu erhalten. Die Begeisterung, das Staunen, das Freche, Unbekümmerte …

6. Das Überleben des Lebens durch den Wahren

"Wie überlebt er denn das Leben?"

Ja, wie überleben Künstler, Liebende, Friedliebende, Wissenschaftler, Computerfreaks oder Hippies dieses Leben? "Give peace a chance", singt John Lennon.

Unsere Welt schreibt sich Liebe, Frieden und Wahrheit auf jede Fahne, weil diese Pseudosinne der Wahren sich auf Fahnen sehr hübsch machen. Wer aber wirklich philosophisch oder nach der Bergpredigt lebt, ist "merkwürdig" oder "zu weich". Das ist ein Problem für die Welt und natürlich ein Problem für die wahren Menschen! Die Welt müsste aufnahmebereiter sein. Die Wahren müssten eben doch "härter" sein können.

Die mangelnde Aggressionsbereitschaft bei Auseinandersetzungen mit fremden Machinae ist in der realen Welt für wahre Menschen in der Tat problematisch. Man sagt, Mathematiker wissen alles und tun aber nichts. Vor der Tat, sagt man, drücken sie sich. Nein! Sie drücken sich vor Auseinandersetzungen, ohne die eine effektive Tat wahrscheinlich nicht auszuführen ist. Pfarrer, sagt man, predigen Liebe. Aber sie kämpfen nicht. Es gab Gandhi, der es tat, aber tendenziell zucken die Liebenden zurück.

Ich versuche, das mir selbst und den IBMern, deren Mentor ich bin, immer wieder klar zu machen. Wenn der Wissende handelt, muss er mit Willen agieren, der oft mit der Wahrheit und dem Idealen kollidiert. Dann fühle ich mich schlecht – wenn ich Kompromisse zu Lasten des Idealen machen muss. Im Grunde habe ich aber doch wohl mehr Angst?! Liebende fühlen sich bei kraftvoller Tat oft schlecht, weil eine Großtat doch immer wieder einige Seelen knickt. Und über Seelen geht kein Liebender. Da erstarren sie.

Also müssen die Wahren das Aggressive lernen!

Oh, Ihr Richtigen, die Ihr das Aggressive allen verbietet! In Eurer Mitte gibt es Menschen, die es mühsam lernen müssen, um unter Euch zu überleben! Oh, ihr Systeme, die ihr gegen den Menschen kämpft! Manche verschwinden unter der Grausamkeit und wären so wertvoll!

Wir Wahren müssen uns auf den Weg machen. Oder die Welt macht uns weg.

Das wollte ich Ihnen einschärfen. Nun los! Gehen wir los! Manchmal wählt Petra Steiner weichere Farben. Da sitzt dann niemand temporär ohne Seele da. Da beginnen die Menschen den Weg.

Sie beginnen zu handeln. Sie packen hart zu.
Sie überleben das Leben. In die Ewigkeit.

Der Weg ... ist am Ende einer Zeit entstanden, in der ich lange das Gefühl hatte, auf der Stelle zu treten. Ich befand mich in einer Situation, die mein Verstand längst verarbeitet hatte, immer und immer wieder, nur das Herz wollte und wollte mir nicht folgen. Das Außen sagt: "Nun zieh doch endlich mal einen Schlussstrich, das kann doch

nicht ewig so weiter gehen." Das Innen steht dem ratlos gegenüber und fragt: „Und wie geht das? Ich habe es bereits so viele Male versucht und es hat nicht funktioniert. Es kommt immer wieder zurück. Sag mir doch, was ich tun soll und ich tu's." Natürlich kann mir darauf niemand eine Antwort geben, ich hatte es auch nicht erwartet. Am Ende versuche ich in solchen Situationen, nicht das Vertrauen in mich zu verlieren, und gehe einfach weiter, so gut es eben geht, so schnell ich eben kann. Immer im Glauben, dass es ein Teil meines Weges ist, und in der Hoffnung, dass sich der Knoten nach und nach lösen wird. Mit diesen Gedanken habe ich mich „dem Weg" angenähert und bin ihn, stets in treuer Begleitung „weiter", nicht zu Ende gegangen. Ich glaube nicht einmal, dass der Tod am Ende eines Weges steht.

7. Laute Machinae und Menschen verstehen und lieben

Wahre Menschen lieben das Ideale und hassen deshalb die hässliche Welt.

Das ist eine übertriebene Wahrnehmung ihrer Machina. Die Pseudosinnrichtungen des wahren Menschen sind Wahrheit, Frieden und Liebe. Eine Welt, die davon voll ist, muss wundervoll für wahre Menschen sein! Deshalb wollen wir wahre Menschen solch eine Welt, obwohl wir wissen, dass die anderen Menschen eine normierte haben wollen oder eine, in der jeder alles darf.

Es wird keine Welt der Liebe, der Wahrheit und des Friedens geben.
Das habe ich doch jetzt langsam bewiesen.

Die wahren Menschen sind zahlenmäßig hoffnungslos unterlegen. Wenn sie es je schaffen, Wahrheit und Frieden zu schaffen, dann höchstens unter Gewaltanwendung und Inquisition!

Das ist alles Beta oder ein Aufzwingen fremder übertriebener Wahrnehmungen.

Wir als wahre Menschen müssen in dieser Welt Alpha-Quelle von Liebe, Frieden und Wahrheit sein und die anderen damit so gut versorgen, wie sie selbst es brauchen. Wir bekommen dafür Ordnung, Schutz, auch Kraft und Freude, wenn denn die anderen mitmachen und in den Quellenmodus umschwenken.

Wir wahren Menschen sollten also nicht unseren Pseudosinnen hinterher jammern und die anderen mit Bekehrungsversuchen nerven. Unsere wahren Ansichten sind nur *eine* Seite des Lebens. Und militante Bekehrung ist Beta.

Wenn wir Quellen des Wahren sind, leisten wir einen Beitrag zu einer Alpha-Welt, für die wir eher kämpfen sollten. Kampf des Wahren gegen eine Beta-Welt! Ja, da würden wir die anderen mitreißen können. Gehen wir also mutig hinein in die im wahren Sinne pseudosinnüberladene Welt. Mischen wir uns unter die lauten Machinae und bekehren sie zu Alpha. Das könnte gehen.
Aber hören Sie auf, das Laute und die fremden Machinae zu hassen.

Wenn Sie ein wahrer Mensch sind und die richtigen und natürlichen Machinae hassen, leiden Sie unter übertriebener Wahrnehmung. Sie sind dann selbst Beta, also reine Machina. Sie sind dann selbst verloren. Denn Sie hassen ja. Hass entsteht, wenn uns fremde übertriebene Wahrnehmungen aufgezwungen werden sollen. Hören Sie auf... Erst Sie. Wer soll sonst damit anfangen?

Beginnen wir die große Deeskalation.

8. Das Wahre nicht nur über den Zaun werfen – das ist nicht Quell genug

Es ist aber nicht so leicht, für das Wahre, den Frieden und die Liebe Quelle zu sein.
„Stell Dir vor, es ist Krieg, und keiner geht hin, dann kommt der Krieg zu dir."
Das sind Bertolt Brechts berühmte Worte.
Stellen Sie sich vor, natürliche, kraftvolle Menschen wollen einen Krieg im Nahen Osten und die alte Kultur Europas geht nicht hin. Da kommt der Krieg doch irgendwie vorbei. (Eine makabre Pointe aus diesen Tagen: Deutschland hat sich bekanntlich dem Irak-Krieg verweigert. Dadurch haben sich die Beziehungen zwischen den USA und Deutschland sehr verschlechtert, während der italienische Ministerpräsident in Anerkennung seiner vorbildlichen Haltung zu einem privaten Essen eingeladen wurde. Als erstes Zeichen einer Annäherung Deutschlands an die USA darf nun der deutsche Bundeskanzler erstmals wieder zu einem hastigen Arbeitsessen. Donnerwetter! Die Presse feiert den Wiederaufstieg Deutschlands. Die Presse fragt bange, wann denn Deutschland auch endlich in Camp David essen darf und später

gar in Privaträumen. Wie sehr muss Deutschland zu Diensten sein, damit wir das endlich schaffen? Wenn wir ganz sicher wissen, dass wir privat essen dürfen und schön lange gestreichelt werden, sollten wir dann nicht doch? Krieg? Ich? Essen?)

Stellen Sie sich vor, hier steht die Wahrheit und keiner sieht sie an. Da ruft die Wahrheit: „Ihr Unwissenden!"

Stellen Sie sich vor, hier steht die Liebe und alle müssen zur Arbeit. Da ruft die Liebe von der Kanzel: „Alles muss Liebe sein!"

So ist das Überquellen nicht!

Frieden stiften ist nicht, sich dem Krieg zu verweigern.
Wahrheit leuchten lassen ist nicht, sie zu predigen.
Liebe strahlen lassen ist nicht, an Liebe zu appellieren.

Die wahren Menschen müssen heraus „aus ihrem Kasten". Sie müssen die Wahrheit mitten in den Strom senken, wo sie ein Fels in der Brandung ist. Sie müssen den Frieden wie Gandhi in die Welt tragen! Sie sollen Liebe austeilen, die ansteckend angenommen wird.

Wahrheit wissen ist nichts gegen Wahrheit durchsetzen. Friedlich sein ist nichts gegen Frieden bringen. Liebesbekenntnis sind nichts gegen Liebe schenken.

Die meisten wahren Menschen predigen Wahrheit, Frieden und Liebe. Die anderen hören nicht zu. Predigten sind irrelevant, schon in der Kirche und in der Realität sowieso. Die wahren Menschen müssen also wirksame Methoden entwickeln, wie sie Quellen der Wahrheit, des Friedens und der Liebe sein können, von denen wirklich jemand trinkt. Es ist ja nicht so, dass die Restwelt Wahrheit, Frieden und Liebe nicht brauchen könnte oder nicht wollte, aber sie bekommt von den wahren Menschen im Grunde weder Wahrheit noch Frieden noch Liebe, sondern nur Feststellungen des Jammers. Die wahren Menschen schreiben vielleicht sogar jahrelang an philosophischen Trilogien, aber was bewirken sie wirklich? Was bewirken heute die Klöster und Universitäten?

Die wahren Menschen müssen sich engagieren. Die natürlichen Menschen nehmen sich ihre Freiheit. Sie lassen sich die Freude nicht nehmen. Sie lieben, was sie können. Die richtigen Menschen nutzen die Systeme, um als Gemeinschaft über die anderen zu triumphieren. Sie programmieren die Großcomputer, um die Systeme in Geschäftsprozessen zu verankern und unbesiegbar zu machen. Die wahren Menschen aber neigen zur Flucht. Das eben sollten sie lassen.

Wenn es gelänge, Menschen artgerecht zu erziehen, dann würden die Natürlichen ihren Lebensgeist in Stärke, Initiative und Freude umwandeln und der Welt und sich selbst dienen. Die Richtigen würden Systeme bauen wollen, die Heimat sind. Und die Wahren müssen nun aus den Elfenbeintürmen herauskommen und die guten Geister über allem herrschen lassen.

Ich gebe ein Beispiel aus meinem Alltag. Die IBM ist Mitte der neunziger Jahre hart an einem Absturz vorbeigekommen. Sie stöhnte unter falschen Firmenstrukturen und Milliardenverlusten. „Stoppt die Blutung!", soll der damals neue IBM-

Chef Gerstner gerufen haben, als man seine Einschnitte in den IBM-Leib als zu hart empfand. Erst den Blutabfluss stoppen! Dann sehen wir weiter! Heute blüht die IBM wieder, aber die alten Mitarbeiter fühlen noch, dass „es damals schöner" war, vor dem Fast-Crash. „Wir" sind wieder da, aber die Kultur von damals ist auch irgendwie noch als Verlust zu buchen. IBM war immer „Big Blue", die großartigste Company der Welt. Davon ist etwas verloren gegangen. Unser neuer Chef, Sam Palmisano, hat nun verkündet, er wolle wieder eine „great company" haben. (Das sagt *jeder* Firmenchef, der etwas auf sich hält: „Wir sind die Größten mit den besten Mitarbeitern und den zufriedensten Kunden! Wir wollen es zumindest in sechs Monaten sein!") Im Grunde will die IBM also wieder mehr „das Wahre" und „die Stärke und Freude" propagieren. Wie aber geschieht es? Wie geschieht es? Mit Predigten geht es nicht!

Im Grunde muss das Wahre doch mit System und Logistik der Allgemeinheit nahe gebracht werden. Wie sonst? IBM hat viele Tausende Freiwillige bei IBM zu einer groß angelegten Wertediskussion gebracht („Value Jam" im Internet). „Wir Mitarbeiter" geben uns eine neue Verfassung. Das Selbstverständnis der IBM und das Geschäftsmodell werden diskutiert und angepasst. Die Executives werden nach und nach zu einwöchigen Aufenthalten an der Harvard Business School zusammengezogen, um mit solchen Fragen zu ringen.

Ich weiß ja nicht, wie es in ein paar Jahren sein wird. Egal. Ich bin selbst ganz fasziniert von der logistischen Kompetenz der Firma, eine riesig große Organisation vom Willen zum mehr Wahren und zur Stärke flächendeckend zu durchdringen. Zum Wahren mit Willen und System? Darüber sollten wir Wahren länger nachdenken, wie das geht. Nicht immer nur zweifeln, ob das geht. Wir sollten lernen, wie das geht. Wir sollten es tun.

Es hilft dann wohl nichts, wir müssen uns mit Systemen befassen und mit dem prozessualen Schritt-für-Schritt-Denken der richtigen Menschen. Wahre Menschen hören schnell nach der Idee auf. Sie bauen noch einen Prototyp, ein Modell, einen Feldversuch, der ihnen Recht gibt. Aber dann zucken sie vor der flächendeckenden Tat zurück. Der Prophet einer neuen Religion soll plötzlich eine Kirchenorganisation bauen. Der Altarkünstler eine Kirche drum herum. Der Erfinder muss einen Konzern gründen und führen. Und da sagen die Wahren: „Ihr Richtigen und Natürlichen, macht Ihr das mal." Das hieße, das Wahre über den Zaun werfen, hinter dem es noch angstvoll kauert.

Das ist nicht Quell genug.

Das Wahre muss sich auch am Ende organisieren und stark sein, nicht nur wahr.

Wir verlangen vom artgerechten Richtigen eine Heimat, vom Natürlichen viel Kraft für die Allgemeinheit. Die Wahren müssen nun aus dem Unterholz heraus und Licht bringen. Sonst sind sie wahrlich nicht artgerecht erzogen.

Das Wahre bringt Licht und schlägt Wellen in Menschen! Das ist wohl in dem Bild verborgen, das in meinem Zimmer hängt. Von Petra Steiner nach Heike Ribkes Vorschlag gemalt.

8. Das Wahre nicht nur über den Zaun werfen – das ist nicht Quell genug

Die erdigen, satten, tiefen Farbtöne im Bild verkörpern das Menschliche, die hellen, leuchtenden, strahlenden Töne das Göttliche. Nun kann das Menschliche den Hauch des Göttlichen einatmen und Spuren dessen in sich tragen, die beiden werden jedoch niemals im Sinne von „Verschmelzung bzw. Vermischung" eins sein, sondern die Kraft wächst aus „dem sich einander Ergänzen" und zeichnet ein sich unaufhörlich in Bewegung befindliches Ganzes.

Teil 6
Gott existiert, ob es ihn gibt oder nicht

XIX. Fast alles ist höher als alle Vernunft

1. Eine E-Mail

Marc Pilloud dachte gerade über *Omnisophie* nach und schrieb mir eine E-Mail.

Guten Tag Herr Dueck ...

Bin jetzt beim Unterschied Gefühle-Denken ...

... wird wohl noch dauern, bis ich es intuitiv verstanden habe.

Da war nur so eine Idee, die aufgeblitzt ist, vielleicht haben Sie das ja auch schon selbst gedacht ...

(Kommt sicher im nächsten Kapitel, ist mir schon oft passiert :-) sollte warten mit schreiben und zuerst fertig lesen ...) Schrieb jetzt trotzdem ...

Wäre es nicht denkbar, dass es maximale Optima im neuronalen Netz gibt, die keine direkte Repräsentation in der Außenwelt haben. Die aber zur "Berechnung" nützlich sind und die Wege verkürzen. Ich stelle mir das so vor, wie die imaginären Zahlen, eine Methode die uns erlaubt, Dinge zu berechnen, die "imaginär" sind, also keinen direkten Bezug zur "realen" Welt haben, dessen Projektionen jedoch richtige Resultate in der realen Welt zeigen. (Das ist meine Vorstellung als nicht Mathematiker von "imaginären" Zahlen.)

Oder in der Computergraphik, wo man aus Einfachheitsgründen mit 4 Dimensionen rechnet (damit alles mit Matrixmultiplikation erledigt werden kann) und am Ende wird projiziert in 3-D.

Ich glaube hier streiten sich viele Menschen, weil sie keine Unterscheidung zwischen subjektiver (innerer) und objektiver (äußerer) Betrachtung machen. In der inneren Welt kann ich auch mit erweiterten "imaginären" Dimensionen arbeiten, solange ich nicht den Fehler mache, diese mit der äußeren Realität zu verwechseln, und lerne sauber zu projizieren.

Und vielleicht gibt es in der subjektiven-intuitiven inneren Welt tatsächlich "imaginäre" Optima oder so was. :-)

Für mich ist das ein bisschen so wie in The Matrix. :-) Oder so ähnlich.

Ich vermute, dass wir keine Unterrichtsmethode für unsere "neuronale Netze" kennen. Da sie subjektiv sind, wurden sie meist autodidaktisch oder "one to one" trainiert. Vermute, dass es einen "Meister" benötigt, der einen durchs Tal zu einem anderen optimalen Maximum führt.

OK ... dieser letzte Abschnitt ist wirr ... braucht noch BeDenkZeit.

Freundliche Grüße
Marc Pilloud

PS: Und wenn Sie irgendwann von irgendeinem Projekt hören, bei dem versucht wird, eine Lernumgebung für intuitives Denken mit VR zu realisieren oder so ähnlich …, da wär' ich wirklich dabei.

Leider steht das, was Marc Pilloud erwartete, *nicht* im nächsten Kapitel der *Omnisophie*. Es war mir nämlich selbst damals gar nicht so klar. Als diese Mail kam, blitzte es auch einmal durch mein eigenes neuronales Netz.
„Sic!" Genau so!
Ich hatte mir den Menschen zu konstruktiv real vorgestellt. Das ist er auch, aber nicht so sehr.

Sehen Sie: Die Vorstellung von einem Osterhasen prägt uns für einige Wochen im Jahr. Wir lachen und freuen uns, wenn die Kinder in der Sonne die Eier nicht finden. Unsere Kinder wollten bis ins hohe Alter Eier suchen, als ihnen ganz sicher schon klar war, wo der Hase wirklich läuft. Und ich sang ihnen die Verse von Insterburg & Co.: „Wenn der Osterhas' Durchfall hat, gibt's Rührei in der ganzen Stadt." Als Anne klein war, war sie um keinen Preis von ihrem Schnuller zu trennen. Pure Gewalt wäre zu invasiv gewesen und hätte ihre seismographischen Wahrnehmungsschwellen über Eltern im Allgemeinen verändert. Da wünschte sie sich im Selbstgespräch eine Tüte Gummibären vom Osterhasen. Ich sagte später beiläufig, dass der Osterhase mit mir gesprochen hätte und gerade unbedingt einen Nuckel für sein Häschen brauchte. Dafür würde er ziemlich viele Süßigkeiten zahlen. „Auch eine Tüte Gummibären?" – „Ich denke schon. Vielleicht sogar eine große. Ich rede mit ihm." – Am nächsten Tag konnten wir Anne bestätigen, dass der Osterhase mit dem Deal einverstanden war. Sie sollte den Nuckel am Abend vor die Terrassentür legen. Sie legte ihn sofort dorthin und wartete. Am Nachmittag hatte sie den Nuckel aber wieder im Mund. Sie war unsicher geworden. Sie legte ihn probehalber wieder hin, nahm ihn wieder. Es wurde eine Zerreißprobe. Meine Frau war nahe dran, Ratschläge zu geben, ich war mehr für Loslassen (richtig – wahr). Fünf Minuten vor dem Schlafengehen lag der Nuckel da. Uff! Schnell lange vorlesen! Am Morgen fand Anne seeehr viel Gummibären. Wir warteten, was geschähe. Es blieb ruhig. Zehn Tage später maulte sie, ob man den Hasen nicht fragen könnte, ob … „Ach, Anne, nun lass das Häschen doch." So war die ganze Geschichte.
Anne war alt genug. Sie hätte fordern können, einen neuen Nuckel zu kaufen. Das tat sie nicht. Warum nicht? Ist da etwas Heiliges über Verträge, über einem gegebenen Wort? Etwas Heiliges über dem Osterhasen und seinem Häschen? Ist das Heilige nicht auch heilend, weil es den notwendigen harten Nuckelentzug so sanft gestalten konnte? Das Unwirklich-Wirkliche dieser Nacht hat keinen Bruch in Annes Seismographensystem verursacht. Es gab keinen schneidenden Ton, keine wirklichen Entzugsgefühle, eher Gedanken an das Häschen. Der Nuckel war nicht im Mülleimer, sondern diente weiter dem Guten. Kurz: Alles hatte seinen Sinn.

Ist das ein gutes Beispiel? Marc Pilloud sagt, es gäbe Erscheinungen, die keine Repräsentation in der realen Welt haben, aber zur Berechnung des Guten die Wege verkürzen. Nicht nur *verkürzen*! Der winzig kurze Berechnungsweg über den Osterhasen vermeidet die Schmerzen, die die harte Vernunft oder eine Konfrontation mit sich brächte. Die Gummibären symbolisieren fast eine Abschiedsfeier, nicht wahr? Abschiede sind harte Brüche, die wir durch Feiern, Polterabende und Küsse lindern. Der Bruch darf die Erinnerung nicht verderben. Es wäre schön, die Scheidung ginge einfühlsam vonstatten, man ginge als Freund auseinander. Später gibt es also manchmal Rosen statt Gummibären, oder Drachenfutter, wie man so nett in anders gelagerten Fällen sagt.

Und kann es nicht sein, dass wir in uns sogar Berechnungssysteme haben, die nicht nur zum Beispiel ein Überbewusstsein bilden, wie es sich indische Gurus vorstellen, sondern die einfach *über* dem Bewusstsein uns regieren? Von denen wir nichts wissen? Nur ahnen? Kierkegaard zerbrach sich endlos den Kopf über diese Worte aus der Genesis:

Und er sprach: Nimm Isaak, deinen einzigen Sohn, den du lieb hast, und gehe hin in das Land Morija und opfere ihn daselbst zum Brandopfer auf einem Berge, den ich dir sagen werde.
Da stand Abraham des Morgens früh auf und gürtete seinen Esel und nahm mit sich zwei Knechte und seinen Sohn Isaak und spaltete Holz zum Brandopfer, machte sich auf und ging an den Ort, davon ihm Gott gesagt hatte.

Das Beispiel mit Anne ist das profanste, das ich erzählen konnte. Dies hier ist das heiligste. Wir werden regiert durch etwas, was höher ist als alle Vernunft. Wenn wir es nur zulassen würden! Kierkegaard will das Mysterium mit seinem philosophischen Bewusstsein lösen und scheitert im Grunde am „Glaubensparadox".

Im Hildebrandlied, der einzigen überlieferten alten deutschen Heldendichtung, treffen sich Hildebrand und Hadubrand als Anführer gegnerischer Heere. Hildebrand fragt nach Namen und Herkunft und merkt schnell, dass er seinem Sohn gegenübersteht, der wiederum seinen Vater irrtümlich tot weiß. Hildebrand versucht zu erklären, erntet aber nur Zorn über einen Betrugsversuch bei Hadubrand. Da muss Hildebrand seinen Sohn töten, damit er seine Ehre rettet. Es kommt zum Kampf, das Liedfragment bricht ab.

Nun wissen wir leider das Ende nicht, es muss erst in einem Hollywoodfilm verraten werden. Ich will sagen: Wir normale Menschen verstehen den Fall. Es gibt einerseits die Vaterschaft und andererseits die Ehre. Die Ehre hat als quasi unendliche Größe eine höhere Priorität und steht über der Vaterschaft. Die Vaterschaft als solche ist auch im Wesentlichen unendlich, aber nicht so sehr. Wir haben hier also keinen echten Konflikt, weil die Ehre klar höher steht, aber die geforderte Lösung ist von der Seele unendlich schwer zu ertragen. Wir sehen menschliche Tragik in größtmöglichem Ausmaß. Der Vater ist ganz zerrissen und tut seine Pflicht. Wenn er seinen Sohn am Ende tötet (angenommen, er tötet ihn), dann wird seine Seele fortan bluten. Hat er eine Frau zu Hause? Ich stelle mir vor, ich komme nach Hause, nachdem ich Johannes gekillt habe, um meine Ehre zu retten. „Moni, ich kann noch von Glück sagen, dass ich nicht selbst dran glauben musste, denn er ist eigentlich viel stärker als ich. Wie ständest du im anderen Fall da?"

Dreht sich in Ihnen jetzt der Magen um? Ich hoffe es. Das wollte ich.

Wirkt es noch?

Und nun lesen Sie ganz, ganz ruhig diese Zeilen – langsam – Wort für Wort:

Da stand Abraham des Morgens früh auf und gürtete seinen Esel und nahm mit sich zwei Knechte und seinen Sohn Isaak und spaltete Holz zum Brandopfer, machte sich auf und ging an den Ort, davon ihm Gott gesagt hatte.
[…]
… und reckte seine Hand aus und fasste das Messer, dass er seinen Sohn schlachtete.

Verstehen wir normale Menschen *dies*? Abraham geht und tut wie geheißen. Nichts weiter. Keine Klage, kein Zeichen von Zerrissenheit. Er geht den Weg. Unbegreifliches Tao. Er geht den Weg Gottes. Kraft des Glaubens.

Hildebrand wirft keine Machina an. Nichts ist Beta. Es ist nur eine große Tragödie. Hildebrand und Hadubrand agieren wie reine Helden. Alles Alpha.

Abraham aber ist höher als alle Vernunft. Es muss so etwas wie Theta-Seelen geben. Abraham ist mit sich eins. Es gibt kein Abwägen, keine Tragik, kein Zögern, kein Bedauern, kein Zürnen oder Nachfragen bei Gott. Da ist kein Konflikt zwischen Geist und Seele, zwischen Wille, Weh oder Pflicht. Abraham handelt wie Gott selbst. Gott hebt das Messer und senkt es wieder. Gott weiß nun, dass Gott in Abraham ist oder Gott Abraham. Eins.

Kierkegaard denkt im Werk *Furcht und* Zittern lange über Abraham nach. Abraham glaubt. Kierkegaard würde gerne glauben, sieht aber den Übergang zum Glauben wie einen Sprung ins Nichts. Will er springen? Den Verstand aufgeben? Er schreibt:

Ich vermag die Bewegung des Glaubens nicht zu machen, ich kann die Augen nicht schließen und mich vertrauensvoll ins Absurde stürzen, es ist mir eine Unmöglichkeit, aber ich rühme mich dessen nicht. […] Gottes Liebe ist für mich, sowohl im direkten als in umgekehrtem Verstande, der ganzen Wirklichkeit inkommensurabel. Ich bin nicht feig genug, deshalb zu jammern und zu klagen, aber auch nicht hinterhältig genug zu leugnen, dass der Glaube etwas weit Höheres ist.

Kierkegaard vermag es nicht! Es ist mir nicht so ganz klar, wie er das meint: „Ich kann die Augen nicht schließen." Man sagt: „Ich möchte mich erschießen, aber ich vermag nicht abzudrücken." – Das ist für mich anders, als wenn man sagt: „Ich kann nicht wie ein Vogel fliegen." Dieses ist gegen die Naturgesetze und jenes gegen die eigene Angst. *Will* er nun nicht oder weiß er, dass er nicht *kann*? Nie können wird? Seine Allwissens-Machina hat ihn besiegt. Sie ist seine „Krankheit zum Tode": Hyperreflexivität. Das wunderbar Höchste und das Zerstörendste liegen in ihm genau an demselben Punkt. Sein Denken seziert alles, auch sich selbst.

2. „Nur" Leitmotive: Identifikationen und Visionen

Die meisten Menschen gehen nicht einfach ihren Weg wie Abraham. Sie haben ein Ziel. Sie sehen auf die nächste Sprosse der Karriereleiter, sie träumen Lebensvisionen für sich und ihre Nachkommen: „Kind, ach wie schön wäre es, wenn Du erreichst, was ich nie vermochte!" Sie identifizieren sich mit Stars, Vorbildern und ahmen nach. Sie übernehmen Rollen im Beruf und in der Familie und füllen sie aus. Sie lösen ein wissenschaftliches Rätsel oder entwickeln etwas als Erste.

In der Wirtschaftwelt ist es wichtig, klare Ziele zu haben, deren Annäherung ständig nachgemessen wird. „Plus 10 Prozent!" heißt eines der wichtigsten Ziele. Das wichtigste Ziel in dieser Zeit ist das Gewinnen des ersten Preises.

„Ich bin die Nummer eins!"

Wer nicht die Nummer eins ist, ist nur eine Nummer unter vielen. Er vergleicht sich nervös und neidisch allezeit.

Ziele, Leitmotive, Beförderungen und Vergleiche erzeugen viele Betawellen in unserer Zeit!

Darüber habe ich schon so viel geschrieben! Hier erinnere ich nur daran.

Ziele, Visionen, Identifikationen, neue Rollen und Aufgaben ... sie sind mehr oder weniger konkret. „Je konkreter, desto Beta."

3. Der Durst nach dem Übersinnlichen

Auf der ganz anderen Seite sehnen sich die Menschen ganz unbestimmt nach irgendwelchem Höheren. Das Höhere ist in Abraham, aber niemand sieht es dort.

So fiebern wir beim Lesen von Masaru Emotos Büchern über die geheimen Wirkungen des Wassers. Speichert Wasser Wissen? Emoto begann, Wasser in kleinen Mengen in Schälchen zu gefrieren und die Kristallstrukturen unter dem Mikroskop zu fotografieren. Es sind viele Formen zu beobachten! Unreines Wasser zeigt hässliche Strukturen, reines himmlisch schöne. Emoto hat Wasser untersucht, das beschimpft wurde oder dem man Kammermusik von Mozart vorgespielt hatte. Immer fand er dies: „Das Böse" wirkt zerstörerisch auf Kristalle, „das Gute" erzeugt wundervolle Strukturen. Wenn Emoto vorträgt, sind auch in Deutschland die Säle voll. Menschen fiebern: Hat Wasser eine geheimnisvolle Macht?

Rupert Sheldrake zieht uns mit seinen Theorien in den Bann. Er erklärt uns das rätselhaft Ganzheitliche in der Natur mit der Resonanz „morphischer Felder", die in uns so etwas wie einen siebten Sinn entstehen lassen. In morphischen Felder wird eine Art Gedächtnis des Ganzen postuliert, das uns alle in gemeinsamer Resonanz schwingen lässt. Sind wir Menschen dann auch geheimnisvoll verbunden. Sie und ich?

Und wenn nun das Wasser etwas weiß – und wenn nun morphische Felder über uns schweben – was dann? Wir ahnen dumpf, dass es eine bessere Welt geben könnte. Es ist richtig aufregend, wenn Mokka Müller im Buch *Das vierte Feld* schon Konsequenzen im Wirtschaftsumfeld aufzeigen kann.

Menschen lieben es heute, wenn uns die Naturwissenschaft ein Wetterleuchten am Horizont zeigen kann. Wir dürsten nach einem Mehr in unserem Leben. Könnten wir ein Überbewusstsein haben? Gibt es nicht doch Gedankenübertragung? Sehen wir denn nicht an den EEGs von meditierenden Gurus, dass diese sich dauerhaft im Alphawellenbereich aufhalten können und sogar in sich Thetawellen zu erzeugen vermögen? Gibt es wirklich Menschen mit einer Aura, einem weit spürbaren Charisma, einer Ausstrahlung? Worin besteht die? Können wir im Grenzsport Grenzerfahrungen machen? Können wir durch eigene somatische Schulung weiterkommen? Durch NLP? Durch Biofeedback-Training? Durch Hypnose? Was können wir von Schamanen, taoistischen Mönchen, indianischen Läufern lernen, von Hungerkünstlern und lebendig Begrabenen? Was erleben Yogis und Mystiker? Was ist Ekstase? Gibt es Fernsuggestion? Bilokation?

Ich will jetzt nicht das Esoterische, Absurde und Ernsthafte in einem einzigen Topf umrühren und einen Brei erzeugen. Ich möchte nur sagen, dass uns das Geheimnisvolle so sehr anzieht.

Immer ist da so eine Resonanz in uns: „In uns muss mehr sein als das Leben."

4. Viel mehr mögliche Körper als mögliche Fragen!

Wäre es nicht denkbar, dass es in unserem Gehirn große, umfassende Strukturen gibt, die keine erkennbare Repräsentation in der Außenwelt haben? So fragte Marc Pilloud. Ich will eine positive Antwort begründen.

> *Achtung:* Ich schreibe das Folgende nur für den wahren Menschen und dessen Intuition. Ich weise immer relativ kurz darauf hin, wie die analogen Argumente für die anderen Menschenarten lauten. Nehmen Sie die Konzentration auf das Wahre nicht zum Anlass, zu denken, für die anderen Menschen gelte das alles nicht. Es würde langweilig, wenn ich alles drei Mal durchginge.

Wenn neuronale Netze oder Gehirne lernen, dann optimieren sie sich im Innern. Es bilden sich ungeheuer komplexe Strukturen aus, die „intuitiv wissen".

Mehr ist zum Leben ja nicht verlangt. Es reicht ja, wenn wir gute Entscheidungen treffen können. Wir müssen streng genommen nicht wissen, warum unser Gehirn so oder so entscheidet. Wir vertrauen einfach auf die Intuition.

Die richtigen Menschen aber leben mehr nach Regeln und Ordnung. Sie brauchen eine Begründung für eine Entscheidung. Sie haben natürlich auch eine

Intuition, aber sie trauen mehr den Regeln der Gemeinschaft. Und da fragen wir Menschen immer wieder: Warum soll dies und das richtig sein? Wir fragen die Weisen: „*Warum* sagt deine Intuition, dies und jenes sei gut?" Da beginnen die Weisen zu philosophieren, worin die Gründe bestehen könnten.

Vom intuitiven Standpunkt her könnte ich sagen: „Ich weiß vieles."
Wenn ich aber nach dem Warum frage, sehe ich schnell: „Ich weiß, dass ich nichts weiß."

Ich behaupte hier wie in *Omnisophie*, wo ich gründlicher in der Darstellung war: Die neuronalen Netze bilden nach langer Lernzeit immer bessere Entscheidungsstrukturen heraus. Diese Strukturen entstehen aus einem normalen Leben in einer normalen menschlichen Kultur. In gewisser Weise entstehen sie also überall auf der Welt und in allen Menschen gleichartig. Wir leben zwar nicht in denselben Kulturen und unter denselben Bedingungen, aber die neuronale Struktur ist gleich und kommt im tiefen Grundsatz zu immer gleichen Konstruktionsprinzipien, etwa „Das Symmetrische ist schön." – „Ordnung ist schön." Solche Prinzipien entstehen eben in mathematischen Strukturen am schnellsten. Wir können uns die Welt in solchen regelmäßigen Formen leichter merken. Unsere Vernunft konstruiert also erst einmal eine Ordnung in die Welt hinein. Richtige Menschen unterhalten sich untereinander dauernd über die beste Ordnung und einigen sich auf Systeme. Die wahren Menschen denken viel länger nach, weil sie mehr außen stehen und die Welt auch in ihren Widersprüchen beobachten (Unwissen, Unfrieden, Hass). Wenn sie dann lange Zeit über der Welt brüten, bilden sich aus den normalen Denkstrukturen immer feinere, die dann langsam im Unsagbaren verschwinden.

Der Instinkt ist am schnellsten, er sieht die erforderlichen Reaktionen.
Der Verstand sieht die besten Lebensregeln und versucht, die Welt entsprechend zu gestalten.
Die Intuition spürt nach langem Umwälzen der Welt im Herzen die hohen Prinzipien des Guten. Sie spürt sie ganz tief innen und kann sie weniger und weniger mitteilen, weil sich die intuitiven Urgründe langsam der Sprache entziehen. Das Intuitive spürt aber innerlich genau, dass es auf dem richtigen Weg ist. Es weiß, es sollte diesem Weg folgen, den es in sich spürt.

Jetzt ringe ich nach Worten. Hier beginnt ja das Unsagbare. Von außen gesehen: Ich sehe eine neuronale Struktur, die so wunderbar ausgebildet ist, dass sie „weiß". Dann aber muss ich ihr folgen und kann nicht mit ihr argumentieren!

Ein profanes Beispiel: Angenommen, wir bauen einen fiktiven Computer (das ist sehr bald real möglich), der fast immer oder sogar immer im Schach gegen jeden Menschen gewinnt. Nehmen wir an, er könnte alles auf 100 Doppelzüge im Voraus berechnen. Da die meisten Partien kürzer sind, „weiß" der Computer das Ende. Er kann quasi in die Zukunft sehen. Wenn wir ihn nun im dritten Zug fragen, warum er den c-Bauern zog – was kann er dann sagen?

Es würde bis ans Ende aller Zeiten dauern, die Antwort zu geben. Eine richtige Antwort auf diese Frage ist (so glaubt man) fast so lang wie die Aufzählung aller möglichen Züge. Eine ungefähre Antwort wäre aber zu ungenau?!

Noch ein Beispiel: Ihr dreijähriges Kind fragt: „Was ist das, Mehrwertsteuer?" Hoffentlich wissen Sie das. Was sagen Sie dann? Ich kann es mir denken: „Das verstehst du noch nicht." Sie sehen nämlich keine Möglichkeit mit einem kleineren Computer schwere Fragen zu diskutieren. „Warte, bis du groß bist." Sie warten, bis der andere Computer Ihr Niveau hat. Später heißt es dann: „Papa, Mama, ihr versteht es nicht." Ihr Kind hat jetzt Abitur.

Ich will also nur sagen, dass wir in der Intuition viel mehr wissen können, als wir zu erklären vermögen. Der geniale Schachspieler fühlt den besten Zug. Wenn er die Intuition begründen will, beginnt er Zugfolgen zu berechnen und ein Für und Wider zu diskutieren. Damit aber kommt er nicht weit. Intuition kann weiter denken, aber nicht begründet werden. Man muss ihr vertrauen. Viele Philosophen fragen, woher die Ideen kommen. Das ist doch klar! Aus der Intuition. Aber wie geschieht das? Das ist wieder eine unzulässige Frage, weil die wirklich tiefe Intuition nicht mit Worten beschreibbar ist. Das Prinzip ist: Die Intuition kann sagen, was sie meint. Wenn sie aber den Grund sagen sollte, müsste sie eine Aussage über sich selbst treffen und die ist schwierig. Sie ist nicht unmöglich, aber zu lang! Der Schachcomputer kann selbst beweisen, dass er gewinnen wird, wenn er nur alle möglichen Zugfolgen demonstriert. Es geht, aber nur in Trillionen Jahren.

Das ist mein Hauptargument: Man kann Gründe nennen, aber die Erklärung ist so lang, dass unser Leben im Leben nicht reicht, sie entgegenzunehmen. Gott ist da, aber zu groß, um ihn zu verstehen. Es ginge im Prinzip, aber nicht in unserem Leben. Das klingt Ihnen sicher zu spekulativ, wenn Sie nicht Schach spielen. Daher komme ich Ihnen jetzt mit ein bisschen Logik. Anne sagt, sie versteht es so. Carmen Bierbauer und Martina Daubenthaler ebenfalls. Sonst hätte ich es neu geschrieben. Dann schaffen Sie es jetzt sicher auch selbst, zwei bis drei sehr trockene Seiten aufzunehmen. Wenn nicht, müssen Sie glauben. Ich meine, Sie verwirken das Recht, hinterher sagen zu dürfen: „Das glaube ich nicht."

Stellen wir uns die Intuition oder ein Orakel so vor: Es ist eine Maschine, der wir eine Ja-Nein-Frage mit höchstens 100 Zeichen aus dem Alphabet zeigen können. Auf jede Frage gibt die Intuition eine Antwort. Sie lautet Ja oder Nein.

Es gibt 26 Buchstaben, also insgesamt 26^{100} verschiedene Fragen.

Jetzt denken wir nach, wie viele mögliche „Intuitionen" es gibt. Die Intuition gibt ja nicht bei allen Menschen die eine einzige richtige Antwort, sondern jeweils eine eigene intuitive. Jeder Mensch hat eine andere Intuition. Jeder Mensch antwortet anders. Nehmen wir die erste der 26 hoch 100 Fragen. Manche Menschen beantworten sie mit Ja, andere mit Nein. Es gibt diese zwei Sorten. Bei der nächsten Frage gibt es wieder zwei Möglichkeiten. Bei der dritten wieder. Insgesamt gibt es also

2 hoch 26^{100}

verschiedene „Antwortmaschinen", oder für Mathematiker: Es gibt so viele Funktionen vom Frageraum in den Antwortraum, der nur aus zwei Elementen besteht.

Es gibt also sagenhaft viel mehr mögliche menschliche Intuitionen als es Fragen gibt. Es gibt mehr Antwortmechanismen als Fragen, viel, viel mehr! „Unendlich" viel mehr. Es gibt also „unendlich" viel mehr mögliche Menschengehirne als Fragen. Und es gibt schon fast „unendlich" viele Fragen. Ich will nur sagen, dass die Größenordnungen der möglichen Fragen und der möglichen Menschen extrem unschiedlich sind.

So. Jetzt betrachten wir die Frage: „Ist dein Leben halbwegs sinnvoll?" Darauf soll die Intuition eine Antwort geben. Nur zwei Antworten sind zugelassen. Ja oder Nein. Ich frage jetzt Sie: „Ist Ihr Leben halbwegs sinnvoll?"

Ha, ich weiß, da winden Sie sich. Sie wollen zuerst nicht antworten und kommen mir mit so Wischi-Waschi wie „Wie ist das gemeint?" und „Kommt darauf an, wie man es sieht." Es kommt mir aber nicht darauf an, wie man es sieht, sondern darauf, wie *Sie* es sehen. Ja oder Nein?
Angenommen, Sie antworten. Ja oder Nein.

Dann frage ich Sie hinterher: *Warum* haben Sie so geantwortet? Was sind die Beweggründe?

Legen Sie nun das Buch zur Seite und überlegen Sie eine Weile, was Sie mir sagen werden.

Haben Sie's? Ich habe mir inzwischen einen Kaffee vom Automaten geholt. Also: Warum ist Ihr Leben halbwegs sinnvoll oder nicht?

Ihre Antwort muss eigentlich sein: „Also dann muss ich Ihnen erst einmal kurz mein derzeitiges Leben und meine Lage erklären, Herr Dueck. Sie können mich sonst gar nicht verstehen, wie ich zu dem Urteil komme. Also: Meine Urgroßeltern kamen aus dem Ausland ..."

Fühlen Sie nun, dass es einen großen Unterschied gibt? Ihre Intuition kann spontan Ja oder Nein sagen. Sie ist eine Art Orakel, das auf jede Frage ein Gefühl zurückgibt. Ja oder Nein. Wenn Sie aber sagen sollen, warum die Antwort aus Ihrer Sicht so richtig ist, müssen Sie praktisch Ihr Leben ausbreiten. Ich will darauf hinaus: Die Begründung, warum Ihr Leben sinnvoll ist oder nicht, ist ungefähr so lang wie eine Erzählung Ihres ganzen Lebens. Die Begründung besteht im Wesentlichen aus Ihnen selbst oder zumindest aus einem großen Teil von Ihnen. Sie müssen sehr viel über sich selbst sagen, weil die Antwort sich ja sehr auf Sie selbst und keinen anderen bezieht. Klar?

Ich will sagen: Die Antwort, warum Sie mit Ja oder Nein antworteten, ist fast Ihr ganzes Leben.

Das aber bedeutet: Die Antwort ist fast ebenso lang wie die Antwort auf die Frage: *Wer sind Sie?*

Angenommen, es gibt wirklich 2 hoch 26 hoch 100 verschiedene Menschen. Und ich soll hinschreiben, wer *Sie* sind. Dann muss ich das wohl so machen. Ich liste die 26 hoch 100 Fragen der Reihe nach auf und schreibe daneben, ob Sie jeweils diese

Frage mit Ja oder Nein beantworten. Ich schreibe mir also nur Ihre Antworten der Reihe nach auf:
„Ja, ja, nein, nein, ja, ja, nein, ..." Insgesamt 26 hoch 100.

Dann weiß ich, dass ich Sie jetzt genau beschrieben habe. 26 hoch 100, das ist eine lange Antwort, nicht wahr? Im Vergleich zu Ja, halbwegs sinnvoll, oder Nein, nicht halbwegs sinnvoll.

(Für genauere Denker: Wenn Sie ein bisschen tiefer in die Materie hineindenken, stellen Sie fest, dass es zum Beispiel eine Menge Fragen gibt wie: Ist der Himmel blau? Auf diese Frage antworten so ziemlich alle Menschen gleich! Oder: Ist eins und eins gleich zwei? Darauf antworten sie auch alle gleich. Es gibt also viel weniger mögliche verschiedene Menschen als ich Sie oben befürchten machte. Viel weniger! Stellen Sie sich im Extremfall ein System vor, in dem die Antwort auf jede Frage vorgeschrieben ist. Das System beantwortet also alle Fragen, die es gibt, als Vorschrift in einer langen Liste. Diese Liste müssen alle auswendig lernen. Wenn ich also frage: „Ist Ihr Leben halbwegs sinnvoll?", dann sagen Sie sofort Ja, weil es so in der Liste steht. In diesem Fall sind die Menschen ununterscheidbar, weil sie alle dasselbe sagen. Man könnte dann meinen, es gäbe nur einen einzigen möglichen Menschen.

Dieser Fall ist das noch nie erreichte Ideal der richtigen Systeme und ein bisschen der des richtigen Menschen. Sie sehnen sich nach klaren und richtigen Antworten.

Es könnte also vielleicht nur 26 hoch 75 verschiedene mögliche Antwortmuster geben, aber ich bleibe einfach bei 100, es ist qualitativ egal.)

So, das war die Daumenrechnung. Ich könnte sie mit 30 Seiten Mathematik wasserdichter machen. Ich hoffe, Sie sehen den Punkt auch ohne zu viele Formeln und Schätzungen. Der wichtige Punkt ist:

Es gibt ungeheuer viel mehr Antwortmaschinen als Fragen.
(Das Verhältnis ist „qualitativ" wie 26 hoch 100 zu 2 hoch 26 hoch 100.)

Es ist „unendlich" viel leichter, eine intuitive Antwort auf eine schwierige Frage zu geben, als die *Gründe* für die Antwort zu präzisieren, wenn die Frage komplex ist. („Hast du mich trotzdem lieb?") Die Antwort auf eine komplexe Frage ist mitunter fast gleich schwer wie die Frage nach dem Menschen an sich. Da es fast unendlich viele mögliche Menschen gibt, ist die Frage nach dem Menschen an sich nur fast unendlich lang zu beantworten (im Beispiel waren es 26 hoch 100 Ja/Neins in einer Liste).

Wenn also die Intuition auf komplexe Fragen antwortet, so gibt es keine erlebbar kurze Antwort auf die Frage: „Warum gerade diese Antwort?"

Damit ist gezeigt: Die Intuition als solche kann *nicht kurz* beschrieben werden, jedenfalls nicht mehr zu Ihren Lebzeiten, auch nicht mehr bis ans Ende der Welt.

Die Intuition ist die Summe aller Trilliarden Eindrücke aller Sekunden Ihres Lebens. Sie bildet sich als neuronale Struktur, die wie ein Orakel mit Ja und Nein antworten kann.

Wenn wir also eine gute Intuition haben, der wir vertrauen können, dann gibt die Intuition in der Regel *gute* Antworten, ist aber selbst nicht beschreibbar, weil sie so komplex ist, dass man dafür fast „unendlich" viele Worte brauchte.

Es gibt einfach viel mehr Maschinen als Fragen!

Jetzt müsste dieses Prinzip klar sein.
Nun können Sie völlig analog ebenso „nachrechnen":
Es gibt fast unendlich viel mehr Systeme als Regeln.
Es gibt fast unendlich viel mehr „Körper" als Instinktreaktionen.

Die richtigen Menschen gehorchen den unendlichen vielen Regeln und der Logik. Es gibt aber wieder fast unendlich viele verschiedene Systeme! Wenn ich einen richtigen Menschen fragen würde: „In welchem System lebst du?" Dann würde er wieder stutzen und sagen: „Vieles ist nicht einfach zu erklären, weil es fast in Gänze historisch gewachsen ist. Es ist also besser, ich beginne zur Beschreibung des Systems mit einem historischen Abriss von der Steinzeit an. Vorher ist sicher auch etwas Wichtiges geschehen, aber wir wissen heute nichts mehr davon. Ich muss also unvollständig bleiben. Also, höre den ganzen historischen Zusammenhang, der nur allein die Inkonsistenzen erhellen …" – Wer seine Intuition erklären will, muss sein Leben schildern, soweit er es *nach* seiner Kindheit kennt, nicht wahr? Und weil es so entsetzlich viele Systeme gibt, unendlich viel mehr als Regeln, stehen wir wieder vor dem gleichen Sprachlosigkeitsproblem. Fragen Sie einmal ein System dies:

„Wenn nur einer zu retten wäre, Mutter oder Neugeborenes, wer? Die Mutter?"

Die Antwort ist in manchen Systemen Ja, in anderen Nein. Sie ist innerhalb eines Systems klar beantwortet, vielleicht eindeutig durch ein Gesetz. Aber die folgende Frage ist schwer: „*Warum* genau ist es in diesem System so?"

Da muss man erst über die Kultur des Systems und seine Grundglaubenssätze reden.

Die natürlichen Menschen reagieren hauptsächlich virtuos mit dem Seismographensystem in ihrem Körper. Und wieder ist es klar, dass es unendlich viel mehr Körper gibt als Reaktionen. Ich kann einem Menschen sagen: „Dreh dich anmutig herum!" Und er tut es. Und dann frage ich ihn: „Warum hast du es gerade so gemacht?" Ungläubiges Schweigen. Die natürlichen Menschen haben es gut. Bei Körpern ist der Fall klar: Jeder ist wahnwitzig einzigartig. Das sieht jeder von uns.

Bei der Intuition liegt das Verschiedene ganz im Dunkeln. Bei Systemen wird das Verschiedene ja bekämpft. Man kann sich gar nicht denken, dass es andere Systeme gibt und dann noch unsagbar viele verschiedene andere!

5. Meta und Theta: Über das Unsagbare

Wenn wir gute Menschen werden wollen, müssen wir eine gute Intuition ausbilden. Wie machen wir das? Wenn wir gar nicht drüber reden können?

Wir *trainieren* sie mit Denken und Fragen und Antworten, wie es bei Computern geschieht. Wir können sie nur trainieren, aber nicht wirklich darüber reden. Das Gigantische, Große, unsagbar Komplexe wächst durch verarbeitete Eindrücke heran.

Können wir der Intuition vielleicht schon vorweg bewährte Schablonen geben? Das ist die Idee der Schule, der Erziehung und der Systeme. Sie treiben die Kinder an, sich amtlich richtig zu verhalten. Dann sind sie fertig ausgebildet. Das geht schnell. Noch schneller geht es, wenn wir gar keine Intuition ausbilden, die Antworten weiß, sondern den Menschen nur sagen, was sie zu tun haben und wie sie bestraft werden, wenn sie das nicht tun. „Tu, was man dir sagt!" Das wäre eine Art Metaregel. „Tu, was dir nützt. Wenn jeder so agiert, ist es am besten für das Gemeinwohl."

Das könnte man tun. Die Frage, die uns aber hier beschäftigt, ist die: Gibt es *höhere* Strukturen in uns, die wir uns nicht vorstellen können, die aber unser Leben regeln?

Nehmen wir an, ein Weiser unter uns wäre unsterblich und würde weiser und weiser in Jahrmillionen. Das neuronale Netz wird feiner und feiner und urteilt mit der Zeit immer besser. Es wird klug wie ein Schachcomputer, der alle Züge im Voraus berechnen kann. Nehmen wir an, nach Jahrmillionen würde der Weise so ungeheuer klug sein, dass er den Lauf der Welt quasi einen Monat vorhersagen kann. Dann wüsste er so etwas wie die richtige Antwort auf alle kurzfristigen Fragen.

Aber er könnte nicht in Jahrmillionen erklären, warum die Antwort richtig ist. Das Prinzip der Weisheit ist „unendlich komplex" gegenüber der einen Antwort.

Was aber würde der Weise selbst sagen, wenn wir ihn dieses eine fragten: „Weiser, was steckt in dir, dass du alles weißt?"

Er kann dann nicht sagen, *was* es ist. Er kann nur fühlen, dass da etwas ist. Wie wird der Weise es nennen?

Tao. Alte Seele. Nirwana, Atman, Geist, Gott?

Es ist etwas in ihm, was er nicht beschreiben, nur nennen und fühlen kann. *Das* eben.

Deshalb gibt es etwas, was ich *benennen* kann, aber nicht beschreiben. Ich kann fast mathematisch beweisen, dass es so etwas geben muss und dass es nennbar, aber nicht beschreibbar ist.

Ich nenne es: Theta-Seele.

Ich benenne es nach den Thetawellen, die wir als Kleinkind im Ursprung fühlten, als wir noch ganz und eins waren. Der Weise ist wieder dorthin zurückgekehrt. („Hör auf!") Nicht zur Kindheit, nicht zum Kinde in sich, sondern zu einem analogen Zustand des Ganzseins.

Ich habe wieder begonnen, alles für die Intuition zu beschreiben.

Analog: Wenn wir einen Körper mit seinem Instinktsystem Jahrmillionen trainieren, bis er vollkommen eins mit sich ist – dann kann er nicht beschreiben, wie er ist. Man kann ihn sehen und bewundern. Betasten und prüfen. Aber das Warum ist unsagbar.

Analog: Wenn ein Staatssystem in Jahrmillionen vollkommen gebildet würde ... man könnte nicht sagen, *warum* es das Beste wäre.

Analog: Wenn ein charismatischer Held in Jahrmillionen austrainiert wäre, wir könnten nicht beschreiben, warum er der Größte wäre (schauen Sie nur einmal die Hilflosigkeit eines Menschen an, der nur das Wort Charisma beschreiben müsste!).

Es gibt also einen Zustand des Menschen, in dem er fühlen kann, dass alles in Ordnung ist.

Er kann sagen, wie es aussieht, ohne zu sagen, was es genau und warum es ist. Er sieht aus wie ein Weiser, ein Brahmane, ein Guru, ein Held, ein Jedi, ein Heiliger, wie „die" Mutter.

Theta – unsagbar!

6. Theta-Metaideen

Ja! Sicher! Es gibt Strukturen im gereiften Menschen, die uns in höherer Weise bestimmen, als wir erkennen können.

Sie fühlen sich wie Gott an. Wie eine Aura, wie Emanation, Fluidum, Ausstrahlung. Wenn die Intuition, der Gemeinschaftssinn oder der Instinkt ganz wunderbar funktionieren und keine innerlichen Widersprüche mehr haben, wenn im Körper, in Geist und Seele alles zusammenpasst, so als wäre alles in Jahrmillionen sorgsam entstanden ... – ja, dann fühlt es sich wie innere Vollkommenheit an. Als wenn Gott in uns wohnte.

Wir können nicht in endlicher Zeit beschreiben, was es ist. Aber es ist da.

Wir sagen dazu: Tao. Gott, der uns verbot, uns ein Bildnis von ihm machen zu lassen. Nirwana, das Nichts. Atman, die unsterbliche Seele.

Das Nirwana ist wie ein Verlöschen, sie können es fast auf dem EEG sehen, wenn indische Yogis durch Meditation in den Thetawellenbereich gelangen. Unser Gott verbietet uns, ihn „abzubilden", er untersagt also im Grunde auch, von ihm zu reden. Es geht ja auch nicht, und wer es täte, läge falsch. Er sagt nur, wie wir zu sein haben. Wie von einer Intuition der Welt bekommen wir Antworten, aber keine Auskunft über Gott an sich.

Lao Tse beginnt das *Tao Te King* so:

Das Tao, das du aussprechen kannst,
Ist nicht das ewige Tao.

Ein Name, den du nennen kannst,
Ist nicht der ewige Name.
Namenlos ist der Anfang von Himmel und Erde,

Zu Benennendes ist Mutter aller Dinge

Darum: Wer gelassen nach innen blickt,
Erfährt die Wunder unbegrenzten Seins.
Wer die Welt besitzen will und an Namen festhält,
Findet weltliche Begrenztheit.

Im Ursprung sind diese zwei Eins.
Unterschiedlich nur dem Namen nach.
Unbegreiflich ist diese Einheit.
Das Geheimnis der Geheimnisse,
Das Tor, durch das alles offenbar wird.

Wie aber kommen wir dorthin?
Nicht durch Reden.

Alle diese Bezeichnungen des Unsagbaren können uns aber sagen, ob wir auf dem Weg sind. Wenn Sie *wirklich* glauben würden, Ihre Seele wäre unsterblich – wenn Sie *wirklich* glauben, je vor Petrus und das Himmelstor treten zu müssen – würden Sie dann *wirklich* so leben wie heute? Sie mögen sagen, Sie seien Christ – aber sehe ich in Ihren Augen Ihr ewiges Leben, wenn ich Sie kennen lerne? Sehe ich Ihre unsterbliche Seele? Stellen Sie sich nur einen Augenblick vor, Sie hätten eine? Merken Sie, wie Sie die innere Hölle in sich verlieren, wie sich das Nirwana nähert? (Warum bleiben Sie dann nicht bei dieser Vorstellung? Warum springen Sie nicht?)

So weit sind wir wohl „alle" nicht.

Dabei – sehen Sie – *wenn* Sie wie Abraham an irgendeine dieser Metaideen wirklich glauben würden, dann wären Sie wahrhaft erlöst. Aber auch Sie springen nicht! Ich sprang nicht. Wie auch Kierkegaard nicht.

Wenn sich die richtigen Menschen wie Gotteskinder fühlten (wie Geschwister also), wenn sie das Heilige einer von ihnen erschaffenen Welt und der Rituale einer solchen Welt *fühlen* könnten, dann wären sie im kollektiven Überbewusstsein erlöst.

Wenn die natürlichen Menschen in sich die Energie bündeln könnten und „Jedis" würden ...

Wenn wir sprängen ...

7. Gott ist in uns, mehr oder weniger – wie wir's verdienen

Wer regiert Sie? Die Machina? Die Alpha-Seele? Eine Metaidee?

Die Machina sagt ununterbrochen: „Wenn ich genug Punkte gesammelt habe, werde ich hier der Größte sein und sicherlich auch im Jenseits belohnt. Also sammle ich tagein tagaus. Ich lasse mich durch niemanden abhalten und beirren." Sie sucht ihre Wunden zu bedecken.

Die Alpha-Seele nähert sich dem Sinn und der Zufriedenheit. Wir sind ein guter Mensch.
 Ja, und dann beginnt erst richtig der Weg des Unsagbaren.

Darüber kann ich nun nicht schreiben. Ich mag auch andersherum nicht immer überall lesen, wie es sich im Theta-Zustand anfühlt. „Wir sind eins! Alles wird eins. Alles verschmilzt. Ich bin die Welt!" So beginnt ja auch das Tao Te King.
 Wie sagt Wittgenstein? „Wovon man nicht reden kann, darüber muss man schweigen."

Leider, und das wollte ich Ihnen zeigen, ist das meiste Wichtige im Leben so komplex, dass man darüber wirklich nicht reden kann. Solange Sie also noch über etwas reden können, ist es nicht so wichtig, oder Sie reden über etwas, worüber man schweigen muss und nicht reden kann. Es ist aber nun *nicht* so, dass es das Hohe und Komplexe nicht gäbe, nur weil es zu komplex ist, darüber reden zu können.

Wittgenstein sagt: „Die Grenzen meiner Sprache sind die Grenzen meiner Welt."

Das stimmt nun nicht! Das wollte ich Ihnen ja deutlich machen. Die analytischen Philosophen denken, dass jeder Gedanke als Satz hingeschrieben werden kann und dass deshalb aller Sinn der Menschen in den sinnvollen Sätzen zu finden sei. Sie haben leider die Entwicklung der mathematischen Komplexitätstheorie nicht miterlebt und sich nicht vorstellen können, dass die komplexen Strukturen eben nicht in absehbar endlichen Zeichenketten darstellbar sind, dass daher Gedanken nicht unbedingt in absehbar endlicher Zeit aufschreibbar sind. Ja, es mag wohl im Prinzip möglich sein, überhaupt alle Gedanken als Sätze aufzuschreiben. Es können aber leider schrecklich lange Sätze daraus werden. Dann kann man also über alles reden, aber nur nicht kurz? Dann muss man also über alles Wichtige schweigen, weil man den Satz nie zu Ende bekäme? Das Tao Te King sagt: „Wer an Namen festhält, findet weltliche Begrenztheit." Aber jenseits der Namen ist das Tao! An der Grenze der Namen ist nicht die Grenze der Welt, lieber Ludwig Wittgenstein. Nein, da ist sie nicht. Auch nicht die Grenze der Philosophie, sie ist „Liebe zur Weisheit", nicht „Liebe zum Denken".

Über der Sprache und den Gedanken liegt viel, viel mehr, eigentlich fast alles, das quasi Unendliche, das wir nicht nennen können. Es kommt nun auch darauf an, ob diese Theta-Seele in uns ausgebildet ist – wie gut sie ausgebildet ist, ob und wie sie unser Leben bestimmt. Wir können nicht darüber reden, aber dorthin *werden*. Die Grenze der Philosophie sollte nun nicht an der Grenze des Sagbaren enden, sondern dort erst richtig beginnen. Sie muss beim Ausbilden und Werden der Theta-Seele helfen. Das geschieht nicht durch Lehren, sondern vielleicht durch Trainieren der Intuition, durch Dialoge mit Sokrates, durch Meditation, durch Träumen. Oder viel einfacher durch ein einfaches Leben. Die Grenze der Welt ist nicht an den Grenzen der Sprache! Das ist einer der tragischen Neuirrtümer des 20. Jahrhunderts. Die Grenze der Anreizsysteme ist nicht die Grenze des menschlichen Schaffungsvermögens! Es gibt keine Grenzen, sage ich. Denn das, was in uns ist, zieht sich weit hin, weiter, als wir je kommen können. Und wenn es weiter ist, als wir je denken können, ist es faktisch das Unendliche.

Und worüber ich nicht sprechen kann, Ludwig Wittgenstein – nein, darüber will ich *nicht* schweigen! Ich singe, male, fühle, dichte, erschaffe, träume, spüre, bin. Ich sehe Unendliches in Symbolen.
   Cogito, ergo sum – ich denke, also bin ich! *Schon dann, Descartes?*

Petra Steiner malt Bilder. Bilder! Sie sind nicht gemalt, um Worte oder Gedanken zu sein. Bilder sind höher als bloße Worte. Die Bilder beschreibenden Worte sind dürr. Und die Beschreibende ist hilflos, sie sagt:

Ich werde hier versuchen, einige Worte zu dem einen oder anderen Bild zu finden, doch seien Sie nicht zu streng mit mir. Vielleicht können und wollen Sie etwas damit anfangen.

Oh Gott ist das schwer ...

Und ich sage:

Worüber ich nicht reden und denken kann, will ich noch träumen, singen, innerlich wohl wissen und Kunst sprechen lassen. – Das Leben hat zu viel Sinn, als ich schweigen sollte. Es hat nur zu wenige Worte. Und das macht nicht viel aus.

Jenseits der Sprache ist „Gott" in uns. Mehr oder weniger. Je nachdem, wie weit wir auf dem Weg kamen. Jeder hat damit einen Gott, den er sich verdient und erarbeitet hat. Ein jeder kann einen ganz großen Gott in sich tragen. *Jeder einfache Mensch.*

Gott ist weit für den, der viel sprechen kann! Denn seine Sprachweltgrenzen liegen in der Ferne. Man kann beliebig viel sagen. Aber das Göttliche ist unsagbar weit. Durch das Sprechen kommt man ihm nicht nahe, nicht in die weiteste Nähe. Deshalb verabschiedet sich das bloß Sprechende von Gott. Gott ist weit für den, der denken kann! Denn sein Denken dehnt sich und dehnt sich weiter, ist aber nichts gegen das Unendliche. Das Denken und Sprechen ist wie der Versuch, durch das immer höhere Zählen zum Unendlichen zu gelangen. Die moderne Wissenschaft zählt: „Eins, zwei, drei, vier, ..." Sie mag bei Milliarden und Trilliarden ankommen. Was aber ist eine Zahl, die erreicht wurde oder die jemals erreicht wird – was ist diese Zahl gegen das Unendliche, gegen ∞? Die moderne Wissenschaft erschließt das Unendliche aus der Beobachtung des Großen. „Für n gegen unendlich strebt etwas zu einem Grenzwert", sagt der Mathematiker. Nach dieser Idee müsste das Höchste durch immer Höheres erreichbar sein. Danach müsste Gott über eine Himmelsleiter erreichbar sein, Stufe für Stufe.

Die moderne Idee des Höchsten scheint so geprägt zu sein. Man denkt, man wisse ungefähr, was Gott ist. Dann denkt man nach und weiß es besser. Noch besser. Immer besser. Irgendwann weiß man es ungefähr. Erst 70 Prozent, dann 80, 90, 99, dann 99,9, dann 99,999 – man kommt zwar nicht heran, aber immer näher. Man kommt beliebig nahe, ohne je heranzukommen. Das ist die Idee der Approximation des Ganzen durch ein endliches Teilgerüst. Diese Idee ist maßgebend für einen großen Teil der Mathematik und des Denkens. Ich bestreite, dass dieses Denken auf „Gott" angewandt werden kann. Die Grenze des Denkens und der Sprache ist viel zu nahe – sie kommt schon mit dem endlichen Tod. Die indische Philosophie bemüht deshalb extra die immer wiederkehrende Wiedergeburt, so dass quasi nach einer Ewigkeit von Erfahrung eine Seele zu Gott gelangen kann. Denn wir kommen im Leben nicht einmal 10 Prozent weit zum Sinn des Lebens, wenn wir zu zählen beginnen, um bis ∞ zu kommen. Wir können aber sofort zum Unendlichen kommen. Springen! Das geht so:

Da stand Abraham des Morgens früh auf und gürtete seinen Esel und nahm mit sich zwei Knechte und seinen Sohn Isaak und spaltete Holz zum Brandopfer, machte sich auf und ging an den Ort, davon ihm Gott gesagt hatte.

Glaube ist da oder nicht da. Glaube ist nicht klein oder groß, er ist da. Kein Gedanke, kein Satz rührt ihn als solchen an.

Oder etwas formal ausgedrückt: Ein immer tugendhafterer Mensch kommt niemals zur Tugend. Ein immer mehr glaubender Mensch kommt niemals zu Gott. Ein immer mehr verdienender Mensch wird nicht wohlhabend. Ein immer besser kämpfender Ritter kein Jedi. Mathematisch: Die Folge des immer Besseren strebt nicht gegen einen Grenzwert. Die Folge der Zahlen 1, 2, 3, 4, 5, ... hat keinen Grenzwert. Sie verliert sich irgendwo in dem, was wir ∞ nennen.

Irgendwann muss das Zählen und Stufenklettern aufhören. Ein Sprung.

8. Unio mathematica

Was immer Gott ist! „Gott" ist eben im *Unnennbaren*, aus mathematischen Gründen.

Nehmen Sie an, ich könnte durch ein einfaches, gutes Leben eine Theta-Seele ausbilden, deren Machina allenfalls als Diener im Haus geduldet wird.
Angenommen, das ginge.

Dann wäre in mir etwas furchtbar Komplexes, das sich aber irgendwie ganz und einfach anfühlt. Ich kann es klar und einfach spüren, aber nicht beschreiben. Wenn ich es beschreiben *muss*, beschreibe ich wahrscheinlich aus Unkenntnis nur das, was ich *spüre*, denn das, was ich beschreiben muss, kann ich ja nicht sagen. Es ist ja unmöglich, denn es ist zu komplex. Wenn ich also eine Theta-Seele habe, werde ich das beschreiben, was ich spüre: „Alles ist eins." Das kann verschiedene Farben und Formen annehmen. Leer im Nirwana, eins mit dem Weltgeist Brahma, Diener von Krishna, Vereinigung der Seele mit Gott (unio mystica).

Diese „Einssein"-Theta-Zustände werden wie göttlich gespürt. Sie sind aus komplexitätstheoretischen Gründen nicht „in erlebbarer Zeit" erklärbar oder begründbar.

Es gibt aber diese Zustände zweifellos. Wenn Mystiker oder Gurus sie beschreiben, was ja nicht wirklich geht, äußern sie ihr Spüren Gottes. Es klingt wie eine esoterische Schönrederei, die für Ungläubige fast inhaltleer und abstrakt, wie ein Nichts wirkt. Diese „Duselei" wirkt eher abschreckend als beschreibend. Und wenn ein anderer Guru dabeisitzt, nickt er verstehend zu unverständlich leeren Worten. Da schüttelt der noch nicht so Gottvolle den Kopf. Er spürt es nicht. Er beklagt sich. Und die Gurus sagen: „Du musst es ohne Worte spüren." Das wirkt abweisend auf den Fragenden. Im Grunde liegen ihre Seelenzustände mehrere Himmelsschichten auseinander: Theta von Beta.

Mit diesen Überlegungen ist auch in gewisser Weise eine Antwort zur Existenz Gottes gegeben.
    Oder ein positiver Gottesbeweis.
    Gott ist da.
    Real oder nicht.
    Wenn ein gutes, klares Leben zu neuronal-mathematischen Theta-Zuständen im Körper führt, dann *muss* Gott erscheinen. Sonst nicht. Die Frage, ob es einen *realen* Gott gibt oder nicht, ist für den Menschen *mit* einem Gott erstens unerheblich und zweitens mit Sprache nicht zu beantworten. Wenn er Gott spürt, ist dies für ihn wahr. Wenn er es nicht in Worten ausdrücken kann, außer mit dem leeren „Ich glaube", dann macht es ihn im Glauben noch stärker. Wer Gott in sich spürt, kann subjektiv nicht unterscheiden, ob es Gott real und wirklich (alter Mann mit Bart oder Weltprinzip, was immer) gibt oder nicht. Die Frage, ob Gotte real existiert, ist subjektiv irrelevant und in einer tieferen Ebene sogar glaubensschädlich. Wer Gott spürt (wer also in Alpha- und Theta-Zustände wächst), der weiß Gott in sich, der aus mathematischen Gründen dort nun sein muss.
Gott existiert, ob es ihn gibt oder nicht.

Nicht in Machinae, nein. Nur in Gotteshäusern – in guten Menschen also. „Sage mir, was das Höchste in dir ist, und ich weiß, wer du bist."

Deshalb ist dies beweisbar wahr:

Es gibt einen Gott in denjenigen Menschen, in denen Gott ist.
Mehr ist aber wirklich nicht zu sagen – und so schweige ich und spüre.

9. Omnisophie – das Eine Deine

So, das war das eigentliche Ende meiner Darlegungen.
Ich wollte sagen:
    Es gibt grundverschiedene Denkweisen des Menschen, die sich jeweils sehr gut anhand verschiedener mathematischer Algorithmen vorstellen lassen:

- Der richtige Mensch denkt wie ein Computer oder Expertsystem, Schritt für Schritt, er folgt Regeln und Prozessen, greift auf gespeichertes (gelerntes) Wissen zurück.

- Der wahre Mensch kann wie ein neuronales Netz gesehen werden, das ganzheitlich trainiert wird und ganzheitlich weiß, ohne selbst von seiner eigenen Struktur zu wissen. Er greift auf Intuition zurück, nicht wirklich auf Wissen.
- Der natürliche Mensch vertraut auf seinen Körper, der durch ein Seismographensystem gesteuert wird, das wiederum spekulativ durch den Gehirnstoffwechsel erklärt werden kann.

Diese drei Menschenarten denken und reagieren verschieden, sie haben verschiedene Auffassungen von fast allem (zum Beispiel: wahre Liebe, richtige Partnerschaft, natürliche Lust). Deshalb müssen sie verschieden leben wollen und in einer guten Gesellschaft auch verschieden leben dürfen. Das fordere ich als artgerechtes Leben. Da nun die verschiedenen Menschenarten querbeet durch alle Familien verteilt sind, müssen sie miteinander auskommen und zusammenleben. Dazu müssen sie sich verstehen! Das ist heute nicht der Fall. Sie streiten und stressen, bekämpfen sich, passen sich elend an oder fliehen. In *Omnisophie* habe ich die drei Arten dargestellt. In *Supramanie* habe ich erläutert, wie die Denkarten unter Stress (des Wirtschaftssystems) reagieren: Sie werden neurotisch und versuchen zu betrügen oder davonzukommen.

Wenn Sie die beiden Bücher jetzt im Rückblick sehen, habe ich in *Omnisophie* viel von der besseren Alpha-Seite des Menschen geschrieben, nahe an den Idealen. Ich habe erst nur die drei Richtungen herausstellen wollen. *Supramanie* zeigt eine reine Beta-Welt, in der die Machinae miteinander kämpfen. Dieses Buch *Topothesie* verbindet die beiden Welten in einem Erklärungsmuster Alpha-Beta und fügt noch die sehr seltene Variante der Gottesnähe an: Theta.

Es gibt verschiedene Menschen und verschiedene Lebenssinne. Es gibt für sie jeweils verschiedene Himmel und Höllen, verschiedene Alpha- und Beta- und Theta-Zustände. Das leuchtet mal hier und da aus den Philosophien und den Religionen heraus, ist aber meines Wissens nie so explizit herausgearbeitet worden. Viele Philosophen sprechen von verschiedenen Charakteren, ja, aber die Ethik und die Religion sollten am Ende immer für alle gleich sein. Diesen Hang zur allgemeinen Gleichheit vor Gott möchte ich abschaffen.

Ich wollte den Blick für die Unterschiede zwischen Theta, Alpha und Beta schärfen! Wir reden immer von gutem und schlechtem Verhalten. Wir sehen nicht, dass vor uns Beta-Machinae und Alpha-Menschen agieren! Die Menschen sind vielfach in solchen Grundzuständen gefangen. Da helfen erhobene Zeigefinger nicht! Die Grundzustände (Theta, Alpha, Beta) sind in den Körper eingebrannt. Wer sie zu seinen Zwecken oder brutal ändert, begeht Körperverletzung …

Wenn Sie zum Sinn wollen, sollten Sie erst einmal fragen, zu welcher Menschenart Sie eigentlich gehören. Haben Sie diese als Ihre Identität erkannt? Als Identität angenommen? Sind Sie Beta? Wollen Sie Alpha werden? Dann los! Wollen Sie „zu Gott"? Theta? Dann müssen Sie irgendwann loslassen und springen – Sie stehen dann auf einem hohen Felsen am tosenden Meer, schließen die Augen, und springen – springen nach oben. Das konnte Kierkegaard nicht. Wenn Sie springen, finden Sie ihren „Gott". Nicht den einen Gott, sondern Ihren. Es sind Sie.

Lesen wir noch einmal in der *Bhagavad Gita*. (Gita heißt Lied/Gesang, Bhagavad ist „der Erhabene".) Dieser Gesang von ungefähr 700 Strophen Länge ist nur ein winziger Teil, aber überhaupt *die* zentrale Stelle aus dem indischen Monumental-Epos *Mahabharata*, das 100.000 Doppelverse lang ist. Es gibt gute Zusammenfassungen von 1.000 Seiten. Der ganze Text liegt hier neben mir. In Englisch. Ob ich das je schaffe? Soll ich? In der *Bhagavad Gita* wird Krishna von Arschuna immer wieder gefragt: Gilt die Tat mehr als die Erkenntnis oder anders herum?

Mit deiner Worte Doppelspiel
Hast du verwirrt mir meinen Sinn ...

Und Krishna antwortet:

Zwei Standpunkte sind in der Welt;
Zum Heil führt ein zweifacher Pfad:
Das Sankhya lehrt Erkenntnis dich,
Der Yoga unverdross'ne Tat.

Der Weise, der sich versenkt, entsagt tendenziell der Tat. Er löst sich von der Welt ab („von der Machina" des Systems) und erlangt eine intuitive Erkenntnis des Ursprungs.

Der Tätige, der sich im Dienste Gottes kümmert, kommt nicht zur innersten Erkenntnis. Er handelt in Pflicht und Wunschlosigkeit, die sich ganz Gott anheim stellt.

Wie nun ist der beste Weg zu Krishna? Er antwortet: Beide Wege sind gut, ist aber doch nicht ganz eindeutig in der Aussage, weshalb sich ja auch Arschuna verwirrt zeigt. Was denn nun?
Ein quietistischer Heilspfad zum Brahma-Nirwana?
Eine aktivistische Ethik zur Gottesliebe (bhakti)?

Manche Kommentatoren sagen, der Dichter des *Mahabharata* habe wohl die zweite Möglichkeit propagieren wollen, aber eben auf die alten indischen Loslösungslehren Rücksicht genommen ...

Wie alles auch immer gewesen sein mag: Krishna beschreibt den Weg „zu Theta" für den wahren und den richtigen Menschen. So lese ich es. Und Krishna wird deshalb nicht eindeutig, weil es wohl nicht geht. Es gibt so viele Wege zu Gott wie es Menschenarten gibt. Mindestens drei. Das will ich mit meinem Werk sagen. Aber irgendwie ist alles Eins. Nicht der Weg ist gleich, aber die Stationen sind es: Abschied von der Machina, Ankunft in Alpha und dann der Große Absprung.

9 Omnisophie – das Eine Deine 353

Ich habe es für mich als Symbol „gemalt". Ich dachte an Drei und an den griechischen Buchstaben Theta:

Θ

Und ich dachte an das Wort Omnisophie, das mit O beginnt.
So sehe ich, was ich schrieb.

XX. Wohlgestaltung – unsere erste Pflicht

1. Kreation von Wohlgestaltung, nicht von Wohlstand!

Wir erschaffen *Wohlstand*, aber nicht Wohlgestaltung.
Alles ist zu sehr in Beta-Farben getaucht.

Wir erleben große Veränderungen: Viele haben Sehnsucht nach Werten, und seien es die alten. Die junge Generation hat Schwierigkeiten, sich zu orientieren. Ich habe mit meinen Kindern einmal ernsthaft diskutiert: „Heute habt ihr vielleicht den Punkt höchsten materiellen Reichtums." Sie werden mit einiger Wahrscheinlichkeit weniger verdienen als ich. Die Alterspyramide lastet auf ihnen. Schon meine Rente wird fast monatlich gekürzt. Meine Studienzeiten werden nicht anerkannt, vier Jahre. Die Renten selbst sinken um voraussichtlich zwanzig Prozent, vielleicht erhalte ich erst mit 67 Jahren Rente, also nur 7 Jahre statt 9 bis zu meinem durchschnittlichen Ende. Das sind noch einmal zwanzig Prozent weniger. Dazu muss ich immer mehr Krankenversicherung und Pflegeversicherung auf die Renten zahlen. Meine IBM-Betriebsrente wird beitragspflichtig, was früher nicht so war.
Zählen Sie mit?
   Ich bin jetzt 52 Jahre alt, habe lückenlos seit meinem 17. Lebensjahr gearbeitet, also mit dem Studium 35 Berufsjahre „brav eingezahlt". Und wenn Sie mitgerechnet haben, stehe ich hier und denke: „Die Hälfte ist weg." Meine Kinder sehen zu und können gar nicht hinschauen, wie es *ihnen* einmal gehen wird. Werden sie sich Kinder leisten können?

Die zweite große Veränderung ist die Möglichkeit, vor dem Computer zu arbeiten. Wenn das in Ihrem Beruf überhaupt geht, können Sie es genauso gut auch von Indien aus. Das wird dann bald auch so sein. Der Computer und das Netz werden das Wohlstandsgefälle zwischen den Staaten abbauen. Denken Sie noch an die Zeiten, in denen das Fließband überall in der Produktion Einzug hielt? Erst zogen die Industrieländer die billigen Arbeitskräfte ins Inland, damit sie nicht so hohe Löhne zahlen mussten. Dann wurden sie „klüger" und verlagerten gleich die ganze Produktion ins Ausland, aus dem wir nun die billigen Importe beziehen. „Billig-Produktionsländer." Nach der reinen Produktion begann dieselbe Entwicklung im Dienstleistungssektor. Wir begannen, „Greencards" für hoch intelligente Ausländer auszustellen, um sie ins Land zu locken. Seit wenigen Jahren aber revolutioniert sich insbesondere das weltweite Internet so wahnsinnig schnell, dass wir die Dienstleistung an sich gleich ganz ins Ausland verlagern können. „Billig-Intelligenzländer." In den USA beginnt schon die Unruhe der heimischen Intelligenz. Was bleibt uns in den reichen Ländern noch selbst?

Ganz einfach: Das weltweite Wohlstandsgefälle flacht ab. So lange wie es dauert, wird es uns selbst mindestens nicht besser gehen. Das ist für uns bedauerlich und ethisch aber genau das, was sich alle Christen wünschen. Wir Christen haben gehofft, dass es uns immer schwach besser geht und den anderen da draußen schnell besser. So sollte es gehen. Die anderen holen auf, aber wir geben nichts ab. Das ist unchristlich gedacht, aber als Vorstellung angenehm auszuhalten. Nehmen Sie es nun hin oder nicht: Es ist soweit. Das Gefälle wird abgebaut. Sie müssen nun kleinere Autos kaufen, Ihre Kleidung länger tragen und überhaupt alles ein wenig länger nutzen. Das klingt ein bisschen wie das Ende der Welt, aber das muss sein. Mehr droht aber eigentlich nicht.

Die dritte große Veränderung ist die Standardisierung unseres Lebens. Das ist heute nicht so richtig bekannt. Ich sehe es aber schon, weil ich ja beruflich bei IBM genau in diese Richtung vordenken muss. Die riesigen Fortschritte in der Produktion sind nur möglich gewesen, weil man sich auf das Standardisieren der Produkte und der Arbeitsprozesse verlegte. Dadurch wurde die Massenproduktion wirtschaftlich sinnvoll. Nun beginnen dieselben Veränderungsprozesse in unserem *übrigen* Leben. Unser Leben wird fließbandisiert ("assembly life").

Ein Beispiel: Ihre Großmutter mag noch mit der Hand backen. Sie kann dann im Prinzip jeden beliebigen Kuchen herstellen. Sie kauft alle Zutaten ein und zaubert etwas "Hausgemachtes", echt Authentisches. Wir sind hingerissen! "Omi, nur du kannst das so gut!"

Das ist die alte Art der Maßproduktion genau nach den Wünschen des Kunden.

Wenn Sie heute ein Treffen des Asylarbeitskreises in Ihrer Wohnung mit Kaffee und Kuchen begleiten wollen, kaufen Sie vielleicht schon so genannte Backmischungen: Es gibt Nusskuchen, Schoko-Donauwellen oder Eier-Rheinfall. Sie haben die Wahl zwischen zwei bis fünf Firmen und je zehn Sorten, Sie können auch in die Kühltruhe greifen und etwas Fertiges auftauen. Diese Kuchen sind kein Original, aber jeder hat sich an sie gewöhnt. Sie schmecken ganz gut, weil ja genug Geschmacksverstärker drin sind, wovon Omi keine Ahnung hat.

Die nächste Stufe besteht darin, sich den Kuchen fertig vom Bäcker zu holen. Das ist viel teurer, aber dafür gab es früher eine große Auswahl von Kuchen, wie sie Omi gebacken hätte. Das nimmt langsam ab. Der Metzger verkauft ja auch nur noch aus dem Plastiksack geschälten Hinterkochschinken. Es wird bald so sein, dass ein Metzger nie im Leben je ein Tier gesehen hat. Bei der Standardisierung kann ihm das Wurst sein. Genauso wird der Bäcker nun für Sie promovierte Käsetorten oder Kraftkuchen aufbacken und Ihnen verkaufen, so wie Sie sich ja alle schon an die Tiefkühlmenüs im Restaurant gewöhnt haben.

Wieder die nächste Stufe besteht darin, sich alle Kuchen nach Hause bringen zu lassen: "Kaffee-Service", der Ihnen auch Döner oder Pizza ins Haus bringt.

Und für die letzte Normierungsstufe gehen Sie selbst ins Café und essen den aufgetauten Kuchen gleich dort.

Und ich sage Ihnen: Das ist nicht nur bei Torten so! Die Banken ziehen sich in Automaten zurück, die Versicherungen werden folgen. Der Verkauf von Waren im Internet steigt. Große Standardisierungsreserven schlummern noch im Gesundheitswesen, wo noch viel zu viel und oft individuell untersucht wird, was uns langsam ruiniert. Wir könnten ja unsere Werte zu Hause selbst mit einem Computer messen, der übers Netz gleich die Medikamente bestellt und ins Haus schicken lässt. Sie müssen es sich wie die Computerdiagnose bei Autos vorstellen. Die Krankenhäuser und Pflegeeinrichtungen werden zu effizienten Batterien umgebaut.

Erst waren die Hühner dran, bald wir.

Ich sage das wirklich so hart.

Sehen Sie, das Standardisieren geht uns bei den Pflanzen und Tieren schon längere Zeit zu weit. Wir bekennen uns zu „Biologischem" und zum Essen ausschließlich „glücklicher Tiere". Wir sind bereit, viel mehr zu bezahlen, wenn wir sicher sein können, dass alles mit biologischen Dingen zuging.

Und wie ist es mit uns selbst?

Wir halten uns bestimmt nicht „artgerecht", das schreibe ich ja hier. Aber halten wir uns wenigstens „biologisch"?

Aus zwei fast authentischen Dialogen zusammengebastelt: „Ist Ihr Hund zufrieden?" – „Ja." – „Hat er Auslauf?" – „Es wir alles Erdenkliche für ihn getan." – „Hat er im Haus einen Platz?" – „Natürlich." – „Kann er sich dahin zurückziehen?" – „Natürlich, er hat sein eigenes Revier, fast wie ein eigenes Zimmer." – „Hat er dort wirklich Ruhe, wenn er will?" – „Ja, ja, ja!" – „Haben Sie denn selbst ein eigenes Zimmer?" – „Nein, ach. Nein, eigentlich nicht. Ich habe immer zu tun, ja. Wenn ich so denke. Komisch." – „Haben Sie ein Arbeitszimmer im Betrieb?" – „Nein, ich sitze auf einer großen Fläche. Es ist laut. Ich habe gelernt, niemandem mehr zuzuhören. Ich nehme keine Menschen mehr wahr. Das hat viel Übung gekostet. Ich bin unter vielen Menschen ganz allein. Ich kann mich dann endlich konzentrieren, obwohl innerlich wohl noch alles vibriert. Ich tue so, als ob ich mit einer Freisprechanlage telefoniere, es ist aber laute Musik. Ich muss das aktive Weghören lernen. Ich musste es mir selbst beibringen. Ich hatte einen Lehrgang über aktives Zuhören, aber das brauche ich nicht." – „Hören Sie ihrem Hund zu?" – „Er bellt in der Nacht. Ich höre das aber auch nicht. Toll, was?" – „Woher wissen Sie, dass er bellt?" – „Nachbarn schreiben es. Ich lese aber keine Briefe. Neulich hat eine Beschwerde wie eine Rechnung ausgesehen, daher weiß ich es." – „Warum begeben Sie sich bei mir in Behandlung?" – „Weil man mich behandelt, als sei ich unsichtbar." – „Ich sehe Sie." – „Gut. Können Sie mir das bestätigen oder auf ein Rezept schreiben? Ich habe kaum Zeit. Schön, dass es sich so schnell erledigen ließ."

Wir stehen inmitten einer Veränderung unserer Welt. Wir werden zu kämpfen haben, den gewohnten Wohlstand zu erhalten. Wir sehen uns am Beginn einer Standardisierungswelle, die nach der Produktion auch die Dienstleistungen und Arbeitsbedingungen erfasst. Wenn Sie sich auf einen Job bewerben, fragt man sie per Abhaken: „Können Sie das? Das? Das? Das? … 17 Punkte. Tut uns leid, wir haben Bewerber mit über 20." Schauen Sie: Wenn eine Firma einen Bewerber sucht, dann muss sie vielleicht fünfzig Akten lesen und dann 10 Bewerber einladen und interviewen. Wie viel kostet eine Einstellung dann? 10.000 Euro? Könnten wir Sie nicht bitten, im Internet 200 Fragen zu beantworten? Das ist für Sie stressfreier. Anhand Ihrer Antworten weiß man gleich, wer Sie sind. Der Computer weiß, mit wem er zu rechnen hat. (Dann gibt es vielleicht doch nur 2 hoch 100 mögliche Menschen?) Keine Angst, so weit ist es noch nicht. Wir zahlen noch ein paar tausend Euro. Aber die Kreditvergabe bei Banken funktioniert schon nach Punktelisten! Da beginnt es! Bald tritt ein neues Gesetz in Kraft: „Basel II". Danach ist es Pflicht aller Kreditgeber, alle Kredite nach ihrer Bonität zu klassifizieren. Das bedeutet für Sie: Sie können nun nicht mehr Kredite nur deshalb bekommen, weil die Bank in Sie seit vielen Jahren Vertrauen hat. Dieses Vertrauen hat sie vielleicht, aber nach Basel II muss sie *aktenkundig beweisen*, dass Sie so und so hoch kreditwürdig sind. Sind Sie ein A-, B- oder C-Kunde? Je nach Ihrer Klassifizierung sind Sie dann für die Bank A, B, C etc. Sie werden anschließend aus Gesetzesgründen nicht mehr so behandelt, wie Sie speziell sind, sondern eben nur nach Ihrer Klassifizierung. (Deshalb ist Ihre Person jetzt nicht mehr wichtig, nur Ihre Daten.) Entsprechend werden Sie bestimmt bald in Gesundheitsklassen, Autofahrerklassen usw. eingeteilt. Dann muss Sie selbst niemand mehr kennen und der Computer kann mit Ihnen verhandeln. „Hallo, ich will aber einen hohen Rabatt, weil ich *auch meine Tochter* versichern will." – „Moment. Geben Sie die Personendatenkarte Ihrer Tochter ein. Haben Sie?" – „Ja." – „Moment. Ich kann 5 Prozent einräumen." – „Mehr nicht?" – „Ihre Tochter hat einen Freund, der woanders kauft. Warum *das* denn? Das gibt Abzüge."

Wir werden wirklich mit dem Computer zusammenleben.

Das ist ein weites Feld. Und ich kann noch viel mehr Veränderungen unserer Welt aufzählen. Aber kurz:

Unser Leben kann noch wesentlich vereinfacht werden.

Deshalb droht uns nun ein einfaches Leben. (Auch *technisch* gesehen, nicht nur psychologisch.)

Sie und ich haben nun alle Möglichkeiten, diese Entwicklung zu steuern. Welches Leben wollen Sie zukünftig wirklich? Wie sieht Ihr wohlgestaltetes Leben aus?

Ich befürchte, wir alle werden nun jahrelange Rückzugsgefechte auskämpfen. Jeder will mindestens seinen jetzigen Wohlstand „halten" und verewigen. In Wirklichkeit verschwindet dieser bereits seit einiger Zeit. Nur die Grundgehälter bleiben noch, alles andere vergeht schon: die Weihnachtsgelder, Jubiläumszulagen, Zusatzrenten ... Bei den Grundgehältern würden wir derzeit noch viel zu aggressiv! Wir werden also darauf eingehen, länger zu arbeiten. Erst dann geht es an eine andere Stelle, seien Sie sicher.

Unser Leben gestaltet sich also aus vielen Gründen um.
Jetzt!
Wollen wir nicht gemeinsam nachdenken, es wohlzugestalten?

Müssen wir nicht in eine große gesellschaftliche Diskussion eintreten?
Was soll das sein, was wir jetzt gerade tun? Wir fordern zum Beispiel mehr Bildung und Forschung, kürzen aber alle Mittel und die Schulzeit um ein Jahr. Was soll das sein?

Rhetorische Frage. Ich weiß ja genau, was das alles ist: *alles Beta*.
Deutschlands Machina wehrt sich.

Früher, „nach dem Krieg", da bauten alle Menschen Deutschland auf – und ich lief als Kind dazwischen herum. Es ist wie ein Rausch, wenn alles neu entsteht, wenn es gut wird, wenn es wächst und gedeiht, wenn die, die alles verloren hatten, wieder in Eigenheime einziehen.

Das war eine Zeit der Alpha-Seele.

Und dann brach der Wohlstand über uns hinein, die Fresswelle und der Ausbau von Kurkliniken für überhaupt alles. Wir haben uns jahrelang sagen lassen, dass wir über die Verhältnisse leben. Politiker haben gelacht, als sie Mitte der neunziger Jahre auf künftige Rentenprobleme hingewiesen wurden. Nun ist die Zeit der Abrechnungen. Wir wehren uns, wollen nicht bezahlen, wollen nicht vom Überwohlstand lassen. Es eskaliert! Wir wollen behalten, behalten, behalten, was uns nicht gehört – den Kredit auf das Leben unserer Kinder.

2. Erschaffen von Werten, Kulturen und Tugenden

Dabei hängt das Leben nicht vom Wohlstand ab, sondern von der Wohlgestaltung. Wer sind die größten Deutschen?

Im ZDF gab es die schon zitierte merkwürdige Auswahl-Show, deren Ergebnis ärgerlich diskutabel ausfiel. Ich zähle trotzdem die ersten zwanzig auf:

Konrad Adenauer, Johann Sebastian Bach, Otto von Bismarck, Willy Brandt, Albert Einstein, Johann Wolfgang von Goethe, Johannes Gutenberg, Martin Luther, Karl Marx, Sophie und Hans Scholl, Adolph Kolping, Ludwig van Beethoven, Helmut Kohl, Robert Bosch, Konrad Zuse, Daniel Küblböck, Josef Kentenich, Albert Schweitzer, Karlheinz Böhm, Wolfgang Amadeus Mozart.

Ich will jetzt nicht oberlehrerhaft krittln, dass es ja noch Karl den Großen gäbe usw. Ich wollte aber herausstellen, dass die Fugger nicht vorkommen, die immerhin etliche Prozent des europäischen Inlandsproduktes zu ihrer Zeit besaßen! Reiche Leute scheinen nicht so wirklich zu den großen Deutschen zu gehören. Und wenn Robert Bosch oder Boris Becker zu den ersten hundert gehören, dann bestimmt nicht wegen ihres Wohlstandes! Mozart wurde bekanntlich im Armengrab verscharrt (Rang 20).

Groß erscheinen uns Menschen, die Kultur schufen, am besten eine zum Wohle der Menschen. Zum Beispiel war Josef Kentenich (Rang 17) Gründer der internationalen Schönstatt-Bewegung, die vom Internat in Schönstatt ausging, an dem der Pater das Amt des Spirituals innehatte. Er sah mit Sorge, dass die Kirche am Anfang des 20. Jahrhunderts in Formen, Regeln und Traditionen zu versinken drohte und dass der eigentliche Glaube im Leben und in den Herzen der Menschen verblasste. Glaube muss wieder mit dem alltäglichen Leben im Einklang stehen und dort den wichtigen Platz übernehmen! 1914 kam es zur Gründung einer Bewegung, die eine solche Erneuerung unter den folgenden Themen einleiten wollte:

- Der psychologische Zugang zur eigenen individuellen Persönlichkeit und die daraus erstehenden Ansatzpunkte für einen persönlichen Glauben.
- Die Betonung der Gemeinschaft.
- Das Ausrichten des Lebens an Idealen (sowohl persönlich als auch für eine ganze Gruppe), an speziell formulierten Zielen oder Eigenschaften oder auch an Vorbildern. Maria soll eine besondere Stellung für die Bewegung einnehmen.

Pater Kentenich ist also ein Beispiel für das Erschaffen von Werten und Kultur – und er selbst ist ganz offenbar ein wahrer Mensch, nicht wahr? Die Bewegung gibt es noch heute. Sie mag eine Million Mitglieder zählen. Sie ist durch Zeiten großer Schwierigkeiten gegangen, weil sie natürlich auf Widerstände der offiziellen Kirche und ebenso auf Widrigkeiten der nationalsozialistischen Herrschaft treffen musste.

Die großen Menschen geben uns Werte, nationalen Ruhm, Freude. Sie schenken uns Kunst und Dichtung. Sie erfinden neue Welten oder schützen uns vor Terror. Sie sind Balsam für unsere Herzen. Sie sind – das sagte ich schon – Quellen für uns. Sie haben sich dafür nicht unbedingt an uns schadlos gehalten und wären durch uns reich geworden.

Sie haben unserer Welt als Quellen „Alpha" geschenkt.

(Das gilt sicher nicht ganz für alle diese hundert Großen, ich will sie nicht einzeln wertend durchgehen, weil ja das Verfahren merkwürdig war und mehr der Unterhaltung als der Wahrheitsfindung diente. Und viele solcher Sendungen machen unerhörten Gewinn durch unsere Anrufe, etwa bei „Deutschland sucht den Superstar"! Ich sehe diese Aussage aber doch innerlich ganz sicher in der Tendenz, wenn auch nicht in jedem Einzelfall.)

Ein großer Mensch ist also eigentlich einer, der schenkt.
Nicht der, der etwas für sich selbst erreicht.

3. Openmind, Openspirit, Opensoul, Opensense, Opensource

Als ich noch Kind war, tat sich manchmal das Dorf zusammen und schachtete die Straßengräben aus. Die Gemeinschaft pflegte das Gefallenendenkmal. Sie schmückten die Gräber, renovierten die Kirche, pflanzten Obstbäume an die Straßenränder und beschnitten die Linden.

Noch heute erschaffen die Vereine hier in Waldhilsbach viele Werte. Sie bilden ein Stück Heimat. Viele ehrenamtliche Stunden werden bei der Weitergabe von Werten und Kultur gerne geschenkt. Jugendtrainer geben Sportstunden und lehren die Bambini das Fußballspielen (man muss aber Bambinis sagen!). Kinder können bei der Jugendfeuerwehr üben, ein Instrument spielen lernen oder in den Sängerbund eintreten.

Wohin aber gehen wir?

Wir *lassen* Gräben ausheben, spenden für Kirchenschmuck, zahlen für zehn Jahre Grabpflege im Voraus. Für alles gibt es Services. Wir haben nun durch das ausgegebene Geld Zeit gewonnen, uns zusätzlich einen All-inclusive-Zugang zum Sonnengymastikstudio zu leisten.

Kein Ausheben von Gräben mehr in der stechenden Sonne! Nein, Neonlicht beim Radeln mit elektronischer Schweißtriebregulierung.

Wir lassen unseren Kindern Nachhilfe geben. Das kostet Geld und die Kinder haben keine Zeit, den Rasen zu mähen. Da lassen wir den Rasen mähen und im Haus putzen …

Ich will sagen: Alles verwandelt sich in ernsthafte, professionelle Arbeit und wird im Grunde „Beta". Für nichts ist mehr Zeit. Deshalb ist keine Zeit, zum Liebevollen und für das Schöne, keine Zeit für Zusammensein und Kultur.
Liegt es daran, dass wir stumpf werden?
Oder sind wir nur Stubenhocker geworden?
Wie wäre es, Sie selbst nähmen sich Zeit, Kathedralen im Internet zu erbauen?
Das Projekt Gutenberg sucht Menschen, die alte Bücher „abtippen" (solche, die frei von Copyright sind). Die können wir dann in einer virtuellen Bibliothek im Internet frei lesen oder auf einer CD billig für uns selbst kaufen.
Könnten wir nicht die ganze Welt ins Internet eingeben, um virtuelles Reisen zu ermöglichen? (Ich schrieb darüber in *Wild Duck*.)

Die Programmierer machen es mit der Opensource-Bewegung vor. Sie programmieren an freier Software. Am bekanntesten sind die weltweit gemeinsamen Arbeiten am Computerbetriebssystem Linux (das Programm mit dem Pinguin). Menschen arbeiten in ihrer Freizeit daran, der Menschheit etwas zur freien Nutzung zu schenken.

In diesen Monaten explodiert geradezu das Wikipedia-Projekt. Es handelt sich um eine Enzyklopädie der Gemeinschaft. Jeder von uns ist aufgerufen, etwas zum Wissen der Menschheit zusammenzutragen und dort hineinzuschreiben. Schauen Sie einmal im Internet hinein!

Auf den Webseiten des Online-Buchhändlers Amazon entsteht so langsam durch unser aller Mithilfe eine riesige Datenbank von Kommentaren und Rezensionen zu allen Büchern unserer Zeit. Bei Ebay nehmen wir Privatleute miteinander Kontakt auf und tauschen wieder wie in Urzeiten unsere Naturalien miteinander aus.

Kommerziell oder ehrenamtlich: Sie können heute zu jeder Tageszeit, an jedem Ort (bestimmt mit Wireless LAN oder GPRS oder UMTS) etwas für alle tun, Quelle sein.

Wir könnten nachdenken, ob wir heute die Chance haben, gemeinsam Kultur bildend in anderer Weise als früher tätig zu werden (Opensense, Openmind, Open…).

Wir helfen uns gegenseitig wieder? Warum chatten wir ausgerechnet mit Australiern vor dem Computer? Warum schreibt nicht jeder den ferneren Nachbarn im Dorf, wofür er Hilfe braucht? (Zaunstreichen, Bäume fällen, Jäten, Einkaufen, im Auto mit nach Heidelberg nehmen, Sperrmüll heraustragen?) Wir nutzen das Internet und das Neue zu sehr, um in die weite Welt zu schauen. Wir nutzen es nicht, um ein besseres Leben miteinander zu führen. Es ist im Augenblick mehr wie neuer „Wohlstand", nicht wie „Wohlgestaltung". Das Internet ist noch durch die Inbesitznahme neu entdeckter Länder gekennzeichnet. Wir sind noch gar nicht dazu gekommen, uns umzuschauen, ob wir dort siedeln können oder wollen. Die neue Welt wird erst langsam vorstellbar. Wir könnten aktiv versuchen, sie interessant, neu, würdig und erhaben zu gestalten. Es ist *die* Chance! Wir können Wirklichkeit neu entwerfen.

4. „Radikaler" Usianismus für Metavorstellungen

Denken Sie daran: Jeder hat den Gott, den er verdient! Die Welt, die er verdient!

Heinz von Förster, Ernst von Glaserfeld oder Paul Watzlawick predigen schon längere Zeit den so genannten „radikalen Konstruktivismus". Menschen nehmen danach ihre Welt so wahr, wie sie sie gerne hätten! Sie erfinden sie, interpretieren sie, wie sie sie brauchen ... Wirklichkeit wird nicht wahrgenommen, sondern erfunden! (Deshalb ist Wahrheit nicht erkennbar, so die Theorie.) Das ist schon wieder in der Nähe der alten indischen Weisheiten. Maya täuscht uns eine Welt vor! Die indischen Gurus haben es gewusst, die neueren Naturwissenschaftler versuchen es zu zeigen. (In gewisser Weise ist das weniger! Ein naturwissenschaftlicher Beweis ist interessant, aber nicht notwendig eine innere, subjektive Wahrheit für mich selbst. Die Göttin Maya ist eine solche innere Wahrheit und als solche relevant!)

Ich aber sage in diesem Buch: Wahrheit wird nicht frei erfunden, sondern durch *Schmerzen* gefiltert und geschönt wahrgenommen. Sie wird zum Zwecke des Wundschutzes verfälscht. Wir denken uns nicht eine Wahrheit beliebig aus, sondern die Wahrheit des Körpers erscheint als gefilterte Wahrheit im Gehirn. (Der Putzteufel zum Beispiel sieht überall Schmutz und nimmt die Welt wie dreckig wahr. Das ist keine Erfindung. Und der Putzteufel hat auch keine Wahl, die Welt anders zu sehen. Die Übertreibung des Sauberkeitsfimmels sichert der Machina das Überleben.) Wir arbeiten im Gehirn mit der verfälschten Wirklichkeit, damit wir nicht verletzt werden. Es gibt Wahrheit sehr wohl, aber keine, die von einer Machina stammt.

Diese Unterscheidung zwischen Theta-, Alpha- und Beta-„Wahrheiten" machen die Konstruktivisten ja nicht. Ja! Neurotische Machinae biegen alles zurecht! Denn dem Körper droht die Folter der Inquisition oder ein Psychozid! Wozu aber braucht er dann Wahrheit?

Aber wir wissen alle, dass es Wahrheit gibt. Das sagt uns „Gott" im Innern des neuronalen Netzes. Wir reden nur nicht über die Wahrheit, solange unsere Machina wacht. Wir nehmen die Welt anders und falsch wahr, übertrieben und selbstmörderisch, um uns zu retten. Aber irgendwo gibt es Wahrheit. Sie darf nur nicht wirklich sein, weil sie weh tut. Wir sind für die Wahrheit nicht unverletzlich genug!

Wir müssen sie wieder herschaffen, eine gute Welt!

Wir müssen die Welt so verändern, dass unsere Machinae eine Welt vorfinden, die nicht sofort den Kampf notwendig erscheinen lässt.

Wir müssen nicht die Wahrheit herbeischaffen, sondern gesunde Vorstellungen für Alpha-Seelen: Götter, Lebenssinn, Archetypen, Vorbilder, Werte. Das Wertvolle, Unvergängliche – die Freude, Neugier, Offenheit, die Gemeinschaft, das Heilige.

Unser Intellekt hat in der Neuzeit alles eingestampft. Was sinnvoll ist oder nicht, bestimmt heute ein objektives Maßband der so genannten Wissenschaft.

Wir müssen wieder Werte erschaffen. Eine Art Religion? Theta? Alpha? Realen Sinn? Sollten wir nicht für Sinn arbeiten statt für immer mehr Geld? Dafür streiken? Nicht nur für Geld? Darüber schreibe ich etwas im nächsten Abschnitt. Ich sage hier nur:

Lassen Sie den radikalen Konstruktivismus eine neckische Theorie sein.

Wir brauchen sie nicht als Feststellung von menschlichen Beliebigkeiten. Wir sollen uns daran machen, radikal zu konstruieren.

Wir brauchen: Radikalen *Usianismus*.

(Wie griechisch ousía oder lateinisch usia, im Deutschen Usie, die Usien: Sein, Wesen, Wesensgehalt)

Wir sollten uns eine Welt konstruieren, die Sinn hat. Punktum. Nicht eine Welt irritiert analysieren oder unter ihr stöhnen, die uns unsere Machina unter Schmerz vorspiegelt. Wenn eine Welt Sinn hat, reizt sie nicht unsere Machina.

Das Sinnvolle ist wahr, weil das, woran wir glauben, wahr ist.
Ob Sie's glauben oder nicht.

5. Kulturkreation: Wer ist verantwortlich? Sie!

Fangen wir an, eine sinnvolle Welt zu erbauen. Die erste Baustelle sind wir natürlich selbst. Wachsen Sie artgerecht? Kennen Sie sich und Ihre Seismographen im Körper?

Sitzen Sie fest – eingefangen von Ihrem Hauptseismographen?
Wollen Sie Freiheit?
Wollen Sie sie wirklich?

Die zweite Baustelle sind die Systeme.

Dort sind wir nicht allein. Wir können nicht einfach tun, was wir wollen. Wir können nicht isoliert Änderungen der Welt verlangen: Das System wehrt sich wie eine riesige Machina, denn es ist ja erbaut, dass alles in ihm zuverlässig und reibungslos läuft. Wenn etwas nicht reibungslos funktioniert, schickt das System die Polizei. Also wird immer alles Andersartige erst einmal abgeführt. Das ist so „by design", wie man sagt. Es ist ein gewolltes Designprinzip.

Deshalb ist es unfair, die Systeme zu beschuldigen, sie würden sich nur schwer ändern lassen.

Wir neigen aber doch dazu, das System als gegeben zu akzeptieren. Die natürlichen Menschen tricksen es aus, so gut das geht. Die richtigen passen sich gut an und verkneifen sich sogar einen Seufzer dabei. Die wahren Menschen schimpfen auf das System, ohne etwas zu tun. Sie verstecken sich lieber in Nischen.

„Was kann man als Einzelner schon tun?"
„Systeme sind eben so!"

Sind sie nicht! Es gibt solche und solche, und alle behaupten, sie seien richtig gut. Schauen Sie sich Kulturen und Unternehmen an.

Es gibt Unternehmen, die von Finanzfachleuten dominiert sind: Alles wird richtig nach Zahlen und Tabellen, nach Zielen und Ist/Soll-Korridoren gemanagt. Plan-Befehl-Ausführungsüberwachung („command & control")!

Es gibt visionäre Unternehmen, die einer überlegenen Strategie folgen.

Es gibt Power-Unternehmen, die Mut haben, die schnell agieren und reagieren, ohne je große Pläne zu machen („sense & respond").

Welches ist das Beste? Das ist doch überhaupt nicht klar! Die Frage nach dem besten Unternehmen ist so spannend wie die nach der besten Staatsform! Demokratie? Alleinherrschaft?

Bei Unternehmen kann man sich das noch aussuchen, weil es ja unternehmerische Freiheit gibt!

Heute dominieren Unternehmen, die nach Finanzkennzahlen geführt werden. Noch vor vielleicht zwanzig, dreißig Jahren hatte dagegen der Chefingenieur das Sagen. Wer führt denn eine Autofabrik? Der Chefkonstrukteur? Oder der Kostensenker? Alles kann aus vielen Sichten betrachtet werden: „Ein Auto wird gebaut. Das Auto selbst steht im Mittelpunkt. Natürlich versuchen wir, es effizient zu bauen. Deshalb haben wir viele Betriebswirte eingestellt, die sich darum kümmern, dass die Geldseite stimmt", sagt der Ingenieur. „Wir haben ein großes Unternehmen. Wir verkaufen Autos, um damit Gewinn zu machen. Das Schwierige ist es, alles am Laufen zu halten. Ab und zu brauchen wir neue Automodelle. Dafür haben wir Ingenieure eingestellt. Die bauen neue, wenn sich die alten nicht mehr verkaufen. Hoffentlich kommt das nicht so oft vor", sagen die Betriebswirtschaftler.

In dieser Weise ist in Unternehmen die Macht verteilt. Mal so, mal so. Was ist besser? Welche Seite dominiert Ihrer Meinung nach bei Porsche oder Ford? Bei Opel oder BMW? Das Auto oder die Produktionsanlage? Fühlen Sie etwas in sich?

Es gibt wieder andere Unternehmen, die mehr wie eine Marketingmaschine aussehen, und solche, die einem Einzelmenschen gehören und sich dann genauso benehmen wie er selbst ...

Es gibt viele Systeme, viele Staatsformen, viele Religionen. Richtige, wahre und natürliche. Depressive, größenwahnsinnige, narzisstische Unternehmen. Wie bei den Menschen. Und alle finden sich selbst gut. Wie Menschen. Und sie wehren sich mit ihrer Machina gegen alle Einwände und Veränderungsversuche. Wie Menschen.

Und wir sitzen innen drin und sagen: „Systeme sind so. Ich sage lieber nichts. Sicher ist sicher. Dabei weiß ich genau, wie es besser ginge."

Systeme bedrohen uns mit Ostrazion, mit Rauswurf und Arbeitslosigkeit. Wir mucken lieber nicht auf. Nur wenn es ganz schlimm wird, kündigen wir oder wandern aus.

Das ist Exodus: Kinder verlassen die Familie. Partner lassen sich scheiden. Einwohner ziehen um. Flüchtlinge suchen neue Heimatländer. Wirtschaftsasylanten suchen bessere Gefilde. Unternehmen wandern in neue Gewerbegebiete ab. Städte veröden, Dörfer werden verlassen. Kirchen bleiben leer. Es wird still.

Niemand stemmt sich dagegen.
Müssen Systeme notwendig sterben? Ist wirklich nichts reformierbar?
Sind Systeme wie Menschen?

("Wir haben viele Jahrzehnte unter ihm gelitten. Jetzt ist er tot. Jetzt kehrt wieder Ruhe ein. Weißt du, wir haben alles versucht, aber nichts und niemand konnte ihn ändern. Nur der Tod erlöst uns alle. Ihn und uns. Man soll nichts Schlechtes über Tote sagen. Das tue ich auch nicht. Weißt du, Menschen kann man nun einmal nicht wirklich ändern. Es müssen erst Generationen aussterben und geboren werden. Und Gesellschaften änderst du nie, nicht einmal durch Revolution.")

Wer müsste den Mut haben, das System zu erneuern?
Sie.
Wer sonst kümmert sich um Sie?

6. Wild Du(e)cks Traum(a) der totalen Evaluation und Omnimetrie

Wer sonst? Der IBM Mainframe (der Großcomputer)!
So lautete meine Antwort in meinem ersten Buch *Wild Duck*, dem „allerlustigsten" meiner Werke.

Die war *sehr* satirisch gemeint. Und *sehr* viele Leser haben sie bitter ernst genommen, was mich ganz irritiert hat. Ja, stimmt, manchmal merken nur meine Drei hier zu Hause, wenn es ein Witz ist. So langsam aber bildet sich in mir selbst der Gedanke aus, es sei etwas dran an der Idee, der Großcomputer könnte die Welt retten.

Ich wiederhole die Metaidee von *Wild Duck* hier ganz kurz und eigentlich besser, als ich sie damals formulieren konnte, denn ich hatte damals noch keine Ahnung von Topothesie.

Angenommen, wir sind finstere, herzlose, fiese Kapitalisten und wollen aus intelligenter menschlicher Arbeit viel Geld herauspressen, mit und ohne Gewalt. Frage: Welche Strategie ist optimal? (Ich sage: aus *intelligenter* Arbeit – das ist ein Unterschied. Bei manchen schrecklichen Arbeiten mag die Antwort anders ausfallen.)

Fast jeder Mensch auf Erden kennt die Antwort, jedenfalls jeder, der etwas von intelligenter Arbeit versteht – gearbeitet sollte ein Mensch ja schon einmal haben, bevor er das beantworten kann! Die Antwort lautet: „Der Mensch arbeitet profitoptimal, wenn er selbst- und zeitvergessen in die Arbeit versunken ist und dabei zufrieden ein Lied summt." Das weiß echt jeder, der kreativ und intelligent arbeiten muss und es schon einige Zeit so gemacht hat!

Die einzigen intelligenten Menschen also, die die Antwort nicht kennen, sind die Manager. Wenn sie durch die Flure patrouillieren und Mitarbeiter zufrieden summend bei der Arbeit versunken sehen, denken sie unweigerlich: „Der kann noch mehr tun!" Und sie geben ihm mehr Arbeit. Der Mitarbeiter wird dadurch unter Stress gesetzt, erinnert sich jetzt jede Sekunde an die Zeit, die ihn schlug, und arbeitet insgesamt schlechter, weil er ja vorher bestmöglich gearbeitet hatte.

Wenn also die ganze Welt jemals in einem profitoptimalen Zustand wäre, würden ihn die Manager augenblicklich destabilisieren, indem sie den Mitarbeitern mehr „workload" aufbrummten, da sie „work underload" festgestellt haben. Wenn also die Welt je gewinnoptimal arbeiten würde, müsste sie diesen Punkt wegen der Managementaktionen sofort wieder verlassen.

In Topothesie-Wörtern: Jeder weiß, dass die Welt im Alpha-Modus profitmaximal arbeitet, jedenfalls, wenn etwas Intelligentes zu tun ist. Das Management aber glaubt, das Profitmaximum sei im stressigen Beta-Modus. Es glaubt, dass eine Machina mehr Gewinn erwirtschaften wird als der Mensch an sich, was etwa beim Putzen öffentlicher Toiletten im Winter so sein mag.

Deshalb treibt das Management die Welt immer wieder in den Beta-Modus! „Wer nicht bei der Arbeit leidet, kann noch mehr tun." Das ist in die Beta-Seelen der heutigen Manager so tief eingebrannt wie nichts anderes sonst.

Nun aber kommt der IBM-Großcomputer ins Spiel! Jetzt hört natürlich der Unsinn auf. Das Management wird in den folgenden Jahren den Großcomputer mit immer mehr und mehr Daten über uns füttern, um uns immer noch besser traktieren und kontrollieren zu können. Jeder Handgriff wird gemessen und im Computer gespeichert. Der Computer weiß, wie oft ich in der Toilette die Hände wasche oder wie oft ich lächle oder im Internet surfe. Es wird alles gemessen! Diese Manie, alles zu messen und in Computern zu speichern, habe ich *Omnimetrie* genannt und als solche in *Wild Duck* besprochen.

Und irgendwann – jetzt kommt der Clou an der Sache – und irgendwann weiß der IBM Mainframe alles. Ich meine: *alles*. Und in diesem Augenblick kann der Großcomputer ausrechnen, wann Menschen am besten arbeiten. Und er wird nun – Tusch! – die einzige wahre Antwort berechnen, die alle Menschen, die schon einmal intelligent arbeiten mussten, kennen: Der Mensch muss im Alpha-Modus arbeiten! Dann bringt er den höchsten Profit.

Und in diesem Augenblick, in dem das berechnet werden wird, ist die Welt gerettet.

Denn nun wird der IBM Mainframe allen Managern dieser Welt befehlen, das Profitmaximum aus dem Menschen herauszuholen! Er wird ihnen befehlen, alle Mitarbeiter im Alpha-Modus arbeiten zu lassen.

Big Bang! Glockengeläut. Nun ist die Welt gerettet! Die Manager werden peinlich genau kontrollieren und jeden sofort anschreien, der unter Stress steht!

Die Welt ist deshalb gerettet, weil der IBM Mainframe nicht einfach nur rumredet oder predigt, wie es die Gründer der Weltreligionen getan haben. Nein! Er wird hart *befehlen*, weil das Argument des großen Geldes hinter ihm steht. Deshalb wird er nun kontrollieren, dass alle Menschen bis ans Ende der Welten im Alpha-Modus arbeiten und selbstvergessen bei der Arbeit ein Lied summen ... (Denken Sie noch an den Indianer aus der Stadt, der erkannte, dass er arbeiten wollte? Genau dies wird der IBM Mainframe tun! Er wird errechnen, dass es optimal ist, Menschen dazu zu bringen, dass sie erkennen, arbeiten zu wollen. Er wird ihnen Arbeiten erlauben, die sie sich ersehnen. Er schafft es, dass wir irgendwann hart arbeiten und dabei glücklich sind.)

Wenn also nicht *Sie selbst* für Ihren Alpha-Modus sorgen wollen, wer kümmert sich sonst um Sie? Der Großcomputer. Sie müssen aber noch ein paar Jahre warten.

7. Evaluation der Systeme?

Diese lästerlichen Gedanken werfen indirekt die Frage auf, welche Systeme denn nun am besten für das Erzielen von Gewinnen wären. Die höchsten Gewinne wurden historisch immer dann erzielt, wenn es eine Hochkultur gab (Phönizien, Athen, Rom, Venedig, Genua, …). Es kann aber sein, dass es nur dann Kultur geben kann, wenn die Menschen gerade zu viel Geld und gleichzeitig keine Lust haben, schnell mal wieder einen Krieg zu führen, damit sich die gute Lage zum Besseren verändert.

Die Geisteswissenschaftler denken über so etwas nach. Sie können leider keine echten Experimente machen, weil sie keine Probierstaaten zur Verfügung haben. Wir könnten ja im Prinzip in jedem Bundesland einmal ein anderes System einführen und naturwissenschaftlich zu einem optimalen Ergebnis kommen, wie ein bestes System auszusehen hätte. Leider verhindert so etwas die Demokratie. Deshalb müssen die Geisteswissenschaftler immer „Vergleichskunde" an verschiedenen Systemen treiben, die alle dadurch entstanden sind, dass Politiker mit dem Versprechen eines solchen Systems die Wahl gewinnen konnten.

Andere hat man noch nicht so richtig erfassen können.

Da nun die überwiegende Mehrzahl der Menschen im Beta-Modus lebt, wird es nicht unbedingt jemals Mehrheiten für Alpha-Systeme geben, oder? (Der Charme der Idee mit dem Großcomputer ist es ja gerade, dass dieser nicht abstimmen lässt, sondern *ausrechnet!*)

Die Politiker und Manager sagen: „Wir probieren einmal ein neues System." Das meinen sie nie wirklich. Sie meinen, sie probieren *dasselbe* System mit anderen Regeln. Wenn nun ein Beta-System im Regelwerk verändert wird, bleibt es ja höchstwahrscheinlich ein Beta-System, denn ein Übergang zu einem höheren Alpha-System wäre etwas radikal anderes. Deshalb wird das, was ich eher als das Beste für uns sehe, also ein Alpha-System, nicht wirklich ausprobiert.

Nein, wir führen neue Regeln immer gleich flächendeckend ein und brechen damit alle Brücken hinter uns ab. Danach sehen wir ein ums andere Mal, dass die Reform (Regeländerung) wieder einmal mehr Probleme schuf, als sie beseitigen konnte. So stolpern wir ohne zu lernen durch die Geschichte. „Wir müssten aus unseren weltlichen Geschichten einmal etwas lernen!", stöhnen so viele. Und im nächsten Monat wählen wir wieder ein befreiendes, einfaches Steuersystem, das uns entlastet und eine Vereinfachung bringt, damit jemand mit einem solchen Versprechen Kanzler werden kann.

Die Systeme evaluieren ja immer nur ihre gerade gültigen Regeln. Sie evaluieren sich ja nie selbst. Versuchen Sie einmal öffentlich, sich Gedanken über ein Kirchensystem oder über die heilige Demokratie zu machen – dann sehen Sie es: Das wäre nicht erlaubt. Es ist nur gestattet, die Modalitäten des Systems zu verändern!

Ist ein solches Tabu gerade heute angebracht?

In einer Zeit, in der der Computer und das (demnächst allgegenwärtige) Funknetz alles mit allem anderen verbinden? In einer Zeit, wo die Raumgrenzen zwischen den Staaten fallen? Werden wir demnächst uns als Staatsbürger eines beliebigen Landes im Internet einbürgern lassen können – so, wie wir online uns mit 18 Jahren bei einer gesetzlichen Krankenversicherung melden? „Papa, ich habe jetzt Türkei, Serbien und Alaska in der engeren Wahl. Sie sind einigermaßen auf meine Interessen zugeschnitten. Gaby ist ja Dänin, dann ist alles ungefähr abgedeckt, was wir brauchen. – Papa?"

Die Schiffe suchen ja schon länger die beste Flagge, die Reichen die besten Steuerparadiese.

Haben Sie genug Phantasie, sich andere Systeme und andere Systeme von Systemen vorzustellen? Wir hätten es jetzt in der Hand und wir haben einen Grund, all das einmal in die Hand zu nehmen!

Und es scheitert wieder, ich weiß es schon: Weil „alle" Menschen Beta denken! Damit müssen wir irgendwie aufhören. Sehen Sie, alles, was mit hoher Kultur, Menschenwürde, goldenen Zeiten, allgemeinem Wohlstand zu tun hat, ist mehr oder weniger stabil und nachhaltig angelegt oder ist auf langfristigen Grundsätzen aufgebaut. Beta-Systeme fixen immer nur drängende Probleme mit Reständerungen. Sie reagieren wie Machinae.

8. Wir, die Mittäter

Ist es also in einer Demokratie ohne weiteres denkbar, dass wir je in einen allgemeinen Alpha-Zustand übergehen?

Ist es für Aktiengesellschaften, die sich stark an den Meinungen der Analysten der Investmentbanken orientieren, ohne weiteres denkbar, langfristig zu operieren und sich nicht nach den zu erwartenden Ergebnissen für den nächsten Monat zu richten?

Das wird mehr und mehr bezweifelt.

Wer sich zu sehr um das Kurzfristige kümmert, ist Beta.

Wenn sich alle nur um das Kurzfristige kümmern, muss es so etwas wie Krieg geben. Den habe ich als „Supramanie" beschrieben: Jeder jagt jedem Marktanteile ab.

Es stellt sich nun die Frage, ob wir deshalb heute ohne jede Hoffnung sind.
Diese Frage wird mir oft vorgelegt. Immer wieder.
„Was sollen wir denn tun?"
Ein Leser schrieb mir, er habe Supramanie zu lesen begonnen und sich grimmig gefreut, weil es schnell klar wurde, dass „die Systeme die Schuld haben", die uns Menschen zu sehr unter Stress setzen. Mehr und mehr dämmerte ihm im Verlauf des Buches, dass ich sagen wollte: Wir alle sind Mittäter. Wir sitzen zwar wie Ratten im Testlaboratorium und lassen „machen", aber wir sind keine Ratten, sondern mündige Erwachsene, die eben nur Angst haben, arbeitslos zu werden, vor anderen schlecht dazustehen oder in der Beta-Seele verletzt zu werden.

Ja, sicher sind wir alle Mittäter!
Und wir müssen aufhören!

Wir sehen untätig zu, wie die Symbole der Alpha-Seele aus unserem Arbeitsleben hinweggespart werden: Ärzte, Manager, Eltern haben keine Zeit. Die Kaffeeküchen verschwinden. Wir feiern immer weniger Geburtstage oder Geburten während der Arbeitszeit. Jubiläen werden nicht mehr begangen. Wir trauen uns kaum noch zum Arzt. Die Büroräume werden kleiner oder verschwinden. Introvertierte sehnen sich tagsüber mit starrem Blick nach etwas Alleinsein im Trubel klingelnder Telefone im Großraumbüro. Wir bekommen Nackenverspannungen und schlafen schlecht, aber wir finden es nicht mehr klug, uns Massagen verschreiben zu lassen.
Unsere Alpha-Seele verschwindet mindestens tagsüber. Und wir sehen untätig zu.

Warum regeln wir diese Dinge nicht in Arbeitsverträgen?
Kostenlos Kaffee, Tee und Mineralwasser für alle und ein Minimum an Betriebsklima?
Einzelzimmer, neue Computer oder Drucker gegen Gehaltsverzicht?
Anrecht, mit einem Mietwagen zu fahren, der so schön ist wie der Privatwagen? (Gegen Gehaltsverzicht!)
Abrechnung eigener Kosten über ein separates Konto bei der Firma? („Ich gehe lieber in ganz billige Hotels, weil ich da nur schlafe. Aber ich lege Wert auf immer das neueste Werkzeug bei der Arbeit. Aber wir haben teure Vertragshotels und gleichzeitig einen Einkaufsstopp für Büromaterial. Ich verstehe das nicht." – „Der Drucker ist weit weg und immer defekt. Ein eigener Arbeitsplatzdrucker nur für mich kostet 50 Euro. Für eine Reparatur des großen Abteilungsdruckers können wir bestimmt jedes Mal einen kleinen Drucker kaufen. Aber nein – verboten! Ich hätte auch so gerne Grünpflanzen hier.")

Klar?
Sie müssen losgehen und so etwas wollen: „Die Firma soll so etwas wie meine Heimat sein. Schließlich lebe ich immer länger hier und sehe meine Familie immer weniger."
Tun Sie es?

Sagen Sie ihrem Unternehmen dies: „Ich bin bereit, auf 20 Prozent meines Gehaltes zu verzichten. Dafür will ich kostenlosen Kaffee, eine Morgenzeitung, …"

Sie werden aber dies entgegnen: „Nein, ich kann es mir nicht leisten. Zwanzig Prozent! Da will ich lieber weiter leiden." Oder: „Ich finde das gut, ich würde auch zwanzig Prozent drangeben, aber ich traue mich nicht, so etwas zu beginnen. Die da oben werden mich für verrückt halten. Und selbst wenn sie darauf eingingen, würde ich ihnen nicht über den Weg trauen. Denn sie werden mir zwanzig Prozent wegnehmen und dann gegen den Geist der Abmachungen handeln. Dann stehe ich am Ende noch schlechter da als vorher."

Wenn Sie also als Alpha-Gesandter mit einem vermuteten Beta-System verhandeln – was wird herauskommen? Geht das so einfach, sich eine Arbeit leisten zu können, die „Spaß macht"? Haben Sie die psychische Reife, selbst für sich so etwas beginnen zu wollen? Werden Sie dafür etwas Konkretes tun? Gar unter Opfern für Alpha kämpfen? Trauen Sie sich?

Wenn Sie sich ernsthaft fragen, ob Sie etwas tun wollen, so beschleicht Sie etwas wie den Zuschauer, der in einer praktisch leeren U-Bahn Zeuge eines Überfalls oder sexuellen Übergriffs wird. Sie spüren, dass Sie nun unbedingt etwas tun *müssen*! Ein Hauptseismograph der Alpha-Seele schlägt an! Alarm! Alles ist in Gefahr! Ein Mensch! Das Prinzip der Menschheit! Die Alpha-Seele heult auf. Und dann spüren Sie, wie Ihre Machina dagegen hält: „Halte dich aus der Sache heraus, du wirst ebenfalls in Gefahr kommen. Sie werden dich vergewaltigen oder dir die Zähne ausschlagen! Was hast du davon? Freu dich, wenn du davon kommst!" Hin und her gerissen hält die Machina Ihre Alpha-Seele auf dem Sitz fest. Der Überfall geht zu Ende, die Täter steigen aus. Sie werden langsam ruhiger. Sie selbst aber können es nicht über sich bringen, zum schmutzigen Opfer zu schauen. Sie schauen aus dem Fenster. Sie hassen sich, weil Sie feige sind. Sie wissen, dass Sie feige sein mussten, weil Sie als Mensch nicht für die Gefahr gemacht wurden. Sie sind doch ein Mensch, kein Held! Sie schleichen sich um das blutige Opfer aus der U-Bahn hinaus in die Nacht … In der Zeitung wird stehen, dass sich ein Feigling davonstahl, der nicht half! „Schande über diese unfassbare abstoßende Feigheit!", schreibt ein junger Volontär, der aber nicht in der U-Bahn saß.

Stellen Sie sich vor, es ist tiefe Nacht.
Ratternd rast die U-Bahn durch die Tunnelröhren. Sonst ist es still.
Zwei Menschen sitzen dort allein.

Meine Alpha-Seele und meine Machina. Die Alpha-Seele träumt noch von dem genossenen Konzert. Die Machina ist ungeduldig und denkt an den frühen Arbeitsbeginn.

Sie schweigen beide. Im Traum die eine, in Ungeduld und Ärger die andere.

Da steigen Dunkle in die U-Bahn zu, machen sich an die Alpha-Seele heran und vergewaltigen sie. Die Machina hat Angst und duckt sich unter einen Sitz. Sie zittert und wartet. Die Angreifer lassen ab und verschwinden an der nächsten Station.

Die Alpha-Seele zerfließt. Die Machina denkt an den kommenden schweren Arbeitstag. „Wir müssen konzentriert sein. Es geht heute Morgen um viel. Heul nicht. Träum nicht. *Ich* wollte ja nicht ins Konzert."

Im Grunde stellt sich die Frage, ob wir ernsthaft und wirklich eine wundervolle Alpha-Seele und Alpha-Kulturen ausbilden *wollen*. Dazu gehört in einem Beta-System Mut. Der Mut, den Alpha-Weg zu gehen. Unbeirrt. Tao. Schauen Sie sich nicht um, ob alle anderen mitkommen. Einer muss zuerst gehen. Die in der ersten Schlachtreihe werden wohl sterben. *Sie*! Ich. Wir. Schon zwei. Es wird schon.

XXI. Der Sinn des Lebens

1. Licht

„Tekeli-li!", hatte der Eingeborene schaudernd gerufen, als er Weißes sah.

Und für den allerletzten Tag, den 22. März, wurde dies während der Fahrt des Kanus aufgezeichnet:

Die Finsternis war nun merklich dichter geworden, und nur der Widerschein des weißen Vorhangs vor uns auf dem Wasser erhellte noch das Dunkel. Immer wieder flogen riesige fahlweiße Vögel durch den Schleier, und während sie unserem Gesichtskreis entschwanden, drang unaufhörlich ihr schrilles „Tekeli-li!" an unsere Ohren. [...] Und jetzt schossen wir in die Umarmungen des Kataraktes hinein, der einen Spalt auftat, um uns zu empfangen. Aber im selben Augenblick richtete sich vor uns auf unserem Weg eine verhüllte menschliche Gestalt auf, weit größer in allen ihren Ausmaßen, als es je ein Bewohner der Erde gewesen ist. Und die Farbe ihrer Haut war von makellos reinem, schneeigsten Weiß ...

Das ist Ende des Buches.
Die denkwürdigen Erlebnisse des Arthur Gordon Pym von Edgar Allan Poe.

Ich habe es vor 35 Jahren gelesen und kenne immer noch den Schluss. Er hat mich seltsam bewegt, gefangen gehalten – und ich war auch maßlos enttäuscht. Damals! Warum lese ich 220 Seiten? Und weiß nun nicht, „wie es ausgeht"? Was ist es, das Weiße, das Licht?

Irgendwo, nicht fest, ganz verschwommen, ist die Grenze des Sagbaren.
Es gibt einen Punkt, über den wir gehen müssen. Stumm.
Abraham. Tao.

Deshalb endet dieses Buch, wie alle, vermeintlich kurz vor dem Licht.
Ich will nun *nicht* anmaßend sagen, da drüben ist das Weiße – und gehen Sie alle dorthin!
So einfach ist es nicht.

Dieser Gedanke zieht sich durch das ganze Buch. Er steht ja wie ein Wasserzeichen in jede Seite eingewoben. Und außerdem bin ich ja selbst noch auf dem Weg. Ist es schon das Weiße, wo ich selbst bin? Oder das Fahlweiße im Dunkel? Aber ein bisschen sehe ich – ja, doch!

Jetzt der Sprung?

2. Verantwortung im Dunkel

Ich habe nun drei Bücher lang aufgezählt, dass wir zu wenig vom Denken verstehen, uns kaum um uns selbst kümmern, das Denken der anderen nicht verstehen und deshalb schmähen, dass wir das Roboterhafte unserer Machina nicht erkennen und den anderen Machinae immer die gleichen quälenden Szenen machen, die wir Kommunikation nennen.

Wir verstehen nicht, dass wir einen Körper haben, in dem vielleicht nicht der entscheidende Teil unseres Lebens ruht, aber der am wenigsten verstandene und am schwersten steuerbare. (Computer werden viel eher klug sein, als dass sie sich anmutig bewegen lernen!) Wir leben in supramanen Systemen, die nicht zu unseren Körpern passen, unseren Glauben verraten und die Gesetze der Vernunft verletzen. (Vernunft denkt im Prinzip ja auch langfristig, was supramane Systeme nicht tun.) Wir erziehen unsere Kinder immer weniger und regulieren nur mehr ihr Verhalten nach der Art der Suprasysteme. Wir vergewaltigen selbst Alpha-Seelen und setzen Triebe und Ängste ein.

Es ist eine Menge besser zu machen, bevor wir das Licht sehen werden.

Wir müssen vorher selbst – wir selbst – die Verantwortung für das Dunkel übernehmen. Eltern: Übernehmen Sie die Verantwortung für das kleine hilflose Wesen! Lehrer und Manager: Übernehmen Sie die Verantwortung für die anvertrauten Menschen. („Sie kommen zur Schule und ich lehre. Das ist mein Service. Wieso anvertraut?" – „Ich treibe sie an, damit sie Geld machen. Einen Teil davon bekommen sie als Gehalt. Wieso anvertraut?")

Die Systeme müssen mit dem Menschen an sich in Einklang gebracht werden. Sie sollen zu den meisten Menschenklassen passen. Sie müssen mit Religionen und Kulturen harmonieren. „Soziale Marktwirtschaft" passt gut zum Deutschen. Das Amerikanische ist hemdsärmliger. Das Italienische ist lebensfroher und weniger systematisch. Was soll da das Gerede von Kultur überschreibenden globalen Suprasystemen, die sich eher an neuesten Beratungshypewellen orientieren als an „uns"?

Wir haben mit unseren sterbenden Religionen die Beziehung zu Gott und höheren Prinzipien verloren. Dieser Prozess ist immer noch nicht zu Ende. Das so genannte wissenschaftlich Reale und Konkrete verdrängt immer mehr das Unsagbare, das aber im Prinzip in uns das Mächtige ist. Glauben versetzt Berge. Mikromanagement und Kontrollen tun es *nicht*. Ist Glaube also etwas Schlechtes? Die Wirtschaftswissenschaftler predigen messbare „Resultate" in Suprasystemen. Wenn aber nun Glaube Berge versetzt? Ist das ein Resultat? Da sagen sie dann: „Glaube ist nicht messbar und nicht wissenschaftlich. Wir können ihn daher nicht gebrauchen. Wir müssen uns korrigieren: Wir wollen nur messbare Resultate, damit wir die Macht über sie haben – nicht einfach *nur* Resultate."

Ich wollte in den drei Büchern möglichst viele Finger auf all die Wunden legen. Die Welt ist so verworren! Sie kann nur entwirrt werden, wenn viele von uns die Verantwortung übernehmen.

Und da sind wir wieder am Kern des Dunkels. Jetzt schreibe auch ich den ermüdendsten Satz von allen Sätzen: Es muss sich in den Köpfen etwas ändern. Das sagen alle. Und ich sage: Die Systeme müssen sich zum Menschen hin ändern. Und der Mensch muss sich mit „Gott" synchronisieren. Alles muss zusammenpassen, also „Eins werden". Die Teile sollen sich nicht mehr als Ganzes fühlen und entsprechend aufführen. Die Teile sollen sich als Teil begreifen und als Teil die Verantwortung für das Ganze übernehmen. „Gott" oder „Prinzipien" müssen mit den Menschenkörpern koordiniert werden, die in ihrer Heimatfirma ihr Leben verdienen gehen.

Das Richtige, das Wahre und das Natürliche müssen zu Teamwork gebracht werden. Dafür müssen wir alle in die Verantwortung. Das allgemeine Dunkel sind wir.

3. Die Krone der Schöpfung

Wo aber ist helle Weißheit?
Jetzt werde ich zum Schluss – und wo würde es passender sein? – noch einmal ganz radikal.

Das Dunkel sind wir. Es ist um uns. Wir sind die Krone der Schöpfung. Wird wieder ein Heiland kommen, ein Buddha? Irgendwo bei den Göttern ist Licht.

Betrachten wir normale Zuchtschafe. Die sind nach landläufiger Betrachtung ziemlich blöd. Sie fressen genügsam und erzeugen durch ihr Leben Lämmer und Wolle. Die Lämmer werden in Rücken, Keule und Vorderviertel geteilt und unterschiedlich teuer verkauft. Mit der Wolle geschieht Ähnliches. Wenn nun die blöden Hammel und Schafe nachdächten, welchen Sinn ihr Leben hätte?
Hey, Sie sind ein Mensch, die Krone der Schöpfung! Nennen Sie ihnen einen. Zum Beispiel: „Ihr nährt den Menschen, aber wir machen nur dann guten Gewinn, wenn ihr effizient Fleisch ansetzt, sonst machen wir bei den niedrigen Lammmargen Verlust. Wir können es uns nicht leisten, euch ein wirklich gutes Leben zu ermöglichen. Es muss euch gerade so schlecht gehen, dass ihr Wolle und Fleisch erzeugt, aber auch gerade so gut, dass ihr schmeckt. Sonst würden wir uns ja durch zu elende Haltung von euch in unser eigenes Fleisch schneiden."
Diese Aussage wäre in der Nähe der Wahrheit. Es ist die ewige Wahrheit blöder Schafe. Wir sind ihr Gott. Wir essen sie und erzeugen bessere symbolische Darstellungen von ihnen zu Ostern. Das müsste einem Hammel schwer Eindruck machen, wenn er seine Gestalt als Kuchen geformt sieht! Er wird denken, Lämmer sind heilig und Kälber wohl noch mehr, weil sie in Gold gegossen werden.
Ich habe mich bei dem Höhlengleichnis von Platon oft gefragt, ob wirklich Licht erscheint, wenn wir aus der Höhle herausschauen. Ich beschrieb das Gleichnis in *Omnisophie*. Platon argumentiert, wie sehr anders Menschen in einer Höhle mit Blick nach innen die Welt sehen als solche mit Blick nach außen. Die einen leben im ewigen Dunkel und orientieren sich an Schatten. Die anderen sehen: Es gibt Licht!

„Außen gibt es Licht und Gott! Schaut nur auf und zurück!", ruft die platonische Philosophie. Wenn wir aber nun alle Lämmer wären? Gäbe es dann Licht? Schweigen der Lämmer.

Religion ist die Verheißung von Licht, die uns im Leben hochhält.

Und ich denke, ich Schaf ... Im Ernst, diese Frage beschäftigt mich schon lange. Ich habe mit etwa zwanzig Jahren eine Geschichte geschrieben, die ich an einen Wettbewerb für Geschichtenerzählung einsandte. Ich bekam auch eine schriftliche Bestätigung, dass alles gut bei der Jury ankam. Diese Geschichte zieht sich irgendwie durch mein Werk. Immer noch. Ich habe sie auf den letzten Seiten von Wild Duck ohne viel Kommentar eingefügt. Ich wusste damals nicht, ob sie vielleicht zu abgedreht wirkt. Na, im Zweifelsfall überliest man sie, oder? Die meisten Leser kommen ja gar nicht bis hinten?! Dann macht es ja auch jetzt schon nichts mehr.

Vielleicht lesen Sie diese Geschichte doch einmal, aber ganz langsam. Sie ist ganz kurz. Nicht über Schafe, sondern „alles mit Rosen". Welchen Lebenssinn haben die? Halbwegs objektiv gesehen? Als ich das schrieb, hatten wir einen schmucken Garten vor dem Bauernhaus mit kunstgeschmiedetem Zaun, auf dem wir Eiligen ab und zu verwundet wurden. Ich bin heute Morgen noch einmal vorbeigefahren, als ich meine Mutter besuchte. Die Hälfte des Hofes ist abgerissen und in eine zweckmäßige Asphaltdecke verwandelt. Der Garten ist also platt gemacht für die großen Trecker. Sie müssen also beim Lesen etwas zurückdenken.

Hier ist die Geschichte:

Die Gebäude eines alten Bauernhofes umschlossen einen idyllischen Innenhof: ein Wohnhaus, der Pferdestall, der Kuhstall, der Geräteschuppen, zwei Scheunen. Über dem prächtigen Eingangstor hatte das neue Eigentümerpaar ein schlichtes Bronzeschild angebracht: Todd & Angela.

Den Innenhof zierte ein liebevoll gepflegter Garten, vor dem eine sehr alte schmiedeeiserne Handschwengelwasserpumpe auf einem kleinen Podest stand. Ein mächtiger Magnolienbaum beherrschte den Innenhofgarten, in einer Ecke wucherte ein blühender Wildrosenstrauch, aber sonst war alles über und über mit den schönsten Edelrosen bepflanzt.

„Seht, wie schön die Welt doch ist!", rief die Nina-Weibull-Rose. Sie war frisch erblüht und verstand schon, auf sich aufmerksam zu machen. „Ach, die Jugend", seufzte eine Surprise-Party-Blüte, gelb-orange, mit schon braunen Blütenblatträndern. „Als ich noch jung war, vor vierzehn Tagen, was war ich übermütig! Doch nun schwanke ich bedenklich und werde bald meinen Kopf senken. Ach, es zieht und reißt in mir."

„Du fürchtest wohl den Todd", rief die silbrig-rote Mutter Osiria, die über zwei Kinderknospen wachte. „Er wird dir noch zwei Tage lassen. Sorge dich nicht. Genieße deine vergehende Pracht!" – „Du hast gut reden", antwortete die Surprise Party. „Du magst noch eine Woche blühen, das ist eine lange Zeit. Ich habe nur zu gut gemerkt, dass mir heute Morgen ein paar Blütenblätter fehlten, und die Hummeln nehmen mich schon länger nicht mehr wahr." So redeten sie in der Sonne über den Sinn des Lebens: die gelbe Valencia, die orangefarbene Tonsina, die dunkelrote Erotika.

3. Die Krone der Schöpfung 377

Als am Mittag die Sonne brannte, trat Todd aus dem Haus und schaute blinzelnd mit liebesorgendem Blick über seine Rosen, auf die er stolz war, so stolz. Er nahm eine Schere zur Hand, schnitt die Surprise-Party-Blüte ab, knickte ihren Stängel zweimal zusammen und warf sie auf den Komposthaufen. Die Surprise Party spürte nur wenig. „Zum *gewöhnlichen* Unkraut!", raschelte sie noch und versengte in der Hitze auf brauntrocknen Blütenleichen.

„Mutter Osiria!", rief die Nina-Weibull-Blüte. „Wie erbärmlich! Warum macht das der Todd mit uns? Ich kann ja gar nicht hinsehen! Wie mit der Sense! Sind wir immer *nur* von Wert, wenn wir blühen? Sieh doch die Wildrose, aus deren Blüten schöne rote Hagebutten schwellen! Warum müssen wir Schönen auf den Kompost?" Mutter Osiria sprach: „Ach, wisst ihr, in den vielen Tagen unseres Lebens können wir so sehr viel von der Welt sehen. Es passiert so viel. Und langsam, mit den Wochen, werde ich etwas müde. Das versteht ihr nicht, wenn ihr noch jung seid. Heute habe ich keine Angst mehr vor dem Kompost. Ich glaube, dort entsteht etwas *viel Kostbareres* als Hagebutten. Warum werden dort niemals Wildrosenblüten hingeworfen? Deren Blütenblätter verwehen wie Regen im Wind. Es gibt etwas Geheimnisvolles dort auf dem Kompost und *dafür* lohnt es sich zu leben." – „Mutter Osiria, können Wildrosen erzählen?"

„Die Wildrose ist sehr alt, viel älter als wir, und sie soll früher einmal geredet haben. Die Surprise-Party-Blüte will in ihrer Jugend von damals Alten ihre letzten Worte gehört haben, bevor sie verstummte." – Und die Nina-Weibull-Blüte zitterte: „Nun sag' schon. *Erzähl!*" – Mutter Osiria erinnerte sich: „Es war einmal ein Streit, ob weiße Rosen die schönsten seien oder die dunkelroten, und man fragte sich im Garten, woher denn alle Rosen kämen. Da meldete sich die schweigsame Wildrose plötzlich und sagte, die Wildrosen seien immer da. Immer. Und die anderen Rosen würden künstlich von jemandem namens Willemse aus Zwiebeln hergestellt. In Holland, das sei der Hof hinter der Scheune. So habe es Todd gesagt." – „Ja, ja, und da wurde sie so schrecklich ausgelacht, dass sie nie wieder sprach. Aber im Ernst, schwarzrote Rosen sind wirklich die schönsten", rief die Bimboro Blüte, die samtig auf dunkelrotem Holz thronte, unter dem beginnenden großen Hallo aller anderen.

Die Wildrose aber schwieg, im Garten am Rande, und es wurde Abend und wieder Morgen. Helle Aufregung herrschte da im Rosenbeet! Die beiden Kleinen von Mutter Osiria zeigten keck die ersten Blütenblätter. Sie schauten kaum halb geöffnet in die laue Luft, da fragten sie schon das Blaue vom Himmel. Wer ist Todd? Wer Angela? Wie sieht sie aus?

Da, fast unbemerkt still, kam Angela in den Garten. Sie blickte sich lange um, streichelte zärtlich die gelbe Valencia und strich über die Flamingo. Sie schnitt die Bimboro-Blüte ab, hielt sie sich lachend ans Haar und lief ins Haus zurück.

Die Bimboro krampfte sich zusammen und freute sich. Angela trug sie in einen dunklen Raum und zerschlug ihr das Stängelende und zupfte die unteren Blätter ab. Sie stellte die leidende Bimboro in einen Kristall mit Wasser und schüttete ein weißes Pülverchen dazu, das der Bimboro entsetzlichste Schmerzen bereitete, die nicht nachließen. Angela stellte den Kristall ans Fenster, wo die Bimboro den Garten übersehen konnte. Die Bimboro war stolz und schrie.

Todd kam ins Zimmer, und zusammen mit Angela bewunderte er die dunkle Bimboro. „Fast schwarz, Angel! Ich bin so stolz auf meine Züchtung. Schwarz ist unter den Farben die allerschönste." – „Ja, ja, weiße magst du eben nicht. Wenn die Rosen wüssten, dass Weiße nicht geliebt werden! Pfui, Todd!" – „Ich liebe alle Rosen, vor allem aber die schwarzen, die ich züchten werde. Sie werden meinen Namen tragen."

Im Garten freuten sich die Rosen, dass die Bimboro so ausgezeichnet worden war. Sie müsste sich wie im Himmel fühlen. Viele waren neidisch. Was war das Verdienst der Bimboro, die immer so angeberisch war? „Schönheit zählt nicht wirklich, wenn man nur schwätzen kann. Schönredner dürfen in Lebenspulverlösung stehen und unsterblich werden." Das fanden die meisten, die im Garten blieben. Die Wildrose schwieg. Die Bimboro schrie ungehört vor Schmerz. Todd schnitt draußen Blüten ab, auch Mutter Osiria kam mitten im Leben auf den Haufen. „Platz machen für neue Sorten", murmelte Todd und grub. Und er stützte sich ab und zu kurz ruhend auf den Spaten und liebte seine Rosen.

Die Wildrose kümmerte sich nie mehr um Kleinpflanzen und Gartenarbeit. Sie träumte, ein Magnolienbaum zu sein und die Welt sehen zu können, und sie ließ sich von den Hummeln kitzeln. Sie und der Magnolienbaum allein wussten, dass das Geheimnis des Lebens außerhalb des Hofinnern liegen musste. Denn im November oder März, wenn die Edelrosen nicht blühten, wurde Kompost fortgeschafft. Aber wohin? Nach Holland? Was geschah mit den Blütenresten? Die Wildrose war sicher, dass die Überreste wieder zu Willemse zurückkamen und dort zu Zwiebeln geformt würden.

Der Magnolienbaum aber wuchs weiter empor. Irgendwann, das fühlte er, würde er hochgewachsen über die Scheune hinweg sehen können. Er – und nur er – würde als Pflanze Willemse sehen dürfen, nicht nur Todd und Angela, die wie Diener oder Priester von Willemse schienen. Der Baum war jetzt fast genau so hoch wie die Scheune. Er sah nichts von Holland. Gleichhoch und nichts zu sehen? Das konnte nur bedeuten, dass Willemse kleiner als die Scheune sein müsste, dass es also nichts Größeres geben konnte als ihn. Mit den Jahren überkam den Magnolienbaum ein banger süßer Gedanke.

Das ist bis auf ein paar stilistische Änderungen mein erstes Werk gewesen.
Fühlen Sie mit?
Welchen Sinn hat Kompost?
Welchen Sinn hat eine Vase?
Ist Wahrheit für Rosen gemacht? Sollten sie sie verstehen können?
Wissen die Rosen, was Engel und Tod sind?

Wenn wir im Dunkel sind, hoffen wir auf Licht. Ein Licht der Wahrheit und der Erkenntnis. Aber es ist vielleicht nur „wissenschaftliche" Wahrheit da, die selbst nicht leuchtet. Die wahre Wahrheit müssen wir selbst in uns erschaffen.

4. Wahrheit ist nicht das Wahre, Richtige oder Natürliche

Finden wir den Sinn des Lebens, wenn wir alles wissen und alle gut verdienen?
Für Rosen und Schafe habe ich gerade meine Zweifel angemeldet.

Wir erkennen durch Hirnforschung und Biochemie immer mehr Einzelheiten. Wir werden dabei herausfinden, dass wir irgendein hoch komplexes Neuronengewühl sind. Die Wissenschaft treibt uns den Sinn aus allem heraus, sie findet aber letztlich keinen, weil alles Wichtige nur gespürt, gefühlt oder intuitiv erkannt werden kann, denn das Wichtige ist unsagbar und kann nicht „gewusst" werden. Die Wissenschaft erhellt die Fakten und verdunkelt die Wahrheit: Sinn ist in uns selbst und sonst nirgends.

Haben Sie schon den Sinn des Lebens entdeckt? Nein?
Dann ist keiner da?
Der Sinn des Lebens müsste ja in Ihnen sein!
Er wird durch ein gutes artgerechtes Leben geschaffen und erworben. Wenn Sie also keinen Sinn in sich geschaffen haben, ist keiner drin. Dann müssen Sie an das Erschaffen gehen!

Sinn wird im wohlgestalteten Körper als das eigentliche Natürliche gespürt. Sinn wird im wohlgestalteten Verstand als das eigentlich Richtige gesehen. Sinn wird in der wohlgestalteten Intuition als das eigentlich Wahre gefühlt.
Wenn Sie den Sinn nicht spüren, haben Sie ihn nicht erworben und nicht genügend entwickelt oder durch Verwundung verloren? Sie sind womöglich auf die Suche gegangen, den Sinn wieder zu finden? Sinn aber wird nicht *gefunden*. Sinn wird im Innern *erlebt*. Er entsteht im Leben aus dem Ursprung.
Die Beta-Seele sucht Sinn. Die Alpha-Seele verströmt ihn.

5. Lebenssinndesign und die Kirche im Dorf

Neulich hat ein natürlicher Mensch mit mir lange über Omnisophie diskutiert und am nächsten Tag gesagt: „Ich werde ein Jedi werden, Herr Dueck."
Das ist gespürter Sinn. Die Kraft entfaltet sich.

Es *gibt* aber keine Jedis.
Es gibt vielleicht kein wissendes Wasser, keine morphischen Felder, keine Zeichen der Sterne, keine Astralleiber oder keine Gedankenübertragung – aber wenn wir Sinn fühlen, dann oft in solchen diffusen Bildern, die das Unsagbare in uns aufleuchten lassen.

Die Machinae funktionieren. Sie erschaffen nichts, denn sie bewältigen nur, besser und besser.

Heilige erschaffen Sinn. Dichter. Künstler. Gute Nachbarn. Vorbilder. Quellen.

Wir suchen alle in unserer Zeit nach dem verlorenen Sinn.

Wir haben die Religionen über Bord geworfen, verlangen von Politikern nur noch (zumindest versprochene) Erfolge, wir arbeiten nur für viel Geld – nun stöhnen wir und suchen nach dem verlorenen Sinn. Man kann aber Sinn nicht suchen!

Wir müssen ihn neu erschaffen.

Sinn, der den natürlichen Menschen mit Kraft, Initiative und Lebenslust füllt.

Sinn, der den richtigen Menschen eine Heimat in einem wohlgestalteten System gibt.

Sinn, der den wahren Menschen zur Quelle des Einsseins werden lässt.

Das alles muss gut zusammenpassen. Der Körper und der Instinkt, die Gott in sich spüren. Der Verstand, der das Heilige im System weiß und sich dort geborgen und sicher fühlt. Die Intuition, die das Ewige, Unsagbare ausstrahlt.

Diese Welt des Heiligen und Unsagbaren, dass nur das gespürt, gefühlt werden kann, von dem wir erfüllt sein wollen – diese Welt muss aus Symbolen, Gleichnissen, Idealen, Vorbildern, Mythen definiert werden.

„Ich werde Jedi werden", hat sie zu mir gesagt. Sehr ernst.

Ob sie nun Jedi wird oder nicht: Sie versteht, was sie in sich erschaffen will. Sie kann ganz leicht in einem Symbol ausdrücken, was mit Worten nicht sagbar wäre. Sie wird einst Jedi sein, wenn sie eigentlich spürt, was ein Jedi ist. Sie sucht nicht, sie geht hin. Das Bild des Jedi ist ihr Zeichen.

Wenn wir ein sinnvolles Zeitalter erschaffen wollen, dann sollten wir solche Symbole, Sinninhalte und Gottheiten erschaffen, zu denen wir hingehen können, ohne suchen zu müssen. Dann werden immer mehr Menschen sagen können: „Ich werde Weiser." – „Ich werde Heiliger." – „Ich gehe zur Tugend." – „Ich will überquellen." Es geht dabei nicht um Wissenschaft, Wissen, Fakten, Beweisbares, im Beta-Sinne Konkretes. Wir müssen das Unsagbare wieder erschaffen, um damit Menschen erklären zu können, wohin sie eigentlich wollen.

Und dann muss das Symbolische, das Unsagbare und Heilige als Prinzip über den Leben, den Systemen und Körpern regieren.

Lebenssinndesign.

Wir werden das Leben nicht bruchlos designen können, das ist ja der Jammer die ganze Zeit. Selbst eine Welt der guten Menschen wird mit Krankheiten, Unfällen, Unglücken, angeborenen körperlichen Behinderungen, Ungerechtigkeiten und Katastrophen leben müssen, die jeden von uns ganz verschieden stark treffen. Die Wirtschaft wird gute und schlechte Zeiten haben. Neue Erfindungen werden gut Bewährtes hinweggraffen. Und vor allem müssen wir ja sterben! Da fragen wir seit jeher: „Warum lässt Gott das zu?" Die Rose in der Vase fragt: „Warum tut es so weh, wenn Gott mich zu sich nimmt?" – Und wir: „Warum müssen wir grausamen Tod leiden, wenn Gott uns zu sich nimmt?"

Guter Lebenssinndesign wird uns so artgerecht leben lassen, wie es irgend geht. Hat aber das Sinn, was wir nicht ändern können? Sollen wir den Tod lieben? Ja, weil wir in den Himmel kommen! Ja, weil wir wiedergeboren werden! Oder wir sagen heute: „Ich sehe nicht hin. Ich denke bewusst nicht dran." Wenn wir über Lebenssinn nachdenken, beschäftigen uns diese großen Fragen des Warum. Woher kommt die Welt? Wer erschuf sie? Ich weiß es nicht. Wir können aber doch zunächst die Kirche im Dorf lassen und fragen, woher der tägliche Zwist kommt? Der Stress? Die Müdigkeit, Unzufriedenheit, das Lähmende, Langweilige, Harte, Kränkende? Warum immer dieselben Seismographenanschläge? Warum die immer nach gleichem Drehbuch ablaufenden Ehe- oder Familienauseinandersetzungen? Woher stammen unsere Probleme, unserem Leben Halt, Perspektive, Richtung und Zukunft zu geben? Diese Probleme können wir selbst angehen, auch wenn wir wissen, dass einst die ganze Welt in einem schwarzen Loch verschwindet.

Das Richtige, Wahre und Natürliche müssen miteinander auskommen. Alpha. Das muss unabhängig davon gelingen, ob es im übergeordneten Sinn wirklich einen Lebenssinn gibt – denken Sie an die Geschichten mit den Rosen und den Schafen. Es geht um unser persönliches Leben, nicht um die Wahrheit in irgendeinem Sinne. Verströmen wir also erst einmal alle Kraft und Glück, Zufriedenheit und Weisheit, Liebe und Frieden. Lassen Sie uns erst einmal naiv gläubig um die Kirche im Dorf leben.

Danach fragen wir dann noch: Warum?
Der Sinn des Lebens ist, dass Menschen voller Sinn das niemals wissen müssen.

Literaturverzeichnis

Aurbacher, Ludwig: Büchlein für die Jugend. In: Deutsche Märchen und Sagen. Berlin: Directmedia Publishing GmbH. (Digitale Bibliothek Band 80)

Bartsch, Karl: Sagen, Märchen und Gebräuche aus Meklenburg. In: Deutsche Märchen und Sagen. Berlin: Direktmedia Publishing GmbH. (Digitale Bibliothek Band 80)

Berne, Eric: Spiele der Erwachsenen. Psychologie der menschlichen Beziehungen. Berlin: Rowohlt, 2002.

Bridges, William: Der Charakter von Organisationen. Göttingen: Hogrefe, 1997.

Cipolla, Carlo: Die Prinzipien der Dummheit. In: Allegro ma non troppo. München: Wagenbach, 2001.

Crowley, Aleister; Crowley, Edward A.: Liber Al vel Legis. Das Buch des Gesetzes. Uelzen-Holdenstedt: Kersken-Canbaz, 1999.

Dueck, Gunter: Wild Duck. Die empirische Philosophie der Mensch-Computer-Vernetzung. Berlin/Heidelberg/New York: Springer, 2. Auflage 2002.

Dueck, Gunter: E-Man. Die neuen virtuellen Herrscher. Berlin/Heidelberg/New York: Springer, 3. Auflage 2003.

Dueck, Gunter: Die beta-inside Galaxie. Berlin/Heidelberg/New York: Springer-Verlag, 2001.

Dueck, Gunter: Omnisophie. Über richtige, wahre und natürliche Menschen. Berlin/Heidelberg/New York: Springer, 2. Auflage 2004.

Dueck, Gunter: Supramanie. Berlin/Heidelberg/New York: Springer, 2003.

Ebe, Mitsuru; Homma, Isako: Leitfaden für die EEG-Praxis. Ein Bildkompendium. München/Jena: Urban & Fischer, 3. Auflage 2002.

Emoto, Masaru: Wasserkristalle. Burgrain: Koha Verlag, 2002.

Keirsey, Davis; Bates Marilyn: Please understand me: Character an temperament types. Del Mar (CA): Prometheus Nemesis Book Company, 1984.

Kierkegaard, Sören: Die Krankheit zum Tode und anderes. München: Deutscher Taschenbuch Verlag, 1976.

LaVey, Anton S.: Die satanische Bibel und Rituale. Berlin: Second Sight Books, 2003.

Leibniz, Gottfried W.: Versuche in der Theodicee über die Güte Gottes, die Freiheit des Menschen und den Ursprung des Übels. Hamburg: Meiner, 1996.

Liedloff, Jean: Auf der Suche nach dem verlorenen Glück. Gegen die Zerstörung unserer Glücksfähigkeit in der frühen Kindheit. München: C.H. Beck, 1999.

Malik, Fredmund: Führen, Leisten, Leben. Wirksames Management für eine neue Zeit. Stuttgart/München: Heyne, 2001.

Meyer, Friedman; Rosenman, Ray: Type A behavior and your heart. Fawcett Crest: New York, 1974.

Müller, Mokka: Das vierte Feld. Die Bio-Logik revolutioniert Wirtschaft und Gesellschaft. Köln: Mentopolis Verlag, 2. Auflage 1999.

Poe, Edgar Allan: Die denkwürdigen Erlebnisse des Arthur Gordon Pym. In: Erzählungen. München: Winkler, 1962.

Riso, Don Richard: Das Eneagramm Handbuch. München: Droemer, 1998.

Riso, Don Richard: Die neun Typen der Persönlichkeit. München: Droemer, 1989.

Rogers, Carl R.: On becoming a person. London: Constable & Robinson, 2004.

Rogers, Carl R.: Entwicklung der Persönlichkeit. Stuttgart: Klett-Cotta, 2002.

Sheldrake, Rupert: Das schöpferische Universum. Die Theorie des morphologischen Feldes. München: Ullstein, 7. Auflage 2002.

Tse, Lao: Tao Te King. Bearbeitung von Gia-Fu Feng und Jane English. München: Diederichs, 1994.

Watzlawick, Paul; Bavelas, Janet; Jackson, Don D.: Pragmatics of Human Communication: A study of interactional pattern, pathologies, and paradoxes. New York/London: W.W. Norton, 1967.

Zimbardo, Philip G.; Gerrig, Richard: Psychologie. Berlin/Heidelberg/New York: Springer-Verlag, 7. Auflage 2003.

Nachwort – Jahre danach

Seit dem ersten Erscheinen der *Omnisophie* 2003 sind etliche Jahre vergangen. Ich habe in der Trilogie gesagt, was ich über den einzelnen Menschen zu sagen hatte. Heute schreibe ich mehr über die volkswirtschaftlichen Folgerungen und versuche, in der Öffentlichkeit militanter zu werden. Zum Schluss der neu aufgelegten Trilogie (*Omnisophie, Supramanie, Topothesie*) möchte ich Ihnen noch ein paar Gedanken aus der letzten Zeit mitgeben.

1. Der letzte Satz der Trilogie

Im vorigen Jahr bekam ich eine Mail wie einen großen Blumenstrauß. Darin hieß es sinngemäß: „Sie haben das ganze große Werk wie aus einem Guss direkt in den absolut großartigen Schlusssatz der ganzen Trilogie münden lassen – so, als habe dieser eine Satz Ihnen die ganze Zeit über als Schlussstein vor Augen geschwebt, während Sie an Ihrem Werke arbeiteten."

Da rieb ich mir die Augen und dachte nach. Was könnte wohl der Schlusssatz der *Topothesie* gewesen sein? Ich schreibe meist wie in einer Art Rausch und weiß meist hinterher nicht mehr wirklich, was ich genau geschrieben habe. Ich wollte nicht gleich im Bücherregal nachschauen und hoffte einige Zeit, dass mir der Satz von selbst einfiele. Nichts! Keine Idee! Also dann nachgeschaut… und da steht, was Sie gerade gelesen haben:

Der Sinn des Lebens ist, dass Menschen voller Sinn das niemals wissen müssen.

Ja… das ist auch heute noch mein Grundgefühl. Sinn ist einfach da. „Ich bin." – „Ich lebe." Das Fragen nach dem Sinn ist wohl ein Ausdruck eines inneren Mangels, eines Zweifels oder einer nicht heilen wollenden seelischen Verletzung. Sinn wird wie Heilung von einer Krankheit gesucht oder von einem Heiland wie durch ein Wunder erhofft. So weit weg ist aber der Sinn gar nicht! Er scheint irgendwie direkt vor unserer Nase zu liegen. „Was wir in der Ferne suchen, ist eigentlich so nah."

Wir verstehen nicht, dass verschiedene Menschen andere Sinne haben und deshalb das Sinnvolle unter den Menschen sehr verschieden sein kann. Insbesondere haben wir ein eigenes Verständnis unseres eigenen Sinns, werden aber unaufhörlich von Deutungshoheiten eingeschüchtert, die das für sie offiziell sinnvolle Leben predigen. Diese Lehrer, Priester, Eltern oder Älteren blockieren das eigene Hineinhorchen in uns selbst.

Das war das Thema der *Omnisophie* und natürlich der ganzen Trilogie. Ich habe versucht, die polaren Positionen der richtigen, wahren und natürlichen Menschen herauszuarbeiten, die jeweils einen ausgeprägten Sinn für eine der Hauptströmungen der Philosophie haben und die jeweils anderen Positionen dann mehr oder weniger beschimpfen und bekämpfen. Die Gralshüter der verschiedenen Richtungen predigen gegeneinander und lassen den Einzelnen ratlos, der sich selbst nicht in der Diskussion wieder findet. Ich sage: Die Philosophien oder Religionen sind jeweils Ausdruck eines Sinngefühls für eine bestimmte Menschenart, nicht für alle. Aber fast alle schon „Wissenden" finden, dass es nur eine Antwort auf die letzten Fragen geben könne – und zwar die eigene. Daher bekämpfen sie sich, bezweifeln sich gegenseitig nach Kräften, höhnen übereinander, setzen sich herab. Damit zerstören sie den Sinn der anderen und beschädigen den eigenen zu gleicher Zeit.

Die meisten Menschen verfolgen diese Auseinandersetzungen der Meinungsführer und beurteilen, wer denn nun Recht hat. Fast niemand kommt auf die Idee, dass viele Recht haben könnten. Es ist erstaunlich, wie sehr sich in den meisten Menschen die Gewissheit festgefressen hat, dass es nur einen einzigen Glauben und eine einzige Wahrheit geben könne. (Und viele von ihnen haben in der Schule die Ringparabel aus dem *Nathan der Weise* von Lessing „erarbeitet" – sichtlich ohne jede Wirkung.)

Der besessene Wunsch, eigene Sinnvorstellungen allgemein verbindlich zu machen, führt zu ständigen Religionskriegen, zu wirklich ewigen Generationskonflikten und zu Verletzungen in Kinderseelen. Die werden oft in guter Überzeugung absichtlich herbeigeführt, „weil wir wissen, was das Beste für dich ist, mein Kind – und weil du das alles noch nicht verstehen kannst."

Omnisophie: Können wir nicht freudig anerkennen, dass es einige oder viele Ausprägungen von Sinn gibt? Dass der eigene Sinn ganz nah in uns selbst zu finden ist? Dass er ganz und gar nicht bekämpft werden darf? Nein, das können wir anscheinend nicht. Es gibt nämlich noch einen anscheinend sehr logischen Grund, dass wir nur einen Sinn haben sollten:

Wir akzeptieren allgemein, dass wir für ökonomische Prosperität Sinnopfer bringen müssen. Wohlstand verlangt disziplinierte Arbeit und organisierte Lebensbahnen. Diese allgemeine Wahrheit wird von den jeweils herrschenden Klassen als Eckpfeiler der Machtausübung missbraucht. Menschen, die für ihren Wohlstand arbeiten, werden schnell zu ausgebeuteten Sklaven, meist ohne das selbst wirklich zu verstehen – und ohne das selbst zu gut verstehen zu wollen.

Das war das Thema der *Supramanie*. Seit Ende der 90er Jahre des 20. Jahrhunderts breitete sich epidemisch der Glaube aus, alle Menschen würden reich, wenn sie nur alle mithülfen, die Aktienkurse steigen zu lassen. Dafür müssten sie nur persönliche Höchstleistungen erbringen, die gebührend belohnt würden. Den Menschen wurde eingetrichtert, dass der Leistungstrieb der eigentliche im Menschen sei – ich nannte ihn 2003 den Supratrieb. Uns wurde die Sucht befohlen, der Beste sein zu wollen. Wir sollten alle von innen heraus überzeugte Workaholics werden. Wieder wurden wir zu einem fremden Sinnverständnis unseres Lebens gezwungen.

Ich war damals beim Schreiben extrem düster gestimmt, weil ich das schwarze Unheil vor Augen sah. Ich fühlte mich seelisch ganz allein, ganz von allen anderen getrennt. Leser fragten damals nach, ob ich wohl etwas sehr verrückt geworden sei. Für die meisten Menschen schien damals die Welt noch in Ordnung zu sein. Das halbe Buch *Supramanie* beschäftigt sich mit der Konsequenz, dass Menschen unlauter werden, wenn sie zu sehr unter Stress gesetzt werden. Sie beginnen mit Notlügen in gefühlten kurzfristigen Ausnahmesituationen und werden dann nach und nach in den schwarzen Unrat hineingezogen. Sie reden Schlechtes schön, optimieren die Zahlen, plündern Allgemeingut, ruinieren die Umwelt für den eigenen Nutzen, sind rücksichtslos gegenüber Kollegen und werden am Ende womöglich zu gewöhnlichen Verbrechern, wenn das ihren Erfolg weiterhin sicherstellt. Im Buch *Supramanie* gibt es ein Kapitel mit dem Titel *Zeit der Suprasysteme – Zeit der Raubtiere*. Das heutige Wort Raubtierkapitalismus habe ich damals lieber unterlassen, ich wollte nicht zu polemisch werden. Ich überlegte eher etwas ängstlich, alle Wendungen mit Raubtieren zu streichen. Ich fühlte schon, wie ich von Rezensenten erschlagen würde, wenn man mich je wichtig genug nehmen wollte! Ich wurde ja gegen den als fast allselig machend definierten Kapitalismus ausfällig!

In der IBM, wo ich ja arbeite, fragten mich Kollegen, warum ich hier noch tätig wäre, wenn ich so litte. Ich erklärte wieder und wieder auf dem Flur, dass die Sucht zur Höchstleistung ein vollkommen allgemeines Phänomen sei und zu einem Untergang des Ganzen führen müsste – und dass ich die IBM speziell gar nicht so extrem fände, weil IBM immer noch parallel den Ausweg aus Krisen mit Innovationen oder neuen Geschäftsfeldern suchen würde. Aber nach den vielen Diskussionen kam ich mir doch einige Zeit lang wie ein Schwarzseher vor und hatte Selbstzweifel. Hatte meine Phantasie überzogene Bilder der Zukunft produziert? Ich zweifelte an mir selbst, fand aber eigentlich keinen logischen Haken an meiner Argumentation und hob weiter warnend den Finger, so gut es ging. Ich war oft verzweifelt. Alles kam so langsam, aber ganz todsicher – und keiner sah hin.

Erst im Jahre 2005 hatte der SPD-Politiker Franz Müntefering seinen berühmten Ausfall über die Heuschrecken. So kommentierte er damals wütend das unkontrollierte Treiben der Hedge-Fonds. Damals hatte ich gerade meine Homepage www.omnisophie.com eingerichtet, auf der ich seitdem alle zwei Wochen einen Artikel publiziere. Mich juckte es sofort, auch etwas über Raubtiere und Heuschrecken zu schreiben. Ich zitiere ein ganzes Stück für Sie, damit Sie mitfühlen können. Den Satz mit der krassen Dummheit hebe ich hier extra für Sie heraus. Also jetzt aus einem Artikel von mir Mitte 2005:

Wissen Sie, was Risiko ist? Wenn Sie beim Roulettespiel Ihr ganzes Geld auf Zero setzen. Hopp oder Top, alles auf eine Karte. „Ich setze alles." Normale Menschen arbeiten brav lange Zeit und bekommen eine kleine Pension, so der Staat will. Die aber, die Kopf und Kragen riskieren, haben meistens Pech und nur ab und zu Glück. Wenn jemand Pleite macht – dann bekommt er auch eine kleine Rente, weil er ein Mensch ist. Wenn er Glück hat, gewinnt er alles und lacht über uns, die wir denen, die Pech hatten, auch noch die Rente bezahlen. Das Glück gehört, wem es lacht. Das Pech wird sozialisiert. Das große Pech bekommen wir als Gemeinschaftsmenschen noch zu unserem normalen eigenen Pech dazu. Wir bezahlen die Pleiten, die Politikerfehler und die Kriege. Wir bezahlen, wenn jemand alles auf eine Karte setzt und verliert. Er hat dann, wie er sagt, auf die falsche Karte gesetzt...

Das Problem unserer Zeit ist es, dass normale Menschen keinen blassen Schimmer von Risiken haben. Ich könnte sagen: In dieser Hinsicht grassiert krasseste Dummheit.

Die Risiken von Aktien zum Beispiel werden erst seit einigen Jahren in der Wissenschaft betrachtet. Harry Max Markowitz betrachtete in den 50er Jahren Aktienportfolios unter verschiedenen Zukunftsszenarien und erhielt erst sehr viel später, 1990, den Nobelpreis dafür. Bei der IBM arbeiteten wir schon 1988 an Verfahren, das Risiko von Aktienpositionen zu berechnen und damit die Vermögensstrukturen zu optimieren. Die Banken kannten so etwas damals noch kaum. Ich versuchte, die Wichtigkeit dieser Gedanken zu propagieren. Es gelang nicht. Wir gaben entmutigt auf. Keiner wollte etwas von Risiken wissen! Ich konnte ja nicht ahnen, dass wenig später Markowitz den Nobelpreis dafür bekommen würde! Pech, 1990 hatten wir schon etwas anderes angefangen.

Ich weiß noch, wie ich 1988 vor Bankern dringlich vorgetragen habe, voller Verzweiflung um Aufmerksamkeit kämpfend. Ich versuchte es mit einer großen Geste und bot einer Großbank großspurig an, einen Fonds von 10 Milliarden Euro kostenfrei zu führen, solange ich weniger als 20 Prozent Rendite erzielen sollte. Wenn allerdings die Rendite mehr als 20 Prozent betrage, wollte ich die Hälfte von dem abhaben, was darüber lag. Da saßen sie ungläubig da und lächelten säuerlich wie über einen schlechten Scherz. Wo war der Trick? „Oh, das wäre ein gutes Geschäft für uns. Niemand schafft 20 Prozent. Das wäre ein gutes Angebot, es kostenfrei zu führen. Wie aber verdienen Sie Ihr Geld? Das sehen wir nicht." Ich lächelte überlegen zurück und sagte lässig: „Ich nehme die ganzen 10 Milliarden Euro und setze sie in der Spielbank auf Rot." – „Ja, und?" Sie verstanden nicht. Ich wartete. „Wenn Rot kommt, werden wir alle reich. Wenn Schwarz kommt, tut es mir leid um Ihr Geld. Verstanden?" – „Oh, das gilt nicht, das ist kein Geldanlegen, es ist Spielen." – „Wo ist da die Grenze?", fragte ich. Das wussten sie nicht. Sie legten damals das Geld immer nur an. Heute spielen sie mehr. Ein Hedge-Fonds bekommt bei Erfolg 20 Prozent vom Ertrag, sonst nichts. Niemand kontrolliert, was mit Ihrem Geld geschieht, das steht jeden Tag in der Zeitung ... Manager werden mit Optionen bezahlt. Angenommen...

Es hat natürlich nichts geholfen. Ich hatte mich eben einmal abreagiert, hier und in späteren Kolumnen auch. Alle Leute waren blind vor Supramanie. Heute, 2009, wäre das Buch *Supramanie* vielleicht ein Bestseller? Ich seufze tief. Menschen wollen nicht hören, dass sie sterben werden – aber sie kaufen eine Menge Bücher, die ihnen im Nachhinein erklären, warum und woran sie gestorben sind.

Zu dieser Zeit, 2005, erschien dann dieser letzte Band der Trilogie, *Topothesie*. Ich veränderte darin nochmals leicht die Ausprägungen der polaren Menschencharaktere gegenüber den ersten beiden Bänden und widmete mich der These:

Die meisten Menschen laborieren an anerzogenen oder zugezogenen Verletzungen der Seele, sie suchen nach Heilung und kurieren dann irrtümlich nicht das Übel, sondern allenfalls das Symptom. Unter Stress wollen sie von anderen oder von außen haben, was sie eigentlich selbst erzeugen sollten. So leiden sie unter einem von außen aufgezwungenen Mangel, den sie selbst von innen aus beheben könnten. Was aber wäre das für eine schöne Welt, in der Menschen wenigstens nicht im Namen der Erziehung, des Glaubens oder der Ökonomie in der Seele verletzt würden? Könnten wir nicht Menschen in artgerechter Haltung aufziehen?

Als ich dieses Werk mit dem oben zitierten letzten Satz beendete, war ich eigentlich sicher, für lange Zeit nichts mehr so authentisch Inhaltsvolles schreiben zu können. Ich schrieb diesen Satz und war ganz leer.

2. Viele Jahre „Mensch in artgerechter Haltung"

Seit dieser Zeit hielt ich viele Vorträge über Menschen in artgerechter Haltung – in ganz verschiedenen Ausprägungen. Die meisten Veranstalter wollten, dass ich über Techies in artgerechter Haltung rede, weil ich ja vor allem bei Veranstaltungen auftrete, die im weitesten Sinne etwas mit IBM zu tun haben. Ich schrieb Kolumnen (die aus dem Informatik-Spektrum finden Sie zum Beispiel im Sammelband *Dueck's Panopticon*) über den Hang des Naturwissenschaftlers zu Introversion, Hochsensibilität und schwachem Autismus im Sinne des Asperger-Syndroms. Ich beleuchtete das Zusammenprallen der wahren Technologen, der richtigen Controller und der natürlichen Verkäufer im Unternehmen. Diese Vorträge erregten zuerst Aufsehen. Die Controller im Auditorium reagierten oft schmallippig und manchmal sogar empört auf meine Darstellungen. Ich lernte, wie Menschen reagieren, denen der Spiegel vorgehalten wird. „Warum kritisieren Sie immer nur die Controller als Zahlenmarionetten? Warum sind Sie so parteiisch? Warum schimpfen Sie nicht auch einmal auf die Techies?" Ich antwortete so, so oft: „Ich habe doch eben gerade vor Ihren Augen den hier versammelten Techies vorgeworfen, sich schwach autistisch zu benehmen, haben Sie diesen Teil meiner Ausführungen überhört?" – „Das haben Sie gesagt, ja. Aber das ist mir vollkommen klar, dass die Techies, diese selbstverliebten Künstler, oben im Hirn seltsam sind. Ja, das kaufe ich Ihnen sofort ab. Aber warum kritisieren Sie Controller?"
Ich lernte nach und nach, harte Kritik zu üben, ohne dass sich zu viele auf die Füße getreten fühlen. Ich ging zu diesem Zweck zu schwach kabarettistischen Beispielschilderungen über. Und nach langer Zeit fanden dann alle Menschenarten „etwas Wahres an der Sache der Verschiedenheiten" und begannen sich zu verstehen. „Ich habe lange nicht mehr so herzlich gelacht, aber ich wusste die ganze Zeit über schon, dass es bitter, bitter ernst ist."
So erreichte ich doch einige tausend Menschen im Jahr mit Philosophievorträgen und konnte durch ihre Reaktionen immer tiefer das verstehen, was ich hier in der Trilogie geschrieben habe. Ich finde heute, fünf Jahre danach, eigentlich immer noch alles richtig. Ich hatte zwischenzeitlich befürchtet, mir fiele noch einmal etwas ganz Neues zum Thema ein, worauf ich alle drei Bände zu vier neuen umschreiben müsste. Dazu hätte ich wohl nicht mehr genügend Energie und vor allem Zeit.

3. Differentielle Wissenschaften

Ach, wenn ich Zeit hätte! (Ich hoffe ja, in einigen Jahren als Pensionär solche übrig zu haben!) Ich würde gerne all das, was mir hier zum Menschen und seinen Sinnfragen eingefallen ist, auf andere Wissensgebiete oder Wissenschaften ausdehnen.
Im Grunde habe ich in meinem Werk nur die allgemeine Annahme fallen lassen, es gäbe nur eine Antwort auf jede Frage. Ich habe gezeigt, dass es bestimmt mindestens drei Antworten gibt: Eine des Verstandes, eine der Intuition und eine des Instinktes.

Ich habe oft bei meinen Reden bemerkt, wie verschiedene Menschen dieselben Wörter oder Begriffe ganz verschieden interpretieren. Es gibt nicht nur drei Antworten auf jede Frage, sondern jedes nicht naturwissenschaftlich fixierte Wort hat drei verschiedene Bedeutungen!
Irgendein Wort! Sagen wir: „Team". Richtige Menschen sehen darin eine Organisation, in der jeder eine bestimmte Rolle hat („Job Role"). Natürliche Menschen sehen darin einen Stoßtrupp von Kameraden, der vom Anführer zum Sieg geführt wird. Wahre Menschen sehen im Team so etwas wie eine frühchristliche Gemeinschaft, die in gemeinsamer Seelenhaltung etwas gemeinsam Ersehntes erbaut. Oder ein anderes Wort! Sagen wir: „Sex". Natürliche Menschen wissen sehr gut und ganz speziell, was das ist. Wenn man sie deshalb moralisch zur Rede stellt, insbesondere, ob bei ihnen auch der Aspekt der Liebe eine gebührende Rolle spielt, zucken sie mit den Achseln: „Liebe ist dabei auch ganz okay. Manchmal stört sie aber auch – darum geht es nicht in dieser Nacht! Liebe ist nicht dasselbe wie Vergnügen!" Wahre Menschen schweifen beim Thema Sex sofort zur reinen Liebe hin ab und finden, dass Sex dabei zwar auch ganz okay ist, aber oft auch die Liebe stört. Liebe ist wie Minne! Ivanhoe heiratet am Ende Lady Rowena, nicht Rebecca! Und Tannhäuser singt schließlich nur noch! Ja, und richtige Menschen? Die erklären Sex über den Gebrauch ihres Verstandes ohne Ansehen des Körpers, denke ich. Sie sagen, dass Liebe und Sex immer untrennbar zusammengehören und zwar genau im Verhältnis von je 50 Prozent, weil jede andere Aufteilung schlecht zu begründen wäre. Früher haben die Richtigen Sex sogar an das Bestehen einer Ehe gebunden und alles mit ewigen Attributen wie Treue etc. so stark verbunden, dass das Natürliche genügend entschärft erschien.
Sie können jetzt in diesem Sinne mit ausgedehntem Spontantheater beginnen. Sie setzen sich bei Wein und Bier, Mann und Weib zusammen und versuchen, einen zufälligen Begriff in der Art der drei Menschensorten zu erklären. Richtiges Auto: spart Benzin und hat einen großen Kofferraum, den der ADAC gelobt hat. Natürliches Auto: Lauter, überstarker Motor mit Bordunterhaltungselektronik, noch mehr Lautsprechern als Ventilen. Wahres Auto: „Entschuldigung, dass wir einen Volvo haben, wir sind in den ersten Jahren die vierzig Kilometer zum Job mit dem Rad gefahren, aber nun geht es nicht mehr, weil sie keine Duschkabinen mehr am Arbeitsplatz haben und das fünfte Baby nicht mehr auf unsere Räder passt."

Jetzt sollten Sie das Prinzip verstanden haben – und ich kann jetzt weit zum Schlag auf die Wissenschaften ausholen. Könnte es sein, dass jede Wissenschaft jeweils eine richtige, eine wahre und eine natürliche Ausprägung hat? Und dass sich diese verschiedenen Ausprägungen in Form so genannter Schulen erbittert bekämpfen, bemitleiden oder verachten? Dass Wissenschaftsauffassungen sich entsprechend wie die zugehörigen Menschenarten gegeneinander aufführen?

Nach den Philosophien, die ja hier schon oft zu Wort kamen, befehden sich die wissenschaftlichen Auffassungen der menschlichen Seele zutiefst. Die Psychologie ist in Lager gespalten. Die richtige psychologische Wissenschaft huldigt dem harten wissenschaftlichen Prinzip, wie es zum Beispiel vom Behaviorismus vertreten wird: Keine Spekulationen über unsere Seele, keine unwissenschaftliche Introspektion! Alles muss durch Experimente an Ratten und eventuell später an Menschen bewiesen werden, bevor es Gültigkeit hat. Der Mensch reagiert auf Einflüsse von außen. Er bekommt einen Reiz oder einen Stimulus und reagiert darauf wie eine Maschine mit einer Reaktion oder einer Response. Psychologie ist die Wissenschaft, die sich mit der Erforschung dieser auf äußere Reize reagierenden Maschine befasst. Ist das so? Wahre Psychologie würde sich mit der Seele intuitiv befassen, mit dem unendlichen Geflecht von Wechselwirkungen im Ganzen, mit der „Gestalt" des Menschen, mit dem Einfluss seines ganzen Vorlebens auf sein jetziges Sein. Wahre Psychologie ergründet den Menschen als Ganzes und leitet daraus Ideen für seine seelische Gesundheit ab. Sie begegnet ihm mit Vertrauen und Verständnis, mit Einfühlung und liebender Anteilnahme. Natürliche Psychologie sieht die Seele als Kern eines gesunden Körpers mit funktionierenden Instinkten. Ein seelisch Kranker wird wie ein struppiger Köter gesehen, der nun wieder durch Sport, Herausforderung, Übung oder Arbeiten in einen Rassehund verwandelt wird. Man bringt in diesem Sinne einen Menschen wieder in Schuss, sein Herz richtet sich dann schon wieder auf, wenn er seelisch ertüchtigt ist und wieder gutes Selbstvertrauen ausstrahlt.

Als Mathematikprofessor habe ich oft verschiedene Auffassungen von Mathematik diskutiert, insbesondere die Didaktiker streiten sich um den rechten Zugang des Menschen zur abstrakten Disziplin. Die richtige Mathematik lehrt Regeln aus dem Regelbuch, lässt Formeln auswendig lernen und übt deren Gebrauch mit „Kästchenrechnen" ein. Prüfungen werden schriftlich abgenommen. Eine Lösung einer Aufgabe ist falsch, wenn das Ergebnis falsch ist. Unter dem Strich muss das richtige stehen, sonst gibt es Null Punkte. Die wahre Mathematik legt Wert auf das tiefe Verstehen der Mathematik, die sich letztlich ja nur in den Formeln repräsentiert. Formeln sind nicht so wichtig wie das Denken der Mathematik. Wenn eine Aufgabe gut durchdacht ist, bekommt der Neuling Lob. Das Ergebnis als letzte Zahl ist wichtig, aber nicht erstrangig. Geniale Lösungsideen werden höher bewertet als das reine Erzielen eines Ergebnisses. Prüfungen werden mündlich abgenommen! Natürliche Mathematik löst Probleme. Das Problem und seine Bewältigung stehen im Vordergrund. Nötige Formeln stehen gebrauchsfertig im Lehrbuch und werden bei Bedarf nachgeschlagen, nie aber aus Selbstzweck gelernt. Der clevere Umgang mit den mathematischen Tools oder Werkzeugen macht den erfahrenen Problemlöser. Die Prüfung besteht in einer Bewährungsprobe in Projektform.

Was ist denn nun Mathematik? Eine aus Formeln errichtete Kathedrale eines großen Systems? Das Verstehen von tiefen Prinzipien? Oder eine Art Waffensammlung von nützlichen Verfahren, um in der Wirklichkeit auftretende Probleme irgendwie brauchbar zu bewältigen?

In der Medizin gibt es wahre technologische Mediziner, die die Krankheiten tief verstehen. Sie arbeiten für letztes Verständnis im Labor und verschwinden am liebsten ganz in der Forschung. Die Forschung heilt die Welt. Die mehr an Seelen interessierten Wahren versuchen eher die Kranken tief zu verstehen als die Krankheiten. Der Heiler heilt den Menschen. Richtige Mediziner verstehen sich auf erprobte Verfahren und kennen alle Regeln der Kunst, auch die Regeln der Abrechnungen und Bestimmungen der Krankenkassen. Sie tauschen sich auf Kongressen aus und nehmen Rat von Pharmaberatern und Steuerberatern an. Sie geben dem Kranken in oft belehrend elterlichem Ton Rezepte und Lebensregeln mit („Behavior"). („Sie müssen Ihre Zähne besser pflegen. Sehen Sie hier, was ich hier im Zwischenraum finde. Was gab es gestern zu essen? Spinat?"). Natürliche Mediziner wollen etwas Nützliches oder Cleveres tun, sie wollen operieren und geradebiegen, finden zum Beispiel Schönheitsoperationen vollkommen legitim und natürlich. Wer will nicht gut aussehen? Natürliche Medizin ist Kunsthandwerk mit der Königsdisziplin Chirurgie. (Und die Chirurgen sollen dem normalen Tratsch in Kliniken zufolge auch sonst sehr natürliche Menschen sein. Insbesondere sind sie natürliche Götter.) „Bei Chirurgie siehst du sofort den Erfolg. Kein langsames Einstellen des Patienten als Geduldsspiel. So etwas würde mich langweilen."

In der Wirtschaft sehen die richtigen Ökonomen den rationalen Homo Oeconomicus handeln, der alle seine wirtschaftlichen Handlungen nach dem Nutzenprinzip kurz- und langfristig abwägt. Die natürliche Auffassung der Ökonomie verlässt schon immer spätestens nach dem ersten Examen fluchtartig den Elfenbeinturm der sachlich-trockenen Wirtschaftslehre und betätigt sich ganz praktisch als Unternehmer, Yuppie, Gründer oder Heuschrecke mit dem profanen praktischen Tun, um ein einziges Problem zu bewältigen: Genug Geld machen oder etwas Großes stemmen, Weltmarktführer werden etc. Wahre Ökonomen sehen Wirtschaft als eine Institution der menschlichen Gesellschaft, um alle Menschen würdig in maßvoller Prosperität gedeihen zu lassen, so dass sie sich losgelöst von rein materiellen Sorgen den höheren Bestimmungen des Menschen widmen können.

Und so weiter und so weiter. Ich habe schon mehrfach erfolglos versucht, verschiedene junge Menschen zu einer entsprechenden wissenschaftlichen Arbeit anzuregen, weil ich selbst eben keine Zeit habe. Sie finden es alle interessant, aber dann denken sie sofort an die Prüfungsordnung. Was würde ein richtiger Prüfer sagen, wenn er die fertige Arbeit sähe? Würde er glauben können, dass es in jeder Wissenschaft eine analytische Faktenrichtung, eine intuitive Ganzsicht und eine profan praktische Abteilung gibt, die sich gegenseitig belächeln?

Wissenschaften und Erkenntnisse sind direkt nach der Art unserer Psyche gefärbt. Von wegen objektiv! Die verschiedenen Auffassungen bekämpfen sich wie die zugehörigen Menschen mit genau denselben Argumenten.

4. Unartgerechter Terror spezieller Auffassungen

Bestimmte Auffassungen sind ständig in Mode und unterdrücken die anderen.

Der Behaviorismus bescherte uns die Sicht des Menschen als Laborratte. Man hat heute in der Wirtschaft allgemein akzeptiert, dass Menschen nur noch wie Ratten auch auf Reize reagieren. Stimulus – Response. Man spricht heute von Leistungsanreizen. Man nimmt nicht an, dass Menschen einfach so arbeiten, nur weil ihre Arbeit vielleicht sinnvoll ist (wahre Auffassung). Man muss daher die Leistung der Arbeiter ständig messen und überwachen und sie nach vorher festgelegten Formeln vergüten. Die Entlohnungsregeln heißen „Incentive-Systeme".

Die Medizin wird heute so schlecht bezahlt, dass sie einfach nur noch festgelegte Regelleistungen erbringt, die nach Tabellen abgerechnet werden. Was nicht in der Tabelle steht, wird nicht getan. Sprechen mit unglücklichen Patienten wird zum Beispiel nicht bezahlt...

Unter Stress werden solche Regeln, in denen schon wenig Ethik an sich eingebettet wird, soweit gestreckt und gedehnt, dass man nicht mehr Ökonomie oder Heilung betreibt, sondern Ergebnisoptimierung. Man geht immer höhere Risiken ein, dreht größere Räder.

Die Folgen sehen wir heute. Erst die Finanzkrise öffnet uns ganz langsam die Augen... Aber auch heute streiten sie alle selbst im Angesicht eines Untergangs mit denselben Stammtischparolen weiter. Die Richtigen wollen Kontrolle des Staates, Regulierungen, Pflichten, Übernahmen des Staates, Umweltvorschriften. Die Natürlichen finden, dass Wirtschaft wie Darwinismus ist und den Haien, Heuschrecken und Bullen überlassen werden soll – der Staat oder die Richtigen sollen sich aus dem Kampf um das Geld heraushalten.

„Der Staat soll etwas tun" versus „Der Staat soll nur auf grobe Fairness im Kampf achten und sonst wegbleiben". Und die Wahren weinen, weil das alles nach ihrer Ansicht nichts mit einer gesunden Menschengemeinschaft zu tun hat, weder das eine noch das andere.

Ich will sagen: Der Streit um den Sinn des Einzelmenschen eskaliert auf der Makroebene der Gesellschaft in genau der gleichen Weise. Einsicht in „artgerechte Haltung" wäre auch ein Weg zu einer besseren Gemeinschaft. Aber das sage wieder mal ich selbst, auch nur ein Mensch, speziell ein Wahrer, der Erkenntnis für einen guten Schritt auf dem Weg hält.

Über das sinnlose ökonomische Hin und Her habe ich 2007 das Buch *Abschied vom Homo Oeconomicus* geschrieben. Ich habe darin am Ende so etwas wie naive Vernunft und einen Neuaufbau der maroden Infrastrukturen gefordert. Wir sollten wieder unsere Substanz vermehren und unsere Prosperität, nicht aber den Umsatz im Konsum maximieren. Umsatzsteigerung und Wachstum bedeuten ja nicht Mehrung der Substanz! Das haben wir vergessen, weil es in Bilanzen nicht mehr gemessen wird. Wir messen das Sozialprodukt des Staates, also die Summe der produzierten

Produkte, zum Beispiel von Klingeltönen und Trash-Filmen oder Reality-Shows. Wir messen nicht, ob etwas davon übrig bleibt, wie wenn wir früher unser Haus renovierten.

Dieses Buch erschien im Februar 2008, also vor der Krise. Und den besten Platz in der Manager-Magazin-Liste erzielte es im Januar 2009. Und wieder dachte ich, dass Therapiebücher erst nach dem Tod gelesen werden.

Uff – jetzt habe ich eine Weile dekorativ gejammert, wie unbedeutend meine Meinung die ganze Zeit war, obwohl ich doch irgendwie Recht hatte… verzeihen Sie das einmal?

Es gibt noch andere Fragen, bei denen ich möglicherweise nicht so schlagend Recht habe und mich auch nicht so fürchterlich im Recht fühle, obwohl es für mich so klar wie mathematisch bewiesen aussieht. Dazu sagt interessanterweise eigentlich niemand etwas. Es kann aber auch sein, dass kaum jemand so weit in der Trilogie liest.

5. Ignoranz oder Scheu gegenüber Mathematik oder Gottesbeweisen?

Die Idee, Verstand, Intuition oder Instinkt als sehr einfache mathematische Algorithmen zu interpretieren, die je nach Nutzung derselben eher richtige, wahre oder natürliche Menschen aus uns machen, hat mich die ganzen Jahre über extrem fasziniert.

Ich kann damit die ganze Komplexität vollkommen verschiedener Weltanschauungen auf ganz minimale Grundlagen reduzieren: In uns sind verschiedene mathematische Verfahren implementiert, die wir mit jeweils verschiedener Priorität benutzen.

Warum benutzen wir diese Verfahren mit anderer, jeweils persönlicher Intensität? Weil die ganz ruhigen Babys stumm die Welt anschauen und visuell am stärksten reagieren. In ihnen bildet sich die Intuition aus, die als Weltanschauung zu Frieden und liebender Anteilnahme tendiert. Die vor Energie strotzenden Babys werden mehr mit dem Körper agieren und „denken" und einen guten Instinkt ausbilden – und eben nicht so stark beobachten wie alles anfassen und in den Mund nehmen. Im Grunde spekuliere ich also, dass die innere Energie oder das innere Bindungsbedürfnis die Gehirnnutzungspräferenz bestimmen. Und dann wählt unser Hirn eine Anschauung der Welt, die zu diesen Energien passt, wie wir sie auf die Welt mitbringen.

Eine solche Theorie ist doch ganz einfach und erklärt so viel! Mathematiker wie ich sind ganz begeistert von solch einer Idee, aber Sie anderen mögen diese einfachen Gedanken wohl nicht so sehr. Ich sehe ja auch, dass die meisten Menschen die Darwin-Theorien innerlich ablehnen, weil sie zwar schlagend klar und einfach sind, aber nicht zur Sicht des Menschen als Krone der Schöpfung passen wollen. Schade,

ich dachte, es gäbe mehr Diskussion um diese Theorie oder sogar eine gewisse Akzeptanz dafür. Ich sehe aber trotz aller Klarheit nur Distanz.
Dasselbe sehe ich bei meinem mathematischen Gottesbeweis in der *Topothesie*. Ich weiß, dass ihn auch Theologen gelesen haben, aber darüber reden wollen sie nicht. Sie sagen, sie müssten ihn nochmals lesen, um ihn kommentieren zu können – aber ich könnte ihn ja bei echtem Interesse sogar mündlich erklären.

Im letzten Monat schrieb mir jemand aus den USA zur Trilogie. Ihn hatte nur das Wort Omnisophie elektrisiert und er wollte es erklärt bekommen. Ich schrieb eine kurze Zusammenfassung meiner Gedanken und bekam eine abschließende Frage zurück: „Warum sind manche Babys von Geburt an ruhig und visuell und andere wild und laut?" Ich antwortete, das sei sonnenklar! Es sei die normale Variation in den Körpermerkmalen, so wie manche größer und kleiner seien oder eine andere Haarfarbe hätten – außerdem würde es ja auch von den Eltern in verschiedenen Kombinationen vererbt. Antwort: Er habe es sich schon gedacht, dass ich eine solche ausweichende Antwort geben müsste, aber der Grund sei zweifelsohne so, dass die alten Seelen nach vielfacher Wiedergeburt schließlich immer mehr als ruhige Babys auf die Welt kämen und dann auch ganz bestimmt Intuitive würden, weil die alten Seelen ja schon fast vollkommen wären und nach Ewigkeiten irgendwann nur noch als wahre Menschen wiedergeboren würden, die die vollkommensten seien. Meine Erklärung normaler Variation sei sehr unnatürlich, seine vollkommen gut.

Haben Sie denn im Großen und Ganzen keinen Mut, die objektive Wahrheit anzuschauen? Brauchen Sie Mystik? Ich würde sie Ihnen ja lassen, ich schreibe ja auch neuerdings Vampirromane, die in einer anderen Welt der Phantasie spielen. Diese Welt gibt es für mich ja auch – und da sind die Sinnfragen ganz besonders anders gestellt und beantwortet. Aber deshalb kann ich doch im Realen akzeptieren, dass die Welt aus ganz simplen Zusammenhängen entstand – ohne jede Mystik. Auch die Mystik in mir ist ja bestimmt aus einfachen Wirkzusammenhängen heraus entstanden, aber sie bleibt doch immer so wunderschön, wie sie ist?

6. Das was man nicht sagen kann…

Darüber sollte man schweigen, meinte Wittgenstein. Das habe ich in Topothesie ja schon kommentiert, oder anders gesagt: Ich habe dagegen implizit protestiert: *Worüber ich nicht reden und denken kann, will ich noch träumen, singen, innerlich wohl wissen und Kunst sprechen lassen. – Das Leben hat zu viel Sinn, als dass ich schweigen sollte. Es hat nur zu wenige Worte. Und das macht nicht viel aus.* Ich glaube, dass sich viel mehr noch mit Dichtung ausdrücken lässt – deshalb habe ich schließlich mit dem Romanschreiben angefangen. Viele haben gesagt: Jetzt muss er das auch noch tun. Es erinnert sie an die CD von Barbara Schöneberger mit dem Titel *Jetzt singt sie auch noch*. Es muss sein! Es wird eine Vampirtrilogie über den wirklichen Sinn des Lebens. Das Buch *Ankhaba* war der erste Band, den Plan für den zweiten Teil finde ich schon rund und gut, der dritte ist noch vage – verfestigt sich aber. Ich sollte den zweiten Teil lieber erst dann schreiben, wenn mir der Schluss des Ganzen klar ist…

Das musste ich vorweg sagen, um Ihnen eine erstaunliche Beobachtung über mein Gehirn weiter zu geben.

Wenn ich mich mit mathematischen Beweisen quäle, wenn ich Theorien ausarbeite, Schach spiele oder in Meetings sitze, dann muss das alles in einer anderen Gehirnregion stattfinden als „in mir persönlich", denke ich. Ich kann zwischen dem eigentlichen Ich und den Theorien relativ gut hin und her wechseln. Ich kann forschen und gleich hinterher beim Essen über Normales reden.

Bei meinem Roman war das anders. Der schien wirklich in meinem zentralen Ich zu schweben. Wenn ich hieran schrieb, gab es kein anderes Ich. Das musste nach dem Schreiben neu gebootet werden – es war nicht wie ein Umschalten von Windows auf Linux auf einem Computer mit zwei Betriebssystemen. Beim Schreiben des Romans war ich nie so sehr ein Ich wie bei irgendeiner Arbeit oder Tätigkeit sonst. Das „Mathematische" muss in einem anderen Hirnteil von mir residieren und kann wohl die Welt Ich-frei anschauen. Vielleicht ist dort kein Körper hineingemischt? Vielleicht ist da kein Wille und keine Leidenschaft wie in Romanen, sondern nur Sehnsucht nach Licht?

In dieser Sehnsucht mag ich diese Trilogie geschrieben haben…

GPSR Compliance

The European Union's (EU) General Product Safety Regulation (GPSR) is a set of rules that requires consumer products to be safe and our obligations to ensure this.

If you have any concerns about our products, you can contact us on

ProductSafety@springernature.com

In case Publisher is established outside the EU, the EU authorized representative is:

Springer Nature Customer Service Center GmbH
Europaplatz 3
69115 Heidelberg, Germany

www.ingramcontent.com/pod-product-compliance
Lightning Source LLC
LaVergne TN
LVHW011000250326
834688LV00003B/44